现代工程教育丛书

电子产品制造工程实践技术

主 编 程 婕

西北工業大學出版社

【内容提要】 本书是为配合高等工科院校工程训练而编写的“现代工程教育丛书”系列之一，是为了响应教育部关于培养应用型人才和工程训练教学改革的需要而编写的。

本书以快速发展的电子产品制造技术为背景，系统、全面地讲述了电子产品制造过程中的实践技术，特别注重了制造工艺过程和实际应用的介绍，具有凝练简洁、高度概括、先进新颖、图文并茂等特点。

本书共分 11 章，内容包括电子产品开发和制造过程概述，电子元器件总述和电抗元器件，其他分立元器件，集成电路和微电子组装技术，印制电路板设计与制造技术，整机电路原理设计和分析基础，电路板组装与焊接技术，电子产品整机装连技术，电子产品检验，检测与调试技术，电子产品安全和防护技术以及计算机辅助电子产品设计和制造。

本书为电子产品制造工程训练实践基础性和认知性教材，也可作为高等工科院校机电、材料和电子等专业电子制造工艺教材，也可作为相关技术人员参阅和学习的资料。

图书在版编目(CIP)数据

电子产品制造工程实践技术/程婕主编．—西安：西北工业大学出版社，2015.8（2019.8 重印）

（现代工程教育丛书）

ISBN 978-7-5612-4540-8

Ⅰ.①电… Ⅱ.①程… Ⅲ.①电子产品—生产工艺 Ⅳ.①TN05

中国版本图书馆 CIP 数据核字（2015）第 200284 号

出版发行：西北工业大学出版社
通信地址：西安市友谊西路 127 号　邮编：710072
电　　话：(029)88493844　　88491757
网　　址：www.nwpup.com
印 刷 者：兴平市博闻印务有限公司
开　　本：787 mm×1 092 mm　1/16
印　　张：23.125
字　　数：566 千字
版　　次：2015 年 8 月第 1 版　　2019 年 8 月第 3 次印刷
定　　价：46.00 元

前言

电子产品制造业为当今第一大产业，电子产品制造技术是一个集当今世界最先进的科技成果于一体的多学科综合性交叉式边缘科学，是一个极其庞大和复杂的系统工程和综合技术。培养具有现代电子产品制造专业知识和实践技能的工程技术人员已十分迫切。

本书是为配合高等工科院校工程训练而编写的“现代工程教育丛书”之一，是为了响应教育部关于培养应用型人才和工程训练教学改革的需要而编写的。

本书以快速发展的电子产品制造技术为背景，系统、全面地讲述了电子产品制造过程中的实践技术，特别注重了制造工艺过程和实际应用的介绍，具有主次分明、凝练简洁、高度概括、先进新颖、图文并茂等特点。本书是结合编者长期从事科研、生产和实习教学工作的经验而编写出来的，书中提供的大量资料有利于相关人员查阅，相应的方式、方法和思路可以用于相关实习、实验和电子产品制造技术工作。

本书共分 11 章，内容包括电子产品开发和制造过程概述，电子元器件总述和电抗元器件，其他分立元器件，集成电路和微电子组装技术，印制电路板设计与制造技术，整机电路原理设计和分析基础，电路板组装与焊接技术，电子产品整机装连技术，电子产品检验，检测与调试技术，电子产品安全和防护技术以及计算机辅助电子产品设计和制造。本书由程婕主编，曹建建参加了第七章的修改和编写，王红敏参加了第四章的修改和编写，杨红芳参加了第四章第三节的图片修改，张中林对本书进行了全面审核。

本书为电子产品制造工程训练的实践基础性和认知性教材，也可作为高等工科学校机电、材料和电子等专业电子制造工艺教材。本书对于丰富和完善工程训练的内容，推广和宣传电子产品制造工程技术的思想和方法具有一定的启发和指导作用。

本书参阅了大量相关资料，未能在参考文献中一一列出，敬请谅解。在此向提供本书资料的作者以及支持本书编写的领导、同事和家人表示诚挚的敬意和衷心的感谢。

由于水平有限，难免有许多错误和不足之处，希望能得到谅解和指正。

编　者

2015 年 7 月

前言

目录

第一章

电子产品开发和制造过程概述

第一节　现代产品制造阶段和技术概述

先进制造技术已成为一个国家在市场竞争中或战争对抗中获胜的支柱，已经成为一个国家综合实力和科学技发展水平及国防实力的重要标志之一。工业发达国家普遍认为先进制造技术已成为国家命运的主宰。

一、现代产品制造阶段和阶段性技术文件

电子产品的制造是分阶段进行的，各阶段的技术工作内容有所不同，不同的技术工作内容形成了各种技术文件，产品的技术文件是产品从设计、制造到检验、存储，从销售服务到维修全过程的基本依据，它具有严格标准、严谨格式和严明管理的特点。

1. 现代产品制造阶段

现代产品的制造过程是分阶段进行的，分为设计阶段、试制阶段和批量生产阶段。

(1)设计阶段(预研阶段)。产品设计阶段分方案论证(调研)、方案设计(概念、原型设计)、初步设计(框架、结构)和工作图设计(详细设计)四个阶段，技术设计和工作图设计可以合并进行。

1)方案论证阶段：设计一种产品，其根本目的就是满足人们生活和生产的需要。调查分析这些需求产生的原因，并考虑技术上、经济上实现的可行性。设计方案的可行性可以从技术的先进性、市场需求分析、成本与价格核算、经济分析和风险分析几个方面进行论证。

收集国内外同类产品的技术情报和样品、样本进行分析，以用户需求和国标(GB)、部标准和 IEC 文件来作为产品技术条件的基础；明确新产品的重要技术研究部分；提出新产品的总体质量、结构特征、技术指标、可靠性指标、成本要求及生产能力和所需技术设备等；对各种方案进行综合评价和试验；采用计算机模拟设计，确定最佳的设计方案。

2)方案设计阶段：在方案论证的基础上建立模型，制定技术指标，估算总体参数；从已确定的总体方案中，明确各部分的设计方案，并编写技术任务书。

3)技术设计阶段：确定产品的系统构成、技术途径、整体结构、外形尺寸、明确各部件间的连接关系与要求，并画出草图。编写零部件明细表和技术说明书等。

4)工作图设计阶段：确定产品总图、零部件图及其装配图，确定试验设备和所用仪器，造出初样机。样机全面达到设计指标后，汇总设计阶段技术文件形成技术设计书，即可召开产品设计定型会(初样鉴定会)。

(2)试制阶段。试制阶段应包括样机试制和小批量生产试制两个阶段。依据设计阶段的样机设计资料进行样机试制，实现产品预期的性能指标，验证产品的工艺设计，制定产品的生产工艺，进行小批量生产，完成全套工艺技术文件，编写试制总结，即可组织生产定型会。

(3)批量生产阶段。开发产品总希望达到批量制造的目的,制造批量越大,越容易降低成本,越能提高经济效益。批量制造过程中,应根据全套工艺技术资料进行生产组织工作,包括原材料供应,零部件的外协加工,工具设备准备,场地布置,组织装配、调试生产流水线,进行各类人员的技术培训,设置各工序工种的质量检验,制定包装运输的规定及试验,开展宣传与销售工作,组织售后服务与维修等一系列生产组织工作。

2.设计文件的完整性组成

设计文件是产品在研究、设计、试制和生产实践过程中积累而形成的图样及技术资料的总称。它规定了产品的组织形式、结构尺寸、工作原理以及在生产、验收、使用、维护和修理过程中所必需的技术指标和说明,是组织生产的基本依据。表1.1.1为设计文件的完整性组成,它的编号由企业区分代号、十进制分类特征、登记顺序序号和文件简号组成,例如:××型电视发射机明细表的编号为×× 2015 006 MX,其中××为企业区分代号,2为整件级,0为通信类,1为发射机型,5为电视,006为登记顺序序号,MX为文件简号。

表1.1.1 设计文件的完整性组成

序号	设计文件名称	文件简号	试样设计文件				定型设计文件			
			1级成套设备	2,3,4级整件	5,6级部件	7,8级零件	1级成套设备	2,3,4级整件	5,6级部件	7,8级零件
1	零件图					△				△
2	装配图			○	○			○		
3	外形图	WX		○				○		
4	安装图	AZ	○	○			○	○		
5	总布置图	BL	○				○			
6	电路图	DL	○	△			○	△		
7	接线图	JL		△	○			△	○	
8	逻辑图	LJ	○	○			○	○		
9	方框图	FL	○	○			○	○		
10	线缆连接图	LL	○	○			○	○		
11	机械原理图	YL	○	○			○	○		
12	机械传动图	CL	○	○			○	○		
13	气液压原理图	QL	○	○			○	○		
14	其他图样	TT	○	○	○	○	○	○	○	○
15	技术条件	JT	△	△			△	△		
16	技术说明书	JS	△	○			△	○		
17	细则	XZ	○	○			○	○		
18	说明	SM	○	○			○	○		
19	计算文件	JW	○	○			○	○		

续 表

序号	设计文件名称	文件简号	试样设计文件				定型设计文件			
			1级成套设备	2,3,4级整件	5,6级部件	7,8级零件	1级成套设备	2,3,4级整件	5,6级部件	7,8级零件
20	其他文件	TW	○	○			○	○		
21	明细表	MX	△	△			△	△		
22	备附件及工具配套表	BH	○	○			○	○		
23	使用文件汇总表	YH	△	○			△	○		
24	标准件汇总表	BZ	○	○			○	○		
25	外购件汇总表	WG	○	○			○	○		
26	其他表格	TB	○	○			○	○		

注:△表示需要编制的主要文件;○表示可根据产品性质、生产和使用需要而定。

(1)技术条件。技术条件是对产品质量、规格及检验方法等所做的技术规定,是厂家与用户双方约定应该共同遵守的技术依据。对军工产品来说,技术条件是军、厂双方在验收过程中必须遵守的试验规范,一般包括:概述、分类、外形尺寸、主要参数、技术要求、例行试验、交收试验、试验方法、包装、标志、储存和运输。

概述:用来说明产品技术指标本身适用的范围和产品使用时的环境条件。

分类、外形尺寸及主要参数:用来说明产品根据其技术性能、结构、使用或其他特征可分为哪几类以及产品的外形、尺寸、安装尺寸和其他主要参数。

技术要求:用来说明决定产品质量的主要要求、指标和允许误差。

例行试验和交收试验:用以说明为保证产品质量必须严格进行试验的种类、分组方法、抽样方法和数量、仪表精度、试验应遵守的程序以及产品的验收规则等。

试验方法:用来说明产品各项技术要求进行试验时必须遵循的方法和条件。

包装和标志:用来说明产品包装和打印标志时应遵守的一些具体规定。

储存和运输:用以说明产品在库房里的保管和在运输过程中的防护要求。

(2) 技术任务书。技术任务书由设计师和工艺师根据用户的需要编制的。对技术任务书的要求包括确定产品的用途、使用范围、使用要求和使用条件,指出设计这种产品的根据和理由;在分析、研究与试验国内外同类产品的基础上,保证该产品的结构、性能达到先进技术水平;使产品在设计、制造和维护方面均达到最佳的技术经济指标。

(3)技术说明书。技术说明书即产品说明书,一般应包括概述、技术参数、工作原理、结构特征、安装及调试。

概述:概括性地说明产品的用途、性能、组成和简要工作原理等。

技术参数:为用户和生产厂列出使用、研究产品时应知的技术数据和有关技术指标的计算公式、特性曲线等。

工作原理:用通俗易懂的语言配合一些方框图和简单的原理图来说明产品的工作原理。

结构特征:凭借产品的外形图、装配图和照片来表明产品的主要结构情况。

安装及调整:用来说明现场使用产品时,产品及其组成部分所处位置、固定方式、与其他产品连接位置尺寸,并规定产品使用操作程序以及维护修理、排除故障等的方法、步骤和注意事

项。便于用户对产品安装、维护和修理。

(4) 技术设计书。将设计阶段形成的技术文件合订在一起，称为技术设计书。主要内容为封面、目录、产品图、明细表、一览表、技术规格、产品工作原理图解、设计计算书、产品说明书、技术设计简介、随机附件明细表、验收交货技术条件等。

3. 工艺文件和工艺工作

(1)工艺文件的定义、要求和分类。工艺文件是将原材料或半成品加工成产品的过程和方法的经验进行总结并用以指导实践的技术文件。它是指导生产、保证产品质量和组织高效劳动十分重要的技术依据，是生产路线、计划、调度、材料准备、劳动力组织、定额管理、工具管理、质量管理等的依据和前提。

工艺文件要根据设计文件和相关图纸，结合工厂装备条件和生产车间的组织情况、批量大小、技术水平、产品复杂程度以及零部件、分机、整机制造的工艺流程来编制，将实现这个工艺过程的内容、程序、方法、工具、设备、材料等环节应遵守的技术规程归纳整理写成文件。

工艺文件分工艺规程文件和工艺管理文件。工艺管理文件包括工艺路线表、工艺定额表、专用及标准工艺装备表、配套明细表等，其中工艺定额表包括工时消耗定额、材料消耗定额、能源消耗定额和工具消耗定额等，它是生产、物资、财务、劳动、计划管理的基本依据。工艺规程文件是为保证安全生产、提高产品质量所作出的一些具体规定，是工人在操作过程中应知应会和必须遵守的法规。按使用性质分为专用工艺、通用工艺、标准工艺，按专业技术分为机械加工工艺、电气装配工艺、扎线接线工艺、绕线工艺等。

(2)工艺文件的完整性组成。表 1.1.2 为工艺文件的完整性组成。

表 1.1.2 工艺文件的完整性组成

序号	工艺文件名称	模样阶段	初样阶段	试样阶段	定型阶段
1	工艺总方案		△	△	△
2	工艺路线表	+	○	△	△
3	工艺装备明细表		○	△	△
4	非标准仪器、仪表、设备明细表		○	△	△
5	材料消耗工艺定额明细表	+	○	○	△
6	辅助材料定额表		+	+	△
7	外协件明细表		+	+	+
8	关键、重要零部件明细表		○	△	△
9	关键工序明细表	○	+	△	△
10	生产说明书	+	○	△	△
11	各类工艺过程卡片		○	△	△
12	各类工艺(工序)卡片		○	△	△
13	各类典型工艺(工序)卡片		+	+	+
14	毛坯下料卡片		+	+	+
15	检验卡片		○	△	△

续表

序号	工艺文件名称	模样阶段	初样阶段	试样阶段	定型阶段
16	产品工艺性分析报告		△	△	
17	专题技术总结报告		△	△	△
18	工艺评审结论		△	△	△
19	工艺定型总结报告				△
20	专用工艺装备设计文件	+	△	△	△
21	非标准设备设计文件		△	△	△
22	工艺文件目录		+	△	△

注：△表示需要编制的主要文件；+，○表示可根据产品性质、生产和使用需要而定。

(3)工艺工作的内容。

产品预研阶段：参加新产品设计调研和用户访问；参加新产品设计和老产品改进设计方案论证及设计任务书讨论；参加产品初样试验与工艺分析；参加初样鉴定会。

产品设计试制阶段：产品性能和结构的工艺性审查；制定产品设计性试制工艺方案；编写必要的工艺文件；工艺质量评审；参加样机试生产；编写工艺审查报告；参加设计定型鉴定会。

产品生产试制阶段：制定产品生产性试制的工艺方案；编写工艺标准化综合要求；编写全套工艺文件；工艺质量最终评审；组织、指导新产品试生产；修改工艺文件；工装设计和试验制造；可制造性、可测试性审查；绿色制造与生态评估；关键工艺试验；编写生产性试制总结报告；组织生产定型会。

产品批量生产阶段：完善和补充全套工艺文件；工艺文件编号归档；制定批量生产的工艺方案；进行工艺质量评审；组织指导批量生产；产品工艺技术工作总结。

(4)工艺性评审。

1)进行工艺性分类。根据工艺的难易程度进行生产工艺性分类；根据产品在用户使用过程中维护、保养和维修的难易程度进行使用工艺性分类。

2)进行工艺性评价。主要项目为产品制造劳动量；单位产品材料用量(材料消耗)；产品结构装配性系数；产品工艺成本；产品维修劳动量；产品加工精度；表面粗糙度系数；元器件平均焊接点系数；产品电路继承性系数；产品结构继承性系数；结构标准化系数等。

3)进行工艺性审查。在产品设计各个阶段均要进行工艺性审查，其内容如下：

初步设计阶段：设计方案中的系统图、电路图、结构图以及主要性能、参数的经济性和可行性；主要原材料、关键部件在本企业或外协加工的可行性；产品各组成部分是否便于安装、连接、检测、调整和维修；产品可靠性设计文件中有关工艺失效的比例是否合理、可行。另外，还要进行产品的热设计、减振缓冲结构设计、电磁兼容设计的工艺性审查。

技术设计阶段：产品各组成部分进行装配和检测的可行性；产品进行总装配的可行性；产品在机械装配时避免或减少切削加工的可行性；产品在电气安装、连接、调试时避免减少更换元器件、零部件和整件的可行性；产品高精度、高复杂零件在本企业或外协加工的可行性；分析产品结构件的主要参数的可检测性和装配精度的合理性，电气关键参数调试和检测的可行性；特殊零部件和专用元器件外协加工或自制的可行性。

工作图设计阶段:各零部件是否具有合理的装配基准和调整环节;各大装配单元分解成平行小装配单元的可行性;各电路单元分别调试、检测或联机调试、检测的可行性;产品零件的铸造、焊接、热处理、切削加工,钣金、冲压加工,表面处理及塑件加工,机械装配加工的工艺性;部件、整件或整机的电气装配连接和印制板制造的工艺性;产品在安装、调试、使用、维护及保养等方面是否方便、安全。

(5) 制定工艺方案。

1)制定工艺方案的原则:在保证产品质量的同时,充分考虑生产周期、成本、环境保护和安全性;根据本企业的承受能力,积极采用国内外先进的工艺技术和设备,不断提高工艺管理和工艺技术水平。

2)制定工艺方案依据的资料和信息:产品图样及有关技术文件;产品的生产大纲、投产日期、寿命周期;产品的生产类型和生产性质;企业现有的生产能力;国内外同类产品的工艺技术水平;有关技术政策和法规;企业技术主管对产品工艺工作的要求及有关部门的意见。

3)各阶段工艺方案的内容。

预研制和设计性试制阶段:对工艺工作量的大体估计;自制件和外协件的调整意见;必需的特殊设备、测试仪器的购置或设计、改装意见;必备的专用工艺装备的设计、制造及改进意见;关键、重要的零部件的工艺规程设计意见;有关新材料、新工艺、新技术的试验意见。

生产性试制阶段:设计性试制阶段工艺工作小结;自制、外协件的进一步调整的意见;自制件的工艺路线调整意见;工艺关键件的质量攻关措施和工序控制点的设置意见;设计和编制的全部工艺文件及要求;主要金属机械零件毛坯的工艺方法;专用工艺设备系数和原则,并提出设计意见;专用设备、测试仪器的购置或设计意见;原材料、元器件清单,进厂验收原则及老化筛选要求;工艺、工装的验证要求;工艺关键件的制造周期或生产节拍的安排;根据产品的复杂程度和技术要求所需的其他内容。

批量生产阶段:对生产性试制阶段工艺、工装验证情况的小结;工序控制点的设置意见;工艺文件和工艺装备的进一步修改、完善意见;专用设备和生产线的设计制造意见;有关新材料、新工艺、新技术的采用意见;对生产节拍的安排和投产方式的建议;装配、调试方案和车间平面布置的调整意见;提出对特殊生产线及工作环境的改造与调整意见。

(6)编制工艺文件。

1)工艺文件编写除保持其正确、完整和统一以外,还应注意以下几点:

可操作性:工艺文件要适应生产特点,内容简明扼要,图文并茂,一目了然,便于操作。

防误操作性:对于生产过程中可能出现的问题和操作者容易疏忽或做错的地方要给予提示和详细说明并提出预防措施。

标准性:工艺文件幅面应统一,图幅大小应符合标准,以便于装订;工艺文件所用图幅、符号、术语等应符合标准;使用设备、工具要注明国家、部级标准号,自行设计的工具、工装应注明工装号;工艺文件拟制后,应履行审核、会签、批准等手续。

2)工艺文件的表达方式。装配工艺卡可用文字和图样两种方式表达。用文字按操作先后顺序写成条文,指出操作内容和方法;借助于设计图、实物样品图、操作简图等指示内部结构、操作部位、装配关系和操作过程。

3)工艺文件组成实例。电子产品装配与检验工艺由封面、工艺守则、装配工艺卡、关键工序工艺卡、检验工艺卡等组成。装配工艺卡的主要内容包括工序名称、使用设备、使用工具及

材料、装配过程文字叙述、实物样品图或操作简图、特殊技术说明和更改信息等。

(7)工艺质量评审。工艺质量评审是及早发现和纠正工艺设计缺陷，促进工艺文件完善、成熟的一种工程管理方法。未经工艺质量评审，工作不得转入下一阶段，由计划调度和质量保证部门进行监督。

1)对工艺总方案、生产说明书等文件：产品的特点、结构、精度要求的工艺分析及说明；工艺方案的先进性、经济行、可行性、安全性和可检验性；满足产品设计精度要求和保证制造质量稳定的分析和措施计划；产品的工艺和工艺路线的合理性；工艺装备选择的正确性、合理性及专用工装系数的确定；工艺文件、要素、装备、术语、符号的标准化程度；材料消耗定额的确定；工艺文件的正确、完整和统一。

2)对关键零件、重要部件及关键工序的工艺文件：在工艺文件中的标识和具体要求；设置正确性与完整性；工艺设计、检测方法、攻关项目及措施；质量控制方法的正确性；根据累积的资料和数据进行评估和试验验证。

3)对特种工艺文件：必要性和可行性分析；生产说明书的正确性及工艺的流程、参数、控制要求的合理性，操作规程的正确性；材料、设备、环境等质量控制要求和方法；特种工艺鉴定、试验原始记录；技术攻关项目及措施；对操作、检验人员的要求及培训情况；根据积累的资料和数据所进行评估和试验验证。

4)对采用新的技术、工艺、材料、元件和装备：所采用新技术、新工艺等的必要性、可行性和适用性；经过鉴定并具有合格的证明文件；经过检测、试验验证并必须具有原始记录和符合规定要求的说明；采用计划安排与措施；对使用、操作、检验人员的要求及培训考核情况。

5)批量生产阶段的工艺质量评审要求围绕着批量生产的工序工程能力进行。审核的具体内容为根据产品的批量进行工程能力分析；对影响设计要求和产品质量稳定性的人员、设备、材料、方法和环境五个因素的控制；工序控制点保证精度及质量稳定性要求的能力；关键工序及薄弱环节工序工程能力的测算及验证；工序统计、质量控制方法的有效性和可行性。

(8)工艺管理。电子产品生产技术管理工作是企业管理工作的重要组成部分，它包括设计管理、工艺管理、质量管理、仪器仪表设备管理、工具管理、材料管理、零件及半成品管理、安全文明生产管理和技术文件档案管理等。

工艺管理工作贯穿于生产的全过程，是保证产品质量、提高生产安全、降低消耗、增加效益、发展企业的重要手段。工艺管理工作的基本任务是在一定条件下，应用现代科学理论和手段，对各项工艺工作进行计划、组织、协调和控制，使之按照一定的原则、程序和方法，有效进行工作。工艺管理人员的主要工作内容：编制工艺发展规划；工艺技术的研究与开发；产品生产的工艺准备；生产现场的工艺管理；工艺纪律管理；开展工艺标准化工作；开展工艺成果的申报、评定和奖励。

二、现代设计技术

1. 现代设计技术的发展历程

(1)设计理念和手段的发展。已从传统的依赖个人经历和经验的手工设计发展到借助计算机辅助设计手段的优化设计、有限元分析、工程分析和可靠性设计等，再进展到适应个性化需求和全球化竞争的多企业、多地域、同时间的动态联盟网络化创新设计。

(2)设计范畴的扩展。已从单纯的产品设计扩展到零件加工、产品装配、使用环境等因素

的优化设计，再扩展到产品全生命周期的综合设计。

(3)设计过程的演变。已从相对独立的顺序设计演变为各环节相互协调的基于信息共享和集成技术的并行设计，从无到有的正向设计演变为基于实物的反求设计。

2.现代设计技术的主要内容

(1)计算机辅助设计(Computer Aided Design，CAD)：计算机辅助设计充分利用了人的经验、智慧、创造力与计算机的运算、存储、逻辑判断能力等优势，通过人机交互完成设计信息检索、方案构思、计算分析、工程绘图、编制文件等处理，以提高设计质量、缩短设计周期、利用成熟技术。

(2)计算机辅助工程分析(Computer Aided Engineering，CAE)：有限元分析是其主要分析技术，它以计算机为工具进行现代数值计算，适用于求解复杂的非线性问题和非稳态问题，如强度计算、热力学分析、流体动力学分析、框架结构分析、失稳分析、可靠性分析等；还可用于复杂结构的静态分析和动力学分析，复杂零部件的应力分布与变形计算等。

(3)模块化设计：在对相关产品功能进行分析的基础上，划分并设计出一系列具有不同用途、性能、结构、尺寸等，但功能相似、可互换的功能模块，设计通过选择相应的功能模块，外加一些专用零部件组合成所需要的产品，即以不变应万变，快速满足市场需求，缩短产品设计周期，扩大功能模块的生产批量，降低成本。

(4)优化设计：在一系列限制条件的约束下，应用最优化数学原理求解获得最优结果的设计参数解。在工程设计中，先按优化设计所规定的格式建立数学模型，然后选择相应的优化计算方法并借助计算机对数学模型进行求解，以得到工程问题的最优设计方案。

(5)可靠性设计：以概率论和数理统计为理论基础，以失效分析、失效预测和各种可靠性试验为依据，使所设计的产品在规定的条件下和规定的时间内，能够完成规定的功能。其主要内容包括故障机理和故障模型、可靠性试验技术和可靠性水平评定。

(6)智能设计：使计算机不仅具有数值计算和图形处理能力，而且具有知识处理能力，从而在设计过程中用计算机代替或部分代替人进行智力工作。其关键技术是基于知识、推理和决策能力的各种计算机智能设计系统。

(7)动态设计：对满足工作要求的设计结构进行动力学建模，利用计算机分析工具进行动态特性分析，以预测产品的动态性能，或根据产品结构对其性能影响的基本规律改进原设计。

(8)人机工程设计：从协调处理机器与人的关系出发进行机械设计，使所设计的机器符合人的心理和生理特征，不仅满足功能需要，而且通过良好的工作环境，提高工效，获得人机系统的最佳效能。

(9)并行设计：当进行产品设计时，将与产品设计有关的其他过程(加工装配、检测、使用等)一并进行系统化的综合考虑和并行作业，以缩短产品的研发周期、减少返工、降低成本、提高产品质量和设计的一次成功率。

(10)价值工程：对所研究的产品的功能、寿命、生命周期以及成本等进行系统分析，不断进行试验、改革和创新，有效地提高产品的使用价值、功能价值和经济价值等。

(11)创新工程：创新就是更新、创造和改变，以新思维、新发明和新描述为特征。创新是一个民族进步的灵魂，是国家兴旺发达的不竭动力。当前，电子产品的国际竞争日益激烈，要保持和发展我国电子产品在世界市场中的份额，关键在于尽量摆脱“抄袭、模仿”设计的落后局面，迅速提升和增强我国电子产品的创新设计能力。

(12)反求工程设计：又称逆向工程，包括几何反求、工艺反求和材料反求等。在几何反求面向产品实物或实物模型(CAD 模型)时，又称为实物反求，这就需要先将实物转化为 CAD 模型，再运用计算机辅助制造 CAM、快速原型制造 RPM、产品数据管理 PDM 及计算机集成制造系统 CIMS 等先进技术对其进行进一步的处理和管理。

(13)虚拟设计：在虚拟的环境中进行产品设计，包括虚拟现实、虚拟概念、虚拟样机、虚拟装配及虚拟结构。虚拟现实技术通过设计者与计算机之间相互进行信息交流来再现设计者头脑中的世界，有三种方式：通过专用软件仿真的桌面式虚拟现实、依赖于各种硬件设备的投入式虚拟现实和使用显示器图像的增强式虚拟现实。

(14)全生命周期设计：产品设计是一项系统工程，设计者应以系统的观点和方法，全面考虑到所设计的产品从方案论证、设计开发、制造、装配、销售、使用、服务、环境影响、回收处理等产品全生命周期所应达到的要求及满足这些要求的解决方案。

三、信息化制造技术和管理技术

1. 信息化制造技术

当制造发展到以电子信息的方式实施时，制造技术就成了信息化制造技术。

(1)计算机辅助制造(Computer Aided Manufacturing，CAM)：利用计算机通过各种数值控制机床和设备，自动完成离散产品的加工、装配 、检测和包装等制造过程。一般具有数据转换和过程自动化两方面的功能。CAM 系统只要改变程序指令就可改变加工过程，所以 CAM 使制造过程“柔性化”。

(2)计算机辅助工艺规程设计(Computer Aided Process Planning ，CAPP)：有检索式、创成式和半创成式三种。

检索式 CAPP：把结构和工艺相似的工件归类并编码，设计出典型的工艺，存入库中。编制工艺时，工艺人员输入有关工件生产任务的信息和编码，即可调出所需的 CAPP 文件。它使用时要有工艺人员参与决策，适用于工件的系列化、通用化、标准化程度较高的产品，覆盖面大致为 60%～85%。

创成式 CAPP：根据工件加工的形状信息、精度等技术指标信息，调用预先存入库中，如毛坯类型、加工方法和加工顺序，所需的机器、工具和仪器等工艺决策，经计算机逻辑程序逻辑判断自动推理出工艺规程。它需求的逻辑判断的要素和推理关系完全置于知识库、专家系统及软件程序，覆盖面大致在 20%～40%。

半创成式 CAPP(又称混合式 CAPP)：半创成式 CAPP 是在检索式 CAPP 的基础上，在修改编辑时引入创成式 CAPP 的决策逻辑而生成的。它提高了工艺设计的效率和工艺规程的同一性，便于制造及管理，是今后一个时期 CAPP 的主流。

(3)计算机辅助质量控制(Computer Aided Quality Control，CAQC)：由计算机辅助工艺过程监控(Computer Aided Technology Control，CATC)、计算机辅助检测(Computer Aided Inspecting，CAI)和计算机辅助测试(Computer Aided Testing，CAT)组成。CATC 一般是在线监控，使不合格的半成品不再流向下道工序去加工，并与自动控制组成闭环系统，调节工况到正常状态；CAI 是 100%在线自动检测制品和成品技术指标的系统；CAT 是制成品在实际使用状态和模拟使用状态下的测试。

(4)现代集成制造系统(Computer Integrating Manufacture Systems ，CIMS)：以数据库

和网络技术作为支撑，把以往的分离技术（CAD，CAPP，CAM，FMS，MRP 等）和人员通过计算机有机结合起来，以企业运行总体最优化为目标。

（5）分布式网络制造系统（Distributed Networks Manufacture Systems，DNMS）：是基于现代信息集成技术及宽带数字通信网、国际互联网和企业内联网等电子技术，将不同地域的集团成员联系在一起，建立动态联盟，迅速组合为一种开放的、超越空间约束的、被统一指挥的经营实体。

（6）智能制造系统（Intelligent Manufacture Systems，IMS）：以一种高度柔性与集成的方式，借助计算机模拟人类专家的智能活动进行分析、推断、判断、构思和决策等，从而取代或延伸制造环境中人的部分脑力劳动。它具有自组织能力、自律性、自学习和自维护能力，由各种智能子系统按层次递阶组成，构成智能递阶层次模型，该模型最基本的结构称为元智能系统，分学习维护级、决策组织级和调度执行级三级。

2. 先进制造管理技术

（1）并行工程：是指在设计阶段，打破传统的按部门划分的组织模式，将有关生产研制的各部门的工程技术人员集中起来，组成产品为对象的开发团队，共同设计产品及其他有关过程，并对产品性能和相关过程进行计算机仿真、分析和评估，提出改进意见，以取得最优结果。

（2）精益生产：运用现代制造技术成就，在生产过程中注重生产各要素的整体优化组合，以市场需求为导向，充分发挥人的潜能与作用，合理配置并高效率地利用企业资源，进行最有效的劳动。确保在必要的时间内按市场所需的数量生产必要的零部件，不出现无效劳动和浪费。

（3）敏捷制造（Agile Manufacturing，AM）：在竞争—合作—协同的机制下，对市场的需要做出快速响应，以最快的速度从企业内部的某些部门和企业外部的不同公司中选出设计、制造产品的优势群体，组成一个功能单一的经营实体。

（4）绿色制造：产品从设计、制造、包装、运输、使用到报废处理的全生命周期内，废弃物和有害排放物最小，对环境的负面影响小，对健康无害，资源利用率最高。主要内容为绿色设计、绿色材料、绿色工艺规划和绿色包装。

（5）制造资源计划（Manufacture Resource Planning，MPR）：发源于美国，立意点是制造的活动是能够计划的，并由计划发动、受计划控制。

基本 MPR 为：净需求量＝毛需求－已订货量－库存量－安全库存量

闭环 MPR＝基本 MPR＋生产能力需求计划＋车间作业计划＋采购作业计划

MPRⅡ＝闭环 MPR＋财务管理＋营销管理＋工程技术

MPRⅡ改善了资金和劳动力的运用，加强了产销配合，提高了企业综合素质，减少了随意随机处理，增长了利润。MPRⅢ认为制造既可计划也需随机反应，既要遵命也需要现场实时的能动。

第二节　电子产品的市场开发和行业现状

一、电子产品的定义、分类和发展

1. 定义

产品是指向市场提供的能满足人们某种需求的任何东西，包括有形的实物，无形的服务、

保证和观念等。产品的三个层次为实质(核心)产品、形式产品和服务(延伸)产品。实质产品是指向消费者提供的基本效用或利益;形式产品是指实质产品借以实现的形式,即品质、特征、造型、品牌和包装等;服务产品是指随同整体产品提供给的各项服务所产生的利益,包括运送、安装、维修、保证等。

电子产品是指与电子信息技术有关系的产品及其所使用配件,它有两个显著的特征:一是需要电源才能工作,二是工作载体均是数字信息或模拟信息的流转。电子产品应用领域不同,复杂程度各异,工作原理更是千差万别,但作为工业产品,它们都是机电一体化结构。

2. 分类

(1)按应用领域电子产品分雷达产品、通信产品、广播电视产品、计算机产品、家用电子产品、电子测量仪器产品、电子工业专用设备、电子元器件产品、电子应用产品、电子材料产品等。

(2)按应用行业电子产品分日常生活产品、卫生保健产品、工业生产设备设施、商业产品、军事产品、教育产品、通信产品、交通系统、农业产品和公安产品等。

(3)按总体分消费类产品、一般工业品和高性能产品。消费类产品成本低、功能强、美观时尚,使用寿命与可靠性要求不高,特别是游戏、玩具、音视频产品等;一般工业品对价格敏感度低于消费类产品,但对使用寿命与可靠性要求高于消费类产品;高性能产品,如军用产品、航空航天、高速与高性能计算机、关键的过程控制器、医疗系统等,要求高品质、高可靠性,能满足恶劣、严酷环境下的可靠性要求,成本相对不重要。

3. 未来电子产品的特点和发展趋势

八大特点:高难度、高技术、资金密集、知识密集、高速度、高风险、高效益、高竞争。

十大趋势:电脑化、绿色化、节能化、微型化、遥控化、手持化、多功能化、装饰化、组合化、安全化。

追求的目标:高性能、小型化、高可靠、低成本。

二、电子产品的市场和技术开发

1. 市场信息与技术信息价值必备条件

信息是未来企业竞争的核心,路透社认为,20h以内的资料才叫信息,过了20h就叫历史。市场信息有外部信息和内部信息。外部信息有政治法律信息、经济信息、人口信息、科学技术信息、社会文化信息、市场竞争信息、消费者心理信息、相关企业信息、其他方面信息;内部信息是企业本身的有关市场信息,包括企业的商品生产、销售,以及人、财、物等的使用情况的有关资料和数据。科学技术信息价值必备条件为市场前景、原材料来源、增值效应、技术先进性、技术扩散程度、技术相关性、支持条件(如劳动力成本、水电供应情况、占地情况、污染情况、运输条件)等。

2. 电子产品的市场研究分类

电子产品的市场研究分探索性研究、描述性研究、因果性研究和预测性研究。

探索性研究:用来发现市场机会、探索问题发生的原因而进行的市场研究。

描述性研究:用来如实反映市场经济情况的市场调查研究。

因果性研究:为了解释或鉴别市场经营活动中现象之间的因果关系的市场调查研究。

预测性研究:在取得历史的和现行的各种市场情报资料的基础上,经过分析研究,运用科学的方法和手段,估计未来一定时间内市场对某种产品的需求量及其变化趋势的研究。

3.电子产品的市场寿命周期

电子产品的市场寿命周期分为四个阶段:即由介绍期(亦称引入期或投入期)开始,销售额慢慢爬升,介绍期的主要特点是生产批量小,制造成本高;进入成长期后,销售额迅速增长;在成熟期,销售虽仍有增长,但速度极为缓慢;最后进入衰退期,销售额开始迅速下降。整个周期3~10年。

这一市场寿命周期概括地描述了产品销售历史上的阶段性及其趋势的变化,有助于经营决策人员制定相应的市场经营策略;说明经营企业必须具有创新精神,如果企业死守着原有产品不做改进不开发新产品,注定是要失败的。

4.电子产品的市场调研

课题研究的目的:理论联系实际;了解研究课题与生产、科研之间的联系。

要求:带着设计课题中的问题去调研,明确为什么要调研,要解决哪些问题。

课题研究的内容、目标和计划:制订调研的具体内容,明确调研目标;制订调研计划,即时间和进度的安排;调研的过程就是学习提高的过程,虚心向工人、技术人员及一切内行的人学习,了解先进的生产技术和手段,提高效率。

调研区域:省内、国内、国外。

调研范围:全面调研、局部调研(重点调查,抽样调查)。

课题调研的途径:收集资料、实地调查(生产现场)和实验,三者互相配合进行。

收集资料:向产品生产厂家索要技术资料,如元器件的规格型号与参数,使用说明书、技术说明书等;到图书馆、资料室查阅有关的专业著作、学术杂志、简报、图纸、说明书等文献资料;上网查询,搜索下载有关的技术资料。

5.电子产品的开发

根据产品的新颖程度把产品分为全新新产品、换代新产品、改进新产品和仿制新产品。

开发方式:有独立开发方式、科技协作开发方式、技术引进及可行性分析开发方式。

开发规则:根据市场需要开发适销对路的产品;根据企业的能力确定开发的方向;量力而行,采取切实可行的方式;不断创新,注意产品开发的动向;提高产品质量和工作可靠性。

开发策略:对现有产品进行改造;扩大现有产品类型,增加新的花色品种;增加新产品的种类;仿制;多样化新产品。

6.电子产品的市场策略

基本原则:出奇制胜、知己知彼、避实击虚、趋势应变、多种经营。出奇制胜要具有研究创新精神,善于分析,发现新机会,别出心裁,引人入胜。

成熟期产品的经营策略:开展产品新用途;开辟产品新市场;对产品做某种改进;开辟产品新途径;改革市场经营组合。市场经营组合包括产品、定价、销售渠道以及促销措施四个影响销售的因素。

三、电子产品制造行业现状

随着人类工业文明的不断进步,制造业已成为国家经济和综合国力的基础。电子制造业作为现代制造业的后起之秀,既是国家经济的支柱,又是科学技术和其他各行各业发展的基础。电子产品制造业已经超过任何其他的行业,成为当今第一大产业。

1. 我国电子制造企业发展现状

改革开放后的短短十余年的发展，我国就已经成为全球最大的电子产品制造基地，改写了世界电子工业的格局。我国电子行业的现状是“两个并存”：先进的工艺与陈旧的工艺并存，引进的技术与落后的管理并存。派往国外的留学进修人员，由于国外的技术保密而不能进入关键部门学习。可以买来先进的技术，但买不来先进的工艺。虽然看似我国有很多大型高科技企业，如海尔、华为之类的，每年也出口很多的电子产品，但是作为电子控制系统核心的芯片，80%以上都需要进口。

我国电子产品存在以下几个方面的问题：很多产品设计很精确，但实际生产出来的产品质量很差，各项设计技术指标不能达到设计要求，工作稳定性及可靠性差；有些产品从图纸到元件全部从先进国家引进，但生产出来的却比“原装机”差，实现国产化困难；有些产品的设计还停留在仿造国外产品的水平上，缺乏对产品设计机理的探讨和研究以及更新工艺设计的要求；有的个体企业或乡镇企业，缺乏必要的科技人员和科学的工艺原理，还停留在“小作坊”的生产方式中。

2. 世界电子产品制造公司排名

计算机：美国苹果、美国惠普、中国联想、日本索尼、中国台湾宏基、美国戴尔、美国 IBM、中国台湾华硕、日本东芝、日本富士通。

家用电器 ：美国惠而浦、瑞典伊莱克斯、美国通用电气、日本松下、德国西门子、美国美泰克、日本夏普、日本东芝、中国海尔、日本日立。

半导体：美国英特尔、韩国三星、美国德州仪器、日本东芝、中国台湾台积电、意法半导体、日本瑞萨科技、韩国海力士、日本索尼、美国高通公司。

电子公司：德国西门子、韩国三星、美国惠普、日本日立、韩国 LG、日本松下、日本索尼、日本东芝、美国戴尔、中国台湾鸿海精密。

3. 我国电子制造公司排名

我国家电企业：美的集团、格力集团、海尔集团、TCL 集团、格兰仕集团、海信集团、创维集团、美菱、苏泊尔。

我国电子企业：中国普天、海尔集团、联想集团、上海广电、中国长城、华为技术、海信集团、四川长虹、康佳集团、上海贝尔、北京北大、苏州孔雀、彩虹集团。

集成电路：炬力集成电路设计公司、中国华大集成电路设计集团公司、北京中星微电子公司、大唐微电子技术公司、深圳海思半导体公司、无锡华润矽科微电子公司、杭州士兰微电子股份公司、上海华虹集成电路公司、北京清华同方微电子公司、展讯通信公司。

印制电路板：三洋电机公司、惠州市升华工业公司、上海外开希电路板公司、东莞生益电子公司、珠海经济特区兴华器件厂、汕头超声电子公司、王氏电路公司、深圳华发电子股份公司、武进电讯配件厂、龙柏工业公司。

电阻器：天津松下电子公司、广东风华高新科技集团公司、北海银河电子公司、潮州三环股份公司、上海兴亚电子元件公司、揭阳市无线电元件二厂、福建省石狮市通达电子公司、南京无线电十一厂、南通市无线电元件七厂、内蒙古额尔多斯电子元件厂。

电容器：天津三星电机公司、广东风华高新科技集团公司、北京村田电子公司、上海京瓷电子公司、厦门 TDK 公司、广东窝要无线电公司、青岛三莹电子公司、东莞宏明南方电子陶瓷公司、天津松下电子公司、南通电容器厂。

第三节　电子产品制造技术概述

电子产品制造技术的信息分散在广阔的领域中，与众多的科学技术领域相关联，与众多学科的知识相互交叉、相辅相成，成为技术关键性、密集性和综合性交叉式边缘科学。电子产品制造技术对工程技术人员的知识面、思维能力和实践能力要求比较高，需要技术上的复合型人才。值得注意的是，在我国尽管电子制造已是国民经济的支柱产业，已经有众多科技人员从事相关研究和实验，但是在学术教育领域，由于电子制造技术分散在材料、电子、机械、微电子、自动化、化学、物理学、光学、金属学等多个学科领域和传统的认识误区，目前尚未形成电子制造学科。培养一大批满足电子制造业发展需要的、掌握先进电子制造技术的、具有创新意识和实践能力的高素质专业人才已变得极为迫切。

一、电子产品制造技术分类和发展

1. 电子产品制造的定义与分类

如图 1.3.1 所示，电子产品制造有广义和狭义之分。广义的电子制造包括基础电子制造和电子组装制造两个大部分。狭义的电子产品制造指的是电子组装制造。在讨论技术层面上的问题时，我们所说的电子产品制造通常指的是狭义的电子产品制造。另一种广义的电子产品制造包括电子产品从市场分析、经营决策、整体方案、电路原理设计、工程结构设计、工艺设计、零部件检测加工、组装制造、质量控制、包装运输、市场营销直至售后服务的电子产品产业链全过程，也称电子制造系统。

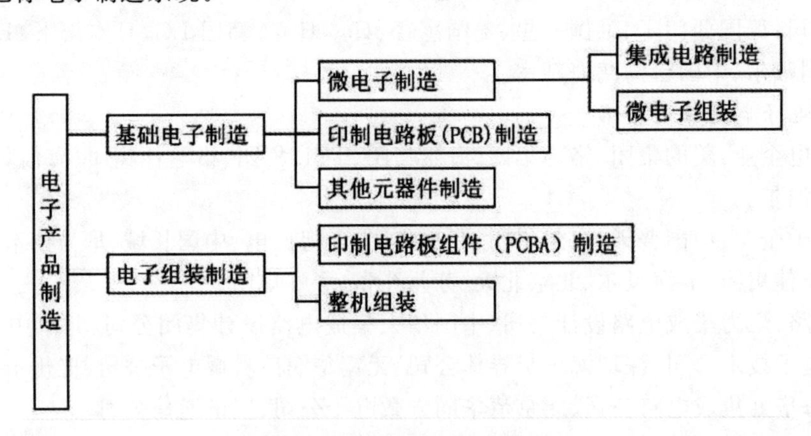

图 1.3.1　电子产品制造分类

(1)集成电路制造。这是指以半导体集成电路为代表的有源元件的制造，包括集成电路(芯片)制造和半导体分立器件制造。

(2)电子组装制造。电子组装是按照产品电路设计原理图，将各种各样的元器件安装定位并互相连接起来，完成设计功能和要求。电子组装技术(或叫电子安装技术)简称为电装技术，又叫电子装联技术，也叫电子制程。电子组装技术在电子产业链中的位置对整个产业的发展具有承上启下的关键作用，是将科学技术转化成社会财富的重要环节，即使在信息化高度发展的先进国家，也非常重视先进电子组装技术的发展和应用。

如表 1.3.1 所示，电子产品组装技术分为芯片级、板级（印制电路板组件制造）、整机级和系统级四个级别，系统级组装大部分不是在制造厂完成的，而是由应用系统集成机构根据用户需要在现场把需要的各种整机通过接口和线缆等连接、调试而组成实际应用系统，已不属于传统的制造范畴。

安装与连接概括了电子组装技术的主要内容。元器件、印制电路板、自动插装、表面贴装、焊接、检测技术等都是围绕安装与连接的主线展开的。电子连接从连接的性质可以分为永久性连接和易拆卸连接。永久性连接主要包括锡焊（手工烙焊接、浸焊、波峰焊、再流焊）、机械连接（绕接、压接、铆接、黏结）、键合连接、化学连接（导电胶、电磁胶、热融胶、导热胶）等；易拆卸连接主要包括插接、螺钉连接等机械连接。

表 1.3.1　电子产品组装技术级别和内容

级别	技术内容	安装方式	连接方式
芯片级	IC 芯片放置到载片台上叫装片、黏晶或固晶	直接贴装、MCM 叠层	键合：热压键合、热压超声键合、激光键合
板级	将元器件安装到印制电路板上	插装、贴装	锡焊：手工烙铁焊、浸焊、波峰焊、再流焊、激光焊
整机级	印制电路板及其他零部件安装到机壳内，面板零部件安装，输入输出零部件安装，机壳安装等	螺钉紧固安装、结构插接安装、线缆安装	导线连接、机械连接（螺纹连接、压接、绕接、插接、铆接、黏结）
机柜或系统级	若干整机及结构零部件固定在相应位置，通过线缆插接等方法组成应用系统	螺钉紧固安装、结构插接安装、线缆安装	机械连接：插接、压接、铆接、螺纹连接

2. 电子产品制造技术的发展历程

电子组装技术是现在发展最快的制造技术，它是伴随着电子器件封装技术的发展而不断发展的，有什么样的器件封装，就产生了什么样的组装技术，即电子元器件的封装形式的发展带动了组装制造技术和印制电路板制造技术的发展。随着器件封装技术的不断发展，电子组装技术的诞生和发展，使得电子设备、电子产品的面貌日新月异，性能越来越好，功能越来越强，可靠性越来越高，体积越来越小，重量越来越轻，相对价格越来越便宜。表 1.3.2 是电子产品制造技术中元器件、电路板和组装技术的发展历程。

第一代，电子管的问世宣告了一个新兴行业的诞生，世界从此进入了电子时代。电子管组装在电子管座上，电子管座安装在金属底板上，通过连接线的焊接和扎线实现互连，由于电子管的高电压工作要求，生产和使用中不得不对人身安全等给予了更多关注和考虑。

第二代：1947 年，美国贝尔实验室发明了半导体点接触式晶体管，一般晶体管比电子管的体积、重量、功耗下降了几个数量级。有引线金属壳封装的晶体管，有引线小型化的无源器件和印制电路板的出现，使单块印制板的手工焊接应运而生。随着技术不断发展，出现了半自动插装技术和浸焊装配工艺。

第三代：20 世纪 70 年代，随着晶体管的小型塑封化，集成电路 IC、厚薄膜混合电路的应用，电子器件出现了双列直插式封装，DIP，SOP 封装，使得无源元件的体积进一步小型化，并

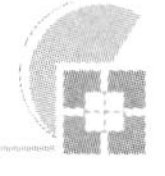

出现了双面印制板和初始发展的多层印制板，组装技术也发展到采用全自动插装和波峰焊，电路的引线连接更简单化，但组装密度太低，体积和重量太大，互连线太长，信号速度上不去，成为电子产品向更高水平发展的瓶颈。

第四代：20 世纪 80 年代以来，随着微电子技术的不断发展，以及大规模（LSI）、超大规模（VLSI）集成电路的出现，出现了表贴封装的元器件 SMD 和 SMC，并继续向微型化发展，组装技术也发展到表面贴装和再流焊。表面贴装技术（Surface Mounting Technology，SMT）使电子产品体积缩小、重量变轻，功能强、可靠性提高，推动了信息产业高速发展。

第五代：20 世纪 70 年代中期出现了芯片载体、载带、多层厚膜技术，70 年代末 80 年代初，出现芯片直接组装到印制板上的技术（COB），80 年代中期出现低温共烧多层陶瓷基板技术、多层薄膜技术、多芯片组件技术（ MCM），组装技术也发展到芯片级组装，即微电子组装 MPT（Microelectronics Packaging Technology，MPT）。80 年代末出现硅芯片和硅基板组装技术（SOS）、三维高密度组装技术、晶圆级集成电路组装技术（WSI）等。90 年代由于超大规模 IC 和芯片系统 IC 的发展，推动了周边引脚（Quad Flat Package，QFP）向球栅阵列封装 BGA 发展，倒装芯片技术 FC 使 BGA 封装更加微型化，出现了芯片尺寸封装 CSP 等。

表 1.3.2　电子产品制造技术的发展历程

时代	年代	组装技术	元器件及特点	代表产品	电路基板和电路板	安装方式	焊接技术
第一代	20 世纪 50—60 年代		电子管，长引线元件、大型、高电压	电子管收音机、通信设备、扩音机	接线板铆接端子、金属底盘	手工捆扎导线	手工烙铁焊
第二代	20 世纪 60—70 年代	THT	晶体管，轴向引线元器件	黑白电视机、通用仪器	单面酚醛纸质层压板	手工/半自动插装	手工焊、浸锡
第三代	20 世纪 70—80 年代		集成电路，单、双列直插，可编带的引线元器件	便携式薄型仪器、彩色电视机	双面环氧玻璃布层压板，挠性聚酰亚胺板	自动插装	波峰焊，浸锡
第四代	20 世纪 80—90 年代	SMT	大规模集成电路，表面贴装、异形结构	小型高密度仪器、录像机	陶瓷基板、金属芯基板、多层高密度化电路板	自动贴装	波峰焊、再流焊
第五代	20 世纪 90 年代至今	MPT	超大规模集成电路，表面贴装球栅阵列封装	超小型高密度仪器、整体型摄像机	陶瓷多层电路板、元件基板复合化	自动表面贴装、MCM 三维叠层	热压超声键合等

从表中看出第二代与第三代组装技术，代表元器件特征明显，而安装方法并没有根本改变，都是以长引线元器件穿过印制板上通孔的组装方式，一般称为通孔插装技术（Through Hole Technology，THT）。

二、电子产品的生产线和制造设备

1. 电子产品的生产线设计

随着电子工业的发展，电子产品呈现批量大、更新快、周期短、质量高、价格低廉等特点，高水平的现代化的生产线不仅是产品质量和可靠性的保证，而且大大降低了产品的价格，为企业参与市场竞争奠定坚实的基础。

(1)生产线设计的阶段。

1)方案设计阶段。以任务要求和约束条件确定系统技术性能参数和基本方案。然后以生产线的节拍时间、高度、宽度等数据及产品的工艺流程等来确定生产线系统的功能目标。

2)初步设计阶段。对满足功能目标的若干个可行性方案，进行性能、费用、进度等方面的分析，从中找出最优方案，确认生产线系统的基本组成和技术性能参数，画出功能流程图。

3)工作图设计阶段。以功能流程图形式表示的基本方案和技术参数作为系统的输入，将可供施工使用的生产线的平面布置图以及各条线、各台专用机械的技术要求作为系统的输出。

4) 订购、施工和自制装备加工阶段。订购各种生产设备、生产线线体、检测仪器、生产工具，研制、采购或加工符合产品生产要求的工装、卡具和零部件，并通过反复试验、分析，验证外购设备、器材的合理性与适用性，改善自制装备的性能。

(2)生产线设计的任务要求和约束条件。

1)工程建设方针：依据投资总额、工程规模、建设周期、自动化程度及企业的长远规划等要素确定。

2)产品大纲：根据产品的品种及产量确定。

3)产品流程：满足产品工艺流程和材料流程要求，扩大适应能力，增加通用性。

4)环境条件：不仅包括厂房条件(面积、形状和厂房所在的地理位置)，还要考虑产品生产环境条件和生产过程中可能出现的对环境的污染及其治理。

5)能源条件：指市政水、电供应及生产线所需的动力条件。生产线的动力条件主要包括电力及压缩空气，应该对所需电量、气量进行估算，并提出一整套与之相应的土建和动力规划。

6)工人素质。无论设备的性能是否先进，归根结底要靠人来操作。分析劳动者对设备的的操控能力和使用中的舒适度，避免生产者在生产过程中受到伤害。

7)制造厂商：生产线线体、仪器设备特别是自动化生产设备都有专业的设备制造厂商，必须仔细研究厂商提供的技术资料，与供应商共同研究本企业的产品对象和劳动力条件，分析不同品牌、不同型号设备之间的衔接与配合，缩小同一生产线内的设备性能差异，避免出现生产能力上的瓶颈。

另外还应考虑技术力量、管理水平、防火防盗、加工安装、产品转运、起重运输和仓库条件等因素。

(3)生产线的技术要求。

1)确定标准时间、工位数量及线长。用测定法、计算法、经验法及统计法等方法，科学地确定完成一台整机或一道工序所需要的标准时间，再根据标准时间和节拍来计算工位数量；根据产品的长度和储备长度，决定工位间距。工位数量和工位间距决定线长，生产线的实际长度一般大于计算长度，这是因为备用工位及动力装置、张紧装置等也要占用一定的空间。

2)确定生产线的传输形式。为了保证总体方案在结构上实施的可行性，必须根据每条线

的工艺使用要求、节拍方式、投资数额来确定生产线的传输形式。

3)确定专用机械和空间位置。根据分配给每台专用机械的技术参数,对元器件插装机或贴装机、自动焊接机(波峰焊机和回流焊机)、自动外包装机等设备进行选型配置,对提升机、移载机、包装机等设备按照技术要求进行购置或自行设计。所有专用机械必须和线体在空间和时间上相互协调衔接,构成一个统一的整体。

4)电力分配和气路分配。电力分配包括厂房配电和生产线电路设计。厂房配电是指按照设计要求把动力电输送到生产线主配电盘上;生产线电路设计主要是确定控制电路、线体照明电路、仪器稳压电路、单机设备的供电电路,以及编制可编程序逻辑控制器的相应软件程序。

气路分配包括厂房气路分布及生产线气路设计两部分。厂房气路分布是指按照设计要求把压缩空气从空气压缩机站输送到生产车间入口的室内外空气管路系统;生产线气路设计是指确定线体内部及各种单机设备的气路系统。

(4)生产流水线的节拍。

流水作业是根据电子整机的生产工艺流程,把整机分成若干个模块,按一定的传输方向(操作顺序)进行准备、组装、调试、检验等,带有一定的强制性和约束力,在流水生产线上,每一位操作者必须在规定的时间内完成指定的操作内容,所操作的时间为流水节拍,流水节拍有完全自由节拍、相对节拍和强制节拍。

1)完全自由节拍。人工传递产品,手工操作。这些工位完成加工的内容时间不确定,主要因为该工序的工作量不确定,一般为手工操作,与操作者的经验、技能和劳动态度有关。如返修工序,由于故障原因和修理方法,因此不能确定具体的修理时间。

2)相对节拍。自动传送产品,手工操作。生产线开动时,线体的运行速度决定了生产的节拍,产品经过每一个工位的时间是一定的,工人必须在有限的时间内完成规定的操作。

3)强制节拍。自动传送产品,自动加工。主要在自动生产设备组成的生产线上,动力系统的驱动能力和设备的加工参数决定了生产节拍。

(5)生产线的功能分析。生产线的功能与它所完成的工艺内容密切相关,工艺顺序与方法将影响生产线的布局。

1)THT/SMT 组装工艺。对于传统的 THT 电路板和元器件,研究插件、焊接工艺和插装线的布局。长插的工艺是先插件、再焊接、后剪腿;短插的工艺是工件预成形后再插件、焊接。短插因成形的元器件引脚带有定位弯,能够保证焊接质量,不需要切脚设备、便于自动插件;对于采用 SMT 工艺的电路板,必须仔细分析 SMT 工艺在整个产品中的分量以及它与后续工艺的衔接问题,SMT 生产设备是企业投资的重点。

2)调试线与调试工艺。调试方法分单板调试法和在线调试法,单板调试法线体的传送带仅起传输作用;在线调试法占地面积少、调试速度快,但设备复杂、自动化程度高、投资大。调试线设计中的难点原因是调试时间的长短、节拍难以控制。

3)老化线与老化工艺。老化的时间、温度和方式,受产品品种、元器件质量、设备能力等因素的影响,方法和条件相差很大。产品完全进行高温老化是大流水生产的瓶颈,它给生产线的布局和安全防火带来很多困难,并增加了占地面积和建线投资。

4)生产线的系统组成。一般是由插件线、SMT 线、调试线、组装线等若干条功能各异、相对独立的生产线,以及焊接机、提升机、包装机等自动化专用机械组成的。每条生产线又由机械、计算机、电控、气动、工具工装及仪器仪表等分系统组成。每个分系统又可分为几个子系

统，如机械系统由线体单元、动力装置、传输装置及张紧装置等组成；电控系统由动力供电、控制电路、可编程序控制器等硬件及相应的软件组成。

(6)产品调试生产的环境条件。每一种电子产品都有自己的特殊性，特别是精密仪器，对环境的要求要苛刻一些。

1)温度、湿度和电压波动。对于一般电子仪器，室内温度为(20±5)℃，相对湿度为40%～70%，电源电压的波动应小于额定电压的±10%；对于精密电子仪器，应在恒温(20±1)℃和恒湿(相对湿度为50%)、电源电压的波动应小于额定电压±5%的条件下工作。室内应配有空调器、去湿机和电子交流稳压器。

2)室内保持整齐清洁。整齐清洁的工作环境，可以使我们保持轻松愉快的心情提高工作效率。当室内灰尘较多时，在短时间内可以使仪器内部聚集较多的灰尘，灰尘具有吸湿性，会使仪器的绝缘性能变坏，或者使活动部件和接触部件磨损加剧，甚至造成电路的击穿。

3)室内环境保持干燥。潮湿的空气会使电子仪器内部的元器件性能下降，特别是用那些含有纤维材料或者防潮性能较差的材料制成的元器件如变压器、线圈、线绕电位器、表头动圈等，都会因为受潮而产生击穿、霉烂断线现象；同时潮湿的空气会加速金属部件的生锈腐蚀。所以调试场地首先应选择向阳通风的房间。

4)防止腐蚀气体的侵害。酸、碱等气体对电子仪器具有腐蚀作用，调试场地应远离产生腐蚀气体的场所。调试场地避免采用石灰作为防潮剂，如果要使用铅蓄电池时，不要放在同一个房间内。在沿海地区，要经常注意环境中盐雾气体对仪器的腐蚀。

5)具有良好的电磁环境。有些电子产品在调试过程中，极其容易受到空间电磁波的干扰从而产生较强的杂波图像或较高的干扰电平，如一些灵敏度较高的接收电路；而有些电子产品，如频率较高的功率放大电路，会向空间中辐射强度较强、频带较强宽的电磁信号，从而引起电磁污染。为此，调试场地以及该场地所使用的电源都应进行良好的电磁屏蔽。

6)防止静电危害。人体和其他物质相摩擦后会携带高达数万伏的静电电压，对电路中的一些电子元件造成损坏。为了避免产生这样的后果，除了保证调试场地要有正常的空气湿度外，还应有一些防静电措施，例如，调试用仪器设备都应该具有良好的接地、工作人员应配备防静电工作服装、工位上应配接地腕套等措施。

2. 电子产品制造设备

电子制造工程从工艺和设备角度来看，其具有一定的共性，有什么样的工艺技术，就会出现什么样的设备，目前我国已打破主要电子制造设备全部依赖进口的局面。

(1)元器件制造设备。

材料工程：浆料制备、球磨机、超细粉碎机、黏结剂制备、振动筛、丝网印刷机等。

基体工程：挤制设备、迭片印刷机、切块机、排黏机、烧结炉、激光调阻机、涂端头机等。

装配工程：导线成形机、插脚机、焊接机、模塑包封机、激光打标机、装袋机、编带机。

测试工程：自动测试机、容量分类机、综合测量仪、老化机、温测仪。

(2)集成电路(半导体)制造设备。

晶圆制造：单晶炉、切片机、研磨机、等离子清洗机。

集成电路制造(前工程)：气相磊晶、光刻机、电子束曝光机、扩散炉、等离子体硅蚀刻机、反应离子蚀刻机、晶圆硅喷镀设备、引线框架电镀线设备。

集成电路制造(后工程)：芯片切割机、固晶机、引线键合机、载带键合机、倒装焊接键合机、

平行封焊机、真空液晶灌注机、整平封口设备、激光打标机。

集成电路测试:自动探针测试、测厚仪、可焊性测试仪、老化机。

(3)印制板制造和组装设备。

基板制造:与元器件制造中的材料工程相似。

印制板制造:曝光机、贴膜机、热压机、钻孔机、电镀系统、热风整平机、裁板机。

印制板组装:SMT设备有印刷机、贴片机、再流焊机;THT设备有自动插件机、波峰焊机。

印制板检测:在线检测ICT、自动光学检测AOI、激光系统、AXI、测厚仪、可焊性测试仪。

(4)微组装技术设备。

厚薄膜集成电路制造:印刷机、烧结炉、激光调阻机、光刻机、真空溅射镀膜机。

芯片组装技术:植球机、多层金属凸点电镀设备、引线键合机、载带键合机、倒装焊接键合机、SMT设备等。

微组装测试:飞针ICT、AOI、激光系统、AXI、测厚仪、可焊性测试仪。

三、电子产品制造新技术

1.打印印制电路板技术

打印印制电路板技术(print the printed circuit board),也叫打印电子(printable electronics)技术,因可以实现电感、电容、电阻等元件,甚至晶体管、电池等功能组件的打印制造,也被称为全印制电子技术。它采用与喷墨打印机打印纸质文件一样的方法,将传统PCB制造工艺需要十几道复杂工序才能完成的电路图形,轻而易举地“打印”到基板上而制造出印制电路板。它属于印制板制造的加成法,

(1)优点:一是工序短,不要制板、曝光、蚀刻等复杂工序,仅需CAD图、钻孔、前处理、喷墨印制、固化即可;二是省资源,加成法的最大优点为节约铜材及光敏、蚀刻等材料;三是环保,由于不要掩模、显影、蚀刻等化学过程,几乎无三废;四是灵活,可适用于刚性板和挠性基板、可用卷到卷工艺、能高度自动化、多喷头并行动作可获得高生产能力,可用于三维组装,可实现有源和无源等元件的集成。

(2)关键技术:一是电子墨水必须具有溶解性、黏度、稳定性等一系列物理化学性能,保证不阻塞喷头,而且要求较低的固化温度,金属纳米材料的导电墨水固化温度有望低至200~300℃满足此要求;二是需要高速、高效和精密工业喷墨打印机,一种有15个打印头和256个喷嘴的机器已经出现,打印一块457mm×610mm面积的阻焊剂小于60s,能够满足要求;三组装工艺性与产品可靠性技术是实现工业化生产必须考虑的重要因素。

2.逆序组装工艺技术

(1)逆序组装的定义。逆序组装工艺是相对常规工艺而言的。常规的电子组装工艺,无论通孔插装还是表面贴装,都是先设计制造印制电路板,而后在印制电路板上安装元器件并通过焊接完成电路连接,即先布线后安装元器件;逆序组装工艺则是先放置好元器件再进行布线,将PCB制造和组装制造融合在一起了。它能解决常规工艺面临的问题,如有铅焊接环保问题;无铅焊接的高温度可靠性问题和新的环保问题;微小和密集组装可靠性问题等。逆序组装工艺目前有聚合物内芯片工艺、奥克姆工艺和逆序加成工艺三种。

(2)逆序组装工艺的特点。

1)以简胜繁。电子制造由三大环节(元器件制造、印制电路板制造、组装制造)简化为二大环节(元器件制造、组装制造),完全不采用传统的焊料互连。

2)绿色制造。免焊接、免清洗,无铅无卤。

3)工艺保证。组装中使用的贴放、涂覆、打孔、镀铜等工艺都是目前常见的、低风险的、成熟的核心技术,工艺质量有保证。

4)低温度。无须使组装板暴露在回流焊的高温中,所以不会发生"爆米花"分层现象,可以直接组装那些不能承受回流温度的元件(如铝电容、光电器件、连接器等)。

5)高可靠性。可实现全铜连接、组件引脚间的直接连接、无镀层连接等可靠互连,无镀层材料兼容性、金属间化合物、焊剂污染等风险,提高产品使用可靠性。

(3)奥克姆工艺简介。由于奥克姆工艺的概念来自于哲学家和逻辑学家奥克姆(Occam)的"以简胜繁"理念,因而命名为奥克姆工艺,其主要流程如下:

1)元件贴放。将元器件按设计布局位置贴放到基板上,形成组装板。

2)基板模封。使用灌封胶对组装板进行模封。

3)引线打孔。翻转组装板,通过打孔露出元器件引线。

4)镀铜填孔。电镀铜以填满引线孔,形成引线接点层。

5)涂覆绝缘。在引线接点层上涂覆绝缘材料,并形成露出引线接点的连接层。

6)电路互连。在连接层上电镀铜,并通过多层叠加形成设计的电路连接。

7)保护涂覆。在最后成型的电路板上,对不需要进一步互连的部分涂覆保护材料。

3. 电场组装技术

迄今为止,在元器件贴装的定向与定位控制中所采用的方法都是基于机器人工作的模式,这种模式必然受机电系统尺寸精确度、运动时间和运行机制的制约。然而未来电子产品微小型化和多功能趋势不会停止,而互连的难度将越来越高,人们有理由期待突破现在机电系统模式的新一代组装技术。

电场组装技术是近年电子组装的引人注目的探索,其主要原理是将分子生物学技术,即DNA断片、蛋白质或其他生物分子的分离与分析的技术,用于微小型元器件在电路板上的精确贴装。其基本原理是利用DNA本身具有的选择性和排序能力,实现定向与定位控制。在每一个要贴装的微型元件和基板对应位置上,都先附上一个短小的DNA互补结,微元件分散悬浮在特定的载体溶液中,在电场力的作用下将微元件准确地移到基板对应位置上,从而完成微型元件的组装。它的优点是:不会对微型元件造成损伤;可以组装微米级的倒装芯片;可以用于非常复杂的三维组装;能够进行并行组装。

另外,还有人在研究其他电子组装技术,例如流体组装技术以及多面体器件等各种全新理念的组装技术。很难衡量这些技术中,将来哪个会取代现在流行的组装技术或者是互相补充,但显然所有的技术探索对新一代贴装与组装技术的诞生都是有益的。

思　考　题

1. 产品制造过程分哪几个阶段?

2. 电子产品的定型设计文件和定型工艺文件有哪些?

3. 电子产品工艺工作的内容是什么?

4.现代设计技术的主要内容有哪些？

5.什么是信息化制造技术？信息化制造技术有哪些？

6.先进制造管理技术有哪些？

7.产品概念的三个层次是什么？

8.电子产品的市场寿命周期的四个阶段是什么？

9.广义的电子制造包括哪些内容？

10.电子产品制造设备分哪几类？印制电路板制造和组装设备有哪些？

11.目前有哪些电子产品制造新技术？

12.电子产品生产流水线的节拍有哪三种方式？

第二章

元器件总述和电抗元器件

元器件是在电路中具有独立电气功能的基本单元，是构成电子产品的基本要素，它和各种原材料一起是实现电路原理设计、结构设计、工艺设计的主要依据。元器件的性能和质量的优劣直接影响到电子产品的质量。元器件总的发展趋向是集成化、微型化、高性能和结构改进。熟悉、了解各种电子元器件的命名、分类、参数、结构、特点和应用，学会识别、选择和使用电子元器件是设计、试制和生产电子产品必须掌握的基础知识。本章主要介绍电抗元器件，其他分立元件将在第三章介绍，集成电路将在第四章介绍。

第一节　元器件总述

一、元器件的分类和参数

1.元器件的分类

(1)按工作机制元器件划分无源元器件与有源元器件。有源元器件在工作时，其输出不仅依靠输入信号源，还要依靠电源，如晶体管、场效应管、集成电路等以半导体为基本材料构成的元器件，也包括电真空器件；无源元器件在工作时，其输出仅依靠电源或信号源。无源元器件分耗能元件、储能元件和结构元件。耗能元件如电阻器、电位器；储能元件如储存电能的电容器和储存磁能的电感器；结构元件例如各类插座、插头和开关等机电元器件。

(2)按制造行业元器件划分为元件与器件。元件是指加工中没有改变分子成分和结构的产品；器件是指加工中改变分子成分和结构的产品。器件是由半导体企业制造，而元件则由电子零部件企业制造。有源元器件为器件，无源元器件为元件。

(3)按电路功能元器件分为分立元器件与集成元器件。分立器件是指具有一定电压电流关系的独立元器件，包括基本的电抗元件、机电元件、半导体分立器件(二极管、双极三极管、场效应管、晶闸管)等。集成元器件通常称为集成电路，指一个功能电路或系统电路采用集成制造技术制作在一个封装内，组成具有特定电路功能和技术参数指标的器件。

(4)按组装方式元器件分为插装元器件与贴装元器件。插装元件具有较长的引脚和较大的体积，组装到电路板上时，引脚必须插入电路板通孔中，因此其电路板需要制作带有通孔的焊盘；贴装元件是短引脚或无引脚片式结构，组装到印制电路板上时，直接贴装在电路板上，因此其电路板焊盘不需要钻通孔。

(5)按使用环境元器件分为民用元器件、工业用元器件和军用元器件。民用品元器件适用于对可靠性要求一般，性价比要求高的家用、娱乐、办公等领域；工业用元器件适用于对可靠性要求较高，性价比要求一般的工业控制、交通、仪表等领域；军用元器件适用于对可靠性要求很高，价格不敏感的军工、航天航空、医疗等领域。

(6)按元器件应用特点元器件划分为常用元件、常用器件和特种元器件。特种元器件有光、热、磁、湿、力等敏感元器件。

2. 电子元器件的参数

电子元器件的主要参数有特性参数、规格参数和质量参数。这些参数从不同角度反映了一个元器件的电气性能及其完成功能的条件，取决于它们的制造材料、结构和生产条件等因素。其中特性参数是指电子元器件实现预期功能能力的特性，如二极管的反向工作峰值电压、正向压降、反向电流等。

(1)规格参数。规格参数即各种标称值。为了便于大批量生产并让使用者能够在一定范围内选用合适的元器件，规定了一系列数值作为产品的标准值，称为标称值。阻值、额定功率值、允许偏差值和外形尺寸等都有标称值。

1)标称值和标称值系列。电阻器的标称系列阻值见表 2.1.1，符合标称系列的电阻标称阻值为：标称数值 $\times 10^n \Omega$。例如，标称数值为 1.3 的电阻标称阻值有：1.3Ω，13Ω，130Ω，1.3kΩ，13kΩ，130kΩ，13MΩ 等。电阻的额定功率值也有标称值，对应电路图形符号如图 2.1.1 所示。

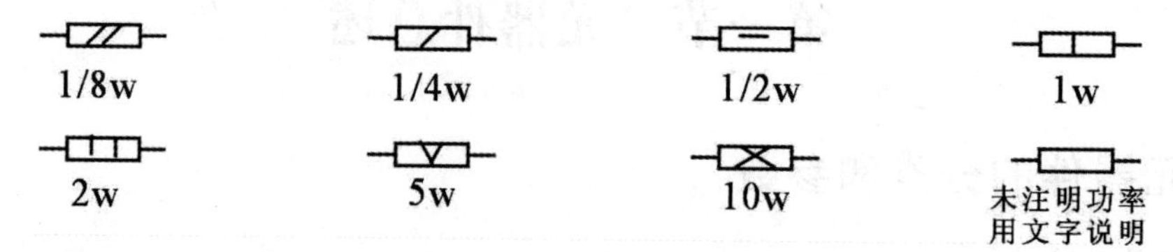

图 2.1.1　电路图形符号

表 2.1.1　E6,E12,E24,E48,E96,E192 电阻系列标称值

E6	E12	E24	E48	E96	E192	E48	E96	E192	E48	E96	E192	E48	E96	E192	E48	E96	E192
1.0	1.0	1.0	100	100	100	162	162	162	261	261	261	422	422	422	681	681	681
		1.1			101			164			264			427			690
	1.2	1.2		102	102		165	165		267	267		432	432		698	698
		1.3			104			167			271			437			706
1.5	1.5	1.5	105	105	105	169	169	169	274	274	274	442	442	442	715	715	715
		1.6			106			172			277			448			723
	1.8	1.8		107	107		174	174		280	280		453	453		732	732
		2.0			109			176			284			459			741
2.2	2.2	2.2	110	110	110	178	178	178	287	287	287	464	464	464	750	750	750
		2.4			111			180			291			470			759
	2.7	2.7		113	113		182	182		294	294		475	475		768	768
		3.0			114			184			298			481			777
3.3	3.3	3.3	115	115	115	187	187	187	301	301	301	487	487	487	787	787	787
		3.6			117			189			305			493			796
	3.9	3.9		118	118		191	191		309	309		499	499		806	806

续表

E6	E12	E24	E48	E96	E192	E48	E96	E192	E48	E96	E192	E48	E96	E192	E48	E96	E192
		4.3			120			193			312			505			816
4.7	4.7	4.7	121	121	121	196	196	196	316	316	316	511	511	511	825	825	825
		5.1			123			198			320			517			835
	5.6	5.6		124	124		200	200		324	324		523	523		845	845
		6.2			126			203			328			530			856
6.8	6.8	6.8	127	127	127	205	205	205	332	332	332	536	536	536	866	866	866
		7.5			129			208			336			542			876
	8.2	8.2		130	130		210	210		340	340		549	549		887	887
		9.1			132			213			344			556			898
			133	133	133	215	215	215	348	348	348	562	562	562	909	90	909
					135			218			352			569			920
				137	137		221	221		357	357		576	576		931	931
					138			223			361			583			942
			140	140	140	226	226	226	365	365	365	590	590	590	953	953	953
					142			229			370			597			965
				143	143		232	232		374	374		604	604		976	976
					145			234			379			612			988
			147	147	147	237	237	237	383	383	383	619	619	619			
					149			240			388			626			
				150	150		243	243		392	392		634	634			
					152			246			397			642			
			154	154	154	249	249	249	402	402	402	649	649	649			
					156			252			407			657			
				158	158		255	255		412	412		665	665			
					160			258			417			673			

2)允许偏差。实际值与标称值之间存在一定的误差,实际值允许偏离标称值的最大范围叫允许偏差。允许偏差有双向偏差和单向偏差,双向偏差区间对称,单向偏差偏差区间不对称。电阻器的阻值一般采用双向偏差;电解电容器因在存储期间容量会逐渐降低,一般采用单向偏差。E6,E12,E24,E48,E96,E192 电阻系列允许偏差分别为:±20%,±10%,±5%,±2%,±1%,±0.5%。电阻和电容的允许误差偏差常用符号来表示,见表 2.1.2。

表 2.1.2　常用元器件允许误差偏差符号表

偏差/(%)	±0.1	±0.25	±0.5	±1	±2	±5	±10	±20	+20 −10	+30 −20	+50 −20	+80 −20	+100 0
符号	B	C	D	F	G	J	K	M			S	E	H
曾用符号	—	—	—	—	—	Ⅰ	Ⅱ	Ⅲ	Ⅳ	Ⅴ	Ⅵ	—	—
分类	精密				一般				只适于电容				

3)额定值与极限值。额定值为在一定条件下，长期正常工作的最大极限。如额定工作电压、额定工作电流、额定功率等。使用中额定值应高于实际值的 1.5～2 倍。

极限值为正常工作最大极限度。如最高工作电压、最大工作电流、最高环境温度。最高工作电压为额定温度下，短时间承受的电压峰值。极限值是不允许超过的，否则元器件将无法正常工作或损坏。

(2)质量参数。质量参数分特殊质量参数和一般质量参数。特殊质量参数如电容器的绝缘电阻、损耗角正切，双极型三极管的饱和电流、饱和压降等。一般质量参数用来描述元器件特性参数和规格参数随环境因素变化的规律，主要包括以下几种：

1)温度系数：电阻(电容)的温度系数是在规定的温度范围内，温度每变化 1℃时，阻值(容值)的相对变化量。温度系数有正、负之分。

2)噪声电动势和噪声系数：噪声分热噪声、散粒噪声、机械噪声和接触噪声等，又分内部噪声和外部噪声。

3)高频特性：电子元器件处于高频状态下时会表现出与低频状态不同的电路响应。电阻、电容和电感的射频特性见表 2.1.3，它们处在高频状态工作时，不再具有“纯”的电阻、电容和电感的性质，而是同时呈现电感、电阻和电容的特性。二极管处在高频状态工作时，除了有可变电阻的特性以外，还有可变电容的特性。三极管处在高频状态工作时，发射结和集电结的势垒电容 C_T 和发射结的扩散电容 C_D 都不能忽略。导线高频状态工作时，具有集肤效应。它使导线在频率状态下阻抗增加，为了减小导线电阻，采用多股绝缘导线拧在一块，或将导体做成管状。

表 2.1.3　电阻、电容和电感的射频特性

元件	等效电路	阻抗与频率曲线
电阻	C_a 引线间电容 引线电感 L 引线电阻 R_s 引线电感 L 等效分布电容 C_b	10^3 10^2 10^1 10^0 10^{-1} 10^{-2} 10^{-3} $\|Z\|/\Omega$ 理想电阻 电感效应 电容效应 谐振点 10^6 10^7 10^8 10^9 10^{10} 10^{11} 10^{12} f/Hz

续 表

元件	等效电路	阻抗与频率曲线
电容	引线电感 L；引线电阻 R_s；实际电容 C；介质损耗电阻 R_c	$\lvert Z\rvert/\Omega$（10^{-2}～10^{2}）；f/Hz（10^{8}～10^{11}）；电容效应；电感效应；LC串联谐振点；理想电容
电感	引线电感 L；等效电感线圈电阻 R_s；等效分布电容 C_b	$\lvert Z\rvert/\Omega$（10^{1}～10^{5}）；f/Hz（10^{8}～10^{11}）；LC并联谐振点；理想电感；电感效应；电容效应

4)机械强度:电子设备的振动和冲击是无法避免的,如果设备选用的元器件机械强度不高,就会在振动时发生断裂,造成损坏,使电子设备失效,如电阻器的陶瓷骨架断裂、电阻体两端的金属帽脱落、电容本体开裂等。

5)可焊性:元器件都是靠焊接实现电路连接的,“虚焊”是引起整机失效最常见的原因,为了减少虚焊,不仅需要提高焊接的技术水平,还要尽量选用那些可焊性良好的元器件。如果元器件的可焊性不良,就必须在焊接前除锈镀锡,并使用适当的助焊剂以确保焊接质量。

6)可靠性和失效率:可靠性是指元器件的有效工作寿命,即它能够正常完成某一特定电气功能的时间。元器件的工作寿命结束叫做失效,失效率公式如下:

$$失效率\ \lambda(t)=\frac{失效数}{使用总数\times时间}$$

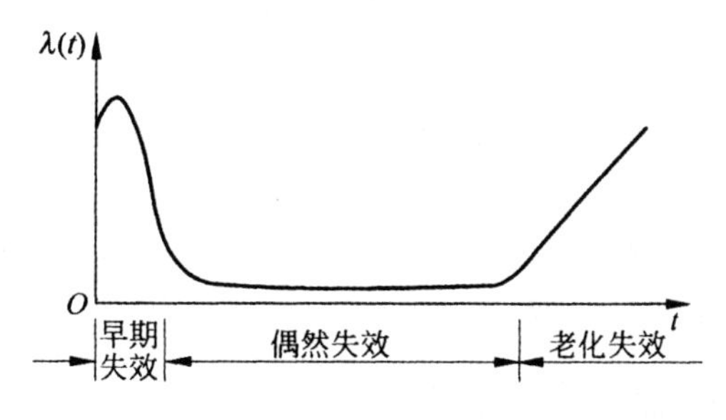

图 2.1.2 元器件失效率函数曲线

失效率函数曲线如图 2.1.2 所示,其变化的规律就像一个浴盆的剖面,称为“浴盆曲线”。新制造出来的元器件在刚刚投入使用的一段时间内,失效率比较高,这种失效称为早期失效。早期失效是隐藏在元器件内部的一种潜在故障,会迅速恶化而暴露出来。在经过早期失效期

以后，元器件会进入正常使用阶段，其失效率会迅速降低且保持一个小常数，这个阶段叫做偶然失效期。在经过长时间的使用之后，元器件可能会逐渐老化，失效率又开始增高，直至寿命结束，特性参数消失，这个阶段叫做老化失效期。

二、元器件的外观检查与老化筛选

为了保证装配和调试顺利进行，元器件装焊前的检测和筛选是必不可少的步骤。否则等到调试时发现电路不能正常工作，再找原因检查元器件将浪费大量的时间和精力，而且容易造成元器件和印刷电路板的损坏。

1. 外观质量检查

(1)型号、规格、厂商、产地应与设计要求符合，外包装应完整无损。

(2)外观应完好无损，表面没有凹陷、划伤、裂纹等缺陷。

(3)电极引线应无压折和弯曲，镀层完好光洁，无氧化锈蚀。

(4)型号、规格标记应清晰、完整，色标位置、颜色应符合标准。

(5)有机械结构的元器件要求尺寸合格、螺纹灵活、转动手感合适；开关类元件操作灵活，手感良好；接插件松紧适宜，接触良好等。

2. 元器件的老化筛选

元器件的老化筛选条件为非破坏性的，要达到甄别缺陷的目的，但不能使产品劣化变质。

(1)老化筛选的原理及目的：给电子元器件施加热的、电的、机械的或者多种结合的外部应力，模拟恶劣的工作环境，使它们内部的潜在故障加速暴露出来，然后进行电气参数的测量，筛选剔除掉那些失效或变值的元器件，尽可能把早期失效消灭在正常使用之前。

(2)老化筛选工艺选择考虑因素：国家标准、生产水平、厂家质量认证报告、产品工作条件和使用环境、是否军用产品、是否精密产品、是否关键元器件、功率负荷是否较大等。对于民用产品，一般采用随机抽样的方法；对军用产品和可靠性要求较高、工作环境严酷的产品，则必须采用加严的老化筛选方法，即100%逐个老化筛选元器件。

(3)二极管和三极管老化筛选工艺实例。

工艺流程：常温测试、低温老化、高温老化、温度循环和电参数测试。

常温测试：使老化前后测试数据能够对照起来，预知当前元器件生产状态。

低温老化：剔除冷缩使材料损坏的失效元器件。硅管或锗管(−55±3)℃，持续96h。

高温老化：通过在静态条件下提高温度到二极管、三极管的最高结温，剔除电性能不稳定、金属化缺陷、硅体内缺陷、腐蚀、表面沾污的失效元器件。硅管(125±3)℃或锗管(70±5)℃，持续96h。

温度循环：通过温度反复交变，剔除结合部位有缺陷的失效元器件。硅管或锗管−55±3℃，持续0.5h，中间转换时间1min，硅管125±3℃或锗管70±5℃，持续0.5h，循环5次。

三、电子元器件的命名和标注

1. 电子元器件的名称

按照国家标准GB2470—1981，通常电子元器件的名称由四个部分组成。第一个部分主称代表种类。如R表示电阻器，C表示电容器，L表示电感器，W表示电位器，2表示二极管，3表示三极管；第二个部分代表材料；第三个部分代表类别，一般按用途或特征进行分类；第四个

部分代表序号，它表示元器件的规格和性能。

2. 电子元器件的标注

电子元器件的名称及各种参数，应当尽可能在元器件的表面上标注出来。常用元器件标注方法有直标法、数标法、文字符号法和色标法四种。

（1）直标法：把元器件的名称及主要参数直接印制在元件的表面上。这种标注方法直观，占用面积较大，所以只能用于体积比较大的元器件。如图 2.1.3 中(a)所示为阻值 47kΩ 误差 5％功率 2W 的金属膜电阻器；(b)所示为阻值 47kΩ20％误差 2W 的碳膜电阻器；(c)所示为 22μF 误差 10％额定直流工作电压为 16V 的电解电容器。

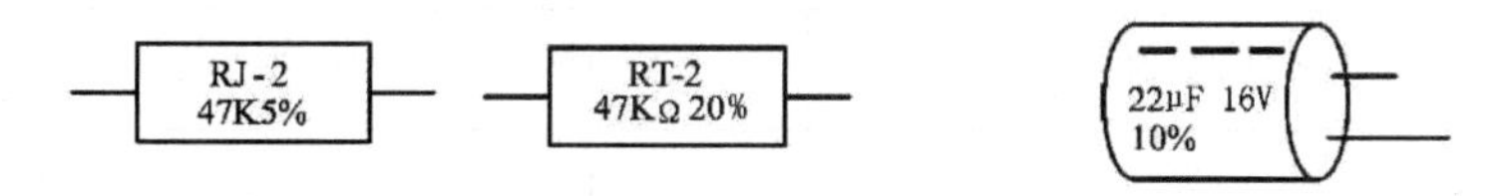

图 2.1.3　直标法示意图

（2）文字符号法：是用阿拉伯数字和文字符号两者有规律的组合来表示元器件的主要参数。如表 2.1.2 所示，其允许偏差也用文字符号表示。符号前面的数字表示整数阻值，后面的数字依次表示第一位小数阻值和第二位小数阻值，符号一般为单位符号，电阻文字符号 R 等同于单位符号 Ω。如电阻器上 R10 表示 0.1Ω，3R9 表示 3.9Ω，4K7 表示 4.7 kΩ；电容器上 6P8 表示 6.8pF，103 表示 10nF。

（3）数标法：在元器件表面上用三位数码表示标称值。数码从左到右，第一、二位为有效值，第三位为 10 次方的指数，即零的个数。单位为基本单位，电阻的基本单位是 Ω(欧姆)，电容的基本标注单位是 pF(皮法)，电感的基本标注单位是 μH(微亨)。电容量的单位换算为：$1\ F=10^6\mu F=10^{12}pF$，$1\mu F=10^3 nF=10^6 pF$，$1nF=10^3 pF$。如电阻器上标 100 表示 $10\times10^0\Omega$ 即 10Ω，标 273 表示 $27\times10^3\Omega$ 即 27kΩ；电容器上 103 表示 10×10^3 pF 即 0.01μF；电感上 822 表示 $82\times10^2\mu H$ 即 82μH。

（4）色标法：用色环、色点、色带来表示元器件的主要参数。色环最早用于标注电阻，现在也标注电感和电容等，色环电阻的标注方法分四环标注法和五环标注法。

四环标注法：第一、二环表示有效数字，第三环表示前两位有效数字的 10^n 倍率，与前三环距离较大的第四环表示允许偏差。如图 2.1.4(a)所示从左至右色环分别为红、黄、红、银的四环电阻阻值依表 2.1.4 为 $24\times10^2\Omega$ 即 2.4kΩ，允许偏差为±10％。

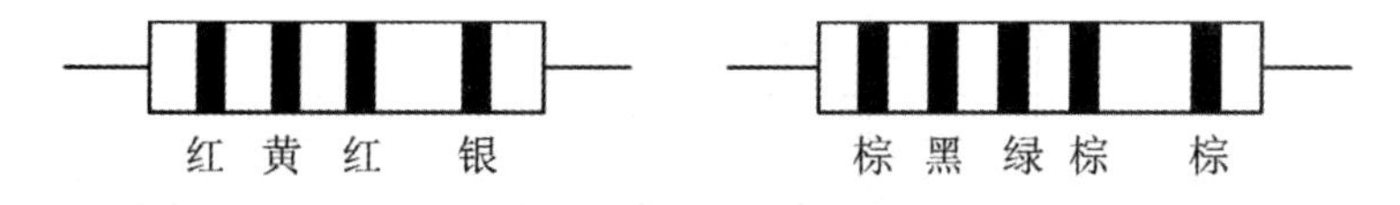

图 2.1.4　色环标注法

(a)四环标注法；　(b)五环标注法

五环标注法：精密电阻采用五个色环标注，前三环表示有效数字，第四环表示前两位有效数字的 10^n 倍率，与前四环距离大的第五环表示允许偏差。如图 2.1.4(b)所示从左至右色环标记为棕、黑、绿、棕、棕的五环电阻表示阻值依表 2.1.4 为 $105\times10^1\Omega$ 即 1.05kΩ，允许偏差为±1％。

表 2.1.4　色环电阻的色环所代表的意义

颜色	有效数字	倍率	允许偏差/(%)
黑	0	10^0	—
棕	1	10^1	±1%
红	2	10^2	±2%
橙	3	10^3	—
黄	4	10^4	—
绿	5	10^5	±0.5%
蓝	6	10^6	±0.2%
紫	7	10^7	±0.1%
灰	8	10^8	—
白	9	10^9	—
金	—	10^{-1}	±5%
银	—	10^{-2}	±10%
无色	—	—	±20%

另外，如表 2.1.5 所示，国产三极管用色点标在三极管顶部表示共发射极直流放大倍数或分挡；如表 2.1.6 所示，小型电解电容器的耐压用色点表示，位置靠近正极引出线的根部；用背景颜色表示电阻的材料，如用浅褐色表示碳膜电阻，用红色(旧)或蓝色(新)表示金属膜电阻，用绿色表示线绕电阻。色带常用来表示元器件的极性，如电解电容标有白色带色的一端是负极。

表 2.1.5　国产三极管色点标志的意义

色点	棕	红	橙	黄	绿	蓝	紫	灰	白	黑
β分挡	0～15	15～25	25～40	40～55	55～80	80～120	120～180	180～270	270～400	400 以上

表 2.1.6　电解电容器的耐压标志的意义

色点	黑	棕	红	橙	黄	绿	蓝	紫	灰
耐压/V	4	6.3	10	16	25	32	40	50	63

第二节　电抗元器件

一、电阻器

1.电阻器的命名和分类

国产普通电阻器的型号命名及含义参见表2.2.1。例如：RJ75为精密金属膜电阻器，RT10为普通碳膜电阻器。电阻器的分类如图2.2.1所示，普通型又称为通用型，功率0.05～2W，阻值1Ω～22MΩ，工作电压1kV以下；高阻型1MΩ～1GΩ，额定功率很小；精密型精度达0.001%～2%，阻值为1Ω～1MΩ，用于精密测量仪器及计算机；功率型功率300W以下，阻值较小（在几千欧以下）；高频型又称为无感型，固有的电感及电容很小，工作频率10MHz以上，阻值小于1kΩ，功率达100W，主要用于无线电发射机及接收机。高压型工作电压10～100kV，功率为0.5～15W，阻值高达1GΩ，外形大多细而长。除此之外，按引出线形式可分为轴向引线型、径向引线型、同向引线型和无引线型等。按保护方式分为无保护、涂漆、塑压和密封等。按功率分大功率（>5W）、中功率（1～5W）和小功率（<1W）。一些特殊用途的电阻器，如压敏电阻、热敏电阻以及熔断电阻等，将在第三章介绍。

表2.2.1　国产普通电阻器的型号命名及含义

第一部分：主称		第二部分：电阻体材料		第三部分：类别		第四部分：生产序号
字母	含义	字母	含义	数字或字母	含义	数字
R	电阻器	C	沉积膜或高频瓷	1	普通	用数字表示外形尺寸及性能
		F	复合膜	2	普通或阻燃	
		H	合成膜	3或C	超高频	
		I	玻璃釉膜	4	高阻	
		J	金属膜	5	高温	
		N	无机实心	7或J	精密	
		S	有机实心	8	高压	
		T	碳膜	9	特殊（如熔断型等）	
		U	硅碳膜	G	高功率	
		X	线绕	L	测量	
		Y	金属氧化膜	T	可调	
				X	小型	
				C	防潮	
				Y	被釉	
				B	不燃性	

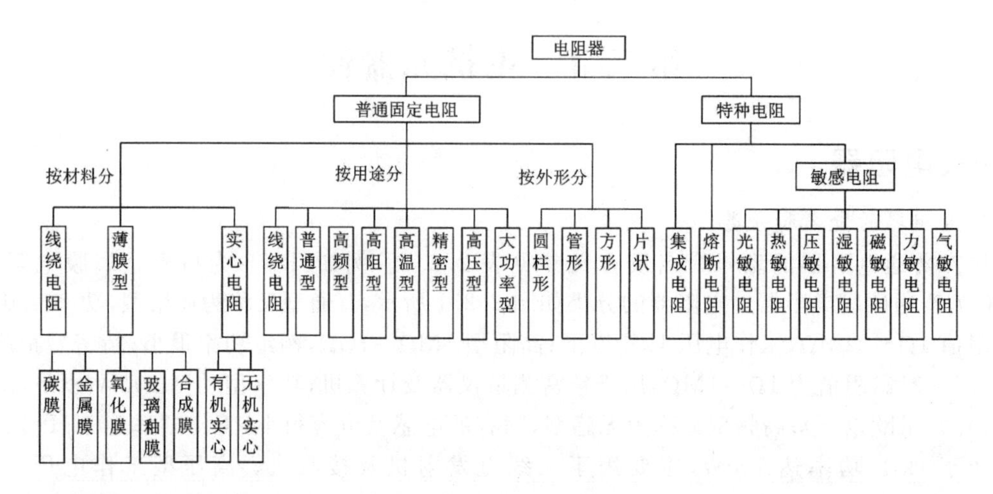

图 2.2.1 电阻的分类

3. 电阻器的主要参数

电阻器的主要参数有额定功率、标称阻值、允许偏差(精度等级)、温度系数、非线性度及噪声系数、极限电压等项。前面元器件参数中已经讲过一部分,下面只略作补充。

(1)额定功率。主要取决于电阻体的材料、外形尺寸和散热面积。一般说来,额定功率大的电阻器,其体积也比较大。表 2.2.2 给出了几种电阻器的额定功率系列标称值。

(2)温度系数。$\alpha=(R_2-R_1)/R_1(t_2-t_1)$,其中 α 是电阻的温度系数,R_1 和 R_2 分别是温度为 t_1 和 t_2 时的阻值。

表 2.2.2 电阻器额定功率系列标称值

名称	额定功率/W
实心电阻器	0.25,0.5,1,2,5
线绕电阻器	0.5,1,2,5,10,15,25,35,50,75,100,150
薄膜电阻器	0.025,0.05,0.125,0.25,0.5,1,2,5,10,25,50,100

(3) 电压系数。通过电阻的电流与加在其两端的电压不成正比关系时,叫做电阻的非线性。电阻的非线性用电压系数 K 表示:$K=(R_2-R_1)/R_1(U_2-U_1)\times 100\%$,其中 U_1 为额定电压;U_2 为测试电压;R_1,R_2 分别是在 U_1,U_2 条件下测得的电阻值。一般来说,金属型电阻的线性度很好,非金属型电阻常会出现非线性。

(4)噪声系数。合金型电阻无电流噪声,薄膜型电阻较小,合成型电阻最大。金属膜电阻噪声比碳膜电阻小一些。

4. 常见电阻简介

电阻外形、材料和特点说明见表 2.2.3,高压型电阻耐压越高长度越长;合成膜电阻封装在真空玻璃管内,防止受潮或氧化。电阻器的结构、特点和应用见表 2.2.4,薄膜型电阻器可以通过刻螺旋状槽或厚度来控制阻值的大小。不同材料电阻器的性能比较见表 2.2.5。

表 2.2.3 电阻外形、材料和特点说明

 薄膜或线绕电阻 说明：圆柱形、帽盖式、轴向引线、带色环、金属膜或碳膜或氧化膜或玻璃釉膜。	 薄膜或线绕电阻 说明：圆柱形、帽盖式、轴向引线、金属膜或碳膜或氧化膜或合成膜	 实心、薄膜和线绕电阻 说明：圆柱形、轴向引线，玻璃釉膜高压型或合成膜或氧化膜	 合成膜电阻 说明：真空玻璃管、高压
 薄膜或线绕电阻 说明：圆柱形、帽盖式、领带式引线、合成膜、碳膜	 线绕电阻 说明：管形、径向卡圈引线	 线绕电阻 说明：管形、同向引线	 线绕电阻 说明：铝外壳、轴向引线
 线绕电阻 说明：大功率电阻、TO－247 和 TO－220 封装	  线绕电阻 说明：白色、方形、水泥电阻、径向引线	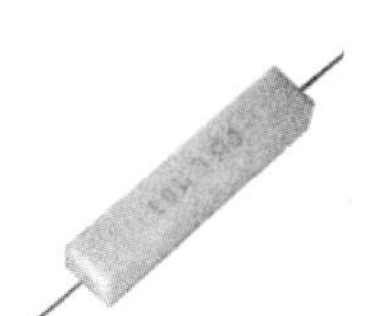 线绕电阻 说明：白色、方形、水泥电阻、轴向引线	 线绕电阻 说明：带螺纹扣、径向引线、功率型
 薄膜电阻 说明：方片式、径向引线、玻璃釉膜或金属膜	 贴片电阻 说明：圆柱形、高压型、玻璃釉膜	 贴片电阻 说明：矩形	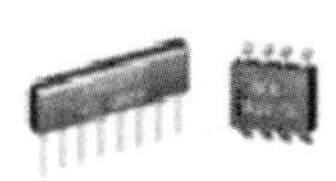 电阻排 说明：又称集成电阻、电阻网络，多管脚

表 2.2.4 电阻器的结构、特点和应用

名称	结构	特点	应用
金属膜电阻	在陶瓷骨架表面，用真空蒸镀和烧渗的方法形成合金膜，有镍铬合金和金箔合金	温度系数小、噪声低、体积小、精度高（0.05％）、负荷能力较碳膜强，但价格贵	稳定性及可靠性有较高要求的场合，如音响、摄像机

续 表

名称	结构	特点	应用
碳膜电阻	在陶瓷骨架上用气态碳氢化合物高温沉积碳膜 保护 瓷棒 帽盖 碳膜层 引线	变电压和频率影响小，温度系数为负值，价格低廉。体积比金属膜电阻略大	在低档次的消费类产品中被大量使用，如收音机、录音机
氧化电阻	用锡和锑等金属盐溶液（四氯化锡和三氯化锑），喷雾到炽热的陶瓷骨架上水解沉积而成。膜层均匀并与基体附着力强	有极好的脉冲、高频、过负荷性能，热稳定性和抗氧化性优于金属膜，直流稳定性差	补充金属膜电阻大功率及低阻部分
玻璃釉膜电阻	由金属银、铑、钌等的氧化物和玻璃釉胶黏剂涂覆在陶瓷基体上高温烧结而成	耐潮、耐高温、耐高压、温度系数小、噪声小、高频特性好。体积小、重量轻	高阻、高压、低温度系数应用场合
合成膜电阻	将炭黑或石墨、填充物和树脂胶黏剂配成悬浮液涂覆于绝缘骨架上加热聚合制成	阻值范围大，耐压高达 35kV，噪声大，温度稳定性差，频率特性不好，价格低	高压电器
线绕电阻	在瓷管上用锰铜丝（精密型）或镍铬合金丝（功率型）绕制而成，为防潮并防止线圈松动，将其外层用披釉（玻璃釉或珐琅）或绝缘漆加以保护	低噪声、高线性度、温度系数小，分布电感和电容大，不适宜于高频电路中。精度高（±0.005%），工作温度高（315℃）	用在大功率，高稳定，高温工作场合。如电阻箱、万用表等小型测量仪表中
水泥电阻	封装在陶瓷外壳中，并用水泥填充固化的一种线绕电阻。其内的电阻丝和引脚之间采用压接工艺	功率大、散热好，具有良好的阻燃、防爆特性。阻值范围：0.1Ω～10MΩ，额定功率：2～40W	被广泛使用在开关电源和功率输出电路中
实心电阻	由炭黑或石墨等导电材料及填充物和胶黏剂混合后压制而成。有机实心电阻使用有机胶黏剂（如树脂类）；无机实心电阻使用无机胶黏剂（如玻璃釉）。它比薄膜电阻器的导电截面大	价格低，过负载和抗冲击能力强，耐压较高，有很高的可靠性；但噪声高，分布电容和电感大，温度系数大。体积大小与相同功率的金属膜电阻相当	主要用于电力、电子等高压大电流领域，作为负载电阻，泄放电阻或脉冲电阻，在家电中较少采用
表贴电阻	由厚膜或薄膜工艺制成，多为玻璃釉膜或金属膜，有圆柱和矩形，以矩形为主	体积小，可靠性高，电磁兼容性好，阻值范围：1Ω～10MΩ，额定功率：1/16～1W	体积微小化产品及抗干扰场合
电阻网络	又叫电阻排或集成电阻。综合掩膜、光刻及烧结等工艺技术，在一块基片上制成多个参数和性能一致的电阻，连接成电阻网络。有插装和贴片两种封装	体积小、高精度、高稳定、低噪声，温度系数小，高频特性好，阻值范围：51Ω～33kΩ	应用广泛。如计算机检测系统中的多路 A/D，D/A 转换电路

表 2.2.5 电阻器的性能比较

性能	合成膜	实心	碳膜	氧化膜	玻璃釉膜	金属膜	线绕
阻值范围/Ω	10～1G 中～很高	470～22M 中～高	1～100M 低～很高	1～200k 低～中	5～200M 中～很高	1～620M 低～很高	0.1～10M 低～高
温度系数	尚可	尚可	中	良	优	优	优～极优
非线性、噪声	尚可	尚可	良	良～优	优	优	极优
高频、快速响应	良	尚可	优	优	良	极优	差～尚可
功率/ W	0.25～5 低～中	0.25～5 低～中	0.125～10 低～高	0.125～50 中～很高	0.5～5 低～中	0.125～10 低～高	0.125～500 低～很高
脉冲负荷	良	优	良	优	良	中	良～优
存储稳定性	中	中	良	良	良～优	良～优	优
工作稳定性	中	良	良	良	良～优	优	极优
耐潮性	中	中	良	良	良～优	良～优	良～优
可靠性	—	优	中	良～优	良～优	良～优	—
精密度	—	—	低	低	中	中	高
高频、快速响应	—	—	△	△	—	△	—
高频大功率	—	—	△	△	—	—	—
高压、高阻	△	—	—	—	△	—	—

注：△表示该品种具有的性能。

二、电位器

电位器也叫可调电阻器，是在一定范围内阻值连续可变的一种电阻器，主要用于阻值需要经常变动的电路中。它有三个引出端，两个固定端，一个滑动端(也称中心抽头)，滑动端可以在固定端之间的电阻体上做机械运动，使其与固定端之间的电阻发生变化。习惯上，把滑动端带有手柄、易于调节的称为电位器，把不带手柄、调节不方便的叫作半可调(微调)电阻器。半可调电阻器主要用于要求阻值变化而又不常变动的场合。

1. 电位器的命名

国产电位器的型号命名及含义参见表 2.2.6，合成碳膜即合成膜。例如：WXD3 为多圈线绕电位器。

2. 电位器的分类

电位器的分类如图 2.2.2 所示，另外按结构特点还分有止档、无止档和锁紧式。线性电位器用于要求均匀调节的场合，如分压电路、偏置电路和平衡控制电路；指数电位器作为音量控制器，因为人耳的响度感觉与声强成对数关系，这样随着音量旋钮的均匀旋转，人的响度感觉也线性增大；对数电位器用于音调控制电路中。

表 2.2.6　国产电位器的型号命名及含义

第一部分：主称		第二部分：电位器材料		第三部分：类别		第四部分：生产序号
字母	含义	字母	含义	字母	含义	数字
W	电位器	J	金属膜	J	单圈旋转精密类	用数字表示外形尺寸及性能
		Y	氧化膜	D	多圈旋转精密类	
		T	碳膜	Z	直滑式低功率类	
		H	合成碳膜	M	直滑式精密类	
		I	玻璃釉膜	P	旋转功率类	
		F	复合膜	X	小型或旋转低功率类	
		X	线绕	G	高压类	
		N	无机实心	H	组合类	
		S	有机实心	W	微调或螺杆驱动预调类	
		D	导电塑料	R	耐热类	
				T	特殊型	
				B	片式类	
				Y	旋转预调类	

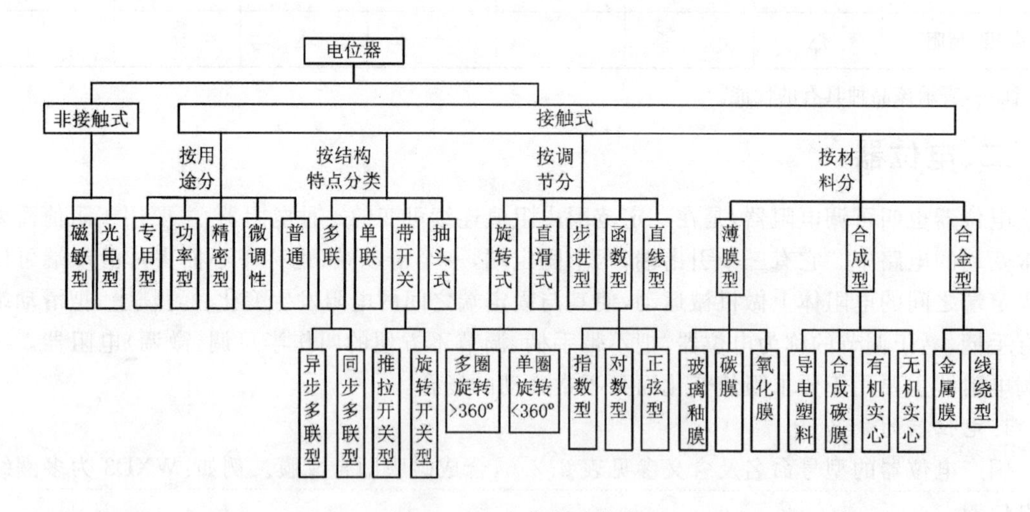

图 2.2.2　电位器的分类

3. 电位器的参数

电位器的主要参数有标称阻值、额定功率、滑动噪声、极限电压、阻值变化规律及分辨力等。

(1)标称阻值和允许偏差：标在电位器封装上的阻值，其系列与电阻器的阻值标称系列相同。允许偏差也与电阻器相同。

(2)额定功率:两个固定端之间允许耗散的最大功率。一般电位器的额定功率系列为0.063W,0.125W,0.25W,0.5W,0.75 W,1 W,2W,3W;线绕电位器的额定功率有0.5W,0.75W,1W,1.6W,3W,5W,10W,16W,25 W,40W,63W,100W。应该特别注意:固定端附近容易因为电流过大而烧毁,滑动端与固定端之间所能承受的功率要小于额定功率。

(3)滑动噪声:当电刷在电阻体上滑动时,中心端与固定端之间的电压出现因无规则的起伏而产生的噪声,这种现象称为电位器的滑动噪声。它是由材料电阻率分布的不均匀性以及电刷滑动时接触电阻的无规律变化引起的。

(4)分辨力:对输出量可实现的最精细的调节能力,称为电位器的分辨力。线绕电位器的分辨力较差。

(5)符合度:实际输出的函数特性和理论函数的符合程度。线性符合程度就是线性精度。

(6)机械零位电阻:当电位器的滑动端处于机械零位时,滑动端与一个固定端之间的电阻应该是零。但由于接触电阻和引出电阻的影响,机械零位的电阻一般不是零。

(7)启动力矩与转动力矩:启动力矩是指转轴在旋转范围内启动时所需要的最小力矩;转动力矩是指转轴维持匀速旋转时所需要的力矩,这两者相差越小越好。在自控装置中与伺服电机配合使用时,要求启动力矩小,转动灵活;而用于电路调节时,其启动力矩和转动力矩都不应该太小。

(8)电位器的轴长与轴的直径:轴长是指从安装基准面到轴端的尺寸。轴长尺寸系列有6mm,10mm,12.5 mm,16mm,25mm,30 mm,40 mm,50 mm,63 mm,80mm;轴的直径系列有2mm,3mm,4mm,6mm,8mm,10mm。

(9)机械寿命:也称磨损寿命,即动触点可靠运动的总次数。电位器使用次数过多时,性能会发生变化,如阻值变化增大,接触不良。

2.常见电位器简介

常见电位器外形见表2.2.7。常见电位器结构、特点和应用见表2.2.8。常见电位器性能比较见表2.2.9。

表2.2.7　常见电位器外形

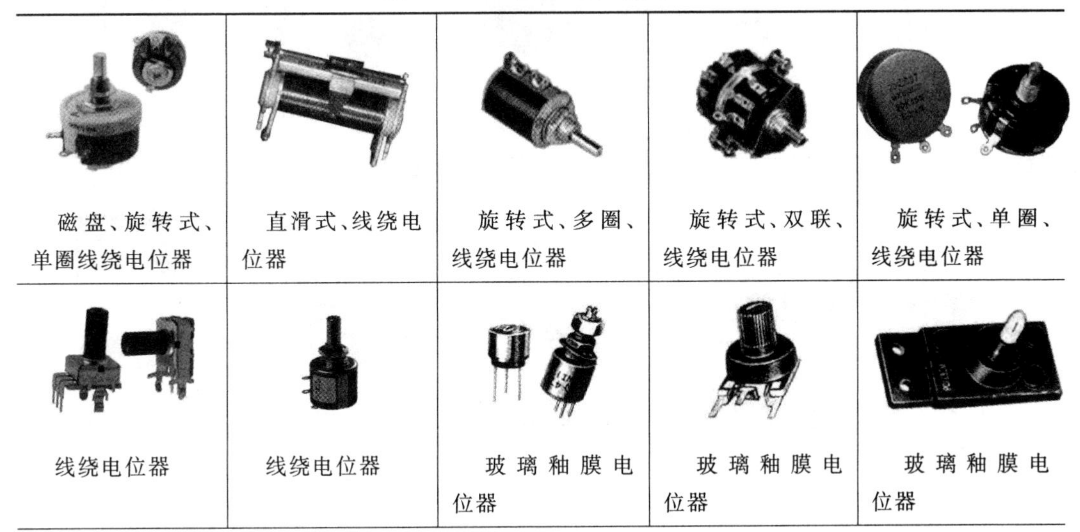

磁盘、旋转式、单圈线绕电位器	直滑式、线绕电位器	旋转式、多圈、线绕电位器	旋转式、双联、线绕电位器	旋转式、单圈、线绕电位器
线绕电位器	线绕电位器	玻璃釉膜电位器	玻璃釉膜电位器	玻璃釉膜电位器

续表

 合成碳膜、直线式、旋转式、单圈、微调电位器	 合成碳膜、直线式、旋转式、单圈、微调电位器	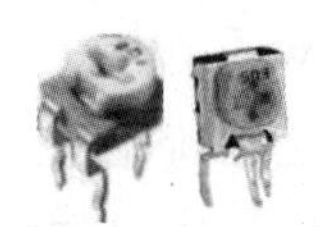 金属陶瓷、微调电位器	 玻璃釉膜、线绕、微调电位器	 表贴、微调电位器
 直滑式、合成碳膜电位器	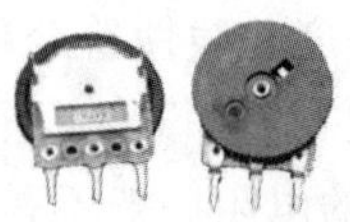 拨盘旋转、合成碳膜电位器	 多联合成碳膜	 合成碳膜电位器、带开关	 合成碳膜电位器
 合成碳膜、线绕、金属轴膜电位器	 单圈、合成碳膜电位器	 合成碳膜电位器	 带开关合成碳膜电位器	 音量、碳膜电位器
 有机实心电位器	 有机实心电位器	 有机实心电位器	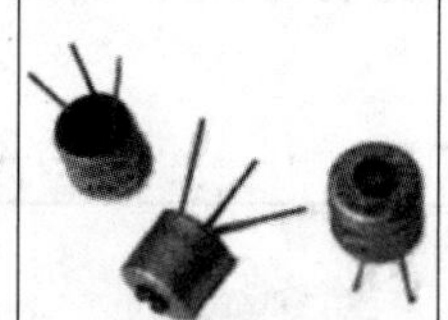 有机实心、线绕微调、电位器	 有机实心微调、电位器
 航空航天用、有机实心电位器	 精密、导电塑料电位器	 导电塑料电位器	 导电塑料电位器	 数字电位器

表 2.2.8 常见电位器结构、特点和应用

名称	结构	特点	应用
合成膜	由炭黑、石墨碳粉、胶黏剂等附在基体上经加热聚合而成	阻值范围较大，分辨力高，价格低；非线性、噪声大，温度系数大，耐湿性差，寿命较短	用于中、低档消费类电子产品及一般仪器仪表中。
有机实心	由炭黑、石墨碳粉等导电材料及填充物和树脂类胶黏剂混合后热压制成	耐热、耐磨、体积小、过载能力强、寿命长、可靠性高；耐压稍低、温度系数和噪声较大、耐湿性差、转动力矩大、精度低、价格高于合成碳膜	用于对可靠性、温度及过载能力要求较高的电路中
玻璃釉	将金属粉末、玻璃釉粉及胶黏剂混合烧结在基体上而成	耐热、耐湿、耐磨，温度系数小、分布参数小、寿命长、阻值范围宽；一般功率较小。可制成高压型、高阻型	要求较高的电路及高频电路
线绕	合金电阻丝绕制在绝缘骨架上，中心抽头的簧片在电阻丝上滑动	功率大，精度高，温度系数小，耐高温，耐压高，稳定性好，噪声小；阻值范围窄，分辨率低，耐磨性差，高频性能差，体积较大，价格较高	高温、大功率电路及精密调节电路
导电塑料	由炭黑、石墨、超细金属粉与磷苯二甲酸、二烯丙酯塑料和胶黏剂塑压而成	阻值稳定，耐磨性好，接触可靠，分辨力强，其机械寿命可达玻璃釉电位器的一百多倍，但耐潮性较差	传感器电路。如摄像机、机器人、汽车电子等
陶瓷微调	与玻璃釉类似	温度系数小，稳定性好，分辨力高，机械寿命短（＜200 次），体积小	各种要求较高的电路微调用
表贴微调	与玻璃釉或陶瓷相同	表贴式，体积小	微小型产品

表 2.2.9 常见电位器性能比较

性能	线绕	实心	合成碳膜	玻璃釉膜	导电塑料
阻值范围/Ω	4.7～100k 小	100～4.7M 中	100～10M 中	10～100M 大	50～100M 大
线性精度	＜0.1	—	＜0.2	＜0.1	＜0.05
额定功率/W	0.25～100	0.25～2	0.25～2	0.25～2	0.5～2
分辨力	中～良	良	优	优	极优
滑动噪声	—	中	低～中	中	低
零位电阻	低	中	中	中	中
耐潮性	良	差	差	优	差
耐磨寿命	良	优	良	优	优

三、电容器

1. 电容器的命名

国产电容器的型号命名及含义参见表 2.2.10。

表 2.2.10　国产电容器的型号命名及含义

第一部分：主称		第二部分：电容器材料				第三部分：类别（形状、结构、大小）							第四部分：序号
		有机		无机		数字	含义				字母	含义	
字母	含义	字母	含义	字母	含义		瓷介	云母	有机	电解			
C	电容器	Z	纸介	Y	云母	1	圆片	非密封	非密封	箔式	G	高功率	外形尺寸及性能
		J	金属化纸介	C	高频陶瓷	2	管形	非密封	非密封	箔式	J	金属化	
		H	纸膜复合	T	低频陶瓷	3	叠片	密封	密封	烧结粉液体	T	叠片式	
		V	云母纸	O	玻璃膜	4	独石	密封	密封	烧结粉固体	W	微调型	
		L	涤纶等	I	玻璃釉	5	穿心		穿心		Y	高压型	
		B	聚苯乙烯等	G	合金电解质	6	支柱				L	立式矩形	
		Q	漆膜	D	铝电解	7				无极性	M	密封型	
		E	其他材料电解	A	钽电解	8	高压	高压	高压		X	小型	
				N	铌电解	9			特殊	特殊			

注：(1)B 表示除聚苯乙烯外其他非极性有机薄膜时，在 B 后加一个字母区分具体材料。如 BB 表示聚丙烯；BF 表示聚四氟乙烯。(2)L 表示涤纶外其他聚酯类有机薄膜时，在 L 后加一个字母区分具体材料。LS 表示聚碳酸酯。

2. 电容器的分类

电容器的分类如图 2.2.3 所示，另外电容器按极性分有极性电容器和无极性电容器，电解电容器大都为有极性电容器。固定电容器的结构有卷绕式、叠片式，有密封式、非密封式。可变电容根据结构的不同还可分为单联、双联和多联，双联可变电容器又可分为等容双联和差容双联。

3. 电容器的主要参数

(1)容量和误差：实际电容量和标称电容量允许的最大偏差。

(2)额定电压：在电路中能够长期稳定、可靠工作，所承受的最大直流电压，又称耐压。对于结构、介质、容量相同的器件，耐压越高，体积越大。

(3)温度系数：在一定温度范围内，温度每变化 1℃，电容量的相对变化值。温度系数越小越好。

(4)绝缘电阻：用来表明漏电大小的，绝缘电阻越大，漏电越小。一般小容量的电容，绝缘电阻很大，在几百兆欧姆或几千兆欧姆。电解电容的绝缘电阻一般较小。

(5)耗角正切($\tan\delta$)：由于电容器存在介质损耗和金属损耗，使加在电容器上的正弦交流

电压与通过电容器的电流之间的相位不是 $\pi/2$，而是稍小于 $\pi/2$，其偏角为损耗角 δ。

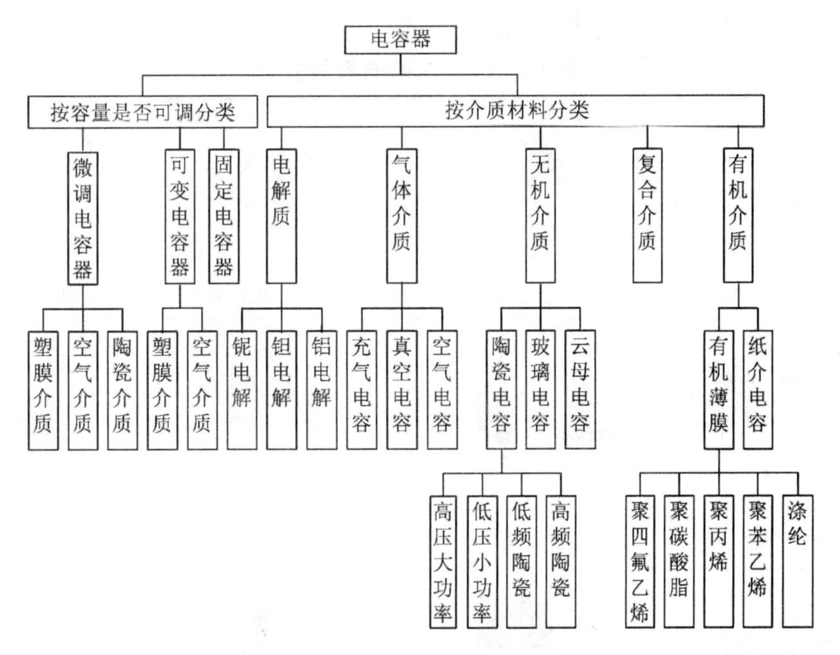

图 2.2.3　电容器的分类

4. 常见电容器的外形、结构、参数、特点和应用

电容器的基本结构是用一层绝缘材料(介质)间隔的两片导体。电容器是储能元件，两端加上电压以后，极板间的电介质即处于电场之中。电介质在电场的作用下，原来的电中性不能继续维持，其内部也形成电场，这种现象叫作电介质的极化。在极化状态下的介质两边，可以储存一定量的电荷，储存电荷的能力用电容量表示。

常见电容器外形图见表 2.2.11。固定电容器的结构、特点和应用见表 2.2.12。常见固定电容器的性能参数和选用见表 2.2.13。常见固定表贴式电容器的性能参数见表 2.2.14。可变电容器的结构、可变范围、特点和应用见表 2.2.15。

云母微调电容器：通过调节定片与动片的间距来改变容量。其动片由弹性材料构成，故可多次反复调整容量的大小。

法拉电容：也称超级电容、黄金电容或电容电池，容量比通常的电容器大得多，对外表现和电池相同，是利用活性炭多孔电极和电解质组成的双电层结构获得超大的容量。

固态电容：全称为固态铝质电解电容。它与普通电容(即液态铝质电解电容)最大差别在于采用了不同的介电材料，液态铝电容的介电材料为电解液，而固态电容的介电材料则为导电性高分子。

拉线电容：是一种只能让容量减少，而不能重复调整容量的电容器。多用于收音机的振荡电路，并且已由生产方调整完毕。它是以镀银瓷管为定片，在瓷管外面绕上铜丝为动片，使用时将铜丝减少，来达到改变容量的目的。

安规电容：包括了一个 X 电容和两个 Y 电容，使电容器失效后，不会导致电击，不危及人身安全。X 电容是跨接在火线 L 和零线 N 之间的电容，一般选用聚酯薄膜电容，体积较大，耐压较高，容值是 μF 级，使用时必须并联一个安全电阻；Y 电容是分别跨接在火线 L 和地线 G，

零线 N 和地线 G 之间的电容，电容值不能太大，容值是 nF 级，耐压较高，外观多为橙色或蓝色。X 电容抑制差模干扰，Y 电容抑制共模干扰。

表 2.2.11　常见电容器外形图

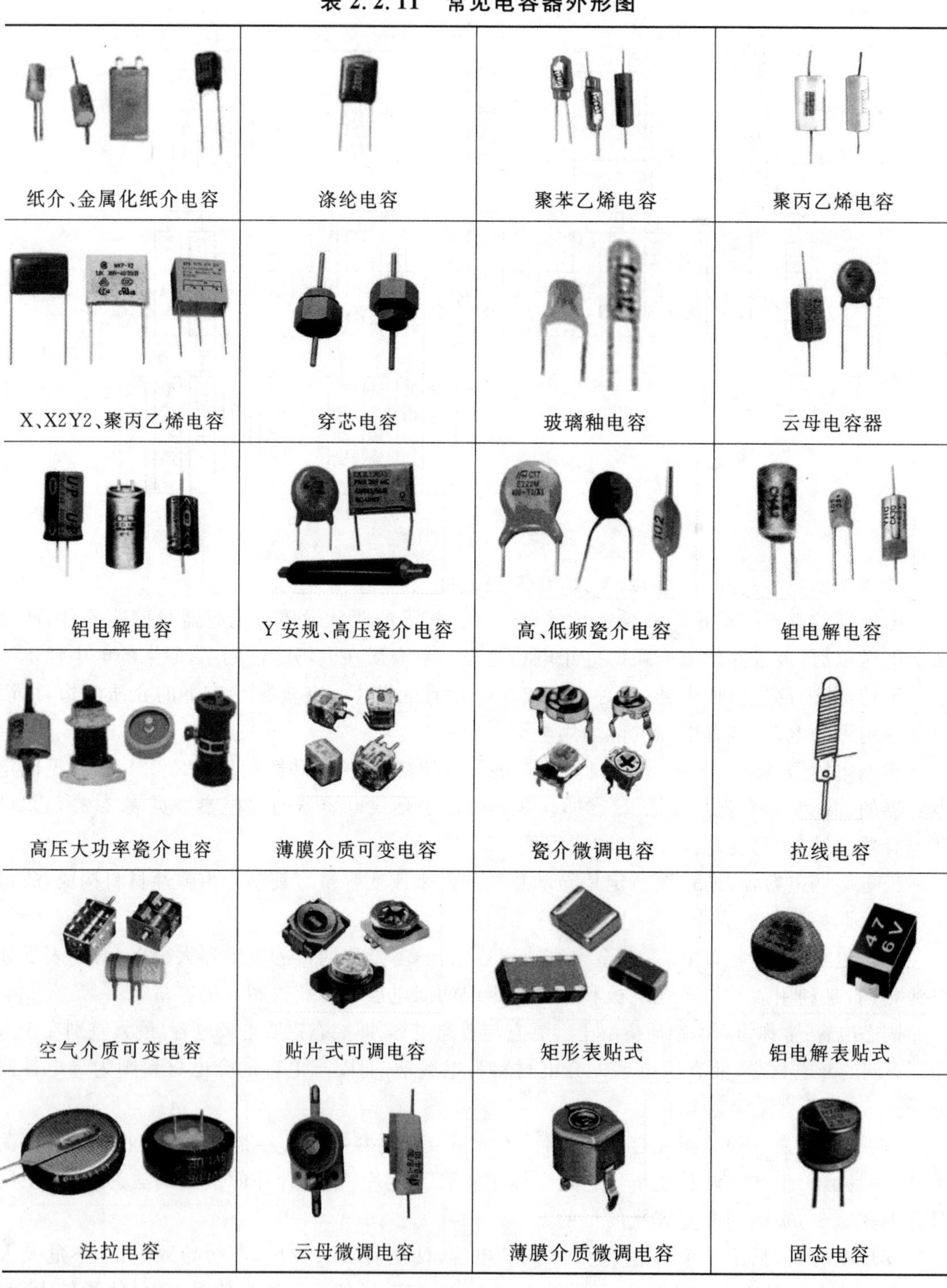

纸介、金属化纸介电容	涤纶电容	聚苯乙烯电容	聚丙乙烯电容
X、X2Y2、聚丙乙烯电容	穿芯电容	玻璃釉电容	云母电容器
铝电解电容	Y 安规、高压瓷介电容	高、低频瓷介电容	钽电解电容
高压大功率瓷介电容	薄膜介质可变电容	瓷介微调电容	拉线电容
空气介质可变电容	贴片式可调电容	矩形表贴式	铝电解表贴式
法拉电容	云母微调电容	薄膜介质微调电容	固态电容

表 2.2.12 固定电容器的结构、特点和应用

名称	结构	特点	应用
纸介	以纸作为绝缘介质、以金属箔作为电极板卷绕而成	成本低、容量范围大、耐压宽(36V～30kV),体积大,损耗大	适用于直流或低频电路中。历史久,已淘汰
金属化纸介	在电容纸上用蒸发技术生成一层金属膜作为电极,卷制后封装而成,有单向和双向两种引线方式	成本低、容量大、是纸介电容器的1/5～1/3倍,受到高电压击穿后能够“自愈”,容值不稳定,等效电感和损耗都较大	适用于频率和稳定性要求不高的电路中,现在,已经很少见到
涤纶	卷绕式密封封装,与纸介电容器基本相同,区别在于介质材料不是电容纸,而是涤纶	体积小、容量大、耐热、耐湿、稳定性差,但比低频瓷介或金属化纸介要好	用于稳定性和损耗要求不高的低频电路,进行去耦、旁路和隔直
聚苯乙烯	卷绕式非密封装	高频绝缘性良好、低损耗、稳定	用于对稳定性和损耗要求较高的电路
聚丙乙烯	卷绕式或叠片式密封封装	性能与聚苯乙烯近似,但体积小、稳定性略差	用于对稳定性和损耗要求较高的电路
云母	叠片式密封外壳,以云母为介质,用锡箔和云母片(或用喷涂银层的云母片)层叠后在胶木粉中压铸而成	自身电感和漏电损耗很小、耐压范围宽、可靠性高、性能稳定、容量精度高,但生产工艺复杂,成本高、体积大、容量有限	用于对高温,高频、脉冲、高稳定性等要求较高的电路中
高频瓷介	在陶瓷薄片两面各喷涂一层银浆并焊接引线,披釉烧结而成。多为扁平片状	体积小、耐热性好、绝缘电阻大、损耗小、稳定性高、容易制造,但其容量范围较窄	常用于要求低损耗和容量稳定的高频、脉冲、温度补偿电路中
低频瓷介	在陶瓷薄膜上印刷电极后叠层烧结而成。为厚块状	绝缘电阻小、损耗大、稳定性差,但体积小、价廉、容量大	用于要求不高的低频电路中做旁路和耦合
高压大功率瓷介	高压大功率瓷介电容器可制成鼓形、瓶形、板形和筒形等	体积大、容量大、耐热好、耐潮好、直流耐压高于1kV,交流耐压高于10kV	通常用于高压供电系统的功率因数补偿
玻璃釉	叠片密封封装,有玻璃独石和玻璃釉独石两种。玻璃独石与云母,玻璃釉独石与瓷介独石生产工艺相似	防潮、抗震、耐高温(200℃)、损耗小、稳定性高(介于云母与高频瓷介之间)、体积小(云母的几十分之一)、价格低	主要用于半导体电路和小型电子仪器中脉冲、高频耦合、旁路和调谐等电路
电解	分无极性和有极性两种。无极性采用双氧化膜结构,两个电极分别与两个金属板相连。有极性以金属为阳极,电解质为阴极	损耗大,温度特性、频率特性、绝缘性能都差,漏电流大,比率电容(电容量/体积)比其他电容器大几个或几十个数量级,长期存放会因电解液干涸而老化	在要求大容量的场合(如滤波电路等),均选用电解电容器

续表

名称	结构	特点	应用
铝电解	用铝箔和浸有电解液的纤维带交叠卷成圆柱形后，封装在铝壳内	容量大、损耗大、漏电大。大容量的外壳顶端有防止外壳爆炸的“十”字形压痕	广泛用于电源滤波、低频的耦合、去耦和旁路等电路中
钽、铌电解	固体型采用钽粉烧结；液体型同铝电解电容	损耗、漏电小于铝电解，体积更小，但成本更高	用于要求较高的电路中，如积分、计时及开关等
表贴式	有圆柱和矩形片状两种封装，钽电解、陶瓷或玻璃釉叠片为矩形片状封装	体积小、电磁兼容性好	微小型化产品，在高密度的 SMT 电路中得到广泛使用

表 2.2.13　固定电容器的性能参数和选用

用　途	电容器种类	电容量/F	工作电压/V	$\tan\delta$	$\alpha C(10^{-6}/℃)$
高频旁路	高频陶瓷	8.2～1 000p	500	0.001 5	±60
	云母	51～4 700p	500	0.001	60～200
	玻璃釉	100～3 300p	500	0.001 2	±200
	涤纶	100～3 300p	400	0.015	20～600
低频旁路	低频陶瓷	0.001～0.047μ	<500	0.04	±20%(误差)
	铝电解	10～1 000μ	25～450	0.2	1 000～2 000
	涤纶	0.001～0.047μ	400	0.015	20～600
滤波器	铝电解	10～10 000μ	25～450	<0.2	1 000～2 000
	复合纸介	0.01～10μ	2 000	<0.015	—
	液体钽电解	220～3 300μ	16～125	<0.5	100～500
	高频陶瓷	100～4 700p	500	0.001 5	±60
	聚苯乙烯	100～4 700p	500	0.001 5	±200
	云母	51～4 700p	500	0.001	60～200
调谐	高频陶瓷	1～1 000p	500	0.001 5	±60
	云母	51～5 000p	500	0.001	60～200
	玻璃釉	51～5 000p	500	0.001 2	±200
	聚苯乙烯	51～5 000p	<1 600	0.001	±200
高频耦合	云母	470～6 800p	500	0.001	60～200
	聚苯乙烯	470～6 800p	400	0.001	±200
	高频陶瓷	10～6 800p	500	0.001 5	±60

续 表

用　途	电容器种类	电容量/F	工作电压/V	tanδ	αC(10⁻⁶/℃)
低频耦合	铝电解	1～47μ	<450	0.15	1 000～2 000
	低频陶瓷	0.001～0.047μ	<500	0.04	±20%(误差)
	涤纶	0.001～0.1μ	<400	<0.015	20～600
	液体钽电解	0.33～470μ	<63	<0.15	100～500
电源输入端抗高频干扰	低频陶瓷	0.001～0.047μ	<500	0.04	±20%(误差)
	云母	0.001～0.047μ	500	0.001	60～200
	涤纶	0.001～0.1μ	<1 000	<0.015	20～600
储能	复合纸介	10～50μ	1 k～30k	0.015	—
	铝电解	100～10 000μ	1 k～5k	0.15	1 000～2 000
开关电源	铝电解	100～10 000μ	25～100	>0.3	1 000～2 000
高频、高压	高频陶瓷	470～6 800p	<12k	0.001	±60
	聚苯乙烯	180～4 000 p	<30k	0.001	±200
	云母	330～2 000 p	<10k	0.001	60～200
一般电路中的小型电容器	金属化纸介	0.001～10μ	160	<0.01	—
	高频陶瓷	1～500p	<160	0.001 5	±60
	低频陶瓷	680～0.047μ	63	<0.04	±20%(误差)
	云母	4.7～10 000p	100	<0.001	60～200
	铝电解	1～3 300μ	6.3～50	<0.2	1 000～2 000
	钽电解	1～3 300μ	6.3～63	<0.15	100～500
	聚苯乙烯	0.47 p～0.47μ	50～100	<0.001	±200
	玻璃釉	10～3 300p	<63	0.001 5	±200
	金属化涤纶	0.1～1μ	63	0.001 5	20～600
	聚丙烯	0.01～0.47μ	63～160	0.001	−100～−300

表 2.2.14　固定表贴式电容器的性能参数

名称	电容量/F	额定电压/V	tanδ	αC(10⁻⁶/℃)
表贴铝电解	1～470μ	4～50	0.02～0.05	1 000～2 000
表贴钽电解	0.1～470μ	4～50	0.05	100～500
矩形表贴式	10 pF～10μ	25～50	0.001～0.02	±30

表 2.2.15　可变电容器的结构、可变范围、特点和应用

名称	结构	可变范围和特点	应用
空气介质可变	由很多半圆形动片和定片组成的平行板式结构，动片和定片之间用空气隔开，动片组可绕轴相对于定片组旋转 0°～180°，从而改变容量	可变范围：100～1 500pF 特点：损耗低、效率高。动片组和定片组的相对面积增大时，容量增大，否则相反	电子仪器、广播电视设备等
薄膜介质可变	与空气介质可变电容类似，动片和定片之间用薄膜隔开	可变范围：15～550pF 特点：体积小、重量轻、损耗大	通信、广播接收机等
薄膜介质微调	动片和定片均是金属弹性片，只要调节动片螺钉，就可改变容量	可变范围：1～29pF 特点：体积小、损耗较大	收录机、电子仪器等作电路补偿
陶瓷介质微调	动片和定片均是镀有半圆形的银层的陶瓷片，旋转动片就可以改变容量	可变范围：0.3～22pF 特点：体积较小、损耗较小	精密调谐的高频振荡回路
贴片式		可变范围：0.3～30pF 特点：体积更小、损耗更小	精密调谐的高频振荡回路

四、电感器

电感器俗称电感或电感线圈，是利用电磁感应原理制成的元器件。同电阻器和电容器不同的是，电感线圈没有品种齐全的标准产品，高频小电感通常要求自行设计和制作。

1. 电感器的命名

部分国产电感器的型号命名及含义参见表 2.2.16，例如，LGXA 为小型高频电感器。

表 2.2.16　部分国产电感器的型号命名及含义

第一部分：主称		第二部分：特征或用途		第三部分：型号		第四部分：区别代号
字母	含义	字母	含义	字母	含义	用字母 A，B，C，D，…等表示
L	线圈	G	高频	X	小型	
ZL	阻流线圈					

2. 电感线圈的结构

电感线圈的种类和结构各种各样，通常由骨架、绕组、屏蔽罩及磁芯组成。

(1)骨架。骨架常用的材料有电工纸板、胶木、塑料（聚苯乙烯）、云母、陶瓷等。骨架的材料对线圈的质量以及稳定性都有一定的影响，骨架的形状多种多样。

(2)绕组。大多数的绕组由绝缘导线（如漆包线）在线圈骨架上绕制而成。在电感量小于几微亨的情况下，绕组常用不带绝缘的镀银铜线绕制，以减少导线的表面电阻，提高线圈的高频性能。导线的直径越大，通过绕组的电流值及线圈的 Q 值越大。如图 2.2.4 所示，单层绕组分密饶、间绕、脱胎绕；多层绕组分平绕、乱绕、蜂房绕等。蜂房线圈分布电容大，导线以一定

角度 19°～20°缠绕在骨架上。同样结构的线圈，绕组的圈数越多，电感越大。

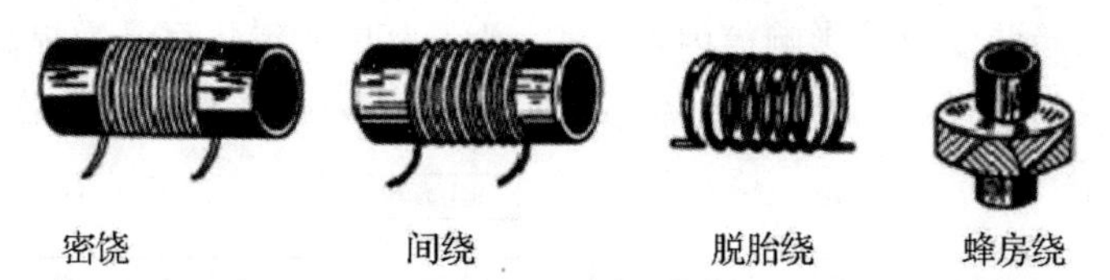

图 2.2.4　绕组的形式

(3)屏蔽罩。为了减小外界电磁场对线圈的影响以及线圈产生的电磁场对外电路的影响，使用金属罩将线圈屏蔽，并将屏蔽罩接地。

(4)磁芯。磁芯加入线圈，可以使线圈的电感量增加。磁芯旋入时电感量会逐渐增加。相应地可以减小线圈匝数、体积和分布电容，提高 Q 值。磁芯通常使用锰锌铁氧体或镍锌铁氧体磁性材料制作，根据使用的不同要求，可以制成各种形状，如图 2.2.5 所示。I 形俗称磁棒，有圆形和扁形，有螺纹的和带磁帽的，常用于无线电接收设备的天线磁芯；E 形常用于小信号高频振荡电路的电感线圈；环形(O 形)多用于开关电源，作为高频扼流圈；罐形因具有闭合磁路，有较高的有效磁导率和电感系数，可制出较大电感。

图 2.2.5　铁氧体磁芯的形状

根据使用场合的不同，有的线圈没有屏蔽罩，有的没有磁芯，还有的甚至连骨架都没有，只有绕组。由于短波和超短波线圈工作频率很高又要求电感量很稳定，因此在微调电感量大小时，常用铜或黄铜制作的铜芯，铜芯旋入时使电感量减少，品质因数降低，与磁芯的作用过程恰好相反。

3. 电感器分类

电感器的分类如图 2.2.6 所示，电感器由于其用途、工作频率，功率及工作环境不同，对电感器的基本参数和结构就有不同的要求，导致电感器类型和结构的多样化。如行振荡线圈、行偏转线圈、场偏转线圈、行线性校正线圈为电视机专用。

4. 电感器的基本参数

电感器的基本参数有电感量及其允许偏差、感抗、分布电容、品质因数(Q 值)、额定电流、稳定性等。

(1)分布电容：线圈的匝与匝间、线圈与屏蔽罩间、线圈与底板以及多层绕组的每层之间相当电容器的结构，因此形成被称为分布电容或固有电容的微小电容。分布电容的存在使线圈的 Q 值减小，稳定性变差，使线圈有一个固有频率或谐振频率。使用电感线圈时，应使其工作频率远低于线圈的固有频率。为了减小线圈的分布电容，可以减小线圈骨架的直径，用细导线绕制线圈，或者采用间绕法、蜂房绕法。

(2)品质因数(Q 值)：$Q=2\pi fL/R$，式中，f 为工作频率；L 线为电感量，R 为损耗电阻。Q

值越高，损耗功率越小，电路效率越高。Q 值与导线的直流电阻，骨架的介质损耗，屏蔽罩或铁芯引起的损耗，高频趋肤效应的影响等因素有关，通常为几十到几百。为提高 Q 值，可以采用镀银导线、增加导线的直径、多股绝缘线绕制线匝、使用高频陶瓷骨架及磁芯（提高磁通量）。

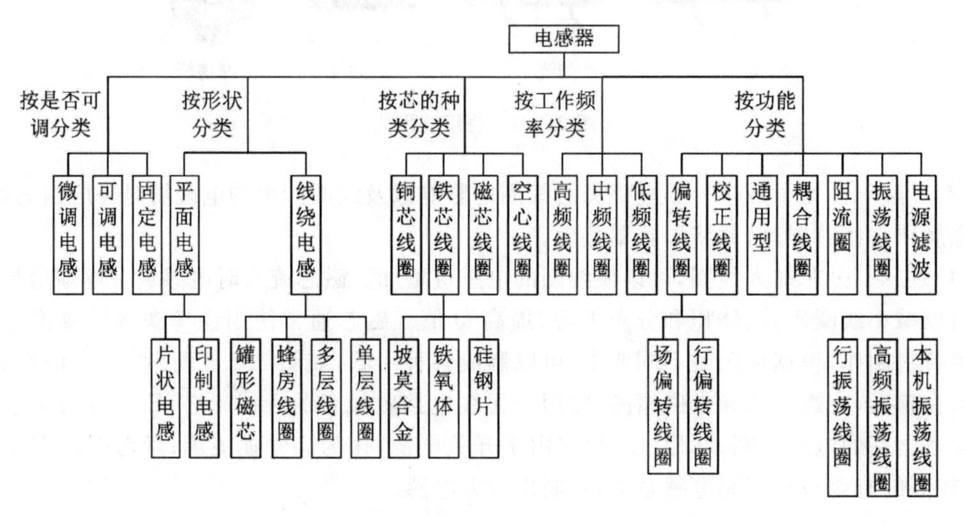

图 2.2.6　电感器的分类

(3)额定电流：长期工作允许通过的最大电流。当电感线圈在供电回路中作为高频扼流圈或在大功率谐振电路里作为谐振电感时，都必须考虑它的额定电流是否符合要求。

(4)稳定性：温度对电感量的影响是由于导线受热膨胀使线圈产生几何变形而引起的。为减小这一影响，可以采用在高频陶瓷骨架上热绕法或烧渗法。当湿度增大时，线圈的固有电容和漏电损耗增加。改进的方法是将线圈用绝缘漆或环氧树脂等防潮物质浸渍密封，但由于浸渍材料的介电常数比空气大，会使线匝间的分布电容增大，同时还会引入介质损耗。

5. 常用电感器

常见电感器外形见表 2.2.17。

小型固定电感器是在棒形、工字形或王字形的磁芯上直接绕制一定匝数的漆包线或丝包线，外表裹覆环氧树脂或封装在塑料壳中。特点是体积小、重量轻、结构简单牢固（耐震动、耐冲击）、防潮性能好、安装方便。有卧式（LG1，LGA，LGX 型）和立式（ LG2，LG4 型）两种，常用在滤波、阻流、延迟、陷波等电路中。

阻流圈又叫扼流圈，分高频阻流圈和低频阻流圈。低（高）频阻流圈用于阻止低（高）频信号通过。低频阻流圈多采用硅钢片、铁氧体和坡莫合金等铁芯，电感量大（毫亨数量级）。高频阻流圈有的绕在铁氧体芯上，有的是空心的，匝数为几百或几十，电感量小（微亨数量级），损耗小，分布电容小，因此多采用分段绕制及陶瓷骨架。

偏转线圈是套在显像管颈部的部件，分行偏转线圈和场偏转线圈。行偏转线圈产生磁场是垂直的，使显像管的电子束水平方向偏转；场偏转线圈产生磁场是水平的，使显像管的电子束垂直方向偏转。由于行偏转线圈和场偏转线圈共同作用，便形成了显像管的光栅。

表贴式电感器按工艺结构分绕线型、叠层型和薄膜型。按功率分大功率型和小功率型。大功率电感器为绕线型结构，用在 DC/DC 变换器，如 LC 滤波器；小功率用在视频及通信方面，如选频电路、振荡电路等。绕线型电感量 0.01～100μH；叠层型采用的是厚膜工艺，将铁

氧体浆料和导体浆料交替叠层印刷形成电感图形，再进行烧结形成闭合磁路，或者将制有导体和通孔图形的微米级铁氧体片进行叠层，在通孔中填充导体浆料以衔接上基层导体，再经过加压、烧结形成，电感量 1～22nH，工作频率可达 12GHz；薄膜型电感是采用薄膜工艺依次淀积并光刻导体和磁芯制成，又叫平面电感，电感量 $2\mu H/cm^2$，用在频率范围为几十兆赫兹到几百兆赫兹的高频电路中。

表 2.2.17　电感器封装外形

小型固定电感(卧式)
小型固定电感(立式)
空心电感
小型磁性固定线圈
扁平电磁线圈
罐形电感
环形电感
多层线圈
蜂房线圈
高频阻(扼)流圈
滤波线圈、低频阻(扼)流圈
中波振荡线圈
磁芯可调电感、短波振荡线圈
偏转线圈
行振荡线圈

续 表

磁棒线圈	表贴式线绕电感器	表贴式平面电感器

天线线圈又称磁性天线，由两个相邻又相互独立的初级、次级绕组套在同一磁棒上构成的，磁棒有圆形和扁形。如收音机的天线线圈。

短波振荡线圈的磁芯可调，应用于调幅、调频收音机，电视接收机和通信接收机。如图2.2.7(a)所示，中波振荡线圈整个结构装在金属屏蔽罩内，线圈绕在磁芯上，磁帽罩在磁芯上，磁帽上有螺纹，可在尼龙支架上旋上旋下来调节电感量。在黑白电视机中用来调整行频的振荡线圈叫行振荡线圈。当行频偏离 15 625Hz 时，调节行振荡线圈的旋钮，便可恢复正常的行频达到行同步，如图 2.2.7(b)所示，其内部由磁芯及绕在磁芯上的线圈构成，外部的调节旋钮(实为塑料杆)插入磁芯的方孔中，通过改变磁芯与线圈之间的相对距离来改变电感量。

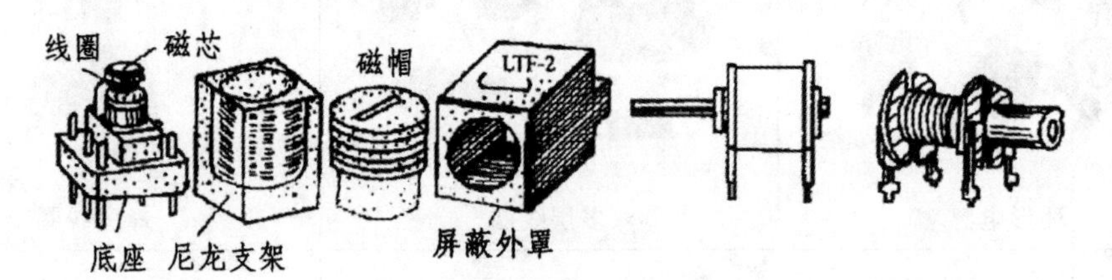

图 2.2.7　振荡线圈的结构

(a)中波振荡线圈；　(b)行振荡线圈

五、变压器

两个电感线圈相互靠近，就会产生互感现象。因此从原理上来说，各种变压器属于电感器。

1. 变压器的命名

国产变压器的型号命名及含义参见表 2.2.18。例：TTF11 表示尺寸为 7mm×7 mm×12 mm 调幅收音机用磁性瓷芯中频变压器。DB203 为 20W 低频电源变压器。

2. 变压器的结构

变压器的基本结构是由绕组、绝缘材料、骨架、紧固件、铁芯等构成。

(1)绕组：是由漆包线或纱包线绕制而成一般一次绕组绕在里层，二次绕组绕在外层。

(2)绝缘材料：绕组各层之间都加有衬垫纸等，使绝缘性能得到保证。一般采用青壳纸、黄蜡布或黄蜡绸。

表 2.2.18　部分国产变压器的型号命名及含义

<table>
<tr><th colspan="3">第一部分:主称</th><th colspan="2">第二部分:外形尺寸或功率</th><th>第三部分:序号</th></tr>
<tr><td>字母</td><td rowspan="6">用几个字母组合表示中频变压器的用途和结构</td><td>含义</td><td rowspan="6">用数字表示外形尺寸</td><td>1:7×7×12</td><td rowspan="15">用数字表示</td></tr>
<tr><td>T</td><td>中频变压器</td><td rowspan="2">2:10×10×14</td></tr>
<tr><td>L</td><td>线圈或振荡线圈</td></tr>
<tr><td>T</td><td>磁性瓷芯式</td><td rowspan="2">3:12×12×16</td></tr>
<tr><td>F</td><td>调幅收音机用</td></tr>
<tr><td>S</td><td>短波段</td><td>4:20×25×36</td></tr>
<tr><td>DB</td><td rowspan="9">一个字母和字母 B 组合表示低频变压器的用途</td><td>电源变压器</td><td colspan="2" rowspan="9">用数字表示功率</td></tr>
<tr><td>CB</td><td>音频输出变压器</td></tr>
<tr><td>RB 或 TB</td><td>音频输入变压器</td></tr>
<tr><td>GB</td><td>高压变压器</td></tr>
<tr><td>HB</td><td>灯丝变压器</td></tr>
<tr><td>SB 或 ZB</td><td>音频(定阻式)输送变压器</td></tr>
<tr><td>SB 或 EB</td><td>音频(定压式或自耦式)输送变压器</td></tr>
<tr><td>KB</td><td>开关变压器</td></tr>
</table>

(3)骨架:一般由青壳纸、玻璃纤维、酚醛树脂等绝缘材料制成,也有的采用尼龙材料做成骨架。图 2.2.8 所示为骨架的一般形式。

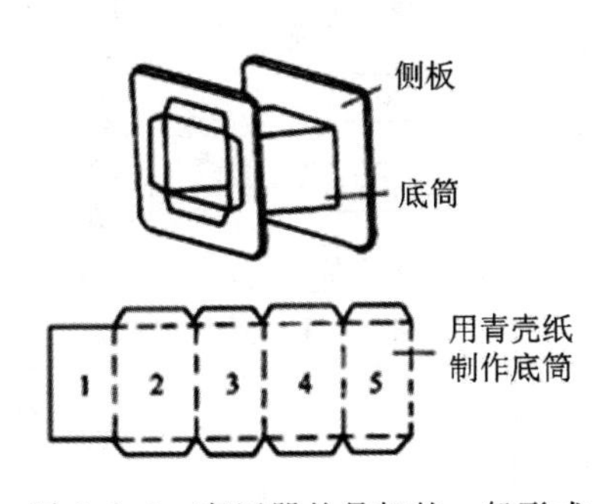

图 2.2.8　变压器的骨架的一般形式

(4)紧固件:铁芯插入线圈后,必须用紧固件夹紧。如图 2.2.9 所示,一般方法是采用夹板条夹紧,然后用螺栓插入硅钢片预先打好的孔中用螺母拧紧;对于小功率的变压器则采用 U 形夹子夹紧。

(5)铁芯。由硅钢片、坡莫合金、铁氧体材料制成。电源变压器采用硅钢片铁芯,常见形状如图 2.2.10 所示,基本形状有 E 形、C 形和 O 形,两个 C 形组成 CD 形,四个 C 形组成 ED 形,两个 E 形组成 EE 形,E 形和 I 形组成 EI 形(日形),E 形和 C 形组成 EC 形等,形状变化多种多样。C 形采用冷轧硅钢带制成;O 形和 R 形采用冷轧硅钢带绕制而成。高频变压器、音频

变压器一般采用铁氧体磁性材料制成,又叫磁芯。

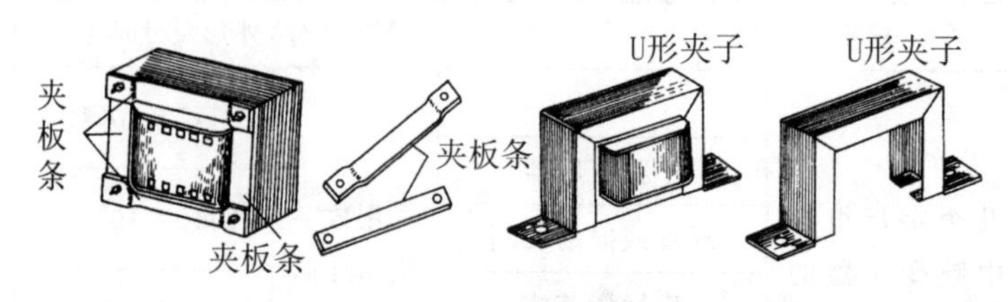

图 2.2.9　变压器的紧固件

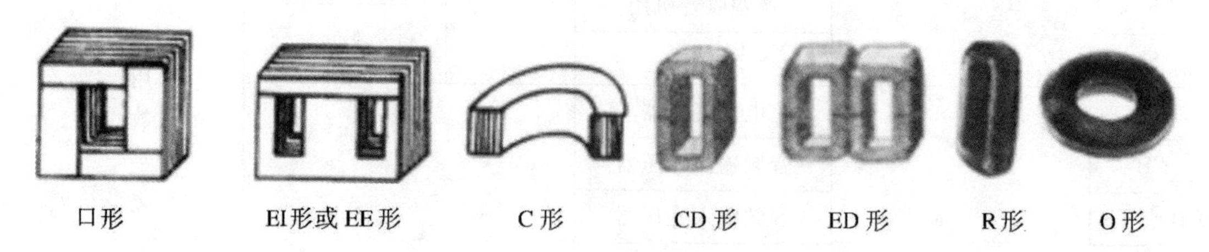

图 2.2.10　硅钢片铁芯的形状

3. 变压器的分类

变压器按电压的强弱分为电子变压器和电气变压器。电子变压器用于信息的处理和变换;电气变压器用于电能传输、高压试验和漏电保护等。

(1)电子变压器的分类。如图 2.2.11 所示,开放式变压器防潮性能差,用于一般产品;灌封式变压器防潮、耐热好,用于大功率输出;密封式变压器金属外壳密封,防潮性能好,并能防止磁场泄露。

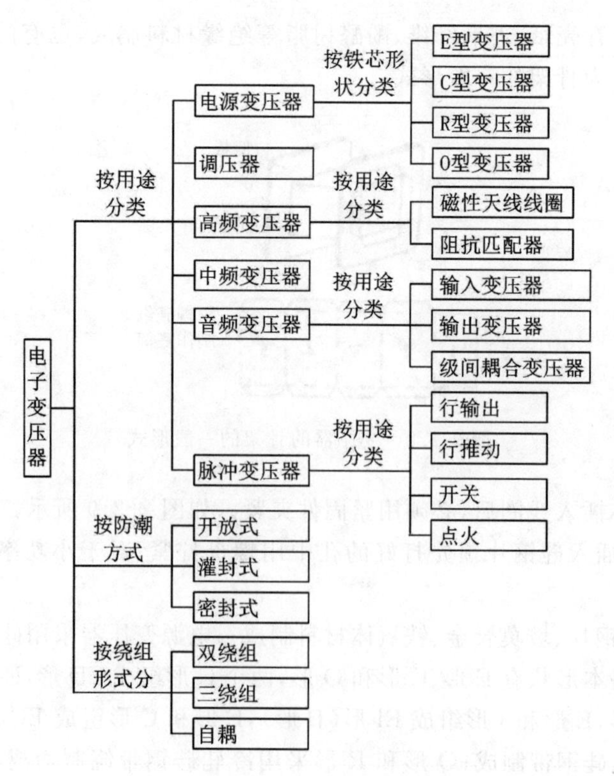

图 2.2.11　电子变压器的分类

(2)电气变压器的分类。按用途分电力变压器、仪用变压器、试验变压器、特种变压器;按相数分单相变压器和三相变压器;按冷却方式又分干式变压器、油浸变压器、氟化物变压器;按铁芯形式又分芯式变压器、非晶合金变压器、壳式变压器。芯式变压器用于高压电力;非晶合金变压器特别适用于农村电网和发展中地区等负载率较低的地方;壳式变压器用于大电流的特殊场合,如电炉变压器和电焊变压器;按绕组形式分双绕组变压器、三绕组变压器和自耦变电器。

4.变压器的参数

(1)工作频率。正常工作的电压频率值。变压器铁芯损耗与频率关系很大,一般为50Hz,需要时可按400Hz,1kHz,10kHz等设计。

(2)额定功率。在规定的频率和电压下,长期工作,而不超过规定温升的输出功率。一般电子产品中的变压器都在数百瓦以下。

(3)额定电压。变压器长期正常工作时,线圈上所允许施加的电压。

(4)电压比。初级电压和次级电压的比值,有空载电压比和负载电压比。

(5)空载电流。次级开路时,初级仍有一定的电流,这部分电流称为空载电流。空载电流由磁化电流(产生磁通)和铁损电流(由铁芯损耗引起)组成,一般不超过额定电流的10%。空载电流大的变压器自损耗大,输出效率低。

(6)空载损耗。次级开路时,在初级测的功率损耗。主要损耗是铁芯损耗,其次是空载电流在初级线圈铜阻上产生的损耗(铜损),这部分损耗很小。

(7)效率。次级功率与初级功率比值的百分比。由设计参数、材料、制造工艺及额定功率决定,通常额定功率愈大,效率就愈高。

(8)绝缘电阻。表示变压器各线圈之间、各线圈与铁芯之间的绝缘性能。绝缘电阻的高低与所使用的绝缘材料的性能、温度高低和潮湿程度有关,小型电源变压器的绝缘电阻≥500MΩ。

(9)抗电强度。指线圈之间、线圈与铁芯之间以及引线之间,在规定的时间内(例如1min)可以承受的试验电压。它是判断电源变压器能否安全工作的重要参数。一般小型电源变压器的抗电强度≥2 000V。

(10)温升。变压器通电工作以后,线圈温度上升到稳定值时比环境温度升高的数值。温升高的变压器,绕组导线和绝缘材料容易老化。

音频变压器和高频变压器参数:

(1)频率响应。次级输出电压随工作频率变化的特性。

(2)通频带。当输出电压(输入电压保持不变)下降到变压器在中间频率的输出电压的0.707倍时的频率范围。

(3)初、次级阻抗比。初、次级接入适当的阻抗R_o和R_i,使变压器初、次级阻抗匹配,则R_o和R_i的比值称为初、次级阻抗比。此时,变压器工作在最佳状态,传输效率最高。

5.常见变压器

常见变压器外形见表2.2.19。

(1)自耦变压器:绕组为有抽头的一组线圈,当输入端同时有直流电和交流电通过时,输出端无法将直流成分滤出而单独输出交流电。

(2)电源变压器:E形常用,散热面积大,漏电感大,价格低;CD形损耗小、重量轻、铁芯固

定烦琐、成本高；R形和O形 漏磁小、干扰小、损耗低、噪声小、体积小、重量轻、寿命长。电源变压器用于将交流市电变换成高低不同的交流电压供有关仪器设备使用。

表 2.2.19　常见变压器外形

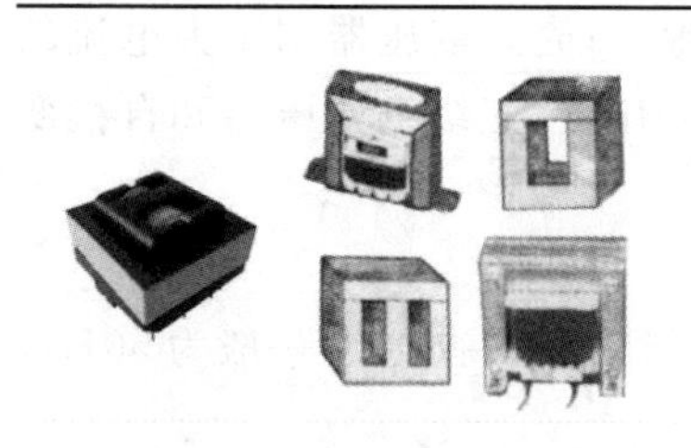 口形和EE形电源变压器	 CD形电源变压器	 R形电源变压器
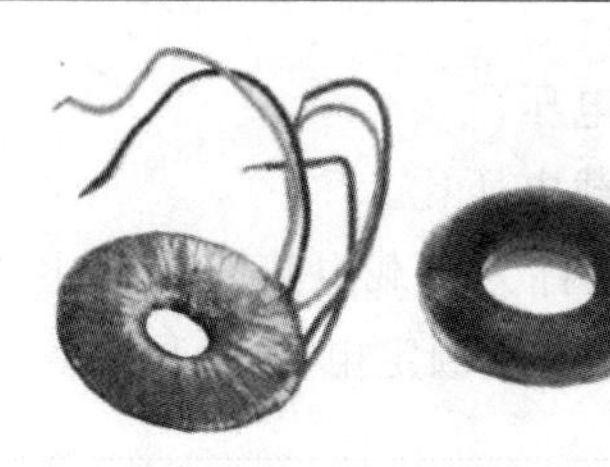 O形(环形)电源变压器	 音频变压器	 阻抗匹配高频变压器
 中频变压器(中周)	 开关电源变压器	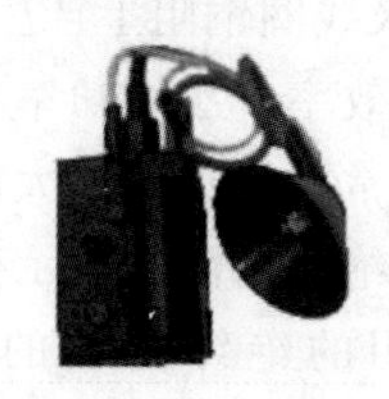 行输出变压器
  干式多相变压器	 自耦式调压变压器(实验用)	 自动调压变压器(步进电机用)
 三相干式变压器	 三相油浸变压器	 全封闭灌封式变压器

续 表

脉冲点火变压器

表贴式变压器

(3)中频变压器：俗称中周，由磁芯、磁罩、塑料骨架和金属屏蔽壳组成，线圈绕制在塑料骨架上或直接绕制在磁芯上，骨架的插脚可以焊接到印制电路板上。调整磁芯和磁罩的相对位置，能够改变中周的电感量。其广泛应用在调幅及调频收音机、电视接收机、通信接收机等电子设备的振荡调谐回路中。

(4)高频变压器：为了降低损耗，常用磁导率高(铁氧体磁芯)、高频损耗小的软磁材料作磁芯。其用于小信号场合，线圈的匝数较少、体积小、工作频率高(大于 20kHz)、价格便宜、可靠性高。在高频电路中，用于阻抗变换，

(5)音频变压器：又称低频变压器。铁芯由高导磁材料叠装而成，原、副绕组耦合紧密，耦合系数接近 1，原绕组电感大，漏电感小，工作频率范围 10～20 000Hz。常用于变换电压或变换阻抗，如音频输出与扬声器的阻抗变换。

(6)脉冲变压器：也称开关变压器或开关电源，原绕组套在断面较大的由硅钢片叠成的铁芯柱上，副绕组套在坡莫合金材料制成的断面较小的易于高度饱和的铁芯柱上，在两柱中间设置磁分路，利用铁芯的磁饱和性能把正弦波电压变成窄脉冲电压。其用于开关稳压电源和逆变电源中。

(7)行输出变压器：又叫逆程变压器、回扫变压器，是一种脉冲变压器，用于电视机中。

(8)贴片型变压器：具有体积小、易于安装、可编带包装，适合大批量自动贴装。工作频率范围宽(10～500 kHz)，广泛用于通信产品、便携式电子设备、小功率开关电源。

第三节　元器件制造技术简介

一、电子元器件制造工程和设备

电子元器件生产工程分为材料工程、基体工程、测试工程、装配工程和机械工程，具有很强的专用性，主要表现在材料工程上，它决定元器件的品质，其余工程具有一定的通用性。

1. 材料工程

元器件材料制备与元器件电特性密切相关，但基本制备工艺相近，包括电子浆料制备、胶黏剂制备等，所涉及的设备有搅拌机、球磨机、超细粉碎机、振动筛、网带炉、离心造粒喷雾干燥机、丝网印刷机等。

电子浆料是制造厚膜元件的基础材料，是一种由固体粉末和有机溶剂经过辊轧制成的混合均匀的膏状物。它按用途不同，分为介质、电阻和导体浆料（银浆、铝银浆）；按基片分为陶瓷、聚合物、玻璃和金属绝缘浆料；按烧结温度不同分为高温、中温和低温浆料；按用途不同，可分为通用和专用电子浆料（不锈钢基板电子浆料、热敏电阻浆料）；按价格分为贵金属电子浆料（银钯、钌系和金浆等）和贱金属电子浆料（钼锰浆料）。

搅拌机（混合机）：带有叶片的轴在圆筒或槽中旋转，将多种原料进行搅拌混合，使之成为一种混合物或适宜稠度的机器。搅拌机有强制式搅拌机、单卧轴搅拌机和双卧轴搅拌机等。

球磨机：物料被破碎之后，再进行粉碎的关键设备。球磨机有湿法超细型、干法超细型和新型。

超细粉碎机：将大尺寸的固体原料粉碎至要求尺寸的机器。由粗碎、细碎、风力输送等装置组成。

振动筛：直线振动筛利用振动电机激振作为振动源，使物料在筛网上被抛起，同时向前做直线运动，通过多层筛网产生数种规格的筛上物、筛下物，分别从各自的出口排出。

网带炉：由马弗保护的网带将零件实现炉内连续输送的烧结炉。网带炉主要用于粉末冶金制品烧结及金属粉末的还原及电子产品在保护气氛或空气中的预烧、烧成或热处理工艺。

离心造粒喷雾干燥机：为连续式常压干燥器的一种，将液料喷成雾状，使其与热空气接触而被干燥，并制成特定形状。常用于干燥有些热敏性的液体、悬浮液和黏滞液体，适于有特殊要求的物料，如陶瓷、电容器料、氧化铝、氧化锆等。

丝网印刷机：施印文字和图像的机器。制作丝网的材料除真丝外，还可用尼龙丝、铜丝、钢丝或不锈钢丝等，可分为平面丝网印刷机、曲面丝网印刷机、转式丝网印刷机等，可进行瓷浆料、内电极的精密印刷，实现电极层间的准确对位。

2. 基体工程

基体按原材料分高聚物（树脂）基、金属基、陶瓷基、玻璃基、碳基（包括石墨基）和水泥基等。设备有挤制成型设备、迭片印刷机、切块机、排黏机、烧结炉、烧银炉、涂端头机等。

挤制成型设备：又称挤出成型、可塑法成型，将陶瓷等原料加入有机胶黏剂和塑化成型助剂，经练泥、陈腐、塑化等工序，得到挤制用坯料后，放入挤制成型设备，通过施加一定压力，使用活塞或螺杆通过开放式的不同压模嘴挤出不同形状的成型坯体。挤制成型设备可分为冷挤压法和热挤压法，适用于棒、管、柱、板、薄片状以及其他截面一致的制品。

排黏机：是将生胚中成型时所加的胶黏剂及少量残余溶剂缓慢排除的设备。

烧结炉：在高温下，使陶瓷生坯固体颗粒相互键联，晶粒长大，空隙和晶界渐趋减少，其总体积收缩，密度增加，成为具有某种显微结构的致密多晶烧结体的炉具。烧结炉和网带炉一起，是电子陶瓷预烧、烧成、热处理、烧银的关键设备。

干压成型机：将干粉坯料填充入金属模腔中，施以压力使其成为致密坯体，用于金属粉末和陶瓷粉末的成型。

流涎机：将高分子聚合物的溶液或熔体通过刮刀或模头直接在钢带和钢辊上铺展成型成

为一定厚度未取向的薄膜，分为溶剂流涎和熔融流涎，用于陶瓷薄膜的成型。

3. 装配工程

装配工程包括引线插片和焊接、包封、包装、打标志等。设备有导线成型机、自动贴片机、焊接机、包封机、标志机、装袋机、编带机、插脚机、封端机、包封机、多轴绕线机等。

标志机：激光半导体打标机可标记金属及多种非金属。

编带机：是电子元件编带包装机，有半自动编带机和全自动编带机。全自动编带机能够自动完成上料、传送、切脚、一次成型、二次成型、自动测试分选、次品排除、分类编带包装。

插脚机：主要有切边、切边打断、打脚、插脚、连片打断、自动收纸等功能。

排条机：是片式陶瓷基片一次分割的设备。

封端机：在片式陶瓷芯片的两个端头浸封端头电极浆料，形成电极。可调速度和深度。

包封机：用涂刷、浸涂、喷涂等方法将热塑性或热固性树脂施加在制件上，并使其外表面全部被包覆而作为保护涂层或绝缘层的一种设备。包封机用于元件的表面包封陶瓷环氧或酚醛树脂。

多轴绕线机：用于绕制骨架式线圈，可同时绕制八个线圈。

4. 测试工程

测试工程设备有自动测试机、容量分类机、综合测量仪、温测仪和老炼机、成品测试分选机等。

成品测试分选机：主要由水平送带机构、定位测试机构、分选拔取机构、测试分选仪及控制电路等组成。水平送带机构将纸带送到定位测试机构，通过测试分选仪逐一进行测试，测试结果输入 PLC 处理后驱动分选机构，将产品分档入仓，实现自动分选。

测试分选编带一体机：设备功能包括自动输入、精细抓取、真空取放、视觉检查、自动转向、电性测试、激光打印、自动分类、自动编带等。

老炼机：使真空间隙经受多次电压击穿或使暴露表面经受离子轰击，以提高真空间隙耐压的设备，分辉光放电老炼、充气老炼、电流老炼和火花老炼。

5. 机械工程

机械工程应用于电位器、机电元器件等制造。

冲床：是一台冲压式压力机。冲子是在坯料上冲孔使用的锻造工具，按其截面形状有圆冲子、方冲子、扁冲子、实心冲子和空心冲子等。

压力机：一种能使滑块作往复运动，并按所需方向给模具施加一定压力的机器。它可广泛应用于切断、冲孔、落料、弯曲、铆合和成形等工艺。工作时由电动机通过三角皮带驱动大皮带轮(通常兼作飞轮)，经过齿轮副和离合器带动曲柄滑块机构，使滑块和凸模直线下行。工作完成后滑块上行，离合器自动脱开，同时曲柄轴上的止动器接通，使滑块停止在上止点附近。

铆接机：用铆钉(中空铆钉、空心铆钉、实心铆钉等)把物品铆接起来的机械设备，主要靠旋转与压力完成装配，常见的有气动、油压和电动，单头及双头，自动、旋铆等。

轧机：是实现金属轧制的设备，由工作机座、轧辊、轧辊轴承、轧机机架、轧机轨座、轧辊调整装置、上轧辊平衡装置、传动装置、附属设备组成。

磨床：利用磨具对工件表面(平面、外圆、内孔、工具等)进行高精度磨削加工的机床。大多数使用高速旋转的砂轮进行磨削加工，少数的是使用油石、砂带等其他磨具和游离磨料进行加工，如珩磨机、砂带磨床、研磨机和抛光机等。

注塑成型机：简称注射机或注塑机，是将热塑性或热固性塑料利用成型模具制成各种形状制品的成型设备。有两个基本部件：用于熔融和把塑料送入模具的注射装置与合模装置。

二、电抗元件制造工艺流程

1. 片式电阻器制造工艺流程

片式电阻器按制造工艺可分为厚膜型和薄膜型两大类，一般是用厚膜工艺制作的。片式电阻器制造工艺流程如图 2.3.1 所示，它在一个陶瓷(Al_2O_3，96%)基片上进行制作。

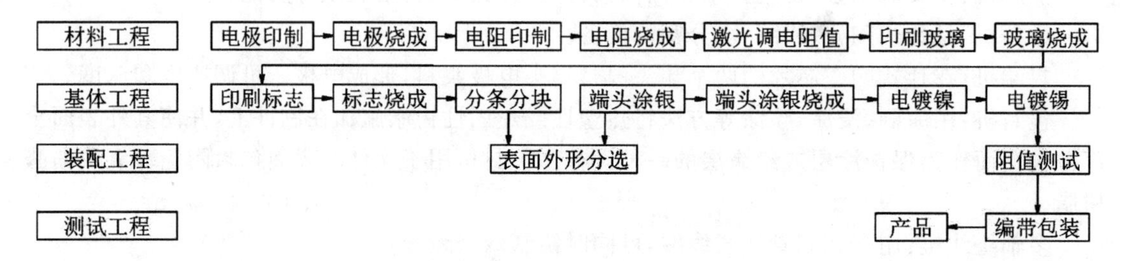

图 2.3.1 片式电阻器制造工艺流程图

电极印刷与烧成：背面电极作为连接电路板用，印刷 Ag，140 ℃烧成；正面电极(内电极)作为连接电阻体用，印刷 Ag/Pb，140 ℃，850 ℃烧成。

电阻印刷与烧成：网印 RuO_2电阻浆料来制作电阻膜，140 ℃，850 ℃烧成。改变电阻浆料成分或配比，就能得到不同的电阻值。

激光调电阻值(激光修正)：用激光在电阻膜上刻槽微调电阻值。

印刷玻璃与烧成：印刷玻璃浆料覆盖电阻膜并烧结成釉保护层，使电阻不受外界环境影响。

焊端的三层结构：Ag/Ni/Sn 或 Pb－Ag/Ni/Sn－Pb。内层 Ag 或 Pb－Ag 与内电极相连；中间层 Ni 阻挡层，避免高温焊接时铅和银发生置换反应导致电极脱帽；外层 Sn 或 Sn－Pb 增加可焊性。

编带包装：装入纸带圈绕在塑料盘上。

圆柱形表面安装电阻器可以用薄膜工艺来制作：在高铝陶瓷基柱表面溅射镍铬合金膜或碳膜，在膜上刻槽调整电阻值，两端压上金属焊端，再涂覆耐热漆形成保护层并印上色环标志。

2. 电容器制造工艺流程

(1)片式多层陶瓷电容器(MLC)工艺流程。如图 2.3.2 所示。

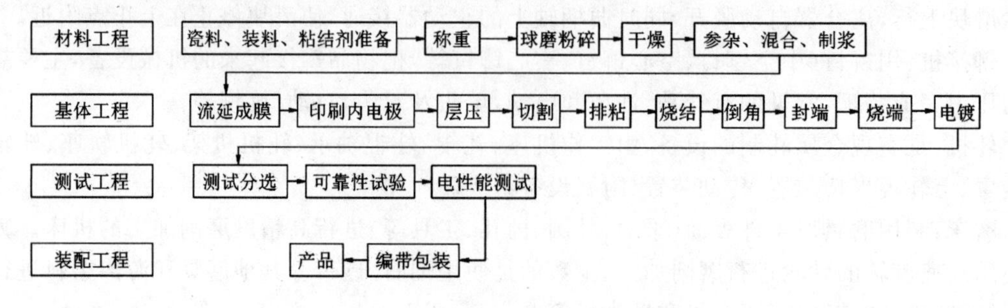

图 2.3.2 片式多层陶瓷电容器制造工艺流程图

(2)低压圆片电容器制造工艺流程。低压圆片电容制造的材料工程和基体工程与片式多层陶瓷电容器制造流程相似,装配工程和测试工程工艺流程如图2.3.3所示。

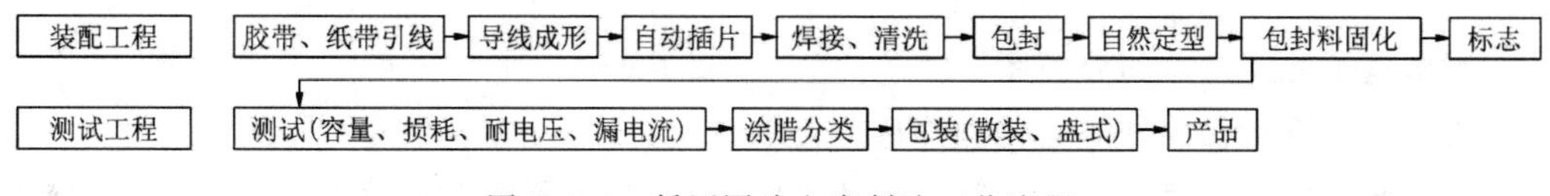

图2.3.3　低压圆片电容制造工艺流程

(3)电解电容制造工艺流程。如图2.3.4所示,原箔为未经腐蚀处理的高纯铝光箔。

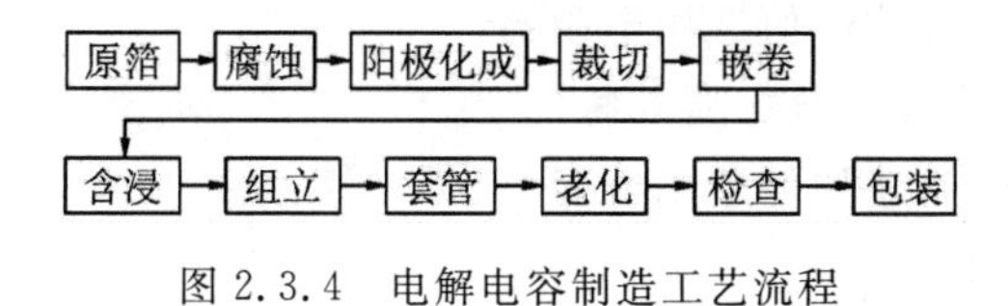

图2.3.4　电解电容制造工艺流程

腐蚀:将高纯铝光箔进行腐蚀形成腐蚀箔以扩大有效面积。

阳极化成:在腐蚀箔表面进行阳极氧化处理后生成绝缘阳极氧化箔(化成箔)。

裁切:将化成箔裁成设计所需宽度。

加缔:将导线棒压钉于铝箔上。

嵌卷:将正负箔间加入电解纸(绝缘纸)卷绕成圆柱状。

含浸:利用抽真空设备将含浸液注入。

组立:用外毂与橡皮材料将素子组装,避免内部电解液干枯。

套管:套上带有标识的胶管。

老化:施加老化电压,让电容特性稳定。

加工与包装:依客户要求进行切脚、成型及贴附等加工。

3. 层叠型片式电感制造工艺流程

层叠型片式电感的制造工艺流程:烘料→配料→制浆→流涎→丝网印刷成型→干燥→层压→切割→排黏→烧成→倒角→封端→烧银→电镀→测试分选→包装。

配料是将铁氧体材料、树脂和有机溶剂按一定比例配制并均匀混合。流涎将配制好的浆料制成膜片。丝网印刷可用来印刷导体银浆和铁氧体浆料。烧成是通过烧结使胚体致密、均匀。电镀提高可焊性。排黏是将生胚中成型时所加的胶黏剂及少量残余溶剂缓慢排除的过程。

丝网印刷成型是多层片式电感成型的关键技术,有干法、湿法和干湿法三种方法。干法工艺流程为:磁膜片机械打孔、印刷内线圈(银浆)同时银浆填孔、重复以上工序直到内线圈数印刷完成。日本湿法工艺流程为印刷1/2或1/4内线圈、印刷1/2铁氧体浆料、重复以上工序直到内线圈数印刷完成、上基板;美国湿法工艺流程为印刷引出端、印刷铁氧体浆料、化学显露引出端、印刷内线圈、重复以上工序直到内线圈数印刷完成、上基板。干湿法工艺流程为:下层磁膜片印刷电极和内线圈、印刷铁氧体浆料(预留通孔)、印刷通孔浆料、印刷内线圈、重复以上工序直到内线圈数印刷完成、上保护层。

思 考 题

1. 画出电子元器件总的分类图。
2. 为什么要进行元器件的老化和筛选？
3. 电子元器件的主要参数有哪些？简述电阻、电容和电感的射频特性。
4. 写出电子元器件 RJ15，CD11，3DG2C 的名称。
5. 写出标注为红黄黑红棕和标注为 243 电阻的阻值。
6. 从电阻器材料角度，简述如何选用电阻器。
7. 电位器按阻值的变化规律分为哪几种？
8. 从电容器材料角度，简述如何选用电阻器。
9. 电感器的基本参数有哪些？
10. 变压器的基本构成是什么？
11. 简述片式电阻器的工艺流程？

第三章

其他分立元器件

第一节　半导体晶体管

导电能力介于导体和绝缘体之间的材料称为半导体材料，如硅、锗、氧化物和大多数硫化物等，因为一般具有晶体结构所以称为晶体，主要特性有热敏特性、光敏特性和掺杂特性。纯净的半导体中掺入极微量的其他元素(杂质)就会使它的导电能力发生巨大变化，这就是掺杂特性。利用半导体材料这些特性人们制造出了晶体管，也叫半导体器件。晶体管是电子电路的核心元器件，也是其他电子器件如集成电路的基础。晶体管自 20 世纪 50 年代问世以来，为电子产品的发展起到了重要的作用。现在，虽然集成电路已经广泛使用，但因为晶体管有其自身的特点，还将有所发展，还会发挥其他元器件所不能取代的作用。

一、晶体管的命名和封装

1. 命名

表 3.1.1～3.1.5 为国产和国外晶体管的型号命名及含义。国产场效应管有两种命名方法。第一种与国产三极管相同，第三位字母 J 代表结型，O 代表绝缘栅型；第二位字母代表材料，D 是 P 型硅 N 沟道，C 是 N 型硅 P 沟道，如 3DJ6D。第二种是 CS××＃，CS 代表场效应管，××以数字代表型号的序号，＃用字母代表同一型号中的不同规格，如 CS14A，CS45G 等。

表 3.1.1　国产晶体管的型号命名及含义

<table>
<tr><th>第一部分</th><th>第二部分</th><th colspan="2">第三部分</th><th>第四部分</th><th>第五部分</th></tr>
<tr><td>用数字表示电极数目</td><td>用汉语拼音表示材料与极性</td><td colspan="2">用汉语拼音表示类别(用途、特征)</td><td rowspan="3">用数字表示序号</td><td rowspan="3">用汉语拼音表示规格号</td></tr>
<tr><td>2:二极管</td><td>A:N 型，锗
B:P 型，锗
C:N 型，硅
D:P 型，硅</td><td rowspan="2">P:普通管
W:稳压管
Z:整流管
L:整流堆
K:开关管
N:阻尼管
U:光电管
V:微波管
C:参量管
S:隧道管
FH:复合管</td><td rowspan="2">B:雪崩管
X:低频小功率管
G:高频小功率管
D:低频大功率管
A:高频大功率管
T:半导体闸流管
J:阶跃恢复管
BT:半导体特殊器件
JG:激光器件
PIN:PIN 管
I:可控整流器件</td></tr>
<tr><td>3:三极管</td><td>A:PNP 型，锗
B:NPN 型，锗
C:PNP 型，硅
D:NPN 型，硅
E:化合物材料</td></tr>
</table>

注：f<3MHz 为低频管，f>3MHz 为高频管，P_c<0.5W 为小功率管，P_c>1W 为大功率管。

例：3AX31 为锗材料 PNP 型低频小功率管三极管，2DW 为 P 型硅材料稳压二极管。

表 3.1.2　美国半导体器件型号命名及含义

前缀	第一部分	第二部分	第三部分	第四部分
用符号表示用途	用数字表示 PN 结数目	美国电子工业协会(EIA)注册标志	美国电子工业协会(EIA)登记的顺序号	用字母表示元器件分挡
JAN 或 J：军用品 无符号：非军用品	1：二极管 2：三极管 3：三个 PN 结器件 n：n 个 PN 结器件	N：EIA 注册的不加热器件，即半导体器件	多位数字表示登记的顺序号	用字母 A，B，C，D，E，F 表示同一型号的不同分挡

例：1N4001 表示非军用二极管；JAN2N2904 表示军用三极管。

表 3.1.3　日本晶体管型号命名及含义

第一部分	第二部分	第三部分	第四部分	第五部分
用数字表示器件的电极数目或类型	用 S 表示日本电子工业协会注册产品	用字母表示元器件的极性或类型	用数字表示登记的顺序号	用字母表示对原型号的改进产品
0：光电管或光电二极管或包括上述器件的组合管 1：二极管 2：三极管或晶闸管或具有三个电极的其他器件	S 表示已在日本电子工业协会注册登记的半导体分立器件	A：PNP 型高频管 B：PNP 型低频管 C：NPN 型高频管 D：NPN 型低频管 M：双向可控硅 F：P 控制极可控硅 G：N 控制极可控硅 J：P 沟道场效应管 K：N 沟道场效应管	用两位以上的数字，如从 11 开始表示在日本电子协会登记的顺序号，其数字越大越是近期产品	用字母 A，B，C，D，E，F……表示

例：2SC1895 为 NPN 型高频三极管；2SB642 为 PNP 型低频三极管。一般标注时 2S 可省略，如 D8201A 为改进型 NPN 型低频管。

表 3.1.4　国际电子联合会(欧洲各国)晶体管的型号命名及含义

第一部分	第二部分		第三部分	第四部分
用英文字母表示器件的材料	用英文字母表示器件的类型及主要特征		用数字或字母加数字表示登记号	用字母对同类器件分挡
A：锗材料 B：硅材料 C：砷化镓 D：锑化铟 R：复合材料	A：检波、开关、混频二极管 B：变容二极管 C：低频小功率晶体管 D：低频大功率晶体管 E：隧道管 F：高频小功率晶体管 G：复合器件及其他 H：磁敏二极管 K：开放磁路中的霍尔元件 L：高频大功率晶体管 M：封闭磁路中的霍尔元件	P：光敏器件 Q：发光元件 R：小功率可控硅 S：小功率开关管 T：大功率晶闸管 U：大功率开关管 X：倍增二极管 Y：整流二极管 Z：稳压二极管(齐纳二极管)	三位数字表示通用半导体器件(同一类型器件使用同一登记号)。 一个字母加两位数字表示专用半导体器件(同一类型器件使用同一登记号)	A，B，C，D，E，F，… 表示，同类器件按某一参数进行分挡的标志

例：BU208A 为 A 挡硅材料大功率开关管。

表 3.1.5　韩国晶体三极管的型号命名及含义

型号： 用四位数字来表示	9011	9012	9013	9014	9015	9016	9017	9018
极性	NPN	PNP	NPN	NPN	PNP	NPN	NPN	NPN

2. 晶体管的封装

表 3.1.6 和表 3.1.7 分别为贴装晶体管和插装晶体管封装外形和封装名。

表 3.1.6　贴装晶体管封装外形和封装名

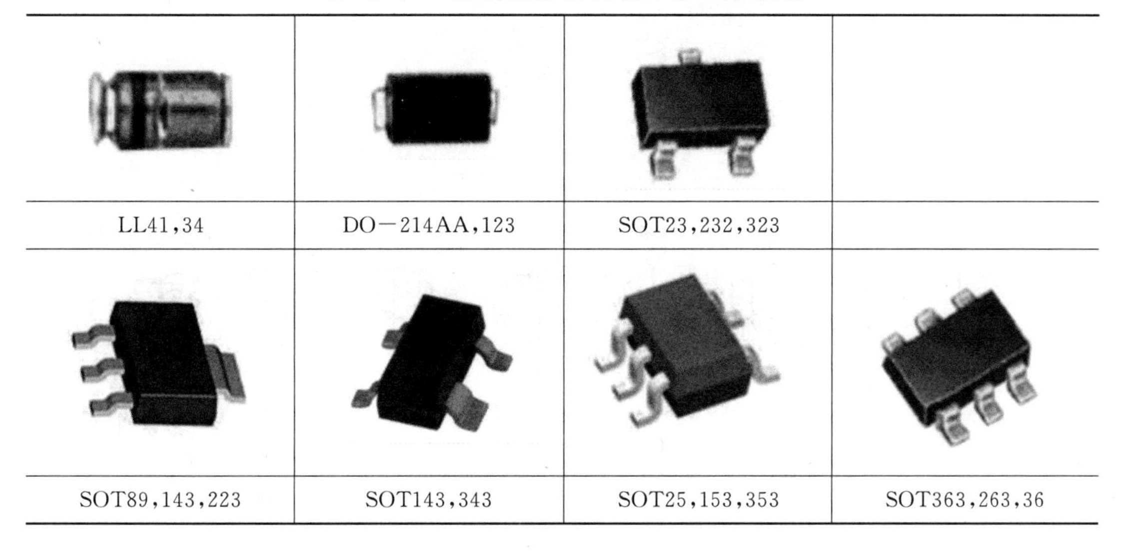

LL41,34	DO－214AA,123	SOT23,232,323	
SOT89,143,223	SOT143,343	SOT25,153,353	SOT363,263,36

二、二极管

1. 二极管的结构

如图 3.1.1 所示，带电子多的杂质半导体称为 N 型半导体，缺少电子而空穴多的杂质半导体则称为 P 型半导体。将 P 型和 N 型半导体进行有机的结合，在两者的结合面就会形成一个特殊的薄层，称为空间电荷区（或阻挡层、耗尽层、势垒区），即 PN 结。将一个 PN 结封装在密封的管壳之中并引出两个电极，就构成了晶体二极管。

2. 二极管的伏安特性

如图 3.1.2 所示当外加电压为正偏时（P 区为高电位，N 区为低电位），在死区电压或阀值电压（硅为 0.5V 左右，锗为 0.2V 左右）以下时，二极管中流过的电流几乎为零，但在超过正向压降（硅为 0.6～0.8V 左右，锗为 0.2～0.4V 左右）时，正向电流便急剧增大，呈现导通状态；当外加电压为反偏时（P 区为低电位，N 区为高电位），反向电流随电压增大而略微增加，呈截止状态。但当反偏电压增大到一定值（击穿电压）时，反向电流突然剧增，此时的 PN 结被击穿。二极管正偏时呈现导通状态，反偏时呈现截止状态的特性称为单向导电性。

表 3.1.7　插装晶体管封装外形和封装名

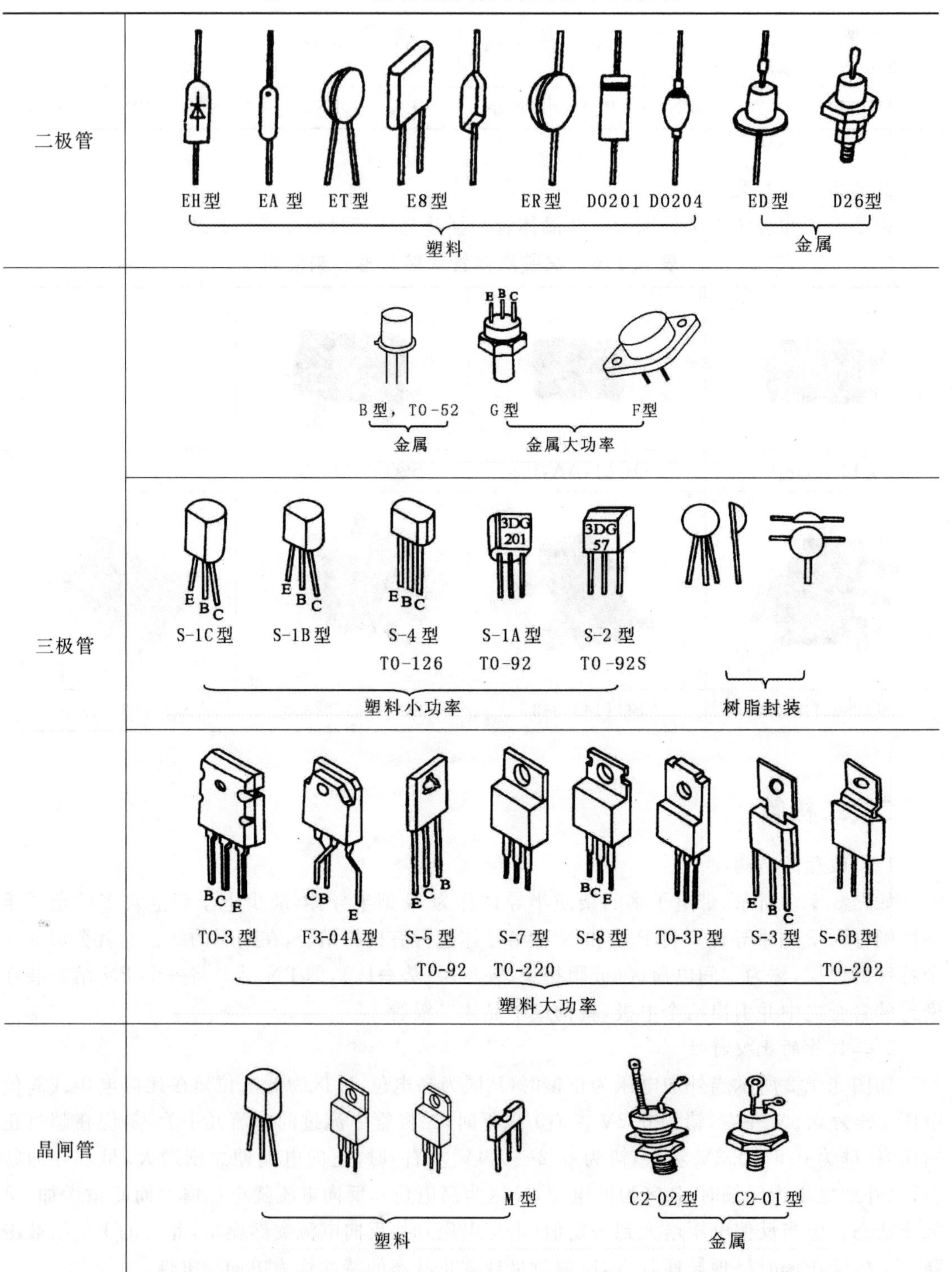

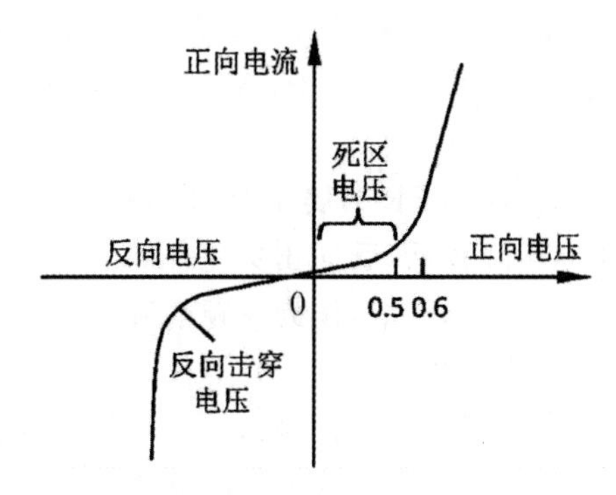

P N

图 3.1.1　二极管的结构示意图和符号　　　图 3.1.2　二极管的伏安特性曲线

3. 二极管的种类

二极管按用途分为普通二极管和特殊二极管，普通二极管有整流管（面接触型）、检波管（点接触型）、稳压管（齐纳管）、开关管（平面型）等；特殊二极管有微波管（高频开关管）、FRD（快恢复管）、SBD（肖特基管）、变容管、AD 管（雪崩管）、TD 管（隧道管）、PIN 管、TVP（瞬变电压抑制管）、光敏管、发光管等。

二极管按照 PN 结构造面的特点可分为键型（点接触型）、合金型（面接触型）、扩散型、台面型、平面型、肖特基型和外延型。

键型二极管：用一根很细的 P 型（N 型）杂质金属丝压在 N 型（P 型）的半导体晶片表面，通以脉冲电流，与晶片牢固地烧结在一起形成 PN 结。其 PN 结的接触面积小，结电容小；只允许通过较小的电流（不超过几十毫安），适用于高频小电流电路，如收音机的检波等。

合金型二极管：在硅和锗的单晶片上通过合金铟、铝的方法制作 PN 结而形成的。它 PN 结接触面积大，结电容比较大，允许通过较大的电流（几安到几十安），主要用于整流电路中。

扩散型二极管在高温的 P 型杂质气体中加热 N 型硅和锗的单晶片，使单晶片表面一部分变成 P 型，以此制作 PN 结。

台面型二极管与扩散型相同，只保留了 PN 结及其必要的部分，把不需要的部分用药水腐蚀掉，呈现出台面形而得名。

平面型二极管在 N 型硅单晶片上，利用硅表面氧化膜的屏蔽作用有选择地扩散 P 型杂质而形成 PN 结，由于表面制作得很平整而得名，因为被氧化膜所覆盖，所以稳定性好、寿命长、可通过较大的电流，多用于开关、脉冲及高频电路中。

外延型在硅单晶片上用外延生长工艺形成 PN 结，可随意控制杂质的浓度分布，适于制作高灵敏度的变容二极管。

肖特基二极管（Schottky Barrier Diode，SBD）也称为金属半导体二极管或表面势垒二极管，因利用金属（如铅、金、钼、镊、钛）与半导体（如 N 型硅）接触形成金属半导体结。它功耗低、整流电流大（可达到几千毫安）、超高速，反向恢复时间极短（可以小到几纳秒），正向导通压降低（仅 0.4V 左右），但其反向击穿电压比较低，大多不高于 60V。适合于在低压、大电流输出场合用作整流，在非常高的频率下用于检波、混频和钳位。

江崎二极管（Tunnel Diode，TD）是以隧道效应为主要电流分量的二极管，其 P 区和 N 区是高掺杂的。

PIN 二极管在 P 区和 N 区间夹一层本征半导体（或低浓度的杂质半导体）构造而成，特点

是反向偏置阻抗很高，正向偏置阻抗很低，应用于高频放大和振荡、高速开关电路中。

雪崩二极管（Avalanche Diode，AD）在外加电压作用下可以产生高频振荡。应用于微波领域的振荡电路中。

快恢复二极管（简称 FRD）属于 PIN 结构，因基区 I 很薄，反向恢复电荷很小，所以反向恢复时间较短，正向压降较低，反向击穿电压（耐压值）较高。主要应用于开关电源、PWM 脉宽调制器、变频器等电子电路中，作为高频整流、续流或阻尼使用。

4. 二极管的主要参数

二极管的种类繁多，不同的二极管有不同的参数，常规参数如下：

(1)额定正向电流：正常连续工作能够通过的最大正向电流。

(2)最高反向电压：正常工作中能承受的最高反向电压值，为反向击穿电压的一半。

(3)反向击穿电压 V_{BR}：指管子反向击穿时的电压值。击穿时，反向电流剧增，二极管的单向导电性被破坏，甚至因过热而烧坏。

(4)最大反向电流：规定的温度和最高反向电压下流过二极管的反向电流。该值越小，说明二极管的单向导电性越好。硅管的 I_S值为 1μA 或更小，锗管的 I_S值为几十至几百微安。

(5)最高工作频率：正常工作下的最高工作频率。典型的 2AP 系列二极管 f_M<150MHz，而 2CP 系列 f_M<50kHz。

(6)功率损耗：正常工作下所消耗的功率。

各种二极管除常规参数外，还有相应的特殊参数。整流二极管有最大整流电流；检波二极管有检波效率 η、零偏压电容等；稳压二极管有稳定电压 V_Z、稳定电流 I_Z、动态电阻 R_Z、正向压降、最高结温等；开关二极管有反向恢复时间、零偏压电容、正向压降等。

(1)最大整流电流 I_F：长期工作时，允许通过的最大正向平均电流。因为电流通过 PN 结要引起管子发热，电流太大，发热量超过限度，就会使 PN 结烧坏。

(2)检波效率 η：输入端加上正弦信号时，输出端的直流电压与输入端的峰值电压之比。

(3)稳定电压 V_Z：稳压管反向击穿后其电流在规定范围内两端的电压值。V_Z 一般给出的是范围值，如 2CW11 的 V_Z 在 3.2～4.5V（测试电流为 10mA）。

(4)稳定电流 I_Z：稳压管正常工作时的参考电流。一般要求 $I_{Zmin}<I_Z<I_{Zmax}$。

(5)动态电阻 R_Z：稳压管正常工作的范围内，电压的微变量与电流的微变量之比。R_Z越小，表明稳压管性能越好。

(6)最高结温 T_{jm}：PN 结势垒消失时的温度。P 型半导体或者 N 型半导体，在较高温度下都将转变为本征半导体。

(7) 反向恢复时间：开关二极管由导通状态到截止状态需要的时间，即少数载流子从堆积状态减少直到耗尽状态（反向截止时）所需要的时间。它一般是小于 75ns。

(8) 正向压降：正向导通时两端的电压。小功率硅二极管的正向压降约 0.6～0.8 V，锗二极管约 0.2～0.3 V，大功率的硅二极管往往达到 1V。

(9)结电容 C：在零偏置下的总电容量，包括势垒电容和扩散电容。

三、双极型三极管和场效应三极管

场效应三极管是利用电场效应来控制电流的一种半导体器件，故因此而得名，因只依靠一种载流子参与导电，故又称单极型晶体管。双极型三极管因有二种载流子（电子和空穴）同时

参与导电而得名。场效应三极管与双极型三极管相比，具有输入阻抗高($10^5\Omega$)、噪声低、功耗小、热稳定性好、动态范围大、没有二次击穿、抗辐射能力强、制造工艺简单和便于集成化等优点，广泛应用于数字电路、通信设备和仪器仪表，已经在很多场合取代了双极型三极管。

1. 双极型三极管

(1)双极型三极管的结构。如图 3.1.3 所示，PNP 型晶体管由两块 P 型和一块 N 型半导体构成，NPN 型半导体管则由两块 N 型和一块 P 型半导体构成。它有三个电极，即基极(B)、发射极(E)、集电极(C)，如有些高频晶体管有 4 个引脚，其中有一个引脚是与管壳相连的，作为屏蔽使用。基极与集电极之间的 PN 结称为集电结(C 结)，基极与发射极之间的 PN 结称为发射结(E 结)。

在电路图形符号中，带箭头的引脚表示的是晶体管的发射极，其箭头方向表示电流方向，同时也表示了极性类型，箭头朝外的表示 NPN 型，箭头方向朝内的表示 PNP 型。

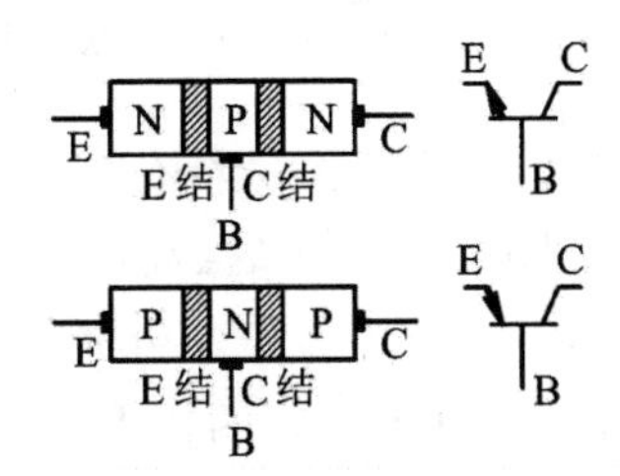

图 3.1.3 双极型三极管的结构示意图和符号

(2)双极型 NPN 型共射极三极管的特性。

1)三极管的各极电流。双极型三极管的三个电极的电流分别为 I_B(基极电流)、I_E(发射极电流)和 I_C(集电极电流)，满足下列关系：

$$I_E = I_B + I_C;\quad I_E \gg I_B;\quad I_C \approx I_E$$

2)三极管特性曲线。双极型三极管特性曲线如图 3.1.4 所示。图(a)所示为输入特性曲线。和二极管伏安特性一样，只有发射结外加正向电压大于死区电压，才会出现 I_B，随着 U_{BE} 的增大，I_B急剧增大；当 $U_{CE} \geqslant 1V$ 时，输入特性曲线基本重合，增大 U_{CE}，I_B不再明显减小。图(b)所示为输出特性曲线。输入电流 I_B为 0 时，I_C很小；I_B为常数时，I_C随输出电压 U_{CE}而增大；I_C越大，曲线斜率越大。图(c)所示为输入输出特性曲线。A 段，输入电压低时，三极管"OFF"，电流不能通过，输出电压经负载电阻引出，为电源的端电压；B 段，随着输入电压的增高，输出电压大小由三极管内的非线性动态电阻与负载电阻的分压确定，输入电压越高，三极管的电阻越小，三极管的电流越大，负载电阻上的电压降越大，从而三极管的对地输出电压逐渐下降，输出电位逐渐接近地电位；C 段，输入电压很高时，电源电压几乎全部降在负载上，输出电压接近 0，即地电位。

3)三极管的三个工作区。如图 3.1.4 所示，将双极型三极管的输出特性曲线分为如下三个工作区：

放大区：$I_C = \beta I_B$(β 为电流放大倍数)；$U_{CE} \geqslant 1V$；$U_{BE(硅)} \geqslant 0.6 \sim 0.8$，$U_{BE(锗)}\,0.2 \sim 0.3$；$U_C > U_B > U_E$，即发射结正向偏置，集电结反向偏置。

饱和区：$U_{CE(硅)} = 0.3 \sim 1\ V$，$U_{CE(锗)} = 0.2 \sim 0.3\ V$，$U_{CE(大功率)} = 1 \sim 3\ V$，$U_B > U_C > U_E$，即发射结正向偏置，集电结正向偏置。$I_B$对 I_C影响小。

截止区：$I_B=0$，$I_C=I_{CEO}$（<0.01mA），$U_{BE(硅)}<0.5$V，$U_{BE(锗)}<0.1$V，$U_C=V_{CC}$，即发射结截止，集电结反向偏置。

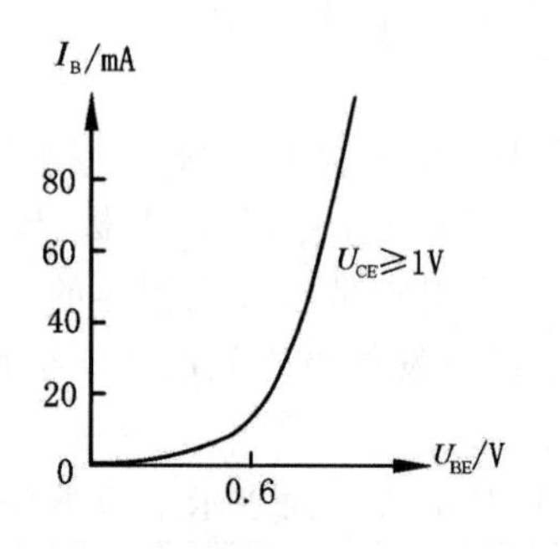

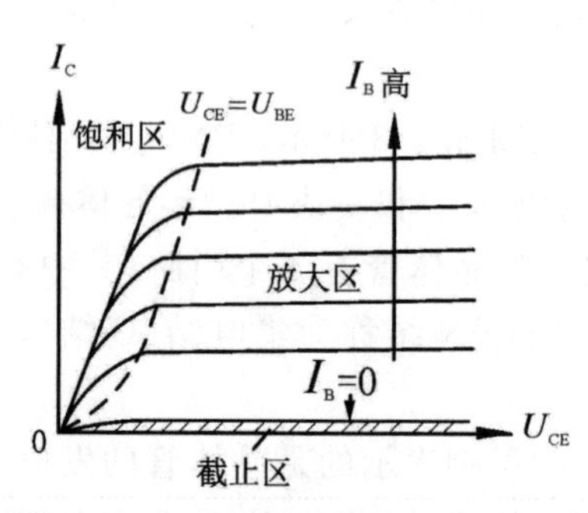

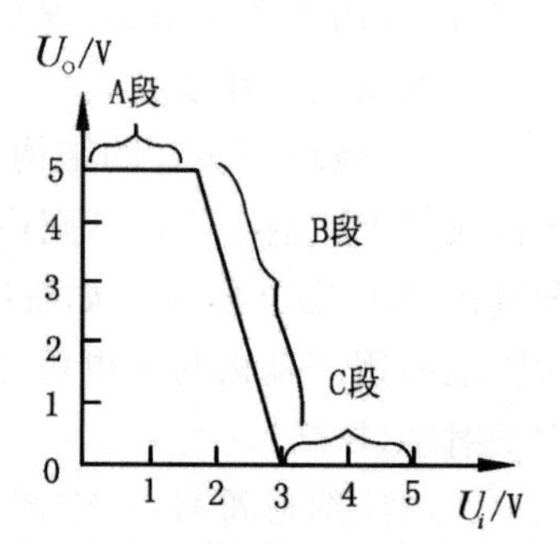

图 3.1.4　双极型三极管特性曲线

(a)输入特性曲线；(b)输出特性曲线；(c)输入输出特性曲线

(3)双极型三极管的分类。双极型三极管按材料有硅的和锗的；按极性分有 NPN 型与 PNP 型；按用途分有放大管、低噪管、光电管、开关管、高压管、达林顿管(复合管)、阻尼管等；按功率分有小功率(<0.5W)、中功率($0.5\sim1$W)和大功率(>1W)；按工作频率分有低频(<300kHz)、高频(>3MHz)和甚高频(>30MHz)；按制作工艺分有平面型、合金型和扩散型；按封装材料分有金属、玻璃、陶瓷和塑料等。

(4)双极型三极管的主要参数。

1)直流参数。

a.集电极-基极反向电流 I_{CBO}：也称饱和电流，当发射极开路、在集电极与基极间加上规定的反向电压时，集电极的漏电流。此值越小热稳定性越好，一般小功率管为 10μA 左右。

b.集电极-发射极反向电流 I_{CEO}：也称穿透电流，它是指基极开路时，在集电极与发射极之间加上规定的反向电压时，集电极的漏电流。此值越小越好。硅管一般较小，约在 1μA 以下。

2)极限参数。

a.集电极最大允许电流 I_{CM}：当 β 值下降到最大值的一半时的集电极电流。当集电极电流 I_C 超过一定值时，将引起某些参数的变化，最明显的是 β 值的下降。

b.集电极最大允许耗散功率 P_{CM}：集电极温度升高到不至于将集电结烧毁所消耗的功率。使用时为提高 P_{CM} 值，可给大功率管加上散热片，散热片愈大，其 P_{CM} 值就提高得越多。

c.集电极-发射极反向击穿电压 U_{CEO}：当基极开路时，集电极与发射极之间允许加的最大电压，否则将损坏晶体管或使其性能变坏。

3)电流放大系数。

a.直流放大系数 $\bar{\beta}$ 或 h_{EF}：无交流信号时，共发射极电路集电极输出直流 I_C 与输入直流 I_B 的比值。即 $\bar{\beta}=I_C/I_B$。

b.交流放大系数 β 或 h_{EF}：有交流信号输入时，共发射极电路集电极电流的变化量 ΔI_C 与基极电流的变化量 ΔI_B 的比值。即 $\beta=\Delta I_C/\Delta I_B$。

由于这两个参数值近似相等，即 $\beta=\bar{\beta}$，因此在实际使用时一般不再区分。

2.场效应三极管

(1)场效应三极管的分类。场效应三极管分结型和绝缘栅型。结型场效应管(JFET)因有

两个 PN 结而得名，按工作方式分为 N 沟道（外延平面型）、P 沟道（双扩散型）和 V 沟道（微波大功率）。绝缘栅型场效应管（JGFET）则因栅极与其他电极完全绝缘而得名，或称 MOS（Metal Oxide Semiconductor，MOS）型场效应管，即金属一氧化物-半导体，按工作方式分 N 沟道耗尽型、P 沟道耗尽型、N 沟道增强型、P 沟道增强型。耗尽型和增强型的主要区别在于是否有原始导电沟道；按栅极与半导体材料之间所用绝缘层材料分 MOS 型（二氧化硅）、MNS 型（氮化硅）、MALS 型（氧化铝）。按栅极分隐埋栅、肖特基势垒栅（微波低噪声、微波大功率）。

（2）场效应三极管的结构。如图 3.1.5 所示，N 沟道结型场效应管是在同一块 N 型硅片的两侧分别制作掺杂浓度较高的 P 型区，形成两个对称的 PN 结，将两个 P 区引出线连在一起作为栅极，在 N 型硅片的两侧各引出一个电极作为源极和漏极。如图 3.1.6 所示，N 沟道增强型场效应管是在 P 型半导体的表面附近设有源/漏的岛状 N^+ 区，在两区间的基体表面上设有栅绝缘膜，并在此绝缘膜上设有栅电极。场效应三极管的三个电极分别叫作漏极（D）、源极（S）和栅极（G），可以把它们类比作普通三极管的 c，e，b 三极，而且 D，S 极能够互换使用。

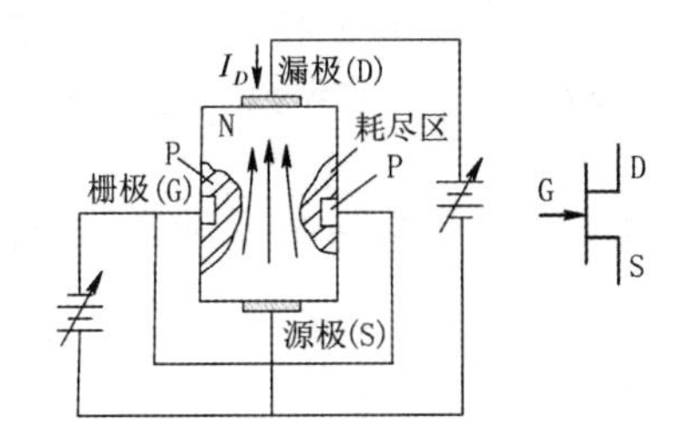

图 3.1.5 N 沟道结型场效应管结构与符号图

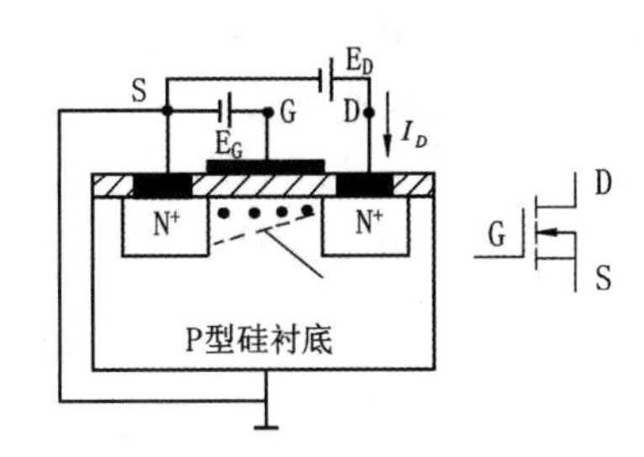

图 3.1.6 N 沟道增强型场效应管的结构与符号图

（3）场效应三极管的特性。场效应管是电压控制器件，当给晶体管加上一个变化的输入信号时，信号电压的改变使加在器件上的电场改变，从而改变器件的导电能力，使输出电流随电场信号的改变而变化。图 3.1.7 所示为 N 沟道增强型场效应三极管特性曲线，图（a）所示为转移特性曲线；当场效应三极管源电极和基板电极接地，那么在一定的 U_{DS} 下，从某一阈值电压（开启电压）$U_{GS(th)}$ 开始，源与漏区间的基本表面上会形成电子沟道，电子随之开始流动，此后随着栅极电压的升高，漏极电流增加；图（b）所示为输出特性曲线，同双极型三极管一样，也分三个工作区；图（c）所示为基板电压与阈值电压特性曲线；另外，其输入输出特性曲线与双极型三极管的输入输出特性曲线类似。

（4）场效应晶体管的主要参数。除以下参数外，还有最大漏源耗散功率 P_{DSM}、最大漏源电流 I_{DSM}。

1）夹断电压 U_p：结型或耗尽型绝缘栅场效应管中，当 U_{DS} 为某一固定数值时，使 I_{DS} 等于某一微小电流时，栅极上所加的偏压 V_{GS}。

2）开启电压 $U_{GS(th)}$：增强型绝缘栅场效管中，当 U_{DS} 为某一固定数值时，使漏源间形成导电沟道时的栅极电压。

3）饱和漏源电流 I_{DSS}：结型或耗尽型绝缘栅场效应管中 $U_{GS}=0$ 时的漏源电流。

4）输入直流电阻 R_{GS}：是栅、源极之间所加电压与其流过的栅极电流之比。绝缘栅型场效应管的 R_{GS} 比结型场效应管大两个数量级以上。

5)漏源击穿电压$U_{(BR)DSs}$:栅源电压U_{GS}一定时,正常工作所能承受的最大漏源电压。

6)栅源击穿电压$U_{(BR)GSs}$:对结型场效应管来说,反向饱和电流开始剧增时的U_{GS}值,即为栅源击穿电压。对于绝缘栅型场效应管来说,它是使SiO_2绝缘层击穿的电压。

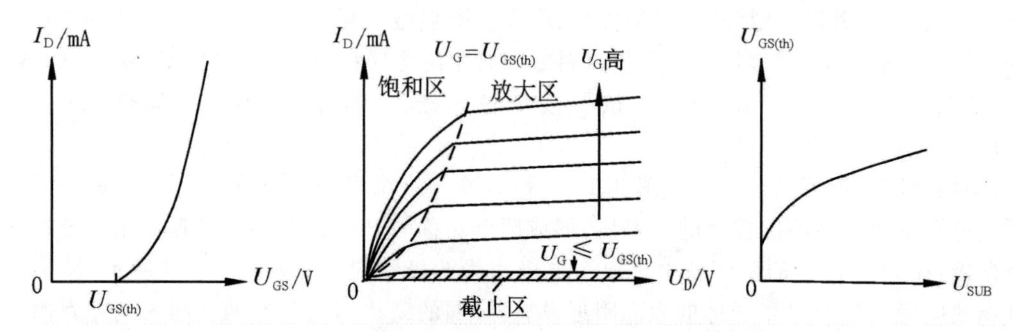

图 3.1.7　N 沟道增强型场效应三极管特性曲线

(a)转移特性曲线；(b)输出特性曲线；(c)基板电压与阀值电压特性曲线

7)低频跨导g_m:在U_{DS}为某一固定值的条件下,I_D的微变量和引起U_{GS}微变量之比称为跨导。可以在转移特性曲线上求得,即在工作点处求出该点的斜率的导数。它是衡量场效应管放大能力的一个重要参数。

8)输入电阻R_{GS}:在U_{DS}为某一固定值的条件下,U_{GS}的变化量与I_D的变化量之比,为几十千欧到几百千欧。

9)极间电容:栅源电容C_{GS}、栅漏电容C_{GD}和漏源电容C_{DS}。C_{GS}和C_{GD}一般为1~3pF,C_{DS}约为0.1~1pF。

10)低频噪声系数N_F:噪声是由管子内部载流子运动的不规则性所引起的,它的存在会使一个放大器即便在没有信号输入时,在输出端也会出现不规则的电压或电流的变化。场效应三极管的低频噪声系数比双极型三极管要小。

(5) CMOS 电路。N 型和 P 型 MOS 各具特色,将两个组合起来就构成的 CMOS 电路,如图 3.1.8 所示 ,其输入输出特性如图 3.1.9 所示。A 段,输入电压低时,N 沟道三级管"OFF",P 沟道三极管"ON",因此,电源电压(5V)通过 P 沟道三极管的输出端输出为高电位;B 段,N,P 沟道三极管同时处于"ON"时,输出电压大小取决于两个三极管的电阻分压。随首输入电压升高,N 沟道三极管的电阻降低,P 沟道三极管的电阻升高,输出电压逐渐下降。对于 CMOS 双极性元件来说,仅在此期间流过"过渡电流";C 段,输入电压过高时,P 沟道三极管"OFF",N 沟道三极管"ON",输出为低电位。

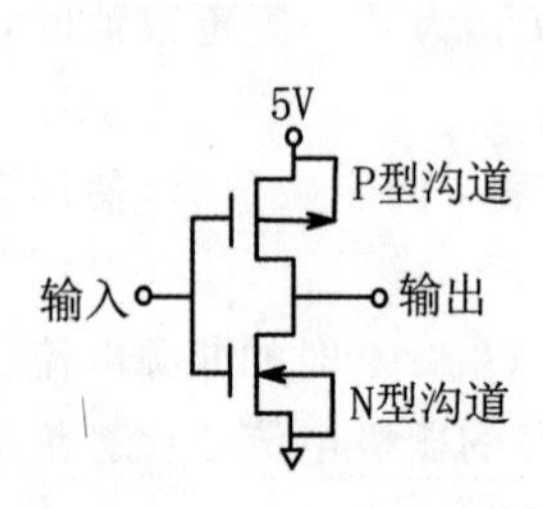

图 3.1.8　CMOS 电路图

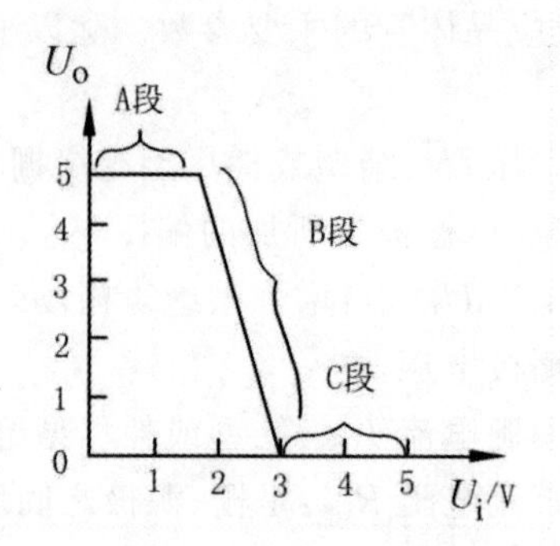

图 3.1.9　CMOS 电路输入输出特性曲线

四、晶闸管

晶闸管是晶体闸流管的简称，旧称可控硅，它是一种功率半导体器件，具有体积小、重量轻、效率高、使用维护方便等优点。在电动机控制、电磁阀控制、灯光控制、逆变电源等方面有着十分普遍的应用。晶闸管具有可控导电性能，而且还具有用弱信号控制强信号的特性。

1. 晶闸管的分类

晶闸管按关断、导通及控制方式分普通、双向、逆导、门极关断(GTO)、BTG(可作为单结晶体管使用)、温控和光控等多种；按引脚和极性分二极、三极和四极；按封装形式分金属封装、塑封和陶瓷。其中，金属封装可控硅又分为螺栓形、平板形、圆壳形等多种；塑封又分为带散热片型和不带散热片型两种；按功率分大功率、中功率和小功率，大功率晶闸管多采用金属壳封装，而中、小功率则多采用塑封或陶瓷封装；按关断速度分普通和高频(快速)可控硅。

逆导晶闸管(Reverse - Conducting Thyristor，RCT)亦称反向导通晶闸管，其特点是在阳极与阴极之间反向并联一只二极管，使阳极与阴极的发射结均呈短路状态。

2. 单向晶闸管

(1)单向晶闸管的结构和电路符号。单向晶闸管也称普通晶闸管(SCR)，如图 3.1.10 所示，是由 PNPN 四层半导体材料构成的三端半导体器件，三个引出电极分别是阳极 A、阴极 K 和控制极 G(又称门极)。其内部可以等效为一只 PNP 晶体管和一只 NPN 晶体管组成的组合管，其等效电路图如图 3.1.11 所示。

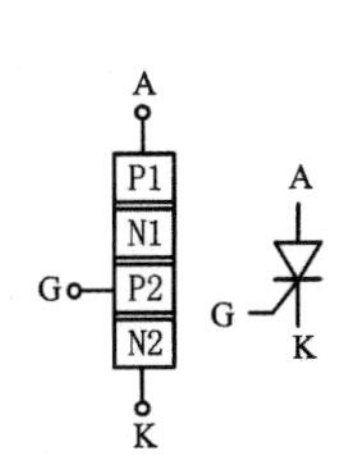

图 3.1.10　单向晶闸管的结构及电路图形符号

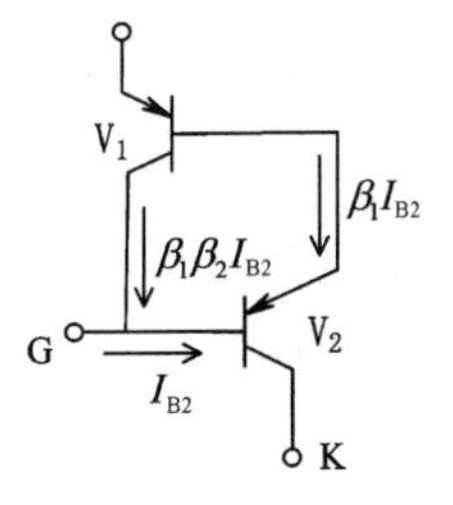

图 3.1.11　单向晶闸管等效电路图

(2) 单向晶闸管的伏安特性曲线。如图 3.1.12 所示，在正向特性区，处于正向阻断状态时，A，K 极之间呈现很大的阻值，只流过很小的电流，只有当 G 极加有一定的触发电流时，才会由阻断状态变为导通状态，突然从 A 段跳过虚线 B 段而进入 C 段。导通以后的特性与硅整流二极管相似，绝大部分的电压都加到了负载上，而本身的压降却很低，只有 1V 左右。通常，晶闸管应用时只工作在正向阻断区 A 和正向导通区 C，即使进入反向阻断区 D，也不可再进入反向击穿区 E，否则很可能烧坏。

(3) 单向晶闸管的导通与关断条件。

导通条件：阳极 A 与阴极 K 之间加足够高的正向电压，控制极 G 与阴极 K 之间加足够高的正向触发电压和触发电流，而晶闸管从截止到导通后，触发电压就失去了作用。

关断条件：要使单向晶闸管从导通到关断，可减小阳极与阴极之间的电流，使之小于维持电流，或使阳极电压反向或断开主电路。

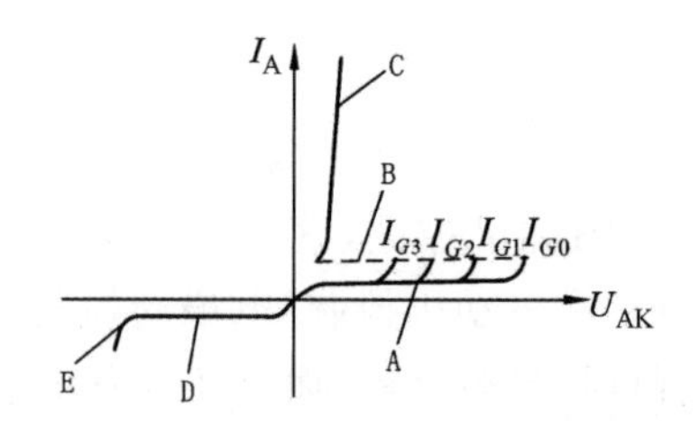

图 3.1.12　单向晶闸管伏安特性曲线

(4)单向晶闸管的主要参数。

额定正向(通态)平均电流 I_F:在规定的使用条件下,阳极与阴极间可以连续通过的 50Hz 正弦半波电流的平均值。

额定正向(通态)平均压降 U_F:在环境温度和标准散热条件下,通过额定电流时,阳极和阴极间电压降的平均值,一般为 0.6～1.2V。

正向阻断峰值电压 U_{DFM}:控制极开路时,允许重复加在阳极和阴极之间的正向峰值电压(规定重复率为 50 次/s,持续时间不大于 10ms)。

反向阻断峰值电压 U_{DPM}:处于反向阻断状态时,允许重复加在阳极与阴极间的反向峰值电压(规定重复率为 50 次/s,持续时间不大于 10ms)。

控制极触发电压 U_G和触发电流 I_G:在规定的环境温度和阳极-阴极间正向电压为一定值的条件下,从阻断状态转变为导通状态所需的最小控制极直流电压和直流电流。

维持电流 I_H:在室温和控制极断路时,维持可控硅导通所必需的最小电流。

断态重复峰值电压 U_{PFV}:在控制极断开和正向阻断的条件下,阳极和阴极之间可重复施加的正向峰值电压。

3. 双向晶闸管

(1)双向晶闸管的结构。如图 3.1.13 所示,双向晶闸管实质上是两个反并联的单向晶闸管,是由 NPNPN 五层半导体形成四个 PN 结构成、有三个电极的半导体器件,即第一阳极 A_1、第二阳极 A_2和控制极 G(又称门极)。

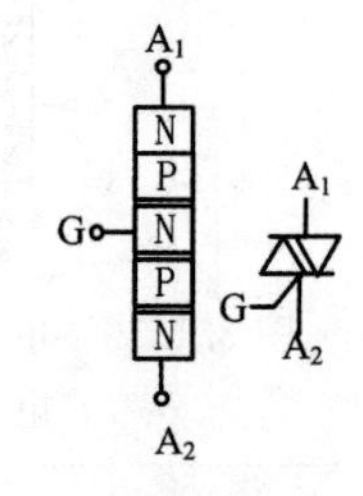

图 3.1.13　双向晶闸管的结构及电路图形符号

(2)双向晶闸管的导通与关断条件。导通条件:不论 A_1和 A_2间电压的方向如何,也不管 G 和 A_1,A_2间触发电压的方向如何,只要有足够高正向触发电压和触发电流,双向晶闸管就进入导通状态,即具有两个方向轮流导通的特性,这与具有正向导通和方向截止的单向晶闸管是不同的。

关断条件:当 A_1和 A_2间电压或电流降到不足以维持导通时,或当 A_1和 A_2间电压极性改变,而又没有触发电压时,双向晶闸管截止。

(3)双向晶闸管的用途和缺点。双向晶闸管元件主要用于交流控制电路,如温度控制、灯光控制、防爆交流开关以及直流电机调速和换向等电路。主要缺点是承受电压上升率的能力较低,这是因为在一个方向导通结束时,硅片在各层中的载流子还没有回到截止状态造成的,因此必须采取相应的保护措施。

第二节　敏感元件、频率器件和保护元件

一、传感器和敏感元件

1. 传感器

(1)传感器的组成和种类。传感器的基本作用就是感受外界信息并将其转换成电信号。传感器由敏感元件、转换元件、调理电路和辅助电源组成,敏感元件直接感受被测量并输出与被测量成确定关系的其他量;转换元件又称传感元件,将敏感元件的输出量转换为电量输出;调理电路是将转换元件输出的电信号转换为便于显示、记录、处理和控制的有用电信号的电路,常用的有电桥、放大器、振荡器、脉冲调宽电路、阻抗变换器等;辅助电源为转换元件和调理电路提供能源。

传感器的种类繁多,图 3.2.1 所示为按自然量的分类方式,不能包括所有领域的以及新型的传感器。传感器向材料成分的精确控制、固态化、集成多功能化、微小型化方向发展,发展中的新型传感器有智能传感器、综合传感器、仿人传感器、仿生传感器。

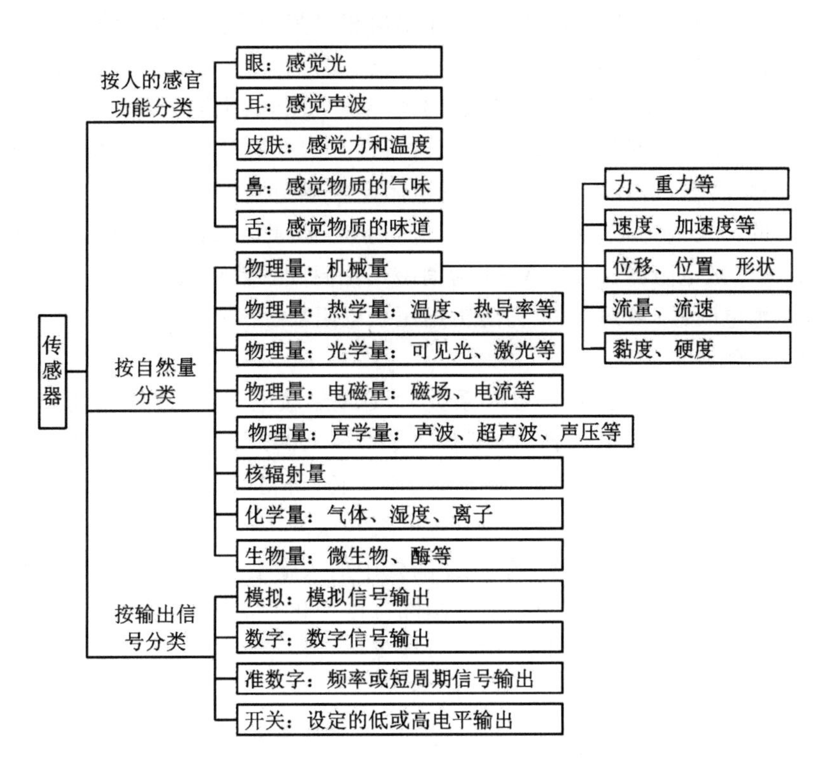

图 3.2.1　传感器的分类

(2)传感器的主要参数。传感器在稳定信号作用下,其输出与输入关系称为静态特性。对于随时间变化的输入量的响应特性称为动态特性。一个动态特性好的传感器,其输出随时间变化的规律(变化曲线),将能同时再现输入随时间变化的规律,即具有相同的时间函数。静态特性参数主要有以下几种:

1)线性度。输出与输入之间函数关系的线性程度。

2)滞后(迟滞)。在正(输入量增大)反(输入量减小)行程过程中输出-输入曲线的不重合程度的指标。通常用正反行程输出的最大差值计算,并以相对值表示。

3)重复性。在同一工作条件下,输入量按同一方向作全量程连续多次变动时,所得特性曲线间的一致程度。各条特性曲线越靠近,重复性越好。

4)灵敏度。输出量增量与被测输入量增量之比。

5)分辨力。在规定测量范围内所能检测出被测输入量的最小变化量。有时用该值相对满量程输入值的百分数表示,则称为分辨率。

6)阈值(阈、门槛)。使输出端产生可测变化量的最小输入量值,即零位分辨力。

7)稳定性。又称长期稳定性,即传感器在相当长时间内仍保持其性能的能力。稳定性一般以室温条件下经过一规定的时间间隔后,传感器的输出与起始标定时的输出之间的差异来表示,有时也用标定的有效期来表示。

8)漂移。漂移指在一定时间间隔内,传感器输出量存在着与被测输入量无关的、不需要的变化。漂移分零点漂移与灵敏度漂移,零点漂移或灵敏度漂移又可分为相应的时间漂移(时漂)和温度漂移(温漂)。

9)静态误差(精度)。在满量程内任一点输出值相对其理论值的可能偏离(逼近)程度。

2.敏感电阻器的定义和命名

敏感电阻是指使用特殊材料及工艺制造的半导体电阻,其电阻值具有对温度、光通量、湿度、压力、磁通量、气体浓度等非电物理量敏感的特性。如光敏电阻对光线特别敏感,无光线照射时,其阻值为高阻状态,当有光线照射时,其电阻急剧减小。

敏感电阻器的型号命名方法见表 3.2.1。例如:MS01-A 为通用型号湿敏电阻器;MG45-14为可见光敏电阻器;MZ73A-1 为消磁用正温度系数热敏电阻器;MF53-1 为测温用负温度系数热敏电阻器;MYL1-1 为防雷用压敏电阻器。

3.常见敏感元件和传感器

(1)热敏电阻和温度传感器。负温度系数(NTC)热敏电阻:金属氧化物(锰、钴、铁、镍、铜)烧结而成,具有半导体掺杂特性,分低温(−60～300℃)、中温(300～600℃)、高温(>600℃)三种。其有灵敏度高、稳定性好、响应快、寿命长、价格低等优点,广泛用于需要定点测量温度的自动控制电路,如冰箱、空调和温室等的温控系统。

正温度系数(PTC)热敏电阻:常用钛酸钡陶瓷中加入施主杂质、增大电阻温度系数的受主杂质以及居里点移动剂而制成。居里点前电阻随温度变化非常缓慢,居里点后呈阶跃性增高。其具有恒温、调温、控温的作用,可用于过热、过压保护及控温加热器等。常见热敏电阻外形如图 3.2.2 所示,温度传感器外形如图 3.2.3 所示。

热电偶:测温原理基于热电效应(赛贝克效应)。将两种不同的导体或半导体连接成闭合回路,当两个接点处的温度不同时,回路中将产生热电势(温差电势和接触电势),这种现象称为热电效应。主要特点就是测量范围宽(−270～1 800℃),性能比较稳定,结构简单,动态响应好,能够远距离传输 4～20mA 电信号,便于自动控制和集中控制。普通型热电偶一般由热电极,绝缘管,保护套管和接线盒等部分组成,电信号需要一种特殊的导线来进行传递,这种导线称为补偿导线。热电偶广泛用于工业生产中。热电偶外形如图 3.2.4 所示。

表 3.2.1　敏感电阻器的型号命名方法

第一部分		第二部分		第三部分														第四部分
主称		类别		热敏电阻		压敏电阻		光敏电阻		湿敏电阻		气敏电阻		磁敏电阻		力敏电阻		
字母	含义	字母	含义	数字	用途或特征	字母	用途或特征	数字	用途或特征	字母	用途或特征	字母	用途或特征	字母	用途或特征	数字	用途或特征	序号
M	敏感电阻器	F	负温度热敏	1	普通 Z、F	无	普通型	1	紫外线	C	测湿	Y	烟敏	Z	电阻器	1	硅应变片	外形及性能参数
		Z	正温度热敏	2	稳压 F	D	通用	2	紫外线	K	控湿	K	可燃气	W	电位器	2	硅应变梁	
		G	光敏	3	微波测量 F	B	补偿用	3	紫外线	无	通用型	J	酒精			3	硅林	
		S	湿敏	4	旁热 F	C	消磁用	4	可见光			N	N 型元件					
		Y	压敏	5	测温 Z,F	E	消噪用	5	可见光			P	P 型元件					
		C	磁敏	6	控温 Z,F	G	过压保护用	6	可见光									
		L	力敏	7	消磁 Z	H	灭弧用	7	红外光									
		Q	气敏	8	线性 F	K	高可靠用	8	红外光									
				9	恒温 Z	L	防雷用	9	红外光									
				0	特殊 F	M	防静电用	0	特殊									
						N	高能型											
						P	高频用											
						S	元器件保护用											
						T	特殊型											
						W	稳压用											
						Y	环型											
						Z	组合型											

图 3.2.2　热敏电阻外形

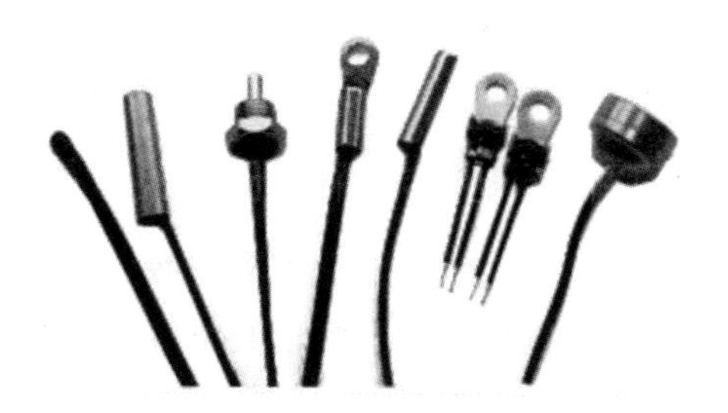

图 3.2.3　温度传感器外形

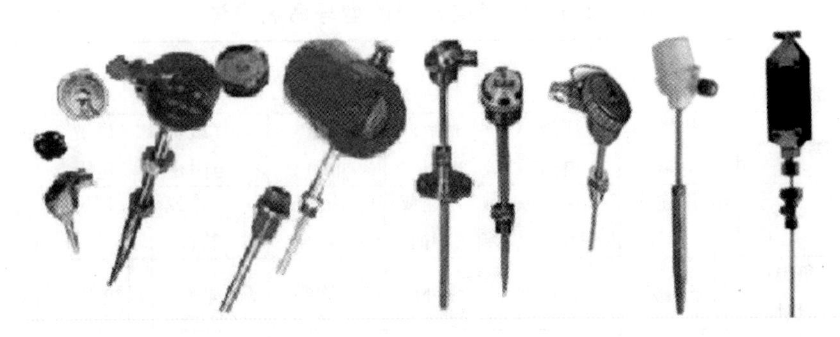

图 3.2.4　热电偶和热电阻外形

热电阻:测温原理是基于导体或半导体的电阻值随着温度的变化而变化的特性。可以远距离传输电信号,灵敏度高,稳定性强,线性度好,互换性以及准确性都比较好,但是需要电源激励,不能够瞬时测量温度的变化,测温范围比热电偶小。在工业中应用比较广泛,工业用热电阻一般采用 Pt100,Pt10,Cu50 和 Cu100,铂热电阻的测温范围一般为－200～800℃,铜热电阻为－40～140℃。热电阻外形如图 3.2.4 所示。

PN 结温度传感器:利用二极管、三极管等在一定范围内,PN 结正向结电压随温度增加近似成线性递减的特性(温度每升高 1℃,结电压降大约 2mV)制成。其具有灵敏度高、体积小、重量轻、响应快、造价低的特点。

集成温度传感器:将感温电路、信号放大电路、电源电路、补偿电路等制作在一块芯片上。灵敏度好、线性好、功能全、使用简单方便,易于微机直接接口。

(2)湿敏元器件。湿敏元器件外形如图 3.2.5 所示。它的线性度及抗污染性差,在检测环境湿度时,由于长期暴露在待测环境中,很容易被污染而影响其测量精度及稳定性。

湿敏电阻:是在基片上覆盖一层用感湿材料制成的膜,当空气中的水蒸气吸附在感湿膜上时,电阻率和电阻值都发生变化。它有氯化锂型和半导体陶瓷型(简称为半导瓷),半导体陶瓷型湿敏电阻通常是用两种以上的金属氧化物半导体材料混合烧结而成的多孔陶瓷。

图 3.2.5　湿敏电阻外形

湿敏电容:由聚苯乙烯、聚酰亚胺、酪酸醋酸纤维等高分子薄膜电容制成,当环境湿度发生改变时,介电常数发生变化,使其电容量发生变化,其电容变化量与相对湿度成正比。

(3)力敏元件和力敏传感器。力敏元件和力敏传感器外形如图 3.2.6 所示。

力敏电阻器:它是利用半导体材料的压力电阻效应制成的,即电阻值随外加力大小而改变。其主要有硅力敏电阻器和硒碲合金力敏电阻器。片式碳力敏电阻器体积小、重量轻、耐高

温、反应快、制作工艺简单，是其他动态压力传感器所不能比的。

图 3.2.6　力敏元件和力敏传感器外形

金属应变片：利用金属受到力的作用时金属电阻体长度发生变化引起阻值发生变化制成。其有线型、箔型、组合型。线型是塑料基片上贴镍铬合金等金属电阻丝。

半导体力敏传感器：由于半导体受到压力后电阻变化比金属电阻大 100 倍，半导体可采用集成电路高度集成化，因而灵敏度高，应用广泛，常用于较小压力如气体压力的测量。

(4)气敏电阻器和气敏传感器。气敏电阻器和气敏传感器外形如图 3.2.7 所示。

图 3.2.7　气敏电阻和气体传感器外形

气敏电阻器：利用气体的吸附而使半导体本身的电导率发生变化而制成的，常用 SnO_2 等金属氧化物材料。N 型气敏电阻器在检测到甲烷、一氧化碳、天然气、煤气、液化石油气、乙炔、氢气等气体时，其电阻值减小。P 型气敏电阻器在检测到可燃气体时电阻值将增大，而在检测到氧气、氯气及二氧化碳等气体时，其电阻值将减小。

可燃气体传感器：由铂丝制成，一面被一种能使可燃气体氧化的特殊催化剂覆盖，利用氧化面与未氧化面的阻值不同，使电桥获得一个输出电平，输出电平与气体浓度和种类都有关系。

(5)磁敏元件和磁敏传感器。磁敏元件和磁敏传感器外形如图 3.2.8 所示。

磁敏电阻器：也称磁控电阻器，采用锑化铟(InSb)或砷化铟(InAs)等材料，利用磁阻效应制成的，其阻值会随穿过它的磁通量密度的变化而变化。多采用片形膜式封装结构，有两端、三端(内部有两只串联的磁敏电阻)之分。

霍尔元件：利用霍尔效应制作的元件。可用多种半导体材料制作，如 Ge，Si，InSb，GaAs，

InAs,InAsP 等,具有体积小、重量轻、耐高温、耐震动、抗腐蚀性、稳定性好、频率高(可达1MHz)、寿命长等特点。霍尔效应为半导体薄片通以电流,在垂直于此电流方向有磁场时,则在其两侧产生横向电势。

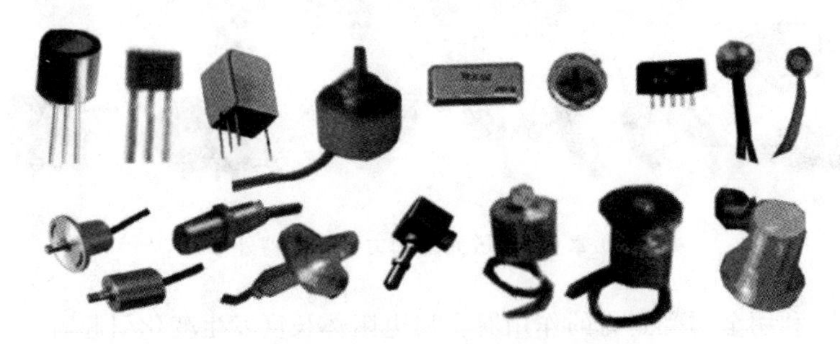

图 3.2.8　磁敏元件和磁敏传感器外形

二、压电器件(频率器件)

压电器件是利用压电效应工作的,具有谐振特性。压电效应分两种,即正压电效应和负压电效应。正压电效应为压电材料受机械作用发生形变时,两端形成电场;逆电效应为压电材料在外电场作用下会形变。将负电效应和正压电效应相结合,可完成电信号的传输和滤波。常用压电器件封装外形、结构、特点、功能和应用见表 3.2.2。石英晶体又称晶体振荡振,简称晶振,受到外加交变电场的作用,会产生机械振动,如果交变电场的频率与晶片固有频率一致时,振动会变得很强烈,这就是石英晶体的谐振特性。

表 3.2.2　常用压电器件封装外形、结构、特点、功能和应用

名称	封装外形	结构	特点、功能和应用
石英晶体元件		由石英晶片、晶体支架和外壳组成,有 2,3,4 个电极。与晶体管、电抗元件集成并封装在一起的称为有源晶振。有金属壳、玻璃壳、塑料壳等	Q 值高($10^5\sim10^6$),频率($10\sim300$MHz),相对带宽($0.01\%\sim10\%$)。有频率稳定和频率选择的功能。用于要求较高的电路中,如电视机、录像机、电脑、电子钟表等产品中
陶瓷元件		由压电陶瓷制成的谐振元件,大多采用浩钛酸铅,有塑料壳、金属壳等	相对带宽($0.02\%\sim20\%$),Q 值低($50\sim6\ 000$),价格低,频率不高(几百到几十兆赫),稳定性和可靠性不及晶振,但比 LC 电路高。有滤波、谐振和陷波的功能。用于要求不高的电路中,如收音机遥控器、电视机伴音电路

续表

名称	封装外形	结构	特点、功能和应用
声表面波器件		由具有压电效应的输入叉指换能器和输出叉指换能器组成。由于声波在表面传播，因此称为声表面波器件	频率高(10～3 000MHz)、相对带宽(17～100MHz)、Q值很高(50 000)、体积小、重量轻、工艺简单、损耗大。用于通信与视听设备的射频、中频滤波和本振电路，低功率 UHF 发射机的频率控制电路

三、保护元件

保护元件主要用于电源电路中，分电流控制保护元件、电压控制保护元件、过热保护元件。电流控制保护元件有普通熔断器、熔断电阻器；电压控制保护元件有压敏电阻、瞬变电压抑制二极管(TVP)、ESD 保护二极管；过热保护元件有温度熔断器。熔断器俗称保险管、保险丝，分为普通保险丝、延迟保险丝、温度保险丝、自恢复保险丝等。普通保险丝管壳有玻璃管和陶瓷管，熔丝有直线状和螺旋状(电视机、显示器)。常用保护元件封装外形如图 3.2.9 所示，名称、结构和特点见表 3.2.3。

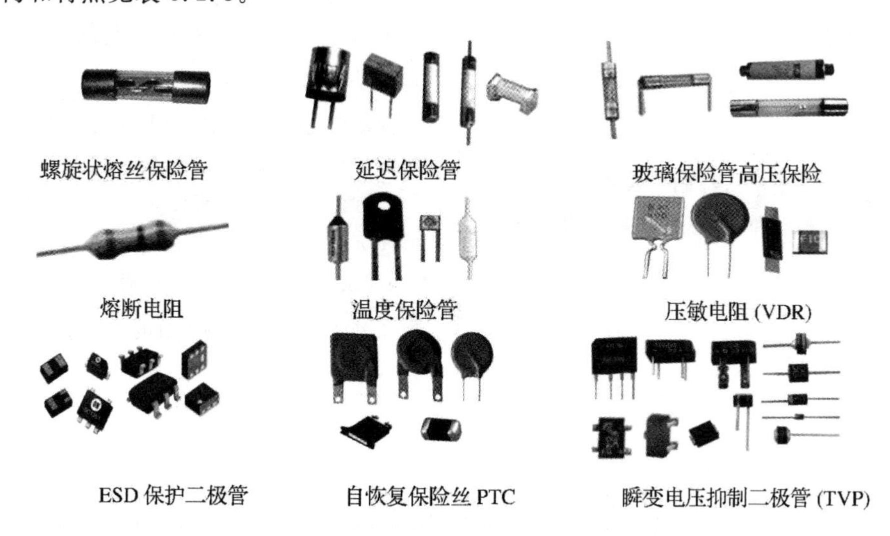

图 3.2.9 常用保护元件封装外形

表 3.2.3 常用保护元件名称、结构和特点

名称	结构	特点
普通保险管	熔丝是直线状	一次性熔断器，熔断后只能更换同规格的熔断器
延迟保险管	熔丝是斜向的	能在短时间内承受大电流冲击，而在电流过载超过一定时限后又能可靠地熔断

续表

名称	结构	特点
熔断电阻器	又称保险电阻，兼有电阻和熔断器的双重作用。按材料分为氧化膜型、金属膜型、碳膜型、线绕型等	在正常工作状态下，是一个普通的小电阻(一般为几欧姆到几十欧姆)，但当电流超过规定值时，它就会迅速熔断切断电路。它具有结构简单、使用方便、熔断功率小及熔断时间短等优点
自恢复保险丝	又叫可恢复保险丝或聚合开关，内部由高分子晶状聚合物和导电链构成	具有开关特性，当工作电流通过时，处于低阻状态，当发生短路，电流急剧增大时，电阻迅速增加几个数量级，立即将电路切断。一旦电流故障被排除，元件很快恢复到低阻状态
温度熔断丝	按感体材料分低熔点合金型、有机化合物型和塑料金属型	一次性过热保护元件，出现故障发热，温升超过容许值时，自动熔断并将电源切断，使其他部件不被烧坏。使用时，串接在电源输入线上并紧贴需要保护的部位固定
压敏电阻(VDR)	也称电冲击(浪涌)抑制器(吸收器)。常用的氧化锌压敏电阻是由晶粒与晶界层形成的一种相当于齐纳二极管势垒单元串联和并联构成	利用其非线性，可将电压钳位到一个相对固定的值，从而实现对电路的保护。结电容在几百到几千皮法的范围内，响应时间为纳秒级，伏安特性是对称的。具有温度系数小、电压范围宽(几伏到上万伏)、非线性特性优良、耐冲击性能好、寿命长、体积小等优点
TVP二极管	即瞬变电压抑制二极管，符号、外形和结构都和普通稳压二极管相同	当两端经受瞬间高能量冲击时，能以1×10^{-12}s的极高速度使其阻抗骤然降低，吸收一个大电流，将其两端间的电压钳位在一个预定值上，从而确保元件免受冲击损坏。具有体积小、功率大、响应快、无噪声、价格低、使用广泛等优点
ESD二极管	即静电保护二极管，双向二极管结构	防止静电放电ESD现象对电子系统造成伤害。贴片式可承受30kV的静电脉冲

第三节　显示器件、光电器件和电声器件

一、显示器件

显示器件在电子应用技术中具有非常重要的作用，几乎所有的电子产品都离不开各种各样的显示。

1. 发光二极管(LED)

LED和普通二极管一样具有单向导电性，所不同的是它在导通状态能发出明亮的光，即能将电能转化为光能，发出的光线颜色取决于晶体材料及其所掺杂质，有红色(GaAsP或In-

GaAlP)、黄色(InGaAlP)、绿色(InGaN)、蓝色(InGaN)和白色(InGaN/GaP 或 InGaAlP)等。LED 的外形如图 3.3.1 所示,有圆形、方形和矩形等。

(a)　　(b)

图 3.3.1　发光二极管外形

(a)插装件；(b)贴装

LED 工作在正向偏置状态,工作电流在几毫安到几十毫安之间,一般不超过 20mA,电流越大越亮,但耗电越多,寿命越短;导通电压较普通二极管大,红色、黄色、绿色为 1.5～2V,蓝色和白色为 2.8～3.62V。

LED 色彩艳丽、耗电少、转换速度快,主要用作显示器件,用来指示电子产品的工作状态,其中白色 LED 为高效低能耗的光源,常用在照明领域。

2. 数码管

数码管是数字产品和设备不可少的显示器件,常见的有辉光数码管、荧光数码管、LED 数码管、液晶显示屏等。

如图 3.3.2 所示,LED 数码管由 8 只发光二极管按一定连接方式组合而成,按规定使某些段的发光二极管点亮,能够显示 0～9 的数字和简单的字符。连接形式有两种,即共阴极和共阳极,共阴极各发光二极管负极均连接在一起;共阳极各发光二极管正极均连接在一起。LED 数码管有 10 个引脚,有两个 COM(两个公共端) 端和 a,b,…,h 端 8 个字段端。8 个字段端分别与一个发光二极管相连接。LED 数码管外形如图 3.3.3 所示。

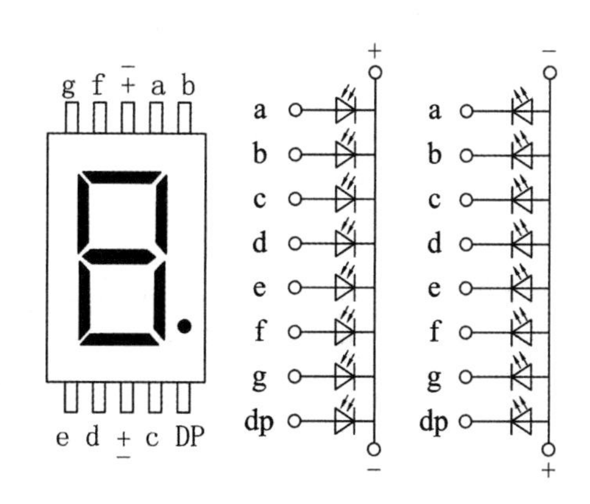

图 3.3.2　LED 结构图和内部电路

图 3.3.3　LED 数码管外形

荧光数码管(VFD)外形如图 3.3.4 所示，由灯丝、网状栅极及笔画电极组成，并密封在真空玻璃壳内。灯丝在电源加热下(达 700℃)产生热电子发射，在栅极电压加速下电子加速向笔画电极运动，然后在笔画电极(阳极)电压作用下，电子高速撞击笔画电极上的荧光粉发光，不同笔画的发光可以组成不同的数字。荧光数码管是真空器件中为数不多的仍具有生命力的器件，它工作电压低，能与 MOS 集成电路良好匹配，且具有功耗小、视角大、可靠性高以及显示清晰、色彩艳丽、美观的优点，因而在高档数字仪表、商用电子产品、汽车和高端家用电器中仍具有优势。

液晶数码管显示屏在数字显示领域应用仅次于 LED 数码管。液晶数码显示屏外形如图 3.3.5 所示。

图 3.3.4　荧光数码管外形

图 3.3.5　液晶数码显示屏外形

3. LED 点阵显示器

LED 点阵显示器是 20 世纪 80 年代以来为实现大屏幕显示功能而设计制造的一种通用型组件，也称 LED 矩阵板。它是以 LED 发光管为基础元件，用分行、分列的 LED 管组成矩阵结构。它不但可以显示数字、文字，也可显示图表、图像、动画、视频、录像信号等，具有色彩鲜艳、动态范围广、亮度高、清晰度高、工作电压低、功耗小、寿命长、耐冲击和工作稳定可靠等优点。现已广泛应用于大型广场、商业广告、体育场馆、信息传播、新闻发布、证券交易等，可以满足不同环境的需要。

LED 点阵显示器根据其内部发光管的大小、数量、发光强度及发光颜色，有多种规格，有单色、变色、彩色 LED 组成的点阵显示器。图 3.3.6 所示是一种 LED 点阵显示器(P2057A)的内部电路结构和外形，A～G 为行驱动，a～e 为列驱动。显示器宜采用逐行或逐列扫描方式工作由较大峰值电流和高占空比的窄脉冲来驱动，驱动源可以是恒压源或恒流源。根据需要，可选通一只、一行或一列发光管点亮。要加适当限流电阻，使通过每只发光管的平均电流不超过 20mA。

4. CRT 显示器

CRT 显示器学名为“极射线显像管”，是一种使用阴极射线管的显示器。其主要由五部分组成：电子枪、偏转线圈、高压石墨电极、荧光粉涂层及玻璃外壳。它是应用最广泛的显示器之

一。CRT纯平显示器具有可视角度大、无坏点、色彩还原度高、色度均匀、可调节的多分辨率模式、响应时间极短等优点，但功耗大。

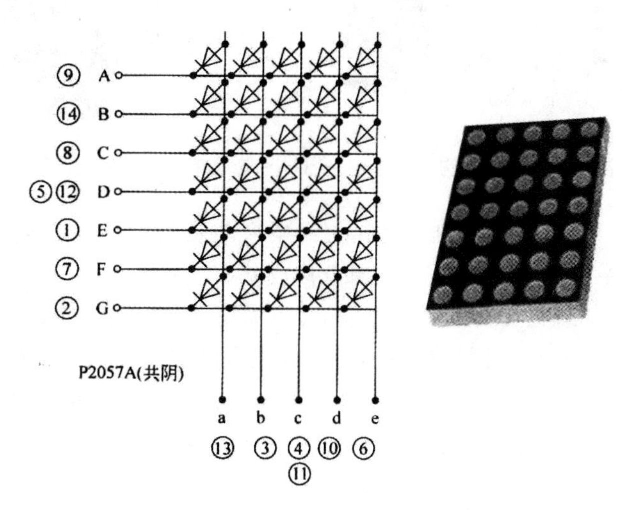

图 3.3.6　LED点阵显示器的内部结构和外形

5. 等离子显示器(Plasma Display Panel，PDP)

等离子显示器的成像原理是在显示屏上排列上千个密封的小低压气体室，通过电流激发使其发出肉眼看不见的紫外光，然后紫外光碰击后面玻璃上的红、绿、蓝三色荧光体发出肉眼能看到的可见光，以此成像。其是继CRT，LCD后的新一代显示器，其特点是厚度薄、分辨率佳、图像鲜艳、明亮、干净而清晰，但功耗很大。

6. 液晶显示器(Liquid Crystal Display，LCD)

液晶显示器大量用于各种电脑液晶显示器、液晶电视、手机和数码产品的显示屏，以及大屏幕液晶电视及大型液晶广告牌。

如图3.3.7所示，液晶显示器是由上下两片制有电极的玻璃，中间注入液晶材料，四周用胶封牢，形成一个几微米厚的液晶薄盒子。

它利用液晶材料的特性来显示图像。液晶是一种在一定温度范围内呈现既不同于固态、液态，又不同于气态的特殊物质态，它具有晶体所特有的各向异性，因而可以通过电场作用，改变液晶分子排列，控制其透光性而产生显示作用。液晶材料除了扭曲向列型（Twist Nematic，TN)外，还有STN型(Super TN)、DSTN型(Double STN)等。

液晶显示器：与CRT显示器相比，体积小、厚度薄(5cm)、重量轻、耗能少($110\mu W/cm^2$)，电压低、无辐射；分辨高、无闪烁，能直接与CMOS IC匹配。现在广泛使用的是薄膜晶体管(Thin Film Transistor，TFT)液晶显示器。TFT液晶显示屏的特点是亮度好、对比度高、层次感强、颜色鲜艳。目前又开发出了用塑料基片制成的液晶显示器件，它薄如纸，并可弯曲，从而进一步减小了使用的空间。

7. 有机发光显示器(Organic Light Emitting Display，OLED)

有机发光显示器又称有机发光二极管显示器。如图3.3.8所示，一薄而透明且具有半导体特性的铟锡氧化物与电源正极相连，一个金属电极作负极，形成一种包括空穴传输层、有机发光层和电子传输层的多层结构。

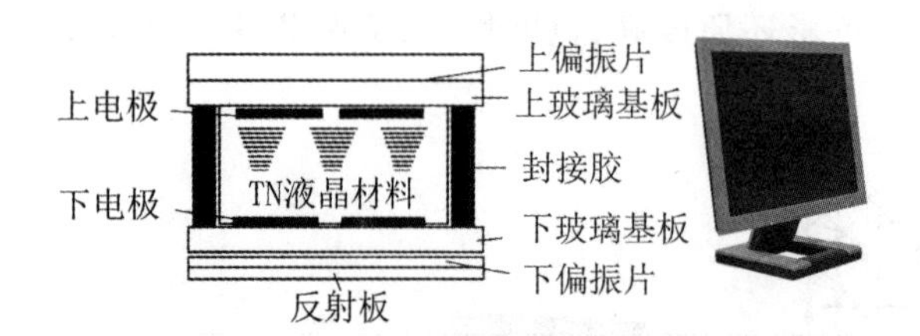

图 3.3.7　LCD 液晶显示器件内部结构和外形

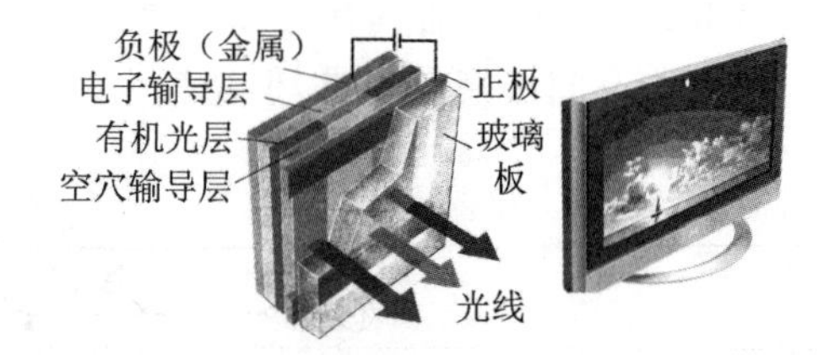

图 3.3.8　有机发光显示器 OLED 内部结构和外形

当电源达到有机发光二极管导通电压时，正极空穴与负极电子就会在发光层中结合产生光亮，依其配方不同产生红、绿和蓝 RGB 三原色构成基本色彩。

与 LCD 相比，OLED 的主要特性是自己发光，不需要背光，因而可视度和亮度均高。它薄（0.3～1mm）、轻、柔（柔性基板）、固（抗振性好）、真（没有可视角度）、快（LCD 的千分之一）、耐低温（－40℃正常显示）、低成本、高效低耗。但在寿命、屏幕尺寸和色彩鲜艳方面与 LCD 相比，还存在一定差距。

8. 其他新型显示器

由于显示产品的巨大市场潜力，特别是各种移动产品的发展要求，科技和工业界在改进和提高传统显示器件的同时，不遗余力地开发新的更轻薄、更清晰、更省电的显示器件。近年除了 OLED 显示器崭露头角外，还有多种新型液晶显示器件正在探索和发展中。

（1）胆固醇液晶显示器（ChLCD）。利用一种呈螺旋状排列的特殊液晶制成的显示器件。这种螺旋状排列液晶，因最早从胆固醇衍生物中发现而得名。采用此技术制造的显示器为反射式显示，不需背光源，可制作于挠性显示器，同时比 TFT 液晶显示器的耗电量大为降低。

（2）电泳显示器（EPD）。亦称电子纸或电子墨水，使用电泳原理来显示信息。具有黑白两色的带电颗粒悬浮于矿物油中，施加电场将改变它们的方向，通过反射光作用显示像素为黑色或白色。它的清晰度比液晶显示器高三倍，并且静态几乎不消耗电，因而节能是其最大优势。

（3）向日葵（Mirasol）显示器。基于仿生学原理，以一种称为干涉测量调制（IMOD）的反射型技术为基础，应用微机电技术（MEMS）制造的新型显示器件。它利用环境光，不需要背景光，因此大大降低了功耗；可根据周围的光照条件自动调节，使用户可在几乎任何环境情况下查看内容，包括在强烈的阳光下；同时其还具有轻、薄、显示速度快的优势（反应时间比 LCD 要快 10～1 000 倍）。

表 3.3.1 为几种显示器的技术参数对比。

表 3.3.1　几种显示器技术参数对比

显示器 参数	CRT	PDP	LED	TFTLCD	OLED	ChLCD	EPD	Mirasol
色彩	彩色	彩色	彩色	彩色	彩色	有限彩色	有限彩色	彩色
分辨率	中	中	高	高	高	中	高	高
强光易读性	佳	佳	不佳	无	不佳	极佳	极佳	极佳
视频响应速度	1 μs	1～20 μs	20～40 ms	20～40 ms	1～10μs	20～40 ms	20～40 ms	1～10 ms

续表

显示器 参数	CRT	PDP	LED	TFTLCD	OLED	ChLCD	EPD	Mirasol
静态功耗(包括驱动器)	60～200W	270～400W	25W	30W	1mW	25W	≪2W	≪1mW
厚度	很大	10mm	6mm	9mm	≪1mm	1.1mm	1.25mm	1.5mm
温度范围	－20～70℃	－40～75℃	0～50℃	0～50℃	－40～85℃	0～70℃	0～50℃	－30～70℃

二、光电器件

光电器件主要有：利用光电子发射工作的半导体发光器件；利用半导体光电导效应（光敏特性）工作的光电检测器件；将发射和接收器件组合在一起的光电组合器件；利用半导体光生伏特效应工作的光电池。

1. 发光器件

发光器件有三大类：发光二极管、FP 激光器和 DBF 激光器。

发光二极光管（LED）：未经谐振输出，发非相干光的半导体发光器件称为发光管。发光二极管的特点：输出光功率低、发散角大、光谱宽、调制速率低、价格低廉，适合于短距离通信。

FP 激光器：以 FP 腔为谐振腔，发出多纵模相干光的半导体发光器件。特点是输出光功率大、发散角较小、光谱较窄、调制速率高，适合于较长距离通信。

DFB 激光器：在 FP 激光器的基础上采用光栅滤光器件使器件只有一个纵模输出，特点是输出光功率大、发散角较小、光谱极窄、调制速率高，适合于长距离通信。

2. 光电检测器件

光电检测器件是将光信号转变为电信号的器件。

光敏电阻器：由能透光的半导体光电晶体构成，晶体成分为硫化镉（可见光）、砷化镓（红外光）、硫化锌（紫外光）等。当敏感波长的光照射半导体光电晶体表面时，晶体内载流子增加，阻值下降很多，导电性能明显加强。主要参数有暗电阻和暗电流、亮电阻和亮电流等。主要应用于光的监测控制设备中，如自动门、路灯、自动照明、安全装置等。光敏电阻器外形如图 3.3.9 所示。

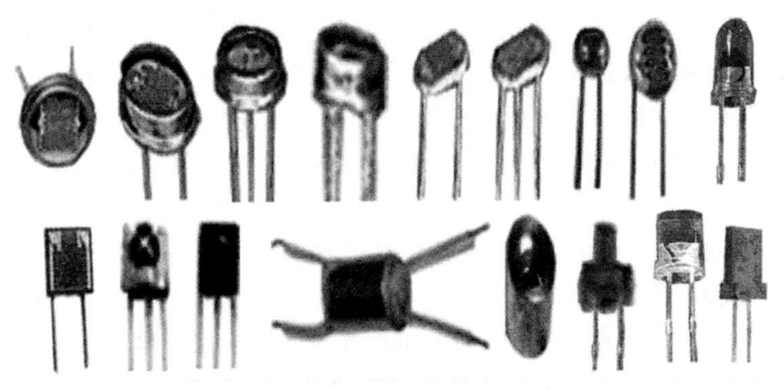

图 3.3.9　光敏电阻外形

光电(光敏)二极管和光电(光敏)三极管:在设计和制作时尽量使 PN 结的面积相对较大,以便接收入射光。光电二极管是在反向电压作用下工作的,没有光照时,反向电流极其微弱,叫暗电流;有光照时,反向电流迅速增大到几十微安,称为光电流,光的强度越大,反向电流也越大。光电三极管和光电二极管一样能够实现光电转换,还能放大光电流,所以光电三极管比光电二极管具有更高的灵敏度。光电二极管和光电三极管体积小、重量轻、寿命长、灵敏度高、工作电压低、可集成化,广泛用于光纤通信、光视频系统、光存储系统、光测量系统等。光电二极管、光电三极管和半导体光敏器件外形如图 3.3.10 所示。

图 3.3.10　光电二极管、光电三极管和半导体光敏器件外形

光电管:受到辐射后从阴极释放出电子的电子管,分为真空光电管和充气光电管。充气光电管一般充氩气或氩氖混合气体,不足的地方在于灵敏度衰减快。

光电倍增管:主要由阴极室与二次发射倍增系统构成,在光通量小的时候呈线性关系,由于暗电流的存在,限定了其测量时的最小范围。

3. 光电组合器件

光电组合器件有光电耦合器和光电开关,外形如图 3.3.11 所示。

图 3.3.11　光电组合器件

光电耦合器:把红外发光管和光敏器件组合到一起的器件。光电耦合器实现了输入信号与输出信号间既用光传输,又用光隔离的传输过程,从而提高了电路的抗电磁干扰的能力。其广泛用于自动控制电路、记数电路、保护电路中,以实现控制电路与主回路间的隔离。

光电开关:由发射器和接收器组成。在发射器上将输入电流转换成光信号射出,由于被测物体对光束的遮挡或反射,接收器可根据光线的强弱和有无进行探测,由同步回路选通电路,从而检测物体的有无。根据检测方式分漫反射式、镜反射式、对反射式、槽反射式、光纤式等。

4. 光电池

太阳能的光电池是航天器不可替代的能源。除了常用的单晶、多晶、非晶硅电池之外,还有多元化合物电池,品种繁多,主要有以下几种:硫化镉、砷化镓、铜铟硒等(新型多元带隙梯度 $Cu(In, Ga)Se_2$ 薄膜太阳能电池)。光电池分单层光电池和多层光电池,多层光电池效率高于单层光电池,可以使用三年以上。光电池板和光电池原理图如图 3.3.12 所示。

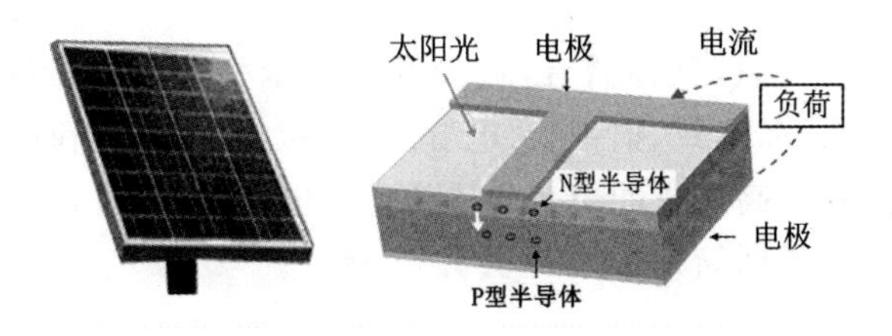

图 3.3.12　光电池板和光电池原理图

三、电声器件

电声器件用于电信号和声音信号之间的相互转换，分发声器（扬声器、耳机、蜂鸣器等）和传声器（送话器、受话器）两类。受话器就是听筒。

1. 电声器件的命名

国产部分电声器件的型号命名见表 3.3.2，例如：EDL－3 为立体声动圈式耳机；YHG5－1 为 5W 高频号筒式扬声器；YD100－1 为直径 100mm 的动圈式扬声器；YZⅢ－1 为 3 级驻极体式传声器。

表 3.3.2　国产部分电声器件的型号命名

第一部分：主称				第二部分：类别		第三部分：特征						第四部分：序号
						字母	特 1	字母	特 2	数字	含义	
Y	扬声器	YZ	声柱	C	电磁式							
C	传声器	Hz	号筒式组合扬声器	D	动圈（电动）式	H	号筒式	G	高频或高音	Ⅰ	1 级	
E	耳机	EC	耳机传声器组	A	带式	T	椭圆式	Z	中频或中音	Ⅱ	2 级	
O	送话器	YX	扬声系统	E	平膜音圈式	Q	球顶式	D	低频或低音	Ⅲ	3 级	
S	受话器	TF	复合扬声器	Y	压电式	J	接触式	L	立体声	0.25	0.25W	
N	送话器组	OS	送受话器组	R	电容（静电）式	I	气导式	K	抗噪声	0.4	0.4W	
H	两用换能器	TM	通信帽	Z	驻极体式	S	耳塞式	C	测试用	0.5	0.5W	数字
				T	碳粒式	G	耳挂式	F	飞行用	1	1W	
				Q	气流式	Z	听诊式	T	坦克用	2	2W	
						D	头载式	J	舰艇用	3	3W	
						C	手持式	P	炮兵用	5	5W	
										10	10W	
										15	15W	
										20	20W	

注：第三部分：G，Z，D 在扬声器中表示高音、中音和低音。第三部的三位数字，如 130，140，165，176，200，206 等在扬声器中表示的口径，单位 mm。

2. 送话器

送话器俗称话筒或麦克风，又称微音器、拾音器和米头，是将声音转换为电信号的元件。常见的话筒种类有动圈式、晶体式、铝带式、电容式、碳粒式、无线式和近讲传式等，以动圈式和驻极体电容式应用最广泛。高质量的录音和播音应选电容式、铝带式和性能好的动圈式，一般扩音选用普通动圈式。各类话筒外形如图 3.3.13 所示。

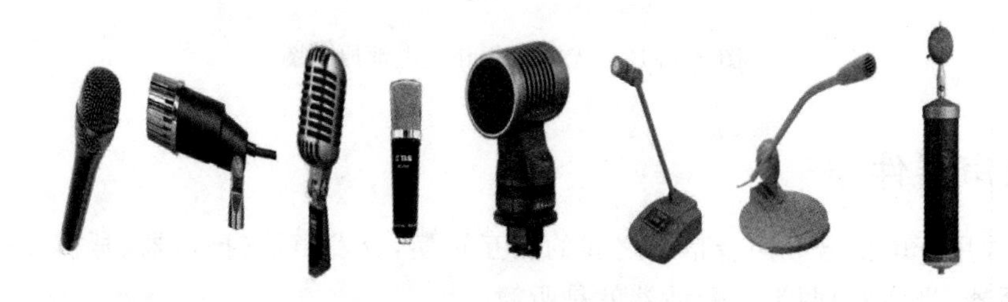

图 3.3.13　话筒外形

送话器主要参数有灵敏度、频率响应、输出阻抗、指向性和固有噪声。频率响应是指在自由场中灵敏度和频率变化的关系；指向性是指灵敏度随声波入射方向而变化的特性。

动圈式(电动式)送话器：如图 3.3.14，由永久磁铁、音圈、音膜和输出变压器等组成。声压使传声器的音膜振动，带动音圈在磁场中前后运动，切割磁力线产生感应电动势，把感受到的声音转换为电信号，输出变压器进行阻抗变换并实现输出匹配。动圈式传声器结构坚固、性能稳定、经济耐用。频率响应一般在 200～5 000Hz，有低阻(200～600Ω)和高阻(10～20kΩ)两类。

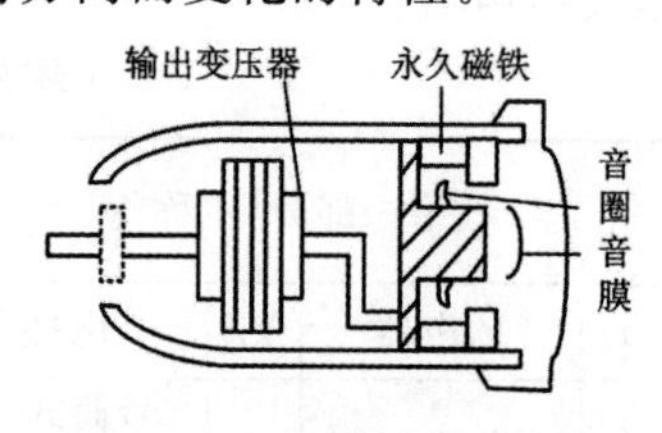

图 3.3.14　动圈式传声器结

驻极体电容式送话器：由金属板极、振动膜片和场效应管组成，金属板极和振动膜片之间形成转换电容器，场效应管进行阻抗变换以便与音频放大电路相匹配。它频率响应好、结构简单、体积小、重量轻、耐震动、价格低廉、使用方便，输出阻抗很高(达到几十兆欧)，但在高温、高湿的工作条件下寿命较短，必须使用直流电源。

铝带式送话器：其振动膜为一条很薄的铝合金带，故有很好的频率响应，灵敏度高、输出阻抗极高，失真小，音质好，适于音质较高的广播和音乐录音。

无线送话器：俗称无线话筒，由小型传声器极头、发射电路和接收系统组成，多采用调频制。

3. 扬声器

扬声器俗称喇叭，它的作用是将音频放大器输出的电信号转变为声信号。按能量方式分电动(动圈)式、电磁式、静电(电容)式、压电（晶体)式、放电(离子)式；按组成方式分为单纸盆扬声器、组合纸盆扬声器、组合号筒扬声器、同轴复合扬声器；根据频率分为高音(一般为号筒式和球定式)、中音、低音(一般为纸盆式)和全频带；根据阻抗分为高阻抗、低阻抗(4Ω，8Ω，16Ω)。按用途分为高保真(家庭用)、监听、扩音、乐器、接收机、小型、水中；按外形分为圆形、椭圆形、圆筒形、矩形。扬声器外形如图 3.3.15 所示。

图 3.3.15 扬声器外形

扬声器的主要参数：额定功率、额定电阻、频率响应、频率谐振、灵敏度、效率、失真度和方向性等。频率谐振为低频段输入阻抗最大时的频率。口径越大、纸盆折环和定心片越柔软，频率谐振就越低。失真度为扬声器输出振幅不与输入电平成线形关系，分谐波失真、互调失真和瞬态失真。250～300Hz 以下，没有明显的指向性。

(1)电动式扬声器：如图 3.3.16 所示，电动式扬声器由纸盆、音圈、磁体等组成。当音圈内通过音频电流时，音圈产生变化的磁场，与固定磁体的磁场相互作用，使音圈随电流变化而前后运动，带动纸盆振动发出声音。电动式扬声器使用最为广泛，按振膜形式分有椎盆式、球顶式、平板式、号筒式、同轴式、金属带式等。按辐射方式分有直接辐射(纸盆式)、间接辐射(号筒式)。

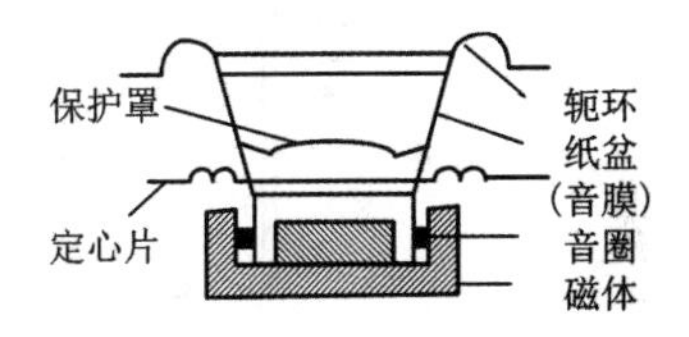

图 3.3.16 电动式扬声器的结构

椎盆式扬声器：按磁路结构分外磁式、内磁式、屏蔽式和双磁路式。按振动膜材料分碳素纸振膜、羊毛纸振膜、云母碳化聚丙烯振膜、碳纤维编织振膜、防弹纤维振膜。内磁式(永磁式)的特点是漏磁少、体积小，但价格稍高，应用在彩色电视机和电脑多媒体音箱等对磁屏蔽有要求的电子产品中。外磁式(恒磁式)磁体较大、漏磁大、体积大，但价格便宜，常用在普通收音机等低档电子产品中。椎盆式价格便宜，低频响应良好。

球顶式扬声器：振动膜为半球形球面。能量转换效率高、瞬态特性好、失真小、高频特性好、辐射宽广，指向性好于椎盆式扬声器。球顶式扬声器用于高保真系统中的高频回放中。

平板式扬声器：振动膜是平面的，以整体振动直接向外辐射声波，因而电声转换效率高。它声音自然、无指向性、声场均匀、聆听角度广且与频率无关，体积小、重量轻、不受面积和形状影响、不需要箱体，可以像一张画一样挂在墙上或天花板中，但价格较高。平板式扬声器多应用于电脑音箱、迷你家庭影院、背景音乐等方面。

号筒式扬声器：振动膜振动后，声音通过号筒反射扩散出去，有电动式、压电式和静电(电

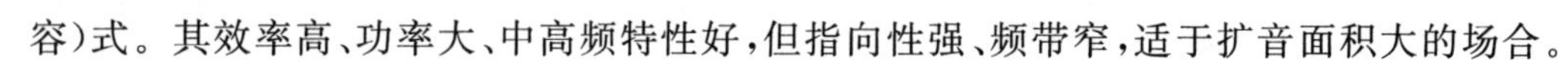

容)式。其效率高、功率大、中高频特性好,但指向性强、频带窄,适于扩音面积大的场合。

同轴式扬声器:同时包含了高音和低音两个扬声单元且两个扬声单元的轴心一致。频响范围得到了扩展,高低音在同一个平面上,具有恒定的指向性,高保真性。

带式扬声器:将音圈直接制造在振膜(铝合金或聚酰亚胺薄膜)表面,音圈与振膜直接耦合,所以响应速度快、失真小、频率平坦均匀,可以清晰准确地重放中高频声音。

(2)静电式扬声器:振膜是平面的,薄而轻,不会因结构而造成失真,主要用作高频信号的重放中。

(3)压电式扬声器:由压电陶瓷片和纸盆等组成。压电陶瓷片在音频信号作用下产生机械形变而振动,带动纸盆推动空气发出声音。其具有结构简单、灵敏度高、功耗小、成本低、频率特性差,用于小音量的场合,如生日贺卡、手机、电话、报警器等。

4. 音箱

将扬声器放到箱子里就构成了音箱。如图 3.3.17 所示,音箱按结构来分有密封式、倒相式、空纸盆式、迷宫式。密封式音箱具有低频有力度,声音清晰,瞬态特性好等优点,但效率较低;倒相式利用前障板上的声导管(倒相孔)将背后辐射的部分声音辐射到前方,与前向声音同时叠加。效率展宽 60%,容积降低了 60%;空纸盆式用空纸盆来代替声导管,可避免反射出声孔的不稳定声音,驻波影响小,灵敏度高,声音清晰透明;迷宫式用矩形截面的折叠反射管道,导管开口等于喇叭振膜有效面积,导管长度等于低频半波长度,好似迷宫一样,重放效果好,但结构复杂。

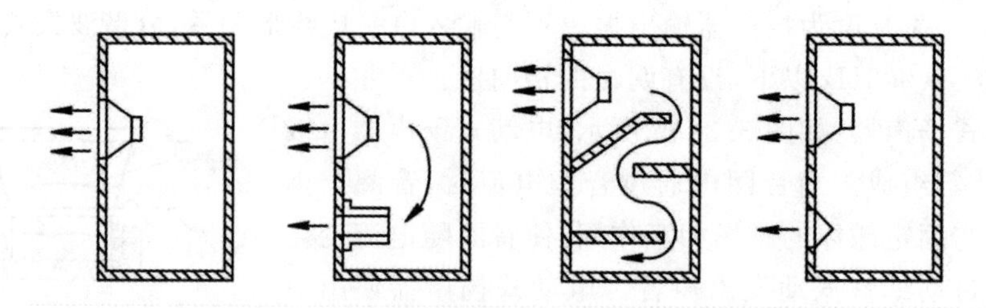

图 3.3.17 常见音箱结构

有源音箱将功率放大电路安装在音箱内部,适用于随身听、多媒体电脑中。在音箱中填充不同程度的吸音材料,如多孔玻璃纤维、毛毡、呢绒等表面多孔的材料,以达到良好的吸音效果。音箱中的分频器主要用来将不同频段的声音信号区分开来,然后送到相应波段的扬声器中重放。

5. 耳机和耳塞机

耳机和耳塞机工作原理和电动式扬声器相似,也是由磁场将音频电流转变为机械振动而还原声音的。耳机的音膜面积较大,能够还原的音域较宽,音质、音色更好一些,一般价格也比耳塞机贵。耳机体积小,耳塞机体积更小,它们携带方便,一般应用于移动产品或避免干扰的环境中。耳机在放音系统中代替扬声器播放声音,应用在袖珍收、放音机中。耳机的阻抗有 2×16Ω和 2×32Ω 两种。耳机和耳塞机外形如图 3.3.18 所示。

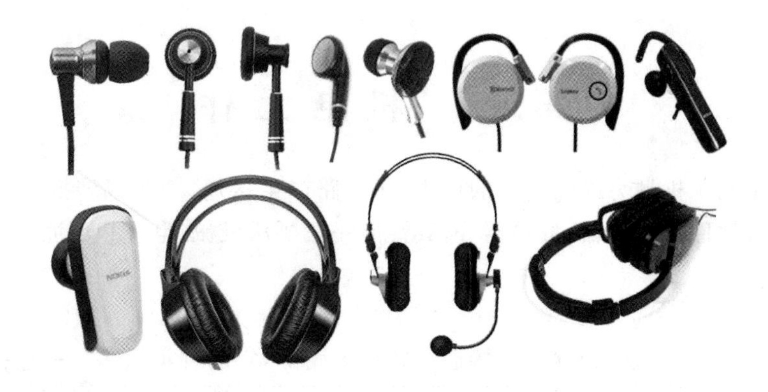

图 3.3.18 耳机和耳塞机外形

6.蜂鸣器

蜂鸣器又叫讯响器，按原理分压电陶瓷式和电磁式；按是否有音源分自带音源式和不带音源式。自带音源式不需要外加音频驱动电路，只要接通直流电源就能直接发声。蜂鸣器外形如图 3.3.19 所示。

图 3.3.19 蜂鸣器外形

压电式蜂鸣器：主要由多谐振荡器、压电蜂鸣片、阻抗匹配器及共鸣箱、外壳等组成。有的外壳上还装有发光二极管。多谐振荡器由晶体管或集成电路构成。压电蜂鸣片是将高压极化后的压电陶瓷片黏贴于振动金属片上，当加入交流电压后，会因为压电效应，而产生机械变形伸展及收缩，使金属片振动而发出声响。压电蜂鸣器的特点是：体积小、重量轻、厚度薄、耗电省、可靠性好，造价低廉，但频率特性差、音调单一音色差、输出功率小。因此它适用于电子手表、袖珍计算器、电子门铃和电子玩具等小型电子产品上输出音频提示和报警信号。

电磁式蜂鸣器：由振荡器、电磁线圈、磁铁、振动膜和外壳组成，振荡器产生的音频信号电流通过电磁线圈产生磁场，振动膜在电磁线圈和磁铁的相互作用下，周期振动发声。音源可以是简单的多谐振荡器发出的单一频率声，带调制的多谐振荡器发出断续、变频和报警音，还可是音乐集成电路发出的音乐声和语音声。自带音源电磁式蜂鸣器又称为微型直流音响器，它体积小、重量轻、功耗低、声压高、性能可靠、寿命长、安装方便。广泛应用在电话机、定时器、电子玩具、门铃、计算机终端、汽车电子设备、安全装置、出纳记账器、报警器和电池供电的小型装置中。

第四节　机电元件

机电元件是利用机械力或电信号的作用，使电路产生接通、断开或转换等功能的元件，如开关、连接器(接插件)、继电器、散热器等，其性能一般要从机械、电气和环境三个方面来考虑。

一、开关

在电子设备中，开关是用来断开、接通或转换电路的，它的种类繁多。一些控制开关，如压力控制、光电控制、超声控制等，已不是一个简单的开关，包括复杂的电子控制单元。

1. 开关的主要参数

(1)额定电压。正常工作状态开关可以承受的最大电压，对交流电源开关则指交流电压有效值。

(2)额定电流。正常工作时开关允许通过的最大电流，在交流电路中指交流电流有效值。

(3)接触电阻。开关接通时，相通的两个接点之间的电阻值。此值越小越好，一般开关接触电阻应小于 20mΩ。

(4)绝缘电阻。不相接触的各导电部分之间的电阻值。此值越大越好，一般在 100MΩ 以上。

(5)耐压。也称抗电强度，不相接触的导体之间能承受的电压值。一般大于 100V，电源开关要求耐压不小于 500V。

(6)工作寿命。在正常工作条件下使用的次数，一般为 5 000～10 000 次，要求较高的可达 5×10^4～5×10^5 次。

2. 常用开关

常用开关的名称、外形、主要参数、特征和应用见表 3.4.1。开关的极指的是开关的活动触点，位指的是固定触点。单极单位开关只能通断一条电路；单极双位开关可选择接通或断开两条电路中的一条；双极双位开关可选择接通或断开两条独立的电路；多极多位开关可依次类推。

表 3.4.1　常用开关的名称、外形、主要参数、特征和应用

名称	外形	主要参数	主要特征	应用
钮子开关		AC250V，0.3～5A，$R_C \leqslant 20\text{m}\Omega$，单极/双极、双位/三位	螺纹圆孔安装，加工方便	小型电源开关，电路转换
波动开关		AC250V，0.3～15A，单极/双极，双位	嵌卡式安装，操作方便	一般电器电源开关，电路转换

续表

名称	外形	主要参数	主要特征	应用
旋转开关		AC250V,0.05A,R_C≤20mΩ,1～8 极,2～11 位	级数、位数多种组合,安装方便	仪器仪表等电子设备电路转换
按钮开关		AC250V,3A,R_C≤20mΩ,单极/双极,双位	嵌卡式安装可靠,指示灯,轻触式操作	家用电器及仪器仪表电源开关,电路转换
直键(琴键)开关		AC250V,0.1～2A,DC12～30V,R_C≤20mΩ,1～8 极,双位	多只组合、自锁、互锁、无锁等多形式	仪器仪表及各种电子设备
滑动开关		AC250V,0.1～0.3A,1～4 极,2～3 位	结构简单,价格低	收音机、录音机和普通仪器仪表
轻触开关		DC12V,0.02～0.05 A,R_C:0.01～0.1mΩ	体积小、重量轻、可靠性好、寿命长、无锁	数字化设备面板控制
双列拨动开关		5V,0.1A 或 25V,0.025A,R_C≤0.05mΩ,4,6,8,10,12 极双位	体积小、安装方便、可靠性高	不经常动作的数字电路转换
微型按键开关		DC30～60V,0.1～0.3A,R_C≤30mΩ,工作寿命一万次	体积小、重量轻、操作方便	微小仪器仪表及电器,作电路转换用
薄膜开关		DC30V,0.1A,寿命可达 300 万次	体积小、重量轻、寿命长、外观美、指示一体化并可密封	各种仪器仪表及电器的控制面板
贴片式开关		上面微型按键开关、双列拨动开关、轻触开关、滑动开关等都有表贴式封装,其参数及使用与插接式基本相同,只是体积小,适于表面贴装工艺		

二、连接器

使用导体或导线与适当的配对元件连接,实现电路接通和断开,用以传输电流或信号的机电元件,如接插件、插头和插座。

1.连接器的分类

连接器的分类如图 3.4.1 所示，另外按使用环境分室内或实验室用、室外地面设备用、船或舰上设备用地面车载设备用、航空用、导弹上用等。

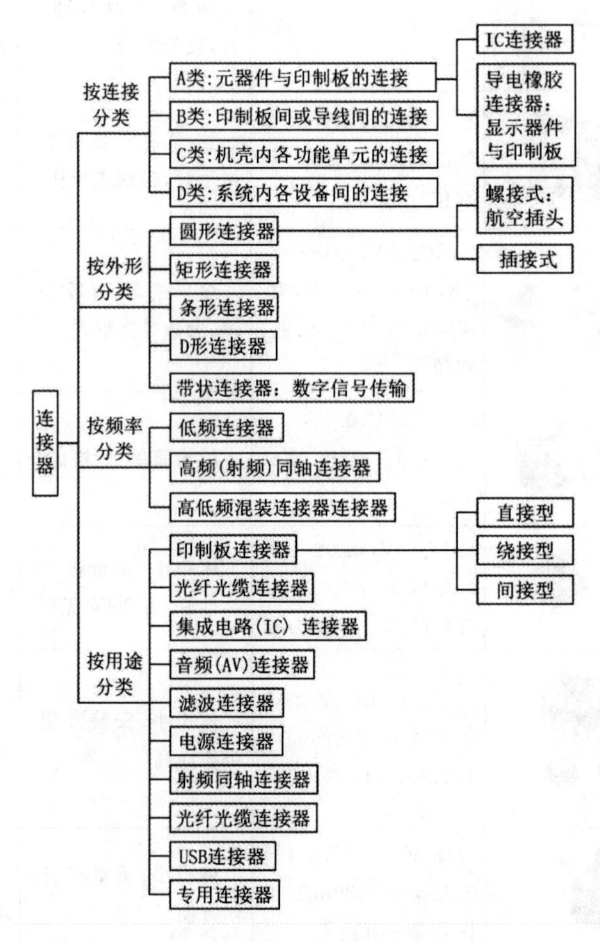

图 3.4.1 连接器的分类

2.连接器的参数

(1)一般连接器的主要参数。

额定电压:插头和插座的接触对在正常工作条件下可以承受的最大电压。其主要取决于所使用的绝缘材料,接触对之间的间距大小。

额定电流:插头和插座的接触对在正常工作条件下所允许通过的最大电流。在接触对有电流流过时,由于存在导体电阻和接触电阻,将会发热,超过一定极限时,将破坏绝缘和形成接触对表面镀层的软化,造成故障。

绝缘电阻:插头和插座各接触对之间及接触对与外壳之间所具有的最低电阻值。

接触电阻:插头插入插座后,接触对之间所具有的阻值。

抗电强度:称耐压,是接触件之间或接触件与外壳之间所能承受的电压值。

插拔力:插头或插针拔出插座或插孔所需要克服的摩擦力。它越大,可靠性越高。

机械寿命:与接触件结构(正压力大小)、镀层质量(滑动摩擦力因数)以及排列尺寸精确度

(对准度)有关。

(2)射频同轴连接器的特殊参数。特性阻抗:在给定线路参数的无限长传输线路上,行波的电压与电流的比值。它直接影响电压驻波比、工作频率、射频插入损耗等参数。

工作频率:射频同轴连接器工作的频率范围。

介质耐压:若电场强度过大,介质中的束缚电荷就会变为自由电荷而发生导电放电现象。

射频高位耐压:耐受高频电压的能力。

电晕电平:在低气压条件下耐受空气电离产生电晕的能力。

射频泄漏:将造成连接器对外产生干扰信号,抗干扰信号能力下降。

射频插入损耗:射频信号通过连接器的输出功率与输入功率之比。它非常小,可忽略不计。

电压电流驻波比:传输线上电压(电流)最大幅值与最小幅值之比。

(3)光纤连接器的特殊参数。对于光纤连接器的光性能方面的要求,主要是插入损耗和回波损耗这两个最基本的参数。此外还要考虑光纤连接器的互换性、重复性、抗拉强度、温度和插拔次数等。

插入损耗:即连接损耗,是指因连接器的导入而引起的链路有效光功率的损耗。插入损耗越小越好,一般要求应不大于 0.5dB。

回波损耗:对链路光功率反射的抑制能力。实际值一般不低于 45dB。

抗拉强度:一般应不低于 90N。

温度:一般要求在－40～＋70℃的温度下能够正常使用。

插拔次数:目前使用的光纤连接器一般都可以插拔 1 000 次以上。

3. 常用连接器

(1)圆形连接器。圆形连接器接线端子可从两个到上百个不等,具有体积小、强度高、可靠性高等特点。

圆形螺纹连接器:也称航空插头,如图 3.4.2 所示,分普通螺纹、密封螺纹、穿墙螺纹、高压螺纹、小型螺纹、特种螺纹等。有旋转锁紧机构的圆形螺纹连接器,抗震性、密封、电场屏蔽好,连接点 2～100 个,额定电流 1A 至几百安,工作电压 300～500V。

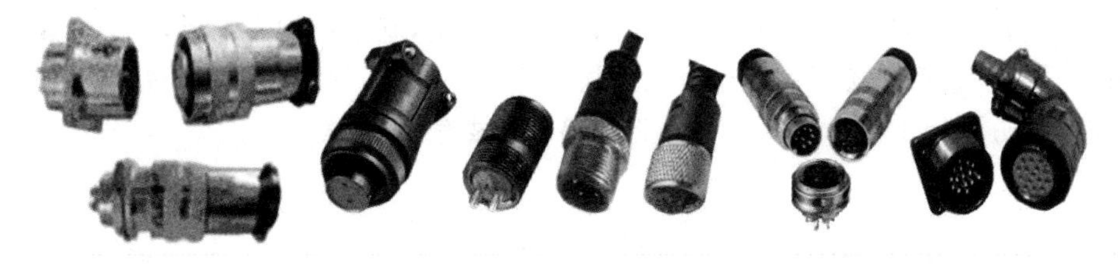

图 3.4.2　圆形螺纹连接器外形

圆形直插式连接器:如图 3.4.3 所示,包括小型圆形卡口式(直插锁紧式)和小型直插式。卡口式包括滑动外卡口、滚动外卡口、滑动内卡口、滚动内卡口等形式。

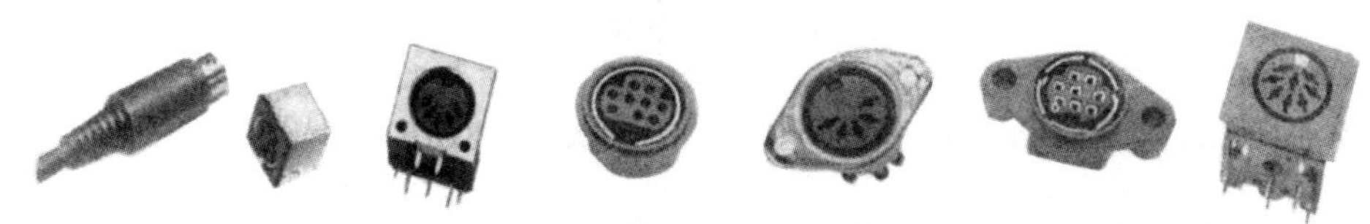

图 3.4.3　圆形直插式连接器外形

圆形同心连接器：也称莲花插头，是圆形直插式连接器的一种，常用于音响及视频设备中传输音视频信号。工作电压 AC50V，电流 0.5A，寿命 100 次，外形如图 3.4.4 所示。

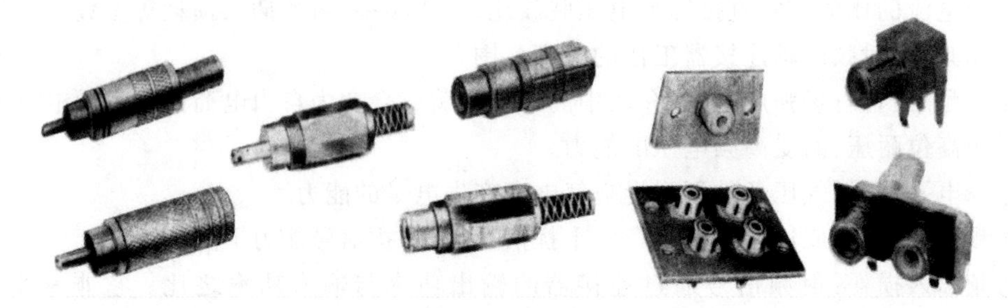

图 3.4.4　同心连接器外形

(2)矩形连接器。它有普通型、小型、无外壳型、小型直插锁紧型、双曲面线簧式等。双曲面线簧插型其插拔次数超过百万次，具有低插拔力和低接触电阻等特点，在极其恶劣的环境下能保持完美的接触。矩形连接器能充分利用空间位置，被广泛用在机内互连，当有外壳和锁紧装置时，也可用于机外的电缆和面板之间的连接。矩形连接器外形如图 3.4.5 所示。

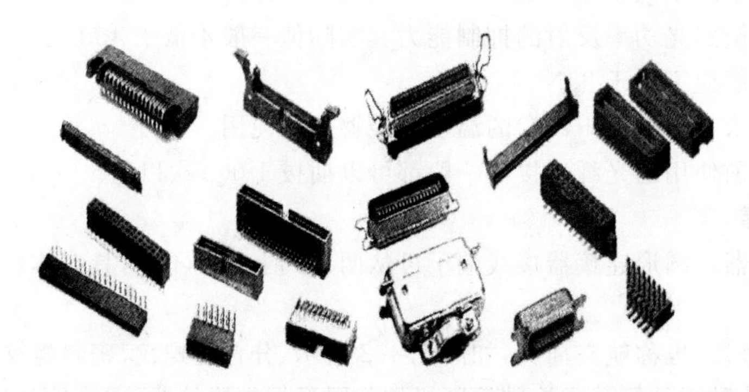

图 3.4.5　矩形连接器外形

(3)条形连接器。它是矩形的一种。如图 3.4.6 所示，基本结构为条形，排列为单排，并且具有条形插合面。条形连接器用于印制电路板与导线的连接，常用的插针间距有 2.54 和3.96 两种，工作电流分别为 1.2A，3A，工作电压 250V，机械寿命 30 次。

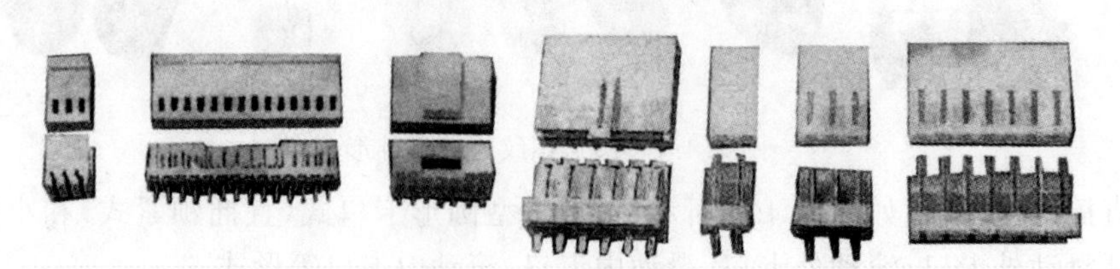

图 3.4.6　条形连接器外形

(4)带状连接器。它是配接带状(扁平)电缆的连接器，如图 3.4.7 所示。

图 3.4.7　带状电缆连接器外形

(5)D 形连接器。具有非对称定位和连接锁紧机构，常用连接点数为 9，15，25，37 等几种，可靠性高，定位准确，广泛用于各种电子产品机内及机外连接，外形如图 3.4.8 所示。

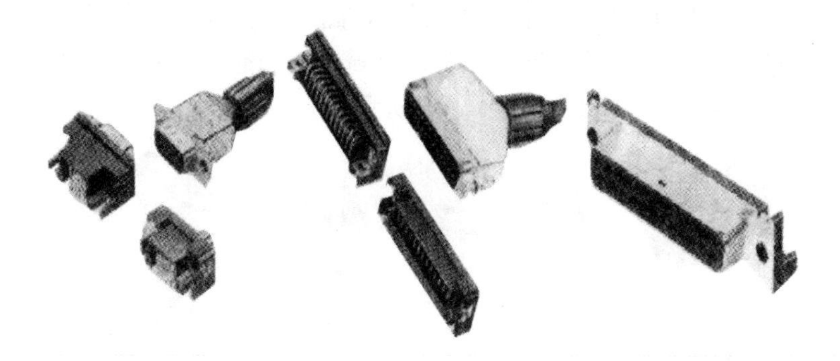

图 3.4.8　D 形连接器外形

(6)AV 连接器。它也称音频连接器或视听连接器，外形如图 3.4.9 所示。它用于各种音响、录放像设备、CD、VCD 等，以及多媒体计算机声卡、图像卡等部件的连接。它有 $\phi2.5$，$\phi3.5$，$\phi6.35$ 三种，$\phi2.5$ 用于手机 MP3；$\phi6.35$ 用于台式设备；$\phi3.5$ 用于袖珍式和便携式音响、多媒体计算机。工作电压为 30V，电流为 50mA。

图 3.4.9　AV 连接器外形

(7)直流电源的连接器。它是小型电子产品直流电源连接器,外形如图3.4.10所示。插头外径×内孔直径有3.4mm×1.3mm,5.5mm×2.5mm,5.5mm×2.1mm三种规格,传输电流在2A以下。

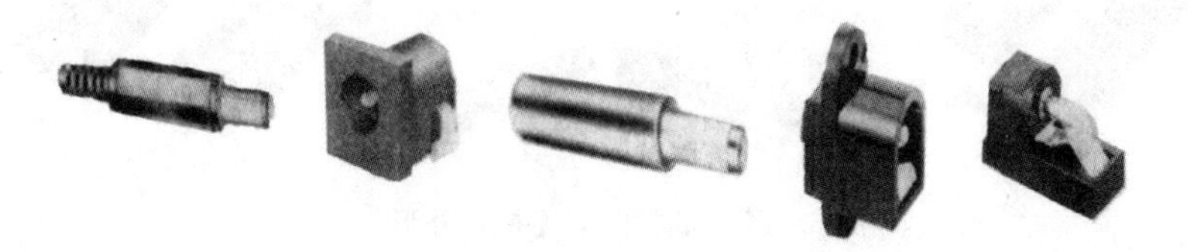

图3.4.10　直流电源的连接器外形

(8)射频同轴连接器。它也称高频连接器,用于射频信号RF(高于100kHz)和通信、网络等数字信号的传输,其中卡口式插头座也用于示波器等脉冲信号的传输。它有直式、弯式、面板、穿墙等螺纹型和卡口型;有大功率型、精密型、耐辐射型和超小型;有T型、阻抗、尺寸、微带-同轴、波导-同轴等转接器。外形如图3.4.11所示。

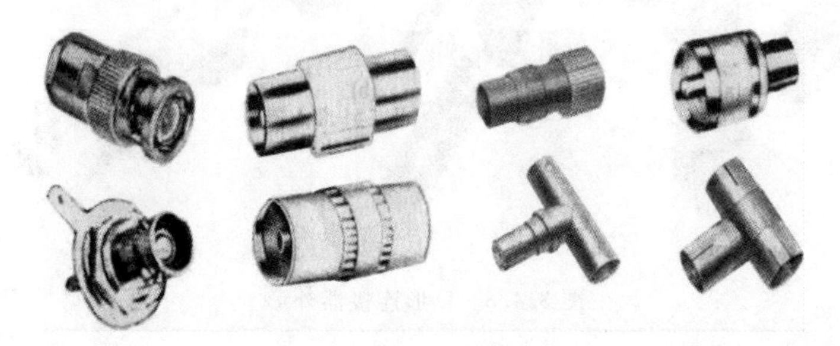

图3.4.11　射频同轴连接器外形

(9) 光纤光缆连接器。光纤与光纤之间进行可拆卸(活动)连接的器件。它按传输媒介分硅基和塑料基,硅基较常见;按传输模式分单模和多模;按连接头结构可分FC,SC,ST,LC,MU,MT等,FC为金属套螺丝紧固,SC为插拔销闩紧固,ST为金属套卡口紧固,MT为推拉插拔卡紧;按端面形状分有FC(平面接触式)和PC(球面接触式,包括SPC,UPC,APC);按芯数划分还有单芯和多芯(如MT-RJ)。ST连接器通常用于布线设备端,如光纤配线架、光纤模块等,而SC和MT连接器通常用于网络设备端。光纤光缆连接器外形如图3.4.12所示。

图3.4.12　光纤光缆连接器外形

(10) USB连接器。计算机通用串行总线连接器,可连接音响、调制解调器(Modem)、显

示器、游戏杆、扫描仪、鼠标、键盘等外围设备，而且可以实现手机 MP3 音乐播放器、视频播放器、数码相机等产品与计算机交换数据及充电，并可进行热插拔，外形如图 3.4.13 所示。接口标准为 1.0，2.0，3.0，其中 1.0 和 2.0 连接相同，均为 4 线结构；3.0 兼容低版本，但改为 9 线结构。

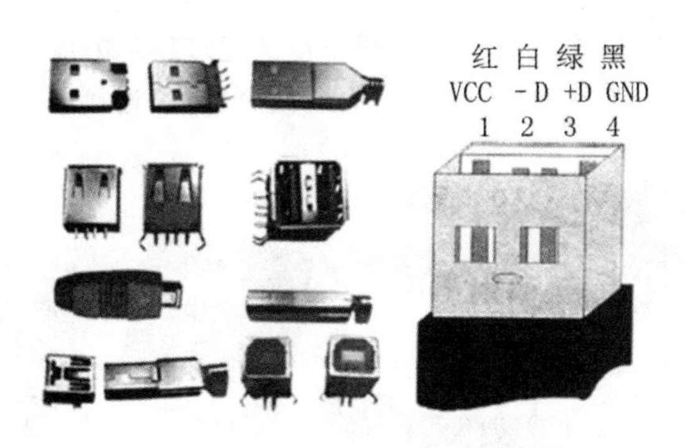

图 3.4.13 USB 连接器

(11)滤波连接器。在普通连接器接触件上装一个特殊构造的低通滤波器，并通过连接器的金属壳体或某种特殊方式接地，实现了接地、屏蔽和滤波三种方式的结合，从而有效解决干扰问题。它的外形如图 3.4.14 所示，有防雷连接器、线簧连接器和百兆网连接器。

图 3.4.14 滤波连接器外形

(12)印制板连接器。配接于印制电路板引出端的条形连接器。它通常分为单件和双件，又分直接型、绕接型、间接型、铰链型等，外形如图 3.4.15 所示。

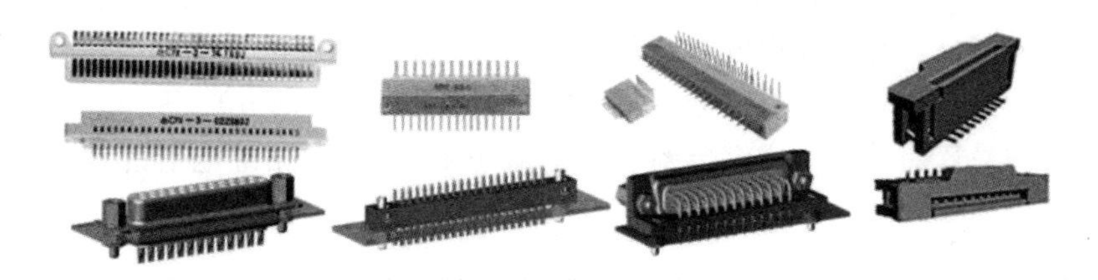

图 3.4.15 印制板连接器外形

(13)集成电路插座。安装于电路板上,用于实现集成电路和电路板的电气连接。结构包括绝缘外壳、电接触件和固定部分。它有单列直插、双列直插、四列直插等封装形式,额定电流为0.1A ,额定电压为30V,绝缘电阻大于500Ω,接触电阻小于0.02Ω,寿命为200次以上,外形如图3.4.16所示。

(14) IC卡卡座。IC卡 (Integrated Circuit Card)也称智能卡、智慧卡或微芯片卡等,在身份认证、银行、电信、公共交通、车场管理等领域正得到越来越多的应用。IC卡读写器是IC卡与应用系统间连接的桥梁,IC卡座用来实现与读写器的电气连接,外形如图3.4.17所示。

图3.4.16　集成电路插座外形

图3.4.17　智能卡卡座外形

三、继电器

继电器是一种电气控制常用的机电元件,具有控制系统(又称输入回路)和被控制系统(又称输出回路)之间的互动关系,具有用小电流去控制大电流运作的特性,可以看作是一种由输入参量(如电、热、磁、光和声)控制的自动开关。其广泛应用于遥控、遥测、通信、自动控制、机电一体化及电力电子设备中,在电路中起着自动调节、安全保护和转换电路等作用。

继电器一般有反映一定输入变量(如电流、电压、功率、阻抗、频率、温度、压力、速度、光等)的感应机构(输入部分);有对被控电路实现"通""断"控制的执行机构(输出部分);对输入量进行耦合隔离,功能处理和对输出部分进行驱动的中间机构(驱动部分)。从表3.4.2可知继电器有多种,但使用最普遍的是电磁继电器和固态继电器,几种常用继电器的外形如图3.4.18所示。

表 3.4.2　国产部分继电器的型号命名

第一部分：主称		第二部分：类别				第三部分：特征		第四部分：序号
字母	含义	字母	含义	字母组合	含义	字母	含义	数字
J	继电器	W	微功率电磁	AG	干式舌簧	X	小型	
		R	小功率电磁	AS	汞湿式舌簧	C	超小型	
		Z	中功率电磁	AT	铁簧	Y	微型	
		Q	大功率电磁	SJ	机械式时间			
		C	电磁	SC	电磁时间			
		U	温度	SE	热时间			
		P	高频电磁	SH	混合时间			
		G	固态	SZ	电子时间			
		E	电热	SG	固态时间			
		H	极化(磁保持)					
		S	时间					
		A	舌簧					
		M	脉冲					
		T	特种					

注：微功率接通电压为28V时负载电流小于0.2A；小功率接通电流为0.5～1A；中功率接通电流为2～5A；大功率接通电流为10～40A。

图 3.4.18　常用继电器的外形

电磁继电器：由铁芯、线圈、衔铁、触点和簧片组成。当线圈有电流通过时，产生电磁效应，衔铁在电磁力吸引作用下，克服返回簧片拉力吸向铁芯，从而带动衔铁动、静触点吸合。参数有额定工作电压、直流电阻、吸合电流、释放电流、触点切换电压和电流。

固态继电器：一种由固态电子元器件组成的无触点开关，它利用电、磁和光的特性来完成输入输出的可靠隔离，并用大功率三极管、可控硅等器件的开关特性来达到无触点、无火花地接通和断开被控电路。它具有高灵敏度、低噪声、速度快、可靠性高、功耗低和寿命长、与逻辑电路兼容、无干扰抗干扰的优点。缺点是：存在通态压降、需要散热措施、有输出漏电流、触点组少、成本高。

思考题

1. 晶体管主要有哪几种类型？
2. 二极管的主要参数有哪些？
3. 三极管的主要参数有哪些？
4. 场效应晶体管的主要参数有哪些？
5. 写出型号为敏感电阻器 MYG05K，MZ11A，MF52A 的名称。
6. 常见热敏电阻和温度传感器有哪些种类？
7. 常用保护元件有哪些？
8. 常用频率元件有哪些？
9. 常用显示器件有哪些？
10. 简述电声器件的分类。
11. 开关的主要参数有哪些？
12. 简述连接器按外形的分类和用途。
13. 继电器控制有何特点？

第四章

集成电路和微电子组装技术

第一节　集成电路

一、集成电路的物理结构

集成电路是利用半导体工艺或厚膜、薄膜工艺，将电阻、电容、二极管、双极型三极管、场效应晶体管等元器件按照设计要求连接起来，制作在同一硅片上，然后封装在一个便于安装焊接的外壳中，成为具有各种电气（电子）功能的组合电路。这种器件打破了传统的电路组装（通孔插装和表面贴装）的概念，实现了材料、元器件、电路的三位一体，与分立元器件组装的电路相比，具有体积小、功耗低、性能好、重量轻、可靠性高及成本低等许多优点。几十年来，在集成电路的制造技术迅速发展的同时，集成电路也得到了极其广泛的应用。

图 4.1.1 中，上方为把分立的三极管、电阻、电容等插在印制线路板上，通过印刷导线连接在一起的电路，下方为在一个硅单晶基片上做出三极管、电阻、电容等，通过铝布线连接在一起形成具有相同元件和功能的半导体集成电路，只是它又小又细，用肉眼看不到而已。

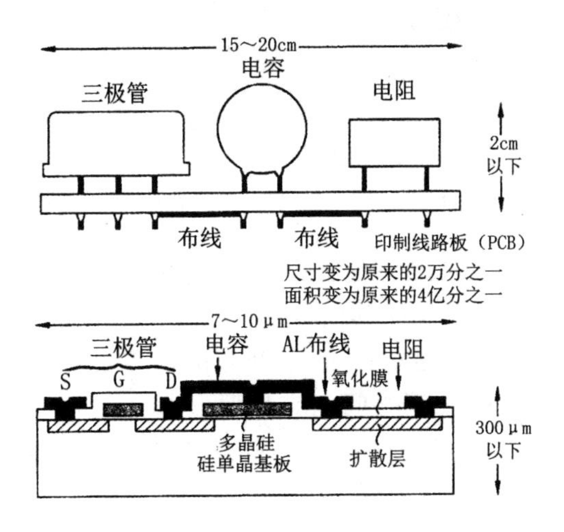

图 4.1.1　通孔插装印制线路板到集成电路

通常在硅材料上或硅材料内部构建的元件有电阻、电容、二极管、双极型晶体管、MOS 晶体管等。

电阻的制作：在硅材料上制作电阻有掺杂法和沉积法。掺杂法通过杂质扩散或杂质离子注入的方法，对硅材料进行掺杂来制作电阻，它所制作的电阻大。沉积法在厚厚的绝缘氧化层

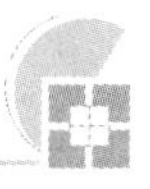

上沉积一层薄膜来制作电阻，它有较大的阻值范围和较小的寄生电容。在芯片表面沉积金属可制作小电阻。这两种方法制作的电阻阻值往往不够精确，一般允许偏差为10%～20%。

电容的制作：制作电容有两种方法。一种是制造一个反偏的PN结，可将耗尽层的电容当作电容，缺点是在PN结两端加电压时其容量呈非线性变化，大信号时产生非线性失真。另一种更常用的方法是，用掺杂硅层作为一个极板，多晶硅或金属作为另一个极板，薄氧化层作为电介质，当加在电容两端的电压变化时，容值几乎不变，精度较高如图4.1.2所示。在一块面积有限的芯片上难以制作大容量的电容，因此电容的结构向三维立体方向发展，过程为平面型、叠层型、沟槽型、沟槽内再叠层型，如图4.1.3所示。

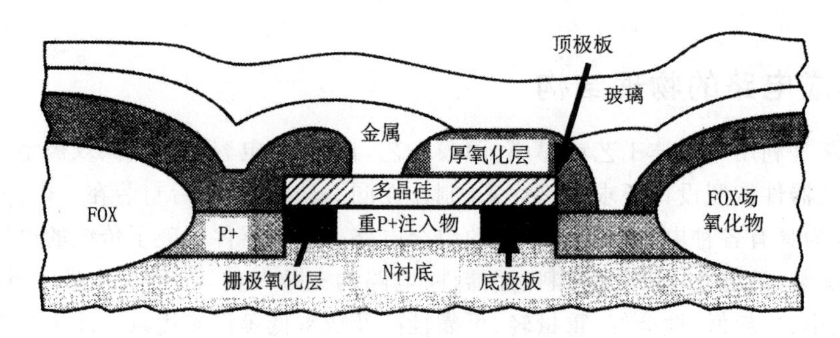

图4.1.2　典型电容的结构

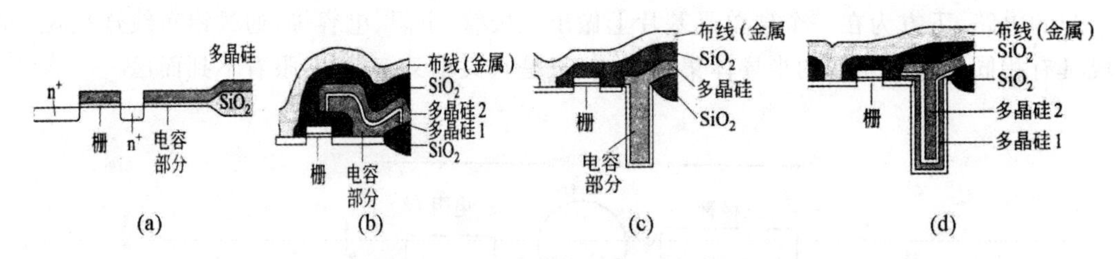

图4.1.3　DRAM中电容结构的变迁

(a)平面型电容器构造；(b)叠层型电容器构造；(c)沟槽型电容器构造；(d)沟槽内再叠层型电容器构造

二极管的结构：如图4.1.4所示，理论上建立一个N区和一个P区并将它们连接起来就形成了一个二极管，但实际上基于一些其他考虑，使得二极管的制作稍微复杂一些。如图P^+区是重掺杂区，其与沉积的金属阳极的连接电阻小。P^+区和N区之间的交界面形成一个二极管的PN结，N^+和N区连接不会改变二极管的特性，然而它与金属阴极连接时电阻却很小。

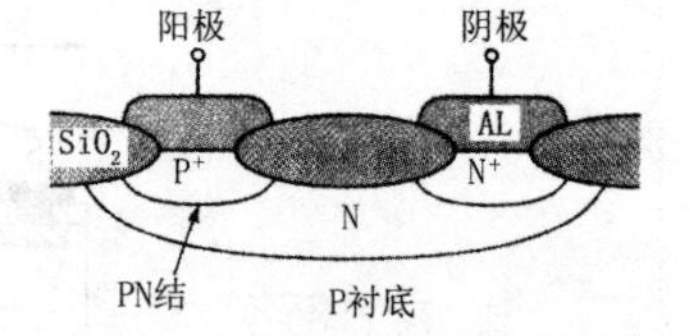

图4.1.4　二极管的构造断面图

NPN型三极管的结构：如图4.1.5所示，给出了单个集成BJT的结构图，集电极和发射极由掺杂了N型材料的外延层形成，基极由掺杂了P型材料的外延层形成，它们都与P型衬底隔离，黑色箭头为电流方向。

NMOS管的结构：如图4.1.6所示，在P型半导体的表面附近设有源/漏的岛状N^+区，在两区间的基体表面上设有栅绝缘膜，并在此绝缘膜上设有栅电极。为了防止漏极附近获得高能量的载流子注入栅极氧化膜，从而引起泄漏电流增加，采用轻掺杂漏极(LDD)结构。

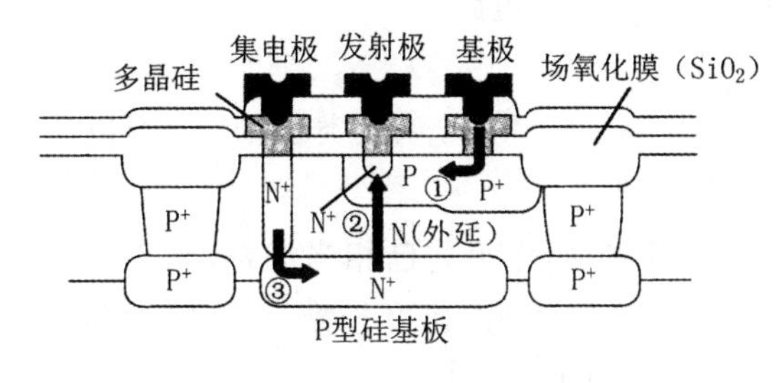

图 4.1.5 NPN 型三极管构造断面图

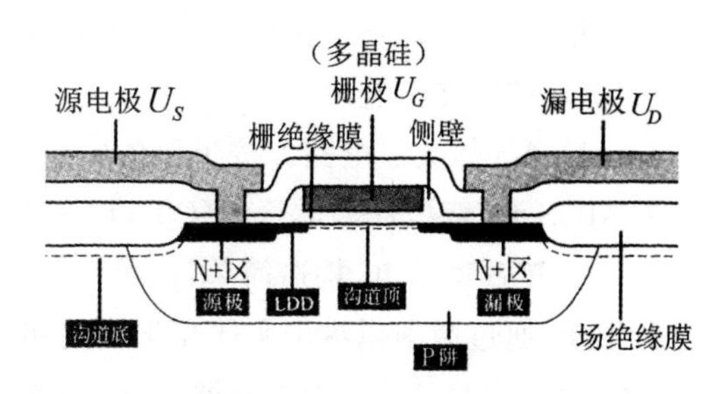

图 4.1.6 NMOS 管构造断面图

CMOS 的结构：在称作阱的比较深的扩散区中制作三极管。阱有各种各样的结构，即使在最普通的采用 P 型基板(P 型衬底)的场合，仍有如图 4.1.7 所示三种结构。

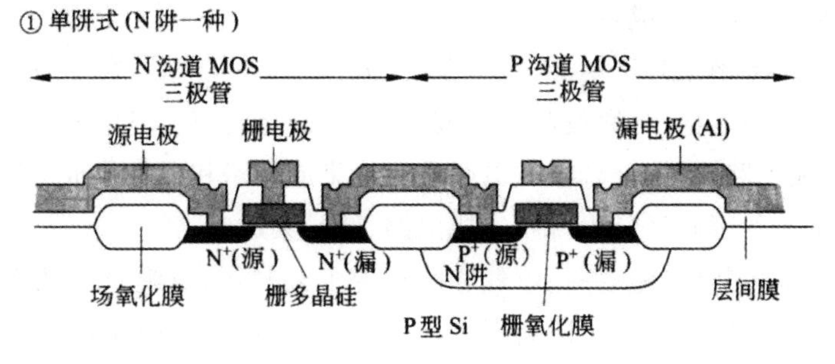

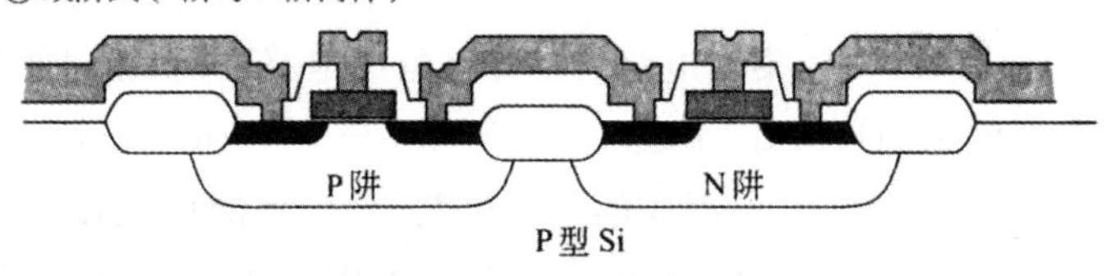

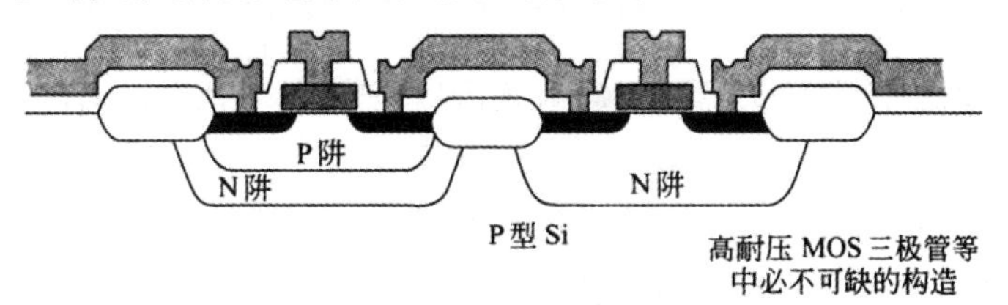

图 4.1.7 CMOS 晶体管构造断面图

二、集成电路的分类和封装

1. 集成电路的分类

(1)按集成度分。

1)小规模电路(SSI)：一般少于 100 个元件或少于 10 个门电路。

2)中规模电路(MSI)：一般含有 100～1 000 个元件或 10～100 个门电路。

3)大规模电路(LSI)：一般含有 1 000～10 000 个元件或 100 个门电路以上。

4)超大规模电路(VLSI)：一般含有 10 万个元件或 10 000 个门电路以上。

目前，已经出现了集成度达几十万甚至上千万个元件的集成电路。

(2)按制作工艺分。

1)半导体集成电路。按半导体中使用的材料分硅IC和化合物IC两大类，硅IC又可以分为MOS型、双极性晶体管型(CTTL)、双极性MOS混合型。

CMOS型硅IC构造简单(由单一元素构成)，价格便宜，制作工艺已相当成熟，易于实现微细化，通过微细化易于实现高集成化和高速化。但电子迁移率低、速度较慢、频率特性和噪声特性等较差。其用于存储器、微处理器、逻辑元件等一般的LSI，VLSI。

双极性硅IC和CMOS型硅IC相比，从高频率、高速度、低噪声、高放大倍数等方面考虑占有优势，但构造复杂，微细化、高集成化较难，价格高，功耗大。其用于无线电传送。

化合物IC与硅IC相比，电子迁移率高，适用于高速元件；二维电子气浓度高，适用于大功率元件；由两种以上的元素构成，结构复杂；采用MO-CVD(金属有机物化学气相沉积法)或MBE(分子束外延法)制作，工艺复杂，微细加工技术难度大；价格高(数十倍)。其用于光通信、发光及显示、激光强度检测、微波和毫米波的发收信，超高速CPU等。

2)膜、混合集成电路。膜、混合集成电路分为膜集成电路和混合集成电路。膜集成电路按膜的厚度和制作工艺的不同又分为薄膜集成电路、厚膜集成电路。

薄膜集成电路采用蒸镀、溅射、化学气相淀积等工艺制作，成膜厚度几十纳米到几百纳米(nm)，电阻、电容数值控制较精确，且范围宽，但集成度不高。厚膜集成电路采用丝网印刷和烧结等工艺制作，成膜厚度大约几微米到几十微米，工艺简便，成本低廉，电阻、电容耐压和功率大，宜于多品种小批量生产。膜集成电路与半导体集成电路不同，它只能集成无源元件。

厚/薄膜混合集成电路(Hybrid Integrated Circuit 或 Hybrid Microcircuit，HIC)是由薄(厚)膜工艺与半导体集成工艺结合而制成的集成电路，是以膜的形式在绝缘基板上形成的一种集成电路。应用以模拟电路、微波电路为主，也用于电压较高、电流较大的专用电路中。

(3)按功能分。

1)音频、视频电路：音频放大器，音频/射频信号处理器，电视电路，音频/视频数字电路，特殊音频/视频电路。

2)数字电路：门电路，触发器，计数器，加法器，延时器，锁存器，算术逻辑单元，编码/译码器，脉冲产生/多谐振荡器，可编程逻辑电路(PAL，GAL，FPGA，ISP)。

3)线性电路：模拟信号处理器，运算放大器，电压比较器，乘法器，电压调整器，基准电压电路，特殊线性电路。

4)微处理器：微处理器，单片机电路，数字信号处理器(DSP)，通用/专用支持电路，特殊微处理器电路。

5)存储器：存储器分为RAM(易失性)、ROM(不易失性)。RAM(随机存储器)分为DRAM(动态随机存储器)和SRAM(静态随机存储器)；ROM(只读存储器)分为EPROM(紫外线可擦除可编程只读存储器)、EEPROM(电气可擦除可编程只读存储器)和FLASH Memory(快闪存储器)。

6)接口电路：缓冲器，驱动器，A/D，D/A，电平转换器，模拟开关，模拟多路器，数字多路/选择器，取样/保持电路，特殊接口电路。

7)光电电路:光电通信/传送器件,发光器件,光接收器件,光电耦合器,光电开关器件,特殊光电器件。

(4)按处理的信号种类分为数字集成电路和模拟集成电路。

(5)按通用或专用的程度分为通用型、用户定制型、特殊用途型。

用户定制型分半用户定制型(SCIC)和全用户定制型(ASIC)。半用户定制型是由制造厂提供母片,由用户根据需要完成的专用集成电路,分门阵列型、标准单元阵列型、可编程逻辑器件、模拟阵列和数字模拟混合阵列。特殊用途型分数字音频用、图像处理用和其他应用。

(6)按使用环境和质量等级分为军用级、工业级和商业(民用)级。军用级应用在军事工业、航天及航空等领域,环境条件恶劣、装配密度高,要求有极高的可靠性和温度稳定性,对价格的要求退居其次;商业级工作在一般环境条件下,保证一定的可靠性和技术指标,追求更低廉的价格;工业级是介于两者之间的产品。

2. 集成电路的封装

(1)封装的分类。

1)按封装材料分为塑料、陶瓷、玻璃、金属等。金属封装散热性好、电磁屏蔽好、可靠性高,但安装不够方便,成本较高。这种封装形式常见于高精度集成电路或大功率器件。符合国家标准的金属封装有 Y 型和 K 型两种。

陶瓷封装导热好且耐高温,但成本比塑料封装高,所以一般都是高档芯片。

塑料封装是最常见的封装形式,其最大特点是工艺简单、成本低,因而被广泛使用。中功率器件为降低成本、方便使用,现在也大量采用塑料封装形式。

2)按封装管脚分为无引脚和有引脚。如图 4.1.8 所示,有引脚形式分别是翼形引脚、J 形引脚、球形引脚和直插引脚。

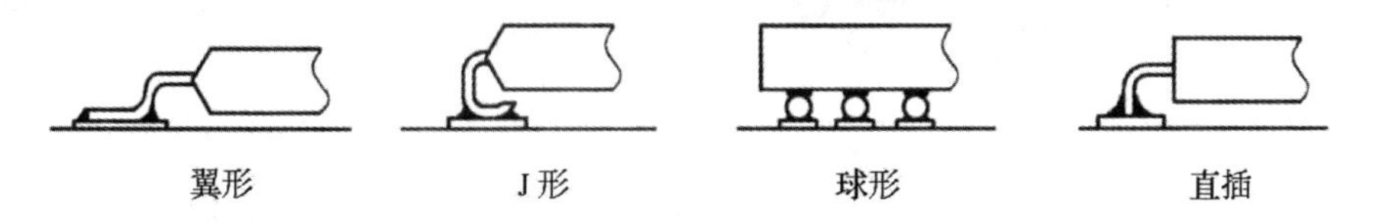

图 4.1.8　表贴型集成电路引脚外形图

3)按封装形式分为插入型、表贴型、承载存储组件型。

插入型有圆形封装(TO)和菱形金属封装、单列直插封装(SIP)、双列直插封装(DIP)、锯齿双列直插封装(ZIP)和针栅阵列式封装(PGA);表贴型有小外形双列封装(SOP),四侧引脚扁平封装(QFP)、小外形 J 引脚封装(SOJ)、四侧 J 引脚封装(QFJ)、球栅阵列(BGA)等;承载封装是预先在印制线路基板上焊接好承载插座,再插入 IC 引脚的封装形式,有单列直插存储组件(SIMM)、双列直插存储组件(DIMM)、焊盘栅阵封装(LGA)。SIMM 只在印制基板的一个侧面附近配有电极;DIMM 在印制基板两个侧面附近都配有电极。

其他封装形式还有软封装、膜电路封装。

(2)IC 封装形式的发展。IC 封装第一次革命由插入型发展到表贴型,并且不断向小型化、薄型化、多管脚发展,如 SIP, DIP,ZIP 到 SOP,TSOP,DFP,QFP,TQFP,QFN。第二次革命由周边引脚型到阵列引脚型，并且不断向小型化薄型化发展，如 QFJ，QFP，QFN 到 PGA，BGA，TBGA。第三次革命由单芯片向二维封装 2DMCM 和三维封装 3DMCM 发展。第四次革命由 Si 插入板型、无线互联型向光互联型和微机电系统发展，其中 SiP(System in Package)为系统封装。

(3)常见集成电路的封装外形。常见集成电路的封装、引脚及特点见表 4.1.1。常见前缀字母 P(plastic) 表示塑料；H(heat sink) 表示带散热器；C(ceramic) 表示陶瓷封装。如 PDIP 表示塑料 DIP，HSOP 表示带散热器的 SOP 。SOP 分 TSOP(薄小外形封装)、VSOP(甚小外形封装)、SSOP(缩小型 SOP)、TSSOP(薄的缩小型 SOP)；QFP 分为 PQFP(塑料 QFP)、TQFP(薄 QFP)、SQFP(小外形 QFP)、CQFP(陶瓷 QFP)；BGA 分 PBGA(塑料 BGA)、CBGA(陶瓷 BGA)、SBGA(错列 BGA)、TBGA(载带 BGA)；QFN 分为 PQFN/PLCC(塑料 QFN)、LLP(引线框架 QFN)、MLF(小外形 QFN)。

表 4.1.1 常用集成电路的封装、引脚及特点

封装名	封装外形及引脚识别	引脚数和间距/mm	特点及使用
金属圆形和菱形 TO-8，TO-78，K		8～12 个	最初形式，可靠性高，散热好，屏蔽性好，价格高，用于高档产品
单列直插 SI (Single In-line Package)，TO-264，TO-220，SSIP，SIPtab		3，5，7，8，9，10，12，16～23 个；标准 2.54 窄间距 1.78	多为定制品，造价低，安全方便，广泛用于民品
双列直插 DIP (Dual In-line Package) 别称 SDIP，DIPtab	8 24 1 1	8，14，16，18，20，22，24，28，40 个；标准 2.54 窄间距 1.78	绝大多数中、小规模 IC 封装。塑料价低，应用广泛；陶瓷封价高，用于高档产品
塑封锯齿双列直插封装 PZIP (Plastic Zigzag In-line Package)		3，4，5，8，10，12，16 个	散热性好，多用于大功率器件
双列引脚扁平 DFP(Dual Flat Package)，别称 SO/SOP/SSOP/MFP/SOL		6，8，14，16，18，20，22，24，28，40，48 个；标准 1.27/0.8，窄间距 0.65/0.5/0.4/0.3	外形小，代替 DIP 用于表贴工艺，最普及的表面贴装 IC 件

续表

封装名	封装外形及引脚识别	引脚数和间距/mm	特点及使用
J形引脚双列扁平双列SOJ(Small Out - Line J - Leaded Package)		同SOP	J形引脚不宜变形，外形尺寸小，焊点检查困难
方形扁平QFP（Quad Flat Package)，别称SQFP/TQFP，LQFP薄型		32，44，64，80，120，144，168个；0.8/0.65/0.5/0.4/0.3	引脚多且很细，间距很小，用于大规模和超大规模IC，组装要求高，适于高频线路
四侧J形引脚扁平QFJ（Quad Flat J - leaded package），别称PLCC/CLCC		18～84个；1.27/0.8	J形引脚，不宜变形，外形尺寸小，焊点检查困难
四侧无引脚扁平封装QFN（Quad Flat Non - leaded package），别称LCC		8～156个；1.5/1.27/0.8/0.65/0.5	陶瓷载体，无引脚电极在底面的四边，可利用PCB散热，焊点检查困难，造价高，高速高频，用于军品
针栅阵列PGA（Pin Grid Array package)		64～447个；2.54	一般通过插座与PCB连接，插拔操作方便，可靠性高，适于高频率
焊盘栅格阵列LGA（Land Grid Array package)		数百个到数千个	用金属焊盘与弹性针脚接触相连接。利用了反转芯片技术，比BGA散热好，更换方便
球栅阵列BGA（Ball Grid Array)，别称CPAC		数百个(208)到数千个；1.5/1.27/1.0/0.8/0.65/0.5	焊球与基板的接触面积大、短、共面性好，高频特性好，适用于MCM封装，但需与基板焊接在一起
板上芯片封装俗称软封装，COB（Chip On Board)			IC芯片直接黏结在PCB板上，引脚焊在铜箔上并用黑塑胶包封，形成帮定板，该封装成本低，主要用于民品
单/双列直插存储组件SIMM（Single In - line Memory Module)/DIMM		2.54/1.27	

三、集成电路的命名和参数

1. 集成电路的命名

国内集成电路命名如表 4.1.2 所示，常见国外集成电路前缀字母及意义如表 4.1.3 所示。

表 4.1.2　国内集成电路的型号命名及含义

前　缀	第一部分		第二部分	第三部分	第四部分
国标	电路的分类		系列代号	工作温度	封装形式
用 C 表示中国制造且符合国标	T:TTL 电路 H:HTL 电路 E:ECL 电路 C:CMOS 电路 M:存储器 F: 线性放大器 W:稳压器 M:存储器 μ:微型机电路 B:非线性电路	J:接口电路 AD:A/D 转换器 DA:D/A 转换器 D:音响、电视机电路 SC:通信专用电路 SS:敏感电路 SW:钟表电路 S:特殊电路	用数字表示器件的系列代号，与国际接轨	C:0～70℃ G:－25～70℃ L:－25～85℃ E: －40～85℃ R: －55～85℃ M: －55～125℃	W:陶瓷扁平 B:塑料扁平 F:全密封扁平 H:玻璃扁平 D:多层陶瓷双列直插 J:玻璃双列直插 P:塑料双列直插 S:塑料单列直插 K:金属壳棱形 T:金属壳圆形 C:陶瓷芯片载体 E:塑料芯片载体 G:网络针栅阵列

例：CF0741CT 为通用Ⅲ型线性放大器，工作温度 0～70℃，金属壳圆形封装；CT3020ED 为 TTL 肖特基双 4 输入与非门，工作温度－40～85℃，多层陶瓷双列直插封装。

表 4.1.3　常见国外集成电路前缀字母及意义

公司	产品前缀字母及意义
美国摩托罗拉公司	MC:已封装产品；MCC:未封装产品；FCCF:Flip－chip 线性电路；MCM ，MMS:存储器
美国国家半导体公司	LF:线性 FFT 电路；LH:线性混合电路；LM:线性单片电路；LP:低功耗电路；LX:传感器电路；CD:CMOS 电路；AM:模拟单片；DM:数字单片；AD:模拟对数字；DA:数字对模拟；NMC:MOS 存储器
美国无线电公司	CA:模拟电路；CD:数字电路；CDP:微处理机电路；LM:线性电路，PA 门阵
美国仙童公司	MA:线性电路；F:数字电路；SH:混合电路
美国英特锡尔	IM:数字和存储电路； ICM:数字电路；ICL:线性和混合电路
美国斯普拉格	UCN:CMOS 电路；UDN:显示电路；UGN:霍尔器件；ULN:线性电路
日本索尼公司	BX:混合电路；CXA(CX):双极性线性电路；CXB:双极性数字电路；CXD:MOS 电路；CXK:存储器电路；CXP:微处理器；CXL:CCD 信号处理
日本电气公司	μPA:复合元器件电路；μPB:双极性线性电路；μPC:MOS 线性电路；μPD:MOS 数字电路

续表

公司	产品前缀字母及意义
日本东芝公司	TA:双极性线性电路;TC:CMOS 电路;TD:双极性数字电路;TL:MOS 线性电路;TM:MOS 数字电路
日本日立公司	HA:模拟电路;HD:数字电路;HM:RAM 电路;HN:ROM 电路
日本三洋公司	LA:双极性线性电路;LB:双极性数字电路;LC:CMOS 电路;LE:MNSMOS 电路;LM:PMOS,NMOS 电路;STK:厚膜电路;LD:薄膜电路
日本松下公司	AN:模拟电路;DN:数字电路;MN:MOS 电路

2.集成运算放大器的主要性能参数

(1)开环差模电压增益 A_{OD}:在没有外加反馈环路且工作在低频时的电压增益,即 $A_{OD}=\Delta U_o/\Delta(U_+-U_-)$。若以分贝表示,则为 $20\lg A_{OD}$(dB)。A_{OD}越大、越稳定,运算精度就越高,目前高质量的运算放大器的 A_{OD}可达 180dB。一个理想的运算放大器,A_{OD}为无穷大

(2)输入失调电压 U_{IO}:理想的运算放大器,当输入电压 $U_+=U_-=0$ 时,输出电压 $U_o=0$,但在实际的运算放大器中,由于种种原因,$U_o\neq0$。反过来讲,如果要想使 $U_o=0$,则必须在输入端加一个很小的补偿电压,这个电压就是输入失调电压。其值越小越好,一般为几毫伏。

(3)输入失调电流 I_I:输入信号为 0 时,两个输入端静态基极电流之差。其值越小越好,一般在零点零几微安。

(4)输入偏置电流 I_{IB}:输入信号为 0 时,两个输入端静态基极电流的平均值。一般在零点几微安。

(5)共模抑制比 K_{CMR}:开环差模电压增益 A_{OD}和共模电压增益 A_{CM}之比,即 $K_{CMR}=A_{OD}/A_{CM}$,若以分贝表示,则 $K_{CMR}(dB)=20\lg(A_{OD}/A_{CM})$ 。一般希望 K_{CMR}愈大愈好,K_{CMR}一般为 70～80dB,高质量的可达 160dB。

(6)差模输入阻抗 Z_{id}和差模输出阻抗 Z_{od}。

差模输入阻抗 Z_{id}:输入端电压的变化与输入电流的变化之比,即 $Z_{id}=(U_+-U_-)/\Delta I_i$。它越大越好,一般从几百千欧至几兆欧,理想放大器为无穷大。

差模输出阻抗 Z_{od}:输出电压的变化与输入端电流的变化之比,即 $Z_{od}=\Delta U_o/\Delta I_o$。它越小越好,一般在数百欧以内,理想运算放大器为零。

(7)最大差模输入电压 U_{idmax}。运算放大器同相输入端和反相输入端之间能承受的最大电压值。若在使用中超过这个数值,就有可能造成输入端差动管的击穿。

(8)最大共模输入电压 U_{icmax}。运算放大器对共模信号有抑制的能力,但只有共模输入电压在一定范围内才有效。如果超过了这个电压值,共模抑制比就会大大下降。

(9)最大输出电压 U_{opp}。能使输出电压与输入电压保持不失真关系的最大输出电压。

(10)温度漂移。输入失调电压和输入失调电流随温度变化而改变的现象称为温度漂移。温度漂移越小,运算放大器的稳定性越好。输入失调电压温度漂移一般为(1～50)μV/℃;输入失调电流温度漂移一般在 0.1pA/℃以下。

(11)静态功耗 P_p。稳定状态下消耗的功率,为导通和截止功耗的平均值。

通过以上一些主要性能参数的介绍,可以看出集成运算放大器具有开环增益高、输入阻抗

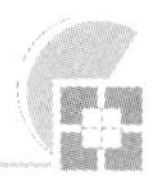

高、输出阻抗低、漂移小、可靠性高等特点。正因为如此,集成运算放大器已成为一种通用器件,应用非常广泛。

3.数字集成电路的主要参数

(1)一般直流参数。

1)低电平最大输入电压。为保证输入为低电平所允许的最高输入电压。TTL 电路为 0.8V,CMOS 电路为电源的 40%。

2)高电平最小输入电压。为保证输入为高电平所允许的最小输入电压。TTL 电路为 2V,CMOS 电路为电源的 60%。

3)低电平输入电流。当符合规定的低电平电压送入某一输入端时,流入该输入端的电流。TTL 电路为 1.6mA,CMOS 电路为 0.1mA。

4)高电平输入电流。当符合规定的高电平电压送入某一输入端时,流入该输入端的电流。TTL 电路为 0.04mA,CMOS 电路为 0.1μA。

5)最高输入电压。允许接到输入端的最高电压。

6)低电平最高输出电压。输出符合规定低电平的最高电压(即输出低电平上限)。TTL 电路为 0.4V,CMOS 电路为电源低端电压。

7)高电平最低输出电压。输出符合规定高电平的最低电压(即输出高电平下限)。TTL 电路为 2.4V,CMOS 电路为电源高端电压。

8)最大低电平输出电流。输出为低电平时,输出端所能提供(吸入)的最大电流。

9)最大高电平输出电流。输出为高电平时,输出端所能提供的最大电流。

10)输出负载能力(扇出)。输出端的最大输出电流与被选作参考负载的某一专门集成电路的输入电流之比(也就是输出端能驱动的参考负载的数目)。

11)最大功耗。在额定电源电压,最高工作温度和 50%工作周期的情况下,器件所消耗的最大功率。在多个门单元组成的电路中,功耗常由每个门来确定。

(2)一般开关参数。这类参数用来说明逻辑元件的开关特性及输入、输出之间的关系和延迟特性。

图 4.1.9 所示为输入、输出反相时的开关波形。基本开关时间有三个,即延迟时间、转换时间和传输时间,从这三个参数可引出下列开关参数。

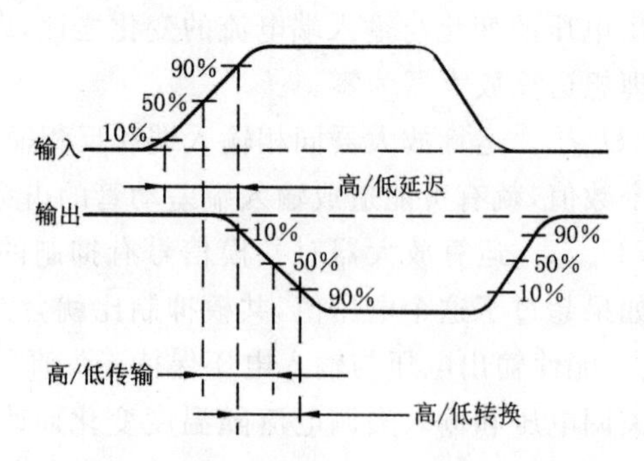

图 4.1.9 输入、输出反相时的开关波形

1)延迟时间。输入信号在幅度为 10%和输出信号达到 10%的瞬间之间的时间间隔,叫作延迟时间。延迟时间分为高/低延迟时间和低/高延迟时间(高/低和低/高输出波形的变

化过程）。

2)转换时间。输出信号幅度由10%达到90%的时间，传输时间有高/低和低/高两种转换时间。

3)传输时间。输入信号幅度在50%到输出信号幅度达到50%的时间间隔，叫作传输时间。有高/低和低/高两种传输时间。

4)导通时间。为高/低延迟时间和转换时间之和。

5)截止时间。为低/高延迟时间和转换时间之和。

6)平均开关时间。为导通时间和截止时间的平均值。

7)平均传输延迟时间。为低/高和高/低传输时间的平均值。

(3)用于触发器的特殊开关参数。触发器除了用一般开关参数描述外，还要用到以下特殊开关参数：

1)最大时钟频率。它是在各种工作条件下都能保证正常工作的时钟最高重复频率。

2)最小时钟脉冲宽度。它是在各种工作条件下都能保证正常工作的时钟脉冲最小宽度。

3)时钟脉冲的最大上升和下降时间。它是为保证正常触发所允许的时钟脉冲的最大上升和下降时间。

4)最小置位脉冲宽度。它是在各种工作条件下都能保证完成置位作用所需的置位脉冲最小持续时间。

(4)噪声参数。这类参数表明逻辑元件对来自电源、地线及信号线上干扰的灵敏度。

1)低电平抗干扰度。它是最大低电平输入电压和最大低电平输出电压之间的电压差。

2)高电平抗干扰度。它是最小高电平输入电压和最小高电平输出电压之间的电压差。

3)噪声容限。它是高、低电平抗干扰度的平均值。

第二节　半导体集成电路制造

半导体集成电路制造包括晶圆制造、集成电路制造“前”工程和集成电路制造“后”工程。晶圆制造包括还原金属硅、制取多晶硅、制取单晶硅、切片、研磨抛光等工艺流程；集成电路制造“前”工程包括成膜、微影、杂质掺杂、蚀刻等工艺流程；集成电路制造“后”工程包括划片、装片、引线键合、封装等工艺流程。通常集成电路(或半导体)制造工厂不包括晶圆制造的工序。

经过晶圆制造后，此时晶圆还没有任何的功能；经过集成电路制造“前”工程后，才可算是一片可用的晶圆；经过集成电路制造“后”工程后，才可用来组装。前工程按习惯称为扩散工程，前工程最终目的是在硅圆片上制作IC电路，在此工程中反复运用成膜、微影和蚀刻技术，经过这种一层又一层并非简单的重复，决定并形成了IC的结构。后工程习惯称为封装工程是对已完成的硅圆片进行切分电极连接和封装。

一、晶圆制造

从硅石到硅圆片的制作过程如图4.2.1所示。

1.还原金属硅

硅石中的硅与氧的结合键很强，因此首先要将电弧炉中硅砂(二氧化硅)熔化，用碳或石墨使硅还原，制成纯度大约为98%的还原金属硅(冶金级硅)。反应式为$SiO_2+2C \rightarrow Si+2CO$。

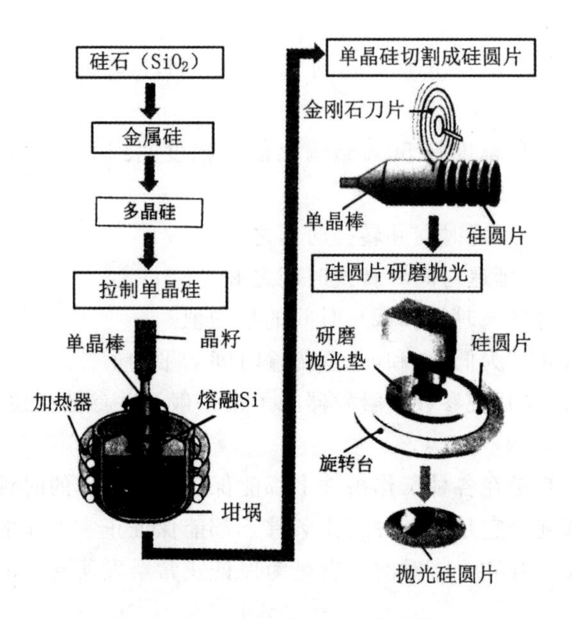

图 4.2.1　从硅石到硅圆片的制作过程

2. 制取多晶硅

将很脆的块状还原硅粉碎成细微的粉末，并溶于盐酸中，制成无色透明的三氯氢硅（$SiHCl_3$），并进行蒸馏、精制，尽可能提高其纯度，再从三氯氢硅制取电子级硅。电子级硅所含硅的纯度很高，可达 99.999 999 999%，结晶方式杂乱，又称多晶硅。反应式为 $Si+3HCl \rightarrow SiHCl_3+H_2$；$SiHCl_3+H_2 \rightarrow Si+3HCl$ 或 $4SiHCl_3 \rightarrow Si+3SiCl_4+2H_2$。循环利用的反应式为 $SiCl_4+H_2 \rightarrow SiHCl_3+HCl$ 或 $3SiCl_4+Si+2H_2 \rightarrow 4SiHCl_3$

3. 制取单晶硅

由于多晶硅结晶方式杂乱，必须重排成单晶结构即单晶硅。制取单晶硅的方法主要有 CZ 法（直拉法）和 FZ 法（区熔法）。

CZ 法：将多晶硅粗碎洗净后置入石英坩埚内加热熔化，用一钢琴丝吊一个小晶籽（单晶硅），置入坩埚内以边拉边旋转的方式抽离坩埚，而黏在晶籽上的硅也随之冷凝，形成与小晶籽相同排列的结晶。拉引及旋转的速度愈慢则黏附的硅结晶时间愈久，结晶棒的直径愈大，一般长 2m、直径 8in①。

FZ 法：在含有添加剂的氩气中，将以小晶籽为芯的多晶硅通过高频线圈上下移动加热进行带状区熔融，熔融部分与小籽晶接触后，逐渐实现整个硅棒的单晶化。

4. 切片

从坩埚拉出的晶柱表面并不平整，经过磨具的加工，磨成平滑的圆柱，并切除头尾两端锥状段，形成标准的圆柱，被切除或磨削的部分则回收重新冶炼。为了定出晶体取向并适应制造中在装置内装卸的需要，要在硅胚周边切出“取向平面”或“缺口”的标志。接着以内圆刃刀片或线刀将硅圆柱切分成若干个片状硅胚。

内圆刃刀片由高硬度不锈钢制作，张于环形刀架内侧，加一张力固紧。线刀将多根钢琴丝

① 1in=0.025 4m。

按一定间距平行固紧，沿钢琴丝滴下浆液状金刚石颗粒研磨液。线刀切片切缝小，切片速度快，总体价格较低，适用于外径大于300mm大口径硅圆片的切割。

将硅圆片的侧面研磨成抛物线形状的倒角，避免棱角处破损。

5.清洗和研磨

由于受过机械的切削，硅圆片（晶圆）表面粗糙，凹凸不平及黏附切屑或污渍。因此先以化学溶液蚀刻（甲醇或丙酮）去除残留的金属碎屑或有机杂质，再经去离子纯水冲洗干净并吹干后，方能进行表面研磨抛光。将加工面压贴在研磨垫摩擦，并滴入具有腐蚀性的化学溶剂当研磨液，让磨削与腐蚀同时产生。研磨抛光后，晶圆像镜面一样平滑，以利于后续制程。

6.检验和包装

晶圆在无尘环境中进行洁净度、平坦度等严格的检查，通过检验的硅圆片装入特制盒子中出厂销售。这种特制的盒子要能使芯片维持无尘及洁净的状态，且确保晶圆固定于其中，以预防搬运过程中发生振动使芯片受损。

伴随着IC的进步，硅圆片的外径在连续不断地增加，2010年以12in的硅圆片为中心。制取硅圆片还有几种其他方法，如外延硅圆片和SOI硅圆片。外延硅圆片方法是在研磨完成之后或形成埋置扩散层后的硅圆片上，用气相沉积法形成硅单晶膜，这种气相生长称为外延生长（Epitaxial Growth），外延硅圆片可抑制IC微小的缺陷；SOI（Silicon On Insulator）硅圆片绝缘膜上生长硅圆片，方法分为利用高能氧离子注入基板和贴合基板两种，在集成度、高性能及耐放射辐照方面都很优良。

二、集成电路制造（前工程）

1.薄膜的制作

（1）薄膜的种类。

超大规模集成电路（VLSI）中应用的薄膜种类见图4.2.2，逻辑VLSI中使用的薄膜见图4.2.3，IC制造离不开各种各样的薄膜，起绝缘作用的绝缘膜，一般通过硅氧化形成二氧化硅膜来起绝缘作用；以降低电阻为目的的半导体膜；在元件间起电气连接作用的金属导体膜，如金属布线层采用铝膜或铜膜，而层间通孔掩埋导体采用钨膜。

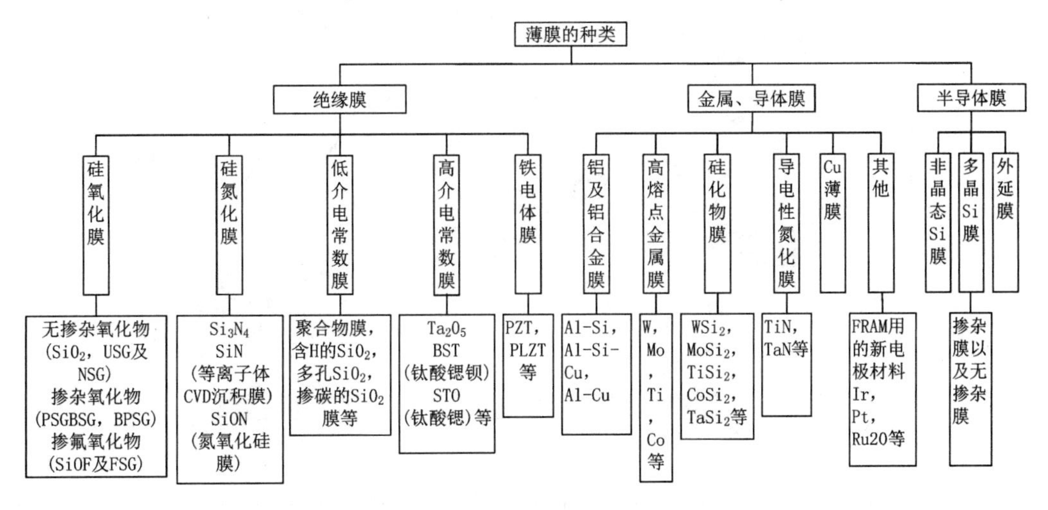

图4.2.2 VLSI中应用的薄膜种类

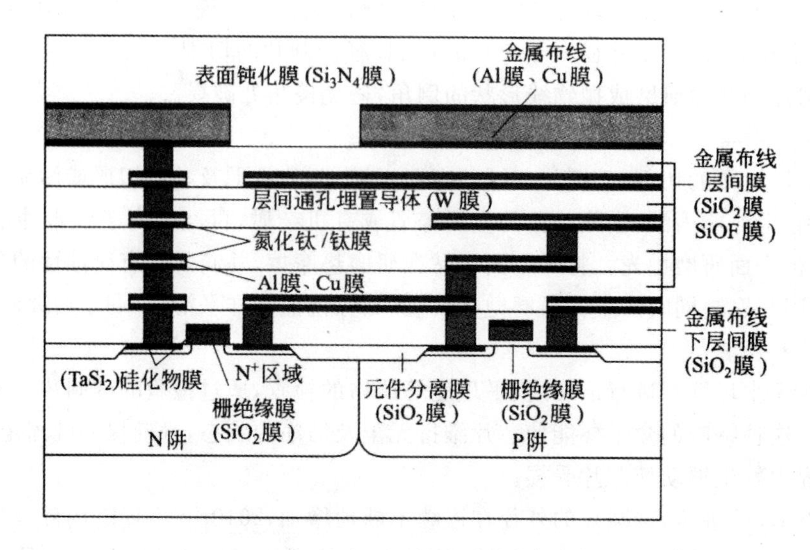

图 4.2.3　逻辑 VLSI 中使用的薄膜

(2)薄膜制作的方法。

1)热氧化法。将硅置于高温状态下的氧与水蒸气的混合气氛中,使 Si 与 O_2 发生反应形成二氧化硅(SiO_2)膜层。

2)化学气相沉积法(CVD)。以气体形提供的化学反应物质,在热能、等离子体、紫外光等作用下,在衬底表面经化学反应(分解和合成)形成固体物质的沉积。分为常压 CVD 法(ACVD)、减压 CVD 法(LPCVD)、等离子 CVD 法(PECVD)和光激发 CVD 法(Photo CVD),其中光激发 CVD 法处在开发阶段。如图 4.2.4 所示为等离子 CVD 法(PECVD)中传输、反应和成膜的过程。

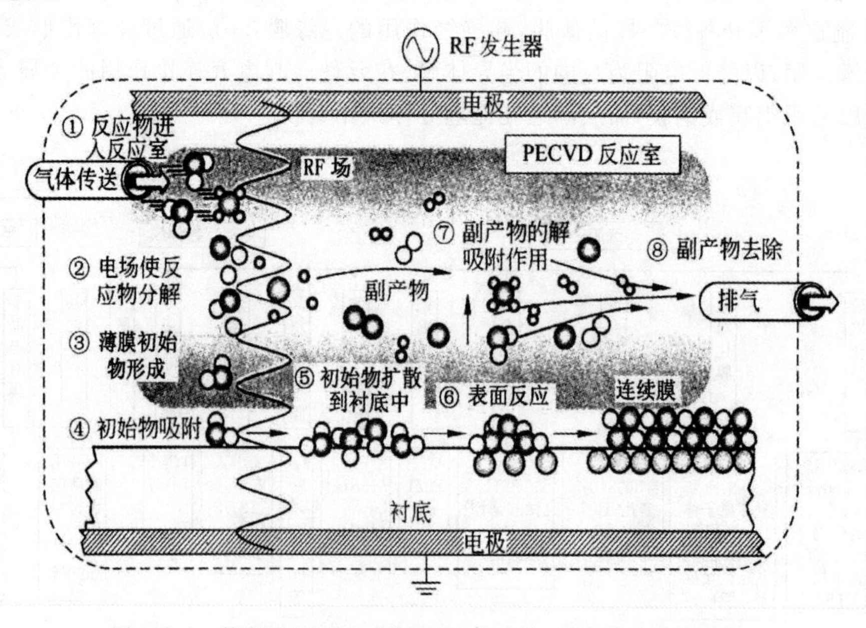

图 4.2.4　等离子 CVD 法(PECVD)中传输、反应和成膜的过程

3)物理气相沉积法(PVD)。物理气相沉积法是在真空中将蒸发材料加热气化或以高速离子轰击使靶材原子或分子逸出并在工件表面上，形成镀膜层的工艺技术。其分为真空蒸镀、真空溅射镀和等离子镀。

真空蒸镀和真空溅射主要用于金属膜的沉积，由于粒子几乎走直线运动，不能进行台阶的覆盖，不太适于半导体膜和绝缘膜的沉积。真空蒸镀用来制作 Al，Al 合金；真空溅射用来制作 Al，Al 合金、硅化物膜和高熔点金属等，有直流二极溅射、射频二极溅射、磁控溅射等，使用最多的是平面磁控溅射。等离子镀是在真空条件下，利用射频气体放电使原料气体被电离，并在原料气体离子的轰击下，将其反应物沉积在基片上。包括磁控溅射离子镀、反应离子镀、空心阴极放电离子镀(空心阴极蒸镀法)、多弧离子镀(阴极电弧离子镀)等。

4)涂布甩胶流平法(旋转涂胶)SOG。它分为表面聚合法和溶胶-凝胶法。表面聚合法用来制作聚合物膜(聚酰亚胺等)、low－k 膜；溶胶-凝胶法用来制作 SiO_2膜、铁电体膜。

5)电镀法。可用来电镀铜膜。

2.杂质扩散

在整个硅片上或特定区域，有意识地导入特定杂质称为“杂质扩散”。如表 4.2.1 所示，典型的 P 型杂质为硼，典型的 N 型杂质为磷、砷、锑；扩散源可以是固体，也可以是气体。杂质的导入方法可分为热扩散法和离子注入法，它们除了可控制导电类型(P，N)外，还可用来控制杂质的浓度及分布。

表 4.2.1　杂质的种类和来源

导电型	N					P			
掺杂杂质	锑 Sb	砷 As	磷 P	硼 B					
来源	Sb_2O_3	AsO_3	AsH_3	POCl	PH_3	BBr_3	BH_6	BCl_3	BN
状态(常温)	固体	固体	气体	液体	气体	液体	气体	气体	固体

热扩散法有封闭式和敞开式，要在扩散炉中进行，将硅片置于由加热器加热的高温炉芯管中，杂质处于流动状态向硅中压入，即扩散再分布。掺杂浓度和分布通过温度、时间、气体的流量来控制。热扩散法的热处理使添有杂质的硅在高温中变为液体而流动，流动的结果可使台阶表面平坦化，便于进行金属布线。

离子注入法要在离子注入机中进行，首先将需要掺杂的导电型杂质，如磷、砷、硼的气态物质导入电弧室，通过放电而离子化，离子经电场加速后，利用质量分析器按质荷比选择需要的离子及所带的电荷，选定的离子经进一步加速由硅片表面注入。

3.微影

微影，又称为“黄光”，是在硅圆上制作微图形的过程，包含了图 4.2.5 所示的 8 个步骤。

(1)薄膜的制作(成膜)。

(2)旋转涂胶。将感光性树脂光刻胶滴洒在高速旋转的芯片表面，利用高速旋转时的离心力作用，促使光刻胶往芯片外围移动，最后形成一层厚度均匀的光刻胶薄膜。

光刻胶(光阻)有正光刻胶和负光刻胶之分，被光照射的图形部分在显影处理中被去除的光刻胶为正光刻胶，反之被光照射的图形部分被保留的光刻胶为负光刻胶。

(3)软烤(预烤)。芯片上的光刻胶必须先经过烘烤，以便将光阻层中的溶剂去除，使光阻由原先的液态转变成固态的薄膜，并使光刻胶层对芯片表面的附着力增强。

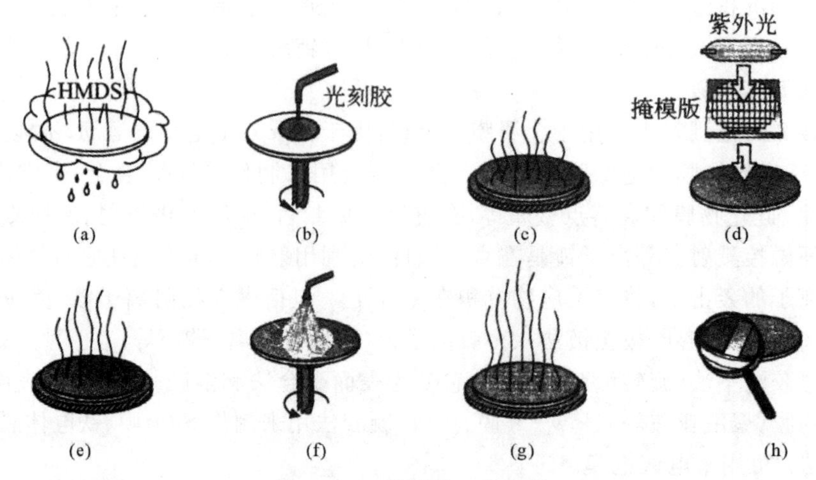

图 4.2.5　微影的 8 个步骤

(a)成膜；(b)旋转涂胶；(c)预烤；(d)对准曝光；(e)曝光后烘焙；(f)显影；(g)坚膜硬烤；(h)显影检查

(4)曝光。利用光源透过光罩图案照射在光刻胶上，以执行图案的转移。图 4.2.6 所示为步进曝光机原理。

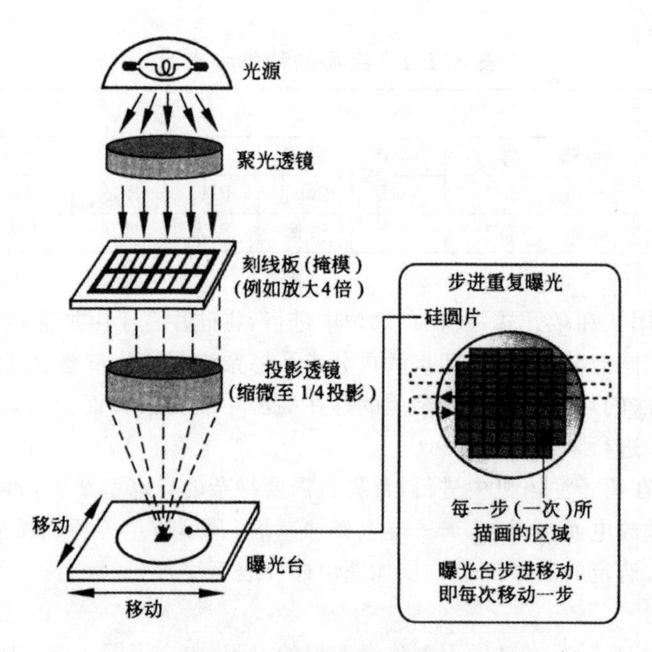

图 4.2.6　步进曝光机原理

(5)曝光后烘焙。曝光后的硅圆片要在烘箱中热处理，以使光刻胶中残留的冲洗液及水分蒸发，同时增加光刻胶的热稳定性。

(6)显影。要在显影机中进行，将强碱性显影液 TMAH(分子式$(CH_3)_4NOH$)滴在或喷射在硅圆片上，将所转移的图案显示出来。

(7)硬烤。将显影制作流程完成后光刻胶内所残余的溶剂加热蒸发而减到最低，其目的也是为了加强光阻的附着力，以便进行后续的制作流程。

(8)显影检查。要通过显微镜进行检查。

4. 蚀刻技术

蚀刻的方法有干法和湿法两种，干法蚀刻和湿法蚀刻的气体和药剂见表 4.2.2。

表 4.2.2 干法蚀刻和湿法蚀刻的气体和药剂

蚀刻膜层	干法蚀刻		湿法蚀刻
	蚀刻药剂	蚀刻气体	反应生成物
氧化膜(SiO_2)	CF_4,CHF_3,C_4F_8	SiF_4,CO	$HF+NH_4F$
硅	Cl_2,HBr,SF_6	SiCl,$SiBr_x$,SiF_x	$HF+HNO_3+(CH_3COOH+I_2)$
铝膜	Cl_2,BCl_3	$AlCl_3$	H_3PO_4

湿法蚀刻是传统的蚀刻方法，将芯片浸没于化学溶液(药剂)中，使没有被抗蚀剂掩蔽的那一部分薄膜表面与化学溶液发生化学反应而被除去。

干法蚀刻有离子铣蚀刻(溅射蚀刻)、等离子蚀刻和反应离子蚀刻三种主要方法。离子铣蚀刻利用低气压下惰性气体辉光放电所产生的离子加速后入射到薄膜表面使裸露的薄膜被溅射而除去；等离子蚀刻利用气压为 10～1 000Pa 的特定气体的辉光放电，产生能与薄膜发生离子化学反应的分子或分子基团。反应离子蚀刻同时兼有物理和化学两种作用，辉光放电在零点几到几十帕的低真空下进行，硅片处于阴极电位，大量带电粒子受垂直于硅片表面的电场加速，垂直入射到硅片表面上，以较大的动量进行物理蚀刻，同时还与薄膜表面发生强烈的化学反应，产生化学蚀刻。最普通的干法蚀刻为等离子蚀刻，等离子蚀刻设备由一个真空腔体和真空系统、一个气体系统(用于提供精确的气体种类和流量)、射频电源及其调节匹配电路系统组成。

等离子蚀刻的原理可以概括为以下几个步骤：

(1)在低压下，反应气体在射频功率的激发下，产生电离并形成等离子体，等离子体是由带电的电子和离子组成，反应腔体中的气体在电子的撞击下，除了转变成离子外，还能吸收能量并形成大量的活性基团。

(2)活性反应基团和被蚀刻物质表面形成化学反应并形成挥发性的反应生成物。

(3)反应生成物脱离被蚀刻物质表面，并被真空系统抽出腔体。

在平行电极等离子体反应腔体中，被蚀刻物是被置于面积较小的电极上，在这种情况，一个直流偏压会在等离子体和该电极间形成，并使带正电的反应气体离子加速撞击被蚀刻物质表面，这种离子轰击可大大加快表面的化学反应，及反应生成物的脱附，从而导致很高的蚀刻速率，正是由于离子轰击的存在才使得各向异性蚀刻得以实现。为了保证蚀刻图形相对于光刻胶图形的精度，被蚀刻材料与光刻胶的蚀刻速率比(选择比)应尽量大。

湿法蚀刻有浸湿法和旋转法。浸湿法将硅片置于聚四氟乙烯的框架中，再浸入石英或聚四氟乙烯的蚀刻槽中，蚀刻设备带有循环加热过滤、超声振动、氮气吹泡等装置。

5. 多层布线技术

多层布线是在芯片上完成的立体化布线。

(1)Cu 布线技术。随着微处理器的时钟频率超过 1GHz，近年来 LSI 的高速化发展。由于信号的延时同布线电阻与布线电容之积成正比，因此电阻率比 Al 更低的 Cu 布线开始导

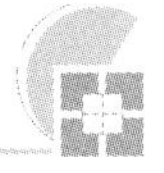

入。Cu 比 Al 电阻低，耐热迁移和耐电子迁移特性好，难以利用干法蚀刻进行微细加工，向层间绝缘层 SiO_2 及 Si 基板的扩散较快。

如图 4.2.7 所示，对于 Al 布线来说，是在层间绝缘膜中形成连接孔之后，埋入 W 柱塞，再对 Al 膜干法蚀刻形成 Al 布线，再形成层间绝缘膜成膜是借由 CMP(Chemical Mechanical Polishing)研磨实现平坦化。Cu 大马士革布线则与传统的 Al 布线加工顺序不同，是在层间绝缘膜中按布线形状形成沟槽。Cu 大马士革布线中又有单大马士革和双大马士革之分，图 4.2.8为双大马士革布线的结构，前者连接孔中用 W 柱塞，仅布线沟槽中埋入 Cu，后者是在连接孔和布线沟槽形成之后，一次性埋入 Cu，因此工序较少。两者都是在涂敷阻挡金属层之后，整体埋入 Cu 膜，再利用 CMP 将布线之外的 Cu 和阻挡金属层去除干净，由此形成所需要的布线。

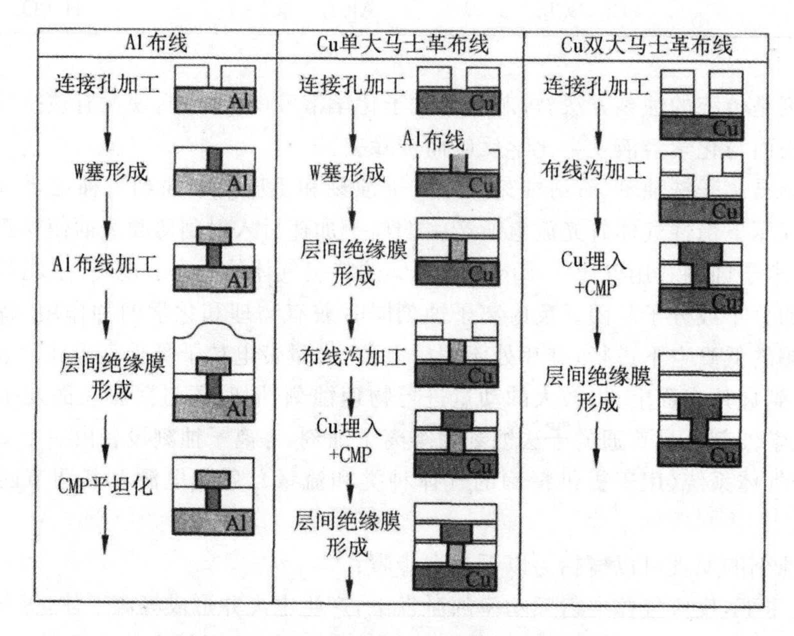

图 4.2.7 Al 布线与大马士革布线形成的方法

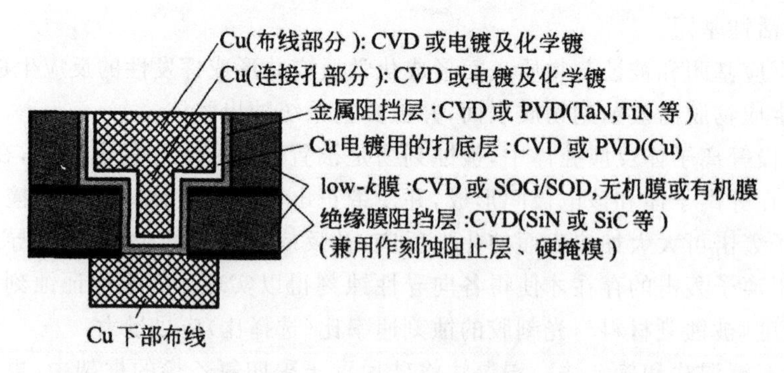

图 4.2.8 双大马士革布线的结构

(2)第一代多层布线技术。所使用的金属膜：溅射镀(Al 合金，Mo，W，硅化物等)，真空蒸镀(Al，Ti，Pd，Pt，Au 等)，CVD(Mo，W 等)。所使用的绝缘膜：溅射镀膜(SiO_2，Si_3N_4 等)，CVD(SiO_2，PSG 等)，等离子 CVD(SiO_2，Si_3N_4 等)，涂布法(SiO_2，聚酰亚胺等)、阳极氧化法(Al_2O_3)。如图 4.2.9 所示，两层 Al 布线构造制作流程为基板→接触导通孔形成→金属层

(一1)沉积→金属层(一1)图形形成→绝缘层(一1)沉积→接触导通孔形成→金属层(一2)沉积→金属层(一2)图形形成→绝缘层(一2)沉积(表面钝化)→键合焊盘的形成。

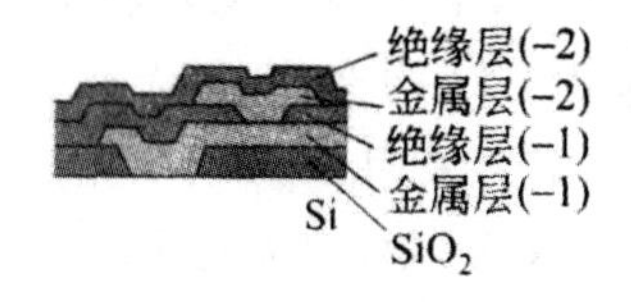

图 4.2.9　两层 Al 布线构造形成图

(3)第二代多层布线技术。如图 4.2.10 所示，TEOS 为填沟材料 $Si(OC_2H_5)_3$，PEOX 为聚氧化乙烯(电解质)，LOCOS 为硅局部氧化(隔离膜)。技术特征：由光刻胶反向蚀刻法实现绝缘膜平坦化；由 BPSG(硼磷硅玻璃)回流的金属前绝缘膜平坦化；由 SOG(涂布甩胶流平)膜的辅助埋入形成平坦化三明治结构；由钨(W)CVD 膜的反向蚀刻(etch back)形成柱塞结构；作为防止电迁移的对策，采用 Al - Si - Cu 合金膜。

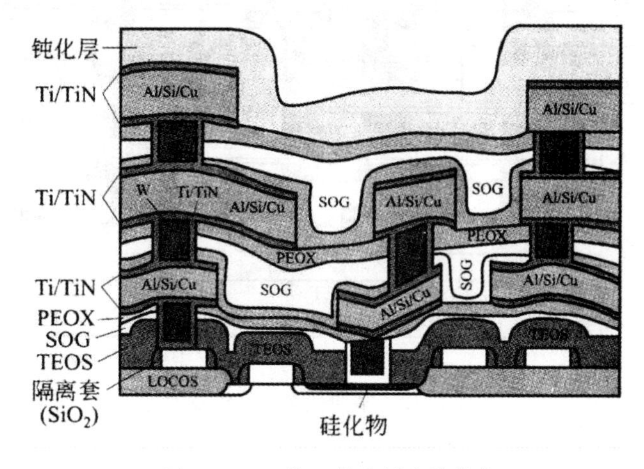

图 4.2.10　第二代多层布线技术

(4)第三代多层布线技术。如图 4.2.11 所示，技术特征：浅沟槽隔离(Shallow Trench Isolation，STI)被部分地导入；金属前平坦化用 BPSG 膜；在 W 柱塞形成中，部分地由 CMP 工艺代替反向蚀刻；Al - Al 层间绝缘膜用 SiO_2 或一部分 SiOF 等的 low - k 膜；采用 $TiSi_2$ 层及 TiN 阻挡层；在 Al 上形成反射防止膜；通过 Al 的回流埋入形成柱塞。

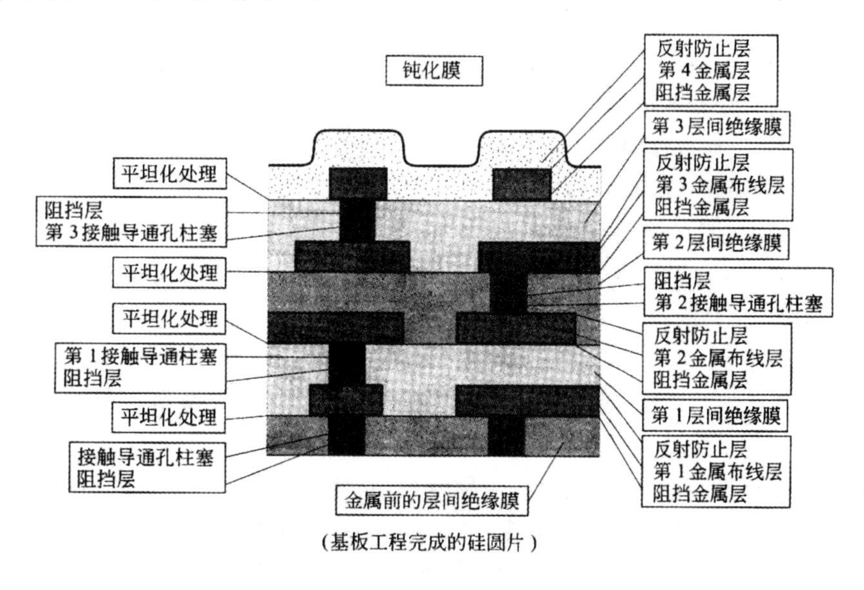

图 4.2.11　第三代多层布线技术

(5)第四代多层布线技术。如图 4.2.12 所示,技术特征:为提高平坦性及高密度元件的排列采用 STI 构造;利用大马士革工艺形成 W 柱塞 ;利用低介电常数(low－k)膜为层间绝缘膜,不需要采用 CMP 平坦化工艺;铜(Cu)布线构造,采用绝缘膜阻挡层(Si_3N_4)膜、金属阻挡层(TaN 等)膜、双大马士革工艺布线。

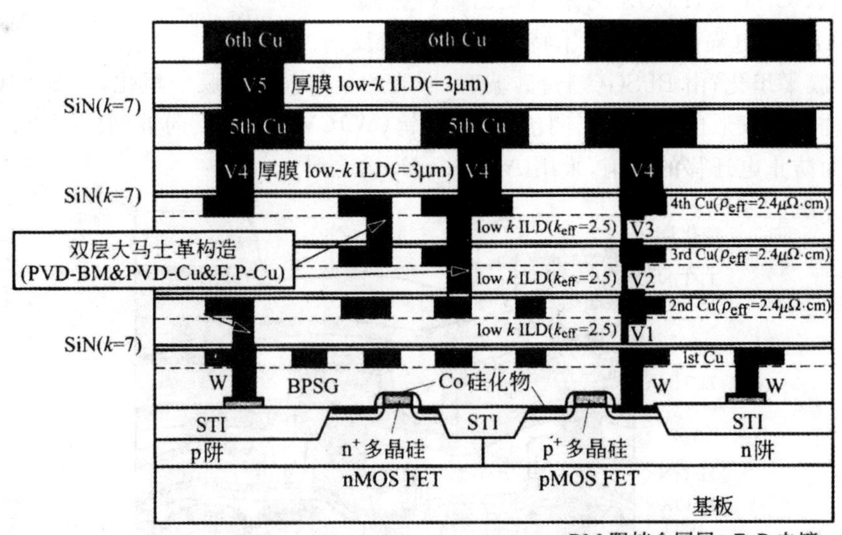

图 4.2.12　第四代多层布线技术

三、集成电路制造(后工程)

1.从划片到封装

(1)划片。又叫晶圆切割,是将硅圆片切分成一个一个晶粒(芯片)。操作过程如下:

1)黏附硅圆片。将背面研磨好的硅圆片用 UV 带(紫外线固化胶带)黏附在圆形的框架上。

2)划片。用划刀(黏有金刚石颗粒的极薄的圆片刀)沿画线进行纵、横切分。

3)紫外线照射。用紫外线照射 UV 带背面,使 UV 带失去黏附力,以便芯片与其分离。

4)外观检查 。用显微镜对芯片进行外观检查,看有无缺陷与伤痕,将在检查中发现的不良品标出记号,同时去除硅圆片中的不良品。

(2)装片(黏晶)。目的是将做成的芯片固定于引线框架的载片台上,如图 4.2.13 所示。首先在镀银的引线框架载片台上,预先涂敷银浆树脂,然后利用装片机,将 UV 带上的合格芯片用真空卡盘拾起,再贴附在载片台上,轻压芯片,使其与载片台黏结在一起。

除上述树脂黏结装片外,还有共晶装片法,共晶装片法有多种方式,如芯片背面与预先镀金的载片台轻轻摩擦实现连接,或在镀银的载片台与芯片之间夹有金箔,在高温下实现金-硅共晶结合等。

(3)引线键合(Wire Bonding,WB)。俗称线焊,它使用金属丝(18～50μm)使芯片周边部位的电极焊盘与引线框架的内电极引脚进行电气连接。应用电子影像处理技术来确定芯片上各个电极接点以及所对应的内引脚上的接点位置,然后做焊线动作。焊线时,以芯片上的接点

为第一焊点，内接脚上的接点为第二焊点。首先将金线的端点烧结成小球，然后将小球压焊在第一焊点上，接着按设计好的路径拉金线，最后将金线压焊在第二焊点上；并同时拉断第二焊点与钢嘴间的金线，从而完成一条金线的焊线动作。焊线完成后的芯片与引线架如图 4.2.14 所示。

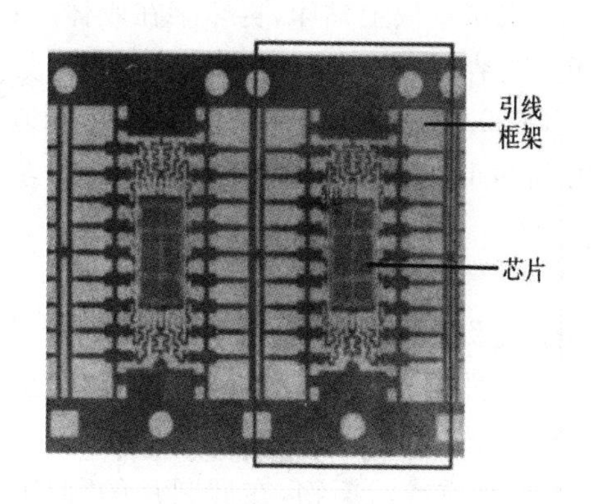

图 4.2.13　芯片放于引线框架的载片台上

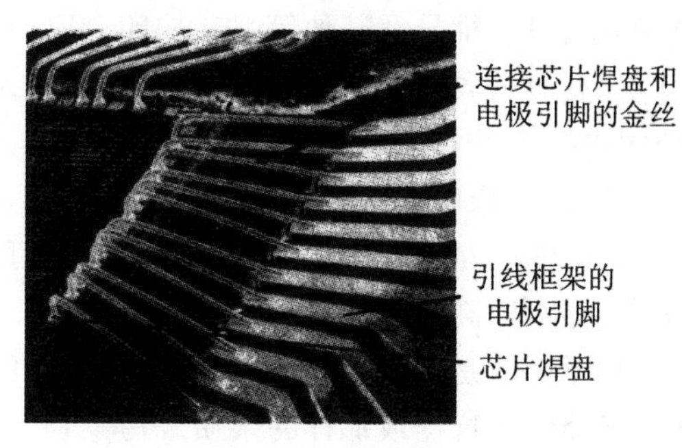

图 4.2.14　芯片与引线框架的电极引脚连接

(4)封装、剪切成形与按印。

1)封装。如图 4.2.15 所示，封装分气密封装和非气密封装。气密封装使集成电路处于密闭状态，免受外界气氛(空气、水分)的影响；而非气密封装的连续模铸法适合大批量生产，产品价格低，因此被广泛采用。此外还有金属封装法(金锡封接)和陶瓷封装法(低熔点玻璃封接)。

在连续模注法中将键合好的引线框架置于模压成型机中，将预热好的树脂投入封装模上的树脂进料口，启动机器后，模压机压下，封闭上下模将半溶化后的树脂挤入模中，待树脂充填硬化后，开模取出成品，去除多余的树脂和溢料等，电镀引线。封装后可以看到在每个引线框架上的每一颗晶粒(芯片)包覆着坚固的外壳，并伸出外引脚互相连接在一起。

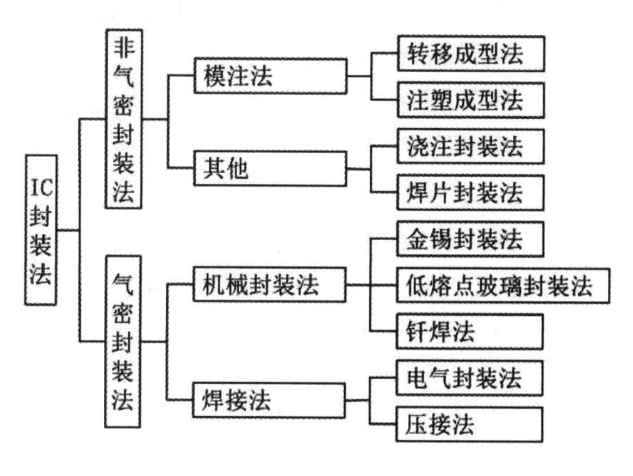

图 4.2.15　封装法分类

2)剪切成形。封胶完后的导线架需先将其上多余的残胶去除，并且经过电镀以增加外引脚的导电性及抗氧化性，然后再进行剪切成形。剪切的目的是要将整条导线架上已封装好的晶粒独立分开；成形的目的则是将这些外引脚压成各种预先设计好的形状，以便于以后装在电

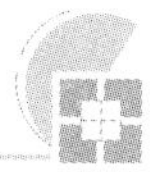

路板上使用。由于定位及动作的连续性，剪切及成形通常在一部机器上完成，成形后的每一块IC便送入塑料管或承载盘以方便输送。

3)按印。就是印字，它可以对产品制造履历进行识别和跟踪。良好的印字令人有高档产品的感觉，印字不清晰或字迹断裂会招致退货。印字的方式有印章式、转印式和激光刻印式。印章式直接像印章一样印字在胶体上；转印式使用转印头，先从字模上黏印，再印字在胶体上；镭射(激光)刻印方式使用镭射直接在胶体上刻印。按印的内容有公司名称、原产地国名(组装地)、产品名称、批号及其他等，如：按印 NEC JAPAN/UPD6502 PPIF/ 92 02 E2 002 表示产地是日本 NEC 公司，产品名为 UPD6502，种类为 PPIF/ 时间为 1992 年第 2 周，E 为制法区分，2 为公司内管理号，002 为序列号。

2. 清洗与检验

(1)清洗。在 IC 制造中，保持清洁绝不可掉以轻心，尘埃及微量杂质(金属及有机物)对于确保高成品率、高性能、高可靠性来说往往是致命的问题。虽然 IC 制造生产线封闭于超净工作间中，环境已是非常清洁的，但是在硅圆片的保管、搬送、工艺操作、从装置到过程反应等过程中，都会导入这样或那样的杂质或污染物。为了去除这些杂质或污染物，在硅圆片的“此工序到下一工序”之间，都需要导入“清洗工序”。

在清洗法中，多数是用药液对硅圆片进行清洗。清洗液也有各种不同的种类，各种清洗液对不同污染有不同的效果。不可能单独用一种药液去除所有的污染，因此大多数情况下是多种药液组合清洗。清洗操作、药液和特征见表 4.2.3。清洗装置也有多种形式，主要分为批量式和单片式，浸渍式和喷淋式等。清洗后的干燥，有利用离心式的甩干干燥法和采用异丙醇的方法。

表 4.2.3　清洗操作、药液和特征

清洗操作名称	药　液	特　征
APM 清洗	$NH_4OH/H_2O_2/H_2O$	去除尘埃、微粒及有机物的效果好
HPM 清洗	$HCl/H_2O_2/H_2O$	去除金属的效果好
SPM 清洗	H_2SO_4/H_2O_2	去除金属和有机物的效果好
FPM 清洗	$HF/H_2O_2/H_2O$	去除金属的效果好，可用于自然氧化膜的去除
DHY 清洗	HF/H_2O	去除金属的效果好，可用于自然氧化膜的去除
BHF 清洗	$HF/NH_4F/H_2O$	去除自然氧化膜

(2)检验。G/W(Good chip/Wafer 合格芯片/硅圆片)检测用来判定硅圆片上制成的一个一个芯片是否合格。包括 IC 功能、性能相关的特性检测，引线形状、尺寸、按印等外观的检查，可靠性试验。可靠性试验通过加速试验，可掌握劣化倾向，以确保所要求的寿命。

如图 4.2.16 所示，探针卡是一种测试接口，与芯片上的焊盘或凸块直接接触，引出相对应的信号线接在检测台上进行检测，根据输入输出波形判定芯片是否合格。如图 4.2.17 所示，自动探针测试台由显微镜、360°旋转承片台(内含铜承片层可连接电极)、三维微调探针架及探针等组成。可用于管芯大小≤1 mm、压焊点≥100μm 的半导体器件测试，探针头可分别调

节，方式灵活多样（矩阵、探边、圆形）。

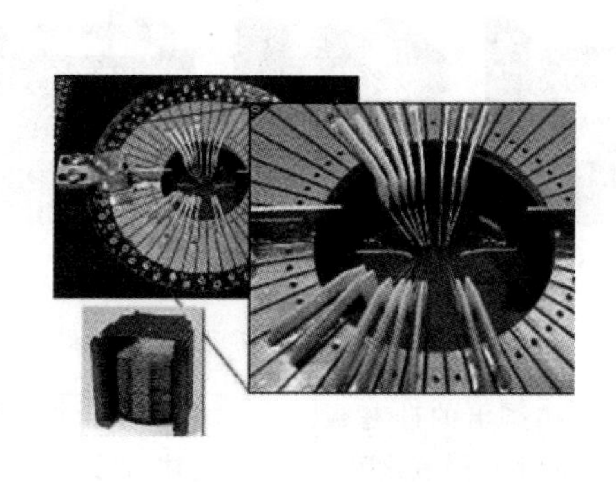

图 4.2.16 探针卡与硅圆片接触图

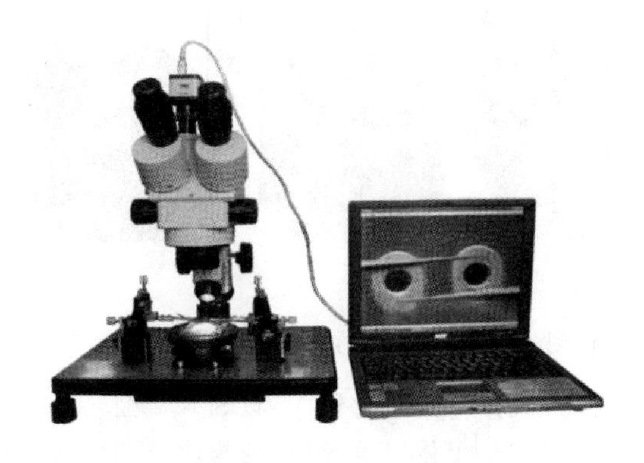

图 4.2.17 自动探针测试台

四、集成电路制造流程举例

如图 4.2.18 和 4.2.19 所示，以 LSI 的典型器件 N 沟道 MOS 管为例，浏览一下整个集成电路制造“前”工程和“后”工程制造的主要流程。

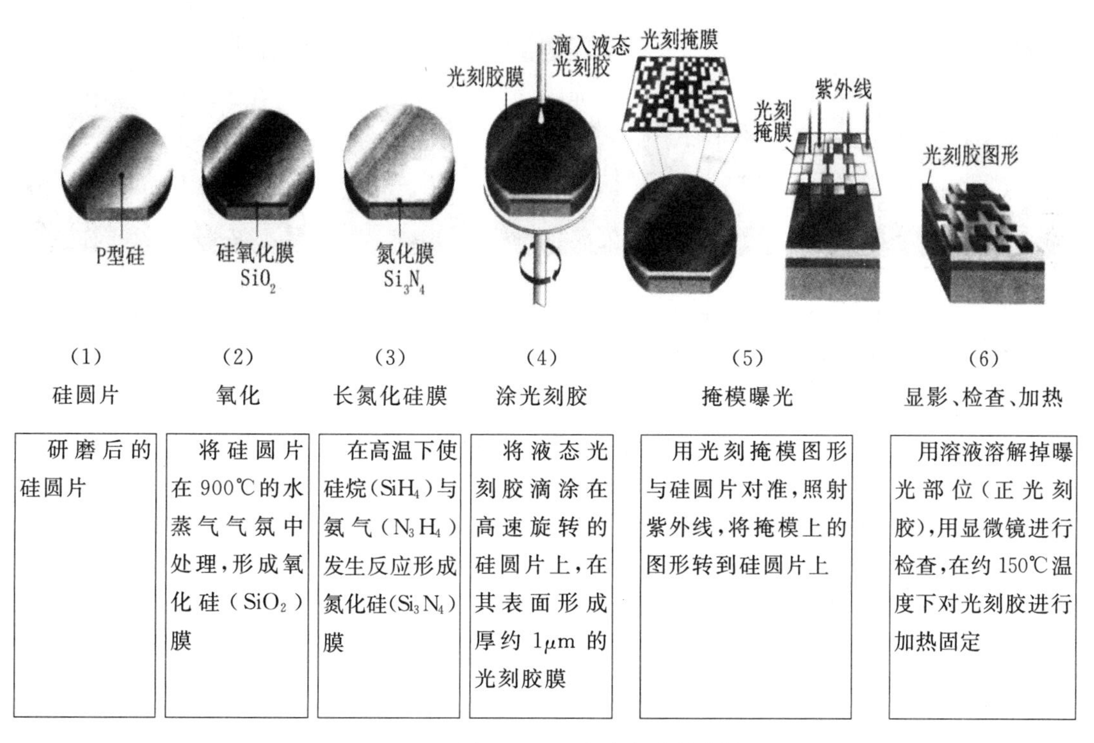

滴入液态光刻胶
光刻掩膜
光刻胶膜
紫外线
光刻掩膜
光刻胶图形
P型硅
硅氧化膜 SiO_2
氮化膜 Si_3N_4
(1) 硅圆片
(2) 氧化
(3) 长氮化硅膜
(4) 涂光刻胶
(5) 掩模曝光
(6) 显影、检查、加热
研磨后的硅圆片
将硅圆片在900℃的水蒸气气氛中处理，形成氧化硅（SiO_2）膜
在高温下使硅烷（SiH_4）与氨气（N_3H_4）发生反应形成氮化硅（Si_3N_4）膜
将液态光刻胶滴涂在高速旋转的硅圆片上，在其表面形成厚约 1μm 的光刻胶膜
用光刻掩模图形与硅圆片对准，照射紫外线，将掩模上的图形转到硅圆片上
用溶液溶解掉曝光部位（正光刻胶），用显微镜进行检查，在约150℃温度下对光刻胶进行加热固定

图 4.2.18 集成电路制造“前”工程

刻蚀图形

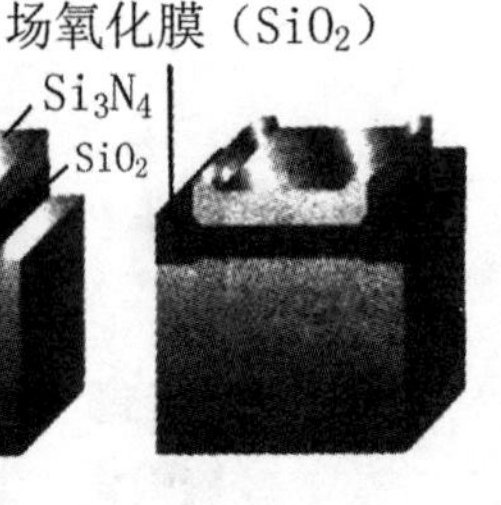

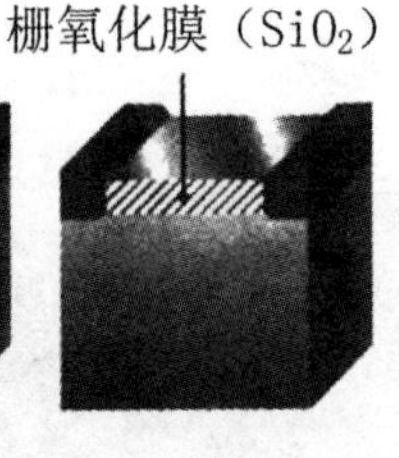

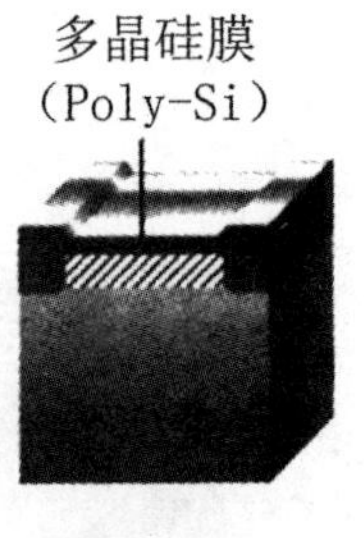

(7) 蚀刻	(8) 剥光刻胶、清洗	(9) 生长场氧化膜	(10) 蚀刻	(11) 生长栅氧化膜	(12) 沉积多晶硅
以残留的光刻胶作为掩模，对基体表面的 Si_3N_4 膜和 SiO_2 膜进行连续的选择去除	通过等离子体对光刻胶进行灰化处理，去除光刻胶，洗去表面的金属、有机物等沾污	以 Si_3N_4 膜为掩模，在硅基板表面有选择地进行氧化生长，形成元件分离用的场氧化膜	用磷酸和氢氟酸溶液将残留的 Si_3N_4 膜和其下的 SiO_2 膜去除	在露出的硅基板表面生长栅氧化膜	利用硅烷气体在氮气气氛中的热分解反应，气相沉积多晶硅

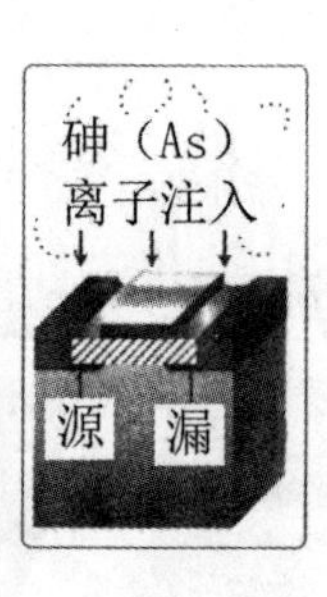

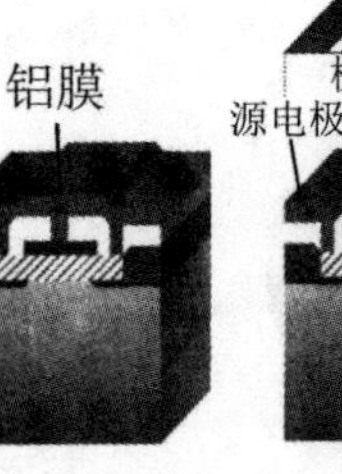

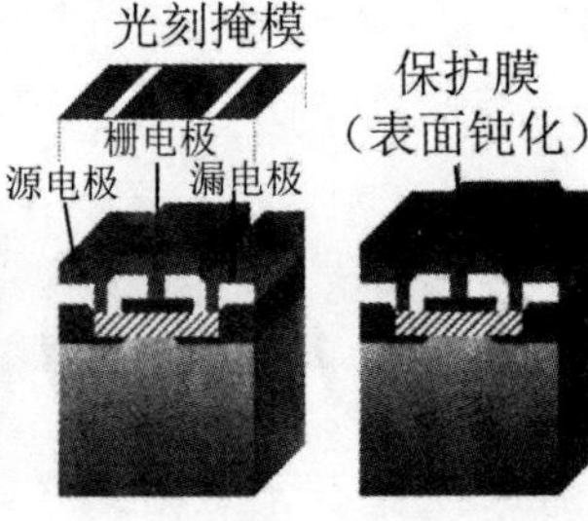

保护膜
（表面钝化）

(13) 栅极图形	(14) 砷离子注入	(15) 层间绝缘膜	(16) 绝缘膜上开孔	(17) 沉积铝膜	(18) 布线图形	(19) 保护膜开孔
涂布光刻胶、曝光、蚀刻、剥离光刻胶	利用离子注入法，将砷离子注入硅基板表面，形成 N 型源、漏区	利用气相沉积法，在硅圆片上全面沉积氧化膜，形成层间绝缘膜	在层间绝缘膜上开孔以便引出导体电极	利用溅射沉积法，在硅圆片整个表面沉积布线用的铝膜	通过光刻对铝膜加工，形成布线图形	为保护元件，在硅圆片表面气相沉积绝缘膜；在电极上方开孔，使电极表面局部露出

续图 4.2.18　集成电路制造“前”工程

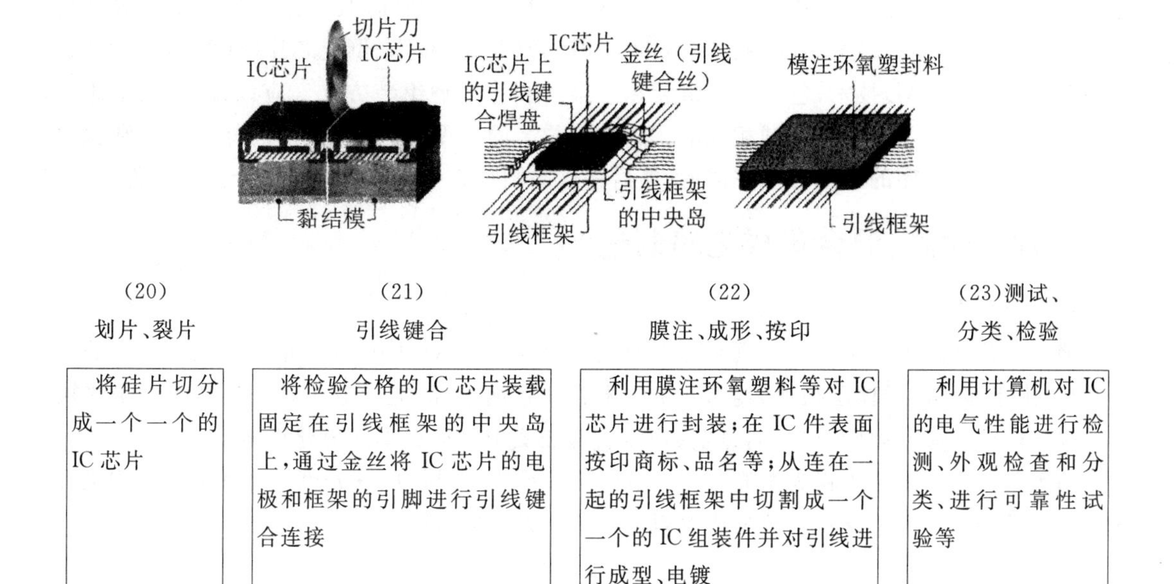
切片刀
IC芯片
IC芯片
黏结模
IC芯片
IC芯片上的引线键合焊盘
金丝（引线键合丝）
引线框架的中央岛
引线框架
模注环氧塑封料
引线框架
（20）划片、裂片
（21）引线键合
（22）膜注、成形、按印
（23）测试、分类、检验
将硅片切分成一个一个的IC芯片
将检验合格的IC芯片装载固定在引线框架的中央岛上，通过金丝将IC芯片的电极和框架的引脚进行引线键合连接
利用膜注环氧塑料等对IC芯片进行封装；在IC件表面按印商标、品名等；从连在一起的引线框架中切割成一个一个的IC组装件并对引线进行成型、电镀
利用计算机对IC的电气性能进行检测、外观检查和分类、进行可靠性试验等

图 4.2.19　集成电路制造“后”工程

第三节　微电子组装技术

表面安装技术大大缩小了印制电路板的面积，提高了电路的可靠性，但集成电路功能的增加，必然使它的I/O引脚增加。就某种单片集成电路而言，I/O引脚的间距不变，I/O引脚数量增加1倍，BGA封装的面积也会增加1倍，而QFP封装的面积将增加3倍。假如试图减小引脚间距来减小封装面积，不仅技术难度极大，还将牺牲可靠性。为了获得更小的封装面积、更高的电路板面利用率，组装技术已向元器件级、芯片级深入。

微电子组装技术（Microelectroncs Packaging Technology 或 Microelectroncs Assembling Technology，MPT 或 MAT）是根据电原理图或逻辑图，运用微电子技术和高密度组装技术，将微电子器件和微小型元件组装成适用的可生产的电子组件、部件或一个系统的技术。它涉及集成电路技术，厚、薄膜技术，电子电路技术，互连技术，微电子焊接技术，高密度组装技术，散热技术，计算机辅助设计、生产和测试技术以及可靠性技术等。集成电路技术是为了完成电子电路功能，以特定的工艺在单独的基片之上（或之内）形成无源网络并互连有源器件，从而构成的微型电子电路，是微电子技术的一个方面，也是它的一个发展阶段。

MPT是目前迅速发展的新一代电子产品组装技术，不再是通常组装的概念，用普通的组装方法是不能实现的，它的基础是精细组装技术。MPT使得电子组装阶层（器件级、板级、系统级）之间的差别模糊了。将芯片直接进行封装制成传统的集成电路元器件，这是器件级组装。将芯片直接贴装在印制板上再封装，即板载芯片COB（Chip On Board），这是板极组装或系统级组装，比常规的SMT技术有更高的安装密度、频率响应、面积、空间和质量利用率。

微电子组装技术是从三个研究方向发展的，其一是基片技术，即研究微电子线路的承载、连接方式，它直接导致了厚/薄膜集成电路的发展和圆片级封装集成电路（WSI）的提出，并为

芯片直接贴装(DCA)技术和多芯片组件(MCM)技术打下了基础;其二是芯片与基板的贴装与互接技术,包括引线键合(WB)技术、载带自动键合(TAB)技术、倒装芯片(FC)技术等;其三是多芯片组件(MCM)技术,包括二维组装和三维组装等多种组装方式。应该说,这三个研究方向是共同进步、互相促进、相辅相成的。圆片级封装的主要特征是:器件的外引出端和包封体是在已完成前工序的硅圆片上完成的,然后将这类圆片直接切割分离成单个独立器件。

一、厚/薄膜、混合集成电路制造

1. 薄膜集成电路

薄膜工艺是在绝缘基板上用真空蒸发或溅射金属 Au,A1,Cu,然后光刻腐蚀出所需的导体图形,由于淀积的导体层很薄,约为几十纳米到几百纳米,故能蚀刻出精细的线条。绝缘层一般采用聚酰亚胺光敏胶,在上面蒸发 NiCr 合金或溅射金属钽形成氮化钽电阻。

薄膜集成电路工艺流程为抛光基板→真空蒸发或溅射导体层→光刻导体图形→淀积绝缘介质层→光刻介质图形→真空蒸发或溅射电阻层→光刻电阻图形。

2. 厚膜集成电路

厚膜工艺是用丝网印刷、烧结工艺形成膜及图形,其膜厚大约几微米到几十微米,厚膜工艺分干法和湿法两种。

厚膜干法工艺是在氧化铝基板(或其他基板)上丝网印刷厚膜导体(或电阻)浆料,用高温烧结形成所需的导体或电阻,阻值可用激光调阻机进行调整,随即印刷介质浆料,再用高温烧结,形成带通孔的绝缘层,然后再印刷第二层导体。此时,上层导体的浆料流入通孔,与下层导体相连,经过高温烧结,就形成上下层互连的实心通孔。如此印刷、烧结多次,就能制成所需的厚膜多层基板。干法的导体层数一般为 3～5 层。

厚膜湿法工艺是在陶瓷生坯片上,分别冲出各层的互连孔,印刷导体图形,然后多层对准叠压,一次高温烧结成形。

3. 混合集成电路

混合集成电路的制造采用矩形玻璃和陶瓷等基片,将一个或几个功能电路制作在一块基片上。制作过程是先在基片上制造膜式无源元件和互连线,形成无源网络,然后将半导体芯片、单片集成电路或微型元件混合组装。在基片上制作好整个电路以后,焊上引出导线,根据需要在电路上涂覆保护层,最后用外壳密封即成为一个混合集成电路。

二、芯片贴装和互连技术

1. 芯片的贴装技术

芯片的贴装用来实现芯片与基片的连接,有共晶黏贴法、焊接黏贴法、导电胶黏贴法和玻璃胶黏贴法。共晶黏贴法使用金硅(硅 2%)合金,机械强度高、热阻小、稳定性好、不脆化,但生产效率低、不适于高速自动化生产;焊接黏贴法使用金硅、金锡和金锗合金等硬焊料或使用铅锡、铅锡铟等软焊料,硬焊料塑变应力高,抗疲劳潜变特性好,软焊料热传导性好;导电胶黏贴法使用黏结剂为环氧树脂、聚酰亚胺和硅氧烷聚酰亚胺,导电填充料为银;玻璃胶黏贴法用于陶瓷封装,所得封装无空隙,热稳定性优良,低结合应力及湿气含量低,但有机成分与溶剂必须除去,否则危害可靠性。

2. 芯片的互接技术

芯片的互接关键是芯片电极不断缩短，高度不断降低，从而加快了信号的传输速度。

(1)引线键合。如图 4.3.1 所示，引线键合(Wire Bonding，WB)技术俗称线焊(丝焊)，它使用金属丝(18～50μm)将芯片周边部位的电极焊盘与印制电路板焊盘进行电气连接。焊丝材料通常是经过退火的细金丝或掺入少量硅的铝丝。线焊是传统的、最常用的、最成熟的芯片电气互连技术，它以成本最低、制作工艺灵活、易检查返工、焊点强度高、散热性能好、适应性强等特性而占领着微电子电气互连约 90%的市场。当集成电路的电极焊区及其间距在 90μm 以上时，都可以采用线焊。然而 WB 连接的芯片外形较高、引线的电感量较大，在电路板上占用的面积还不够小，装配速度慢，测试和老化困难，可靠性不容易保证。根据外部能量的提供方式，引线键合分热压键合、超声键合和热压超声键合。

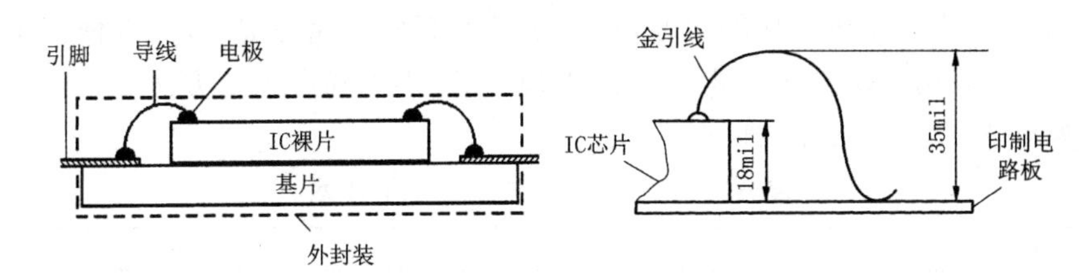

图 4.3.1 引线键合 WB

1)热压键合。机制是低温扩散和塑性流动的结合。在一定的时间、温度和压力的作用下，接触的表面就会发生塑性变形和低温扩散，破坏接触表面，使原子发生接触，导致金属表面之间键合。主要用于金丝键合。

2)超声键合。机制是塑性流动与摩擦的结合。通过石英晶体或磁力控制，把摩擦的动作传送到一个金属传感器上，振幅一般在 4～5μm，在传感器的末端装上焊具，焊丝就在键合点上摩擦，通过由上而下的压力发生塑性变形而键合在一起。

3)热压超声键合。将热压和超声键合两者的结合起来，通过对热量、焊接压力、超声功率以及焊接时间的科学控制来完成键合，主要用于金丝键合。

(2)载带自动键合技术。如图 4.3.2 所示，载带自动键合(Tape Automatic Bonding，TAB)是将 IC 芯片键合到各种组件基板上的一种焊接技术。这个组件包括单片和多片组件。把一定图形的载带引线导体焊接到芯片和组件上相应的 I/O 电极焊区，便完成了这种键合。TAB 还是一种快速组装工艺，因为其引线可以自动组合连接。

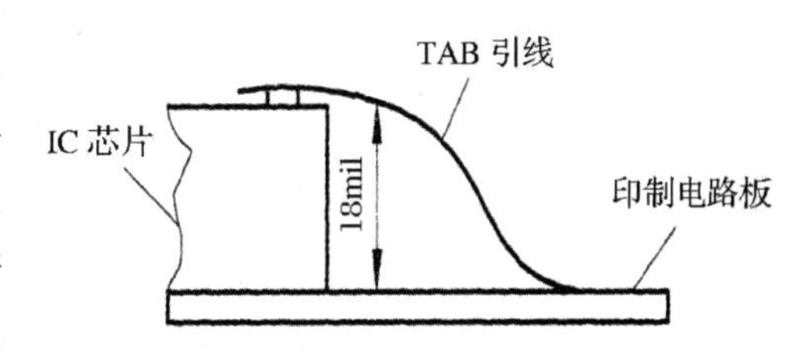

图 4.3.2 载带自动键合 TAB

与 WB 连接相比，TAB 连接技术的主要优点是它在印制板上的断面形状比较薄。TAB 所用引线较短而无弧度，引线电感比 WB 大约小 20%以上，焊点最小间距可达 50～60μm。这就使得 TAB 在散热性能和电气性能方面更好，尤其是在较高的工作频率下优于 WB。IC 芯片功能面朝下的倒装 TAB 比面朝上的 TAB 组装密度更高、散热效果更好。

载带自动焊技术的一般工艺过程如下：形成镀金的 Cu 引线框架→ 制作出凸点→制作载带引线→ 内部导线键合(ILB) →切割和引线成形形成→外部导线键合(OLB)，完成载带式引

线与基板焊区之间的电气连接。

1）内部导线键合（ILB）。内部导线键合工艺是将内部TAB线头键合到IC芯片I/O电极上去的过程。使用列式或单点键合技术，并且结合使用表4.3.1所示的四种方法之一或组合，就能完成载带内导线键合。合适方法的选择主要依据载带、焊片和电极金属材料的种类来决定。

列式键合：即全部导线同时与芯片键合。它的加热头有两种：恒定热头和脉冲热头。前者被设置在特定的工艺温度下，而后者能按一定的分布曲线设置程序。恒定热头适用于热压键合，而脉冲热头更适用于低温共熔再流焊。两种方式要获得均匀的键合，关键是需要严格的温度控制和热头相对于键合平面的平整度。

单点键合：即每根导线顺次键合到其对应的芯片电极或焊片上。对热头要求低，可消除列式键合中的温度不均匀性和平整度问题，特别是对大面积芯片的键合，可以修正未键合的导线，甚至可以直接采用铝丝键合。尽管热压、低温共熔、再流和激光等方法都被认为是单点键合的方法，然而最普遍是热超声键合。

表4.3.1　键合方法、金属和技术

键合方法	金属		键合技术	
	载带	芯片	列式	单点
热压	裸铜	铜焊片	是	是
	裸铜	金焊片	是	是
	裸铜	压帽	是	是
	裸铜焊片	金焊片	是	是
	镀金	金焊片	是	是
	镀金焊片	铝电极	是	是
热超声	镀金	铝电极	不是	是
	镀金	金焊片	不是	是
低温共熔和再流	镀锡	金焊片	是	是
	镀金	锡焊片	是	是
	镀金	镀锡金焊片	是	是
激光	镀金	金焊片	不是	是
	镀锡	金焊片	不是	是
	镀金	镀锡金焊片	不是	是

热压键合：利用热和压力在TAB导线和焊片之间形成金属键合。获得热压键合最普遍的技术是列式键合。一般热压键合参数是：键合温度450～550℃、压力每条导线75～150N、键合时间100～300ms。

低温共熔和再流键合：在键合界面处局部溶解并生成共熔合金，因此必须选择合适的载带和焊片金属。这种键合压力通常小于热键合所需的压力，需要温度分布热头，用以保证键合焊

点上的接触压力，直到金属全部凝固。

热超声键合：把加温基座（150～250℃）上芯片中的热能与超声波所提供的能量耦合在一起形成的键合，只限于单点技术。由于在键合焊点上提供了超声能量，故与直接热压键合比较起来所需的加热温度和单点压力要小得多。

激光键合：使用激光束对键合界面进行局部加热。对于被加热的某一确定材料要选择适当的波长，一种基波长为 1.064μm 的 YAG 激光很适用于锡载带、金载带焊接的应用，这是因为锡和锡导线焊料能吸收 40%～50%的激光能量。而金对于同样波长的激光只能吸收 2%～5%的能量。双倍频 YAG 激光工作波长为 0.532μm，有 40%～50%的能量可被金吸收，适用于金对金键合。激光键合只需要很小的压力，这对于易碎的芯片，如 GAaS 芯片非常合适。

2)外部导线键合 OLB。外部导线键合是指将载带上的铜箔引线与基板上的焊区互连起来。OLB 可以在各种基板材料包括 FR－4 以及陶瓷上完成，工艺流程：焊接处理和芯片黏结→对位安装和焊接→清洗。当 OLB 间距小于 100μm 时，需要精密对位，否则易引起短路。焊接完成后要对焊区进行的清洗可以采用传统的表面贴装技术（SMT）中的清洗工艺。外部导线键合可采用批量群焊、单个元器件的群焊和逐点焊接的方式来进行。

批量群焊：指红外再流焊或气相再流焊，用于焊区间距较大的元器件。

单个元器件群焊：包括热压法、再流焊法、聚焦红外焊法。热压法利用热和压力，通常在金引线和金焊区之间、铜引线和铜焊区之间形成焊接，对引线和基板的平整度要求以及杆头的平整度和热头温度控制要求比较严格；再流焊是目前流行的一种 OLB 工艺方法；聚焦红外法控制对周围元器件的影响是该技术要注意的问题。

逐点焊接：包括热声法、热压法和激光法。热声逐点焊接法将热能和超声能结合起来完成焊接，通常需将基板和芯片加热到 250℃左右，对平整度要求不严，并可返工。

(3)倒装芯片技术。如图 4.3.3 所示，倒装芯片（Flip Chip，FC）技术是将芯片电极面朝下放置，使芯片电极对准基片上的对应焊区，并通过加热、加压等方法使芯片电极或基板焊区上预先制作的凸点塌陷或熔融后将芯片电极与基片对应焊区牢固地互连焊接在一起。由于消除了键合引线和封装，密度比 WB 和 TAB 都高，安装工艺简单，并且焊区可以做在芯片的任何部位，因而芯片的尺寸利用率很高。实际上，FC 技术早已应用在制造 BGA 和 CSP 封装的集成电路中，现在把芯片直接安装在 PCB 上的 FC 技术已经成为趋势，但 FC 连接以后不能返修。

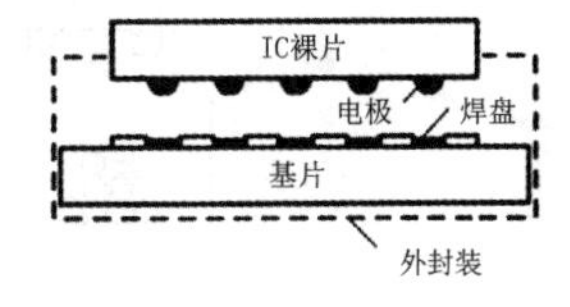

图 4.3.3 倒装芯片 FC

FC 的连接有三种方法，第一种是焊膏再流焊；第二种是导电胶黏结：导电胶黏结芯片的凸点电极和 PCB 的焊盘，然后再填充环氧树脂进行固化；第三种是热压键合。

三、BGA 植球和倒装片凸点的制造

1. BGA 植球技术

与 QFP 等传统封装方式相比，BGA 的封装工艺流程在封胶之前大致相同，两者主要差异在于 BGA 以有机基板及焊料球取代传统金属引线框，形成 PCB 上的支撑及焊点，增加了植球工序。植球技术有再流植球法、喷印焊膏植球法和激光植球法等，国际上，BGA 植球广泛使用再流植球法，激光植球正处在实验研究阶段。

(1)再流植球技术。分为四个子工序：焊剂涂敷、焊料球贴放、固化和检测。

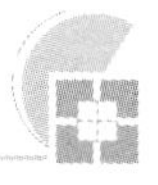

1)焊剂涂敷。把焊剂涂敷在基板焊盘上,其作用一方面增加焊料球的流动性以确保固化工序的质量,另一方面增加基板焊盘的黏附性以确保焊料球贴放的成功率。工艺方法包括丝网印刷法、点滴法等。

2)焊料球贴放。焊料球贴放是从焊料球堆中拾取定量的焊料球(通常 1 600～4 000 个,直径在 0.3～0.76mm),然后准确放置于基板焊盘之上。焊料球贴放可分成三个动作:拾取、对准、放置,最主要方法是重力植球法和真空植球法。

a. 重力植球法。依靠重力来拾取和放置定量的焊料球到设计好的 BGA 基板位置上。一旦焊料球与 BGA 基板对准,焊料球就会被松开,并在重力的作用下滚动到 BAG 基板上。优点:效率高,不会出现焊料球氧化腐蚀现象,也不需要复杂的图像检测系统。缺点:容易发生焊料球堵塞、变形,焊料球刮板难以与焊料球精确匹配,对于小焊料球小间距的 mBGA、μBGA 更难实现,需要比较昂贵的模具。

b. 真空植球法。依靠与焊料球位置相对应的真空吸头拾取焊料球,通过机械运动机构将真空吸头移动并对准 BGA 基板后,停止抽真空使焊料球植到基板上。真空植球法优点是设计简单,成本低等,已成为主流的 BGA 植球方法,包括直接真空植球法和间接真空植球法。如图 4.3.4 所示,直接真空植球法首先把待拾取的焊料球用振动和气流,使其随机地分布于空间之内,然后再用吸头拾取。优点是直接简单且成本低,但容易造成焊料球缺失和焊料球黏连。如图 4.3.5 所示,间接真空植球法是先把焊料球置于 BGA 基板相匹配的模板之上,然后再用吸头拾取。它可以减少焊料球缺失和焊料球黏连,得到较高的成功率。

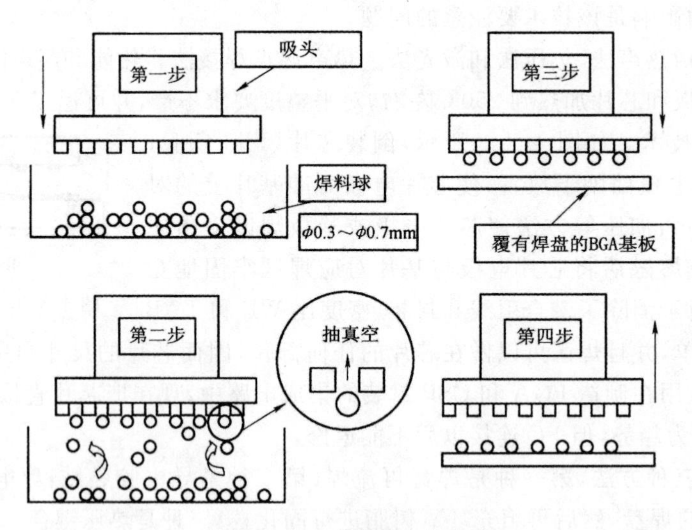

图 4.3.4　直接真空植球法

3)再流焊(固化)。主流的工艺方法是再流焊加热法,这是一种已经十分成熟的工艺。

4)检测。常见的缺陷包括:焊料球缺失,焊料球错位、焊料球形状缺陷、焊料球氧化、焊料球共面缺陷。检测采用的工艺方法包括二维和三维图像处理技术、激光测量技术。

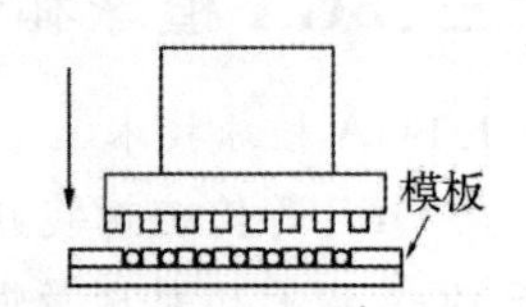

图 4.3.5　间接真空植球法

(2)喷印焊膏植球法。由于焊膏喷印可以在焊盘上控制焊膏喷印的量,因此可在基板焊盘

上直接喷印焊膏，经回流焊后形成焊球。

(3)激光植球技术。通过激光光束加热来代替再流焊对大批量 PCB 的加热，由于可根据焊球材料和尺寸及基体材料的变化而相应改变激光参数，因此激光植球技术为柔性化植球技术的最新代表，较目前的植球技术有更大的优越性。设备小巧，焊料球逐个植入并与焊盘结合一次完成，最小植球间距为 0.3mm。采用计算机辅助工艺设计系统，能根据用户的需要，快速实现整体植球和返工芯片的特定引脚的植球。

(4)BGA 全自动植球机。由焊料球供给机构、真空吸头、伺服控制机械手、传送系统、抽真空系统、图像检测系统组成。焊料球供给机构用于自动将焊料球摆放到供给模板上；真空吸头用于自动吸取供给模板上的焊料球，并将焊料球释放到 BAG 基板上；伺服控制 x,y,z 直角坐标机械手用于吸头在焊料球供给机构和 BAG 基板之间高速、精确的传输；传送系统用于传送 BAG 基板，同时在 BAG 基板到达焊料球拾放的工位时，完成 BAG 基板的对准、夹紧和释放焊料球的动作；抽真空系统用于向焊料球供给机构和吸头抽真空；图像检测系统用于检测吸头吸取焊料球和释放焊料球的情况及精确定位。

2. 凸点制造技术

倒装片的基本结构都是由 IC，UBM(凸点下金属化)和 Bump(凸点)组成。UBM 是芯片焊盘和凸点之间的金属过渡层，一般为多层结构，由黏附层、阻挡层和金属连接层组成；凸点是 IC 和电路板电连接的通道，也是 FC 技术的关键所在。一般倒装片技术是在 IC 芯片的 I/O 焊盘上形成导电凸点，使其与电路板上的相应焊盘实现电连接。这种在 IC 芯片上制作凸点的 FC 技术，自从 20 世纪 60 年代初问世以来，经历了在电镀 Ni，Au 的铜球上由焊料(95Pb/5Sn)包围的凸点和不用铜球的 Pb/Sn 形成的凸点(称为可控塌陷芯片连接 C_4 技术)两个发展阶段。

(1)焊料凸点制作技术。焊料凸点是 IC 和电路板之间机械的、电气的、有时也是热的互连通道。典型的倒装片器件互连由 UBM 和焊料凸点组成，UBM 与晶片的钝化层重叠，以使 IC 内部基础电路不暴露在环境中，它是凸点的基础，作为焊料和 IC 键合盘金属之间的焊料扩散层，并提供氧化屏蔽和焊料可润湿的表面。

8in 圆片上通过电镀的方法形成焊料凸点的过程如图 4.3.6 所示。步骤 1：钝化开口，将 UBM 材料溅射、化学镀或模印到整个晶片表面，然后沉积光致耐蚀剂，在键合盘上形成开口；步骤 2：圆片上的凸点下金属层(UBM)是 Ti 和 Cu，它们被溅射在圆片的整个表面上，首先是 Ti，接着是 Cu；步骤 3：将一层光刻胶覆盖在 Ti，Cu 上。步骤 4：使用焊凸点掩模，光刻形成凸点图形；步骤 5：电镀 Cu 和 Pb90/sn10 焊料在整个 Ti，Cu 的表面上；步骤 6：去除光刻胶；步骤 7：用过氧化氢蚀刻去 Ti，Cu；步骤 8：把圆片放在 215℃下再流，在表面张力的作用下，形成光滑的球形焊凸点。

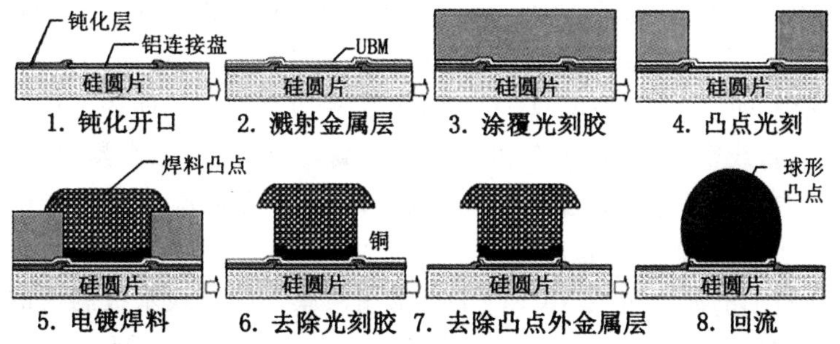

图 4.3.6 焊料凸点的形成过程

(2)电路板焊盘上形成凸点技术。实施倒装片技术,必须对芯片进行凸点制作,这不但提高了芯片成本,而且组装厂家难以处理,这就大大影响了倒装片技术在板极电路组件中的推广应用。20 世纪 90 年代末日本开发了在电路板焊盘上形成凸点的技术,称为 B_2IT(埋入凸点互连技术)。组装时将芯片直接压接在电路板的相应凸点图形上,破坏芯片 Al 电极的氧化膜形成电气连接。B_2IT 有如下两种方式:

1)采用 Ag 焊膏,用厚膜印刷技术在电路板上形成圆锥形凸点,固化后不完全硬化,在压力作用下吸收高度偏差,容易与芯片电极结合,适合倒装片组装。但由于厚膜印刷形成的间距受限制,其适用于 0.4mm 以上端子间距芯片的倒装片板级组装。

2)采用薄膜工艺在电路板上电镀 Cu,形成微细的扁平状 Cu 凸点。其适用于 0.4mm 以下的狭间距芯片的倒装片板级组装。

四、MCM 芯片互连和叠层技术

多芯片组件(Multi-Chip Module,MCM)是将多个未封装的 LSI,VLSI 芯片组装在一块多层高密度互连基板上,然后封装在同一外壳内,以形成高密度、高可靠的专用电子产品,它是一种典型的高级混合集成组件。MCM 在军事、航天、计算机、通信、雷达、数据处理、汽车行业、工业设备、仪器与医疗等电子系统产品上得到越来越广泛的应用,已成为最有发展前途的高级微组装技术,当前 MCM 已发展到叠装的三维电子封装。

1. MCM 的特点、结构和分类

(1)MCM 的特点。MCM 原则上应具备以下条件:多层基板有 4 层以上的导体层;芯片面积/基板面积>20%,外壳有 100 个以上的 I/O 引出线;布线密度每英寸从 250 根到 500 根,有多个 ASIC 和 VLSI 等。

(2)MCM 的结构。MCM 主要包括 IC 裸芯片、芯片互连、多层基板以及封装等,其内部结构如图 4.3.7 所示(倒装芯片 BGA 的截面结构)。IC 裸芯片是整个 MCM 的信号源,也是其功率源,它通过凸点互连到薄膜多层基板上。MCM 的工作环境往往较差,封装则是保护层,起着防污染和抗机械应力的作用,并提供良好的散热通道。

图 4.3.7 MCM 的内部结构

(3)MCM 分类。根据多层互连基板的结构和工艺技术的不同,MCM 大体上可分为以下三类:

1)层压介质 MCM-L。采用玻璃环氧树脂多层印制电路板做成的 MCM,制造工艺较成熟,生产成本较低,但因芯片的安装方式和基板的结构所限,高密度布线困难,因此电性能较差,主要用于 30MHz 以下的产品。

2)陶瓷或玻璃瓷 MCM-C。MCM-C 是采用高密度多层布线陶瓷基板制成的 MCM,其优点是布线层数多,布线密度、封装效率和性能均较高,主要用于工作频率 30~50MHz 的高可靠产品。它的制造过程可分为高温共烧陶瓷法(HTCC)和低温共烧陶瓷法(LTCC),低温共烧陶瓷法占主导地位,它采用的是厚膜技术。

3)硅或介质材料上的淀积布线 MCM-D。采用薄膜多层布线基板制成的 MCM,其基体材料又分为 MCM-D/C(陶瓷基体薄膜多层布线基板的 MCM)、MCM-D/M(金属基体薄膜

多层布线基板的 MCM）、MCM－D/Si（硅基体薄膜多层布线基板的 MCM）等三种，MCM－D 的组装密度很高，主要用于 500MHz 以上的产品。

2. MCM 芯片互连技术

MCM 芯片互连技术是指通过一定的连接方式，将元件、器件组装到 MCM 基板上，再将组装元器件的基板安装在金属或陶瓷封装中，组成一个具有多种功能的 MCM 组件。MCM 芯片互连技术包括 MCM 芯片与基板的黏结、MCM 芯片与基板的电气连接、基板与外壳的物理连接和电气连接。

1）MCM 芯片与基板的黏结。绝大部分 MCM 采用环氧树脂黏结剂，大功率电路或必须满足 K 级宇航级漏气要求的电路采用焊料连接。含 Ag 导电环氧树脂广泛用来黏结晶体管、IC、电容到基板上，以及把基板黏结到封装外壳上。导电型环氧树脂比绝缘型导热率高，这有利于把芯片上的热散出去，保持低的结温。

黏结剂的涂覆采用自动微量涂覆、丝网印刷等方法。在黏结大芯片过程中，抑制黏结剂流动和控制黏结剂厚度至关重要。芯片黏结后，通常要进行固化。芯片与基板黏结固化后，必须进行清洁等。MCM 的清洗方法通常采用等离子蒸气去垢、溶剂喷洗、溶剂浸泡以及超声清洗等，可根据具体情况选择适合的清洗方法。

2）MCM 芯片与基板的电气连接。MCM 的芯片与基板的电气连接主要有三种方式，即线焊、TAB 和倒装焊。

3）基板与封装外壳的连接。组装了芯片和其他元器件的 MCM 基板可组装在密封外壳或非密封外壳中。在金属、陶瓷外壳中，这种 MCM 基板安装在封装外壳底部。

a. MCM 基板与封装外壳底部的连接。其有三种方法：黏结剂连接、焊接和机械固定，比较通用的是前两种，一般是用黏芯片的黏结剂连接。对于大功率 MCM，通常用铅锡焊膏通过再流焊把多层基板焊接在封装外壳底部，实现基板与封装外壳的物理连接，金属焊料既起固定作用又起散热作用。

b. MCM 基板与封装外壳的电气连接。它是通过线焊过渡引线，把封装外壳上的外引脚与基板上的互连焊区连接起来。过渡引线一般采用 25～50μm 直径的 Au，Al 丝。对于大功率 MCM，可采用 0.1～0.5mm 直径的粗 Al 丝。

基板安装好后，用平行缝焊、激光焊或焊料焊金属盖板封口，可使用低熔点玻璃直接封口陶瓷封装外壳，这样就完成了 MCM 的组装过程。

3. MCM 芯片叠层技术

MCM 芯片叠层是把 IC 芯片（MCM 片、2DMCM 片、WSI 晶圆规模集成片）一片片叠合起来，利用芯片的侧面边缘或者平面分布，在垂直方向进行互连。按叠层对象分为裸芯片叠层、载体叠层、硅圆片规模的叠层（WLP）；按叠层形式分芯片周边互连形式和芯片面互连形式；按叠层方向分 2DMCM 二维电子封装、3DMCM 三维立体封装。

（1）芯片周边互连形式。

1）叠层芯片的导线叠焊式：采用载带自动焊 TAB 实现的垂直互连。如图 4.3.8 所示为先把载带焊在芯片上，再把不同芯片的载带焊在基板的同一位置上；图 4.3.9 所示，先把载带焊在芯片上，再把芯片引出线分别焊在一根引线的不同位置上，最后通过引线焊在基板上。

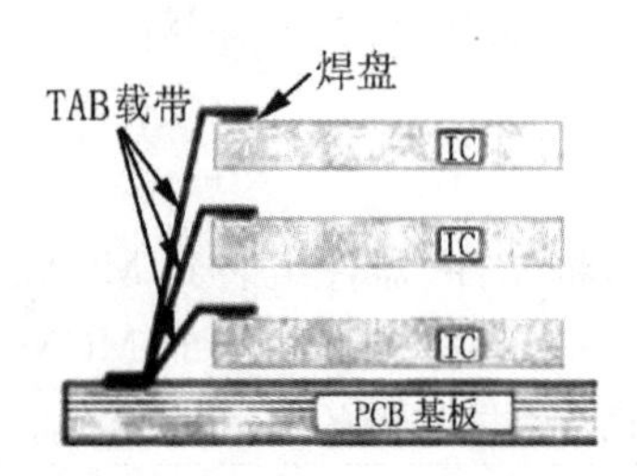

图 4.3.8　TAB载带叠焊式

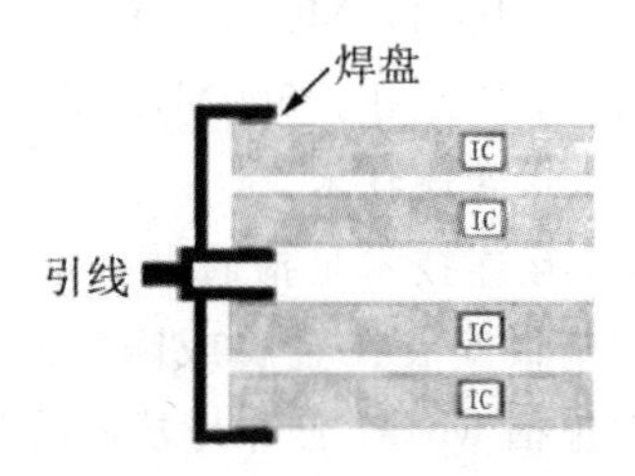

图 4.3.9　引线叠焊

2)芯片表面薄膜导带互连：将芯片用胶黏剂等固定，形成一个立方体，把芯片上的 I/O 端引到立方体表面，再在立方体表面互连导线。

芯片侧面金属薄膜的 T 型互连：如图 4.3.10 所示，在芯片侧面沉积绝缘阻挡层，再采用薄膜布线的方式把芯片 I/O 端引到芯片侧面。把芯片黏结形成立方体，然后在这一侧面溅射沉积金属薄膜，光刻得到垂直互连的薄膜布线。

表面薄膜的激光蚀刻垂直互连：如图 4.3.11 所示，整个模块由环氧树脂黏在一起，采用激光对表面的薄膜进行蚀刻后产生导带，它的焊盘和互连线是可以变化的。

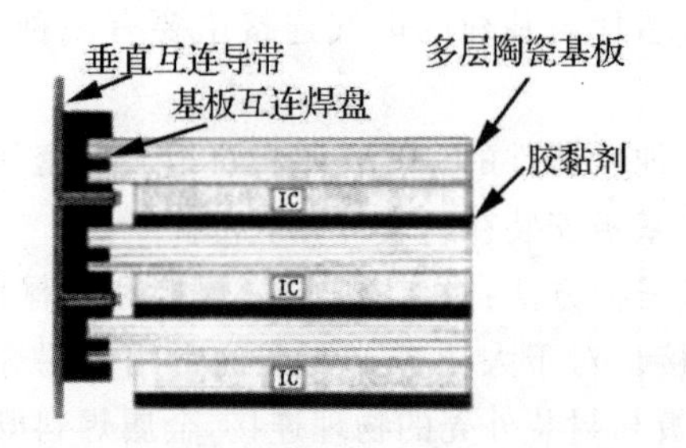

图 4.3.10　芯片侧面金属薄膜的 T 型互连

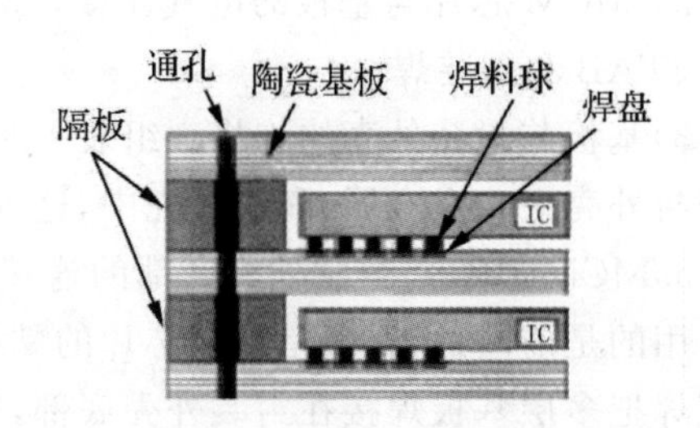

图 4.3.11　表面薄膜的激光蚀刻垂直互连

3)通过基板实现的周边互连：也叫载体叠层，把芯片焊接到树脂、陶瓷、硅基板，或载带上，再把基板或载带通过垂直叠层互接在一起。

叠层芯片侧面锡焊式垂直互连：如图 4.3.12 所示，芯片连接到陶瓷基板上组成一个模块，芯片焊盘从陶瓷基板侧面引出并通过静态熔焊池垂直互连在基板侧面的凹槽处。

带隔板的通孔金属化垂直互连：如图 4.3.13 所示，芯片以倒扣形式焊接到基板上组成一个模块，把这样的模块和略高于芯片的隔板叠起来通过基板的四周金属化通孔和隔板上的金属化通孔形成垂直互连。

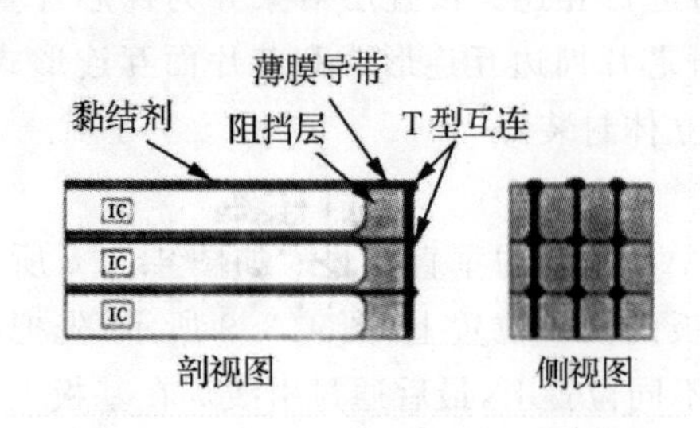

图 4.3.12　叠层芯片侧面锡焊式垂直互连

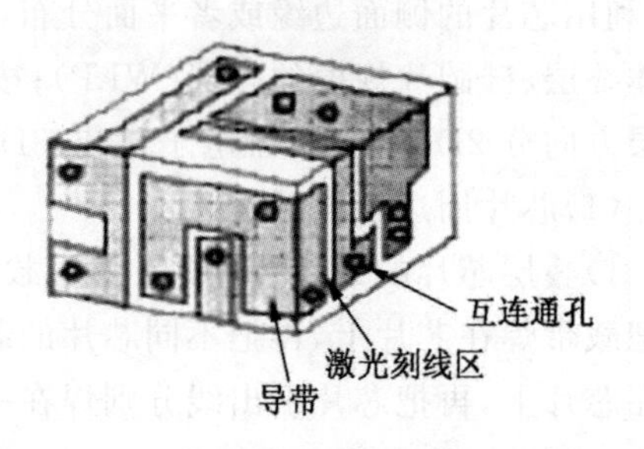

图 4.3.13　带隔板的通孔金属化垂直互连

电镀填充PCB板垂直通孔实现互连：如图4.3.14所示，先采用TAB载带把芯片上的I/O端引出，再在载带上焊接一条金属带用来支撑固定芯片。利用较厚PCB板作支架，然后把载带焊接到支架的焊盘，PCB板的金属化过孔便是垂直互连的通路。

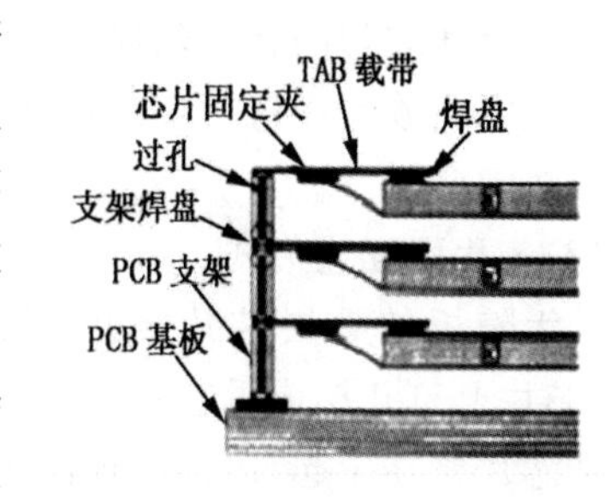

图4.3.14　电镀填充PCB板垂直通孔实现互连图

4)在芯片模块表面焊接基板。硅基板上TAB载带垂直互连：如图4.3.15所示，TAB载带把I/O端从芯片上的焊盘引出，然后将4～16个这样的芯片黏结在一起，形成芯片块。在硅基板上形成焊盘，再把这样的芯片块通过载带焊接到基板上，从而形成垂直互连。

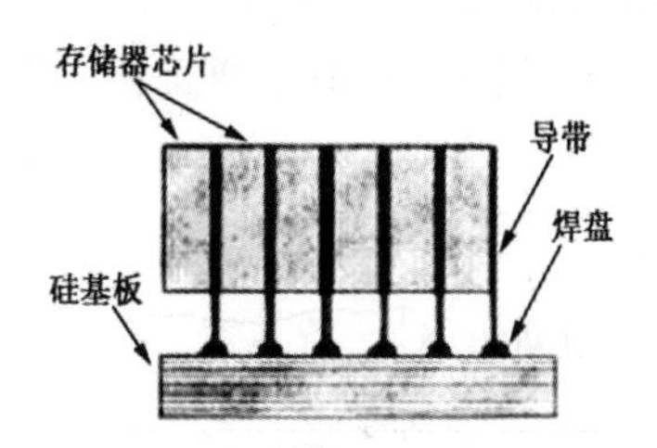

图4.3.15　硅基板上的载带焊

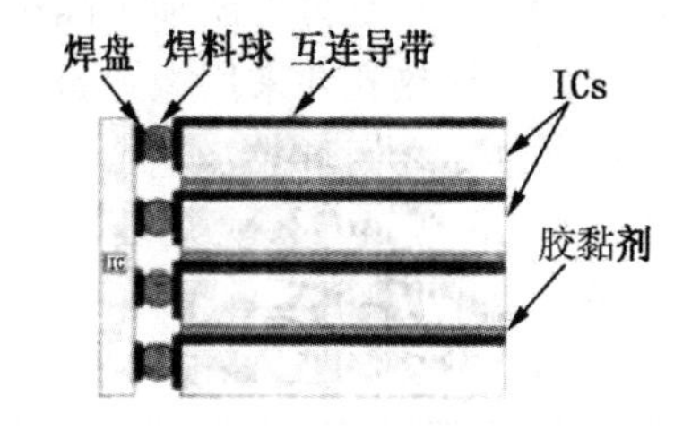

图4.3.16　芯片倒扣焊到叠层芯片侧面连

芯片倒扣焊到叠层芯片侧面：如图4.3.16所示，把I/O端从芯片上的焊盘引出到芯片侧面，再在侧面形成焊盘，另外用一个芯片以倒扣焊的形式与这些焊盘形成互连。

叠层TSOP采用PCB实现互连：如图4.3.17所示，对芯片进行薄体小型(TSOP)封装，两侧的引出脚焊在PCB上，通过PCB实现芯片的垂直互连，然后封装成DIP的形式插到基板上。

5)可折叠的柔性电路：如图4.3.18所示，在柔性有机衬底上沉积金属薄膜作为互连，裸芯片以表面贴装的方式组装在基板上，芯片通过互连总线实现信号传输，整个电路完成后进行折叠。

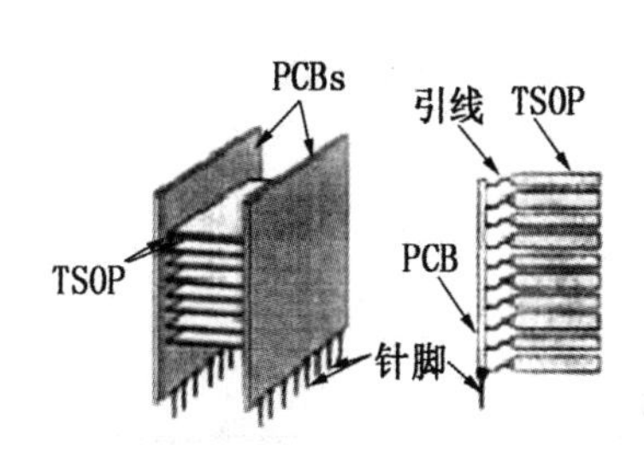

图4.3.17　叠层TSOP采用PCB实现互连

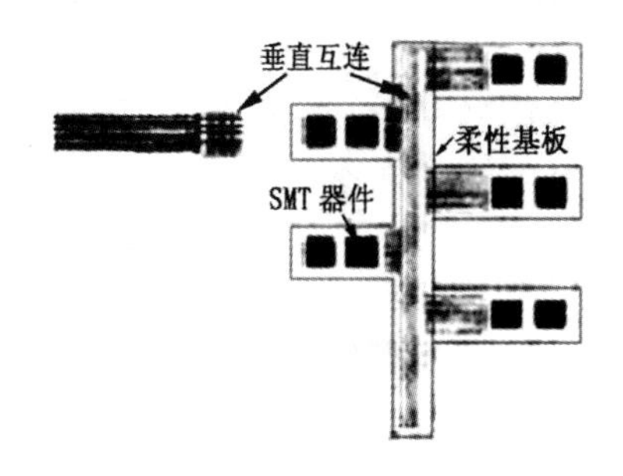

图4.3.18　可折叠的柔性电路

6)采用金丝垂直互连。一块芯片叠在另外的芯片之上，上下层芯片之间没有直接的信号传输，它们是通过基板实现互连。

子母芯片的叠层丝焊：如图4.3.19所示，一个小芯片放在稍大的芯片之上，大芯片是小芯片的承载体，形成金字塔形(或称为台阶形)的叠层结构。

相同尺寸芯片的叠层丝焊：将大量同一尺寸的裸芯片绝缘叠层。这种结构中，通常需要在两层芯片之间放置一层中空凸点来垫高两层芯片之间的距离，使底部的芯片有足够的高度来进行引线键合。

(2)芯片面互连形式。

1)无隔板的叠层芯片倒扣焊的方式：对芯片进行减薄，在芯片上打孔形成垂直互连的通孔，通孔上形成焊盘，然后把芯片叠在一起，以倒扣焊的形式实现互连。

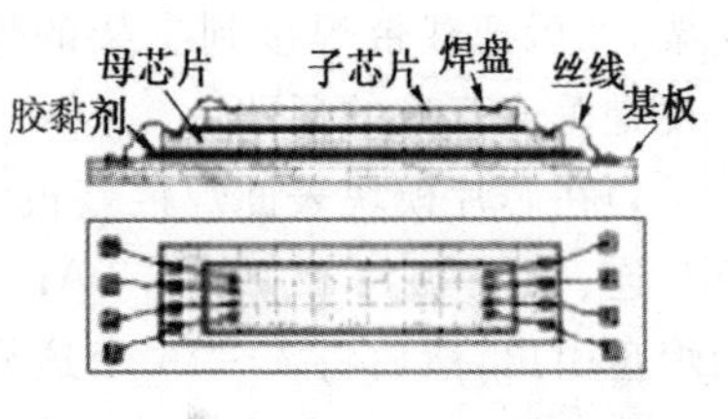

图 4.3.19 子母芯片的叠层丝焊

芯片打孔目前主要有四种打孔方式：激光打孔法、湿法蚀刻法、深度反应离子蚀刻法和光辅助电化学蚀刻法。

2)有隔板的叠层芯片倒扣焊的方式：如图 4.3.20 所示，与上述方式类似，只是另外添加了隔板来控制芯片之间的距离。

3)芯片上开有导热孔并采用微弹簧的互连：如图 4.3.21 所示，其中微弹簧桥以跳线的方式在相邻芯片的过孔之间形成互连。

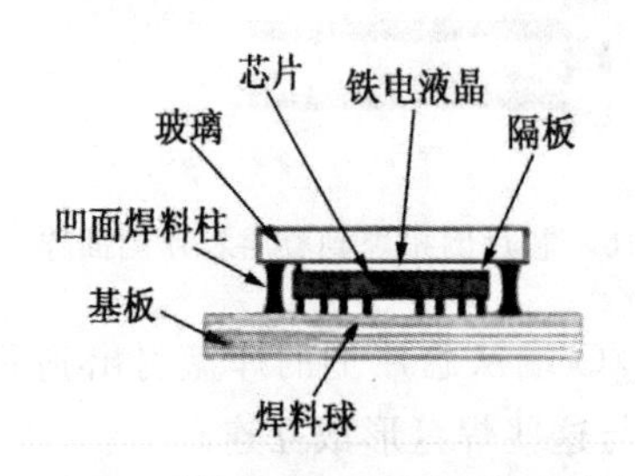

图 4.3.20 有隔板的叠层芯片倒扣焊的方式

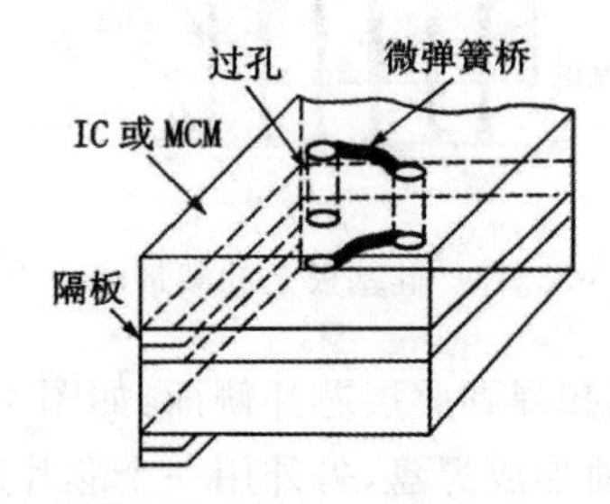

图 4.3.21 芯片上开有导热孔并采用微弹簧的互连

(3)3DMCM 叠层形式：是将 2D－MCM 连在一起而成。

1)采用 2D－MCM 的周边进行互连：把各层的输入输出端口布置在芯片边缘，然后通过倒扣的方式从边缘引出，实现叠层芯片的互连。

叠层 MCM 导带互连：如图 4.3.22 所示，2D－MCM 分别进行封装后放在托架上，再通过垂直互连的导带与托架实现电导通从而实现互连，垂直互连的导线总线另一端焊接到 PCB 上。

叠层 MCM 薄膜高密度互连：如图 4.3.23 所示，2D－MCM 黏在一起，垂直互连是在叠层基板的侧面采用沉积金属膜后，再光刻和电镀加厚实现的。

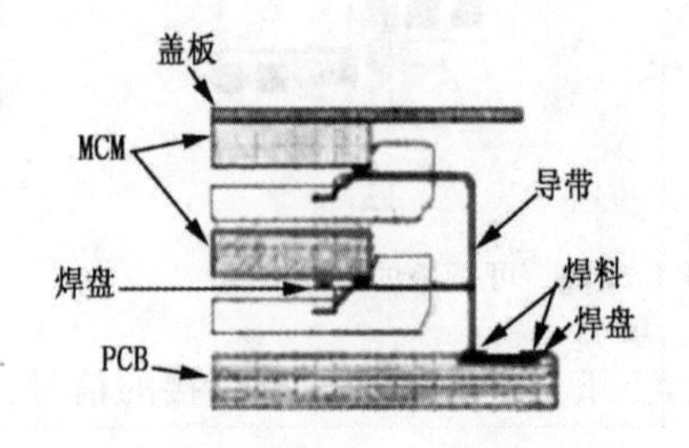

图 4.3.22 叠层 MCM 导带互连图

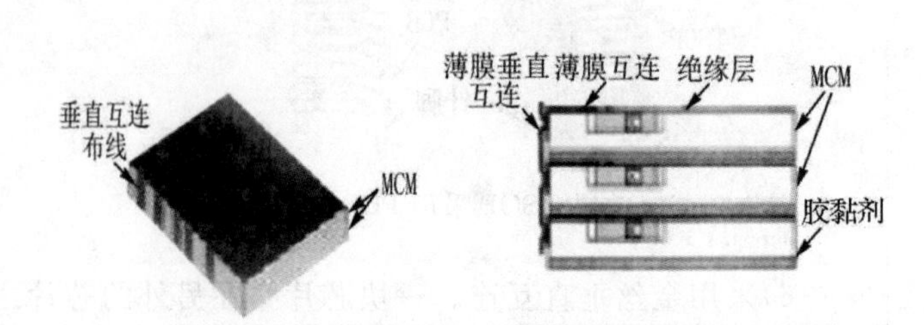

图 4.3.23 叠层 MCM 薄膜高密度互连

2)采用 2D－MCM 之间面互连的叠层形式。

通过隔板上的绒毛通孔实现垂直互连：如图 4.3.24 所示，芯片焊接在基板上，基板通过一个塑料隔板隔开。隔板内有空腔，芯片就嵌在空腔内。隔板和基板上都有通孔，基板通孔采用浆料填充，隔板通孔采用绒毛状金丝团填充，以便对基板通孔施加持久的弹性压力，保持良好的导通。

采用弹性体实现垂直互连：如图 4.3.25 所示，采用弹性互连体和过孔柱体实现垂直互连。基板上用激光刻出空洞，过孔柱体就埋入该空洞中。

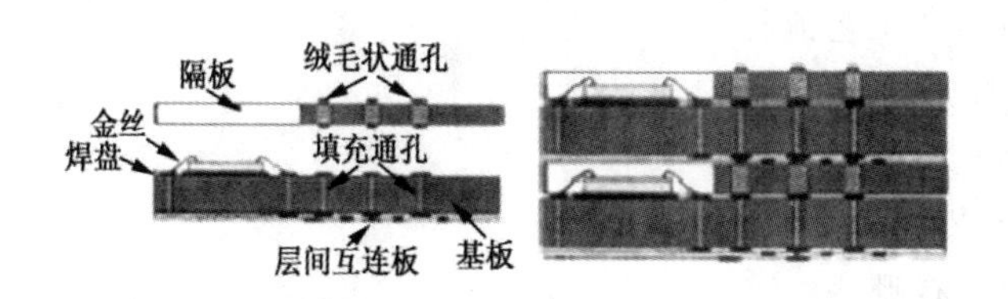

图 4.3.24　通过隔板上的绒毛通孔实现垂直互连　　图 4.3.25　采用弹性体实现垂直互连

各向异性导电材料的垂直互连：如图 4.3.26 所示，各向异性导电材料的特性具有在垂直方向上导通，在平面方向则没有导电性。

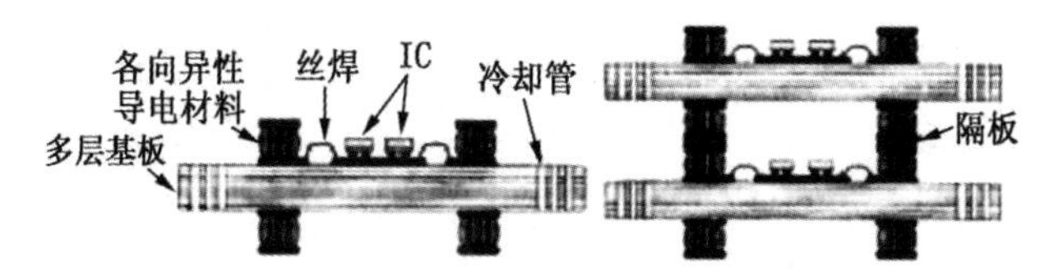

图 4.3.26　各向异性导电材料的垂直互连

焊料球阵列的垂直互连：如图 4.3.27 所示，基板上下面的焊料球压在一起，从而实现垂直互连。

硅基板内金属化通孔的垂直互连：如图 4.3.28 所示，在整块的硅基板上蚀刻出通孔，再进行金属化。在硅片通孔的两面形成各种不相同的焊盘，通过压力实现垂直导通。

面互连密度要比周边互连形式大得多，每一层电路的输入输出端口可布置在基板上任何位置，只要这个位置无元器件分布。从性能价格比上考虑，2D－MCM 的垂直互连是比较好的选择，2D－MCM 的垂直互连和芯片的周边垂直互连将是未来发展的方向。

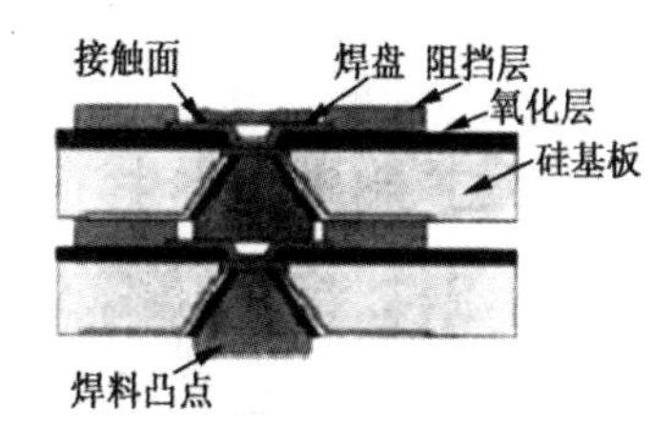

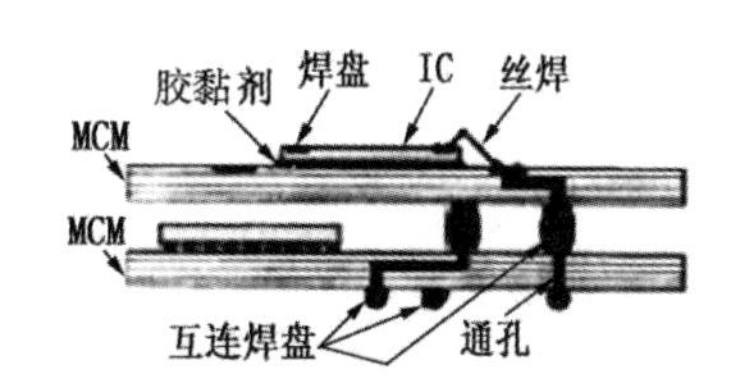

图 4.3.27　焊料球阵列的垂直互连　　图 4.3.28　硅基板内金属化通孔的垂直互连

思　考　题

1. 什么是集成电路?
2. 集成电路中的电阻和电容的制作结构是什么?
3. 简述集成电路封装的发展过程。
4. 数字集成电路的主要参数有哪些?
5. 简述集成电路制造前工程的技术内容和工艺流程。
6. 简述集成电路制造后工程的技术内容和工艺流程。
7. N 沟道 MOS 三极管制造的主要流程是什么?
8. 微电子组装技术主要包括哪些内容?
9. BGA 植球和倒装片的凸点制造的工艺流程是什么?
10. 什么是 MCM? MCM 芯片叠层形式有哪些?

第五章

印制电路板设计与制造技术

20 世纪 40 年代奥地利人保罗爱斯勒(Paul Eiseler)博士及助手第一个采用印制电路板制造整机收音机,并提出了印制电路板的概念。随着信息产业的飞速发展,极大地刺激了印制电路的大规模生产,在现代社会,可以说印制电路板无所不在。印制电路的设计是电子设计的精品,印制电路制造是现代制造技术的典范。印制电路的设计和制造质量直接影响整个电子产品的质量和成本,甚至影响到企业竞争的成败。采用电路板的主要优点是大大减少布线和装配的差错,提高了自动化水平和生产效率。

第一节　印制电路板概述

一、印制电路板定义、组成、分类和发展

1. 印制电路板的定义

印制电路板 PCB(Printed Circuit Board,PCB),也称印制线路板(Printed Wiring Board,PWB),简称印制板,是在绝缘基材上,按照预先设计好的电路原理图制成的印制线路、印制元件或两者结合的导电图形成品板。印制电路板组件(Printed Circuit Board Assembly,PCBA)是用印制板组装焊接电子元器件后的部件。印制板出现后,由于组装的一致性,可实现插装、贴装、锡焊和检测的自动化,保证了印制板组件的质量,提高了生产率,降低了成本,方便了维修。

2. 印制电路板的组成和功能

印制电路板由基板、铜箔蚀刻后形成的导电图形(印制导线、装配焊接电子元器件的焊盘)和表面涂敷层(阻焊和助焊)组成。印制板在电子设备的功能有:提供各种元器件固定、装配的机械支撑;实现板内各种元器件之间的电气连接、绝缘和特性阻抗等;为印制板内的元器件和板外的元器件连接提供特定的连接用焊盘;为元器件的插装、检查、维修提供识别字符和图形;为自动锡焊提供阻焊膜,为增加焊盘可焊性增加金属镀层。

3. 印制电路板的分类

(1)按印制板基材分为有机印制板和无机印制板。

有机印制板由树脂胶黏剂、增强材料和铜箔三种材料构成,即覆铜板。它是用增强材料,浸以树脂胶黏剂,通过烘干、裁剪、叠合成坯料,然后覆上铜箔,用钢板作为模具,在热压机中经高温高压成型加工而制成的,所以又叫覆铜板。有机印制板按绝缘增强材料不同可分纸基、玻璃纤维布基、复合基。复合基板面料和芯料采用不同材料,分纸芯-玻璃布面-环氧树脂、玻璃毡芯-玻璃布面-环氧树脂覆、玻璃毡芯-玻璃布面-聚酯树脂覆等。有机印制板按所采用的树脂胶黏剂不同进行分类,纸基分酚醛树脂、环氧树脂、聚酯树脂等;玻璃纤维布基分环氧树脂、聚酰亚胺树脂、聚四氟乙烯树脂等;复合基分环氧树脂、聚酯树脂等。目前在印制电路行业使

用最多的是环氧玻璃纤维布基板。

无机印制板按绝缘增强材料分陶瓷基、金属基。金属基有金属基底、金属芯、包覆金属，金属基底板在绝缘基材底部衬垫金属板，金属芯板绝缘基板中间夹有金属板，金属基印制板的金属板通常是铝合金板、钢板等，其特点是热传导率好，散热性好，机械强度高，适于装大质量的部件，防磁性好，耐热阻燃，尺寸稳定性好。陶瓷基通常用纯度为96%左右的氧化铝(Al_2O_3)烧结而成，板上导电图形材料是铜、银、金、钯和铂等。陶瓷基特点是散热性好、热传导率大、尺寸稳定性好、耐热性极好、机械强度高、高频特性好。陶瓷印制板大多作为厚膜和薄膜电路以及混合电路板，也可作为电路封装板和电路调谐器板，用于汽车发动机控制电路、录像机、VCD等装置中作为电源、发热组件部分的电路板。

(2)按印制板基材强度分为刚性印制板、柔性印制板和刚柔性印制板。

刚性印制板是用刚性基材制成的印制板；柔性印制板是用柔性基材制成的印制板，又称软性或挠性印制板，可弯曲折叠，能方便地在三维空间组装，减小了电子设备的体积和质量，可靠性高，在计算机、自动化仪、通信设备中广泛使用；刚柔性印制板是利用柔性基材在不同区域与刚性基材结合制成的印制板，它省去了连接器，连接可靠，重量轻，体积小。

(3)按印制板导电结构分为单面印制板、双面印制板、多层印制板。

单面印制板是仅有一面有导电图形，适用于电性能要求、器件安装密度都不高的收音机、电视机、仪器仪表等产品；双面印制板是板子两面上均有导电图形，要通过使用金属化过孔(Via)将两面的线路连接起来。其适用于电性能要求、器件安装密度较高的通信设备、计算机等产品；多层印制板由3层或3层以上导电图形与绝缘材料交替黏结在一起，层压而制成的印制板。多层板要求层间导电图形按需要通过金属化盲孔、埋孔和通孔互相连接。广泛使用的是4,6,8层电路板，计算机主机板是6～8层，不过理论上是可以做到近100层。

(4)按复杂程度分为简单印制板、复杂印制板和高复杂印制板。

简单印制板为元器件几个到的几百个，4层以下的印制板，包括大多数单、双面板；复杂印制板元器件几百到1 000个，高密度、高孔厚径比、4层以上或特殊结构的印制板。如计算机的主板；高复杂印制板元器件1 000个以上或含特殊元器件，16层以上，内层嵌入元器件、线宽线距小于0.1mm，孔厚径比大于10∶1，超大(800到几千mm)超厚(>5mm)，多种工艺混合的电路板。其一般用于通信设备、智能仪器、高性能计算机等高端产品。

(5)按用途分为民用印制板、工业用印制板和军用印制板。

民用印制板(消费类)如电视机、音响设备、电子玩具、照相机用印制板等；工业用印制板(设备类)如计算机用、通信机、仪器仪表用印制板等。军用印制板如宇航用印制板等。

(6)按特殊性分为高 T_g 印制板、CTI印制板、阻抗特性印制板、高频微波印制板、HDI印制板、埋盲孔印制板、无卤印制板和集成元件印制板。

1)高 T_g 印制板：当温度升高到某一区域时，基板将由“玻璃态”转变为“橡胶态”，此时的温度称为玻璃化温度(T_g)。通常 $T_g \geq 170℃$，称作高 T_g 印制板。T_g 提高了，印制板的耐热性、耐潮湿性、耐化学性、耐稳定性等特征都会提高和改善。

2)CTI印制板：CTI(Comparative Tracking Index)称之为相对漏电起痕指数，在高电压、污秽、潮湿等恶劣环境下使用的PCB(如洗衣机、制冷设备、电视机等)，会出现绝缘破坏、起火、表面碳化等问题。根据国际电工委员会(IEC)664A，950标准按CTI值大小将绝缘材料分成4个等级，Ⅰ级CTI值≥600，Ⅱ级CTI值为400～600，Ⅲa级CTI值为175～400，Ⅲb级

CTI 值为 100～175。

3)阻抗特性印制板:信号传输频率和速度越来越高,高到某一定值后,便会受到 PCB 导线本身分布参数的影响,造成传输信号的失真或丧失,这种“信号”传输时所受到的阻力,称为“特性阻抗”。特性阻抗印制板多为计算机、通信行业高速、高频信号传输所需用的多层印制板,要求特性阻抗为 40Ω,50Ω,75Ω,100Ω,公差为 5%～10%。

4)高频微波印制板:高频的定义是 300MHz 以上,即波长在 1m 以下的短波频率范围。这类印制板需选用低介电常数的基板,制造工艺同传统方法也有所不同。低介电常数基材介电常数一般在 4.7 以下,有聚四氟乙烯(PTEE)、聚酰亚胺(PI)、聚苯醚(PPE 或 PPO)、双马来酰亚胺三嗪(BT)、氰酸酯树脂(CE)等。

5)HDI 印制板:即高密度互连印制电路板(High Density Interconnection,HDI),是指导通孔的孔径/连接盘径(孔环径)(V/L)≤100μm/250μm;导线宽/间距(L/S)≤100μm/100μm;导通孔的孔密度≥60 个孔/平方英寸(93 万个孔/m^2);布线密度≥117 点/平方英寸(46 点/cm^2)的印制电路板。要达成这个目标,就需要应用积层多层板技术和及微孔技术。积层多层板(Build Up Multilayer,BUM)是通过逐层积层带有微细导通孔的绝缘体层导体层而制成,所以 BUM 为 HDI 的代表并成为其代名词。

6)埋盲孔印制板:通常埋盲孔印制板都是多层板。埋孔(buried via-hole)指的是未延伸到印制板表面的导通孔,通常孔径≤0.4mm,是金属化孔。

7)无卤印制板:按 IEC61249-2-21 标准,是指氯(Cl)、溴(Br)含量分别小于 0.09%,同时 Cl+Br 总量少于 0.15%的印制板。目前常用的 FR-4,CEM-3 印制板的阻燃剂多使用溴化环氧树脂,不是无卤基材。

8)集成元件印制板(Integrated Component Board,ICB):把元器件埋入或积层到 PCB 的内部,因而也可称为埋入元件印制板或元件嵌入式印制板。主要是埋入电阻、电容或电感的印制板,埋入无源元件后可以缩短线路,减少元件之间的距离,并增强电气性能。

(7)其他类型的印制板。

1)导电胶印制板:是指采用导电胶直接在基板或薄膜上印制导电图形形成的印制板。

2)单面多层印制板:是在单面电路板上制造多层印制板。能防止电磁波的干扰,不需要孔的金属化,成本低、质量轻、能薄型化。

3)多重布线印制板:是将涂有绝缘层的金属导线布设在绝缘基板上而制成的印制板。

4)模压印制板:是指采用热塑性工程塑料经过磨具注塑成型,并加工成线路的印制板。其形状是立体的,可进行三维空间立体布线,形状自由,尺寸稳定,除用作电路连接外,兼做设备框架、底座和连接器。

5)抗电磁干扰印制板:是在其电路图形表面涂有屏蔽层,起到隔离电磁波的作用。

6)平面电阻印制板:是在特别的阻抗覆铜箔板上,用通常的减成法制造工艺,将电阻和线路同时印制在绝缘基材上,形成带有电阻功能的印制电路板。

7)载芯片印制板:尚未封装的集成电路芯片装载在印制电路基板上的印制板。

8)积层多层板(Build Up Multilayer,BUM):通过逐层积层带有微细导通孔的绝缘体导体层而制成。

4.印制电路板的发展

由于印制板不断地向高密度、高精度、高可靠性方向发展,并相应缩小体积、减轻重量,因

而使其在未来电子设备向大规模集成化和微小型化的发展中，仍保持强大的生命力。印制电路板的发展可分为七代：单面印制电路板、双面印制电路板、多层印制电路板、以积层板为代表的高密度互连板（High Density Interconnection，HDI）、集成元件印制板（Integrated Component Board，ICB）、光电印制电路板（Optical Electrical Circuit Board，OEB）、多功能多层板（Multi - Functional Multi - Layer Board，MFB）和系统一体化基板（System Integration into Board，SIB）。

光电印制电路板 OEB（Optical Electrical Circuit Board）：将光与电整合，以光做信号传输，以电进行运算的新一代组装基板。印制电路板里既有光路层传输信号，又有电路层传输信号，这两种信号组合起来以发挥光与电各自的优势，达到信息采集、传输、处理和输出执行的最优组合，满足未来信息化技术发展的需求。表 5.1.1 是传统 PCB 与光电 PCB 的性能对比。

表 5.1.1　传统 PCB 和光电 PCB 的性能对比

传统 PCB	光电 PCB
能量消耗高	较少衰减和分散，长传导距离低能消耗
互连密度受制于 EMI	互连不受 EMI 影响，无地层或参考平面
低针密度（小于 50 针/in）	大针密度
直接调制或 GHz 载波调制	THz 载波调制
较小带宽	很大带宽
难于控制反射	易于控制过反射

二、印制电路基板的型号、特性和参数

1. 常见基板的型号

酚醛纸基板有 FR - 1 和 FR - 2，FR - 2 只能用冲床冲孔，不能用钻床钻孔；环氧纸基板有 FR - 3。

环氧玻璃布基板型号有 G10（不阻燃）、G11（耐热，不阻燃）、FR - 4（不阻燃）、FR - 5（耐热，不阻燃），FR - 4 具有良好的电性能和加工性能，可制作多层板用；聚酯玻璃布基板型号有 FR - 6。复合基板型号有 CEM - 1（纸芯-玻璃布面-环氧树脂，阻燃）、CEM - 2（纸芯-玻璃布面-环氧树脂，非阻燃）、CEM - 3（玻璃毡芯-玻璃布面-环氧树脂，阻燃）。

2. 基板的性能参数

（1）玻璃化转变温度 T_g：是高分子由高弹态转变为玻璃态，玻璃态转变为高弹态所对应的温度，是高分子链段由冻结到解冻，活动到冻结变点所对应的温度，是力学、热力学、电磁性、光学等物理性质发生突变点所对应的温度。高 T_g 印制电路基板 $T_g \geq 170$℃。

（2）热膨胀系数 CTE：等压条件下，单位温度变化所导致的长度或体积变化。

（3）介电常数 ε_r：介质在外加电场时会产生感应电荷而削弱电场，原外加电场（真空中）与最终介质中电场比值即为介电常数，又称诱电率。

（4）热裂解温度：使大分子化合物分解成小分子化合物的热能的温度。

（5）体积电阻和表面电阻：体积电阻为每立方厘米电介质对泄漏电流的电阻；表面电阻为

每平方厘米面积电介质对正方形的相对两边间表面泄漏电流所产生的电阻。它除取决于材料本身组成的结构外，还与测试时的温度、湿度、电压等条件有关，阻值愈大，绝缘性能愈好。

(6)吸湿性：纤维材料从气态环境中吸收水分的能力。

(7)热传导率：单位截面、长度的材料在单位温差下和单位时间内直接传导的热量。通常用回潮率或含水率表示，前者是指纤维所含水分质量与干燥纤维的质量的百分比，后者是纤维所含水分质量与纤维实际质量的百分比。

(8)抗挠强度：材料承受弯曲和拉伸的能力。

(9)抗剥强度：铜箔与增强材料之间的结合的能力，取决于胶黏剂及制造工艺。

(10)翘曲度：基板的平直度，取决于板材和厚度。

(11)耐焊性：基板在焊接时(承受融态焊料高温)的抗剥能力，取决于板材和胶黏剂。

常用印制电路基板性能参数见表 5.1.2。

表 5.1.2 常用印制电路基板的性能参数

基板＼性能	T_g ℃	X,Y 轴 CTE (10⁻⁶ / ℃)	Z 轴 CTE (10⁻⁶ / ℃)	ε_r (1MHz 25℃)	体积电阻 (Ω / cm)	表面电阻 (Ω / cm)	吸湿性 (质量百分比)	热传导率 (W/m·℃)	抗挠强度 kpsi
环氧玻璃布	125	13～18	48	4.8	10^{12}	10^{13}	0.1	0.16	45～50
聚酰亚胺玻璃布	250	12～16	57.9	4.4	10^{13}	10^{12}	0.32	0.35	97
聚四氟乙烯玻璃布	75	55	—	2.2	10^{14}	10^{14}	0	—	—
聚酰亚胺 CIC 芯板	250	6.5	+	—	10^{12}	10^{12}	0.35	0.35 / 57*	+
氧化铝陶瓷	—	6.5	6.5	8	10^{14}	10^{14}	0	2.1	44
瓷釉覆盖钢板		10	13.3	6.3～6.6	10^{11}	10^{13}	0	0.001	+
玻璃 / 聚砜	185	30	—	3.5	10^{15}	10^{13}	0.029	—	14

注：CIC 指铜钢铜 20 / 50 / 30 厚度比。＋由芯板和面板比例决定。＊由表面覆盖层和芯板材料确定。kpsi 为千磅每平方英寸。

3. 常用印制电路基板的名称、厚度、特点和应用

常用印制电路基板的名称、厚度、特点和应用见表 5.1.3。

表 5.1.3 常用印制电路基板的名称、厚度、特点和应用

基　板	标称厚度/mm	铜箔厚/μm	特　　点	应　　用
酚醛纸	1.0，1.5，2.0，2.5，3.0，3.2，6.4	50～70	价格低，强度低，易吸水，阻燃性差，不耐高温，介电常数高	中、低档民品如收音机、录音机等
环氧纸	1.0，1.5，2.0，2.5，3.0，3.2，6.4	35～70	价格高于酚醛纸板，机械强度，耐高温和潮湿性较好	工作环境好的仪器、仪表及中档民品

续表

基　板	标称厚度/mm	铜箔厚/μm	特　　点	应　　用
环氧玻璃布	0.2,0.3,0.5,1.0,1.5,2.0,3.0,5.0,6.4	35～50	价格较高,性能优于环氧酚醛纸基板,透明	工业、军用设备,计算机等高档电器
聚四氟乙烯玻璃布	0.25,0.3,0.5,0.8,1.0,1.5,2.0	35～50	价格高,介电常数低,介质损耗低,耐高温,耐腐蚀	高频、高速电路,航空航天、导弹、雷达
聚酰亚胺	0.2,0.5,0.8,1.2,1.6,2.0	12～35	可挠性,重量轻	各种需要使用挠性电路板的产品

第二节　印制电路板设计

印制板的设计质量不仅关系到组件在装配、焊接和调试中方便性,而且直接影响组装的产品质量,甚至关系到整机是否存在干扰问题。印制板的每个设计都有自己的风格与习惯,尽管它们都能达到一定的电性能要求,然而总可以选出更美观、更易安装、更可靠、更经济的作品,这说明印制板设计应循一定原则,以求得最佳效果。本节介绍印制板的一些设计原则,有关静电防护设计将在第十章讲。

一、基板、叠层、外形和外接设计

1.基板的选择

基板的选择一方面要根据产品的类别、性能要求和使用环境条件来选择,一方面要根据基板的材料、型号、厚度、特点和应用来确定。印制电路板外形尺寸较大或安装的元器件质量较大时,应选择结构强度高的板材。

在确定板厚时,要考虑如下因素:当印制板对外通过直接式插座连接时,必须注意插座的间隙,板厚一般选1.5mm,过厚插不进,过薄接触不良。不需受此限制时,板厚确定与板的尺寸与板上元器件的体积质量有关,板的尺寸过大或元器件质量过大(如大容量的电解电容、电源变压器等),可选择2.0mm或以上的覆铜板。多层板可选用0.2mm,0.3mm,0.5mm厚的覆铜箔板。

2.印制板叠层设计

(1)分层和层数。

分层:多层PCB板分为信号层、电源层和接地层。

偶数层:采用偶数层结构。奇数层需要非标准的层叠黏合工艺,随着多层电路板厚度的增加奇数层电路板因不同结构的复合而易弯曲等原因,经典的叠层设计几乎全部是偶数层。

层数:在相同PCB面积的情况下,电路板层数越多,成本越高,但考虑实现电路功能和电路板小型化,保证信号完整性、EMI、EMC等性能指标因素时,应尽量使用多层电路板。

(2)信号层与参考平面。电源层又叫电源平面,接地层又叫接地平面,它们都又叫参考平面,参考平面通常是没有分割的实体平面,它们为相邻信号走线提供一个好的低阻抗的电流返

回路径，对 RF 射频辐射能量向环境中传播具有屏蔽作用，接地平面隔离信号层比电源平面更好，所以信号层大部分位于电源平面和接地平面层之间，并应该邻近的参考平面紧密耦合。施绕信号线和受扰信号线与参考平面相邻且分别在参考平面的相对面可以减小串扰。电源平面常被分割成几个电压不同的实体区域，附近信号层上的电流将遭遇不理想的返回路径，所以要求数字信号布线要远离电源层。电源平面和接地平面相邻，电源退耦效果好。

(3)布线组合和布线方向。一个信号层所跨的两个层称为一个“布线组合”。信号层间转换，要保证返回电流可以顺利地从一个参考平面流到另一个参考平面，所以邻近层作为一个布线组合是合理的，一个经过多层的信号路径对返回电流而言是不通畅的。在同一信号层上，应保证大多数布线的方向是一致的，同时应与相邻信号层的布线方向正交。

印制板叠层设计实例，如表 5.2.1～5.2.3 所示，表 5.2.1 只适于板上元件密度足够低和元件周围有足够面积的场合。

表 5.2.1　四层板叠层设计结构

叠层结构 / 层数(作用)	叠层结构 1	叠层结构 2	叠层结构 3
第 1 层(顶层)	信号层	接地层(接地平面)	电源层(电源平面)
第 2 层	接地层	信号层，电源层	信号层
第 3 层	电源层(退耦)	信号层，电源层	信号层
第 4 层(底层)	信号层	接地层(接地平面)	接地层(接地平面)
分析	常规	EMI 抑制好、	EMI 与常规一样
注意和改进		信号层上电源用宽线走，降低电源和信号路径阻抗都变低	

表 5.2.2　六层板设计的叠层设计方案

方案 / 层数(作用)	方案 1	方案 2	方案 3	方案 4
第 1 层(顶层)	信号层(次含 RF)	信号层(不含 RF)	接地平面	信号层(次含 RF)
第 2 层	电源平面(屏蔽)	信号层(次含 RF)	信号层(含 RF)	接地平面
第 3 层	信号层(含 RF)	电源平面(退耦)	电源平面(退耦)	信号层(含 RF)
第 4 层	信号层	接地平面	接地平面	电源平面(退耦)
第 5 层	接地平面(屏蔽)	信号层(含 RF)	信号层(含 RF)	接地平面
第 6 层(底层)	信号层(次含 RF)	信号层(不含 RF)	接地平面	信号层(次含 RF)

续 表

方案 层数(作用)	方案 1	方案 2	方案 3	方案 4
分析	堆叠平衡	堆叠平衡	堆叠平衡	堆叠不平衡
注意和改进		第 1 层和第 6 层空白区域铜箔填充,第 1,2 层,第 5,6 层成对		第 3 层空白区域铜箔填充

表 5.2.3　十层板的叠层设计结构

叠层结构 层数(作用)	叠层结构 1	叠层结构 2
第 1 层(顶层)	信号层(次含 RF)	信号层(不含 RF)
第 2 层	接地平面	信号层(次含 RF)
第 3 层	信号层(含 RF)	电源平面(退耦)
第 4 层	信号层(次含 RF)	接地平面
第 5 层	电源平面(退耦)	信号层(含 RF)
第 6 层	接地平面	信号层(含 RF)
第 7 层	信号层(含 RF)	接地平面
第 8 层	信号层(含 RF)	电源平面(退耦)
第 9 层	接地平面	信号层(次含 RF)
第 10 层(底层)	信号层(次含 RF)	信号层(不含 RF)
注意和改进	第 1,3 层,第 4,7 层,第 8,9 层成对,使回路信号顺利返回恰当的接地层	

3. 印制电路板外形和尺寸的设计

在满足整机给予印制电路板的安装空间前提下,要考虑结构稳定性和提高材料利用率。结构稳定性由外形尺寸、安装元器件、基材结构强度来决定。振动条件下使用的电路板不易设计的尺寸过大。最经济、简单的外形是长宽比例不太悬殊的长方形。长宽比例较大的容易产生翘曲和变形,圆形和多边形的板利用率较低,异形板加工难度大。

印制板尺寸的确定要考虑到印制板上元器件的数量、尺寸和布局等,在确定板的净面积后,还应向外扩出 3~5mm(单边),以便于印制板的组装与在整机中的固定。当电路板使用导轨和插座固定时,应注意尺寸的配合。SMT 印制板的尺寸应在贴装设备最小尺寸和最大尺寸之间。在某些大批量的产品中,如收录机、电视等,有时为了降低制造成本,提高电路板自动装焊率,常把两块或三块面积小的印制板与主印制板共同设计成长方形,待装焊后沿工艺孔掰下,分别装在整机的不同部位上。

4. 印制板对外连接方式的设计

印制板只是整机的一个组成部分，因此存在对外连接问题，如印制板之间、印制板与板外元器件、印制板与面板之间等都需要相互连接。选择连接方式要根据整机结构考虑，总的原则应使连接可靠、安装调试维修方便。

二、焊盘、过孔、布局和走线设计

1. 焊盘设计

焊盘也叫连接盘，在印制电路中起到固定并连接元器件的作用，应该为每个元器件引出脚单独设计一个焊盘。

(1) 焊盘的类型。焊盘的形状跟元器件引线焊端形状和印制电路板布排的密集程度有关，各种焊盘形状如图 5.2.1 所示，常见焊盘形状有圆形、方形、椭圆形及岛形。

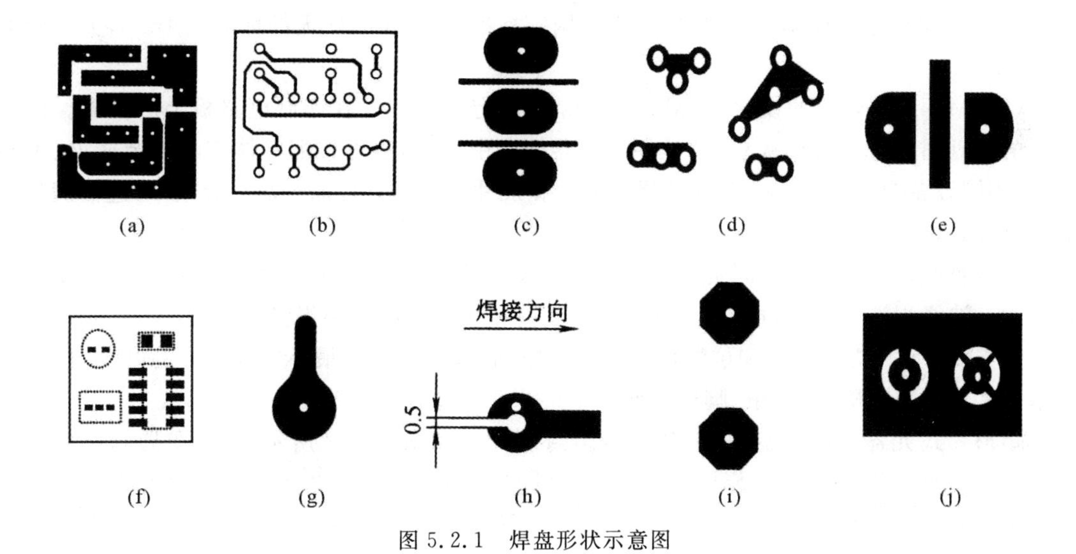

图 5.2.1　焊盘形状示意图

(a)自制板焊盘；(b)圆形焊盘；(c)椭圆形焊盘；(d)岛形焊盘；(e)灵活焊盘；(f)矩形焊盘
(g)泪滴式焊盘；(h)开口形焊盘；(i)多边形焊盘；(j)散热焊盘

图(a)所示为自制板焊盘。手工自制的印制板，电路简单，元器件大而少，采用这种形状的焊盘，只需用刀刻断或刻掉一部分铜箔即可，制作简单，易于实现，可通过较大的电流。

图(b)所示为圆形焊盘。焊盘与穿线孔为一同心圆，设计时，如板的密度允许，焊盘不宜过小，太小的焊盘强度不高，在焊接中易脱落。它是通孔插装典型焊盘，目前应用较多。

图(c)所示为椭圆形焊盘。这种焊盘有足够的面积增强抗剥能力，适用于布线密集的电路板。

图(d)所示为岛形焊盘。焊盘与焊盘间的连线合为一体，犹如水上小岛，故称岛形焊盘。用于元器件密集、铜箔面积大和布局不规则排列的印制电路板当中，特别是当元器件采用立式不规则安装时更为普遍。早期电视机、收录机等家用电器产品中几乎均采用这种焊盘。

图(e)所示为灵活焊盘。灵活设计，不拘于一种形式，可根据实际情况灵活变化，如由于线条过于密集，焊盘与邻近导线有短路危险，可改变焊盘的形状，以确保安全。

图(f)所示为矩形焊盘。SMT 元件焊盘常采用,四棱形管脚 THT 元器件也可采用。

图(g)所示为泪滴式焊盘。焊盘与印制导线圆滑过渡,增强了焊盘铜箔与基板的连接强度,走线与焊盘不易断开,而且有利于减少传输损耗,提高传输速率。

图(h)所示为开口形焊盘。为了保证在波峰焊后,手工补焊的焊盘孔不被焊锡封死时常用。

图(i)所示为多边形焊盘。用于某些焊盘外径接近而孔径不同的焊盘相互区别,便于加工和装配。

图(j)所示为散热焊盘。走线宽度大于 25mm 上的焊盘或采用大面积铜箔覆盖接地上的焊盘,为了防止焊接时受热过多,引起铜箔鼓胀或翘起,要采用这种焊盘。

(2)通孔插装焊盘及焊盘孔设计。焊盘孔径 d_1 和元器件引线直径 d 的关系:$d_1=d+(0.2\sim0.6\text{mm})$。1.6 mm 厚的板,选 0.2～0.4mm;2mm 厚的板或 $d\geqslant0.8\text{mm}$,选 0.4～0.6mm。

焊盘外径 D 和焊盘孔径 d_1 的关系:$d_1<2\text{mm}$ 时,$D=(2.5\sim3)d$;$d_1\geqslant2\text{mm}$ 时,$D=(1.5\sim2)d$;满足最小环宽($D-d_1$ 的一半):国家标准 0.20mm,航天部标准 0.4mm,美军标准 0.26mm。

(3)SMT 元件焊盘的设计。SMT 元件焊盘决定了元器件在印制电路板上的位置。标准尺寸的焊盘图形可以直接从 CAD 软件的元器件库中调用,也可根据具体产品组装密度、不同工艺、不同设备自行设计。一个好的焊盘形状和尺寸设计可以提高产品组装效率,进而满足产品可靠性要求。

不同企业、不同标准、不同资料、不同设备、甚至不同产品焊盘尺寸设计各不相同,而且相差较大。波峰焊选大焊盘,再流焊选中焊盘,手持或便携产品选小焊盘。

1) SMT 元件焊盘大小和位置设计。设计原则:以元件引脚最小实际尺寸为基准,按工艺要求和工艺条件向脚尖、脚跟、脚边外伸一个尺寸并考虑各类公差。

矩形片式元器件的焊盘:矩形片式电阻封装尺寸如图 5.2.2 所示,焊盘布局和尺寸如图 5.2.3 所示,矩形片式电阻封装尺寸与焊盘尺寸设计参考如表 5.2.4 所示。宽度为元器件的宽度 $W+K$,其中 K 为焊盘修正量。长度为 $T+b_1+b_2$,其中 T 为元件厚度,b_1 为焊端向内侧延伸长度,b_2 为焊端向外侧延伸长度,应保证焊点能够形成 40°～45°弯月面。

圆柱形元器件的焊盘:焊盘图形尺寸同矩形片式元器件,但必须设计凹槽。

翼形管脚和 J 管脚的 IC 焊盘:宽度为 $1.2W$(W 为元器件管脚宽度),即脚边外伸 $0.2W$;脚跟内伸 0.3～0.5 mm;脚尖外伸最小 0.3～0.5 mm,一般可使引脚在焊盘内侧 1/3 处。PQFN 封装还要进行散热焊盘和散热过孔的设计。

BGA/CSP 元器件的焊盘:最大直径等于 BGA 底部焊料球的直径,最小直径等于 BGA 底部直径加上贴装精度。通常焊盘直径小于焊料球直径的 20%～25%。

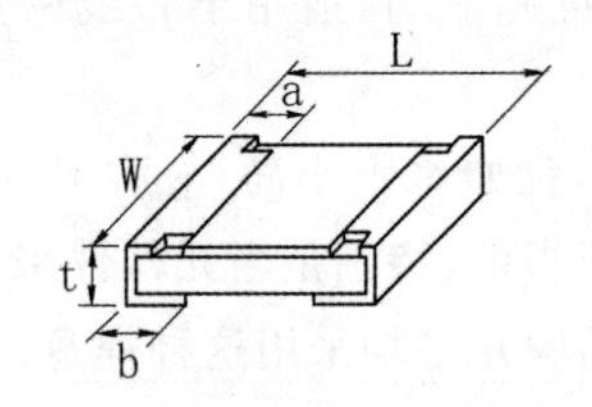

图 5.2.2　矩形片式电阻封装尺寸

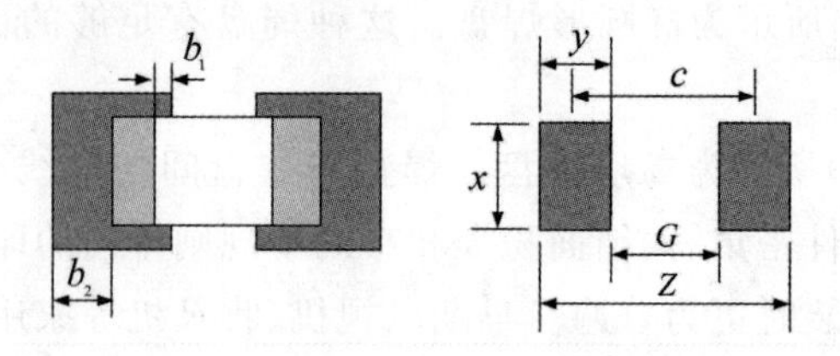

图 5.2.3　矩形片式电阻焊盘布局和尺寸

表 5.2.4　矩形片式电阻封装尺寸与焊盘尺寸设计参考　　单位：mm

公制/英制型号	元件尺寸				焊端延伸和修正量			焊盘尺寸设计		
	L	W	t	b	k	b_1	b_2	X	Y	C
3216/1206	3.2±0.2	1.6±0.15	0.5±0.1	0.5±0.2	0.2	0.5	0.8	1.8	1.6	2.8
2012/0805	2.0±0.2	1.25±0.15	0.5±0.1	0.4±0.2	0.2	0.4	0.6	1.5	1.3	1.9
1608/0603	1.6±0.15	0.8±0.15	0.4±0.1	0.3±0.2	0.2	0.3	0.4	1.0	1.1	1.7
1005/0402	1.0±0.1	0.5±0.1	0.3±0.1	0.2±0.1	0.2	0.3	0.3	0.7	0.9	1.3

2）采用再流焊 SMT 元器件的焊盘设计注意事项。采用再流焊接工艺的 SMT 印制电路板，由于不使用黏结剂固定元器件，在焊接过程中，当焊料处于熔融状态时，表面张力可能使元器件产生漂浮移位（漂移），这是必须注意的。

a. 焊盘大小要合适。如果太宽，元器件可能发生旋转；如果太长，元器件可能会漂移到另一边去；大小合适的焊盘应当是在焊点冷却以后，使元器件恰好处于两端焊盘的中间位置。

b. 对称使用的焊盘保持其形状与尺寸的完全一致，以保证焊点表面张力的平衡。

c. 在两个互相连接的元器件间，要避免采用单个的大焊盘。因为大焊盘上的焊锡张力将把两个元器件拉向中间。正确的方法是把两个元器件的焊盘用较细的印刷导线分开，如果要求导线通过较大的电流，可以并联两根或几根印刷导线。

d. 焊盘之间要留有足够的距离。有助于防止元器件在再流焊过程中漂浮移动，焊盘之间的距离不得小于 0.6mm (24mil)，一般应在 1.2mm(48mil)以上。

3)采用波峰焊 SMT 元器件的焊盘设计注意事项。

a. 沿设备传动方向，适当加长元器件的焊盘，保证其在焊料波峰中充分浸润。

b. 对 SOP 封装最外侧的两对焊盘加宽，以吸附多余的焊锡。

c. 小于 3.2mm×1.6mm 的矩形元器件，可在焊盘两侧做 45°的倒角处理

2. 过孔的设计

过孔只提供层与层之间的电气连接，所以又叫连接孔。过孔有贯通孔、盲孔和埋孔三种，贯通孔是顶层和底层之间的连接孔；盲孔是表面和内层之间的连接孔；埋孔是内层之间的连接孔。高密度电路板的盲孔和埋孔在 300μm 以下，并用树脂、金属、导电浆料完全填充，过孔焊盘大小在 0.65 左右，最小环宽 0.25 mm；一般电路板的过孔孔径 d 在 0.5～0.8 mm，孔径与厚度比为 1/3～1/5，过孔焊盘大小在 $2d$ 左右，最小环宽 0.25 mm。过孔用来散热时要多要大。

3. 元器件的布局设计

元器件布局就是将元器件放在印制电路板布线区内。它在印制板设计中至关重要，决定了板面的整齐美观程度、印制导线的长短、走向、多少等关键因素。元器件布局必须考虑焊接、检查、测试和安装等要求。

(1)元器件的一般布局。

1）布局范围。元器件不要占满板面，据裁板边缘（布线区边缘）要有 3～5mm 的距离。距离大小根据印制板的大小及固定方式决定。

2)安装形式。元器件在 PCB 上的安装方式有单面安装形式和双面安装形式，双面安装形

式又有三种：双面 SMT 安装形式；一面 THT，一面 SMT 的混合安装形式；SMT/THT/FPT/CMT 双面混合安装形式。不推荐双面 THT 安装形式。

3）THT 元器件安装方式。其有立式、卧式和嵌入式安装等，较高的元器件应采用卧式安装。元器件安装应在统一平面进行，不可上下交叉。

4）均匀分布。元器件在整个板面上应布设均匀，疏密一致，大质量的必须分散布置。

5）平行排列。一般电路尽可能使元器件平行排列，这样不但美观而且易于装焊。

6）同类元器件。尽可能相同的方向排列，特征方向一致，便于组装、焊接和检测。

7）间距。与元器件间距相关的因素有：元器件外形尺寸、加固空间、释放热量和电气间距，贴片机精度或插装所需间隙、布线空间、检查和返修空间等。

8）检测点。元器件焊盘不能兼做检测点，要另外设计专用的检测焊盘。高度超过 6mm 的元器件应尽量集中布置，以减少测试针床的复杂性。

9）基准标志。为了确保贴装精度，印制电路板上设有基准标志。可以是圆形、方形和三角形，在其对角处。

10）图形标志。字符和图形标志离焊盘距离应大于 0.5mm。

（2）再流焊 SMT 元器件的布局。

1）元器件长轴应与设备传动方向垂直以防止焊接过程中元器件的漂移或竖碑现象。

2）要把大功率器件分散开以避免工作时电路板上局部过热产生应力，影响焊点的可靠性。

3）双面贴装的元器件，两面体积较大的器件要错开安装位置，否则由于局部热容量增大影响焊接效果。

（3）波峰焊 SMT 元器件的布局。

1）SMT 元器件长轴应与设备传动方向平行，引线伸展方向应垂直于 PCB 的传送方向。

2）阴影效应。为了避免 SMT 元器件的阴影效应，同尺寸的元器件在平行与焊料波峰的方向排成一直线；不同尺寸的元器件应交错放置；小尺寸的元器件要排在大尺寸前面。当不能按要求布排时，SMT 元器件之间留有 3～5mm 的距离。

4. 走线（印刷导线）的设计

（1）走线的电感。两根走线靠近会有互感，距离越小，互感越大；走线与其接地平面上的走线也会有电感，电路板越薄，电感越小。

（2）寄生天线。电子设备中包含了各种寄生天线，只要存在电流环路，就可构成一个电流环路天线；只要存在电压驱动两个导体，就可构成一个电偶极天线；单极天线是导体与大地之间存在电压。

（3）走线间的串扰。走线间的串扰主要来自于相邻导体之间的互感和互容，依发生的位置不同可分成近端串扰和远端串扰。电容耦合串扰和电感耦合串扰产生的电压会在被干扰的位置产生累加效应，由于极性的相同和相反分别导致反向串扰和前向串扰。

（4）走线的拓扑结构。在外层布线时，走线的结构呈非对称性，称此类布线为微带线拓扑，微带线包括单线和埋入式；在内层布线时，常被称为带状线，带状线包括单线和双线、对称和不对称等结构形式。共面形拓扑结构可同时实现微带线和带状线的结构。

（5）走线设计的原则。

1）走线的长度。走线的长度要尽可能地短，以减少由走线长度带来的串扰问题。控制走线分支的长度。对时序有严格要求的数字电路要考虑两个方面：走线的长度保持一致；控制两

个器件的走线延迟为某一的定制。PCB的信号传播速度与PCB的材料、走线结构、宽度、过孔等因素相关。防止走线谐振,布线长度不能与信号波长成整数倍关系。

2)拐角设计。在拐角处,走线宽度会突然变宽,导致电路阻抗的不均匀,产生传输线阻抗断点和分布电容效应的加剧,等效于传输线上出现一个电容负载,产生反射现象。线间的夹角应大于等于135°,若确实要直角拐角,可将90°拐角变为两个45°拐角且拐角长度大于宽度的三倍或采用圆角。

3)线宽和线距。线宽由四个因素决定:负载电流、允许温升、板材附着力和加工难度。印刷导线铜箔厚度、宽度和载流量的关系,参见表5.2.5。有经验参考:电源线及地线在板面允许的情况下尽量宽一些,一般不小于1mm;对于长大于80mm的导线,即使工作电流不大,也应适当加宽以减小导线压降对电路的影响;一般安装密度不大的印制电路板,导线宽度不小于0.5mm为宜,手工制作的板子应不小于0.8 mm。在高速数字电路和射频电路中,线宽的变化会造成电路阻抗的不均匀,从而产生反射,所以应尽量避免线宽的变化。

导电图形电气间距见表5.2.6。在高频电路中,布线太密,容易产生自激。走线的间距大于走线宽度的2倍可减小串扰。

4)大面积铜箔设计。顶层和底层必须使用大面积铜箔时,最好用栅格状(十字铺地法和45°铺地法),有利于排除铜箔与基板间受热产生的气体。

表5.2.5 印刷导线厚度、宽度和铜箔载流量

线宽/mm	电流/A		
	铜箔厚度(35μm)	铜箔厚度(50μm)	铜箔厚度(70μm)
0.15	0.20	0.50	0.70
0.20	0.55	0.70	0.90
0.30	0.80	1.10	1.30
0.40	1.10	1.35	1.70
0.50	1.35	1.70	2.00
0.60	1.60	1.90	2.30
0.80	2.00	2.40	2.80
1.00	2.30	2.60	3.20
1.20	2.70	3.00	3.60
1.50	3.20	3.50	4.20
2.00	4.00	4.30	5.10
2.50	4.50	5.10	6.00

表 5.2.6 导电图形电气间距

导体间电压（直流或交流峰值）/V	最小间距/mm						
	光板				组件		
	B1	B2	B3	B4	A5	A6	A7
015	0.05	0.1	0.1	0.05	0.13	0.13	0.13
1 630	0.05	0.1	0.1	0.05	0.13	0.25	0.13
3 150	0.1	0.6	0.6	0.13	0.13	0.4	0.13
51 100	0.1	1.5	1.5	0.13	0.13	0.5	0.13
101 150	0.2	3.2	3.2	0.4	0.4	0.8	0.4
151 170	0.2	3.2	3.2	0.4	0.4	0.8	0.4
171 250	0.2	6.4	6.4	0.4	0.4	0.8	0.4
251 300	0.2	12.5	12.5	0.4	0.4	0.8	0.8
301 500	0.25	12.5	12.5	0.8	0.8	1.5	0.8
500	0.002 5 /V	0.025/V	0.025/V	0.003 05/V	0.003 05/V	0.003 05/V	0.003 05/V

注：B1 为内层导体；B2 为外层导体，未涂敷，海拔 3 050m 以下；B3 为外层导体，未涂敷，海拔 3 050m 以上；B4 为外层导体，永久性聚合物涂敷，任何海拔；A5 为外层导体，组件经敷形涂敷，任何海拔；A6 为外部元件引脚/端子，未涂敷，任何海拔；A7 为外部元件引脚端子/端子，敷形涂敷，任何海拔。

5）焊盘与走线的连接。如图 5.2.4 所示，走线应从焊盘中心位置引出，与矩形焊盘连接的导线应从焊盘长边的中心引出，避免呈一定角度；与较宽走线（如电源线和地线）连接的焊盘，中间要通过一段窄的长度大于 0.5mm 且宽度小于 0.4mm 走线过渡，通常称为隔热路径；与 SOP，PLCC，QF，SOT 等器件焊盘连接的走线一般应从焊盘两端引出。

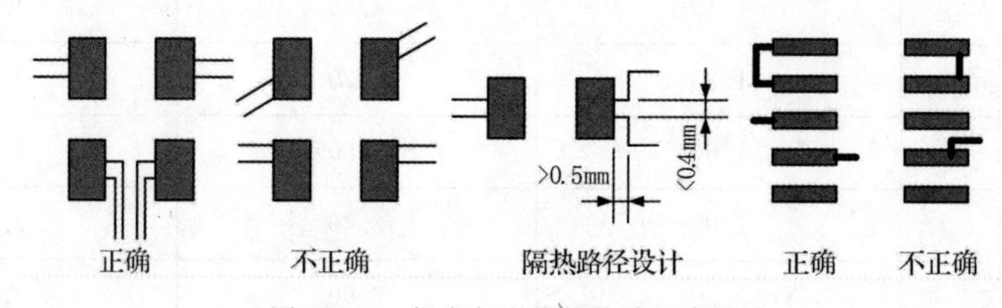

图 5.2.4 焊盘与走线的连接示意图

6）控制走线的方向。相邻层的走线成正交结构，避免将不同的信号线在相邻层走成同一方向。输入输出线应尽量避免相邻平行

7）控制走线特性阻抗和走线终端负载阻抗的匹配。当走线特性阻抗和负载阻抗一致时，将无反射，大于或小于负载阻抗将造成负载电压高于或低于信号源电压，分别称为正反射和负反射。信号输入输出阻抗与传输线阻抗应正确匹配，使负载阻抗等于传输线阻抗。

8）采用差分对走线。为了避免不理想的返回路径的影响，可以采用差分对走线。差分对走线的两个信号线之间的距离在整个走线上为常数。

9）不允许出现一端浮空的布线，要防止信号线在不同层形成自环。

10)设计接地保护走线。在敏感电路的两边并行走一对接地走线,串扰可减少一个数量级,这对接地走线就是保护走线。保护走线要求两端接地,可用接地平面来取代接地保护走线。

三、接地和去耦设计

1. 接地设计

(1)接地的分类。

安全地:采用低阻抗导体将用电设备的外壳连接到大地上,使操作人员不致因设备外壳漏电或静电放电而发生触电危险。安全地包括保护接地、防雷接地和防静电接地。

工作地:为了防止各种电路在工作中产生互相干扰,使之能够互相兼容地工作。根据电路的性质,将工作接地分为信号地(弱电地)、功率地(强电地)、电源地、屏蔽接地等。

屏蔽接地就是屏蔽网络接地,用来抑制变化的电磁场干扰。屏蔽接地分低频屏蔽接地、高频屏蔽接地和系统屏蔽接地。

功率地:高电压、大电流、强功率和强电磁干扰的地,如供电电路、继电器电路等。

信号地:为电子设备系统内部各种电路的信号电压提供一个零电位的公共参考点或面,以保证设备工作稳定,抑制电磁干扰。按信号特点分模拟地、数字地、高频地、小信号(敏感信号)地、大信号(非敏感信号)地。

按连接方式分为以下几种:

单点接地(一点接地):就是把某一个电路系统中的某一点作为接地的基准点,并以该点作为零电位参考点(接地平面),所有的电路的地都必须连接到这一接地点上。

串联单点接地:把某一个电路系统中各个需要接地的电路用地线串联起来,然后连接到同一个接地点上。串联单点接地会产生公共阻抗耦合干扰,越远离接地点的电路,干扰越大。

并联单点接地(并联分路式):把每一个电路系统中各个需要接地的电路分别用地线连接到同一个接地点,以使各电路的地电位不受其他电路的影响。

多点接地:把某一个电路系统中各个需要接地的电路直接接到距它最近的接地平面上,以使接地的长度最短,接地阻抗最小。

混合接地:是单点接地方式和多点接地方式的组合,一般是在单点接地的基础上利用一些电感或电容实现多点接地。

悬浮接地(浮地):就是将电路的信号接地系统与安全接地系统及其他导电物体隔离,从而可抑制来自接地线的干扰。

(2)地线干扰。

地线的阻抗:包括电阻部分和电感部分,电阻与导体长度成正比,与导体截面成反比;感抗与工作频率成正比,与导体的长度成正比。所以加粗的线对减小直流电阻是有效的,但对减小交流阻抗的作用很有限。

地线压:两个不同的接地点之间存在一定的电位差,称为地线压。

地线的公共阻抗耦合干扰:即地阻干扰,两个或两个以上的电路共享一段地电,由于存在地线的阻抗,地线的电位受到每一个电路工作电流的影响。一个电路的地电位会受到另一个电路工作电流的调制。这样一个电路的信号会耦合进入另一个电路,这种耦合称为公共阻抗耦合。

地环路干扰:电流流过接地回路产生的干扰称为地环路干扰。产生地环路干扰的原因很多,如两个接地点地电位不同、电容耦合形成接地电流、传输线或金属导体的天线效应等。

(3)接地设计原则。

1)电源地、机壳地、功率地、信号地要分别设置,以抑制它们相互干扰。信号地(弱电地)的接地方式可以有浮地式、单点接地式、直流浮地交流接地式(通过 $3\mu F$ 电容接地)三种,信号地外其他接地最后汇集到安全接地栓上,然后通过接地线连至接地极。

2)降低地电位差,必须限制接地系统尺寸。尺寸小于 0.05λ(最高频率信号的波长)时可采用单点接地;大于 0.15λ 时可采用多点接地;对工作频率很宽的系统要用混合接地。

3)在低频电路中,信号的工作频率小于 1MHz 时,布线和器件上的电感影响较小,而地线电路形成的环流产生的干扰影响较大,因而应采取一点接地;当信号的工作频率大于 10MHz 时,地电阻抗变得很大,应采用就近多点接地;当工作频率在 1~10MHz 时,如果采取一点接地,其地线长度不应超过 $1/20\lambda$,否则应采用多点接地法。

4)使用平衡差分电路,以减少接地电路干扰的影响。

5)需要用同轴电缆传输信号时,要通过屏蔽层提供信号回路,屏蔽层要 360°接地。

6)接地线要短且导电良好。如果长度大于干扰信号 $1/4\lambda$ 时,其辐射能力将大大增加。

(4)地线布局的技巧。

1)采用参考平面。参考平面能够提供非常低的阻抗通道和稳定的参考电压,可以控制串扰,为板内元器件提供屏蔽效应。一个理想的参考面应该是一个完整的、连续的和导电良好的实心薄板,而不是一个铜质充填或网络。

2)避免接地平面开槽。接地平面开槽增大了信号回流面积,易产生走线间串扰。注意防止连续过孔产生的切缝。

3)接地点之间的相互距离不应该大于最高信号频率或所关心谐波频率的 $\lambda/20$,最高频率和谐振频率信号的波长计算公式如下:

$$\lambda(\mathrm{m})=\frac{300}{f(\mathrm{MHz})} \qquad \lambda(\mathrm{ft})=\frac{984}{f(\mathrm{MHz})}$$

4)在电路板上铺设地线网络可以降低地线电感。在双面板上铺设地线网络的方法:顶层和底层分别铺设水平和垂直的地线,在交叉的地方用金属化孔连接起来,要求每根平行导线之间的距离大于 1cm 。

5)电源和地线的栅格。电源和地线的栅格节约了板面积,却增加了互感,适于小规模低速 CMOS 和普通 TTL 电路的设计。

6)电源和地线的指状布局。地线走在板的右边,当需要时,向左延伸;电源电走在板的左边,当需要时,向右延伸。这种布局大部分返回电流必须走过板子边缘的所有路径,以回到它们的驱动器,这引入了大量的自感和互感。其只适合低速 CMOS 和老式 LS-TTL 电路的设计。

7)最小化环面积。最小化环面积就是信号线与其回路构成的环面积要尽可能小,即信号的回路面积小。保持信号路径和它的地返回线紧靠在一起将有有助于最小化环路面积。

8)按电路功能分割接地平面。如图 5.2.5 所示,在一块电路板上,将数字电路、模拟电路、DC 电路、接口电路四个不同类型的电路的接地平面分割开来,并在接地平面用非金属的沟来隔离 4 个接地面。

9)按电路功能采用分块的局部接地面。振荡电路、时钟电路、数字电路、模拟电路等可以分别接在一个单独的局部接地面上。如图 5.2.6 所示,将数字/模拟电路采用分块的局部接地面。

10)参考层的重叠。当数字电源层与模拟电源层的一部分发生重叠时,两层发生重叠的部分就形成了一个很小的电容,为噪声提供从一个电源到另一个电源的路径,使隔离失去意义。

11)20H 原则。就是要确保电源平面对接地平面边缘至少缩入相当于两个平面之间层距的 20 倍,使 70%的磁通泄漏被束缚住。

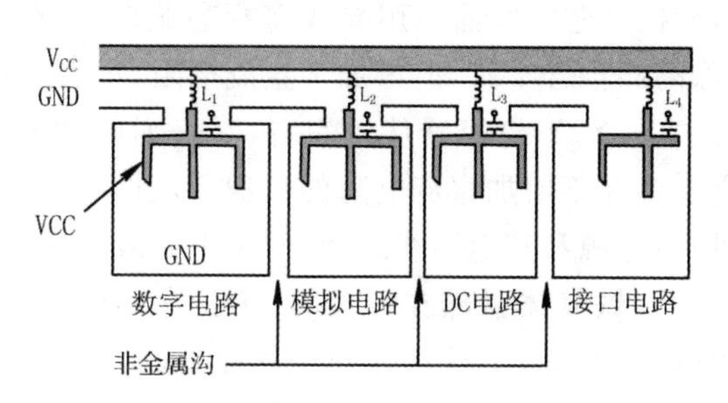

图 5.2.5 按电路功能分割接地平面

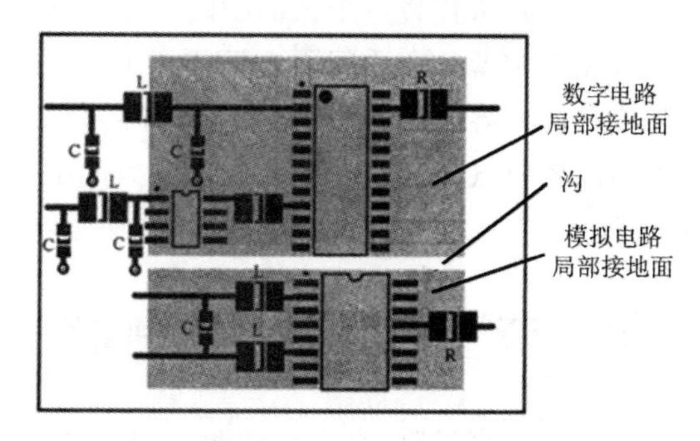

图 5.2.6 数字/模拟电路采用分块的局部接地

2. 去耦合设计

为了减少电源系统耦合噪声,通常需要为每个电路或每组电路提供去耦,将电源电路和信号电路隔离起来,消除电路之间的耦合。电容、电感、电阻电容(RC)和电感电容(LC)都可作为去耦滤波器。去耦电容是解决电源完整性的一个重要措施,其走线、焊盘、过孔将严重影响去耦效果。

(1)去耦合电容器的安装位置。去耦电容应靠近电源安装,这样可使电源的变化和噪声首先作用于去耦电容,从而起到很好的去耦作用。

(2)最小化去耦合电容器和 IC 之间的电流环路。

(3)去耦合电容器与电源引脚端共享一个焊盘,接地引脚通过通孔直接连接到接地平面,所有元器件都应使用最短、最宽的线条与它相连接。

(4)采用一个小面积的电源平面来代替电源线条。

(5)在每一个电源引脚端都连接去耦电容器。

(6)并联使用多个去耦电容器。并联使用多个去耦电容器可以有效降低等效串联电感(ESL)的影响,但应注意其反谐振效应的影响。反谐振效应指的是两个电容器并联使用时,当

小电容呈现感性时，大电容呈现容性，由于既有 L，又有 C，结果在此频率点处发生了谐振，阻抗值有一个大幅度的上升，这是绝对不希望出现的现象。

(7)降低去耦电容器的 ESL。把两个相同容值的去耦电容按相反方向安装连接在一起，使它们的内部电流所引起的磁通相互抵消。

(8)使用贴片三端电容器。贴片三端电容器与普通电容器不同，一个电极上有两根引线，使用时这两根引线串联在需要滤波的导线中。它接地电感小，可以解决并联使用多个去耦电容器所产生的反谐振问题。

(9)采用 X2Y 电容器替换穿芯电容器。用导线将穿芯式电容器串联起来，使电流强制通过它并耦合到地，可以消除高频耦合干扰，但增加了直流电阻；每条通路都需要安装它，增加了元件布局面积、复杂性和成本。X2Y 电容器从外表看，与普通贴片电容器的差别是增加了两个边，是一个四端器件；它能够在不增加直流电阻的情况下，使用一个器件就能隔离导线之间的差模和共模干扰，它使用在电源和其返回线之间，两条电源线之间。

(10)铁氧体磁珠的使用。铁氧体磁珠在低频时，感抗小，在高频时感抗大，损耗(损耗电阻)大，频率越大损耗电阻越大，即将 RF 噪声转化为热能，从而使高频干扰大大衰减。片式铁氧体磁珠有通用型、大电流型、低电阻型、尖峰型、磁珠阵列(磁珠排)、高频型。

(11)使用多个小型电源平面“岛”来代替一个大面积的电源平面。

(12)掩埋式电容技术。采用非常薄的介质间隔电源平面和接地平面的结构，可以认为其电源平面和接地平面在低频段是纯电容，且此时的电感非常小，可以略去。使用掩埋式电容技术可以有效改善电源接地板的高频电气特性。采用介电常数大的电介质材料可以获得单位面积更大的电容量。

第三节　印制电路板制造

印制电路产业是高技术、高投入、高风险、高利润产业。印制电路的制造技术集电子技术、计算机技术、光学技术、材料科学、自动控制技术、机械加工和印刷技术等多种学科和技术为一体。印制电路生产所用原材料和设备种类繁多，专业性强，工艺技术和设备更新换代快，生产环境要求高。

一、印制电路板的制造方法

现代印制电路制造工艺主要分为加成法和减成法。

(1) 减成法。减成法是在覆铜箔层压板表面上，有选择性地除去部分铜箔来获得导电图形的方法，有蚀刻法和雕刻法。雕刻法是用机械加工的方法去除不需要的铜箔，效率低、速度慢，不适合批量生产，只适合做产品试制；蚀刻法是采用化学腐蚀的办法去除不需要的铜箔，是当今印制电路制造的主要方法，它的最大优点是工艺成熟、稳定和可靠。

蚀刻法制造的电路板可分为非金属化印制板和金属化印制板，金属化印制板工艺包括图形电镀法和全板电镀法，图形电镀法用铅锡合金作抗腐蚀剂，要在成像、蚀刻前进行图形和孔的镀铅锡合金，此法比较常用；全板电镀法要用堵孔法和掩孔法来防止金属化在蚀刻中被腐蚀，用光致抗蚀剂作为图形保护膜，蚀刻后再全板镀铅锡合金，此法工艺简单，但无连接盘通孔制造困难，掩孔工艺易发生破孔现象。

(2)加成法。加成法是在绝缘基材表面上，有选择地沉积金属而形成导电图形的方法。它具有如下优点：

1)由于加成法避免大量蚀刻铜，以及由此带来的大量蚀刻溶液处理费用，大大降低了印制板生产成本，同时具有绿色环保的优势。

2)加成法工艺比减成法工艺的工序减少了约1/3，简化了生产工序，提高了生产效率。尤其避免了产品档次越高工序越复杂的恶性循环。

3)加成法工艺能达到齐平导线和齐平表面，从而能制造SMT等高精密度印制板。

4)在加成法工艺中，由于孔壁和导线同时化学镀铜，孔壁和板面上导电图形的镀铜层厚度均匀一致，提高了金属化孔的可靠性，也能满足高厚径比印制板，小孔内镀铜的要求。

20世纪40年代，美国航空局和美国标准局在1947年发起了首次印制电路技术研讨会，列出26种不同的制造方法，可归结为如下六大类：

1)涂料法：把金属粉末和胶黏剂混合制成导电涂料，用印刷法将导电图形涂在基板上。

2)模压法：在塑料绝缘基板上放一张金属箔，用刻有导电图形的模具对金属箔进行热压，这样受热受压部位的金属箔被黏合在基板上形成导电图形，其余部分的金属箔则脱落。

3)粉末烧结法：用图形模版将胶黏剂在基板上涂覆成导电图形，上面再撒一层金属粉末，然后将金属粉末烧结成导电图形。

4)喷涂法：用图形模版覆盖在绝缘基板上，把熔融金属或导电涂料喷涂到基板表面。

5)真空镀膜法：用图形模版覆盖在绝缘基板上，在真空条件下使用阴极溅射或真空蒸发工艺得到金属膜图形。

6)化学沉积法：利用化学反应将所需要的金属沉积到绝缘基板上形成导电图形。

上述方法都为加成法，由于生产工艺条件的限制，都没有能够实现大规模的工业化生产，但其中的有些方法直到现在还不断地被借鉴，发展成为新的工艺、新的方法。另外加成法还有丝印电镀法、黏贴法、打印法等，打印法有望成为未来的新宠，不过实现工业化生产还有很长的路。

二、印制电路板制造工艺流程

1. 单面印制板制造工艺流程

光绘制版(菲林底片)→下料(裁板)→数控钻孔→刷光→线路图形转移(湿膜或干膜)→蚀刻和去膜→阻焊图形转移(湿膜)→烘干固膜→文字图形转移(提前制作文字丝网模版)→表面涂覆(热风整平)→检验。

刷光使用刷板机(抛光机)进行，图形转移、热风整平等工艺流程和制造方法将在后面基本工序里讲。单印制板工艺简单、质量易于保证。

2. 双面印制板制造工艺流程

光绘制版(菲林底片)→下料(裁板)→数控钻孔→刷光→孔的金属化→线路图形转移(湿膜或干膜)→镀铅锡合金→退膜和蚀刻→阻焊图形转移(湿膜)→烘干固膜→文字图形转移(提前制作文字丝网模版)→表面涂覆(热风整平)→检验。

双面印制板与单面印制板工艺流程的主要区别在于增加了孔的金属化工艺，用铅锡合金作为抗蚀保护层。

3. 多层印制板的制造

(1)多层板的材料。多层板使用的材料是半固化片。半固化片是经过处理的增强材料浸上树脂胶液，再经热处理(预烘)使树脂进入B阶段而制成的薄片材料，大多采用玻纤布做增强材料。树脂热处理通常分为A，B，C三个阶段，在A阶段，液态树脂能够完全流动；在B阶段，树脂部分交联处于半固化状态，在加热条件下，又能恢复到液态状态；在C阶段，树脂全部交联，在加热加压状态下，会软化但不会液化。半固化片存放在温度21℃，相对湿度30%～50%下，存放期为三个月。

(2)多层印制电路板制造工艺流程。光绘制版(菲林底片)→下料(裁板)→冲定位孔→内层[孔的金属化、镀铅锡合金、线路图形转移、化学处理(黑化)、层压]→外层层压→数控钻孔→刷光→孔的金属化→线路图形转移(湿膜或干膜)→镀铅锡合金→退膜和蚀刻→阻焊图形转移(湿膜)→烘干固膜→文字图形转移(提前制作文字丝网模版)→表面涂覆(热风整平)→检验。

去抗蚀膜后的内层图形表面化学处理因表面呈黑色又叫黑化。黑化的工艺流程：上板→除油→水洗→微蚀→二次逆水洗→预浸→氧化→水洗→还原→热水洗→水洗→下板。

氧化主要是在铜表面生成一层均匀的氧化层，从而增大铜与树脂间的结合力。还原是将CuO部分还原成Cu或Cu_2O，形成比较稳定的氧化层。

如图5.3.1所示为多层印制电路板钻孔、图形转移、内层化学处理与层压流程：每一个基板对应一个副流程，每一种盲孔、埋孔对应一个副流程。副流程的特点是在作完该流程后必须再经历压板工序，主流程的特点是可按常规双面板的流程制作。

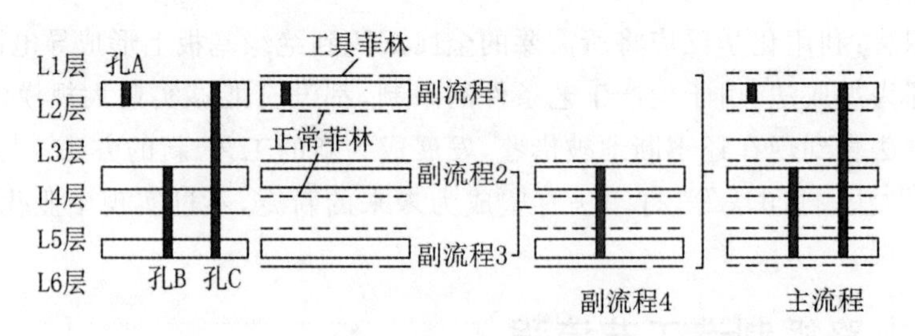

图5.3.1 多层板钻孔、图形转移和层压流程

副流程1：L1层为工具孔A/W(菲林底片)，L2层为正常A/W，制作L2层电路和盲孔A。

切板→钻孔→PTH(金属化孔)→内层D/F(图形转移干膜/湿膜)→镀铅锡合金锡和退膜→内层蚀刻→退锡→黑化。

副流程2：L3层为工具孔A/W，L4层为正常A/W，制作L4层电路。

切板→内层D/F→内层蚀刻→氧化处理。

副流程3：L6为工具孔A/W，L5层正常A/W，制作L5层电路。

切板→内层D/F→内层蚀刻→氧化处理。

副流程4：压板(L3～L6)→钻孔→PTH→内层D/F→镀铅锡合金锡和退膜→内层蚀刻→退锡→黑化。

主流程：压板→钻孔→PTH→外层D/F→镀铅锡合金和退膜→外层蚀刻。

在多层板的制造过程中，不仅金属化孔和定位精度比一般双面板有更加严格的尺寸要求，而且增加了内层图形的表面处理、半固化片层压工艺及孔的特殊处理。现多采用铜箔压板法

取代早期之单面薄基板之传统压合法，铜箔压板法其外层采用铜箔直接与半固化片压合。

(3)多层板的定位。多层板的定位分有销钉定位法和无销钉定位法两种。有销钉定位又分两圆孔销钉定位法、一孔一槽销钉定位法、三圆孔或四圆孔销钉定位法和四槽孔销钉定位法四种。四槽孔销钉定位法以基材的中心为基准，产生的伸缩尺寸呈四面均匀散射状态，从而使多层板层间误差减半，所以是目前普遍采用的方法。无销钉定位法先在内层图形边框外添加三个定位孔标记，再在内层图形边框外四角处添加四个工具孔标记并用专用铆钉铆接来保证层间重合度。无销钉定位法可直接使用铜箔和半固化片，省去多层板定位设备，节省制作内层电路时对外层的保护干膜，增加层压机每开口的压板数量。

(4)多层板的层压。多层板的层压是指利用半固化片在温度和压力的作用下具有流动性并能迅速地固化和完成黏结的特性，将导电图形在高温、高压下黏合起来。多层板的叠片常用的材料有电炉模板、不锈钢分隔板、离型剂，缓冲纸。离型剂常用聚四氟乙烯离型蜡，主要作用是清洁分隔板，使层压后多层板表面铜箔与分隔板表面易分离；缓冲纸常用专用牛皮纸与硅橡胶，其作用是降低传热速率，缩小多层板层与层间的温差，电炉模板应垫 10 层左右的牛皮纸。如图 5.3.2 所示，半固化片的填入张数由内层板厚度、设计厚度、固化片厚度、试压后实际厚度决定。可以在一套模具中同时叠片 1～8 块 4 层以上的多层板。

多层板的层压工艺流程为：铣削去定位孔铜皮→打定位孔(用专用打靶机)→入模预压(温度：175℃±2℃，压力：0.56～0.7MPa，时间：7～8min)→施全压及保温保压(压力：1.12～1.4MPa，时间：80min)→降温保全压(又叫冷压)(压力：1.12～1.4MPa，时间：80min)→出模，脱模→切除流胶废边→打印编号→后固化处理(温度：140℃，时间：4h)。

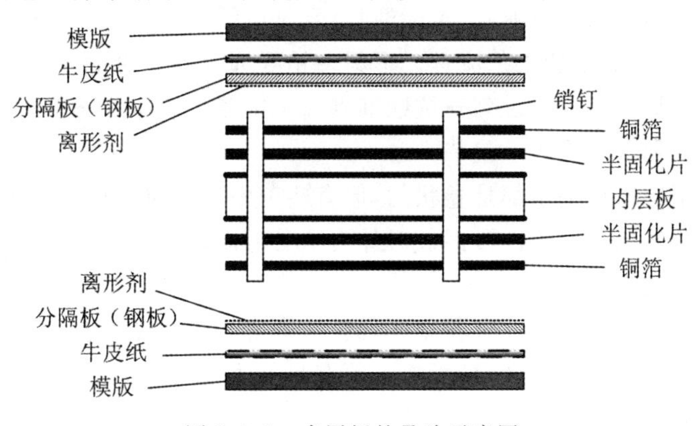

图 5.3.2　多层板的叠片示意图

预压压力大小一般由半固化片情况决定。预压时间受半固化片的特性、层压温度、缓冲纸厚度、印制板层数和印制板的大小影响。如果预压时间太短，即过早地施全压，会造成树脂流失过多，严重时会缺胶、分层；如果预压时间太长，即施全压太晚，层间空气和水分挥发排除的不彻底，间隙未被树脂充满，便会在多层板内产生气泡等缺陷。两热压机之压板间隔最佳时间为 90min。打印编号应及时用钢印在产品轮廓之外的坯料上压制出图号和记录编号，字迹必须清楚。

(5)去钻污和凹蚀。去环氧钻污和凹蚀是多层板孔金属化不可缺少的工序，它与多层板的孔化质量密切相关。去钻污和凹蚀的方法大致有四种：高锰酸钾去钻污、等离子去钻污、浓硫酸去钻污和铬酸去钻污。它们的优点和缺点如表 5.3.1 所示。

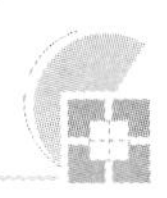

表 5.3.1　去钻污方法的优点和缺点

蚀刻剂	优点	缺点
高锰酸钾	可凹蚀，蚀刻均匀，微粗化结构，抑制灰层和沉渣，无露芯。对环氧树脂类效果好	反应慢，槽液有歧化趋势。对丙烯酸树脂类易渗入树脂中
等离子	不分树脂类型，可凹蚀，残余黏结膜可去除、孔内蚀刻均匀	设备投资大；间断工作方式、生产率低；有氟化物灰层；有些板面蚀刻不均匀
浓硫酸	费用低，投资少；操作简单；凹蚀明显	无粗化结构；吸水性强，易失效；产生沉渣和硫化物；反应太快，不易控制；不能对聚酰亚胺、聚丙腈作用；不能去除黏结性残留物
铬酸	蚀刻均匀，浓度范围大，能去除各种残余黏结膜	有毒性，废水处理困难；凹蚀不足

4. 柔性和钢柔性印制电路板的制造工艺流程

(1)柔性电路的材料。柔性印制板由绝缘基材、黏结片、金属导体层、覆盖层和增强板组成。绝缘基材为聚酰亚胺、聚酯、聚四氟乙烯和软性环氧玻璃纤维布等；黏结片的作用是黏合薄膜(绝缘基材)与金属箔，常用丙烯酸、环氧树脂等；金属导体层为压延铜箔；覆盖层是覆盖在表面的绝缘保护层，起到保护表面导线和增强基板强度的作用；增强板黏合在柔性板局部位置，起支撑和加强作用，常用聚酰亚胺、聚酯薄片、环氧玻纤布板、酚醛纸板、钢板、铝板。

(2)双面柔性电路板的制造工艺流程。下料→钻导通孔→孔金属化→铜箔表面清洗→抗蚀剂的涂布→导电图形的形成→蚀刻→抗蚀剂剥离→覆盖膜的加工→端子表面电镀→外形和孔的加工→增强板的加工→检验→包装。

柔性电路板所用的材料基本都是卷状的，但有些工序(如钻孔)必须裁成片才能加工，所以有常规工艺和卷带工艺之分。柔性覆铜板对外力承受力极差，所以与基本工艺大体一致，但有如下许多需要注意的地方：

1)使用专用的夹具和材料。孔金属化、电镀、蚀刻等要使用柔性覆铜板专用夹具；铜箔表面清洗滚要注意抛刷的长短和硬度；显影液必须有足够大的蚀刻系数。覆盖膜的加工使用较硬的压力缓冲垫和耐热性能好的丙烯酸类胶黏剂。

2)采用特殊工艺措施。钻导通孔要频繁对钻头状态进行检验；激光钻孔、等离子蚀孔和化学蚀孔需先对铜箔进行蚀刻，然后去除绝缘层形成通孔；液态抗蚀剂(湿膜)必须严格控制烘干条件，蚀刻后要根据蚀刻情况进行补偿修正。阻焊油墨的印刷需改变方向进行第二次漏印，以提高厚度和可靠性；在电路周围附设阴极图形，以吸收在电镀图形上不均匀的电流；电镀后要充分漂洗和干燥，防止凹处镀液积存发生化学反应。

增强板的加工流程：

增强板→选片→孔外形加工→对定位固定→热辊层压(离形膜保护)。

(3)多层钢柔性电路板的制造工艺流程。多层刚柔性电路板是在柔性电路板上再黏结两

个性刚外层，钢性上的电路和柔性层上的电路通过金属化孔相互连接。因此其结构比起双面柔性电路板来说，更加复杂更加多样性。

柔性下料→成像→蚀刻→退膜→表面处理→压覆盖层及柔性内层层压→表面处理→刚性层下料→成像→蚀刻→退膜→开窗口→黑化处理→钢柔多层印制板层压→钻孔→去毛刺→去钻污凹蚀→孔金属化→外层成像→图形电镀→蚀刻→退膜→阻焊绿油→喷锡→外形加工。

1)使用干膜成像以减少返工，显影和蚀刻时应用钢性板牵引。

2)刚性层只蚀刻作为内层的一面，然后进行窗口部位的加工，即从刚性层去除柔性部分。半固化片也要进行窗口加工，窗口比刚性外层稍大，以防止层压时窗口流胶。

3)采钢柔多层印制板层压用高压釜进行真空层压，并在柔性窗口部位加辅助板。可用开窗口冲掉的部分作辅助板，为了层压后辅助板容易取下来，要在钢、柔性部分的界面处控制进刀深度到板厚的 1/2 左右，铣一条槽。

4)钻孔选择性能优良的铝垫板，使用较高钻速和进给速度，钻孔前进行低温处理。

5)为了提高钢柔结合部位的可靠性，可在钢柔交界处涂上防止剥离的填充料，通常使用室温固化的硅橡胶。

6. 高密度互连印制板 HDI 制造

(1)BUM 结构。BUM 为 HDI 的代表，BUM 不下 200 种，按结构主要分带芯板的基本型积层和无芯板的全层互连积层板两大类；按制作工艺分半固化片型、RCC、热固性树脂、ALIVH、B^{2}it 五大类。RCC、热固性树脂和半固化片为带芯板的基本型积层板；ALIVH 和 B^{2}it为全层互连积层板，如图 5.3.3 所示，图(a)所示结构为基本型积层板，图(b)，(c)所示结构为全层互连积层板。

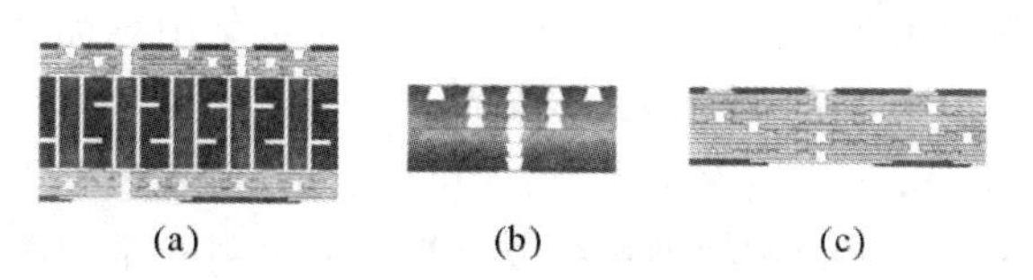

(a)　　(b)　　(c)

图 5.3.3　BUM 的结构方式和堆叠方式图

(a)有芯板顺序积层板；(b)z-向堆叠方式；(c)无芯板顺序咱们层板

涂树脂铜箔(Resin Coated Copper，RCC)是在极薄的电解铜箔(厚度＜ 18μm)的粗化面上涂覆上一层或两层特殊的环氧树脂，经烘箱干燥达到 B 阶段，取代传统的黏结片与铜箔的作用；热固性树脂有感光型和非感光型；ALIVH 使用芳纶非织布纤维胶片作为黏合材料，以导电浆料充填激光孔；B^2 it 通过一种导电胶凸块穿透半固化片来连接两个面的铜箔，因不需要钻孔、化学镀铜和电镀铜的工序，生产成本降低 1/3，互连密度有所提高。

(2)HDI 特点。HDI 具有三大特征：微孔、短细线、薄层化。其中微孔是它最主要也是最突出的特点。传输线变短可减少信号能量的损失，降低信号延迟、反射以及信号脉冲时序错误，减轻平行线之间信号干扰及其他噪声；核心板和增层中的介质厚度变薄，可使信号线与参考层间所形成回路的截面变小，自感降低，信号质量提高。微盲孔的优点：寄生电感小，厚度薄至 0.6mil，防止参考层被 PTH 刺破，可用填料填平，继续做叠孔或直接布线，采用 CO_2激光成孔速度快。

HDI 存在的问题：设备价格昂贵，投资庞大；板材(RCC、塞孔树脂、薄膜介质等)供应商少，价格昂贵；亚洲将成为 HDI 生产基地，但欧美却拥有品牌与市场以及最重要的生产设备与设计软件，利润分配不成比例。

(3)HDI 工艺流程。以 4 层结构的基板为板芯组装 6 层板的工艺流程如下：

{堵孔(灌封 T/H 树脂)→成像(ED 膜、重复式投影曝光)→蚀刻→热压(重叠 RCC)→钻孔(CO_2或 YAG)}→铜箔表面处理(旋转涂布催化剂)→全板电镀(脉冲电镀)}→阻焊(ED 膜)→端子表面电镀。重复“{ }”可以再积层更多层。

(4)脉冲电镀。脉冲电镀就是将直流电镀改为周期变化的脉冲电流进行电镀。脉冲电流波形的特点为：正反向脉冲宽度比为 20：1，电流峰值比为 1：2.5～1：3；脉冲周期 10.5ms。

脉冲电镀原理：传统的直流电镀印制板由于孔内的电流密度小于板面的电流密度，所以孔深方向中间部位的电流密度最小，镀铜厚度也最薄。脉冲电镀印制板尽管正向脉冲电流使板面和孔口的沉积上较厚的镀铜层，但是很大的反向脉冲电流又使板面和孔口处溶解出更多镀铜层，这样便可使板面镀铜层厚度与孔内镀铜层厚度差别减小，甚至没有差别，所以脉冲电镀印制板较好解决了高厚径比(5：1～20：1)、微小孔和盲导通孔的电镀问题。

三、印制电路板制造基本工序

1. 光绘制版

使用光绘技术制作印制电路板照相底片，速度快、精度高、质量好，而且避免了人工绘图、贴图、刻图制作照相底片时可能出现的人为错误，大大提高了工作效率，缩短了生产周期。光绘机有两种：矢量光绘机和激光光绘机。矢量光绘机通过光学头的移动来画线、曝光来形成光学图形；激光光绘机是用激光对菲林进行扫描产生图形的，其原理正如电视机显像管中电子枪扫描屏幕上的荧光物质一样。激光光绘机多采用气体激光器，如氩、氦、氖等，按结构可分为内圆筒式和外滚筒式，因为采用激光做光源，有容易聚焦、能量集中等优点，对瞬间快速的底片曝光非常有利，绘制的底片边缘整齐、反差大、不虚光。

光绘胶片一般为银盐软片，它由保护层、感光层(乳剂层或照相层)、辅助层、聚酯片基、防光晕层组成，其中感光层由卤化银和辅助剂组成。光晕分反射光晕和散射光晕，反射光晕把射到片基的光反射到乳剂层，使像点附近的乳剂感光，图像向四周放射；散射光晕由于乳剂的浑浊，光线像在雾中一样散射开来，使图像边缘模糊不清。消除光晕的方法是，用染料吸收全部乳剂层光线，常见的片基背面着红棕色明胶，即防光晕层，还可起到防翘的作用。

光绘制版工艺流程：检查文件→确定工艺参数→CAD 文件转 Gerber 文件→CAM 软件处理和输出。经光绘、冲洗后的底片应符合原图技术要求，图形准确，无失真现象，黑度均匀，黑白反差大，导线整齐，无变形等。

2. 印制电路板的机械加工

印制电路板机械加工的对象是覆铜箔层压板，其机械加工性能比较差，具有脆性和明显的分层性，硬度较高，对机械加工的刀具磨损大。加工过程中机械摩擦产生的热会使未完全固化的树脂软化呈黏性，增加摩擦阻力，折断刀具并产生腻污，因此需要采用硬质合金刀具，大进给量的切削加工，才可以保证加工的质量。

(1)外形加工。印制电路板外形加工有剪、锯、冲、铣等方法，其中剪、锯和冲的成本最低，适于外形精度要求不高的印制板，冲的方法在大批量生产时是最经济的加工方法。

1)剪切加工：采用剪床进行的，可用于下料，也可用于外形加工。用剪床加工印制板外形时，要以边框线作为加工基准。剪切加工精度差，有时加工后还需要用砂纸磨光，只能加工直

线外形，异形部分要用冲床和铣床加工。

2)冲床落料加工：根据所加工印制板的厚度、外形尺寸合理地设计冲头和凹模之间的间隙，可得到具有一定精度的外形尺寸。加工产效率高，加工印制板的一致性好，适合于大批量生产，但定位精度要求高。

3)铣床加工：加工方法比较灵活，适用于自动化生产，数控铣床适用于生产批量大，加工形状复杂，精度要求高的印制板。由于铣刀是圆柱形的，因而在设计印制板外形和异形孔时，必须允许转角处的过度圆弧要大于或等于最小铣刀半径。

(2)孔的加工。一般圆形孔加工有冲和钻两种方法，异形孔的加工方法有冲、铣和排钻等。现在一些新的钻孔技术包括微小孔径的冲孔、激光钻孔、等离子蚀孔、化学蚀孔等，可以进行微小孔的加工。

1)数控钻床钻孔。

钻头：如图 5.3.4 所示，印制电路板钻孔用钻头有直柄麻花钻头、定柄麻花钻头和铲形麻花钻头。直柄麻花钻头大多在单轴钻床上使用，装夹在可调节的夹头上，适于加工简单印制电路板和精度要求不高的印制电路板；定柄麻花钻头定位精度高，适用于多轴钻床上使用，装夹在专用夹头上，可实行自动装夹，专用夹头直径和定柄直径相同，有 ϕ2mm，ϕ3mm 或 ϕ3.175mm，一般为 ϕ3.175mm；铲形钻头是一种在定柄麻花钻头基础上对钻头刃部进行修磨，保留 0.6～1.0mm 棱刃长度，其余被磨去，使钻头在钻孔时减少棱刃与孔壁的摩擦，降低热量的累积，适用于多层印制电路板的钻孔。

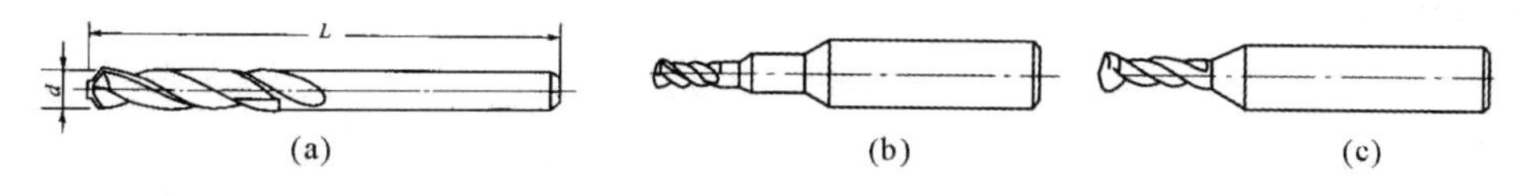

图 5.3.4　钻头外形图

(a)直柄麻花钻头外形；（b)定柄麻花钻头外形；（c)铲形

钻头的材料：采用以碳化钨粉末为基体，以钴粉作胶黏剂经加压、烧结而成的硬质合金，含碳化钨 94%，含钴 6%。由于其硬度很高，非常耐磨，有一定强度，适于高速切削，但韧性差，非常脆。为了使其具有更高的硬度和耐磨性，有的采用在碳化钨基体上化学气相沉积一层 5～7μm 的特硬碳化钛(TiC)或氮化钛(TiN)；有的用离子注入技术，将钛、氮和碳注入其基体一定的深度；有的用物理方法在钻头顶部生成一层金刚石膜。硬质合金的硬度与强度不仅和碳化钨与钴的配比有关，也与粉末的颗粒有关，超微细颗粒的硬质合金钻头，其碳化钨晶粒的平均尺寸在 1μm 以下，这种钻头不仅硬度高而且抗压和抗弯强度都提高了。

上、下垫板：是用来防止钻孔时板材颤动而钻偏或折断钻头，防止孔表面产生毛刺并将钻孔时产生的热量迅速带走的辅助材料。上、下垫板都要求不含树脂，否则钻孔时将腻污孔。

国内使用的上、下垫板是 0.3～0.5mm 厚的酚醛纸板、环氧纸板和铝板等，这些材料都不符合上、下垫板的要求。国外上垫板使用复合板，其上下两层为 0.06mm 铝箔，中间层为纯纤维质的芯，总厚度 0.35mm；下垫板普遍使用的是高密度纤维板，高孔质量使用铝合金箔波纹板，其结构是：两面是铝合金箔，中间是铝合金波纹板，胶接而成平整、光滑的复合板。当钻头钻透波纹板时，气流通过波纹板中的构槽，一直进入被钻的孔，经压力脚及与之相连接的管道吸入吸尘器，产生文氏管效应，吸尘效果非常好，残留的切屑少，孔特别干净。

数控钻床：数控钻床要求高稳定性、高可靠性、高速度和高精度才能适应现代印制板生产的需要。目前数控钻床采用笨重的大理石机身避免微小的震动；X,Y 轴分离，各 Z 轴单独驱动，速度高；交流伺服马达驱动，动力强；位置精度测量与反馈系统采用光栅尺，X,Y 导向采用气浮导轨，精度高，无振动；主轴采用空气轴承，钻速达$(1.5\sim16)\times10^4$ r/min；刀具库系统包括自动换钻和断刀自动检测功能；具有排钻功能，能以钻代铣；具有钻深控制功能；能钻深孔，孔径深度比为(1∶10)～(1∶20)。

(2)其他钻孔技术。

微小孔径的冲孔：由于采用冲孔精密化的模具，可冲切基材厚 25μm 的无胶黏剂型覆铜板的 $\phi50\mu$m 的孔。

激光钻孔：可以钻较细微的通孔，有受激准分子、冲击 CO_2、氩气等激光钻孔机，钻孔直径与光束大小有关，受激准分子加工的孔是最细微的，可加工 $\phi70\mu$m 以下的孔，但价格最贵。冲击 CO_2 钻孔质量不稳定，但能实现高速加工(30 000 孔/min)，孔直径限于 $\phi70\mu$m。

等离子蚀孔：等离子体是在射频能量发生器作用下，原子完全或部分失去电子层的状态，由离子、电子、自由基、游离基团和紫外线辐射粒子等组成，整体上呈电中性，具有很高的化学活性。等离子蚀孔是在真空容器和射频能量发生器作用下，以 CF_4，O_2，N_2 成为反应性的等离子，与树脂分子反应达到蚀孔的目的。等离子蚀孔可处理几乎所有的高分子材料，如聚酰亚胺薄膜，但不像激光那样垂直，所以会使孔呈喇叭形，且工艺一致性差。

化学蚀孔：价格最便宜，只能蚀无胶黏剂型覆铜板且蚀孔形状不好，也不实用，最常用的是 NaOH 或 KOH 水溶液。

激光钻孔、等离子蚀孔、化学蚀孔一般与冲切法组合使用。

3. 图形转移

把光绘底片上的印制电路图形转移到覆铜板上，称为图形转移。具体方法有丝网漏印法、光致成像法等。

(1)丝网漏刷。丝网漏印(丝印、网印、网版印刷)是一种古老的印刷工艺，因使用丝网而得名。先将尼龙丝或金属丝编成网，将其绷于网框上，用胶或漆在丝网上形成印制电路的镂空图形即网版，然后将覆铜板放在底板上定位，把油墨倒在丝网上，用合成橡胶或塑料刮板在丝网版面上刮动，使丝网与覆铜板直接接触，使油墨透过网版的镂孔部分附着到覆铜板上，形成所需要的图文。它的优点是：操作简单，成本低，具有一定精度，生产效率高、印刷种类多，缺点是：网版的耐力差，使用寿命有限。广泛用于印制电路板和厚膜电路的制造中。

1)丝网的分类：分为丝绢丝网、尼龙丝网、聚酯丝网、不锈钢丝网、镀镍聚酯丝网等。常用的丝网为尼龙丝网、聚酯丝网和金属丝网；按结构分平纹和斜纹；按形状分单丝、多丝和混纺；按目数分为低网目(200 目)、中网目(300 目)、高网目(>300 目)；按粗细分薄型和厚型。丝网的目数是指每平方厘米丝网所具有的网孔数目。丝网的目数要根据印料的黏度、图形的精度和涂层的厚度进行选择。

2)丝网印料：有抗蚀印料、阻焊印料、字符印料和导电印料等。抗蚀印料是具备耐化学腐蚀的印料，它分为热固型和紫外线固化型。阻焊印料其作用是防止电路腐蚀、潮湿引起电路绝缘性能下降、焊锡黏附在不需要的部分，防止铜对焊锡槽的污染。字符印料是印刷印制板上各种文字和符号的印料，这些文字和符号是为了装配和维修方便而设计的。导电印料是将金、银、铜、碳等导电填充物分散在连接料中，有金粉印料、银浆印料、铜浆印料和碳浆印料，它们在

印制板生产中，用于印制电路、插头、电镀底层、键盘触点、电阻等。

3)制作丝网模版：有直接法、间接法和直间接法。

a. 直接感光法制模版：把感光胶均匀地涂布在丝网上，经干燥后，直接盖上照相底版进行曝光、显影，得到所设计的电路图像模版。其特点为：工序少，失真小、操作简便，膜厚可调，耐印力较高，生产周期较短，分辨率不太高，图像边缘容易出现锯齿状现象。

b. 间接感光制模版：把照相底版和感光胶膜密合在一起，经曝光、显影形成图像，再将图像转移到绷了框的丝网上，经干燥和加压后，揭去聚酯薄膜片基制成膜版。

c. 直间接法感光制模版：将感光胶膜黏合到丝网上，经曝光、显影、干燥制成模版。

4)丝网印刷工艺工艺流程。

a. 固定丝网框架。选择合适的丝网的框架，用铰链或专用夹具装配在底板或工作台上，待丝网框架放平时，使丝网面距底板 3～4mm。若网印面积较大，丝网张力较小时，高度可放大到 5mm 左右。

b. 试印。将印料倒入框架内丝网上，先在白纸上试印，再在覆铜箔板上试印，发现问题，进一步调整，直至丝印合格为止。

c. 定位。有边定位法和销钉定位法，边定位要根据图形位置、大小，固定定位板条、定位角铁或定位用落料围框等，定位精度差，现在多采用销钉定位。

d. 丝印。将覆铜箔板按定位要求放置在固定位置，放下丝网框架，使丝网距覆铜箔板 1.5～2mm，然后用刮板以 50°角由前向后或由后向前用力均匀而平缓地刮压印料，使丝网与铜箔直线接触，刮印过后，丝网靠自身弹性复原，掀开丝网框架，用刮板将印料进行回刮封网，以免印料干燥而封闭网孔，同时取出覆铜箔板，检查网印质量。

丝印刮板材料为橡胶或聚氨酯，刀口应做成直角，若刀口圆钝，丝印时刀口和丝网便呈弧面接触，这时丝网和铜箔接触也呈弧面，在这种状态下漏印，先印下的印料又受到刮板后部的挤压，致使丝印图形扩散、失真、边缘毛糙。

丝印时如发现丝网黏附铜箔反弹不起来，造成丝印图形毛刺很多，模糊不清，或出现双影，说明丝网距底板太近。丝印中刮板与丝网的夹角，从理论上讲以 45°为佳。这时刮板和丝网的接触面是一条直线。夹角增大或缩小，都会使接触面加宽。但由于刮板的软硬、丝网张力的大小、丝印时用力的大小及刮板橡皮的弹性变形等因素的影响，实际上刮板和丝网的夹角为 50°较为合适。

e. 干燥。根据各种印料性质的不同，可分别采用自然干燥、高温烘烤及紫外光固化等。

f. 修版。发现印料图形上有砂眼、针孔及残缺不齐的线条等，可用描笔蘸相应的印料进行修补或用修版刀刮修。严重失真的图形，应返工重印。

(2)光致成像。光致成像是对涂覆在印制板基材上的光致抗蚀剂进行曝光，使其硬度、附着力、溶解性与物理性质发生变化，经过显影形成图像的一种方法。光致抗蚀剂是现代印制电路产业的基石。主要有光致抗蚀干膜(干膜)、液体光致抗蚀剂(湿膜)、电沉积液体光致抗蚀剂(ED 膜)三种。

光致抗蚀干膜：具有工艺流程简单，对洁净度要求不高和容易操作等特点，能制造线宽 0.1mm的图形，可同时用来掩孔，在光致成像工艺中占有大部分份额。但是由于铜箔表面缺陷或灰尘进入抗蚀剂下面易造成干膜与铜箔表面不黏合、易翘起而引起蚀刻断线的缺陷。解决此缺陷可采用湿法贴膜工艺，在贴膜前于铜箔表面形成一层水膜，利用水膜与可溶性干膜结

合形成的流动性，在贴膜机挤压下除去铜箔凹陷部位的气体，形成与湿膜相似的贴合性能。

液体光致抗蚀剂（湿膜、感光油墨、感光胶）：在光致抗蚀干膜之前出现，在干膜问世后，曾一度被干膜工艺取代，近年来随着电子产品向薄、小、密的方向发展，又重新获得了发展，它具有细线分辨率高、膜层厚度薄、耗材少、平整度要求也不高、性能价格比高等特点，其涂覆设备具有连续大规模生产的能力，但对操作条件和环境要求高，如板子的堆积必须格外小心，操作人员进入现场前必须通过风淋吹洗，以免带入尘土或纤维，造成图像缺陷。

电沉积液态光致抗蚀剂（简称 ED 膜）：是利用电化学反应将高感光胶体材料沉积到覆铜板上，形成一种均匀牢固的光致抗蚀膜。电沉积就是光致抗蚀剂的官能团经过亲水后，分散水中形成树脂基团，通电后树脂基团向着与基团极性相反的电极移动，在电极表面形成一层树脂层。它电路精度高，能保证微细导线制作，但初期投资高。

1）干膜法工艺流程：铜箔表面清洁处理→烘干（110℃±5℃，10～15min）→贴膜→曝光→显影→修版→蚀刻或电镀→去膜。

干膜由保护膜聚乙烯，光致抗蚀剂膜和载体聚酯薄膜三部分组成，光致抗蚀剂膜（感光胶膜）夹在中间。干膜依照显影和去膜方法的不同分溶剂型干膜、水溶性干膜和剥离型干膜，根据用途分抗蚀干膜、掩孔干膜和阻焊干膜。

2）湿膜法工艺流程：铜箔表面清洁处理→涂覆→预烘→曝光→显影（1%～2% $NaCO_3$，30～50℃）→烘干（80～100℃，2～5min）→修版→蚀刻或电镀→去膜（3%～5% NaOH，50～60℃）。

3）工序说明。

a. 铜箔表面清洁处理。目的是除去铜箔表面的氧化物、油脂或汗迹等。处理质量的好坏直接影响到干膜（或湿膜）和覆铜箔板的附着力，铜箔表面太平滑会造成附着力差，太粗糙会造成电镀时渗镀或蚀刻时的侧蚀。有手工清洗，机械清洗和化学清洗三种方法。

Ⅰ. 手工清洗：通常先用 5% 的稀硫酸或 10%～20% 稀盐酸泡去氧化层后，用木炭在流水下手工磨板，以除油和粗化板面。

Ⅱ. 机械清洗：按所用刷板机又分为磨料刷辊式刷板机和浮石粉刷板机两种。

磨料刷辊式刷板机：它的刷子有压缩型和硬毛型。前者可用于多层板内层板清洗，寿命短，后者可用于钻孔去毛刺或铜箔表面抛光。在使用时应注意控制放置板子位置，避免只使用中间段的刷辊，尽可能使左右和中间的刷辊磨损保持一致，使用一段时间后，当刷辊中间的磨损明显比左右两边大时，则需要对刷辊进行打磨整理或者更换。

浮石粉刷板机：采用低压喷砂使火山岩粉末（浮石粉）喷向铜箔表面，再以尼龙刷研磨。浮石粉刷板机处理过的印制板，铜箔表面清洁，无沟槽等划伤，表面与孔之间的连接不会被破坏，适合处理细导线印制板，但是浮石粉的硬度较小，使用一段时间后浮石粉的棱角就会被磨掉，必须再次更换，比较麻烦也增加成本，所以近来采用氧化铝粉末来代替。

Ⅲ. 化学清洗：先用碱性水溶液去除铜表面的油污、汗迹等有机污染物，水洗后再用酸性水溶液（5% 的稀硫酸或 10%～20% 稀盐酸）去除铜表面的氧化层粗化表面。化学清洗的特点是去掉铜箔较少，板材不受机械应力的影响，但是需要监测溶液以及进行废液处理。

清洁处理质量的好坏可以通过水膜试验来检查，方法是：取处理后的覆铜箔板完全浸入水中，将板子取出后垂直放置，表面应该均匀的附着一层水膜，水膜能保持 15s 以上不破为合格。清洁处理后，最好立即进行使用，若放置时间超过 4h，则应重新进行清洁处理再贴膜。

b.贴膜。贴膜前板面的干燥很重要。残存的潮气往往造成砂眼或贴膜不牢。贴膜在贴膜机上完成，先从干膜上撕下聚乙烯保护膜，然后在加热加压条件下将干膜黏贴在铜箔上。干膜中的抗蚀剂受热变软，流动性增加，借助热压辊的压力和抗蚀剂中胶黏剂的作用完成贴膜。贴膜后应放置15～20min使其稳定之后再进行曝光。

c.曝光。干膜和湿膜一样都采用紫外曝光，曝光条件会有所不同。影响曝光质量的因素有光源的选择、曝光时间、胶膜厚度等。光源的选择要求是干膜或湿膜光谱吸收主峰与光源发射主峰重叠或大部分重叠，各种光源中，镝灯、高压汞灯和碘镓灯是较好的，而氙灯就不太适合，70～80μm以下精密图形的曝光光源必须是平行光源。曝光时间是影响干膜(或湿膜)图像非常重要的因素，曝光不足，抗蚀膜聚合不够，显影时胶膜溶胀、变软，线条不清晰，色泽暗淡，甚至脱胶；曝光过度，将产生显影困难，胶膜发脆、余胶等问题。除此以外，底片的生产、储存和使用，曝光机的真空系统和真空曝光框架材料的选择，也会影响曝光成像的质量。

d.显影。利用稀碱溶液与光致抗蚀剂中未曝光部分的活性基团(羟基)反应，生成可溶性的物质溶于水，而曝光部分的干膜不发生溶解。显影方式可以是手工显影，也可以采用机器喷淋显影，生产中以机器喷淋显影为主。机器显影要控制好显影液的温度、传送速度、喷射压力等显影参数，掌握好显出点。显出点就是没有曝光的干膜从印制板上被溶解掉之点，通常显出点控制在显影室长度的40%～60%之内。

e.修版。其包括修补图像上的缺陷和除去与图像无关的疵点两个方面。修版液可用虫胶、沥青、耐酸油墨等。修版时应戴细纱手套，以防汗迹污染板面。

f.去膜。其分手工浸泡法和机器喷淋法。手工去膜简单，将板子上架后浸入去膜液，几分钟后膜层变软脱落。取出后用水冲洗即可将膜除去。机器喷淋去膜生产率高，但喷嘴易堵塞，要加消泡剂。

g.湿膜的涂覆。可以用帘式涂布、滚涂、丝网印刷和离心涂覆等方法。

Ⅰ.帘式涂布：广泛用于涂布液态感光阻焊油墨，能够保证涂层厚度，但在快速传送时，要安装特殊装置防止印制板飞出传送带，且一次仅能涂一面，在第二面涂布时容易造成缺陷。

Ⅱ.滚涂：可以对双面板的两面同时进行涂布，板厚和涂膜厚度也可任选，膜层的均匀性良好，高生产效率。

Ⅲ.丝网印刷：可通过选用不同目数的丝网和刮刀的硬度、丝印角度和压力，在基材表面留下不同厚度的感光胶膜。该方法生产效率低，清洁度不能保证，很难做出低缺陷的产品，但整个过程成本较低，在制作精度要求不太高的场合仍不失为一种好方法。

Ⅳ.离心涂覆：将感光胶涂在基材表面，然后使基材旋转，利用旋转时产生的离心力将感光胶均匀地涂布在基材表面。离心涂覆通常采用离心机或简易涂覆旋转装置，它比较适合于小板面高密度印制板制作和数量较少的场合。

h.湿膜的预烘。在相同的曝光条件下，预烘温度和时间不同，显影结果完全不同。预烘条件除与感光胶性能有关外，还与涂覆方式、胶膜厚度、烘箱温度均匀性、板子在烘箱中叠放的数量等因素有关。这是湿膜在使用中一个不容易掌握之处。对重铬酸盐体系光致抗蚀剂，预烘温度一般为40～50℃，对于新型湿膜，预烘温度一般为70～80℃。

4.孔的金属化

金属化孔就是把铜沉积在贯通两面导线或焊盘的孔壁上，使原来非金属的孔壁金属化，也称沉铜。在双面和多层PCB中，这是一道必不可少的工序。

(1)前处理。前处理是为孔壁准备活化中心,后处理为化学铜的沉积。

1)调整。目前使用的调整剂多数为碱性的,也有酸性的,甚至中性的。不同的板材,对调整剂的要求也不同,FR-4环氧树脂玻璃基板,各种调整剂都适用。但聚酰亚胺板材只有酸性与中性的调整才适用。对于相同板材上的各组成,同一调整剂对不同组成部分作用也不同。

2)微蚀。为了保证化学铜与基材上铜层的结合力,需对基材上铜层进行粗化。

3)预浸。预浸液与活化液的成分基本相同,其作用是预处理板材的孔壁与板面,让它们与活化液具有相同的组分,使活化剂更好的吸附。同时保护活化液,避免把水带入活化液,令活化液水解破坏。预浸液有酸性与碱性,决定于使用何种活化剂。

4)活化。其是形成化学沉铜或电镀铜必需的活化中心的基本步骤。其有胶体钯和离子钯两类。

a. 胶体钯:含 HCl,$SnCl_2$,$PdCl_2$,易被经过调整剂处理过的环氧树脂玻璃孔壁吸附,特别是在树脂上的吸附远大于玻璃纤维,所以树脂沉积铜的活性远强于玻璃纤维。

b. 离子钯:是一种碱性溶液,Pd^{2+}能被孔壁上吸附的Sn^{2+}还原为Pd,形成活性中心。它能使沉铜细密,但在孔壁上被还原而吸附的能力弱于胶体钯,化学铜沉积的难度大于胶体钯。

5)速化(加速、解胶)。吸附钯胶体的板经水洗由于水解作用Sn^{2+}形成了胶状物,这将影响活化中心Pd的活性,速化这步的作用实际就是解胶过程,提高Pd的活性。

(2)化学沉铜。要获得一定厚度,要考虑浓度、温度、时间和搅拌等因素,反应原理:

$$Cu^{2+}+2HCHO+4OH^{-}\xrightarrow[OH^{-}]{Pb}Cu+2HCOO+2H_2O+H_2\uparrow$$

(3)电镀铜。

1)电镀铜的电极反应。酸性硫酸铜镀液在直流作用下,在阳极上的主要反应为:$Cu-e\rightarrow Cu^{+}$快速反应,$Cu^{+}-e\rightarrow Cu^{2+}$慢速反应;在阴极上主要反应为$Cu^{2+}+2e\rightarrow Cu$。要获得高韧性的铜镀层要采用低$Cu^{2+}$高$H_2SO_4$和中等或偏低的电流密度才能实现。

2)镀液中各种成分的作用。镀液中含有硫酸铜$CuSO_4\cdot 5H_2O$、硫酸、氯离子($C1^{-}$)以及添加剂。硫酸铜$CuSO_4\cdot 5H_2O$是配制镀液的主盐,其溶解于水中能电离出Cu,是电镀时阴极上获得镀铜层的来源,并从铜阳极处不断得到补充,使镀液中的Cu^{2+}浓度处于相对稳定状态;硫酸在酸性电镀铜中的作用主要是提高镀液的导电性,防止铜盐水解并使镀铜层结晶细致;在镀液中加入活性强的氯离子($C1^{-}$)(如HCl,NaCl,KCl等),由于Cl^{-}存在,阳极溶解的Cu,几乎全部和Cl^{-}化合形成氯化亚铜(CuC1),并呈胶体状态吸附在阳极表面上,可对快速反应$Cu-e=Cu^{+}$起到抑制作用,防止阳极板钝化和呈蜂窝状,防止电镀铜层表面不平、灰暗和粗糙。

目前国内外所采用的镀铜液添加剂都是多种成分(24种)组合而成的,其中大多含有光亮剂、整平剂、润湿剂和分散剂等。没有添加剂的加入是不能电镀出令人满意的镀铜层来的。

3)工艺参数的影响。金属化孔要求金属层均匀、完整、与铜箔连接可靠,电和机械特性符合标准,镀层厚度12~25μm。工艺参数有温度、电流密度、搅拌与阳极特性等。

温度在镀液中的作用主要是通过添加剂来影响电流密度(电极电位)或沉积速度等来影响镀铜层质量的。温度提高,电流密度(即提高镀液的导电率)升高,加快电极处的反应速度,但温度过高,会加速添加剂的分解和消耗,同时会使镀铜层结晶粗糙,脆性增加,延伸率下降;温度过低,添加剂消耗量下降,但添加剂在镀液中的作用将减弱,甚至消失,会出现高电流区烧焦

现象。

电流密度的大小与镀液中的组成、添加剂、温度和搅拌等有关。为了提高生产率，在保证镀铜层质量的前提下，应尽量采用高的电流密度，以加快其镀铜的沉积速率。对于常规量产的PCB来说，电流密度大多在3A/dm左右。但对于高厚径比(>5∶1)的PCB大多采用低电流密度(如1.5A/d左右)。

搅拌可以降低浓差极化程度或扩散层厚度，从而提高阴极电流密度和生产率。搅拌可以通过阴极移动与振动、镀液流动(射流式的搅动)、压缩空气搅拌等来促进孔内镀液变换速率。

5. 电镀Sn/Pb合金

电镀Sn/Pb合金除作为耐碱抗蚀剂外，还用来作为可焊层。但目前电镀Sn/Pb合金纯粹用来作耐碱抗蚀剂，然后加以除去。磺酸盐体系由于其稳定性差已很少用，大多采用氟硼酸体系进行电镀。电镀Sn/Pb也与电镀铜等一样，必须通过严格控制工艺参数才能获得高质量的Sn/Pb合金镀层，其主要影响因素如下：

(1)电流密度。提高阴极电流密度可以明显提高合金镀层中Sn的含量。在高分散能力氟硼酸盐镀铅锡合金层中，最佳的操作电流密度范围为1.5～20A/dm^2，而静态(不搅拌)电镀时电流密度还应再降低0.3 A/dm^{2}为宜。

(2)温度。一般控制在15～25℃下。过低温度会使电流密度上限值下降(电流密度范围变窄)，还会使硼酸在镀液中结晶出来。温度过高会造成疏松海绵状或粗糙的“枝晶”状积层，还会加速Sn^{2+}氧化，导致添加剂等的分解加快，因而会导致镀层性能恶化。

(3)循环过滤与阴极移动。搅拌能使板面镀层组成含量比例均匀，但是搅拌会导致镀液中的Sn^{2+}由于带入空气而氧化，为此不采用搅拌(特别是空气搅拌)，但为了使合金组成稳定并且镀层厚度均匀，大多采用阴极移动的办法，另外为了除去沉淀物和颗尘等，要采用循环过滤。

(4)阳极的纯度。目前电镀Sn/Pb合金层只作为抗蚀刻层，因而Sn/Pb的比例可不严格要求，但是Sn/Pb合金阳极的中杂质元素如锑(Sb)、砷(As)、铋(Bi)等元素会污染镀液，并使阳极表面形成黏稠的黑色阳泥，阻碍阳极的正常溶解，降低阳极的电流效率。优质的阳极，表面仅有一层很薄的暗灰色膜，阳极电流效率接近100%。

(5)电镀时间。在电流密度一定情况下，镀层的厚度与电镀时间成正比。如果锡铅合金镀层只作抗蚀层，那么就要求锡铅合金镀层能耐碱性蚀刻溶液的侵蚀(或喷淋)即可，通常较薄，要求厚度为几微米。如果除要求其抗蚀外，还要将其热溶作为可焊性保护层，那么就要求镀层偏厚，通常要求厚度8～12μm为宜。

6. 化学蚀刻

化学蚀刻也称烂板。它是利用化学方法除去板上不需要的铜箔，留下焊盘、印制导线等所需要的电路图形等。铜印制电路图形除了采用光致抗蚀剂膜作为保护外，也可采用纯锡、锡铅合金、金、镍等作抗蚀层。常用的蚀刻溶液有碱性氯化铜、酸性氯化铜、三氯化铁、过氧酸胺、硫酸/铬酸、硫酸/过氧化氢等，碱性氯化铜蚀刻和酸性氯化铜蚀刻应用最广。化学蚀刻有浸入式、泡沫式、泼溅式和喷淋式。

(1)酸性氯化铜蚀刻机理：

$$Cu + CuCl_2 \longrightarrow Cu_2Cl_2 \qquad Cu_2Cl_2 + 4Cl^- \longrightarrow 2[CuCl_3]^{2-}$$

(2)碱性氯化铜蚀刻机理：

$$CuCl_2 + 4NH_3 \longrightarrow Cu(NH_3)_4Cl_2 \qquad Cu(NH_3)_4Cl_2 + Cu \longrightarrow 2Cu(NH_3)_2Cl$$

再生反应如下：

$$2Cu(NH_3)_2Cl+2NH_4Cl+2NH_3+O_2 \longrightarrow 2Cu(NH_3)_4Cl_2+2H_2O$$

总反应为

$$Cu+2NH_4Cl+2NH_3+O_2 \longrightarrow Cu(NH_3)_4Cl_2+2H_2O$$

以上述反应可看出，每蚀刻1mol的铜需要消耗2mol的氯化铵。所以蚀刻过程中，随着铜的溶解，应不断补充氨水和氯化铵。

(3)影响碱性氯化铜蚀刻速率的因素。

1)Cu^{2+}浓度。溶液中铜离子是作为主盐离子参与氧化反应的，其含量的大小对蚀刻速率有重要影响。随着铜含量增加，蚀刻速率亦有所增加，但当铜含量达到160g·L^{-1}以上时，速率反而会有所下降，因此铜含量最佳浓度范围应在120～160g·L^{-1}(最佳值145g·L^{-1})。

2)pH值。应保持在8.0～8.8之间。当pH值过低，对金属抗蚀层不利，铜不能被完全络合成铜氨络离子，蚀刻速率变慢，并在槽底形成泥状沉淀，可能损坏加热器或堵塞泵和喷嘴，给进一步蚀刻造成困难；当pH值过高，蚀刻液中氨过饱和，游离氨释放到大气中，导致环境污染，此外还会使蚀刻后铅锡表面发黑，增大侧蚀的程度，从而影响蚀刻的精度。

3)氯化铵浓度。氯化铵作为蚀刻盐和$[Cu(NH_3)_2]^+$再生盐，需要在操作过程中和氨水一起不断加入到溶液中去。浓度偏低时，蚀刻速率慢，溶液稳定性差，溶铜量低；浓度过高时，蚀刻速率也慢，并会由于Cl^+含量过高对锡铅抗蚀层产生腐蚀，故含量控制在100～150g·L^{-1}左右。

4)温度。蚀刻速率随着温度的升高而加快。温度低于40℃，蚀刻速率很慢，而蚀刻速率过慢会增大侧蚀量；温度高于60℃，蚀刻速率明显增大；同时NH_3的挥发量也大大增加，污染环境并使蚀刻液中化学组分比例失调，故一般控制在45～55℃为宜。

7.印制电路板可焊性处理

金属表面被熔融焊料湿润的特征为可焊性，为了保证印制板有较长的保存期以及使用时其表面仍能保持良好的湿润作用，必须对其表面进行保护或进行可焊性处理。金属涂敷可提高印制电路的导电性、可焊性、耐磨性、装饰性、电气可靠性及延长PCB的使用寿命，常用的涂覆层材料有金、银和铅锡合金等。

(1)热风整平(涂覆铅锡焊料)。热风整平焊料涂覆工艺简称热风整平，就是把印制板浸入熔融的铅锡焊料中，然后在两个风刀之间，用压缩空气将板面上和金属化孔内的多余的焊料吹掉，得到平滑、光亮、厚度均匀的焊料涂覆层。热风整平具有涂层组成始终保持不变、厚度可控等优点，但铜的溶解会污染焊料槽、铅的使用会污染环境，且生产成本高、热冲击大。

热风平整包括前处理、涂覆助焊剂和热风整平三道工序，工艺参数有焊料温度(235℃±5℃)、风刀温度(250℃±5℃)、风刀压力(136～238 kPa)、风刀间距(0.95～1.25cm)、风刀角度、浸涂时间(2～4s)、印制板上升速度等，涂厚厚度与风刀压力、风刀间距、风刀角度、浸涂时间、印制板上升速度有关。

(2)有机可焊性保护剂(OSP)。有机可焊性保护剂，又称耐热预焊剂，俗称防氧化剂。OSP膜工艺简单，成本低廉，由于工艺连续而生产率高，提高了板面与焊盘的平整度，但所形成的保护膜及薄，易划伤。

涂覆工艺流程：除油→微蚀→水洗→酸洗→OSP药液→冷水清洗→干燥。

OSP药液配方：烷基苯并咪唑(8～18g·L^{-1})、有机酸(10～20g·L^{-1})、氯化铜(0.1～

1.0g·L^{-1})、去离子水(0.1～1.0g·L^{-1})、pH值(4±0.5)、温度(30～40℃)、时间(1min)。

(3)化学镀镍金。化学镀无需外接电源，镀层均匀，特别适于印制板上不连续电路图形的电镀。化学镀镍金的涂层厚度均匀，电阻值低，表面平整度高，印制板不受热冲击，但成本高。

化学镀镍金工艺流程：裸铜印制板→丝印阻焊膜→清洁除油→水洗→弱酸腐蚀→水洗→活化→水洗→化学镀镍→水洗→化学镀金→金回收→水洗→吹干。

活化铜表面有锌粉悬浮活化处理法、钯活化后胺盐处理法和胺盐活化液处理法三种。

化学镀镍以次磷酸为还原剂，配方为：硫酸镍(20g·L^{-1})、$C_6H_8O_7 \cdot H_2O$(20g·L^{-1})、次磷酸二氰钠(15g·L^{-1})、亚铁氰化钾(1.5/10^5)、pH值(4～5)、温度(60～70℃)、沉积速度(15～20μm/h)。

化学镀金通常是先发生置换反应，在镍层上沉积出金，再用氧化还原反应使金加厚。化学镀金液配方为：氰化亚金钾(0.5～2g·L^{-1})、氯化铵(70～80g·L^{-1})、柠檬酸胺(40～60g·L^{-1})、次磷酸钠(10～15g·L^{-1})、pH值(4.5～5.8)、温度(<90℃)、时间(1min)。

思　考　题

1. 画出印制电路板分类图？什么是HDI印制板？
2. 印制电路板的发展可分为哪几代？
3. 印制电路板设计基本考虑因素有哪些？
4. 印制电路板通孔安装焊盘有哪几种？
5. 如何在不同焊接工艺下进行SMT元器件的焊盘设计？
6. 温度对元器件和电子产品有何影响？
7. 简述单面板、双面板和多层板制造的工艺流程。
8. 制作双面印制电路板时为什么一定要有沉铜工艺？
9. 什么叫半固化片？多层板的层压是如何进行的？
10. 印制电路板孔的加工、图形转移有哪几种方法？
11. 影响碱性氯化铜蚀刻速率的因素有哪些？
12. 写出化学镀镍金的材料配方。

第六章

整机电路原理设计和分析基础

整机电路原理图设计和分析要有较高的理论和实践基础，只有不断学习才能具备独立分析和设计电路的能力。要根据产品所有电路图全面地认识电路，需要了解电路的结构原理、特点，信号的产生、传输过程，电压、电流的各种变化、各部分的功能、各元器件的作用等。

第一节　电路中的概念、元器件和单元电路

一、电路中的基本概念

1. 电路的四种状态

通路状态：一个功能完整的电路，开关接通之后称为电路的通路状态。

短路状态：电路中不该接通的两点之间连接通了，称为这两点之间电路的短路状态。

开路状态：电路中不该断开的两点之间断开了，称为这两点之间电路的开路状态。

接触不良状态：开关或电路的某一个点不能可靠地接触上，一会儿能接触上，一会儿又接触不上，称为接触不良状态。

2. 电流、电压和电功率

电流：产生回路电流必须同时满足两个条件，即电路必须成回路和回路中要有电源。

电位：将单位正电荷从电场中某一点移动到参考点所做的功称为该点的电位。

电压：电场中两点之间的电位之差（电位差）称为电压。交流电压的频率、周期、最大值、有效值、平均值等定义与交流电流的相同。

电源电动势：衡量电源转换电能能力的物理量，它的大小等于外力将单位正电荷从电源负极经电源内部移动到正极所做的功。

电源端电压：电源正、负极之间的电位差。

电源内阻：电源两个电极之间的电阻。当电源内阻为零或电源不接负载时，电源端电压等于电源电动势；电源内阻大小不同时，电源端电压大小也不同，电源内阻愈小愈好。

分贝：分贝是一种计量单位，用来表示声音和电信号的大小。例如一个放大器的输出功率为 P_2，输入功率为 P_1，则 $10\lg(P_2/P_1)$ 等于分贝。

电平：表示电功率、电压和电流相对大小的量。取一个标准量，用一个量与标准量相比较再取对数就是电平，有正有负。

3. 信号与噪声

模拟信号：信号的电压或电流大小随时间连续变化的信号。

数字信号：信号的电压或电流在时间和数值上都是离散的、不连续的。它的幅值变化只有两种：一是为零（或小，用“0”表示）；二是有（或大，用“1”表示）

噪声（杂波）：电路中除有用信号之外的成分都是噪声，视频电路中的噪声称为杂波。

信噪比：信号与噪声大小之比，用 S/N 表示，单位为 dB。

信号幅度：指信号的大小，包括电流大小、电压大小和功率大小。

信号相位：某瞬间信号大小变化的方向。可用波形、矢量、符号“↑”　和“↓”、符号“+”和“-”来表示。分析正反馈和负反馈电路时，在电路中某些端点上标出符号“+”和“-”标记，可以方便、清楚地知道哪些端点的信号相位是相同的，哪些是相反的。

4. 磁场

磁性：能够吸引铁等物质的性质称为磁性。

磁体：具有磁性的物体叫磁体，最常见的扬声器背面的磁钢就是磁体。

磁极：磁体两端磁性最强的区域称为磁极。一个磁铁有两个磁极：南极 S 和北极 N。

磁性材料：软磁材料在磁化后，保留磁性的能力很差；硬磁材料在磁化后，保留磁性的能力很强，如录音磁带；矩磁材料只要有很小的磁场就能被磁化，且一经磁化就能达到饱和状态。

磁路：磁力线集中通过的路径称为磁路，如变压器中的铁芯。

磁场：磁体周围存在的磁力作用的空间称为磁场。

磁力线：为了方便和形象地描述磁场，人为地引入磁力线，所以磁力线是假想出来的线。

磁通：磁通量的简称，通过与磁场方向垂直的某一面积上的磁力线总数，称为磁通。

磁感应强度：垂直通过单位面积上的磁力线数称为磁感应强度，它表征磁场的强弱。

磁导率：为了表征物质的导磁性能，引入磁导率这个物理量。磁导率用 μ 表示，μ 小于 1 为反磁物质，如铜；μ 略大于 1 为顺磁物质，如锡；μ 远大于 1 为铁磁物质，如铁、钴。

电流磁场：电流周围存在磁场。磁场总是伴随着电流而存在，电流永远被磁场所包围。

5. 电磁感应

电磁感应现象：当磁铁在线圈中上下移动时，会在线圈两端得到一个感应电动势。产生电磁感应的条件是线圈中的磁通必须改变。磁通变化率愈高，感应电动势愈大，反之则愈小。

自感：由于流过线圈本身的电流发生变化而引起的电磁感应叫自感应，简称自感。

互感：两个相邻的线圈中，一个线圈中的电流变化，引起另一个线圈中产生感应电动势的现象称为互感现象，简称互感。

互感线圈的同名端：将多组线圈绕向一致而感应电动势极性一致的端点称为同名端。

二、元器件的电路符号和功能特性分析

在第二、三、四章，电子元器件的封装、结构、特性、用途和参数已经介绍过，为了能够读懂电路原理图，我们还需从电路角度对元器件有个深入的理解。

1. 元器件的电路符号

常用元器件名称和图形符号见表 6.1.1，常用电子元器件和装置新旧文字符号对照见表 6.1.2。

2. 元器件的功能特性分析

(1)普通电阻器。对电流存在阻碍作用，对低频交流电和直流电的阻碍作用是一样的。电路中，它是一个耗能元件，当电流过它时，就将电流转换成热能并通过消耗电能分配电流和电压。它在电路中主要作用是降压、限流、分流、分压和作偏置元件使用。

表 6.1.1　常用元器件名称和图形符号

分类	名称	图形符号		名称	图形符号	
		优选型	其他型		优选型	其他型
电抗元器件	固定电阻器			可调电感器	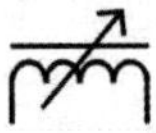	
	电位器			带抽头的电感器		
	可变电阻器	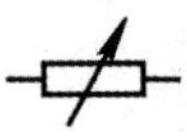		扼流圈		
	无极性电容器	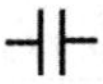	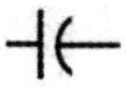	双绕组变压器	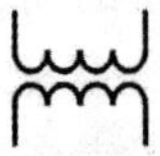	
	有极性电容器	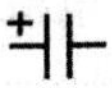	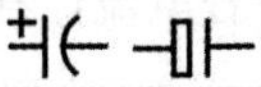	一绕组上有抽头的变压器		
	可变(可调)电容器			自耦变压器	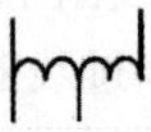	
	微调电容器			带磁芯的的双绕组变压器		
	双联同调可变电容器	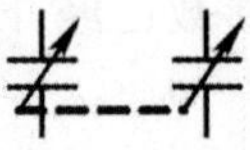		有屏蔽的双绕组变压器		
	电感器			带磁芯有屏蔽双绕组变压器		
	带磁芯的电感器	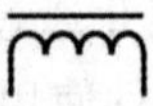		中频变压器(中周)	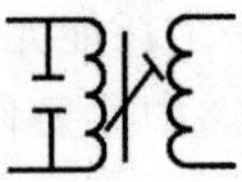	

续表

分类	名　称	图形符号		名　称	图形符号	
		优选型	其他型		优选型	其他型
半导体元器件	一般二极管			复合三极管		
	变容二极管			带阻尼二极管的NPN型三极管	B C E	
	稳压二极管			带阻尼二极管及电阻的NPN型三极管	B C E	
	隧道二极管			单向晶闸管(可控硅)	A K G	
	肖特基二极管			双向晶闸管(可控硅)	A A G	
	发光二极管			N沟道JFET结型场效应管	D S	G D S
	双色发光二极管			P沟道JFET结型场效应管	G D S	G D S
	双向二极管			IGBT场效应管		
	双向型TVS瞬态电压抑制二极管			带阻尼二极管的IGBT场效应管		
	全波桥式整流器			N沟道耗尽型场效应管	G D S	G D S
	NPN型三极管	C E	B C E	P沟道增强型场效应管	G D S	D S
	PNP型三极管	B C E	C E	单结晶体管(双基极二极管)		

续表

分类	名称	图形符号		名称	图形符号	
		优选型	其他型		优选型	其他型
敏感元器件和传感器	压敏电阻器			光电二极管		
	热敏电阻器			光敏或光电三极管		
	光敏电阻			四端光电耦合器		
	湿敏电阻			六端光电耦合器		
	气敏电阻			硅光电池		
	二脚消磁电阻			三脚消磁电阻		
机电元器件	按键开关			一般继电器		
	常开开关			缓吸继电器		
	双极联动开关			交流继电器		
	联动开关			缓放继电器		
	单极插头和插座			快速继电器		
	双极插头和插座			多极插头和插座		
	三极插头和插座					

续表

分类	名　称	图形符号		名　称	图形符号	
		优选型	其他型		优选型	其他型
数字电路	逻辑与门			运算放大器		
	逻辑或门			反向器		
	逻辑非门			逻辑与或非门		
其他元器件	熔断器					
	二端石英晶振或陶瓷滤波器			电　铃		
	三端石英晶体或陶瓷滤波器			电灯、指示灯		
	传声器(话筒)			蜂鸣器		
	扬声器			耳机(耳塞)		
	放音磁头			录放磁头		
	录音磁头			消音磁头		
其他符号	接机壳或接大地			电池或直流电源		
	模拟地或强电地			天　线		
	数字地或参考地			弱电地		

表 6.1.2　常用电子元器件和装置新旧文字符号对照

元件名称	新符号	旧符号	元件名称	新符号	旧符号
电阻器	R	R	扬声器	BL	Y
可调电阻	RP	W	耳机(耳塞)	BE	EJ
电位器	VR	W	传声器(送话器)	BM	SH
电容器	C	C	磁头	B	CO
电感器	L	L	拾音器	B	SS
阻流圈	L	ZL	晶振或陶瓷滤波器	CF	SJJ
线圈	L	Q	扳　键	S	BT
变压器	T	B	按　键	S	AT
互感器	T	H	按　钮	S	AN
电真空器件	VG	G	继电器	K	J
二极管	D 或 VD		中间继电器	K	ZJ
发光二极管	LED		插头	X P	CT
全桥三极管	VT	BG,Q	插　座	XS	CZ
数字集成电路器件	D	JC	端子板	XT	
模拟集成电路器件	N	IC	连接片	XB	
避雷器	F		电　池	G	DC
熔断器	FU	BX	开　关	S	K
快速熔断器	FTF		导线、电缆、母线	W	J
限压式熔断器	FV		指示灯(指示器)	H	ZD
热敏电阻	RT		电动机	M	D
光敏电阻	RL		电流表	PA	
压敏电阻	RZ	VAR	电压表	PV	
磁敏电阻	RT		天　线	W	TX

(2)电位器。用作分压器,当调节转柄或滑柄时,动触点在电阻体上滑动,此时输出端可获得与外加电压和动臂转角或行程成一定关系的输出电压;用作变阻器,应把它接成两端器件,这样在行程范围内,便可获得一个平滑连续变化的阻值;用作电流控制器,电流输出端必须是滑动触点的引出端。

(3)电容器。电容器容抗大小与频率成反比,与容量成正比,因此它具有隔直流,通交流的特性;电容器两端电压不能突变,当电压刚加到或刚离开时,其上原电压有多大就为多大;电容器具有储能特性,理论上不消耗电能,只要外电路不存在让其放电的条件,电荷就一直在其中,实际上它存在多种能量损耗;电容愈串联总的容量愈小,愈并联总的容量愈大。

电容就是容纳和释放电荷的元器件,基本工作原理就是充电放电。其主要用于交流电路

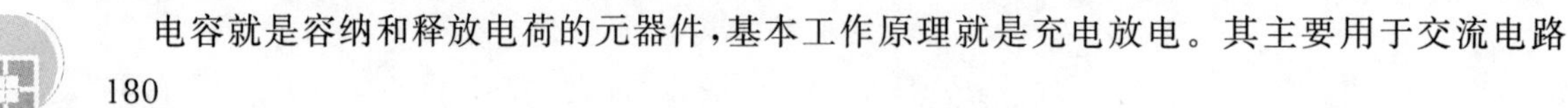

及脉冲电路中，在直流电路中一般起隔断直流的作用。电容器在电力系统中是提高功率因数的重要器件；在电子电路中是获得振荡、滤波、相移、旁路、耦合等作用的主要元件。

耦合电容：在交流信号处理电路中，作为信号源和信号处理电路或两放大器的级间连接，用以隔断直流，让交流或脉冲信号通过，使前后级放大电路的直流工作点互不影响。

旁路电容：接在交、直流信号的电路中，将电容并接在电阻两端或由电路的某点跨接到公共电位上，为交流信号或脉冲信号设置一条通路，避免交流信号成分因通过电阻产生压降衰耗。

滤波电容：接在直流电源的正、负极之间，以滤除直流电源中不需要的交流成分，使直流电变平滑。一般采用大容量的电解电容器，也可并接小容量电容以滤除高频交流电。

去耦电容：并接在放大电路的电源正、负极之间，防止由于电源内阻形成的正反馈而引起的寄生振荡。

调谐（谐振）电容：连接在谐振电路的振荡线圈两端，起到选择振荡频率的作用。

定时电容：在 RC 时间常数电路中与电阻 R 串联，共同决定充放电时间长短的电容。

衬垫电容：与谐振电路主电容串联的辅助性电容，调整它可使振荡信号频率范围变小并能显著地提高低频端的振荡频率。

补偿电容：与谐振电路主电容并联的辅助性电容，调整该电容能使振荡信号频率范围扩大。

中和电容：并接在三极管放大器的基极与发射极之间，构成负反馈网络，以抑制三极管间电容造成的自激振荡。

稳频电容：在振荡电路中起稳定振荡频率的作用。

加速电容：接在振荡器反馈电路中，使正反馈过程加速，提高振荡信号的幅度。

缩短电容：在 UHF 高频头电路中，为了缩短振荡电感器长度而串接的电容。

克拉泼电容：在电容三点式振荡电路中，与电感振荡线圈串联的电容，起到消除晶体管结电容对频率稳定性影响的作用。

锡拉电容：在电容三点式振荡电路中，与电感振荡线圈两端并联的电容，起到消除晶体管结电容的影响，使振荡器在高频端容易起振。

稳幅电容：在鉴频器中，用于稳定输出信号的幅度。

预加重电容：为了避免音频调制信号在处理过程中造成对分频量衰减和丢失，而设置的 RC 高频分量提升网络电容。

去加重电容：为恢复原伴音信号，要求对音频信号中经预加重所提升的高频分量和噪声一起衰减掉，设置在 RC 网络中的电容。

移相电容：用于改变交流信号相位的电容。

反馈电容：跨接于放大器的输入与输出端之间，使输出信号返回到输入端的电容。

降压限流电容：串联在交流电回路中，利用容抗对交流电进行限流，从而构成分压电路。

逆程电容：用于行扫描输出电路，并接在行输出管的集电极与发射极之间，以产生高压行扫描锯齿波逆程脉冲，其耐压一般在 1 500V 以上。

校正电容：串接在偏转线圈回路中，用于校正显像管边缘的延伸线性失真。

自举升压电容：利用电容器的储能特性提升电路某点的电位达到供电端电压值的 2 倍。

消亮点电容：设置在视放电路中，用于关机时消除显像管上残余亮点的电容。

软启动电容:一般接在开关电源的开关管基极上,防止在开启电源时,过大的浪涌电流或过高的峰值电压加到开关管基极上,导致开关管损坏。

启动电容:串接在单相电动机的副绕组上,为电动机提供启动移相交流电压。在电动机正常运转后与副绕组断开。

运转电容:与单相电动机的副绕组串联,为电动机副绕组提供移相交流电流。

(4)电感器和变压器。电感器的感抗大小与频率成正比,与电感量成正比,因此具有阻交流通直流,阻高频通低频(滤波)的特性。它两端电流不能突变,当电流刚加到或刚离开时,两端的电流不能发生改变,原电流有多大就为多大;电感愈串联总的电感量愈大,愈并联总的电感量愈小。它能把电能转化为磁能而存储起来,理论上不消耗电能,实际上存在多种能量损耗。

电感器的作用:滤波、隔离、耦合、延迟、陷波、移相等,与电容器、电阻器等组成谐振电路,与电阻器或电容器能组成高通或低通滤波器、移相电路及谐振电路等。

变压器的作用:电压变换、电流变换、阻抗变换、相位变换、交直流变换、交直流隔离、传输交流信号、传输电能等。

(5)二极管。整流二极管:利用二极管的单向导电性将交流电能转变为脉动的直流电,是面接触型结构,能承受较大的正向电流和较高的反向电压,性能较稳定,但结电容较大,不宜工作在高频电路中,所以不能当检波管使用。

检波二极管:作用是把调制在高频电磁波上的低频信号取出来。检波二极管也可以用于小电流整流。

开关二极管:利用二极管的单向导电性在电路中对电流进行控制,从而起到"接通"或"关断"作用。它可以组成各种逻辑电路。

变容二极管:是利用 PN 结的空间电荷层具有电容特性(即结电容效应)的原理制成的特殊二极管。变容二极管结电容与电压的关系曲线如图 6.1.1 所示,在一定范围内,反向偏压越小,结电容越大;而反向偏压越大,结电容越小。使用于电视机的高频头中。

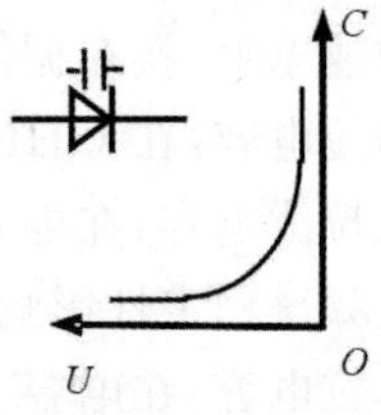

图 6.1.1 变容二极管电容与电压关系曲

稳压二极管:也叫齐纳二极管,利用二极管反向击穿时,两端电压基本不随流过二极管的电流大小变化而固定在某一数值的特性工作的。它击穿后的电流不能无限增大,否则将烧毁,所以使用时一定要串接一个限流电阻。

阻尼二极管:在电路上能缓冲较高的反向击穿电压和较大的峰值电流,起到阻尼作用。其特点类似于高频、高压整流二极管,具有较低电压降和较高的工作频率,且能承受较高的反向击穿电压和较大的峰值电流。

限幅二极管:利用二极管正向导通后,正向压降保持不变(硅管为 0.7V,锗管为 0.3V)的特性,可以把信号幅度限制在一定范围内。

触发二极管:又称双向触发二极管(DIAC)属三层结构,具有对称性的二端半导体器件。常用来触发双向可控硅 ,在电路中作过压保护等。

续流二极管:在电路中以并联方式接到感应元件(如继电器或开关电源)的电感两端,使感应电动势在回路中以续流方式消耗,保护元件不被感应电压击穿或烧坏,一般选择肖特基二极管或快恢复二极管。

(6)双极性三极管(三极管)。具有低频放大(电流、电压和功率)、开关、调谐放大(振荡、调制、解调、变频)等作用,通常可以处理的功率至几百瓦,频率至几百兆赫兹左右。

电流放大作用:实质是以基极电流微小的变化量来控制集电极电流较大的变化量。

开关特性:导通时工作在饱和区,截止时工作在截止区,转换时工作在线性(放大)区。

(7)晶闸管。具单向导电性,能把交流信号变换成直流脉动电信号外,还能进行可控整流,即能控制直流电的大小;可以直流电变换成交流电(即逆变),也可以把某一频率的交流电源变换成频率可调或电压可调的交流电;可作为无触点开关,快速接通或切断电路。它主要作为可快速开通的电子开关来使用,其原理是通过低电压小功率门极控制高电压大功率的阳极和阴极的开通和关断,但它是半控器件,可以控制开通,但不能控制关断,关断由主回路电流过零决定。它适用于自动控制和大功率的电能转换的场合,在电力电子技术中占有重要地位。

(8)场效应三极管。与双极型三极管的区别,双极型三极管是电流放大,场效应管是电压放大;双极型三极管一般用在信号放大,场效应管一般用在开关电源上。场效应管可作为放大管、开关管、阻抗变换器、可变电阻等使用。由于场效应管放大器的输入阻抗很高,因此可以使用容量较小的耦合电容,不必像双极型三极管那样使用大容量的电解电容器作为耦合电容。

三、单元电路的种类、结构和作用

单元电路是指具有某一完整功能的通用电路模块,例如一级控制器电路,或某一级放大器电路,或某一个振荡器电路、变频器电路等。在电子电路设计过程中,可以根据需要去选择一个单元电路单独使用,也可以按一定的规律将多个单元电路恰当地组合在一起,成为一个新的电路。这种组合的过程,事实上是一个有意识的电路设计的过程。

1. 电源单元电路

电源单元电路分整流滤波电路、电源噪声滤波电路、稳压电路和电源变换电路。

整流滤波电路由变压器、整流电路和滤波电路组成。变压器将市电变为所需要的合适电压;整流电路利用半导体二极管的单向导通性,将正弦交流电变换成单向脉动直流电;滤波电路将脉动直流电变为符合要求的平滑直流电。整流电路有单相半波整流电路、单相全波整流电路、单相桥式整流电路、三相桥式整流电路和倍压整流电路(二倍压、三倍压和多倍压)。基本滤波电路有电容滤波电路、电感滤波电路、L 型滤波电路、π 型滤波电路和 RC 型滤波电路。L 型滤波电路由一个电感和一个电容组成;π 型滤波电路由一个电感和二个电容组成。

电源噪声滤波电路是一个低通滤波器,能有效抑制从市电电网进入的电磁干扰。

稳压电路稳定整流滤波后的直流电压,使其不受输入电压波动和负载电流变化的影响。有硅稳压管稳压电路、串联稳压电路、具有放大环节的稳压电路、集成稳压电路、开关式稳压电源。串联稳压电路由稳压二极管和三极管组成,负载与三极管串联;集成稳压电路将功率调整管、取样电阻、基准电压、误差比较放大器、启动和保护电路等全部集成在一块芯片上;开关式稳压电源分脉冲调宽和脉冲调频两种,脉冲调宽式由高频变压器、调宽方波整流滤波、控制电路(取样器、比较器、振荡器、脉宽调制及基准电压等组成)组成,有单端反激式、单端正激式、自激式、推挽式、降压式、升压式和反转式(升降压式)。单端反激式,高频变压器的磁芯仅工作在磁滞回线的一侧;推挽式,高频变压器的磁芯工作在磁滞回线的两侧;反激式和正激式,变压器的初级线圈感应电压为上正下负为反激,反之为正激。

电源变换电路有 DC - DC 变换电路、AC - DC 变换电路、DC - AC 变换电路(逆变器)。

DC－DC变换电路有升压式、降压式和反转式。AC－DC变换电路由降压电路、整流电路、过压过流保护电路和输出可调串联型稳压电路组成。DC－AC变换电路(逆变器)有振荡式和开关式,开关式又有自激单管式和自激推挽式。

2.晶闸管单元电路

晶闸管单元电路有晶闸管整流电路、晶闸管无触点开关、晶闸管调压的电路、晶闸管逆变器和晶闸管触发电路。

晶闸管整流电路由桥式整流电路、单向晶闸管及负载组成,只要改变触发信号出现时间(晶闸管导通角),就能均匀连续地改变整流电压的大小,分单相桥式和三相桥式。

晶闸管无触点开关分直流无触点开关和交流无触点开关。直流无触点开关由两个晶闸管、换向电容、负载组成,两个晶闸管分别控制大功率直流电路的通断;交流无触点开关通过两个单向晶闸管交替导通与截止使交流电得以流通。

晶闸管调压的电路分直流调压电路和交流调压电路,直流调压电路由电桥和一个晶闸管组成;交流调压电路由电桥和二个晶闸管组成,它们都通过触发脉冲信号控制晶闸管的导通角,改变电压有效值达到调压的目的。

晶闸管逆变器(电路)由两个或多个晶闸管、变压器、换向电容和负载电阻组成,分并联逆变电路和阶梯波逆变电路。

晶闸管触发电路有单结半导体管触发电路、控制电压实现移相触发电路、互补振荡触发电路、氖灯触发电路、双向二极管触发电路和三极管驱动触发电路。控制电压实现移相触发电路由三极管、单结半导体管、充电电容、偏置电阻组成,三极管代替了单结半导体管触发电路的充电电阻。

3.电源指示和保护单元电路

电源指示电路有常用电源指示(指示灯、发光二极管、氖灯、电表)、欠压指示和保险丝熔断指示(发光二极管、氖灯)。欠压指示电路由两个三极管、发光管、电位器和偏置电阻组成,三极管采用直接耦合的方式。

过压保护电路有压敏电阻式过压保护电路、TVP元件式过压保护电路、稳压二极管式过压保护电路、晶闸管式过压保护电路和热敏元件式过压保护电路;过流保护电路有电阻取样式过流保护电路、聚合开关式(可复位熔断器)过流保护电路;漏电保护电路有半导体漏电保护电路、漏电保护专用集成电路。半导体漏电保护电路由零序互感器、放大三极管、降压电容、整流二极管、滤波电容、脱扣电磁铁线圈、连锁双刀开关组成。

4.低频放大单元电路

低频放大单元电路有双极型三极管低频放大电路和场效应三极管低频放大电路。

双极型三极管低频放大电路有低频小信号放大电路和低频功率放大电路。分析方法有直流等效电路法和交流等效电路法。

多级低频小信号放大电路的耦合方式有阻容耦合、变压器耦合和直接耦合。阻容耦合阻抗不匹配,信号传递损失大;变压器耦合阻抗匹配好,放大效率高,但变压器体积大;直接耦合频率特性好,放大倍数大,前后静态工作点互相影响。集成电路多采用直接耦合的方式。

低频功率放大电路按工作点不同有甲类功率放大器和乙类功率放大器;按耦合方式有变压器耦合式、电容耦合式(OTL)、直接耦合式(OCL)和桥接推挽式(BTL)。甲类功率放大器静态工作点取在负载线的中点以保证集电极输出波形与输入波形相同,效率不高;乙类功率放

大器由推动级和输出级组成，推动级采用一个三极管进行放大，输出级采用两个三极管组成上下基本对称的推挽电路，两个三极管在两个半周期内轮流工作，因此乙类功率放大器效率较高，得到了广泛应用。无输出变压器的功率放大电路（OTL）有变压器倒相式、互补对称式、复合管互补对称式。BTL桥接推挽功率放大器输出级由二组OTL或OCL功率放大电路组成。

场效应三极管低频放大电路有结型场效应管放大电路和绝缘栅型场效应管放大电路。场效应管源极、漏极和栅极分别相当于双极性三极管的发射极、集电极和基极，场效应三极管的放大电路也有三种接法：共源极、共漏极和共栅极，和双极性三极管在电路中有着类似特性。

5. 直流放大单元电路

直流放大单元电路有单端直流放大电路和差动放大电路。

单端直流放大电路为了配置直接放大电路的各级静态工作点有：电阻分压式直接耦合电路、接入负压式直接耦合电路、抬高后级发射级电位式直接耦合电路、稳压二极管分压式直接耦合电路、互补管式直接耦合电路。抬高后级发射级电位式直接耦合电路发射极接电阻或稳压二极管。互补管式由二个极性（NPN和PNP）不同性能相同的三极管组成，

差动放大电路有：差动输入，双端输出；单端输入，双端输出；单端输入，单端输出；差动输入，单端输出。差动放大电路由两个参数完全相同的三极管并联而成，有2个输入端和输出端，零点漂移小、动态范围大，适合制造集成电路。

6. 高频放大单元电路

高频放大单元电路有小信号单调谐放大电路、多级单调谐放大电路、双调谐放大电路、参差调谐放大电路和阻容耦合宽频带放大电路。

高频放大单元电路由谐振回路和三极管组成，可构成各种调谐放大器，用于振荡、调制、解调和变频等高频电路中。谐振回路有串联谐振回路和并联谐振回路，串联谐振回路在谐振点电流最大，并联谐振回路在谐振点电压最大。

调谐放大器的稳定电路有中和电容法和降低增益法。中和电容法利用外接电容来中和集电结电容引起的反馈。阻容耦合宽频带放大电路利用电阻串联负反馈或电容串联负反馈来展宽放大电路的通频带，还可采用电感补偿电路来抵消负反馈造成高频增益下降的问题，有并联电感高频补偿电路、串联电感高频补偿电路和混合电感高频补偿电路。

7. 正弦波振荡单元电路

正弦波振荡单元电路有LC振荡电路、RC振荡电路和晶体振荡电路。

在没有加输入信号的情况下，电路便能自动产生交流信号的现象称为自激振荡。放大电路产生自激振荡的条件一个是电路中有正反馈，二是要有足够的反馈深度。正弦波振荡电路由选频电路、放大电路和正反馈元件组成，输出的信号频率取决于选频电路。

LC正弦波振荡电路有变压器反馈式、电感反馈式、电容反馈式、串联改进型电容三点式、并联改进型电容三点式，其中“串联和“并联”指串联和并联可变电容，“三点”指选频电路中2个电容引出三个端，分别和三极管的三个电极相连。变压器反馈式用变压器作为反馈元件，频率几千赫兹到几兆赫兹，方便变频，用于中短波收音机；电感反馈式的电感线圈的三个端子和三极管三个电极相连，频率几千赫兹到几十兆赫兹，可以变频，用于测量仪表信号发生器；电容反馈式两个电容引出了三个端子分别和三极管三个电极相连，频率几兆赫兹到一百兆赫兹，不方便变频，用于要求不高的固定频率场合；串联改进型电容三点式与电容反馈式不同点在于选频回路电感支路中串联了一个可变电容，频率几兆赫兹到几百兆赫兹，方便变频，但振幅不稳，

用于电视接收机中;并联改进型电容三点式与电容反馈式不同点在于选频回路电感支路中并联了一个可变电容,频率几兆赫兹到几百兆赫兹,方便变频,用于超短波通信和电视接收机中。

RC 正弦波振荡电路有:RC 移相式振荡电路、桥式 RC 振荡电路。RC 移相式振荡电路采用至少三节 RC 电路来移相 180°。桥式 RC 振荡电路由 RC 串联、RC 并联、2 个负反馈电阻构成了电桥的四个臂,放大电路的输入和输出端分别在电桥的两个对角线上。

晶体振荡电路采用石英晶体组成振荡电路,对于工作频率为几兆赫的石英晶体谐振器来说,它只有几十到几百赫兹的频率范围。

8.频率变换单元电路

频率变换单元电路有调幅电路、调频电路、检波电路、鉴频电路和变频电路。

调幅电路有集电极调幅电路、基极调幅电路和发射极调幅电路,是根据调制信号从三极管哪个电极加入而分的。

调频电路有变容二极管调频电路、电容式话筒调频电路。电容式话筒的电容量随着声波的波动强度而变化。

检波电路有小信号检波电路、大信号检波电路。小信号检波电路用电源向二极管提供正向偏压,使二极管工作点移到正向特性弯曲部分,在输入信号整个高频周期内都导通。大信号检波电路二极管工作在理想化折线区,只在加正向电压时导通。

鉴频电路有相位鉴频电路、比例鉴频电路。相位鉴频电路由频率-振幅变换电路和检波电路组成。频率-振幅变换电路利用两个在载波频率上下附近的谐振电路曲线相减得到与载波频率呈线性关系的曲线,使频率波变成调幅波。检波电路用两个二极管对称连接(相位鉴频)或环形顺向连接(比例鉴频)对这个调幅波再进行振幅检波就得到原来的调制信号。

变频电路由输入信号回路、非线性元件、本机振荡器和输出选频回路组成。常用的非线性元件为二极管和三极管。

9.集成运算放大器

集成运算放大器实质上是一个具有高放大倍数的直接耦合放大器,它早期被应用于模拟计算机的数值运算,所以称为运算放大器。其现广泛应用在测量、控制、通信、信号变换等方面。它可组成各种应用电路,运算电路有加法运算、减法运算、反相运算、比例运算、积分运算和微分运算;电压比较器有信号幅度的比较、过零比较、双限比较;变换电路有电流-电压变换、电压-电流变换和频率-电压变换;波形方电路有甚低频正弦波振荡电路、矩形波发生器和三角波发生器等;差动放大器的应用有仪表放大器,由三个运算放大器组成;源滤波器有二阶低通滤波器、二阶高通滤波器和带通滤波器。

集成运算放大器原则上都由输入级、中间放大级、低阻输出级及偏置电路组成。如 F001 型集成电路,输入级采用差动放大电路;中间放大级采用共射级放大电路;输出级采用射级输出器;偏置电路采用电阻分压和两个三极管恒流源;电源采用双电源工作。为了减小误差和改善使用性能,集成运算放大器常配一些附属电路,有调零电路、防阻塞电路、消振电路、提高输入阻抗电路、提高负载能力电路和保护电路。

调零电路:当运算放大器的输入端短接为零时,输出端不为零,这将带来运算误差,为此设有外接调零电路使输出端调为零。外接调零电路采用在输入端加电位器的方法。

阻塞电路:当运算放大器的反向输入端加过大的信号或有较大的干扰时,会出现信号加不进去或间歇输出等,在断电后重新加电或把信号去掉一段时间才能恢复正常,这种现象就叫阻

塞。为了防止阻塞，可采用三极管自动断开强信号，或二极管钳位的方法加以解决。

消振电路：三级或三级以上的负反馈放大电路，只要有一定的反馈深度（满足幅值条件$|AF|=1$），就可能产生自激振荡，使其无法工作。低频端的自激振荡由于公共电源耦合造成的，可通过加强退耦的方式来解决；高频端的自激振荡要采用相位补偿法来消除。相位补偿法有相位滞后补偿法、相位超前补偿法、综合补偿法和正反馈补偿法，它们都要使用补偿电容来进行。

提高输入阻抗的电路：最直接的办法是采用场效应管组成输入级。

提高负载能力的电路：有扩大输出电流的电路、扩大输出电流和电压变化范围的电路。扩大输出电流和电压变化范围的电路，运算放大器电流经三极管集电极放大输出，去推动互补推挽输出电路，并采用±30V的双电源供给，因此这种电路可输出较大功率。

保护电路：有输入保护电路、输出保护电路、电源接错保护电路、瞬时过压保护电路。输入保护电路采用二极管限幅的措施；输出保护电路采用稳压二极管稳压限制的措施；电源接错保护电路采用二极管单向导电性来防止；瞬时过压保护电路采用场效应管将电源引入，稳压二极管稳定此处电压的措施。

10. 半导体开关单元电路

半导体开关单元电路有RC电路、开关电路和脉冲电路。

RC电路：有微分电路和积分电路。输入接R，C串联电路的两端，输出从R两端引出且时间常数远小于输入脉冲的宽度时，就构成了微分电路；把微分电路R和C位置对调即输出从C两端引出，且使时间常数远大于输入脉冲的宽度时，就构成了积分电路。微分电路在触发器的输入端，用于提高三极管开关速度的加速电路；积分电路用来构成锯齿波发生器及抗干扰电路。

开关电路有：二极管开关电路、三极管开关电路和单结晶体管开关电路。

脉冲电路：常见的脉冲波形有方形波、矩形波、三角波、锯齿波、梯形波等，脉冲波形可以是周期的，也可以是非周期的。脉冲电路由电阻、电容及三极管组成，有双稳态电路、单稳态电路、多谐振荡器（无稳态电路）和施密特电路，它们都具有强烈的正反馈特性，翻转过程很快，可产生边沿很陡的输出波形，去可靠触发其他开关电路。

双稳态电路：将两个反相器（三极管）首尾相接组成环形电路，每个反相器都通过电阻分压耦合到另一个反相器。电路有两种稳定状态，一个反相器截止，一个反相器导通，当电源接通时，哪个导通，哪个截至，纯属偶然。如果外界条件不改变，两个反相器将始终保持在所处的稳定状态即具有脉冲记忆功能；如果把正脉冲引入电路，电路会从一种稳定状态翻转到另一种稳定状态。这种发生稳定状态翻转的方法叫触发，引入触发信号的电路叫触发器。

单稳态电路：将双稳态电路中其中一个耦合方式换成了电容耦合。当触发脉冲没有加入前，电路中的两个三极管一直保持着一个截止、一个导通的稳定状态。输入一个触发脉冲后，电路状态发生暂时翻转，进入暂稳状态，过了一定时间后，又恢复到原来状态。这个暂稳状态的时间是可以调节的。这种特性使它在时间程序控制、延时、定时等方面得到了应用。

多谐振荡器（无稳态电路）：双稳态电路和单稳态电路需要触发信号，多谐振荡器不需要触发信号，自动周期性不停地翻转，因此称为无稳态电路。多谐振荡器可作为脉冲信号源使用。

施密特电路：是两个三极管的射极连接在一起并通过电阻接地的双稳态触发器。因为它能将各种波形转换为矩形波，所以又叫整形器。

11.数字集成电路

数字集成电路有门电路、触发器、计数器、寄存器、模拟开关和数码显示电路等。

数字电路是利用脉冲技术和逻辑关系来传输、变换或控制数字信号的电子电路。数字电路早已实现了集成化,分 TTL 和 CMOS 两种类型。CMOS 门电路组成的脉冲电路有多谐振荡器、施密特电路、倍频电路、微分电路、单稳电路、脉冲延时电路和脉冲变换电路。

门电路是一种由电子元器件组成的开关,这些开关必须满足一定条件后才能接通。开门和关门存在的因果关系是一种逻辑关系,所以门电路又称为逻辑电路。门电路中的开和关是两种对立的状态,可用二进制"1"和"0"表示,因此门电路是基本的数字电路。

三种基本的门电路是与门、或门和非门,三种基本的门电路组成的复合门电路有与非门、或非门、与或非门。设计和分析数字电路的逻辑关系有四种方法:逻辑图、真值表、函数表达式和卡诺图,逻辑图和真值表最常用。

触发器:有 R-S 触发器、T 触发器、D 触发器、J-K 触发器等,因为触发器是一种双稳定状态的电路,所以具有储存信息的功能,可以用来组成计数器、分频器、寄存器、移位寄存器等多种电路,所以在自动控制和数字电路中得到了广泛的应用。

R-S 触发器:当 R,S 输入端分别为 1 和 0 时,输出为 1 ,S 端为置位端;当 R,S 输入端分别为 0 和 1 时,输出为 0,R 端为复位端;当 R,S 输入端分别为 1 和 1 时,保持原来状态;当 R,S 输入端分别为 0 和 0 时,状态不确定。R-S 触发器禁制在 R,S 输入端同时为逻辑"1"。

T 触发器:当输入为"1"时,电路保持原状态,当输入由"1"跳变到"0"的瞬间,电路被触发产生翻转,触发器则改变原来的状态。

D 触发器:当输入端发生电平的变化时,输出并不改变状态,只有当时钟信号 CP 到来的瞬间,输出才立即变成与输入相同的电平。时钟信号是使多个触发器在同一时刻动作的信号。

J-K 触发器:与 R-S 触发器功能基本相同,但允许 J,K 输入端同时为逻辑"1"。当 CP 脉冲下降沿时才改变其输出状态。因为有两个输入端,所以应用比 D 触发器更为灵活和广泛。

计数器:由触发器组成,它的特点是能够把存储在其中的数字加 1。计数器按工作方式分异步计数器、同步计数器、环形计数器;按计数功能分有加法计数器、减法计数器和可逆计数器;按输出方式分单端输入/7 段译码输出、单端输入/BCD 码输出、单端输入/分配器输出。

寄存器:由触发器和门电路组合而成,是存储器的主要组成部分。其有接收、存储、传送和移位功能。乘除运算是用移位后加减的方法完成的。

模拟开关:由一个非门、两个或非门、两个场效应管组成。它是一种三稳态电路,当选通端处在选通状态时,输出端的状态取决于输入端;当选通处于截止状态时,则不管输入端电平如何,输出端呈高阻状态。它具有功耗低、速度快、无机械触点、体积小和使用寿命长等特点,因而在自动控制系统和计算机中得到了广泛应用。

数码显示电路:由译码器、驱动电路和显示器组成。译码器的功能是将一种数码变换成另一种数码,它的输出状态是其输入变量的各种组合的结果,译码器的输出用来驱动显示器,而显示器则是用来显示数字的器件。在数字集成电路中,常把译码器和驱动电路集成在一起。

12.定时单元电路

定时单元电路有 RC 定时电路、定时集成电路、循环定时电路、时钟定时控制电路(钟控定时电路)、程序时间控制电路等。

定时单元电路是一种电子定时器，它与机械定时器相比，具有体积小、重量轻、精度高、寿命长、安全可靠、调整方便等特点。RC 定时电路利用电容的充放电来实现各种延时控制，用于对时间精度要求不高且定时时间不长的场合；定时集成电路是一种 CMOS 集成电路，用于时间定时、时间开关、延时控制及工业过程控制等；循环定时电路有由运放组成的循环定时电路和间歇循环定时电路，用在要求设备反复循环工作的场合；时钟定时控制电路以电子表为时基，利用闹钟时产生的脉冲或开关信号作为定时信号，再配上其他的定时控制电路组成。

13. 控制单元电路

控制单元电路有继电器基本控制电路、声控电路、光控电路、超声波遥控电路、红外遥控电路、无线电遥控电路等。

继电器基本控制电路有直接控制电路与旁路控制电路、自锁电路、互锁电路、单锁电路、延时电路、顺序控制电路、逻辑电路等。自锁电路有停止优先自锁电路、启动优先自锁电路、两地控制停止优先自锁电路、两地控制启动优先自锁电路；互锁电路在同一组继电器中，只允许一个吸合，其余被锁定在释放状态；单锁电路使靠近电源的继电器优先吸合，而其后的继电器被锁定在释放状态。

声控电路由声传感器、信号放大电路、控制电路、驱动放大电路、执行器件组成。应用电路有分立元件式声控开关、声控音乐发生器和声控灯光控制器等。

光控电路有声控光敏延时开关、太阳能自动跟踪控制器、石英钟光控报时电路等。

超声波遥控电路要有超声波发射/接收换能器，使用最多的是压电陶瓷超声波换能器，这种器件用在遥控设备上要比红外遥控和无线电遥控性能好得多，它不会受到外部的干扰。应用电路有超声波遥控开关、超声波遥控照明灯电路等。

红外遥控电路广泛应用于彩色电视机、空调、录像机、影碟机、音响系统及各种家用电器中，遥控距离一般为 6～8m，使用非常方便。

无线电遥控电路最大特点是遥控距离远，这正是它广泛应用的主要原因。

14. 555 时基电路

555 时基电路是一种将数字电路和模拟电路巧妙结合在一起的集成电路。它有定时精度高、工作速度快；使用电源电压范围宽(2～18V)；有一定输出功率，可直接驱动小型继电器、指示灯及微电机；结构简单，使用灵活；工作可靠性高等优点。几乎任何一种基本单元电路都用得上它，例如：各种波形的脉冲振荡器、定时延时电路、单稳态电路、双稳态电路、检测电路、电源变换电路、频率变换电路等等，已被广泛应用于自动控制、测量、通信等各种领域。

555 时基电路由分压器、比较器、R－S 触发器、输出级和放电开关等组成。比较器是由运算放大器组成的，属模拟电路。TTL 型 555 时基电路和 CMOS 型 555 时基电路在内部结构上有较大的差别，但有着完全相同的外部特性，输入输出逻辑功能是相同的。总复位端 MR 低电平有效，放电端 DIS 当输出 U_0 为低电平时接地，输入端 TH，TR 的触发阈值要求不高。

15. 音乐及语音集成电路

音乐及语音集成电路向外输出固定存储的乐曲和语音，在家用电器、自动控制、计算机、报警装置及玩具等场合得到了广泛的应用。常见的音乐集成电路有 HY－100 系列、KD－156 系列、HY 系列、CIC2850/CIC3830 系列、CIC481 系列、CW9561 系列等；常见的语音集成电路有语音合成集成电路、一次性可编程语音电路、电子语音录放模块等。

16. 其他单元电路

电桥电路：有直流电桥电路和交流电桥电路，是测量设备中常用的单元电路。

调谐与电平指示单元电路：有指示灯调谐指示电路、发光二极管调谐指示电路、电平指示电路、三极管驱动发光二极管电平指示电路、专用电平指示驱动集成电路、CMOS集成电路电平指示电路、变色电平指示电路。

报警单元电路：有漏电报警插座、红外线警戒报警器、烟雾报警电路、水位报警电路、微波防盗报警电路、触摸式语言报警电路、机动车防盗报警电路、红外式防盗报警电路、多普勒效应防盗报警电路等。

第二节　整机电路电路图

一、电路图的种类

电路图是用于说明和解释的电路工作原理的工程图。电路图可分为电气电路图和电子电路图。电气电路图一般都是指使用强电（单相交流220V或三相交流380V的电压）的工业电气设备的电路图；电子电路图是指无线电设备中的电路图。随着工业电气设备自动控制技术的不断发展，电气电路图和电子电路图已经紧密地联系在一起，从一般意义上难于将他们区分开来。

电子电路图按电路性质分为模拟电路图和数字电路图（即逻辑电路图）；按范围分为单元电路图、系统电路图和整机电路图；按用途分为电路原理图和电路功能图；按元件分为分立元件电路图和集成电路应用电路图。电路功能图用于加强对电路原理图的理解，有等效电路图、电路方框图和信号流程图等。

1. 等效电路图

等效电路图是一种简化形式的电路图，它的电路形式与原电路有所不同，但所起的作用与原电路是一样的。它在整机电路图中见不到，出现在分析电路原理的书中。在分析电路时，常采用这种容易接受的电路形式来代替原电路，以方便对电路工作原理的理解。等效电路图分为直流等效电路图、交流等效电路图和元器件等效电路图。

(1)交流等效电路：只画出原电路中与交流信号相关的电路，省去了直流电路，这在分析交流电路时要用到，例如，在分析三点式振荡器时就往往采用交流等效电路来进行分析。画交流等效电路时，根据电路的特点要将原电路中的大容量电容器、电源看成短路，将和所要分析的交流信号无关的电感看成开路。

(2)直流等效电路：只画出原电路中与直流相关的电路，省去了交流电路，这在分析直流电路时才用到，例如，在分析放大器的直流工作点的工作状态时就往往采用直流等效电路来进行分析。画直流等效电路时，要将原电路中的电容看成开路，而将线圈看成短路。

图6.2.1所示为由电阻和电容构成的阻容分压电路，输出电压取自于电容C_1上。当输入直流电压时，C_1容抗无穷大，所以相当于C_1开路；当输入交流电压时，C_1容抗存在，R_1和RC_1构成分压电路。

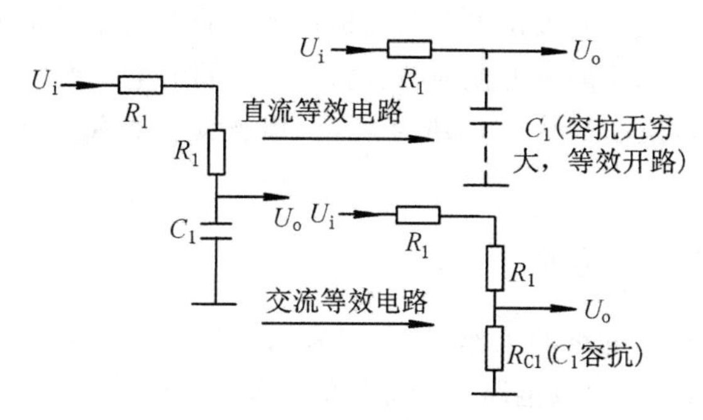

图 6.2.1　阻容分压电路和其等效电路图

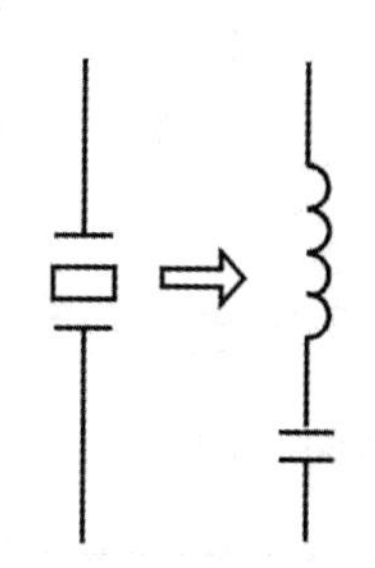

图 6.2.2　双端陶瓷滤波器等效电路图

(3)元器件等效电路:为了说明元器件的特性和工作原理,要用到这种等效电路。图6.2.2所示是常见双端陶瓷滤波器等效电路。从等效电路图中可以看出,双端陶瓷滤波器在电路中的作用相当于一个 LC 串联谐振电路,故可用线圈 L 和电容 C 的串联来等效,而 LC 串联谐振电路是常见的电路,容易熟悉它的特性,理解它的工作原理。

2. 信号流程图

信号流程图是沿着电路中信号流动方向所绘制的电路图,它采用带箭头的连线表示电路中信号流动所途经的电子元器件和电子线路的顺序。信号流程图常用于了解电子电路工作原理和进行电子电路故障分析。

3. 电路方框图

电路方框图是使用非常广泛的一种说明性图形,它用简单的方框和框内文字说明来代表一组元器件、一个部件或一个电路功能模块,用它们之间带箭头的连线表示信号通过的途径或电路动作的顺序。

电路方框图一般是从左至右、自上而下地排列。在方框图中,也可用一些符号代表某些元器件,如天线和扬声器。在接线上方还可标注该处的基本特性参数和信号波形等。

电路方框图表达了某复杂电路(整机电路和系统电路)组成情况和信号传输次序,给出了单元电路位置、名称以及各单元电路之间连接关系,控制信号的来路及所控制的对象等。

集成电路的内电路方框图除了可以了解到其内部电路结构外,还可以用来了解或推理引脚的具体功能,从而了解集成电路外电路的功能。了解哪些引脚是输入脚,哪些引脚是输出脚,当引脚引线的箭头指向集成电路外部时,就是输出引脚,而箭头指向集成电路内部就是输入引脚,双向箭头表示信号既从该引脚输入,也从该引脚输出。了解哪是电源引脚,哪是接地引脚。

4. 整机电路图

(1)整机电路图的特点。整机电路图包括了整个机器的所有电路。各部分单元电路在整机电路图中的画法有一定规律,了解这些规律对识图是有益的。不同类型整机电路中的单元电路变化是十分丰富的,这给电路分析造成了不少困难。相同类型整机电路图有相似之处,可以作为电路分析的借鉴。

(2)整机电路图所包含的信息。给出整个机器的电路结构、各单元电路的具体形式和它们之间的连接方式;给出了电路中各元器件具体参数。如型号、标称值等,为检测和更换元器件提供了依据;给出了有关测试点的直流工作电压,为检修电路故障提供了方便;给出了与识图

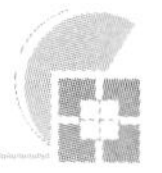

相关的有用信息。例如，通过开关的名称和图中所处位置可以知道该开关的作用和当前状态；当整机电路分为多张图纸时，引线接插件的标注能够方便地将各张图纸之间的电路连接起来。一些整机电路图中，将各开关件的标注和说明集中在图纸某处，可以方便去查阅不了解的内容。

二、整机电路原理图绘制原则与实例

电路原理图也叫电原理图，用来表示电子电路的工作原理，它采用图形符号、文字符号和连线按照一定规则表示元器件之间的连接关系以及电路各个部分的功能。尽管手工绘制和计算机软件绘制原理图的方法不同，但绘制原则是一样的。它只表示电流从电源到负载间的传递情况和元器件的动作原理，不表示元器件的实际结构尺寸、安装位置和接线方式。

1. 图面布置

(1)按信号的流向。一般从输入端或信号源画起，由左至右，由上至下按信号的流向依次画出各单元电路，即输入端在图纸的左方或左上方，输出端在右方或右下方，并应该能够体现电路工作时各元器件的作用顺序和信号传递过程，而反馈通路的信号流向则与此相反。

(2)按单元电路的功能。每一个单元电路的元件应集中布置在一起并按工作顺序排列。

(3)电路模块的主次位置。一个总电路由几个部分组成，主要电路应画在图纸的上方，辅助电路画在下部。比较复杂需要多张图的电路，则应把主电路画在一张图纸上，而把一些比较独立或次要的部分画在另外的图纸上，并在图的断口两端做上标记，标出信号从一张图到另一张图的引出点和引入点，以此说明各图纸在电路连线之间的关系。

(4)图形整齐、均匀和对称，字符清晰且字号一致，线条分明且粗细一致，具有易读性，元器件符号必须按照国家标准绘制。

2. 元器件的符号和布置

(1)元器件的图形符号。元器件的符号有国际标准图形、其他国家标准图形、我们国家标准图形和标准简化图形，使用中应尽量采用我们国家标准图形符号。电路图中的中、大规模集成电路器件，一般用方框表示，在方框中标出它的型号，在方框的边线两侧标出每根线功能名称和管脚号。

同类元件无论实际体积大小，均采用大小一致的符号进行绘制。串联和并联各元件图形符号须水平或竖直中心对齐。当若干元件(电阻、电容及线圈等)接到同一根公共线上时，同类元件图形符号应保持高、齐、平。集成块、晶体管尽可能画在中央，使图形保持对称、均匀。

(2)元器件的文字符号和基本参数。元器件的文字符号和基本参数要标在其图形符号旁边，水平或竖直中心对齐。为了读图方便，各元器件的字符代号和基本参数对于简单图可直接写在图上，如图 6.2.3 所示电阻标出了阻值、电容标出了容值、二极管和三极管标出了型号。对于较复杂的图可以另附一张元器件明细表，见表 6.2.1，详细列出各元器件的位号、代号、名称、型号、参数和数量等。在填写元器件明细表时，将元器件分类，同类元器件的位置顺序号从上到下填写，写完一类元器件后，应空出一行，再写另一类元器件。

(3)元器件文字符号的位置序号。如图 6.2.3 所示，同一电路中，每一类元器件要按照信号的流动次序标注出它们的位置序号，一般为自上而下和从左到右，如 R_1，R_2，R_3，…，C_1，C_2，C_3，…的下标。对由几个单元电路组成的电路，可按单元编制它的顺序号，如 $1R_1$，$1C_1$，$3R_1$，$3C_1$ 等，元件文字符号前的数字表示该元件所处的某个单元。为了防止模糊和污染造成的混

乱，常采用下脚编码并排形式，如 1R1，1Cl，3R1，3Cl。如图 6.2.4 所示三刀三掷开关表示方法，第一个开关标 K_{1a}，第二个开关标 K_{1b}，第三个开关标 K_{1c}。

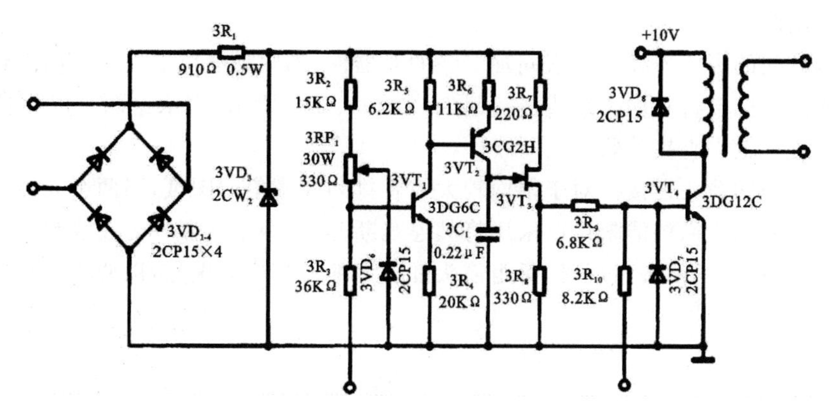

图 6.2.3　电子元器件在电路中按单元编制的顺序号

表 6.2.1　元器件明细表

位号	代号	名称、型号和参数	数量	位号	代号	名称、型号和参数	数量	备注
$3R_1$	SJ74－01	电阻 RTX－0.5W－910Ω	1	$3VD_{1\sim4,6\sim8}$	SJ912－74	二极管 2CP15	7	×厂
$3R_2$		电阻 RTX－0.125W－15kΩ	1	$3VD_5$		二极管 2CW2	1	
$3R_3$		电阻 RTX－0.125W－36kΩ	1	$3VT_1$	SJ760－74	三极管 3DG6C	1	×厂
$3R_4$		电阻 RTX－0.125W－20kΩ	1	$3VT_2$		三极管 3CG2H	1	
…				$3VT_3$		三极管 3DJ6D	1	
$3R_{10}$		电阻 RTX－0.125W－8.2kΩ	1	$3VT_4$		三极管 3DG12C	1	
$3C_1$	SJ1445－85	电容器 CJ11－20V－0.22uF	1					
$3RP_1$		电位器 WHT－30W－220kΩ	1					

				拟制		××2－032－000DL
				复核		
更改	数量	签名	日期			第 3 页

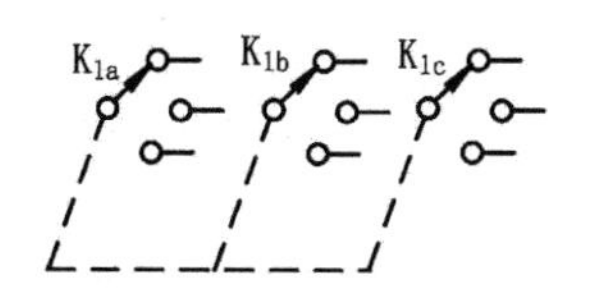

图　62.4　三刀三掷开关表示方法

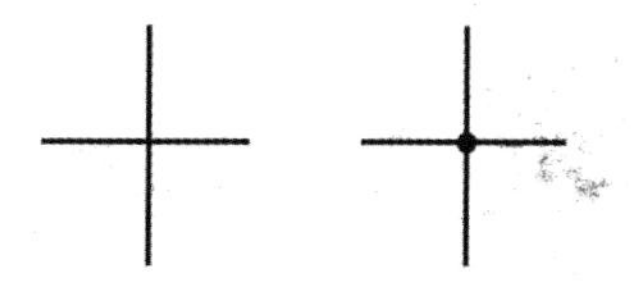

图 6.2.5　两线交叉的连接

3. 元器件之间的连线

(1)元器件间的实线连接。元器件间连线应是水平或竖直的，并且交叉和折弯应最少。互

相平行的导线保持一定的间距，不要太密。尽量减少两线交叉，以保证图纸的清晰程度。如图6.2.5所示，导线交叉时，若交叉而又连通，应在交叉处画一实心圆点，以示连接。交叉而不连通，则无须画出圆点。

（2）元器件间的虚线连线。对于同轴多联的元器件，如同轴电位器、多联电容器、多位波段开关等，在图纸上应该将它们虚线线连接起来，如图6.2.6所示，表示这两个电容器在机械上是联动的，在进气上无直接关联。

（3）元器件间的箭头连接。对于幅面较大或者排列较密集的图纸，当两个元器件的连接距离较远时，为了使图纸简洁清晰可以采用将其连线断开，在两个元器件的连线起点用两个相向的箭头画出。当有多组箭头出现时，每组箭头都应该编上相应的编号，以便于查找，如图6.2.7所示。

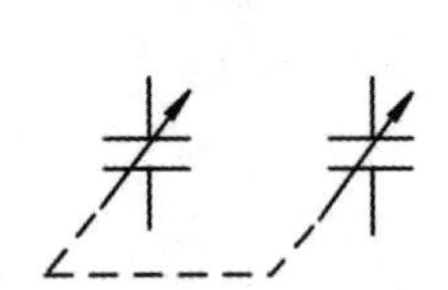

图6.2.6　双联电容的画法

(a)便于查找；(b)不便于查找法

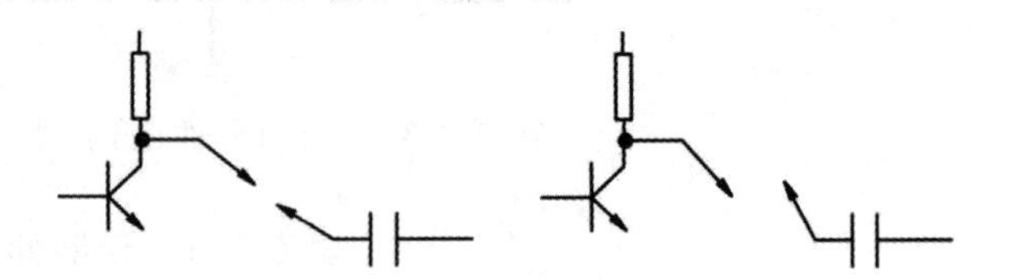

图6.2.7　元器件间的箭头连接的画法

三、家用电器电路方框图实例

1.组合音响

（1）组合音响整机电路方框图。如图6.2.8所示，录音座是录音机中去掉低放电路所剩下的电路，调谐器是收音机中去掉低放电路所剩下的电路，CD唱机用来播放CD唱片，转换开关用来对各节目源进行选择，功率放大器用来对音频信号进行功率放大。音调的控制一般采用多频段图示音调控制器，低档次的采用高、低音音调控制器。左右音响性能好且一致，一般是二分频的。指示器显示重放信号电平或录音电平的大小。

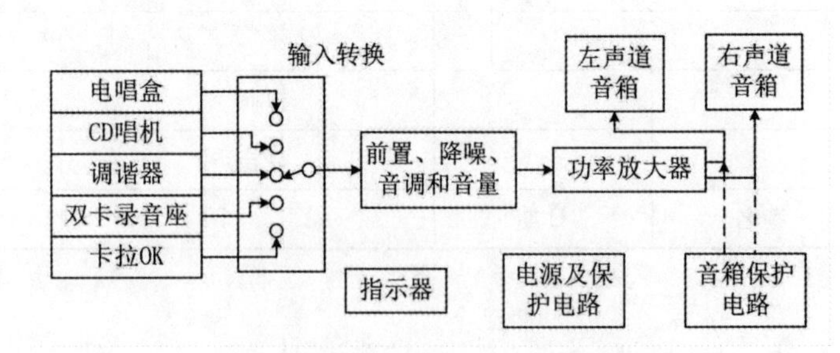

图6.2.8　组合音响整机电路方框图

（2）调谐器整机电路方框图。如图6.2.9所示，调谐器简称收音电路，有调频、中波、短波三个波段。

（3）立体声调频收音机整机电路方框图。图6.2.10所示，高频放大、本机振荡和混频器三部分合起来称为高频头电路。AGC电路用来自动控制高频信号的增益，由于调频收音机中频

放大末级设有限幅电路，因而中频放大器可不设 AGC 电路。AFC 电路是自动频率控制电路，用来控制本机振荡的频率，以保证混频输出的中频信号频率为 10.7MHz。立体声解码将所输入立体复合信号转换成左右声道的音频信号。去加重电路对左右声道的高频段音频信号进行衰减，以降低高频噪声。

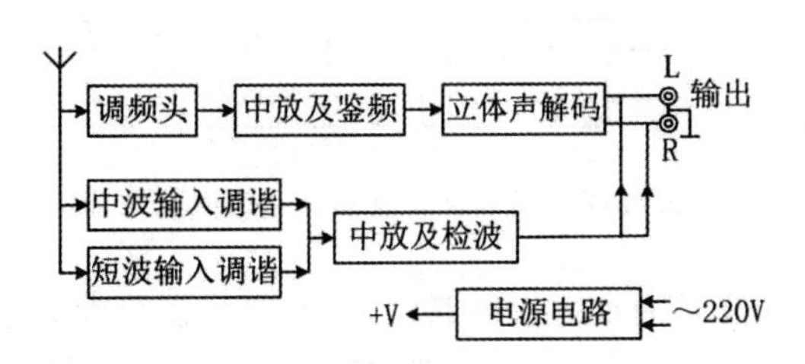

图 6.2.9　调谐器整机电路方框图

(4)数字调谐器整机电路方框图。如图 6.2.11 所示，中频信号作为触发信号，经自停触发电路加到 A_5 使调谐电压，锁定停止自动调台搜索。显示器件显示调谐的频率。

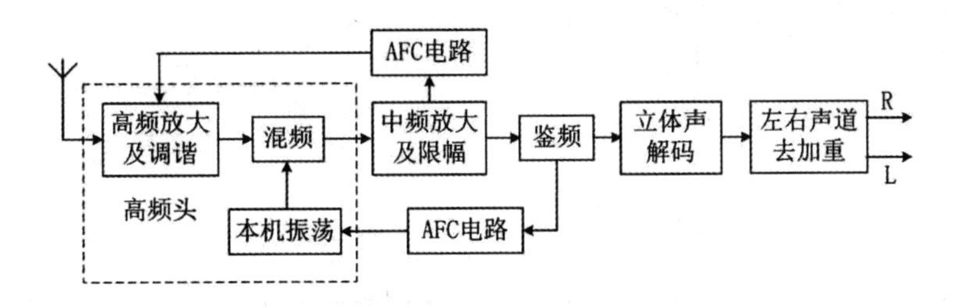

图 6.2.10　立体声调频收音机整机电路方框图

数字调谐器的核心是相环锁频率合成器，相环锁频率合成器由本机振荡(VCO 压控振荡)、鉴相器和低通滤波器组成，本振频率按照事先编好的程序进行计数分频，然后在鉴相器中与基准频率进行比较并产生误差电压，以控制压控振荡器的振荡频率，从而实现锁相的目的。

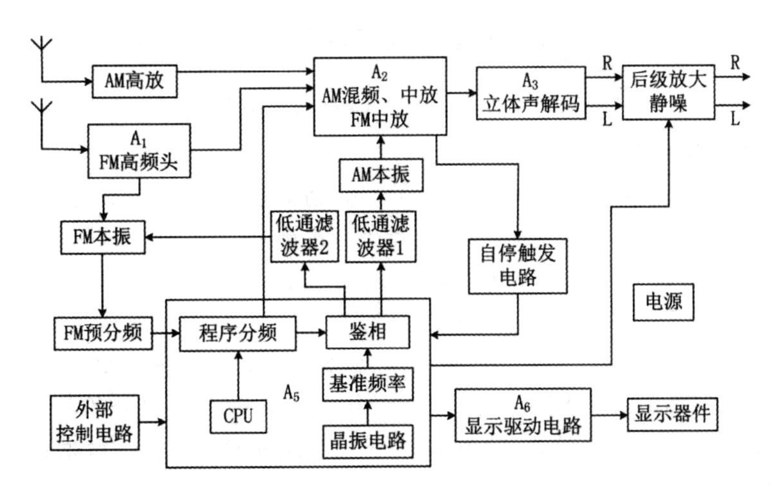

图 6.2.11　数字调谐器整机电路方框图

(5)双卡录音座放音和录音通道方框图。如图 6.2.12 所示,录放或放音磁头输出的放音信号加到输入电路中,经前置均衡放大器进行电压放大,再通过后级放大器进行进一步放大,最后输出信号送到主功率放大器。前置均衡放大器中设有频补偿电路,用来提升放音信号中的低频信号。杜比降噪电路用来降低放音时磁带上的噪声,以提高放音信噪比。

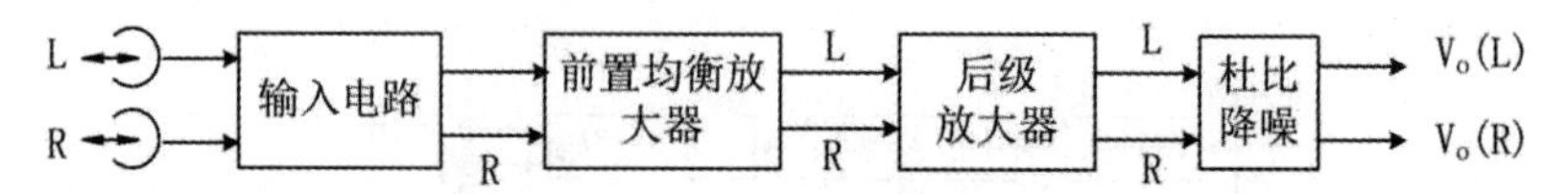

图 6.2.12　双卡录音座放音通道方框图

如图 6.2.13 所示,录音信号加到输入电路中,经前置均衡放大器进行电压放大,经录音输出级进行进一步的放大,最后通过录音输出电路加到录音磁头上。ALC 电路用来自动控制加到磁头的录音大小。偏磁振荡器产生超音频电流,加到录音磁头以克服磁带非线性,获得最佳录音效果,同时将抹音电流加到抹音磁头。

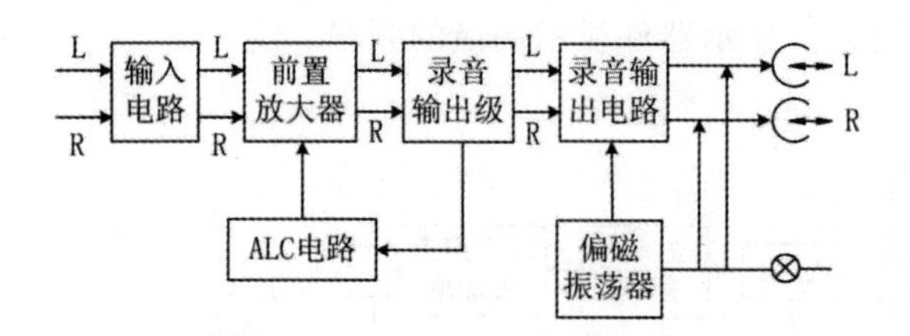

图 6.2.13　双卡录音座录音通道方框图

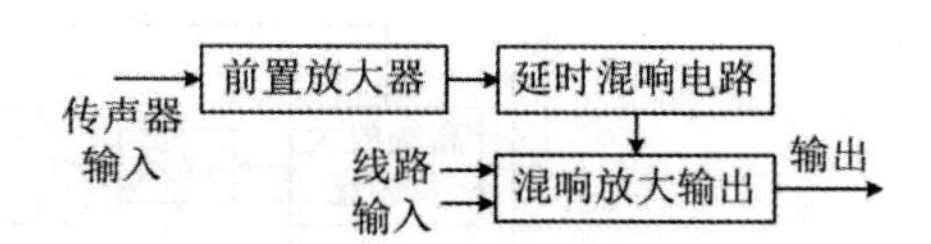

图 6.2.14　OK 整机电路方框图

(6)OK 整机电路方框图。如图 6.2.14 所示,经过前置放大后的信号送入延迟混响电路进行一段时间的延迟,然后把延迟的信号和未延迟的信号进行混合,产生混响效果。混响时间短,则音色单薄,混响时间长则没有层次感,声音模糊。

(7)音频功率放大器电路方框图。如图 6.2.15 所示,音频功率放大器电路的输入信号来自音量电位器动片的输出端,负载是扬声器。

图 6.2.15　功率放大器电路方框图

2. DVD 整机电路方框图

如图 6.2.16 所示,光头就是激光拾音器的简称,物镜装在光头上,进给伺服控制光头的运动,迅迹伺服通过迅迹线圈控制物镜的水平运动进行迅迹,聚焦伺服通过聚焦线圈控制物镜升降进行聚焦,主轴伺服通过主轴电动机控制卡盘,保证光盘的恒线速旋转。光头由激光二极管、光学系统和光检测器组成,激光二极管发射激光光束,经光学系统聚焦成光点,照射到以凹坑形式记录的光盘信息面上,经反射到光检测器上,变成响应的脉冲信号。

D/A 就是数模转换电路,DVD 记录的是经 MPEG－3 标准压缩后的数字视频和音频数据, 数字视频 D/A 先转换后滤波,音频数据 D/A 先滤波和噪声抑制后转换。NTSC/PAL 为两种彩色制式。

3. 电视机

(1)黑白电视机整机电路方框图。如图 6.2.17 所示，中频放大一般有三、四级，以使中频图像信号得到 1 000 倍以上的放大，与此同时伴音中频也得到了放大，其放大量控制在放大量图像 3%～5%。放大后的中频信号进入视频检波，解调出视频信号，与此同时在 38 MHz 图像中频和 31.5MHz 伴音中频通过检波二极管时，会产生 6.5MHz 的差频信号，这个信号仍受伴音调制，称为第二伴音中频信号。第二伴音中频信号经伴音中放加以放大，然后由鉴频器检出音频信号，经低放电路推动扬声器使伴音重放。解调出来的视频信号送往视频放大电路，它包含预视放级和视放输出级。预视放级是将检波输出的视频信号放大，并将伴音信号和视频信号分离。视放输出级将视频信号进行放大，使其幅度达到要求，然后调制到显像管的阳极和栅极上，在行场扫描电路的作用下，使屏幕出现不同的亮点，从而重现图像。

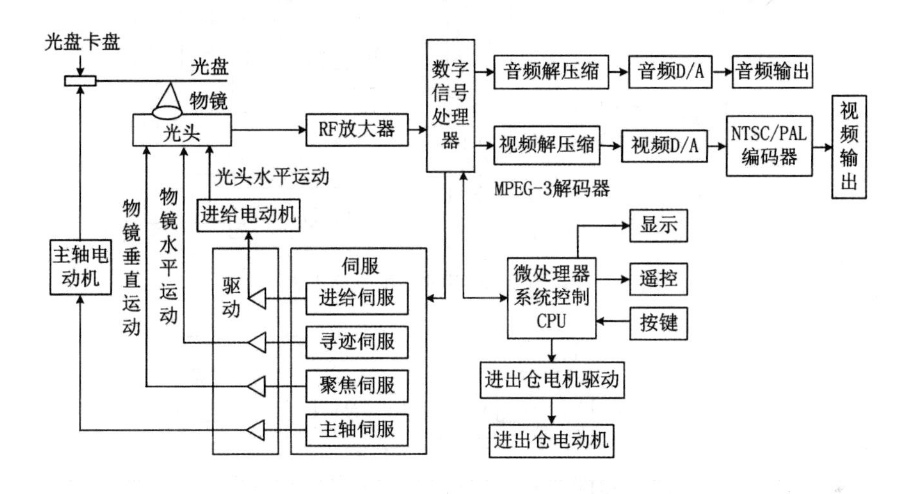

图 6.2.16　DVD 整机电路方框图

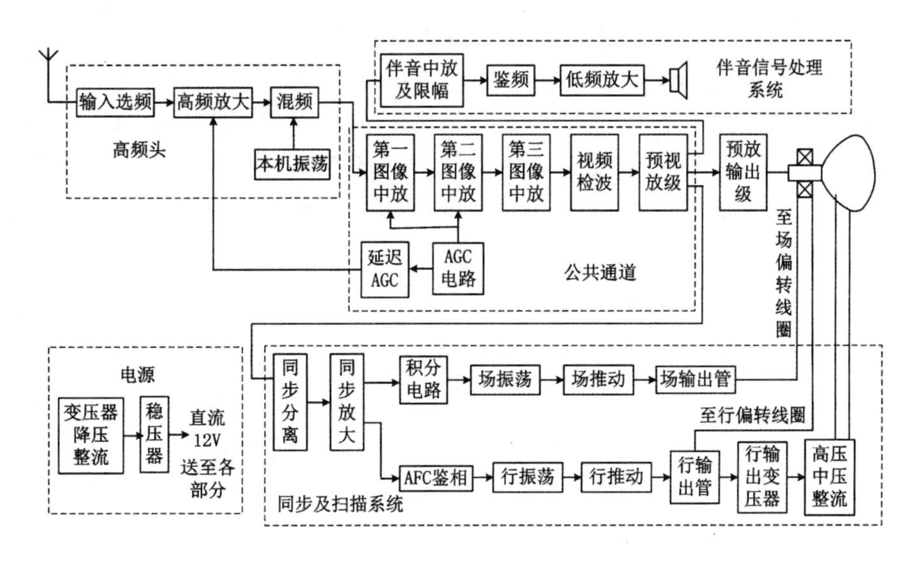

图 6.2.17　黑白电视机整机电路方框图

(2)彩色电视机整机电路方框图。如图 6.2.18 所示，彩色电视机和黑白电视机相比同样

含有信号通道、扫描电路、电源和显像管几个部分，且工作原理基本相同。由于彩色电视机显示的是彩色图像，因而在电路组成方面增加了解码电路，为了保证彩色图像的正常重现，还增设了自动消磁电路。

如图 6.2.19 所示，亮度通道是放大和处理亮度信号的电路，它相当于黑白电视中的视频放大电路。全电视信号 FBYS 经 4.43MHz 陷波器去掉色度信号，得到亮度信号 Y。该信号经 Y 信号放大器放大、对比度控制、图像轮廓补偿(勾边)后送入 Y 信号延迟线，其输出的信号加到直流恢复电路经亮度控制等处理加到输出级，再送到基色矩阵电路。

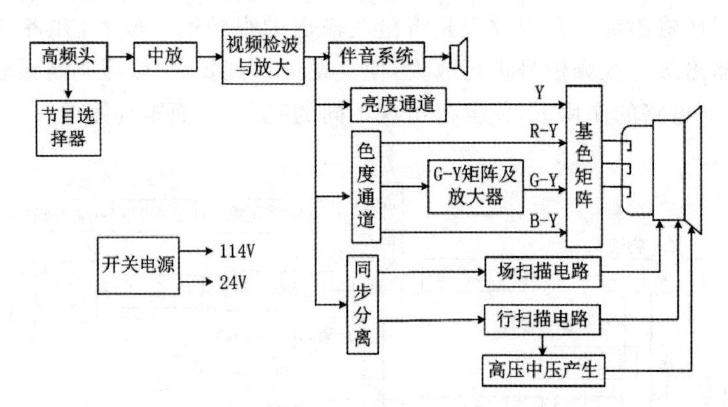

图 6.2.18　彩色电视机整机电路方框图

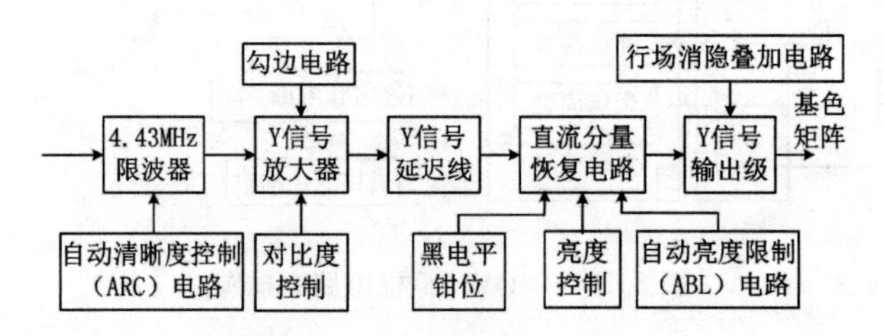

图 6.2.19　亮度通道方框图

当接收到黑白电视信号时，自动清晰度控制(ARC)电路控制陷波器不工作，以保留黑白图像中的高频信号即细迹部分。Y 信号延迟线用来使亮度和色度信号同时到达。直流代表了图像的背景亮度，没有背景亮度就失真，为此要对直流分量进行恢复，由黑电平钳位来完成。自动亮度限制(ABL)电路用来限制屏幕整体亮度，防止电流过大而损坏显像管。行场消隐叠加电路通过升高阴极电压的方式来消除行场回扫线。

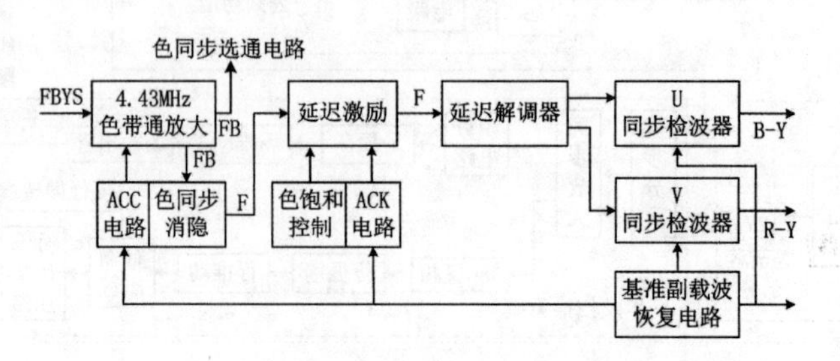

图 6.2.20　色度通道方框图

图 6.2.20 所示，色度通道是用来放大和处理色度信号的电路。全电视信号首先送入

4.43MHz带通放大器取出色信号 F 和色同步信号 B,同时完成色同步消隐(消去同步信号)和自动色饱和度控制。然后色信号 F 送入延迟激励电路中放大,同时完成色饱和度(手动)控制和自动消色控制 ACK(当信号彩色弱或收到黑白电视信号时)。色信号送入延迟解调器,得到 B－Y,R－Y 两个色差信号,一路送入 G－Y 矩阵电路,另一路加到基色矩阵电路。

4. VHS 方式家用录像机电路方框图

图 6.2.21 所示,电视接收、调谐、解调器是为了接收电视节目而设。视频信号处理电路先将亮度和色度信号进行分离,然后对亮度信号进行调频处理,对色度信号进行降频处理。音频信号处理电路与录音机相同。系统控制电路主要功能是自动控制功能、自动故障诊断功能和自动保护功能。伺服系统电路包括磁鼓伺服和主导轴伺服,目的是使旋转磁头准确跟踪磁带上的磁迹。定时和操作显示电路主要作用是根据操作键指令,把录像机的机械和电路置于所要求的工作状态,同时在屏幕上做出相应的显示。射频调制电路是为了不带 AV 输入的电视机通过射频输入端收看录像节目而设置的专用电路。电源电路品种较多,有直流,也有交流,直流供电电压一般要求稳定。

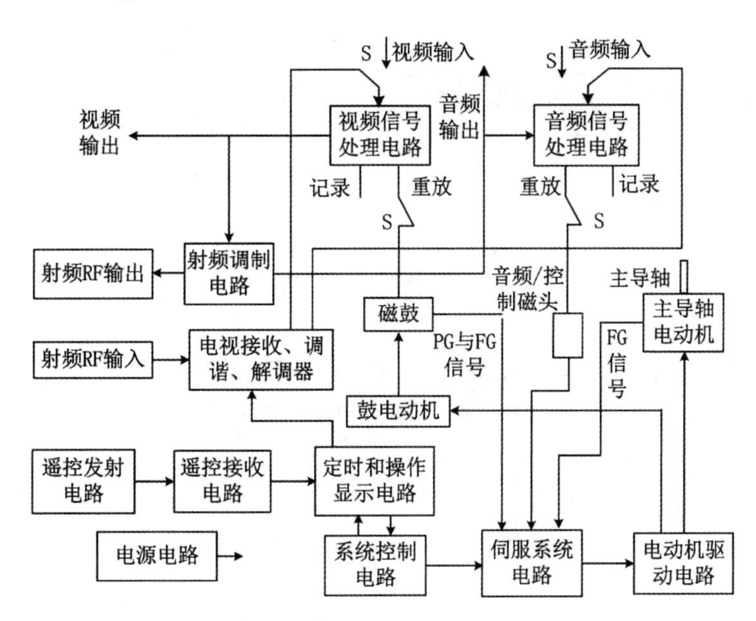

图 6.2.21　VHS 方式家用录像机电路方框图

5. 仪器电路方框图

(1)通用示波器整机电路方框图。图 6.2.22 所示,X 轴通道的作用是在触发信号的作用下产生随时间线性变化的扫描电压,经放大器放大后加到示波器水平偏转板上,以驱动电子束进行水平扫描。比较和释抑电路起到了稳定扫描锯齿波形,防止干扰和误触发的作用;Y 轴的作用是对被测信号进行变换和放大得到足够的幅度后加到垂直偏转板上,向 X 轴提供内触发信号源,补偿 X 通道的时间延迟。探极设计成可调电容和电阻的并联形式,再和示波器的输入电容和输入电阻组成补偿分压器。阻抗变换倒相放大器用来将单端信号转换为双端输出的对称信号送给前置放大器(差分放大器)。

(2)频率特性测试仪整机电路方框图。如图 6.2.23 所示,扫频信号发生器是一个调频振

荡器，产生的振荡频率受扫描信号控制但幅度不变的调频信号。该信号过被测电路后，信号幅度随被测电路的幅频特性而变化。经检波后，将幅度随频率变化的包络信号加到示波器垂直通道，同时将扫描信号加到示波器的水平通道，示波器的屏幕上就显示出被测电路的幅频特性曲线。

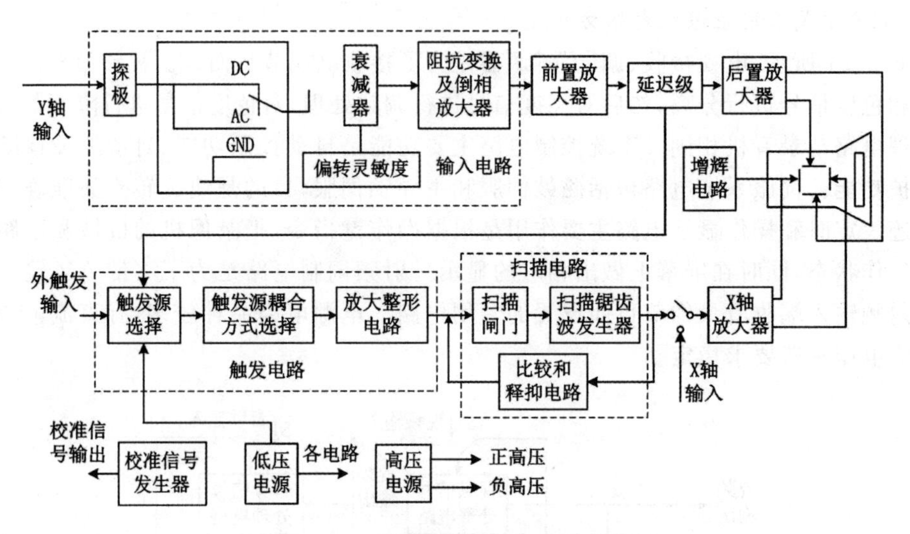

图 6.2.22　通用示波器整机电路方框图

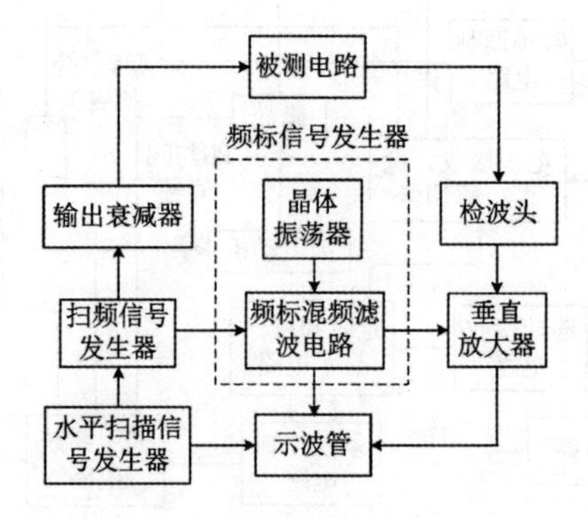

图 6.2.23　频率特性测试仪整机电路

第三节　整机电路原理图设计和分析方法

一、整机电路原理设计和分析的要求

1. 记住电路原理图中各种电子元器件的符号

国家对电子元器件的符号有统一的规定，参见电气图用符号 GB4728。各种电子元器件的符号是电路图的基本元素，只有熟记各种电子元器件的符号才能快速准确分析整机电路原理图。

2. 了解电子元器件的功能和特性

随着电子技术的发展，新功能的元器件不断涌现，学习和掌握各种元器件的功能和特性，对看懂电路原理图是必不可少的。

3. 牢记基本单元电路

任何复杂的电路都是由一些单元电路组合而成的，掌握一些基本单元电路的工作原理，并能分析各单元电路之间的关系，是看懂电路原理图的关键。

4. 记忆整机电路和系统电路方框图

方框图是一种重要的电路图，在分析集成电路的应用电路、复杂的系统电路、了解整机电路组成情况时，没有方框图将造成识图的诸多不便和困难。

厂方提供的电路资料中，一般情况下都不给出整机电路方框图，不过大多数同类型机器组成是相似的，可以利用这一特点用一种机器的整机方框图作为同类机器的参考。

对一般集成电路的内部电路是不必进行分析的，只需要通过集成电路的内部电路方框图来理解信号在集成电路内电路中的放大和处理过程。

5. 培养对电路原理图进行分析和综合能力

所谓分析就是将复杂的整机电路原理图分解成若干部分，逐个进行研究分析；所谓综合就是将各部分相互间的作用关系和信号流向组合在一起，形成对电路整体的认识。

6. 要有一个动手实践的过程

电子技术的技术实践性很强，不同的电路有不同的分析方法，光靠学习书本知识是不够的，还必须动手实践。动手实践实际上是学习电子技术最好的方法，通过实践不但可以加深对电路原理的进一步理解，而且可以使所学的基础知识得到巩固。

二、整机电路原理设计的步骤和方法

1. 电路的总体方案的设计

电路的总体方案是根据设计任务书提出的任务、要求和性能指标，用具有一定功能的若干单元电路组合成一个整体，来实现各项功能并画出一个能表示各单元功能的整机电路原理方框图，所以也叫电路的结构设计。电路的性能常常与整机电路的结构相关联，而电路的结构又与所选用的单元电路有关。电路的总体方案设计需要首先确定整机电路的用途，了解所设计电路的使用环境及具体条件，然后需要查阅有关资料，广开思路，敢于探索，勇于创新。总体方案常不止一个，加以比较，从中选优，进行优化设计及可靠性设计，既要考虑方案的可行性，还要考虑性能、可靠性、成本、功耗和体积等问题。

一个完整的数字系统包括输入电路、输出电路、控制电路、时基电路和若干子系统等五个部分。有些关键部分一定要画清楚，必要时需要画出具体电路来加以分析。

2. 单元电路的设计和计算

根据设计要求和总体方案的原理框图，确定单元电路的设计要求、结构形式、性能指标、与前后级之间的关系。

(1)设计单元电路的结构形式。查阅有关单元电路种类、作用和性能等资料，从中找到适用的参考电路，也可以从几个电路综合得到需要的电路。尽可能选用中、大规模集成电路，集成电路具有体积小、成本低、可靠性好、安装调试简单等优点；功能简单的电路，高频率、高电压、大电流或噪声低的特殊场合仍需采用分立元件。

(2)解决各单元电路之间耦合和匹配问题。各个单元电路之间电气性能相互匹配问题有阻抗匹配、线性范围匹配、负载能力匹配、高低电平匹配等。

输入电阻和输出电阻的匹配:根据信号源或前级电路的要求确定输入电阻,以使后级从信号源或前级电路获得最大的功率;根据后级电路或负载的要求确定输出电阻,以使输出电流稳定,带负载能力越强。串联负反馈使输入电阻增加,并联负反馈使输入电阻减小;电压负反馈使输出电阻减小,电流负反馈使输出电阻增加,增加和减小的程度决定于反馈深度。

放大电路级间耦合方式有直接耦合方式、阻容耦合方式、变压器耦合方式和光电耦合方式。级间耦合方式由信号、频率和功率增益要求而定。在对低频特性要求很高的场合,可考虑直接耦合,一般小信号放大级之间采用阻容耦合,功放级与推动级或功放级与负载级之间一般采用变压器耦合,以获得较高的功率增益和阻抗匹配。应尽量少用或不用电平转换之类的接口电路,以简化电路结构、降低成本。

单元电路之间的极性配合:当信号极性错了时,有些电路就无法工作。这时可采用改变信号引出点的方法来纠正,必要时应加反相电路。

(3)计算单元电路和元器件参数,选择元器件。

单元电路参数计算:为保证单元电路达到性能指标要求,就需要对电路参数进行计算,包括电路特性参数、传输参数、元器件参数等,如振荡电路中的电阻值、电容值、振荡频率;放大电路的放大倍数、带宽、转换速率;集成运放的开环电压放大倍数、差模输入电阻、转换速率、输入偏置电流、输入失调电压和输入失调电流及温漂等。

电路的主要性能参数计算与选择:电路的主要性能参数有电源电压、工作频率、灵敏度、输入和输出阻抗、输出功率、失真度、总增益等。总增益是确定放大级数的基本依据,可采用运算放大器实现放大。在具体选定级数时,应留有15%～20%的增益裕量。

元器件的参数选择:元器件的工作电流、电压和功耗等应按原则选择并留有适当余量,如极限值必须应大于额定值的1.5倍;对于环境温度、交流电网电压变化等工作条件,应按最不利的情况考虑;在满足性能参数的情况下,应选用低功耗、低热阻、低损耗角、高功率增益的元器件;选择计算值附近的标称值。

元器件的其他选择:根据的性能参数、质量参数、使用条件、结构特点和应用场合等选择元器件;在保证电路达到功能指标要求的前提下,应减少元器件的品种、价格、体积等;选择经实践证明质量稳定、可靠性高、有良好信誉的生产厂家的标准元器件,不能选用淘汰的或劣质的元件;优先选择经过认证鉴定的符合国标的元器件,经过使用考验的符合要求的、有稳定货源的元器件;选择国外权威机构的PPL,QPL(质量鉴定合格的元器件清单)中的元器件,生产过程中经过严格筛选的高可靠元器件。

(4)提高稳定性性能、降低噪声和防止干扰。

提高放大电路稳定性的措施:采用具有高稳定度的无源元件或引入直流负反馈来稳定静态工作点;采用电容和电阻进行相位补偿,以消除由寄生电容或其他寄生耦合所引起的自激振荡;妥善接地与屏蔽,以减小寄生电容、寄生耦合等影响;采取散热与均热措施,以保证温度稳定,减小热漂移。放大电路的工作点选定以信号不失真为宜,后级放大器因输入信号幅值较大,工作点可适当高一些,选β较大的管子。

降低放大电路噪声的措施:放大电路中常见的噪声有噪声、散粒噪声和低频噪声等,压缩放大器带宽,滤除通带以外的各种噪声信号;减小信号源电阻,并尽量使其与放大器的等效噪

声电阻相等，以实现噪声阻抗匹配；选用低噪声放大器件，以减少噪声的产生；减小接线电缆电容的影响及各种干扰因素的影响。

防止电路产生相互干扰：在单元电路的组合中，使用的单元电路数量一多往往就会产生相互干扰的现象，严重时还会使整机电路无法正常工作。这时除注意各元件的合理布局外，还要使用隔离及退耦电路。常用的各单元电路级间的隔离及退耦电路有各类滤波器及光耦器件。

3. 电路实验

(1)实验电路板：目前常见的电路试验板有两大类：一种是插接电路试验板，也叫面包板，具有阵列式插座孔如图6.3.1所示，另一种是印制电路试验板，具有阵列式通孔焊盘，如图 6.3.2 所示。它们的共同特点是采用标准的2.5mm为孔间距离，可以插装集成电路和微型电子元器件。在电路实验时，元器件的布局和连接要比较接近实际产品，电路连接可靠。在制作简单电子产品时，使用印制电路试验板可以节省设计定型制板的一些工作。

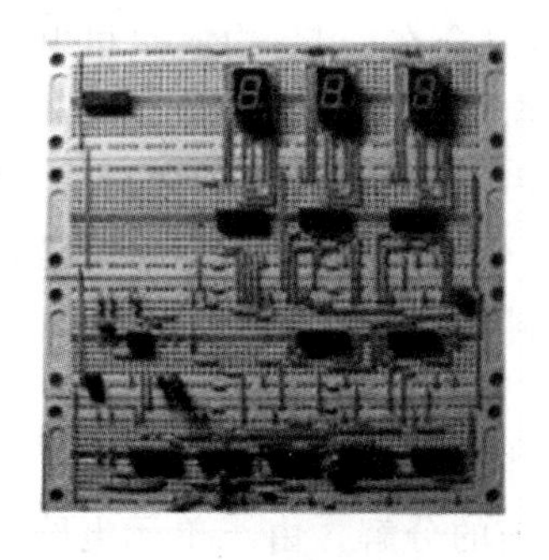

图 6.3.1　插接电路试验板(面包板)

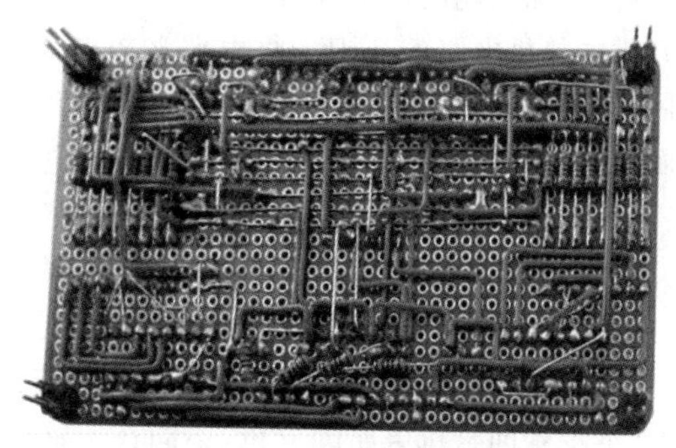

图 6.3.2　印制电路试验板

(2)常用实验设备：直流稳压电源、万用表、信号源、示波器、产品专用设备等。

(3)实验内容：检查各元器件的性能和质量；检查各单元电路功能和指标是否达到设计要求；检查接口电路是否作用；把各单元电路组合起来，检查总体电路的功能。

(4)实验方法和注意事项：对于元器件比较少的简单电路，通常可以把整个电路一次搭出来，甚至可以直接设计印制电路板，制作出样机。而对元器件较多的复杂电路，通常是把整个电路分割成若干个功能块，分别进行电路实验，待每块电路都得到验证后，再把它们连接进来，验正整机的效果。对大功率电路和高频电路更要注意实验与实际产品在散热条件及分布参数等方面的差异，尽可能模拟真实条件，否则电路实验的成功并不一定能带来产品的成功。

4. 整机电路原理图的绘制

整机电路原理图通常是在完成系统框图、单元电路设计、参数计算和元器件选择的基础上绘制的。它是组装、调试和维修的依据。电路原理图的绘制必须遵循电路原理图的绘制原则。

5. 整机电路原理仿真

将设计好的电路图通过仿真软件进行实际功能的模拟和分析，全面地了解电路的各种特性，检验电路方案在功能方面的正确性，实现电路的优化设计。

三、整机电路原理图分析的步骤

1. 一般整机电路分析步骤

(1)了解产品的功能、组成和作用原理。了解产品的功能对电路分析有很好的引导作用，

能方便地找到电路分析的切入点使思路展开，可以了解到电路的一些组成信息。了解产品组成和其作用原理，可以了解到整机电路在整机中的用途、位置以及电路中的关键元器件。

(2)整机电路原理图的分解。将整机电路原理图分解成基本组成部分和单元电路，确定基本组成部分的功能和由哪些单元电路组成。分析方法：根据整机中的用途，先找到输入和输出电路，再从前到后或从后到前逐级理清信号流程，可绘出信号流程图进行分析。

(3)单元电路的原理分析。分析各单元电路的作用、特点，为什么要采用这样的单元电路，以达到“各个击破”的目的。对每个单元电路，找出直流通路、交流通路和反馈通路等。

(4)元器件的在电路中的作用分析。元器件作用分析是分析电路中各元器件起什么作用。主要从直流和交流两个角度去分析，例如，在电源电路中大容量电容器一般作为滤波器使用、前后级交流放大电路连接的电容器一般作耦合器使用。

(5)电路参数的计算。欲深入了解单元电路，可以对某些技术指标进行计算和估算，从而获得电路传输和性能的定量分析。

(6)建立整机电路的认识。将电路逻辑关系和信号流向组合在一起，构成整机电路方框图。将电路图的输入直到输出端联系起来，借助示波器观察信号在电路中如何逐级放大和传递，从而对整机电路有一个完整的认识。一个电子产品往往由不同通路组成，如交流通路、直流通路、信号输入输出通路、反馈通路、显示通路等，只有把各通路分清后，才能搞清楚各组成部分之间的关系。对于有控制通路的电路，还要分析各种控制逻辑关系。

2.集成电路应用电路引脚分析方法

集成电路的应用越来越广泛，对集成电路应用电路的分析是电路分析中的重点，也是难点。其基本步骤同整机电路的分析，不同在于整机电路原理图的分解。由于单元电路在集成电路内外都有并通过引脚相联系，因而对集成电路各引脚的作用分析是问题的关键。

(1)分析集成电路各引脚作用的方法。一是查阅集成电路应用电路原理图和内电路方框图直接得到；二是查阅相关电路原理图和电路方框图分析得到。在没有实际应用电路图时用典型应用电路图作参考；同类型的集成电路具有一定的规律性，在掌握了它们的共性后，可以方便地分析许多同功能不同型号的集成电路；三是根据集成电路应用电路中各引脚外电路的特征分析得到。此方法要求有比较好的电路分析基础。学会总结各种功能集成电路的引脚外电路规律以提高分析能力，例如，输入引脚外电路的规律是：通过一个耦合电容或一个耦合电路与前级电路的输出端相连；输出引脚外电路的规律是：通过一个耦合电路与后级电路的输入端相连。

(2)正确对待集成电路的内电路。一般情况下不要去分析集成电路的内电路工作原理，只去分析其电路方框图，因为这是相当复杂的。分析内电路方框图时，可以通过信号传输线路中的箭头指示，知道信号经过了哪些电路的放大或处理，最后信号是从哪个引脚输出。

(3) 了解各引脚外电路的作用。知道了各引脚的作用之后，分析各引脚外电路和元器件的作用就方便了。例如：负反馈引脚、消振引脚分别连接反馈电路、消振电路；①脚是输入引脚，那么与①脚所串联的电容是输入端耦合电容，与①脚相连的电路是输入电路。复杂电路应分清多个电源引脚，多个接地引脚，多个输入、输出引脚，是前级还是后级电路的。根据集成电路各引脚的外电路结构、元器件作用等判断各引脚外电路的作用。

思　考　题

1. 电路原理图分析的要求和步骤是什么？
2. 电阻器在电路中有何作用？
3. 电容器按在电路中所起作用都有哪些名称？
4. 画出各种二极管的图形符号。
5. 什么是单元电路？单元电路有哪几大类？
6. 电源单元电路有哪些？
7. 低频功率放大电路分哪几类？
8. 简述正弦波振荡单元电路的分类。
9. 简述半导体开关单元电路的分类。
10. 电路功能图有哪几种？
11. 电路原理图的图面布置要求有哪些？
12. 元器件文字符号的位置序号是怎么标的？
13. 画出黑白电视机整机电路方框图。

第七章

电路板组装与焊接技术

第一节　通孔插装 THT 技术

一、元器件插装技术

元器件插装是将元器件插装在印制板的导通孔内，分为手工插装和自动插装。

1. 元器件插装方式

如图 7.1.1 所示，元器件插装方式有立式、卧式、倒装式、横装式和嵌入式以及贴板式和悬空式，常用的安装方式为立式和卧式。三极管、电容器、晶体振荡器和单列直插集成电路多采用立式插装，而电阻、二极管、双列直插的集成电路多采用卧式插装。

(1)卧式插装：元器件轴线方向与电路板平行。与立式插装相比，具有机械稳定性好，排列整齐，元件跨距大，印制板布线方便等特点。其常用于板面宽松、元器件种类少数量多的低频电路中。

(2)立式插装：元器件轴线方向与线路板垂直。它占用面积小，单位面积容纳元器件数量多，适合于要求排列紧凑密集的产品，如半导体收音机、助听器、便携式仪表等。立式插装的元器件要求小型、轻巧，过大、过重的元器件不宜采用此方式。

(3)横装式：将元器件垂直插入，然后沿水平方向弯曲，对于大型元器件要采用胶黏或捆扎的措施保证有足够的机械强度，适于装配中对组件有一定高度限制的场合。

(4)嵌入式：将元器件壳体埋入印制板的嵌入孔中，为了提高元器件安装的可靠性，常在元器件与嵌入孔间涂上胶黏剂。该方式可以提高元器件的防震能力，降低插装高度。

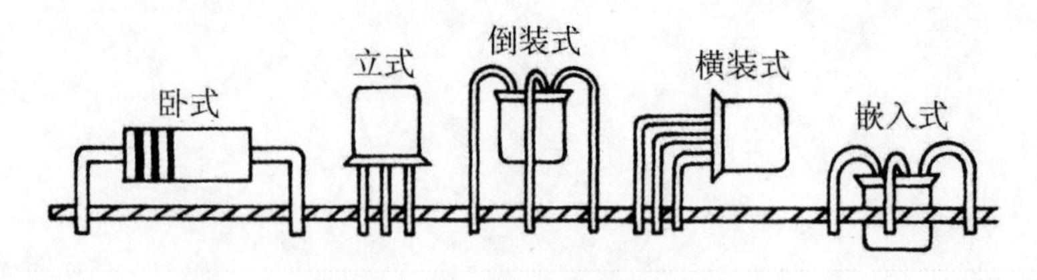

图 7.1.1　元器件的插装方式

2. 元器件引线的成型形状和要求

元器件引线成型分手工成型和机器成型。如图 7.1.2 所示，元器件引线不得从根部打弯，一般应留出 1.5mm 以上的距离，以防止引线根部折断。成型过程中任何弯曲处都不允许出现直角，要有一定的弧度，圆弧半径 R 大于引线直径 d 的 1～2 倍，否则会使折弯处的截面变小，电气特性变差。波峰焊引线成型形状如图 7.1.3 所示，使元器件在焊接过程中不至于发生倾斜和浮起现象。散热引线成型形状如图 7.1.4 所示。

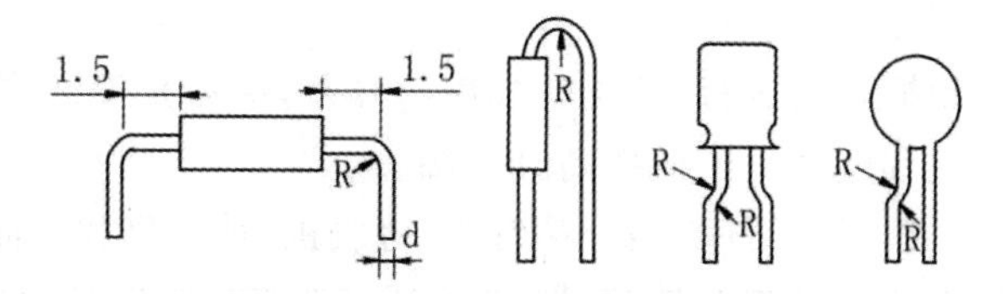

图 7.1.2　手工插装引线成型形状(单位:mm)

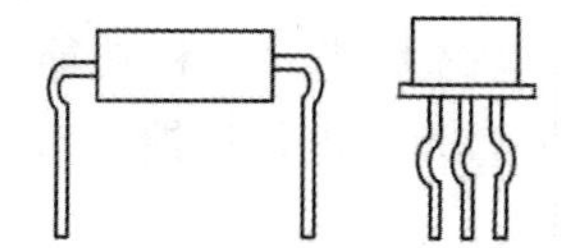

图 7.1.3　波峰焊引线成型形状(单位:mm)

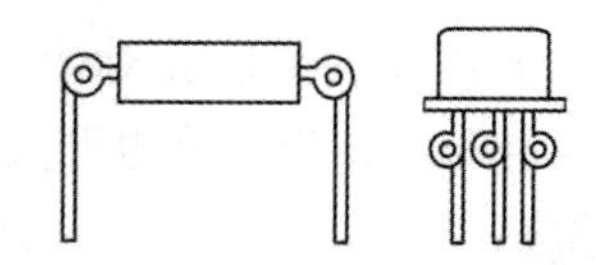

图 7.1.4　散热元件引线成型形状

3.元器件插装的位置、高度、次序和排列

插装位置:在印制板上插接元件时,要参照电路板图,使元件与插孔一一对应,并将元件的标识面向外,便于辨认与维修。集成电路、晶体管及电解电容器等有极性的元件,应按一定的方向插入孔中,不可装错极性。

元件插装高度和倾斜度:手工插装元件插装高度和倾斜度要求如图 7.1.5 所示,元件插装高度应尽量矮,过高则稳定性变差,易倒伏或与相邻元件碰接,抗震性能差。轴向元器件插装不良现象如图 7.1.16 所示。

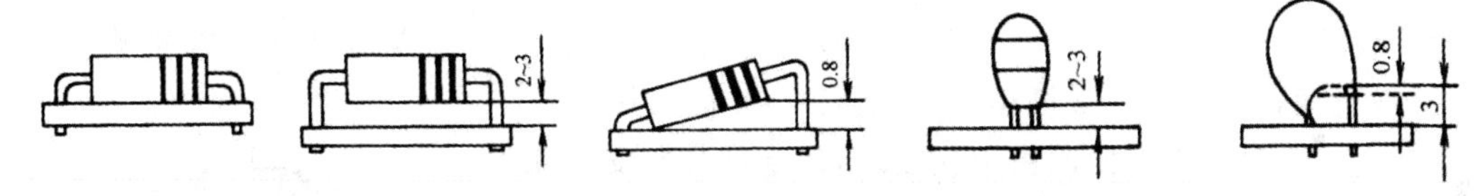

图 7.1.5　手工插装元器件安装高度和倾度要求

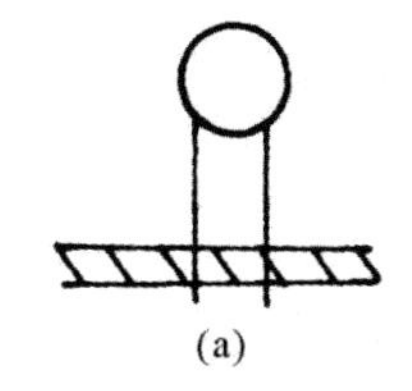

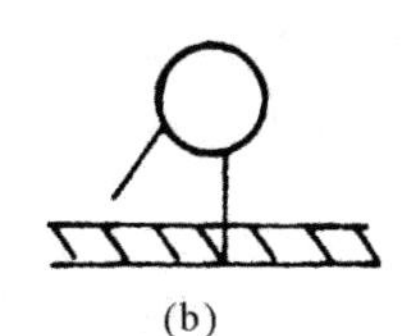

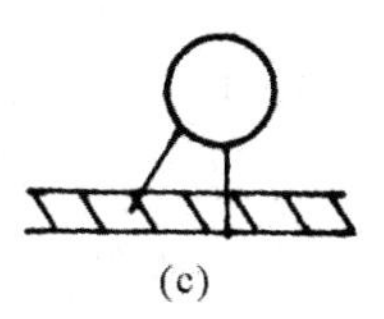

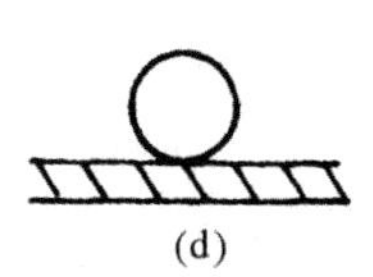

图 7.1.6　轴向元器件插装不良现象

(a)太高;　(b)引线脱出;　(c)倾斜;　(d)刹根

元器件插装次序:先焊细导线和小型元件,然后焊晶体管、集成块,最后焊接体积较大较重的元件;先焊较低的元件,后焊较高的元件;先装内侧的元器件,后装外侧的元器件。因为晶体管和集成块怕热,后焊接可防止烙铁的热量经导线传到晶体管或集成块内而造成损坏;大元件占用面积大,又比较重,后焊接比较方便。

元器件插装排列:元器件插装一般要求排列整齐,元器件字符标记方向应一致且符合阅读习惯,如水平放置的色环电阻数字色环应在左边。同类元器件要保持高度一致,保证焊好的印制板整齐美观。

4. 自动插装技术

自动插装可使用自动插件机进行，缺点是焊后返修差，优点是安装密度高，可靠性和抗震性强，高频特性好，自动化程度和生产效率高，成本低。

(1)插件机分类和组成。按插件类型分铆钉机、跨线机、轴向机和径向机；按送件方式分顺序式和编序式。日本松下的插件机为顺序式，美国环球和 TDK 公司的插件机为编序式。轴向插件机外形和插件操作如图 7.1.7 所示。

插件机由电路系统、气路系统、X－Y 定位系统、插件头组件、打弯剪切座、自动校正系统、编序机和元件栈、元器件检测器和对中校正系统组成。电路系统的各种功能均由内部 CPU 统一协调控制，动作报告结果由光电开关和霍尔元件等传感元件进行反馈。对中校正系统，环球插件机靠光感应，松下和 TDK 公司的插件机靠摄像捕捉。

图 7.1.7　插件机外形和插件操作

(2)自动插件工艺流程。某双面印制板的自动插件工艺流程。A 面贴片→机插铆钉→机插跨线→机插轴向元器件→机插径向元器件→B 面贴片。

(3)机插质量判定。印制板损伤要求：边缘部分的安装孔不允许有贯穿性裂纹；边缘棱角处允许有轻微碰伤，但不得起层和损伤印制导线；焊接面不允许有机械划伤；阻焊膜不破，不露铜层。铆钉机插质量，如图 7.1.8 所示，铆接后翻边成形为六瓣状翻边角度 $A=30°\pm5°$，不允许出现铆钉内孔变形，翻边不良等现象。跨线机和轴向元器件机插质量合格图如图 7.1.9 和 7.1.10所示，跨线机插机插质量不合格图如图7.1.11所示，轴向元器件机插质量不合格图如图 7.1.12 所示。

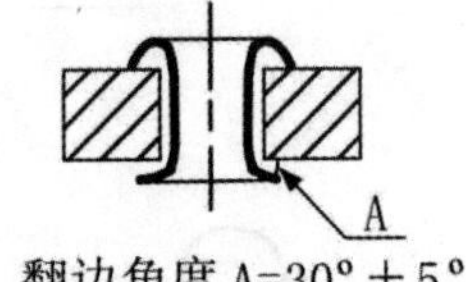

图 7.1.8　铆钉机插合格图

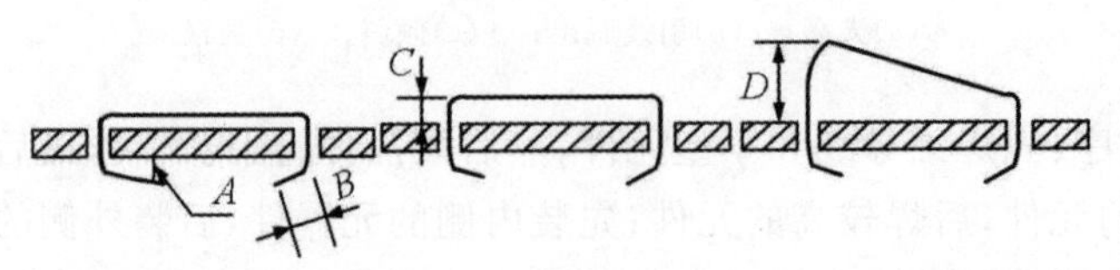

图 7.1.9　跨线机机插质量合格图

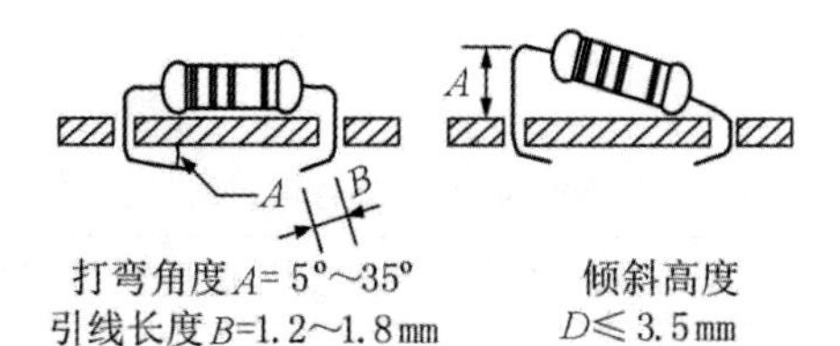

图 7.1.10 轴向元器件机插质量合格图

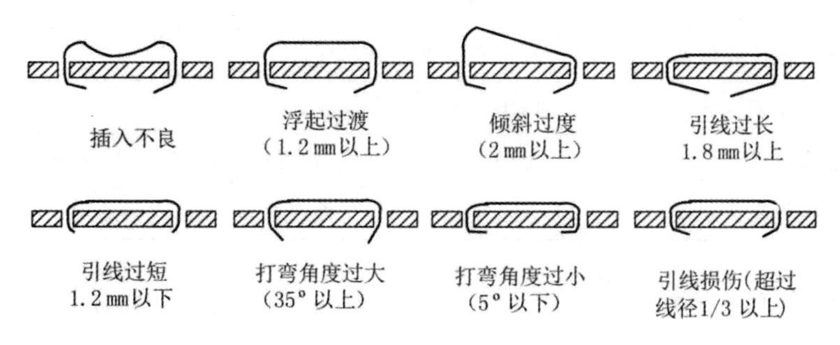

图 7.1.11 跨线机插质量不合格图

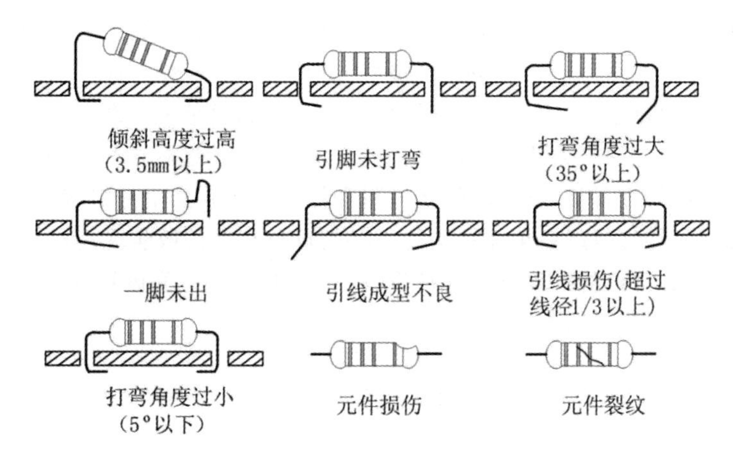

图 7.1.12 轴向元器件机插质量不合格图轴

(4)机插质量问题分析。机插质量问题分析见表 7.1.1。

表 7.1.1 机插质量问题分析

现象	产生原因	预防纠正措施
错插	上错料	加强员工质量意识，加强巡查，改变方式，专职人员上料
	补件错	对补料架进行工艺纪律检查
	设备异常，可能性极小	设备的维护和保养
漏插	未补件	设备改进，状态确保，加强员工质量意识
	周转抖落	周转车和箱的周转方法，转运工的责任心

续 表

现象	产生原因	预防纠正措施
极性反	上错料	加强员工质量意识,加强巡查,改变方式,专职上料人员
	补件错	加强员工质量意识,优化工艺程序
脚不出	坐标偏差	工艺调整,维护设备校正系统的完好
	设备状态不佳	易损件及时更换,加强设备的保养
	PCB 排版太密	PCB 设计改进
桥接	剪脚过长或角度小	加强设备的检查与保养
	PCB 排版问题	PCB 设计改进
批次质量	上错料	加强员工质量意识,加强巡查,改变方式,专职上料人员
	机插程序编制错误	设计提供的坐标文件是否最新版,产品首检

二、焊接与手工烙铁焊

1. 焊接的定义、分类和锡焊原理

(1)焊接的定义。焊接是通过加热、加压或其他方法,使用或不使用填充料,使两个或两个以上分离的工件通过原子间键合(扩散与结合)形成永久牢固连接的工艺过程。

(2)焊接的分类。如图 7.1.13 所示,焊接可分为熔焊、压力焊和钎焊三大类。熔焊是指焊接过程中,焊件接头加热至熔化状态(母材熔化),不加压力就能完成焊接的方法;压力焊是焊接过程中,必须对焊件施加压力才能完成焊接的方法,在这一过程中可以加热也可以不加热;钎焊是指采用熔点低的金属材料作钎料,将钎料和焊件加热到高于钎料熔点,但低于母材熔点的温度,利用液态钎料润湿母材,填充接头间隙并与母材相互扩散实现连接焊件的方法。根据使用钎料的熔点不同,也可将钎焊分为软钎焊(熔点低于 450℃)和硬钎焊(熔点高于 450℃)。

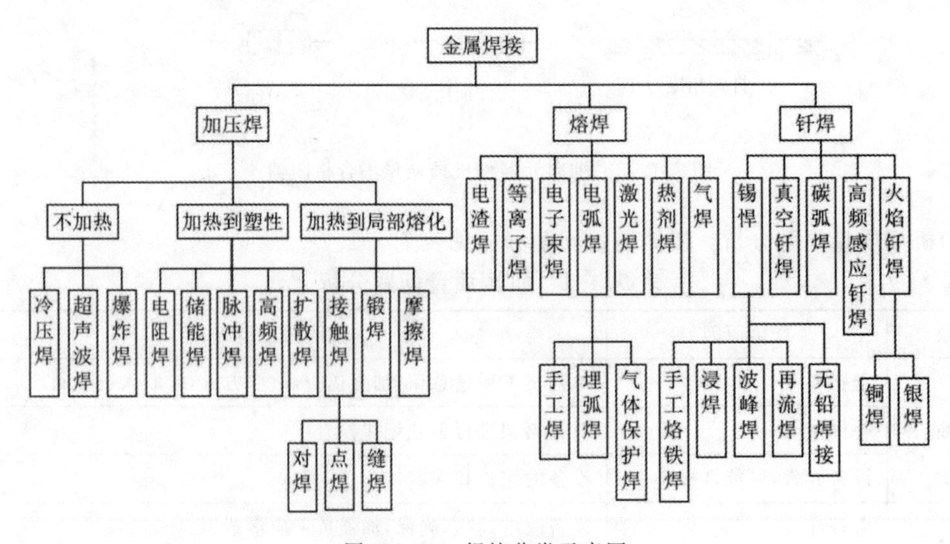

图 7.1.13 焊接分类示意图

软钎焊中的锡焊是电子工业中应用最普遍的焊接技术，其过程是将焊料熔化使元器件与PCB或两个以上元器件牢固连接在一起。锡焊具有焊点电气性能好、外形美观、操作简单、焊接温度低、成本低、焊接过程可逆、易于拆焊，更换元器件方便等优点。锡焊焊接技术又可分为手工烙铁焊、波峰焊接和再流焊接等。

(3)锡焊的原理。在一定温度的作用下，焊料和焊件内部的电子会发生相互的吸引和转移扩散，由于两种金属表面相互浸润结合，在两种金属结合表面形成了新的合金，从而完成了焊接，由此可见锡焊操作最基本的原理就是润湿、扩散和形成结合层。

润湿就是焊件在金属表面形成均匀、平滑、连续并附着牢固的焊料层，它是发生在固体表面和液体之间的一种物理现象。只有焊料润湿焊件，才能进行焊接，所以要求焊料流动性要好。金属表面能被熔融焊料润湿的特性叫可焊性。扩散就是焊料与焊件在其界面上的金属彼此扩散。由于焊料和焊件金属彼此扩散，最终在两者交界面形成一种新的金属合金层，称为结合层。结合层的作用就是将焊料和焊件牢固结合成一个整体。

2. 锡焊的材料

(1)焊料(焊锡)。焊料根据组成成分分为：锡铅焊料、锡银焊料和锡铜焊料等。共晶焊锡是指达到共晶成分的锡铅焊料，锡的含量为61.9%，铅的含量为38.1%。共晶成分是在单一温度下融化，而其他合金是在一个温度区域内融化的。工业应用的锡铅焊料中锡的含量为63%，铅的含量为37%。铅锡焊料具有熔点低，元器件损坏少；表面张力小，流动性好；强度高，导电性好等特点，是一般电子产品装配中经常使用的焊料。锡铅焊料除锡和铅外，还含有其他微量金属(杂质)，不合格的锡铅焊料可能是成分不准确或杂质超标，杂质对锡铅焊料的影响见表7.1.2 。

随着环境保护和生态平衡的要求深入到各行各业，无铅焊接和免清洗技术成为人们关注和需要解决的问题。目前工业应用比较多、综合性能较好的无铅焊料是Sn－Ag－Cu结构，简称SAC无铅焊料，如熔点为217℃，比例为Sn96.5/Ag3.0/Cu0.5；熔点为217～219℃，比例为Sn95.5/Ag3.8/Cu0.7的焊料。为了降低成本，低Ag合金得到推崇，如Sn98.5/Ag1.0/Cu0.5和Sn98.8/Ag0.5/Cu0.7焊料。

焊料有片、块、棒、带、丝状等多种形状。丝状焊料称为焊锡丝，中心含有松香助焊剂的焊料叫松脂芯焊丝，常应用于手工烙铁锡焊中。

表7.1.2 杂质对锡铅焊料的影响

杂 质	对锡铅焊料的影响
铜	黏性增大，熔点上升，出现桥接和拉尖
锌	流动性降低，失去光泽，出现桥接和拉尖
铝	流动性降低，失去光泽，腐蚀性增强
锑	抗拉强度增大，但流动性降低，变脆，电阻大
铋	硬而脆，光泽差，但耐寒性增强
铁	量很少就饱和，熔点上升，难以焊接

(2)助焊剂。助焊剂可分为无机系列、有机系列和树脂(松香)系列。无机系列包括正磷酸、盐酸、氟酸、氯化锌或氯化铵；有机系列包括有机酸、有机卤素、铵盐；树脂系列包括松香、活

化松香和氢化松香。松香助焊剂优点为无腐蚀性、高绝缘性能和易清洗并能形成膜层覆盖焊点，使焊接不易被氧化腐蚀；缺点是酸值低、软化点低、易氧化、易结晶、稳定性差，高温（300℃以上）很容易脱羧碳化而造成虚焊。松香助焊剂在锡焊中被广泛采用，手工烙铁焊也可用松香酒精水，一般含松香23%，含酒精67%。

助焊剂的作用：破坏金属氧化膜使氧化物漂浮在焊锡表面，有利于焊锡的浸润和焊点合金的生成；覆盖在焊料表面防止焊料或金属继续氧化；增强焊料流动性，降低焊料的表面张力；增强焊料和被焊金属表面活性，提高焊料浸润能力；加快从烙铁头到被焊金属表面的热量传递；合适的助焊剂还能使焊点更加美观。

3. 电烙铁

电烙铁在电子产品开发、实验、小批量生产以及调试维修等方面被广泛使用，其作用是：加热焊接件，熔化焊料，使焊料和被焊金属连接起来。

（1）电烙铁由发热部分、储热部分和手柄三部分组成。

发热部分：也叫加热部分或加热器，或者称为能量转换部分，俗称烙铁芯子。这部分的作用是将电能转换成热能。

储热部分：就是通常所说的烙铁头，在得到发热部分传来的热量后，温度逐渐上升，并把热量积蓄起来，通常采用紫铜或铜合金。

手柄部分：直接同操作人员接触的部分，应便于操作人员灵活、舒适地操作。手柄一般由木料、胶木或耐高温塑料加工而成，通常做成直式和手枪式两种。

（2）电烙铁的种类按加热方式分内热式和外热式。如图7.1.14所示，内热式加热器一般由电阻丝缠绕在密闭的陶瓷管上制成，插在烙铁头里面，被烙铁头包起来，直接从烙铁头内部对烙铁头加热，因此称为内热式。外热式又叫旁热式，其加热器由电阻丝缠绕在云母材料上制成，而烙铁头插入加热器里面，加热器从烙铁头外部对烙铁头加热，因此称为外热式。内热式的热转换效率较高，20W的内热式相当于25～45W外热式所产生的温度。

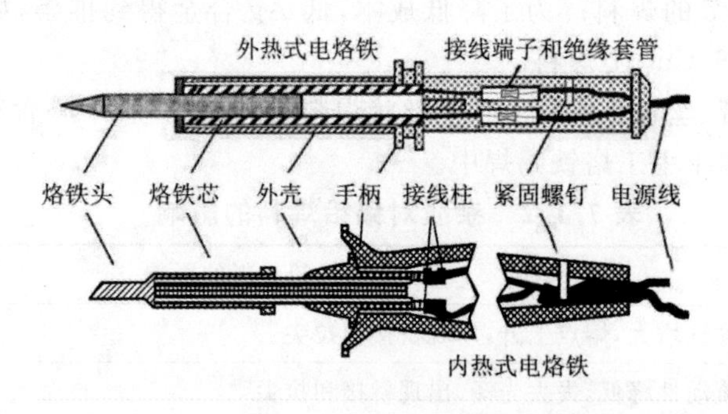

图7.1.14　外热式与内热式电烙铁内部结构示意

按功率分20W，25W，30W，…，100W等。一般半导体元件选用内热式20W或外热式30W，焊接面较大可选用45W，金属底板、粗地线等选75W。

按烙铁头的外形分为：I形（尖形）、B/LB形、D/LD形、C/CF形、K形（刀形）和H形，如图7.1.15所示。I形（尖形）烙铁头尖端幼细，适合精细或空间狭小的焊接，也可以修正锡桥；B/LB形（圆锥形）烙铁头无方向性，适合一般焊接，形状修长的LB形，能在有较高元件或空间狭窄的环境中焊接；D/LD形（凿形、扁形、一字嘴形）适合面积大、焊点大、锡量多的焊点焊接，

如粗端子；C/CF 形（马蹄形/斜切圆柱形）适合需要较多锡量的焊接，只有斜面部分有镀锡层，0.5C 形、1C/CF 形和 1.5CF 形适用于焊接细小焊点或修正锡桥，2C/2CF 形、3C/3CF 形适合焊接电阻、二极管之类的元件和齿距较大的 SOP 及 QFP，4C/4CF 形适于焊接需要较大热量的元件；K 形（刀形）使用刀形部分焊接，竖立式或拉焊式焊接均可，属于多用途烙铁头，适用于 SOJ、PLCC、SOP、QFP、连接器、电源、接地等焊接，能修正锡桥；H 形（弯嘴形）镀锡层在烙铁头的底部，适用于拉焊式焊接齿距较大的 SOP、QFP。

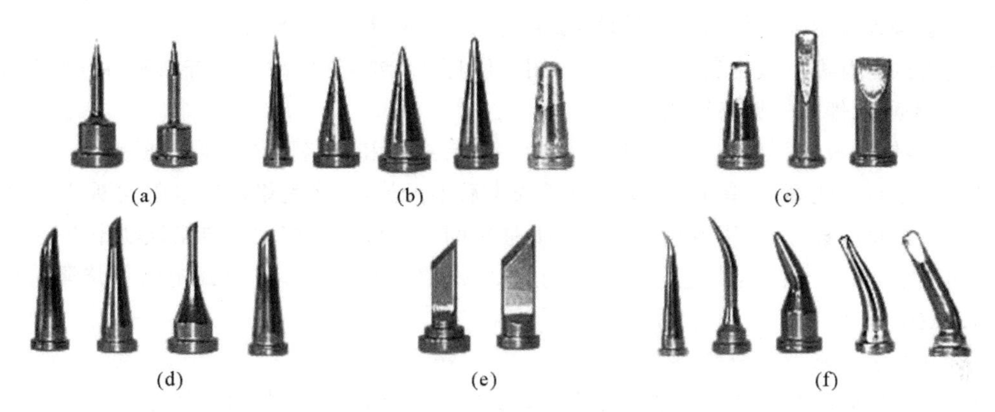

图 7.1.15　常用烙铁头的形状

(a)I 形（尖形）；　(b)B/LB 形（圆锥形）；　(c)C/CF 形（马蹄形/斜切圆柱形）

(d)D/LD 形（凿形、扁形、一字咀形）；　(e)K 形（刀形）；　(f)H 形（弯咀形）

按烙铁头的材料分普通电烙铁和长寿命电烙铁。普通电烙铁一般采用紫铜材料制造，容易氧化和被蚀刻。长寿命电烙铁一种是采用不易氧化的合金材料制成，在铜中添加 Ti，Cr，Si，Fe，Co，Ni，Zr，Al 以提高铜的抗氧化性和耐蚀刻性；另一种是在铜基体表面电镀铁(Fe)层、镍(Ni)层和铬(Cr)层或电镀铁镍(FeNi)合金层形成的一种复合结构，铁的硬度高，耐磨，导热性好并与 Cu 和 Ni 结合性好。

随着科技的发展，出现了满足不同需要的各种新式电烙铁，如可用于集成 MOS 电路的储能式电烙铁；蓄电池供电的碳弧电烙铁；可用于除去氧化膜的超声波电烙铁；具有自动送进焊锡装置的自动电烙铁；使用变压器作为加热器的感应式电烙铁；能够调温度的恒温烙铁等。恒温烙铁内装有带磁铁的温度控制器，在焊接对温度和时间有要求的元件，如 IC、晶体管等尤为适宜，不会因焊接温度高而对元器件造成损坏。

(3)普通斜切圆柱形（圆斜面）电烙铁的使用和保养。

1)新烙铁第一次使用时应修锉掉圆斜面上的镀层并镀锡。

2)旧电烙铁使用前要检查电源线外面的绝缘层是否有破损。

3)电烙铁使用一段时间后，圆斜面就会形成黑色氧化铜或烧蚀形成的凹坑，这时需要用锉刀进行修整，将黑色氧化铜锉掉，将凹坑锉平并镀锡。因为此氧化层降低了电烙铁的导热效率，减弱了焊料和金属间内部电子的相互吸引力，造成通常所说的不“吃”锡现象，严重影响了焊接质量。电烙铁用锉刀修整锉时，应防止烙铁芯所在部位受力，以免压坏烙铁芯。

4)使用电烙铁要轻拿轻放，严禁敲击电烙铁，暂时不使用时要放在电烙铁架上。敲击电烙铁将造成铁芯的损坏，会造成电烙铁芯与接线柱的连线松动、打火和短路。

5)不使用电烙铁时，应及时拔掉电源插头以免烙铁头加速氧化。

(4)长寿命电烙铁的使用和保养。

1)新烙铁第一次使用时，必须给烙铁头镀锡；旧电烙铁使用前要检查电源线外面的绝缘层是否有破损。

2)电烙铁使用时不能敲击，不能用力过猛，不用时应放到烙铁架上。

3)电烙铁不用时，要让烙铁头上保持有一定量的锡，最好利用切断电源后的余热在烙铁头镀上一层锡，以保护烙铁头。

4)高温海绵可用来收集锡渣和锡珠，须始终保持有一定量水分。

5)当烙铁上有黑色氧化层难以使用时，用细砂打磨光滑，立即涂上松香酒精溶液通电并镀上一层锡，不可用锉刀修锉烙铁头。

(5)电烙铁的故障与检查。电烙铁的故障一般有短路和开路两种。若是短路，一接电源，空气开关就会自动跳闸；若是开路，则电烙铁通电后不发热，大多是烙铁芯电阻丝断开，其次是烙铁芯引线与接线柱开路，用万用表测量电源插头间电阻应为无穷大。电烙铁功率不同，其烙铁芯内阻也不同，20W 内热式电烙铁阻值约为 2.2～2.6kΩ，30W 外热式电烙铁烙阻值约为 1.4～1.8kΩ。

4. 焊点工艺要求

(1)焊点必须焊牢，具有一定的机械强度，每个焊接点都是被焊料包围的接点。

(2)焊点的焊锡液必须充分渗透焊接面，其接触电阻要小，具有良好的导电性能。

(3)焊点大小适当、外形美观、表面干净、光滑并有光泽光亮。焊点外形应以焊件为中心，匀称、成裙形拉开，弓形微向下凹，近似圆锥体。合格焊点外形如图 7.1.16 所示，$a=(1\sim1.2)b$。

5. 焊前的清洁和搪锡

元器件引线表面镀有一层薄的焊料，时间一长，会产生一层氧化膜，降低可焊性，而且焊接不良的镀层，不能形成结合层，很容易脱落。

(1)焊前的清洁。通常是用刮刀或砂纸去除元器件引线的氧化层。应注意不得划伤和折断引线。对于集成电路的引脚，不要用刮刀清除氧化层，可用绘图橡皮轻擦。

(2)搪锡。也就是预焊、挂锡或镀锡，导线端头和元器件引线的搪锡方法有电烙铁搪锡、搪锡槽搪锡和搪锡机搪锡等。在手工锡焊和小批量生产中，常用的搪锡方法是电烙铁搪锡。

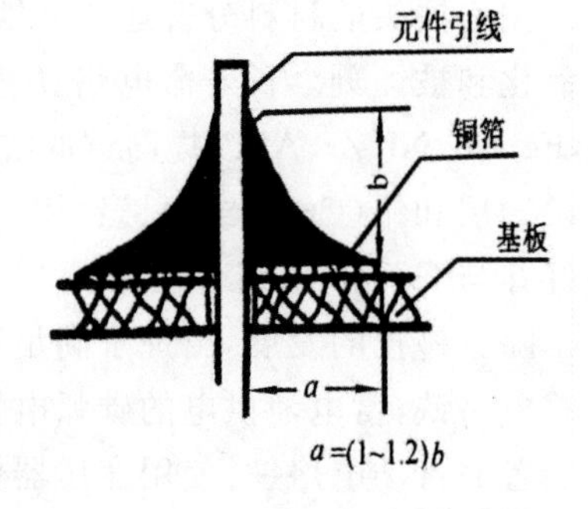

图 7.1.16　合格焊点外形

电烙铁搪锡：如图 7.1.17 所示，用小刀或断锯片首先刮去引线的氧化层，然后蘸一下松香酒精溶液，最后将带锡的热烙铁头压在引线上，同时转动引线，即可使引线均匀地镀上一层很薄的锡。导线焊接前，应先将绝缘外皮剥去，若是多股金属丝的导线，还应捻线头，然后再搪锡。注意捻线头旋转方向与拧合方向一致。

搪锡注意事项：严格控制搪锡的温度和时间，要使用有效的焊剂；搪锡场地应通风良好，及时排除污染气体；搪锡面要清洁应立即搪锡，以免再次被氧化；对轴向引线的元器件搪锡时，一端引线搪锡后，要等充分冷却后才能进行另一端引线的搪锡；非密封的元器件不宜用搪锡槽搪锡，可采用电烙铁搪锡；在规定的时间内，若搪锡质量不好，应立即停止操作并查找原因；经搪锡处理的元器件和导线要及时使用，妥善保存。

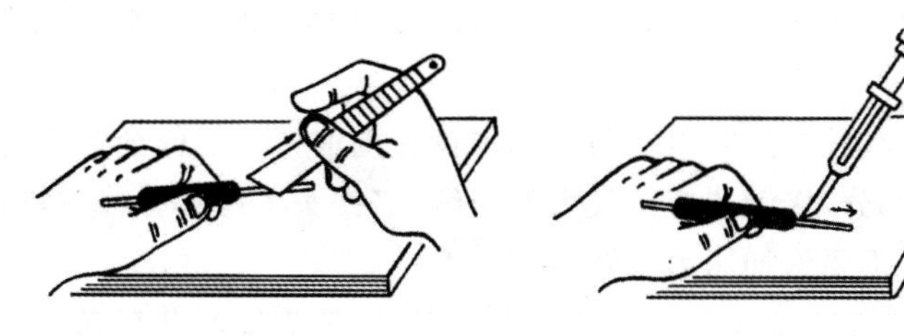

图 7.1.17　元件镀锡的方法图

(3)搪锡质量。搪锡处距离元器件引线根部和导线绝缘层留有一定距离，至少 1mm 以上；搪锡表面应光滑明亮，无拉尖的毛刺，焊料层厚薄均匀，无残渣和焊剂黏附；未搪锡的元器件外观无损伤、裂痕、漆层无脱落；导线外绝缘层无烫伤、烧焦等损坏痕迹。

6. 焊接的操作姿势

(1)手工操作时，应注意保持正确的姿势，有利于健康和安全。正确的操作姿势是：挺胸端正直坐，切勿弯腰，鼻尖至烙铁头尖端至少应保持 20cm 以上的距离，通常以 40cm 时为宜(因为根据各国卫生部门的测定，距烙铁头 20～30cm 处的有害化学气体、烟尘的浓度是卫生标准所不允许的)。

(2)电烙铁拿法根据电烙铁大小的不同和焊接操作时的方向和工件不同，可将手持电烙铁的方法分为反握法、正握法和握笔法三种，如图 7.1.18 所示。反握法动作稳定，长时间操作不易疲劳，适用于大功率的电烙铁；正握法适于中等功率或带弯头的电烙铁；握笔法由于操作灵活方便，被广泛应用于印制电路板的焊接。

(3)焊锡丝的拿法如图 7.1.19 所示，由于焊锡丝中含有铅，而铅是对人体有害的重金属，因此操作后应洗手，避免食入。

图 7.1.18　电烙铁拿法

图 7.1.19　焊锡丝的拿法

7. 焊接操作步骤

五步焊接法示意图如图 7.1.20 所示。

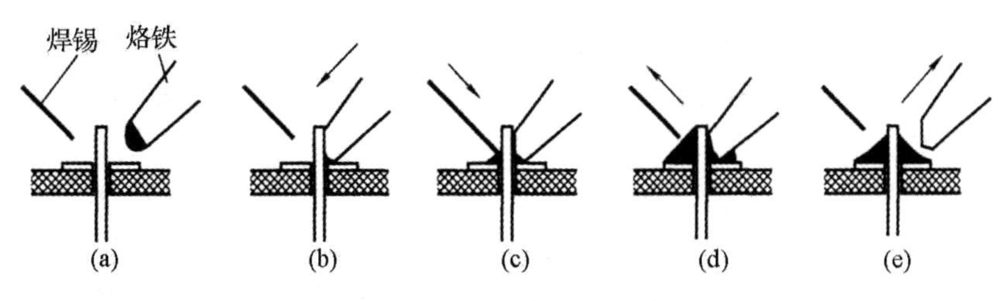

图 7.1.20　五步焊接法示意图

(a)准备；(b)加热；(c)加焊锡；(d)支焊锡；(e)去烙铁

(1)准备。烙铁头保持干净并吃好锡，根据被焊部位可焊程度处理氧化层并搪锡，对元件

引线成型并插装好。做好姿势：一手握好电烙铁，一手拿焊锡丝，电烙铁与焊锡丝分居于被焊引线两侧。

(2)加热。烙铁头接触被焊件，包括引线和焊盘在内的整个焊件全体要均匀受热。一般让烙铁头扁平部分(较大部分)接触热容量较大的引线，烙铁头边缘部分接触热容量较小的焊盘，以保持焊件均匀受热。不要施加压力或随意拖动烙铁。

(3)送焊丝。当焊件被焊部位升温到焊接温度时，送上焊锡丝并与焊件部位接触熔化并润湿。焊锡应从电烙铁对称侧加入接触焊件，不应直接加在电烙铁头上。送锡要适量，一般以有均匀、薄薄的一层焊锡，能全面润湿整个焊点为佳。

(4)移去焊丝。熔入适量焊料(这时被焊件已充分吸收焊料并形成一层薄薄的焊料层)后，迅速移去焊锡丝。如果焊锡堆积过多，内部就可能掩盖着某种缺陷隐患，且焊点的强度也不一定高；但焊锡如果填充得太少，就不能完全润湿整个焊点，并且焊点的机械强度可能会不够。

(5) 移去电烙铁。在焊料流散接近饱满，助焊剂还未挥发完之前也就是焊点上的温度最合适、焊锡流动性最好时，迅速移去电烙铁。移去电烙铁的时机、方向和速度决定焊点的焊接质量。正确的方法是先慢后快，在离开焊点时，应先往回收，再迅速移去电烙铁，以免形成拉尖。电烙铁移开方向与焊锡留存量有关，一般以与轴向成45°的方向撤离。

8. 手工锡焊技术要领

(1)焊件表面处理和保持烙铁头的清洁。被焊件必须具有可焊性。为了便于焊接，常在较难焊接的金属材料和合金表面镀上可焊性好的金属材料，如铅锡合金、金、银等。

被焊件表面保持清洁也能增加焊件可焊性。因为表面氧化物、粉尘、油污等杂物会妨碍焊料浸润被焊金属表面。为了使焊锡和焊件达到原子间相互作用的距离，焊件表面任何污物杂质都应清除，否则难以保证焊接质量。在焊接前可用机械或化学的方法清除这些杂物。

焊接要有适当的温度，焊料才能充分浸润并扩散形成合金结合层。由于锡焊是焊料熔化而母材或称为焊件不熔化的焊接技术，因而温度不宜过高，而且过高的温度还会加快金属的氧化。除了选择合适瓦数的电烙铁外，还要保持烙铁头的清洁，以加快热量的传递，提高焊接温度。

(2)焊锡量要合适，不要用过量的助焊剂。实际焊接时，只有用合适的焊锡量，才能得到质量好的焊点。助焊剂使用不要过量，过量的焊剂不仅增加了焊后清洗的工作量，延长了工作时间，而且当加热不足时，会造成"夹渣"现象。合适的助焊剂是熔化时仅能浸湿将要形成的焊点，不会流到元件面或插座孔里。

(3)采用正确的加热方法和合适的加热时间。加热时要靠增加接触面积加快传热，不要用烙铁对焊件加力，因为这样不但加速了烙铁头的损耗，还会对元器件或焊盘造成损坏或产生不易察觉的隐患。要让烙铁头与焊件形成面接触而不是点或线接触，还应让焊件上需要焊锡浸润的部分受热均匀。

加热时还应根据焊件的大小、形状、性质等选择功率合适的电烙铁和加热时间。加热时间太长，温度太高容易使元器件损坏，焊点发白，甚至造成印制电路板上铜箔脱落。而加热时间太短，则焊锡流动性差，很容易凝固，使焊点成"豆腐渣"状。对一般焊点在大约6～8s完成。

(4)焊件要固定，加热要靠焊锡桥。在焊锡凝固之前不要使焊件移动或振动，否则会造成"冷焊"，使焊点内部结构疏松，强度降低，导电性差。实际操作时可以用各种适宜的方法将焊件固定，或使用可靠的夹持措施。为了提高烙铁头的加热效率就需要利用热量传递的焊锡桥。

所谓焊锡桥，就是靠烙铁上保留少量焊锡作为加热时烙铁头与焊件之间传热的桥梁。由于金属的导热效率远高于空气，而使焊件很快被加热到焊接温度。

（5）烙铁撤离有讲究，不要用烙铁头作为运载焊料的工具。烙铁撤离要及时，而且撤离时的角度和方向对焊点的形成有一定的关系。不同撤离方向对焊料的影响如图 7.1.21 所示。因为烙铁头温度一般都在 300℃左右，焊锡丝中的助焊剂在高温下容易分解失效，所以用烙铁头作为运载焊料的工具，很容易造成焊料的氧化，助焊剂的挥发；在调试或维修工作中，不得已用烙铁头蘸焊锡焊接时，动作也要迅速敏捷，避免造成劣质焊点。

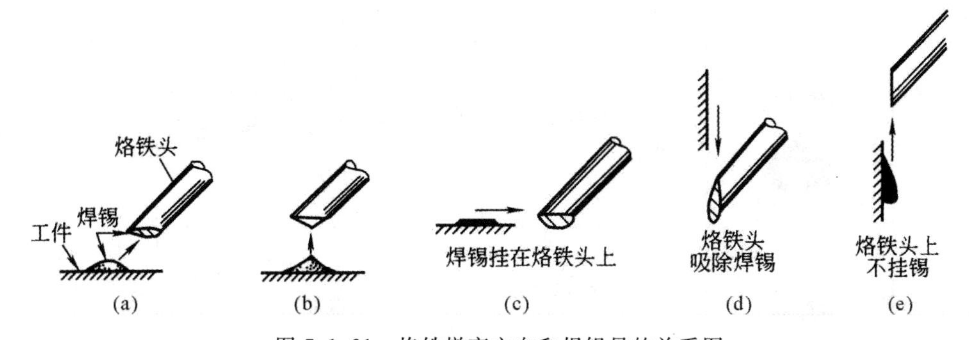

图 7.1.21　烙铁撤离方向和焊锡量的关系图

(a)45°撤离；（b)向上撤离；（c)水平方向撤离；（d)垂直向下撤离；（e)垂直向上撤离

9. 手工焊接常见焊点缺陷及操作分析

常见焊点缺陷及其外形图、外观特征、造成后果和所形成的原因见表 7.1.3。造成焊点的缺陷很多，可能对电路板上的线路连接造成隐藏缺陷、强度不足、虚焊、断路、短路、甚至损坏印制板等后果。隐藏缺陷是我们从表面上看不出来的，但却用测量仪器可以检测出来的缺陷，它可能为焊点内部的一些缺陷。虚焊是由于焊接温度不够、焊料杂质太多、焊接面可焊性太差等原因造成的焊点表面不光滑、机械强度低、接触不良、接触电阻大等现象。短路是在电气上本来不应该连接的两条以上导线或者两个以上的焊点连接在了一起造成的电路故障，从焊接缺陷角度上讲叫桥接。断路是电气上本来应该连接的线路形成开路状态，使电流无法通过的电路故障。铜箔脱落会损坏印制电路板造成印制电路板的断路。

表 7.1.3　常见焊点缺陷及其外形图、外观特征、造成后果和原因

焊点缺陷	焊点外形图	焊点外观特征	后　果	原　因
凹陷、黑色界限		焊锡与元器件引线和铜箔之间有明显的黑色界限，严重时脱离焊盘。焊件和焊料结合部位凹陷	可能虚焊	引线未清洁好，焊盘未清洁好，使焊锡浸润不良
不对称		焊锡未浸满焊盘	强度不足	焊盘未清洁好或加热不足使焊料流动性差

续表

焊点缺陷	焊点外形图	焊点外观特征	后果	原因
倾斜		引线与印制板面不垂直	外观不佳，易造成短路	引线装配歪斜
豆腐渣		焊点呈灰白色、无光泽，结构松散，表面呈豆腐渣状，可能有裂纹	强度降低，导电性能不好，可能虚焊	焊接温度不够（冷焊）
焊料过多		焊点表面向外凸出，严重时脱离焊盘	浪费焊锡，包藏缺陷，可能虚焊或断路	焊丝撤离过晚
焊点高		焊点过高，焊锡过多	外观不佳，易包藏缺陷	焊料过多；电烙铁撤离的角度不对
焊料过少		焊点体积小，焊料未形成平滑的过渡面	机械强度不足	焊接送锡时间过短
发白		焊点焊料平滑、发白，无金属光泽	强度降低	加热时间过长，焊接次数过多
拉尖		焊点出现尖端	外观不佳，焊接时容易造成桥接短路，高压电路易出现放电现象。	时间太长或电烙铁撤离速度太慢
桥接		相邻导线连接	短路	焊料过多和撤电烙铁的角度不对
针孔或气泡		目测或低倍放大镜可见焊点有孔或气泡	强度不足。焊焊点容易腐蚀，时间长容易引起导通不良	引线与焊盘孔的间隙过大；焊料未凝固前引线晃动；焊盘孔内空气膨胀
铜箔翘起		铜箔从印制板上剥离	印制板已被损坏，可能短路	焊接时间太长，温度过高，焊盘受力

三、波峰焊接技术

波峰焊是利用焊锡槽内的机械式或电磁式离心泵，将熔融焊料压向喷嘴，形成一股向上平稳喷涌的焊料波峰，源源不断地从喷嘴中溢出，装有元器件的印制电路板以平面直线运动的方式通过焊料波峰，在焊接面上形成浸润焊点而完成焊接。波峰焊设备现在已经国产化，在工业生产中得到了广泛的应用。元器件自动插装机加上波峰焊机是现在大量采用的自动焊接系统。这种方法适于成批、大量地焊接 THT 元器件或 THT 元器件和 SMT 元器件混合安装的印制板。

1. 波峰焊机的焊接过程

图 7.1.22 所示为无铅电磁泵波峰焊机。图 7.1.23 所示为一般波峰焊机的内部结构及其焊接过程示意图，波峰焊机焊接过程：入板→涂覆助焊剂→预热→波峰焊接→冷却→出板。

图 7.1.22　为无铅电磁泵波波峰焊机

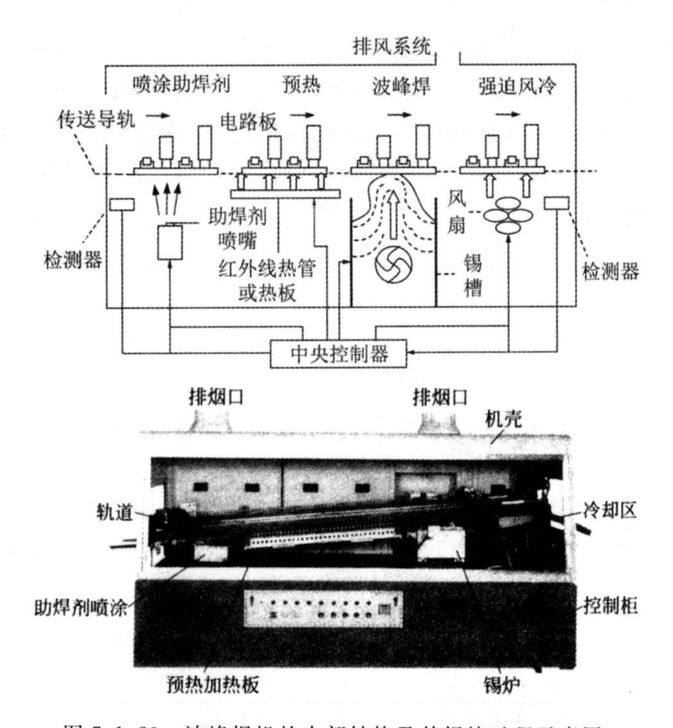

图 7.1.23　波峰焊机的内部结构及其焊接过程示意图

将已完成插件工序的印制板放在匀速运动的导轨上，首先经过助焊剂喷涂系统，将助焊剂均匀地喷涂到PCB上，然后经过预热系统预热PCB，再经过锡槽，与焊料波峰相接触，最后经过冷却系统，形成焊点。

2.波峰焊机的结构

波峰焊机通常由传输系统、助焊剂涂覆系统、预热系统、焊料波峰发生器、冷却系统、控制系统等基本部分组成，此外，还具有链条上的夹抓清洁系统，污浊空气排放系统及焊料的控温系统，高端的波峰焊接炉还具有充氮系统。

(1)传输系统。由夹具框架及框架循环回收的闭合传送链条、升降小车、移载机构等组成。传动平稳，无振动和抖动现象；噪声低；机械特性好，热稳定性好，长期使用不变形；传送速度在一定范围内连续可调；传送角度在3°～7°范围内可调；PCB夹爪稳定性好，在高温下不与助焊剂起反应，不溶蚀，不沾锡，弹性好，夹持力稳定；装卸PCB方便，宽度调节容易。

(2)助焊剂涂覆系统。电路板上必须均匀地涂覆上一定量的助焊剂，才能保证波峰焊接质量。常见的助焊剂涂覆方法有发泡式、波峰式和喷雾式。为使发泡管及喷射嘴没有堵塞现象，气压要足够，其助焊剂必须相对密度适宜，固体含量低(3%左右)，且无水分，否则将影响焊接。

发泡式：在液态助焊剂槽内埋有一根管状多孔陶瓷，且在陶瓷管内接有压缩空气，迫使助焊剂流出陶瓷管并产生均匀的微小泡沫。其优点为高度容易调整；板速和停留时间工艺参数控制范围大；涂覆不易过量；且可以处理通孔。缺点为需经常添补；发泡能力变化大；需要较长时间预热；SMD和板间间隙内助焊剂难以挥发。

波峰式：在液态助焊剂槽内埋有一涡轮，通过该涡轮形成一定形状的助焊剂波峰。其优点为该方法适用于所有助焊剂；可以处理通孔；可以处理较长的引脚；处理高密度板的能力较强。缺点为涂覆量过多；需经常添补；波峰高度调整较难；容易渗透到元器件的底部或内部。

喷雾式：在液态助焊剂槽内埋有一气压喷嘴，通过该气压喷嘴向上喷涂雾状助焊剂。喷雾移动动力主要有步进电机和无杆缸两种。步进电机速度快、调整方便，运行稳定、精确，无杆缸由传感器控制，故易用步进电机。其优点为具有良好的重复性能；喷雾量的可控制性强；可以处理较长的引脚；因助焊剂密闭在容器内，不会挥发和被污染，适用于免清洗和无铅焊接。缺点为通孔渗透能力较差；助焊剂用量较大；设备需经常清理；工艺框限较小；涂覆厚度受助焊剂密度的影响较大。

(3)预热系统。预热有两个目的：一是活化助焊剂并使其内部的溶剂蒸发，去除焊接面上的氧化层，防止虚焊和漏焊。二是使印制电路板和元器件被充分预热，避免焊接时急剧升温产生的热应力损坏元器件。预热通常使用石英管加热或加热板加热，预热方式主要有热风对流加热、红外加热器加热和辐射加热等。

(4)焊料波峰发生器。焊料波峰发生器是液态焊料产生和形成波峰的部件，是关系到波峰焊接机性能的核心部件。它有两类：机械泵和电磁泵。机械泵又分为离心泵式、螺旋泵式和齿轮泵式三种类型；电磁泵又分为直流传导式、单相交流传导式、单相交流感应式和三相交流感应式。波峰发生器具有焊料波峰宽度、高度和出锡角度可调的功能。

(5)其他系统。

冷却系统：波峰焊接机的冷却系统主要分为风冷却和循环水冷却两种。

废气排放系统：波峰焊接机废气排放需要采取环保措施后定时抽出。

热风刀：所谓热风刀即在PCB刚离开波峰后，在PCB下方放置一个窄长的带开口的腔

体，窄长的开口能吹出气流，犹如刀状。热风刀的高温、高压气流吹向 SMA 处于熔融状态的焊点上，可以吹掉多余的焊锡，使有桥接的焊点得到修复；带有气孔的焊点得到修复。

控制系统：在波峰焊设备中采用了光电和计算机控制技术，不仅降低了成本，缩短了研制和更新换代周期，而且还可以通过硬件软件化设计技术，简化系统结构，使得整机可靠性大为提高，操作维修方便，人机界面友好。

3. 焊料波峰发生器的焊料波峰

(1)波峰焊机焊接 SMT 电路板的技术难点。

1)气泡遮蔽效应(排气效应)：在焊接过程中，助焊剂或 SMT 元器件的黏贴剂受热分解所产生的气泡不易排出，遮蔽在焊点上，可能造成焊料无法接触焊接面而形成漏焊。

2)阴影效应：印制板在焊料熔液的波峰上通过时，较高的 SMT 元器件对它后面或相邻的较矮的 SMT 元器件周围的死角产生阻挡，形成阴影区，使焊料无法在焊接面上漫流而导致漏焊或焊接不良。

(2)焊料波峰的类型。焊料波峰的形状对焊接质量有很大的影响，为克服气泡遮蔽效应和阴影效应等造成的焊接缺陷，除了采用再流焊以外，新的波峰的类型被不断地研究出来。如图 7.1.24 所示，波峰的形状是由喷嘴和挡板的外形设计决定的，有宽平波、空心波、紊乱波和旋转波等，其中宽平波又有 λ 波、T 形波、Ω 波等。

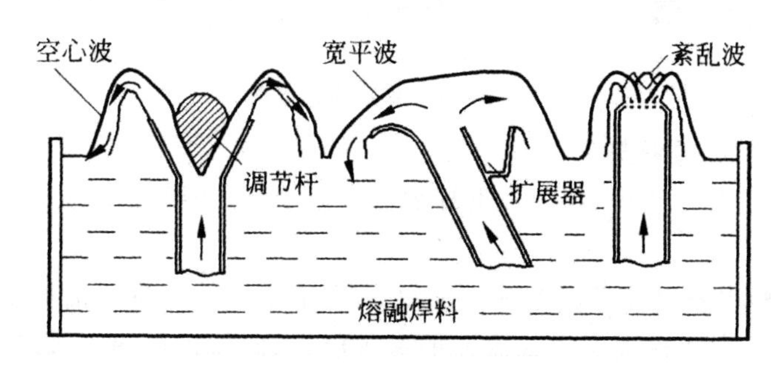

图 7.1.24　空心波、宽平波和紊乱波

1)宽平波：在焊料的喷嘴出口处安装了扩展器，熔融的铅锡熔液从倾斜的喷嘴中流出来形成偏向宽平波(也叫片波)。逆着印制板前进方向的宽平波流速较大，对电路板有很好的擦洗作用；顺着印制板前进方向的宽平波流速较小，波面宽而平，使焊接对象可以获得较好的后热效应，起到修整焊接面、消除桥接和拉尖、丰满焊点轮廓的效果。

a. λ 波：由一个平坦的主波峰加一个弯曲的副波峰组成，喷嘴前面形成了较大的相对速度为零的区域，第二个波峰结束时就能使多余焊料落回焊料槽。

b. T 波：将 λ 波的主波峰缩短，副波峰引伸加长，从而有充分的时间将多余的焊料完全拖回焊料槽，减少桥接现象。

c. Ω 波：由 λ 波演变而来，喷嘴处设置水平方向微幅振动的垂直板，能使波峰产生垂直向上的扰动，可促使焊料润湿元器件引脚，有效地解决了阴影效应问题。

2)空心波：让焊料溶液从喷嘴喷出，使波峰的中部形成一个空心区域。空心波有单向和双向两种，双向空心波让焊料溶液从喷嘴两边对称窄缝中均匀地喷出来，使两个波峰的中部形成一个空心区域。由于双向空心波两边焊料溶液喷流方向相反，由于伯努利效应，它的波峰会将元器件吸向基板。空心波不仅对焊接面具有较强的擦洗作用，而且有极强的填充死角、消除桥接和拉尖的作用。空心波焊料溶液喷流的波柱薄、截面积小、效率低，只适合于 SMT 元器件，不适合 THT 元器件，但有利于助焊剂热分解气体的排放，克服气体遮蔽效应，还减少了印制板吸收的热量，降低了元器件损坏概率。

3)紊乱波：在用焊料的喷嘴出口处安装一块多孔板，可以获得由若干个小子波构成的紊乱波。它能很好地克服遮蔽效应和阴影效应。

(3)焊料波峰的数量：焊料波峰按个数分有单波峰、双波峰、三波峰和复合波峰，双波峰最常用。单波峰如 λ 波，只用来焊接 THT 元器件的电路板。双波峰适合焊接那些 THT + SMT 混合元器件的电路板，THT 元器件要采用“短脚插焊”工艺。双波峰一般第一波较高用来焊接，第二波较平用来对焊点进行整形。如图 7.1.23 所示为常见三种双波峰波形组合类型，第一波分别为窄幅对称湍流波(空心波)、穿孔摆动湍流波(紊乱波)、穿孔固定湍流波(紊乱波)，第二波都为不对称的宽平波，在第三种类型中还设计了热空气刀以消除桥接和拉尖。

图 7.1.25　双波峰波形组合

4. 波峰焊工艺材料的调整

在波峰焊机工作的过程中，焊料和助焊剂被不断消耗，需要经常对这些焊料进行补充、监测与调整。

(1)焊料。波峰焊采用抗氧化焊料，它是由锡合金中加入少量的活性金属，能使氧化锡和氧化铅还原，并漂浮在焊锡表面形成致密的覆盖层，从而保护焊锡不被继续氧化。一般使用 Sn63/Pb37 的共晶焊料，熔点为 183℃，Sn 的含量应该在 61.5%以上，并且两者的含量比例误差不得超过±1%，主要金属杂质最大含量范围：铜(Cu)含 0.8%，铝(Al)含 0.05%，铁(Fe)含 0.2%，铋(Bi)含 1%，锌(Zn)含 0.02%，锑(Sb)含 0.2%，砷(As)含 0.5% 。

应该根据设备的使用情况，定期清除焊渣，一般每隔三个月到半年还要定期检测焊料的 Sn/Pb 比例和主要金属杂质含量。如果不符合要求，需要更换焊料或采取其他措施。

(2)助焊剂。一般助焊剂要求：要求表面张力小，扩展率>85%；密度在 0.82～0.84g/mL，可以用相应的溶剂来稀释调整，焊接后容易清洗；免清洗助焊剂要求：密度<0.8g/mL，固体重量含量<2.0%，不含卤化物，焊接后残留物少，不产生腐蚀作用，绝缘性好，绝缘电阻>$1\times10^{11}\ \Omega$。助焊剂一般为氢化松香，是用普通松香提炼的，具有不易氧化变色、软化点高、脆性小、酸值稳定、无毒、无特殊气体，残渣易清洗等特点。

(3)焊料添加剂。防氧化剂可以减少高温焊接时焊料的氧化，不仅可以节约焊料，还能提高焊接质量；防氧化剂由油类与还原剂组成，在焊接温度下不会碳化；锡渣减除剂能让熔融的铅锡焊料与锡渣分离，起到防止锡渣混入焊点、节省焊料的作用。

5. 波峰焊的温度曲线及工艺参数控制

波峰焊的温度曲线分为三个温度区域：预热区、焊接区和冷却区。对设备的控制系统编程

进行调整。电路板的预热温度及时间，要根据印制板的大小、厚度、元器件的尺寸和数量，以及贴装元器件的多少而确定，预热温度应该在 130～160℃之间。焊接温度和时间是形成良好焊点的首要条件，焊料波峰的表面温度一般应该在(245±5)℃的范围之内。焊接时间可以通过调整传送系统的速度来控制，而传送带的速度要根据不同波峰焊机的长度、预热温度、焊接温度等因素统筹考虑，一般焊接时间约为 3～4s，传送带速度一般控制在 0.8～1.92m/min。如图 7.1.26 所示，双波峰焊的第一波峰一般调整为(235～240℃)/1s 左右，第二波峰一般设置在(240～260℃)/3s 左右。另外波峰高度对焊接质量非常关键，过低波峰会造成漏焊，过高的波峰会使焊点堆锡过多，烫坏元器件，最好调节到印制板厚度的 1/2～2/3 处。

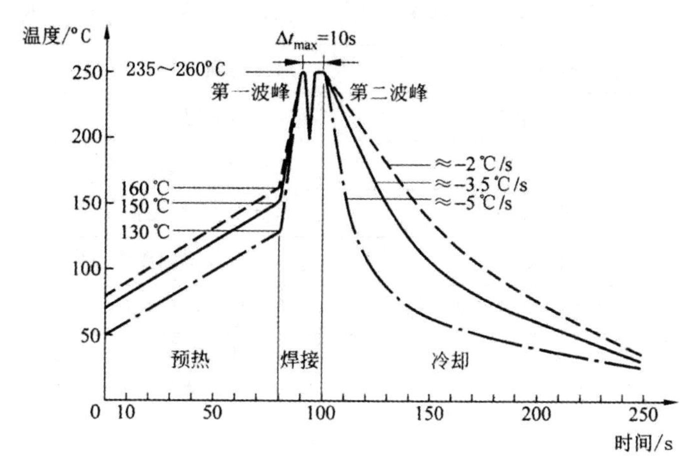

图 7.1.26　双波峰焊的焊接温度曲线

7. 波峰焊的优缺点

(1)优点。大量的焊料处于流动状态，使得印制电路板的被焊面能充分地与焊料接触，导电性好；显著地缩短了焊料与印制电路板的接触时间；运送印制电路板的传动系统只作直线运动，制作简单。

(2)缺点。焊料在很高的温度下以很高的速度喷向空气中，氧化较多，生成的氧化物往往会造成各种形式的焊接缺陷。

8. 波峰焊接缺陷分析

波峰焊缺陷及原因参见表 7.1.4。

表 7.1.4　波峰焊缺陷及原因

分　类	缺陷表现	产生原因
助焊剂	气孔、锡珠焊	密度偏高，量多，预热温度偏低
	被焊件氧化	密度偏低，预热偏高
	漏　焊	喷涂不全面
	PCB 上有水纹状残留、发白	喷雾量太多，喷到 PCB 上面

续表

分　类	缺陷表现	产生原因
波　峰	部分未焊着	波峰不平整
	漏焊,焊点质量差,透孔性差	波峰高度不够
	焊料冲到元器件面	波峰高度太高
焊接温度	焊点不光亮,不饱满	温度偏高
	润湿性差,拉尖,桥接	温度偏低
焊　料	焊点桥接,变脆,出现瘤状	焊料不纯,含铜量增加,焊料严重氧化
焊接时间	润湿性差	焊接时间偏短
	焊盘起翘	焊接时间过长
印制电路板与元器件	润湿性差	氧化,氧化或助焊剂喷涂不良
	吃锡量太少	焊盘太大,倾角偏大
	桥接	焊点与焊点间距太近
	金属化孔吃锡不良	孔径太小或氧化等
焊　接	润湿不良	元器件氧化,印制电路板氧化,焊接温度低,助焊剂的密度偏低,焊接时间短,波峰高度不够,焊料中杂质过多,助焊剂喷涂不匀
	焊点不全	助焊剂未涂上,波峰不平整,阻焊膜遮盖,印制电路板弯曲,焊料氧化
	焊点气孔	预热温度不够,助焊剂有水分,元器件引线氧化,引线直径与安装孔不匹配
	透孔性差	金属孔氧化,金属化孔内有杂质,压锡深度不够,助焊剂未涂上
	焊点不光亮	焊料温度偏高,焊料中杂质过多
	拉尖与桥接	助焊剂密度偏高或量小,预热温度低,焊接时间短,焊接温度低,焊料中杂质过多,焊点与焊点间距太近,导轨倾角小
	焊点锡少	倾角太大,焊盘大或偏心,焊接时间偏长,温度偏高

第二节　表面贴装SMT技术

20世纪80年代,SMT(表面安装技术)生产技术日趋完善,用于表面安装技术的元器件大量生产,价格大幅度下降,各种技术性能好、价格低的设备纷纷面世。用SMT组装的电子产品具有体积小、性能好、功能全、价位低的优势,故被广泛地应用于航空、航天、通信、计算机、医

疗电子、汽车、办公自动化、家用电器等各个领域的电子产品装配中。SMT 仅有 40 年的历史，但却充分显示出其强大的生命力，它以非凡的速度走完了从诞生、完善直至成熟的路程，迈入了大范围工业应用的旺盛期。

一、点胶和印刷焊膏技术

1. 点胶技术

点胶是将胶体按照需要的形、量和厚度涂覆在固体上的一种流体控制技术。在电子组装中主要涂覆贴片胶、焊膏和助焊剂。

(1)点胶的方法。点胶的方法如下，几种点胶方法比较如表 7.2.1 所示。

表 7.2.1　点胶方法比较

	阵列式注射法	选择式注射法	模板漏印法	喷射法
特点	所有胶点可一次完成；只适于平整表面；胶液暴露在空气中，对外界环境要求高；对胶黏剂黏度控制要求严格，改变胶点的尺寸困难；基板设计改变，针板设计也要相应改变	灵活性大；通过压力的大小及时间来调整点胶量，胶量调整方便；工艺调整速度慢，程序更换复杂，对设备的维护要求高；速度慢、效率低。形状一致。对点胶高度要求严格	所有胶点可一次完成；可印特殊形状的胶点；位置准确、点胶均匀、效率高；只适于平整表面；胶液暴露在空气中，对外界环境要求高	胶点形状可控，可形成各种所需线形与图案；点胶位置准确、胶量精确；喷嘴与板不接触 大胶点需多次喷胶
速度	30 000 点/h	20 000～40 000 点/h	15～30s/块	200 点/s 以上
胶点大小	针头的直径； 胶黏剂的黏度	制动高度；针头直径；点胶压力、时间和温度	模板厚度、开孔大小和形状；黏结剂黏度	喷胶次数；胶黏剂黏度
胶黏剂	不吸潮；黏度范围在 15Pa・s 左右	形状及高度稳定，黏度范围为 70～100Pa・s	不吸潮；黏度范围 200～300Pa・s	黏度低，为 18Pa・s左右

1)点滴法：利用针状物浸入胶黏剂中，提起时挂上一定量的胶黏剂点到 PCB 预定位置。

2)模板漏印法：由于早期采用丝网制作的印刷模板，又称丝网印刷法，丝网印刷法制作丝网的费用低廉，但印刷锡膏图形的精度不高。现在性能好、寿命长的金属模板取代了丝网印刷锡膏，所以叫模板漏印，但人们仍习惯将它称为丝网印刷法。

3)注射法/喷射法：有手工、半自动(手动)和自动三种方式，自动方式有阵列式和选择式两种方式。手工注射法是把贴片胶装入注射器，靠手的推力把一定量的贴片胶从针管中挤出；阵列式注射法通过针管组成的注射器阵列，靠压缩空气把贴片胶从容器中挤出来；选择式注射法通过精密的运动系统把针嘴移动到一个位置，通过使用一个物理间隙机构来达到正确的滴胶高度；喷射法喷射滴胶头以一定高度在板上方 0.5～3mm 的高度 X,Y 方向运动(飞行)，在要求的位置喷射精确的量，避免与板的物理接触。

(2)点胶机。点胶机分手动、半自动和全自动。半自动和全自动点胶机如图 7.2.1 所示。大批量生产使用的是计算机控制的自动点胶机，科研和产品返修使用的是手工和半自动点胶机。如图 7.2.2 所示，点胶机的核心部分是压力注射机构，按控制分配泵的不同分为压力/时间控制、螺旋泵控制、活塞泵控制、喷射泵控制。压力/时间控制和螺旋泵控制受胶黏度度影响

大；活塞泵控制一致性好，能点大胶点；喷射泵控制对板翘曲度和高度变化不敏感，但点较大胶点速度慢。

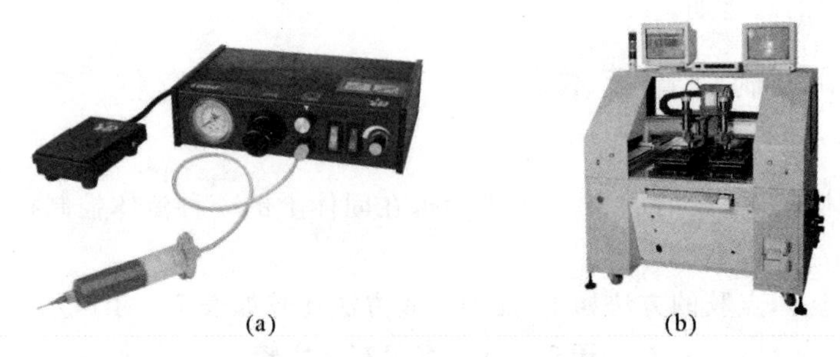

(a) (b)

图 7.2.1 点胶机外形

(a)半自动机点胶机； (b)全自动点胶机

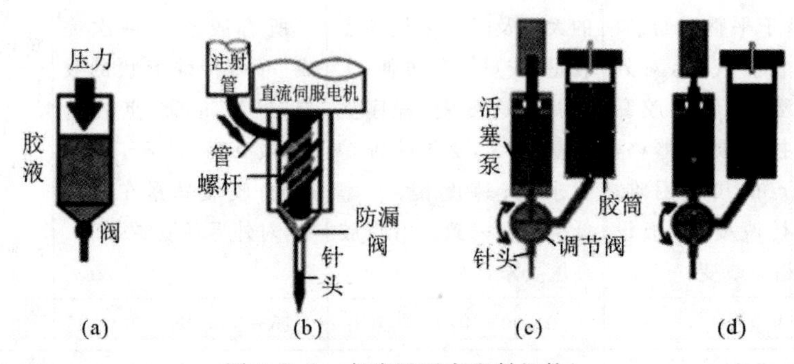

(a) (b) (c) (d)

图 7.2.2 点胶机压力注射机构

(a)压力/时间控制； (b)螺旋泵控制； (c)活塞泵控制； (d)喷射泵控制

(3)点胶工艺技术和缺陷分析。

黏度：胶的黏度大则胶点小，甚至拉丝；黏度小则胶点大，进而可能浸染焊盘。

点胶量大小：要根据元器件尺寸和重量来定，胶点直径应为焊盘间距的一半。

点胶位置：采用光固型贴片胶，贴片胶至少应该从元器件下面露出一半，才能被光照射实现固化；采用热固型贴片胶，贴片胶可以完全被元器件覆盖。

点胶压力：压力太大，易造成胶量过多，压力太小会出现点胶断续现象。

点胶嘴大小：应为胶点直径的1/2。

点胶嘴与PCB的距离：保证胶点的适当的径高比，一般对低黏性胶，径高比约为3∶1；对高黏性胶，径高比约为2∶1。

胶的温度：使用温度为23～25℃，温度相差会造成50%的胶量变化，因此对环境温度应严格加以控制。温度过低，胶点变小，出现拉丝现象。一般环氧树脂胶使用前在0～5 ℃的冰箱保存，使用时，提前0.5h拿出，使胶的温度充分与工作温度相符合。

胶的固化：涂覆贴片胶后，贴装上元器件，这时需要固化贴片胶，才能把元器件固定在PCB上。固化贴片胶有三种方法：用电热烘箱或红外线辐射固化；在胶黏剂中混合一种硬化剂，在室温中固化，也可提高环境温度加速固化；采用紫外线辐射固化。

点胶常见缺陷与解决办法见表7.2.2。

表 7.2.2　点胶常见缺陷与解决办法

缺　陷	产生原因	解决办法
拉丝/托尾	胶嘴内经小；点胶压力大；贴片胶黏度太高；点胶量太多	改换内经较大的胶嘴；降低点胶压力；调节制动高度；选择合适黏度的胶
胶　嘴堵　塞	针孔未清洗干净；贴片胶中混入杂质；与不兼容的胶相混合	换清洁的针头；换质量好的贴片胶；贴片胶牌号不要搞错
元器件偏移	贴片胶出量不均匀；贴片胶黏度下降或半固化；点胶后放置时间太长	检查胶嘴是否堵塞；换贴片胶；点胶后放置时间不要太长(小于 4h)
掉　片	固化参数不到位，如温度不够，光固化灯老化；胶量不够；组件尺寸过大，吸热量大；组件有污染	调整固化曲线，提高固化温度；更换老化发黑的光固化灯；增加胶量；清除组件污染
引脚上浮移位	贴片胶不均匀；贴片胶过多；贴片时组件偏移	调整点胶工艺参数；控制点胶量；调整贴片工艺参数

2. 印刷焊膏

在再流焊工艺过程中，首先要将焊膏涂覆到印制板上，焊膏涂覆主要采用手动注射法和模板漏印法，手动注射法主要应用在新产品的研制或生产返修中，速度慢、精度低但灵活性高。模板漏印法是目前高档设备广泛采用的方法。

(1) 焊膏。

1)焊膏的材料和选择。焊锡膏也叫锡膏，灰色膏体，是由焊锡(焊料)粉、助焊剂以及其他的添加物混合形成的膏状混合物。锡膏被丝网、模板或点胶机方便印涂在印制电路板上，主要用于 SMT 行业 PCB 表面电阻、电容、IC 等电子元器件的焊接。

焊膏中助焊剂的主要成分为活化剂、触变剂、树脂和溶剂组成。活化剂起到去除焊接面氧化物质，降低锡、铅表面张力的作用；触变剂调节焊锡膏的黏度以及印刷特性，起到在印刷中防止拖尾、黏连等现象的作用；树脂起到加大锡膏黏附性，防止焊后 PCB 再度氧化的作用；溶剂起调节均匀的作用。

焊膏的优劣是影响表面贴装生产的一个重要环节。选择焊膏通常会考虑以下几个方面：良好的印刷性、好的可焊性、低残留物。表 7.2.3 所示为如何根据元器件的引脚间距选择相应的焊膏，引脚间距越小，焊膏的锡粉颗粒越小，脱模效果好，印刷质量较好，但从焊接效果来说，锡粉颗粒小，连锡趋势越明显，因此在选择时要从各方面因素综合考虑。

表 7.2.3　焊膏的选择

引脚间距/mm	1.27	1	0.8	0.65	0.5	0.4
锡粉形状	非球形	非球形	非球形	球形	球形	球形
颗粒直径/μm	22～63	22～63	22～63	22～63	22～63	22～38

2)焊膏的保存方法和使用前的准备。

a. 焊膏保存 0～10℃的冰箱之内；

b. 焊膏应直立放置；从冰箱取出的焊膏放置在温室 1～2h，或等待焊膏的温度与室温相近时才可使用，应避免让凝结的水珠流进焊膏内，可用干布抹掉。

c. 焊膏的温度恢复室温后，可开启容器的盖，用刮刀等物件搅拌焊膏 20～30 次或取出适量焊膏置于印刷网膜上，开动机器让刮板数次来回移动作适应性印刷。

d. 每当焊膏被取出后，应尽盖好瓶盖。使用过的焊膏，请勿放回原瓶内保存，可放进其他容器保存，应尽早使用，使用前可进行焊接测试，根据焊锡颗粒的凝聚状态来判断焊膏的好坏。

e. 焊膏因长期保存使表面干燥而硬化，凝固的焊膏须以刮刀除去才可使用。

f. 若焊膏的黏度太高而不适宜使用时，可使用稀释剂调整黏度。

(2)模板。印刷模板又称网板、漏板，它用来定量分配焊膏。在表面贴装技术中，焊膏的印刷质量直接影响表面贴装板的加工质量，而模板的加工质量又直接影响焊膏的印刷质量。模板的厚度、开口尺寸以及孔壁的光滑度决定了焊膏的印刷质量。

1)模板制造。在印刷焊膏之前，先要按照 SMT 元器件在印制板上的位置及焊盘的形状制作焊锡膏模板，加工模板的方法有化学腐蚀法、激光切割法和电镀法，如表 7.2.4 所示。高档 SMT 印刷机一般使用激光切割法制作的不锈钢模板，虽费用高，但精度高且耐磨，适合于大批量生产的高密度 SMT 电子产品；手动操作的简易 SMT 印刷机可以使用铜模板，这种模板容易加工，制作费用低廉，适合于小批量生产的电子产品。不锈钢模板需要通过外协加工制作，因此加工前必须定好模板厚度、尺寸等参数，以确保焊膏印刷质量。

表 7.2.4　模板的制造方法

方法	制造技术	基材	优点	缺点	适用对象
化学腐蚀法	在金属箔上涂耐蚀保护剂并用销钉固定，感光设备将图形曝光在金属箔两面，然后使用双面工艺同时从两面腐蚀金属箔	锡磷青铜和不锈钢板	廉价，锡磷青铜易加工	窗口图形不好；孔壁不光滑；模板尺寸不能过大	0.6mmQFP 以上元器件
激光切割法	直接从客户的原始 Gerber 数据产生，在作必要修改后传送到激光机，由激光光束进行切割	不锈钢板	尺寸精度高；窗口图形好；孔壁光滑	价格较高；孔壁有时会有飞边，需二次加工	0.5mmQFP 元器件
电镀法	通过在一个要形成开孔的基板上显影刻胶，然后逐个、逐层地在光刻胶周围电镀出范本	镍板	尺寸精度高；窗口图形好；孔壁光滑	价格昂贵；制作周期长	0.3mmQFP 元器件

2)模板的设计。

a. 模板的开口尺寸通常比焊盘尺寸略小，特别对于 0.5mm 以下细间距的元器件，开口宽度应比焊盘宽度缩减 15%～20%，由此引起的焊料量缺少可通过适当加长焊盘长度来弥补。

b. BGA 三球定理：至少有三个最大直径的锡珠能垂直排列在模板厚度方向；至少有三个最大直径的锡珠能水平排列在模板最小孔的宽度方向上。

c. 宽厚比和面积比：若 $L<5W$ 考虑开口宽 W 与模板厚度 T 的比例 $W/T>1.5$，否则考虑

开口面积与孔壁横截面积的比例 $WL[2T(W+L)]>0.66$。

d. 台阶与陷凹台阶。对密间距的元器件要求向下的台阶区域，对 CBGA 要求有向上凸起的台阶区域。

(3)刮板。

刮板材料：橡胶、聚氨酯和金属。金属刮板由不锈钢或黄铜制成，不锈钢刮板使用最为普遍，金属刮板具有平的刀片形状，使用较高的压力时，不会从开孔中渗出焊膏，不易磨损，不需要锋利，锋利可能引起模板磨损。橡胶刮板使用硬度为邵氏 70～90 度，当使用过高的压力时，渗入到模板底部的焊膏可能造成桥接，甚至损坏刮板和模板；刮板压力低时，会造成焊膏遗漏和粗糙的边缘。

刮板形状有菱形和拖裙形，拖裙形很普通，由截面为矩形的金属构成，夹板支持，需两个刮板，焊膏就在两个刮板之间，每个行程的角度可以单独决定。菱形刮板已不普遍了，它由 10mm×10mm 的正方形组成，由夹板夹住，形成两面 45°的角度，可两个方向工作，只要一个刮板。刮板的宽度一般为 PCB 的长度（印刷方向）加上 50mm 左右。如果刮板相对 PCB 过宽，那么就需要增加压力，使更多焊膏参与工作，造成焊膏的浪费。

(4)模板漏印法的过程和基本原理。将 PCB 板放在工作支架上，由真空泵或机械方式固定，已加工有印刷图形的漏印模板在金属框架上绷紧，模板与 PCB 表面接触，镂空图形孔与 PCB 板上的焊盘对准。把焊锡膏放在漏印模板上，刮刀（亦称刮板）从模板的一端向另一端移动，同时压刮焊膏通过模板上的镂空图形孔印刷（沉淀）在 PCB 的焊盘上。

焊膏具有触变特性，受到压力会降低黏性。当刮刀以一定速度和角度向前移动时，对焊膏产生一定压力，焊膏黏性下降，在刮刀推动下沿刮刀前进方向做顺时针滚动，将焊膏注入网孔，在 PCB 表面上形成焊膏立体图形；在刮刀压力消失后，焊膏黏性上升，因而保证顺利脱模，完成焊膏印刷的目的。

(5)焊膏印刷机。如图 7.2.3(a)所示，焊膏印刷机分为手动、半自动和全自动三种。手动焊膏印刷机人工进行放板、定位、印刷和取板等工作；半自动印刷机手动放板、定位、自动印刷；全自动印刷机自动上板，自动印刷。

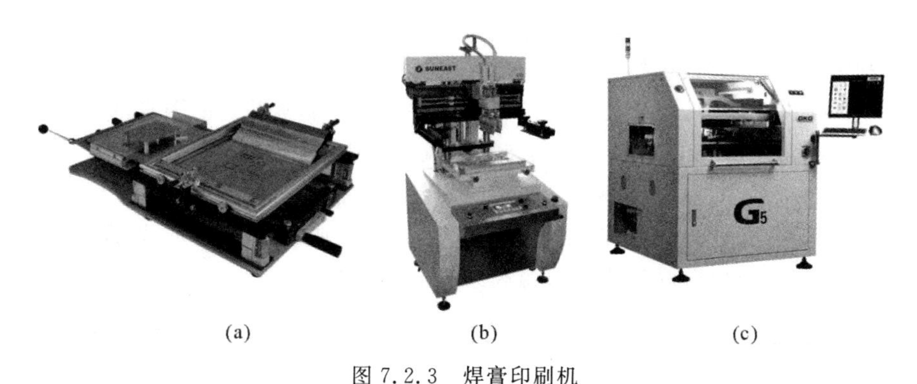

(a)　(b)　(c)

图 7.2.3　焊膏印刷机

(a)精密手动焊膏印刷机；(b)半自动焊膏印刷机；(c)全自动焊膏印刷机

焊膏印刷机主要由夹持基板的工作台、印刷头系统、丝网或模板及其固定机构，PCB 定位及运动系统、检测系统和擦板系统等组成。夹持基板的工作台包括工作台面、真空或边夹持机构、工作传输控制机构；印刷头系统包括刮刀、刮刀固定机构、印刷头的传输控制系统；检测检测系统包括视觉对中系统和二维、三维检测系统等。可以根据情况配置各种功能以提高印刷精度。例如:视觉识别功能、调整电路板传送速度功能、工作台或刮刀45°角旋转功能等。

如图7.2.3(b)所示为日东半自动锡膏印刷机,印刷头可前后调节,网框臂可左右升降调整和微调,升降采用气缸及导柱传动,具有较高的刚性且升降稳定可靠;工作台的磁性底板可依PCB基板大小设定安置顶针和真空吸嘴;刮刀压力和角度可手动调节;采用直线导轨及马达驱动,印刷速度可变频控制;刮刀头可翻转,清洁无须拆卸;整机采用PLC控制。

如图7.2.3(c)所示为凯格精密机械G5型全自动印刷机,是一种高精度和高稳定性的全自动视觉印刷机。移动平台可通过X,Y,θ三个方向的精确定位;平台升降和刮板运动均采用步进电动机加同步带的驱动方式;印刷头采用悬浮式自适应刮板,防止焊膏外泄;PCB定位和运动系统采用圆带PCB传送轨道,上压及弹性侧压装置再加底部真空吸嘴、磁性手动可调顶针平台;网框夹紧机构适于各种尺寸的网框并可更换;CCD支架X,Y两个方向均采用高精度伺服电动机,高分辨率的视觉系统的光源采用环形灯、同轴光等并具有全方位的光源补偿,可无级调节亮度以实现PCB精确的MARK点识别;清洗系统能实现有效的自动清洗功能,具有干、湿、真空三种模式,软件可随意设定清洗模式和清洗纸长度。印刷精度±0.025mm、重复精度±0.01mm、印刷周期<7s、网框尺寸从420mm×520mm到737mm×737mm、可印刷板尺寸从50mm×50mm到400mm×330mm、PCB厚度0.4~6mm、刮刀压力0~10kg、刮刀速度5~ 200mm/s。

(6)工艺参数和印刷缺陷分析。印刷焊膏的工艺参数有刮板角度、刮板压力、印刷厚度、印刷速度、分离速度、印刷间隙等。刮板压力越大,焊膏越薄;印刷速度越快,焊膏的黏度越低,刮板速度和刮板压力存在一定转换关系,即降低刮板速度等于提高刮板压力。印刷厚度主要由模板厚度所决定,微量调整是通过刮板速度和压力来实现的;印刷间隙是模板装夹后与PCB之间的距离,距离越大,焊膏量越多;分离速度是模板离开PCB的瞬间速度,关系到印刷图形的效果,先进的印刷机模板离开时有一个微小的停留过程。刮板的角度45°~60°,刮板的压力一般设定为每50mm长施加1~2kg的压力,印刷速度一般选择为25~50mm/s,最大印刷速度决定于PCB上最小引脚的间距,引脚的间距≤0.5mm时,印刷速度一般为20~30mm/s。印刷间隙一般控制在0~0.07mm。脱模速度0.5mm/s(BGA)。

焊膏印刷常见的缺陷为:桥接、起皮、焊膏太多、附着力不足、坍塌和模糊。引起这些缺陷,除了焊膏印刷的工艺参数外,焊膏质量以及环境条件是两个非常关键的因素,温度和湿度是一个关键因素,环境温度要求23~25℃,湿度60%,风速要小;焊膏锡粉和焊剂含量适当,黏度和粒度适当。如焊膏锡粉少、黏度低、粒度大、室温高易造成桥接与坍塌;温度高、湿度大、含铅量过多、焊剂过多易造成氧化外层起皮;温度高和风速大易造成的焊剂缺失、焊膏黏度大和附着力不足;焊膏锡粉少、黏度低、粒度小和室温高易造成焊膏模糊等。

二、贴片技术

贴装片式元器件简称贴片,贴片技术是指使用一定方式将片式元器件准确地贴放到PCB指定的位置的技术。贴片最早采用人工方式进行,现在多采用贴片机来完成。贴片机是一种由微电脑控制的对片式元器件实现自动检选、贴放的装备,又称自动元器件拾放机、贴装机、表面组装机和表面安装机等。为了满足大生产需要,特别是随着SMC/SMD的精细化,人们越来越重视采用自动化的贴片机来实现高速高精度的贴放元器件。贴片机是整个SMT生产中

最关键、最复杂、最昂贵的设备,也是人们在初次建立 SMT 生产线时最难选择的设备。贴片技术是 SMT 的支柱和深入发展的重要标志。

1. 贴装过程

(1)贴装过程。

1)拾取元器件。用一定方式将片式元器件从包装中拾取出来。目前使用贴片机用真空吸取方式来完成,由于元器件形状相差很大,贴片机都配备多种吸嘴,通过气孔的截面积大小和真空吸力的配合,保证将元器件可靠地从包装中取出,并在运动中不掉下,不滑移。

2)检测调整。贴片机在吸取元器件后,需要确定元器件中心与贴装头的中心是否保持一致,以及元器件是否符合贴装要求。这个工作是通过视觉系统和激光系统来完成的,应用高精度、高速度视觉系统以及飞行对中、软着陆等技术,可以快速、准确检测元器件状况并调整到正确位置。

3)元器件贴放。元器件贴放是将经过检测对中的元器件准确地贴放到 PCB 设计的位置,除了位置准确,贴装力也要控制合适,即要保证元器件在焊膏上适度压入。压入不足和压入过分都会影响贴片质量,甚至损伤元器件。

2. 贴片机的分类和品牌

(1)按速度分类。中速贴片机(3 000 片/h＜贴片速度＜9 000 片/h),高速贴片机(9 000 片/h＜贴片速度＜40 000 片/h),超高速贴片机(贴片速度＞40 000 片/h)。

高速贴片机因其贴片速度像射击一样飞快又叫射片机,它不能贴较大和异形的元器件,适于少品种、大批量生产。

(2)按功能分类。一类是高速/超高速贴片机,主要以贴片式元件为主体;另一类能贴装大型器件和异型器件,称为多功能机。

SMC/SMD 品种越来越多,形状不同,大小各异,此外还有大量的接插件,因此对贴片机贴装品种的能力要求越来越高。目前,一种贴片机还不能做到即能高速度贴装又能处理异型、超大型元件,多功能机一般都是中速机,这两类贴片机的贴片功能可互相兼容,以实现速度、精度、尺寸三者的兼容。

(3)按贴装方式分类。

1)顺序式贴片机。即通常见到的贴片机,由单个贴装头按照顺序将元器件一个一个贴放。

2)同时式贴片机。由多个贴装头,分别使用其专用料斗,将元器件分别贴到 PCB 上的不同位置,一个动作就能将元件全部贴装到 PCB 相应的焊盘上。这种方法适应大批量长线产品,缺点是:更换产品时,所有工装夹全部要更换,费用高,时间长,目前已很少使用。

3)顺序-同时式贴片机。它是顺序式贴片机和同时式贴片机两种功能的组合。

(4)按自动化程度分类:手动式、半自动式和全自动式。目前大部分贴片机为全自动式贴片机,图 7.2.4 所示是几种全自动贴片机的外形。

全自动贴片机是由计算机、光学、精密机械、滚珠丝杆、直线导轨、线性电动机、谐波驱动仪以及真空系统和传感器构成的机电一体化高科技设备。

手动式贴片机的机头有一套简易的手动支架,手动贴片头安装在 Y 轴头部,X,Y,θ 定位可以靠人手的移动和旋转来校正位置。有时还可用光学系统配套来帮助定位,这类手动贴片机主要用于新产品开发,具有价格低的优点。

(5)按贴片机和贴片头的结构分类。几种贴片头如图 7.2.5 所示。

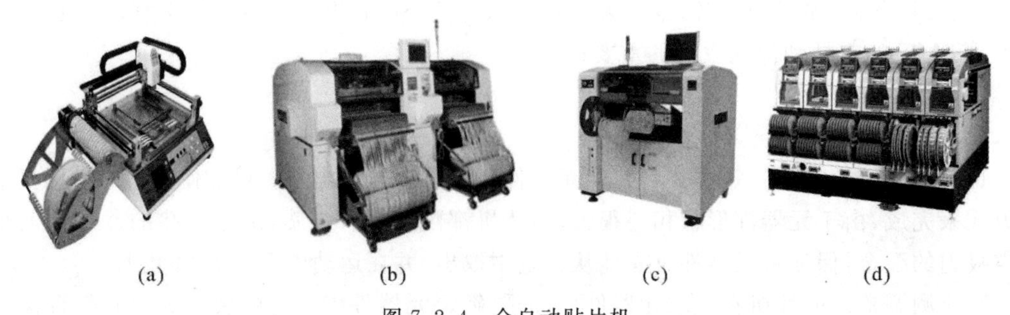

(a) (b) (c) (d)

图 7.2.4 全自动贴片机

(a)小型桌面式贴片机；(b)高速贴片机；(c)多功能贴片机；(d)模组式贴片机

(a) (b) (c) (d)

图 7.2.5 贴片头

(a)六嘴动臂式贴片头；(b)水平旋转转盘式贴片头；

(c)垂直方向旋转转盘式贴片头；(d)复合式贴片头(动臂上安装有垂直转盘式贴片头)

1)动臂式贴片机：又叫旋臂式或固定式，是最传统的贴片机，由于贴片头是安装于供料架的 X,Y 坐标系统移动横梁上且不可旋转而得名。元器件送料器和基板是固定的，贴片头(安装多个真空吸嘴)在送料器与基板之间来回移动，将元器件从送料器取出，经过对元器件位置与方向的调整，然后贴放于基板上。动臂式贴片机系统结构简单，可实现高精度各种大小异形元器件的贴装，适于中小批量生产，也可多台组合起来用于大批量生产。

动臂式贴片机可通过增加一个机械手臂或一个横梁成为双臂式或双梁式结构，双臂多头结构、双梁多头结构以及单梁多嘴结构等由于共享一个设备基座、传送系统及控制系统又叫集拾/贴装结构。双臂式贴片机，当一个机械手拾取元器件时，另一个机械手贴装元器件。

2)旋转式贴片机。旋转式贴片机由于拾取元件和贴片动作同时进行，使得贴片速度大幅度提高，实现了真正意义上的高速度，很适于密度大的阻容元器件的贴放，但不能贴放托盘包

装的密引脚、大型集成电路。它结构复杂，造价昂贵，是动臂式的三倍以上。

水平旋转转盘式贴片机：元器件送料器放于一个单坐标移动的料车上，基板放于一个 X，Y 坐标系统移动的工作台上，贴片头安装在一个水平旋转的转盘上。工作时料车将元器件移动到取料位置，贴片头上的真空吸嘴在取料位置拾取元器件，经转盘转到贴片位置(与取料位置成 180°)并对元器件位置和方向进行调整，将元器件贴放于基板上，贴放位置由 PCB 工作台的 X，Y 坐标系统高速运动来实现。一般转盘上安装有十几到二十几个贴片头，每个贴片头上安装 2～6 个真空吸嘴，贴装速度 0.075～0.10 片/s，最快速度已达到了 50 000 片/h 以上。

垂直旋转转塔式贴片机：多见于西门子贴片机，一般安装 2～4 组贴片头，每个贴片头上安装 12 个真空吸嘴。

3)复合式贴片机：又称组合式，是从动臂式发展而来，集合了动臂式和旋转式的特点，在动臂上安装有转塔或转盘。如图 7.2.5(c)所示，在动臂上安装有转盘。由于组合式贴片机可通过增加动臂数量来提高速度，具有较大灵活性，因此它的发展前景看好。

4)模组式贴片机：如图 7.2.5(d)所示，由一系列的小型独立组装机组成，各有丝杠定位系统机械手，相机和贴装头。每个贴片头可吸取有限的带式送料器，贴装 PCB 的一部分，PCB 以固定的间隔时间在机器内步步推进。单独的每个机械运行速度较慢，可是它们连续的或平行的运行会有很高的产量。如 PHILIPS 公司的 FCM 机器有 16 个安装头，实现了 0.037 5s/片的贴装速度，但就每个安装头而言，贴装速度在 0.6s/片左右。

(6)贴片机的品牌。

贴片机的品牌排名：西门子、松下、FUJI、雅马哈、JUKI、三星、TERMWAY 泰姆瑞、元利盛等。松下、富士、环球、安必昂(飞利浦子公司)、西门子、三洋、索尼这些机器大部分型号都是高速机；雅马哈、JUKI、三星、未来、迈德特、优而备之、I－PUSE(就是以前的天龙，现在被雅马哈收购了)、国产的元利盛、国产的风华都是属于中速机。各种类型的贴片机在组装速度、精度和灵活性方面各有特色，要根据产品的品种、批量和生产规模进行选择。

3. 贴片机的结构

贴片机实际上是一种精密的工业机器人系统，它充分发挥现代精密机械、机电一体化、光电结合及计算机控制技术的高技术成果，实现高速度、高精度、智能化的电子组装制造设备。

贴片机的结构包括：机架、PCB 传送机构及支撑台，X，Y，Z/θ 伺服定位系统，光学识别系统，贴片头、吸嘴、供料器，传感器和计算机控制系统。

(1)贴片头。相当于机械手，它拾取元器件后能在校正系统的控制下，将元器件准确贴放到指定位置。贴片头有单头和多头，多头又有固定式和旋转式，旋转式分为水平方向旋转/转塔式和垂直方向旋转/转盘式。

(2)X，Y，Z/θ 伺服定位系统。

1)X，Y 轴定位系统。分动式导轨结构和静式导轨结构。动式导轨结构的贴片头安装在 X 导轨上，X 导轨沿 Y 方向运动从而实现在 X，Y 方向的贴片过程。静式导轨结构的贴片头安装也在 X 导轨上，仅做 X 方向运动，而 *PCB* 承载仅做 Y 方向的运动，工作时两者配合完成贴片过程。

X，Y 传动机构：有两大类，一类是滚珠丝杠，另一类是同步齿行带直线导轨。此外在高速机中采用无摩擦线性电动机和空气轴承导轨传动，运行速度快。

伺服控制系统：由交流伺服电机驱动，并在位移传感器及控制系统指挥下实现精确定位，

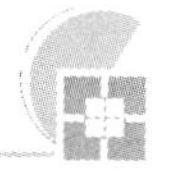

位移传感器有圆光栅编码器、磁栅尺和光栅尺。

2)Z轴定位系统。有圆光栅编码器、AC/DC伺服电动机系统和圆筒凸轮控制系统。控制方法有三种：

第一种：事先输入元器件的厚度，当贴片机下降到此高度时，真空释放并将元器件贴放到焊盘上。因为元器件的厚度超差，会出现贴放过早或过迟现象，严重时会引起移位或飞片。

第二种：吸嘴会根据元器件与PCB接触的瞬间产生的反作用力，在压力传感器的作用下实现贴放的Z轴软着路，故贴片轻松，不易出现飞片缺陷。

第三种：可编程贴装力控制方法及新型挤压控制算法，如自适应贴装算法可计入印制电路板的高度因素以及每种元器件的专用贴装力，从而提高贴放质量，防止元器件发生微小破裂。

3)Z轴旋转θ定位。早期采用气缸和档块来实现的，现在的已直接将微型脉冲电动机安装在贴片头内部，以实现θ方向高度精确的控制。松下MSR型贴片机通过高精度的谐波驱动器直接驱动吸嘴装置，分辨率为0.072°/脉冲。

(3)吸嘴。不同形状、大小的元器件要采用不同的吸嘴进行拾放。真空吸嘴在吸片时，必须达到一定真空度方能判断拾起的元器件是否正常，当元器件侧立或因"卡带"未能被吸起时，贴片机将会发出报警信号。吸嘴高速、频繁与元器件接触，其磨损是非常严重的，故吸嘴的材料与结构受到人们的重视。早期采用合金材料，后又改为碳纤维耐磨塑料，更先进的吸嘴则采用陶瓷及金刚石材料。

(4)PCB传送机构。传送机构的作用是将需要贴片的PCB送到预定位置，贴片完成后再将PCB送至下道工序。传送带安装在导轨边缘，传送带分为A,B,C三段，在B区设有PCB夹紧机构，在A,C区装有红外传感器。

1)整体式导轨。PCB的进入、贴片和送出始终在一条导轨上，当PCB送到导轨上并前进到B区，PCB会有一个后退动作并遇到后制限块，停止运行，与此同时下方带有定位销的定块上行，将销钉顶入PCB的工艺孔中，然后压紧机构将PCB压紧。在PCB的下方，有一块支撑台板，台板上有阵列式圆孔，可根据需要在台板上安装适当数量的支撑杆，随着台板的上移，将PCB支撑在水平位置，这样当贴片头工作时就不会将PCB下压而影响贴片精度。

2)活动式导轨。B区导轨是固定不变的，A,C区导轨却可以上下升降。当PCB由印刷机送到导轨A区，A区导轨处于高位并与印刷机相接；当PCB运行到B区时，A区导轨下沉与B区导轨同一水平面，PCB由A区移到B区，并由B区加紧定位；PCB贴片完成后送到C区，C区导轨上移与下道工序的设备同一水平面，并将PCB由C区送到下道工序。

3)双传送带技术。双通道的传送带能同时(同步模式)处理双PCB的运输，在同一机器上贴PCB的顶面和底面(异步模式)。

(5)供料器。供料器是将片式元器件按照一定规律提供给贴片头以便准确方便地拾取，因此供料器在贴片机内占有较多的数量和位置。贴装前，将各种类型的供料器分别安装到相应的支架上，随着贴装进程，装载着多种不同元器件的散装供料器(料仓)水平旋转；盘状纸编带与塑料编带随带盘架垂直旋转；管状供料器和定位料斗在水平面上二维移动，将需要贴装的元器件送到料仓门下方，便于贴片头拾取。贴片元器件包装和其供料器如图7.2.6所示。

1)带状供料器：带状包装由带盘与编带组成，根据材质的不同有纸编带、塑料编带及黏结式编带。纸编带与塑料编带供料器相同，与黏结式编带供料器不同。晶圆黏贴在带上形成晶圆环，属于黏结式编带。为了从晶圆带上成功地排出芯片，关键是排出针的尺寸和间隔，在顶

尖有一个半圆的排出针不会刺伤卷带，刻伤芯片的背面，导致裂纹，但通常需要两阶段的排出。

(a)

(b)

(c)

图 7.2.6　贴片元器件包装和其供料器

(a)带状包装和带状供料器；　(b)管状包装和管状振动供料器；　(c)托盘包装和单托盘供料器

带状供料器根据同步棘轮的动力来源，可分为机械式、电动式和气动式。机械式通过向进给手柄打压来驱动，电动式依靠直流伺服电动机来驱动，气动式依靠微型电磁阀转换来控制，目前以机械式和电动式具多。中小企业带状供料器最少配 8mm 供料器 120～180 个。

2)管状供料器：由电动振动台和定位板等组成。可将相同的几个管叠加在一起，以减少换料时间，也可以将几种不同的管状供料器并列在一道，实现同时供料，使用时只要调节料架振幅即可，具体数量可以根据实际情况配备，如 6～10 个。

3)托盘(盘状)供料器：又称华夫盘，主要用于 QFP，BGA 器件，通常引脚精细，极易碰伤，故采用上下托盘将器件本体夹紧，并保持左右不能移动，便于运输和贴装，有单盘和多盘结构。多盘供料器一般能够放置 25 个托盘，基本够用。

4)散装供料器：将元器件自由地装入塑料盒或袋内，通过用振动式送料器或送料管把元器件依次送入贴片机。其只适用于无极性矩形和柱形元器件，而不适用于极性元器件。散装供料器一般工厂都可以不必配备，除非生产一些特殊、批量且只有散装供料的产品。

5)供料器的安装系统：通常以装载 8mm 供料器的数量作为贴片机供料器的装载数。大部分贴片机将供料器直接安装在机架上。为了能提高贴片能力，减少换料时间，特别是产品更新时往往需要重新组织供料器，因此大型高速的贴片机采用双组合送料架，真正做到不停机换料，最多可以放置 120×2 个供料器。在一些中速机中则采用推车一体式料架，又叫统一更换台车，换料时可以方便地将整个供料器与主机脱离，实现供料器整体更换，大大缩短了装卸料的时间。

(6)计算机控制系统。采用二级计算机控制系统，主控计算机是整个系统的指挥中心，主要运行和存储中央控制软件和自动拾放程序编程软件，示教编程视觉系统，PCB 基准标号坐标数据和 CAD、键盘、复制视觉系统所要检测辨识的细间距元器件数据库。现场控制计算机系统主要控制贴片机运动和示教功能。

(7)视觉系统。在光源照射下，CCD 摄像机将视野范围内的实物图像的光强度分布转换成模拟信号，模拟信号再通过 A/D 转换器转换为数字量，经图像系统处理后，再转换为模拟图像，最后由显示器反映出来。视觉系统由 PCB 定位下视系统和元器件对中系统组成。

1)PCB 定位下视系统：主要用于 PCB 定位，拼版图形定位、元器件的定位和不良板号去掉等。通过安装在贴片机头部的 CCD 摄像机对所设定的定位标志识别，实现对 PCB 位置的确认，所以在设计 PCB 时应设计定位标志。基准标号有三种：Global 为 PCB 标号，确定整个 PCB 位置并用于坐标补偿；Image 为拼版图形标号，便于重复贴片；Local 为元器件两角上标号，决定元器件位置和方向。

2)元器件对中系统：对元器件进行确认，包括元器件外形是否与程序一致，中心是否居中，引脚的共面性和形变等，有如下对中系统。

机械对中：贴片头吸取元器件后，在主轴提升时，拨动四个爪把元器件抓一下，使元器件轻微移到主轴中心上来。这种方式元器件容易受损。

激光对中：采用飞行对中技术，在拾取元器件，移位到指定位置过程中对元器件进行检测和修正，有能力处理所有形状和大小的元器件，并能精确决定元器件的位置和方向。

视觉对中：贴片机吸取元器件后，CCD 摄像机对元器件成像，并转化成数字图像信号，经计算机分析出元器件的几何尺寸和中心，并与程序中的数据比较，计算出吸嘴中心与元器件中心在 $\pm X$，$\pm Y$ 和 $\pm \theta$ 的误差，及时反馈至控制系统进行修正，保证元器件引脚和焊盘的重合。

4. 贴片机的主要技术参数

(1)贴片精度：与贴片机的对中方式有关，其中视觉对中的精度最高。它包括以下参数：

1)贴装精度：是指元器件贴装后相对于 PCB 标准贴装位置的偏移量。贴装精度由两种误差组成即平移误差和旋转误差。BGA 贴装精度要小于焊盘半径。

2)分辨率：是描述贴片机分辨空间连续点的能力，分辨力由定位驱动电动机和传动驱动机构上的旋转位置或线性位置、检查装置的分辨力来决定。

3)重复精度：描述贴片头重复返回标定点的能力。通常采用双向重复精度的概念，即在一系列试验中，从两个方向接近任一给定点时，离开平均值的偏差。

(2)贴装速度。由贴装周期、贴装率和生产量来衡量。贴装周期指完成一个贴装过程所用的时间；贴装率是指 1h 能完成的贴装周期数。由于实际的生产量受到诸多因素的影响，与理论值有较大的差距，影响生产量的因素有生产时停机、更换供料器或重新调整 PCB 位置等。实际的贴装速度为理论的 65%～70%。

(3)适应性：是指贴片机适应不同贴装要求的能力。其包括贴装元器件的种类、供料器的数目和种类、贴装面积、贴片机的调整、元器件贴装压力等。

供料器的数目和种类：一般高速机供料位置大于 120 个，多功能机供料位置在 60～120 个之间。由于不是所有的元器件都能包装在 8mm 编带中，实际数量随着元器件类型而变化。

贴装面积：一般可贴装 PCB 最小为 50mm×50mm，最大为 250mm ×300mm。

贴片机的调整：包括贴片机的再编程、供料器的更换、PCB传送机构和定位工作台的调整、贴片头调整和更换等。

三、再流焊接技术

再流焊接又称回流焊接，也有人称为热熔焊或重熔焊，它把施加焊料和热熔化焊料形成焊点作为两个独立的步骤来处理，而其他软铅焊如烙铁焊和波峰焊则是作为一个步骤来处理。再流焊接主要应用于各种表面贴装元器件的焊接，可实现底部有脚的元器件的焊接，可处理精细尺寸管脚微小型元器件的焊接，使电子产品微小化不断推进。

1. 再流焊机的分类和结构

再流焊的核心环节是将预敷的焊料熔融、再流、浸润。再流焊对焊料加热有不同的方法，按传递方式来有辐射和对流；按加热区域分整体加热和局部加热。整体加热有红外线加热、气相加热、热风加热、热板加热或红外线与热风组合加热；局部加热有激光加热、红外线聚焦加热、热气流加热、激光加热。各种再流焊加热方法的优缺点见表7.2.5，相对于不同的再流焊方法生产出不同的再流焊机，各种再流焊机外形如图7.2.7所示，内部结构如图7.2.8所示，目前全热风强制对流再流焊机经过不断改进与完善已成为主流设备。再流焊机主要厂家有美国BTU、Heller，德国ERSA、SEHO，荷兰SOLTEC和日本ANTOM等公司。国内厂家也可制造，如SUNEAST、科隆、劲拓和长荣等性价比好。

表7.2.5　各种再流焊加热方法的优缺点

加热方式	原理	优　点	缺　点
气　相	利用氟惰性溶剂的蒸汽凝聚时放出的潜热加热	1. 加热均匀，热冲击小，对物理结构和几何形状不敏感； 2. 升温快，温度控制准确； 3. 在无氧环境下焊接，焊点质量高； 4. 低能耗、无污染，绿色环保	1. 设备和介质费用高； 2. 加热时间与元件数量、总表面积和表面传热系数有关； 3. 容易出现吊桥和芯吸现象
红　外	吸收红外线辐射加热	1. 连续，同时成组焊接； 2. 加热效果好，温度可调范围宽； 3. PCB上下温差明显； 4. 减少焊料飞溅、虚焊及桥接	1. 材料、颜色与体积不同，吸收热量不同； 2. 温度控制不够均匀
热　风	利用加热器和风扇使高温加热的气体循环加热	1. 加热均匀； 2. PCB上下温差及温度控制不容易	1. 容易产生氧化； 2. 加热不稳定，强风会使元器件产生位移
红外加热风	红外线辐射和热风循环对流在炉内各区域同时进行	1. 加热均匀稳定； 2. 温度曲线控制容易； 3. 加热效果好	

续 表

加热方式	原　理	优　点	缺　点
激　光	利用 CO_2 和 YAG 激光的热能加热	1. 聚光性好，精度高，局部加热； 2. 热敏元器件不易损坏； 3. 用光纤传送能量	1. 在焊接面上反射率大； 2. 设备昂贵
热　板	利用热板的热传导加热	1. 减少对元器件的热冲击； 2. 设备结构简单，价格低； 3. 适于氧化铝和陶瓷基板	1. 温度分布不均匀； 2. 热效率低； 3. 不适于普通与大型基板

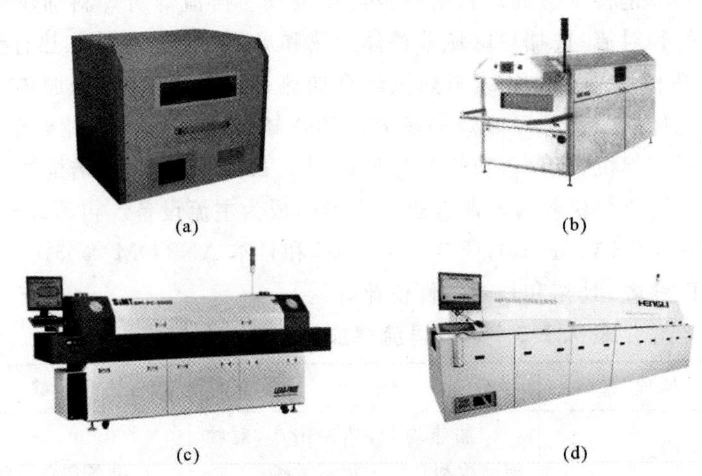

图 7.2.7　各种再流焊机外形图

(a)台式红外加热风回流焊机；(b)垂直气相回流焊机；
(c)全热风回流焊机；(d)水平气相回流焊机

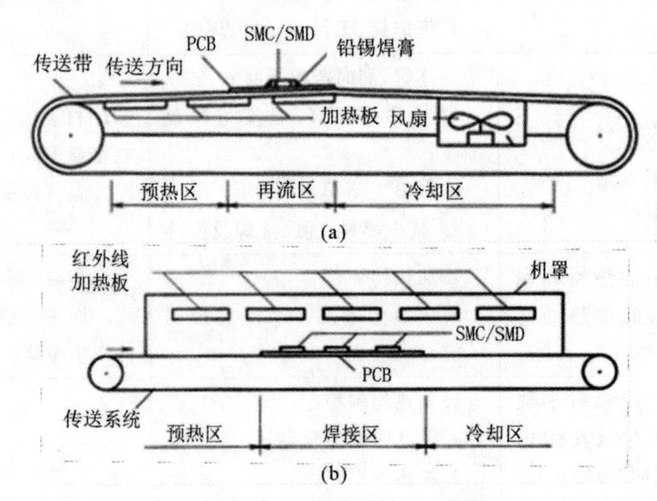

图 7.2.8　各种再流焊机内部结构

(a)热板传导再流焊机；(b)红外线再流焊机

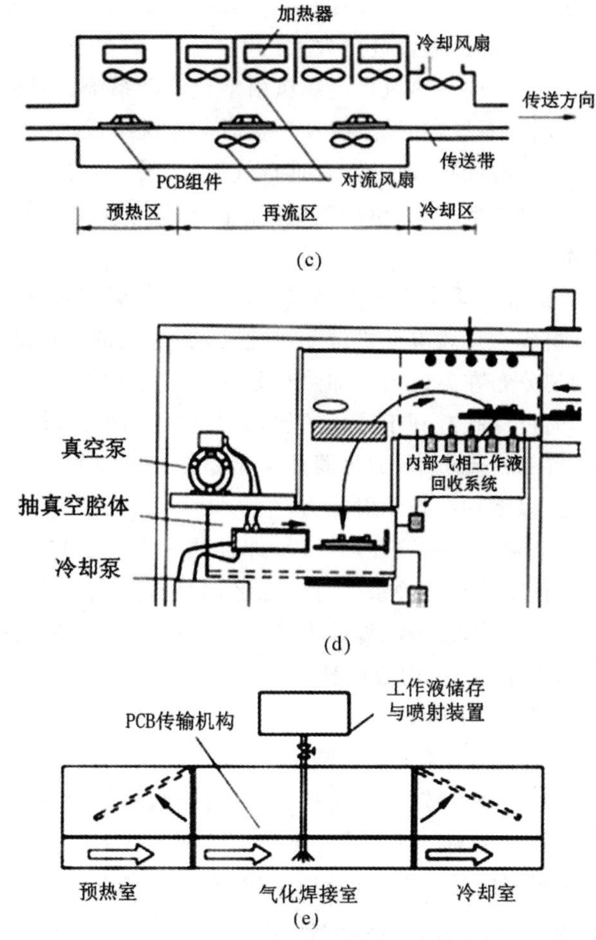

续图 7.2.8　各种再流焊机内部结构

(c)热风对流再流焊机；(d)垂直气相再流焊机；(e)水平气相再流焊机

(1)气相再流焊机的结构。气相再流焊又叫凝热焊接，是应用最早的一种再流焊。由于成本问题未能在 SMT 大批量生产中全面推广，近年来，随着无铅焊接工艺的实施和对电子产品较高的要求，以及气相再流焊本身技术的改进，气相再流焊机重新受到业界注目。气相再流焊机有垂直槽式和水平喷射式两种。

垂直槽式气相再流焊机：内部结构如图 7.2.8(d)所示，使用一种垂直槽作为容纳氟惰性液体及其蒸发气体的容器，在一个槽里，把合适的液体加热到沸点，在液体上方产生蒸汽，把需要焊接的 PCB 组件按顺序垂直浸入蒸汽中，浸入蒸汽越深，得到蒸汽越多。另外在蒸汽区前设置另外的加热区，通过辐射或对流的办法预热组件。垂直槽式气相再流焊机一般只适合小批量生产。

水平喷射式气相再流焊机：内部结构如图 7.2. 8(e)所示，使用水平传输系统，先把组件送到焊接腔中，然后把处理腔密封起来。处理腔的底面和侧面有加热元件，可以把处理腔内表面加热到预先设定的温度。然后把一定数量的工作液喷入焊接腔中，当液体接触到处理腔内壁时，就会沸腾并形成蒸汽雾。测量并控制喷入腔内的液体数量，就能控制加热的速度并可根据每一种 PCB 的受热特性进行调整。将抽出的蒸汽凝结过滤并去除助焊剂，可再次回到存储槽中使用。水平喷射式气相再流焊机适合进行大批量生产。

(2)热风再流焊机的系统结构。热风再流焊机由空气流动系统、加热系统、传动系统、冷却系统、氮气保护装置、废气回收系统、抽风系统和顶盖升起系统组成。

1)空气流动系统。再流焊机的气流设计有垂直气流、水平气流、大回风、小回风等，无论采用哪一种方式，都要求气流对流效率高，包括速度、流量、流动性和渗透能力，气流应有很好的覆盖面，气流过大、过小都不好。

2)加热系统。再流焊机加热系统主要由热风电动机、加热管或加热板、热电偶、固态继电器、温度控制装置等部分组成。热风电动机带动风轮转动，形成的热风通过特殊结构的风道，经整流板吹出，使热气均匀分布在温区内。加热板虽然热效率稍低，但由于热惯量大，对焊接元件中的颜色敏感性小，通过穿孔有利于热风的加热，与热电偶配套，结构上整体性强，利于装卸和维修等原因，目前销售的再流机中，加热器几乎全是铝板或不锈钢加热板，有些制造厂家还在其表面涂有红外涂层，以增加红外发射能力。

热风再流焊机至少 3 个独立的控温加热区段，即预热区、回流焊接区和冷却区，加热区段即加热温区的多少与加热长度有直接关系。每个温区内装有加热管或加热板，均采用强制独立循环、独立控制、上下加热方式，使炉膛温控准确、均匀，且容量大、升温速度快。温度控制装置采用 PID 温度控制器控制温度，运用数码技术通过比例、积分、微分三个方面结合调整形成一个模糊控制来解决惯性温度误差问题。

3)传动系统。由导轨、网带(中央支承)、链条、运输电动机、轨道宽度调节结构和运输速度控制机构等组成。传送方式主要有链传动、链传动＋网传动、网传动、双导轨运输系统、链传动＋中央支承系统。其中比较常用的传动方式为链传动＋网传动、链传动＋中央支承系统两种。链式＋网式传动结构具有很强的适应性，可应用于单/双面板的焊接及配线使用，不锈钢网可以防止 PCB 脱落；链传动＋中央支承系统的传动方式一般用于传送大尺寸的多拼板，防止 PCB 在链式导轨传输过程中 PCB 受炉温加热而变形。

为了保证链条、网带(中央支承)等传动部件速度一致，传动系统中装有同步链条，运输电动机通过同步链条带动运输链条、网带(中央支承)的传动轴的不同齿轮结构。传输速度控制普遍采用的“变频器加全闭环控制”方式，此外，如果选择氮气保护装置，为了节省氮气，氮气炉因为两边需要封闭起来一般不建议用网带式。

4)冷却系统。起到对加热完成的 PCB 进行快速冷却的作用。通常有风冷、水冷两种方式。一般电子产品选择风冷就可以了，无铅氮气保护焊接设备可以选择水冷。

5)氮气保护装置。在再流焊中使用惰性气体保护已有较久历史了，并已得到较大范围的应用。PCB 在预热区、焊接区及冷却区进行全制程氮气保护，可杜绝焊点及铜箔在高温下的氧化，增强融化钎料的润湿能力，减少内部空洞，提高焊点质量。免清洗工艺所用锡膏必须采用供氮系统，否则必然导致大量氧化物出现。氮气通过一个电磁阀分给几个流量计，由流量计把氮气分配给各区，氮气通过风机吹到炉膛，保证气体的流动均匀性。

6)废气回收系统。通过蒸发器将废气(助焊剂挥发物)和氧气加温到 450°以上，使助焊剂挥发物气化，然后冷水机把水冷却后循环经过蒸发器，废气通过上层风机抽出，通过蒸发器冷却形成的液体流到回收罐中。目前空气炉一般很少配备助焊剂回收系统，大多在排风口安装一个助焊剂过滤网，然后直接通过管道抽到室外，助焊剂过滤网需要定期清洗或更换。

7)抽风系统。强制抽风可保证助焊剂排放良好,特殊的废气过滤、抽风系统,可保证工作环境的空气清洁,减少废气对排风管道的污染。

8)顶盖升起系统。当需要对回流焊机进行清洁维护,或生产时发生调板等状况时,需将上炉体开启。开启时拨动上炉体升降开关,由电动机带动升降杆完成,动作同时,蜂鸣器鸣叫提醒人注意,当碰到上、下限位开关时,开启或关闭动作停止。

9)主要技术指标。温度控制精度:±0.1～0.2℃;传输横向温差:小于±2℃;最高加热温度:考虑无铅焊接,不低于 350℃ ;加热区数量和长度:小批量生产选择加热区 4～5 温区,大批量生产选择加热区 7 温区以上;传送宽度:根据最大和最小 PCB 尺寸确定;传送速度:0.1～1.2m/min,速度精度:±5mm/min;温度曲线重复性不大于 2℃。

2. SMT 再流焊的优缺点

(1)与波峰焊技术相比,再流焊具有以下优点:元件不直接浸渍在熔融的焊料中,所以元件受到的热冲击小;能在前导工序中控制焊料的施加量,减少了虚焊、桥接等焊接缺陷,所以焊接质量好;具有“自校正”能力;工艺简单,返修的工作量很小。

“自校正”(或自定位)是指再流焊中,元器件处于漂浮状态,当元器件的全部焊端、引脚及其相应的焊盘同时浸润时,由于焊料熔化润湿焊件的表面张力(或叫润湿力)的作用,贴偏的元器件能够在一定范围内自动校正偏差,被拉回到近似准确的位置。这种润湿力并不总是有利的,小而轻的元件由于本身重量与润湿力相差不大,容易出现不平衡而立片的现象。

(2)SMT 大批量生产中也存在一些问题:元器件上的标称数值看不清楚;维修调换器件困难,并需专用工具;元器件与印制板之间热膨胀系数(CTE)一致性差;初始投资大,生产设备结构复杂,涉及技术面宽,费用昂贵。随着专用拆装设备及新型的低膨胀系数印制板的出现,它们已不再是阻碍 SMT 深入发展的障碍。

3. 再流焊机的温度曲线

(1)温度曲线。如图 7.2.9 所示为再流焊机的温度曲线,它有升温区、保温区、焊接区(再流区)和冷却区四个最基本的温度区域,其中升温区、保温区和快速升温区合起来也叫预热区。

升温区:当 PCB 进入升温区时,焊锡膏中溶剂和抗氧化剂挥发成烟气排出,助焊剂湿润焊接对象(焊盘、元器件引脚和端头),焊锡膏软化塌落覆盖了 PCB 的焊盘和元器件的焊端或引脚,使它们和氧气隔绝。升温区上升速率小于 2°/s。

保温区:PCB 和元器件得到存充分预热,温度趋于均匀,以免它们进入焊接区因温度突然升高而损坏;PCB 的焊盘、元器件引脚和端头的氧化物被除去。保温区温度在 120～160℃范围内,时间 60～120s。助焊剂在 120℃中 90～150s 可除去焊膏中的水分、溶剂。

快速升温区:焊锡膏中溶剂和水分的挥发可防止焊膏塌落和焊料球飞溅。升温过快会产生热冲击,引起多层陶瓷开裂,焊料球飞溅;过慢则助焊剂的活性不起作用。上升速率为 1～4°/s。

焊接区:当 PCB 进入焊接区时,温度迅速上升,比焊料合金熔点高 20～50℃时,焊盘上的膏状焊料在热空气中再次熔化而流动成为液态焊锡,液态焊锡对 PCB 的焊盘、元器件引脚和端头进行湿润、扩散、漫流和混合,在两者交界面形成一种新的金属合金(结合层)。一般情况下超过 183℃的时间范围为 60～90s。

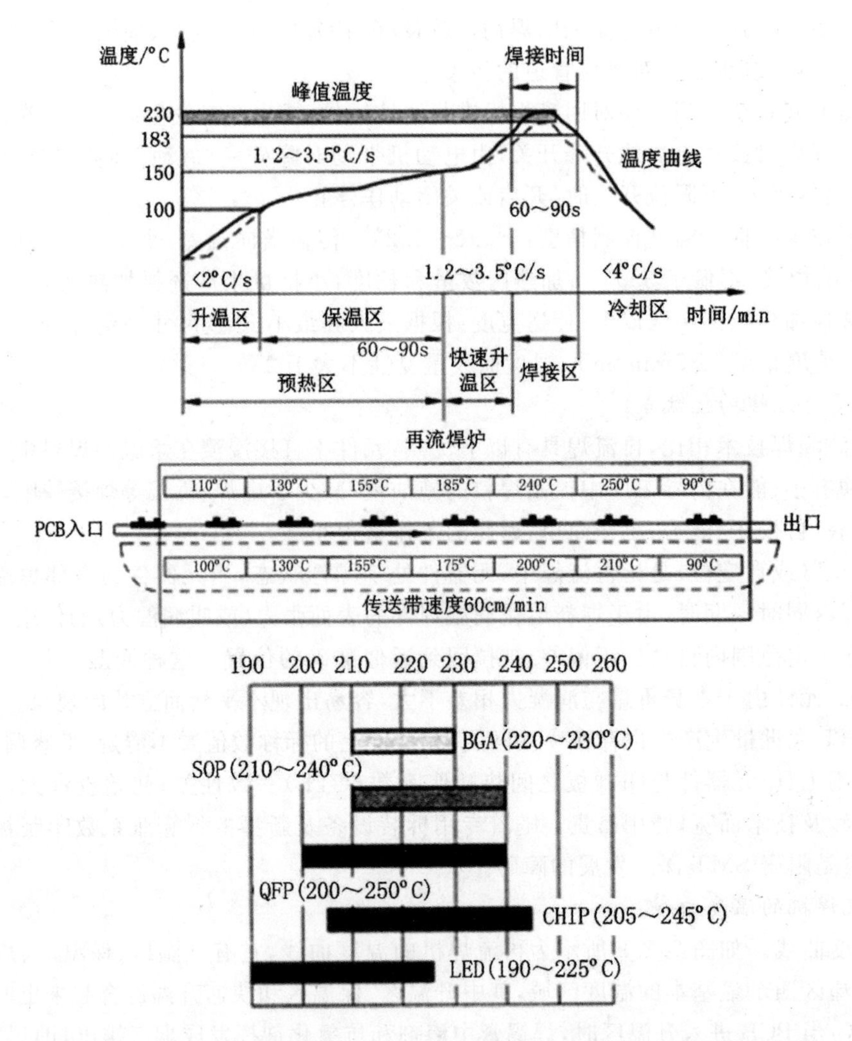

图 7.2.9　再流焊机的温度曲线、表面与底部温度和不同元器件焊接温度范围

冷却区。当 PCB 进入冷却区时，液态焊锡回流、凝固、形成焊锡接点，完成整个回流焊接。快速冷却有助于得到明亮的焊点并且焊点外形饱满接触角小。缓慢的冷却温度会导致焊盘的更多分解物进入锡中，产生灰暗毛糙的焊点，甚至引起沾锡不良和弱焊点黏结力。降速一般 −4℃/s以内，冷却至 75℃左右即可。

BGA 建议温度曲线：预热斜率小于 2.5℃/s(不可大于 3℃/s)；140～170℃间需保持 60～120s；183℃以上时间需保持 90～110s；底部最高温度小于 220℃，BGA 表面与底部温差为 5～6°；冷却斜率小于 3℃/s。

(2)温度曲线的设置问题。

1)拘泥于焊膏供应商所提供的温度指标来设置再流焊机的温度曲线。

2)缺乏工艺窗口的概念。对每个工艺特性参数必须要有上限和下限。

3)热点和冷点的判断。当确认 PCB 上的最冷点和最热点通过工艺调整满足时，其他焊点自然同时得到满足。

4)误把四个基本温区当成一个工序来调整。如焊料球问题，升温区造成的多是由于气爆

引起的，和材料质量、库存时间和条件以及焊膏印刷工艺有关；保温区造成的多和温度、时间设置不当有关。

5)缺乏温差调整能力。立碑、移位和桥接等都和温差有关，温差形成除了热容量外，和热风对流情况、元器件材料和PCB基板的传热情况有关。

5. 再流焊的缺陷分析和处理方法

再流焊的缺陷分析和处理方法见表7.2.6。

表7.2.6　再流焊的缺陷分析和处理方法

缺陷	原因	处理方法
元器件轻者移位(偏移)，重者立碑(竖碑或立片)	1. 元器件安放位置不准确、压力不够； 2. 焊膏厚度不足、不均匀； 3. 焊膏中焊剂含量高； 4. 加热速度过快且不均匀； 5. 焊盘与元器件可焊性差； 6. 焊盘设计过大	1. 校正定位坐标； 2. 加大焊膏量、增加安放压力； 3. 减少焊剂含量； 4. 调整再流焊温度曲线； 5. 改善元器件和印制板的可焊性； 6. 焊盘不要设计太大
焊膏不熔化	1. 加热温度不足； 2. 焊膏变质	1. 检查加热设施，调整温度曲线； 2. 注意焊膏保质期和冷藏； 3. 将焊膏表面变硬和干燥部分弃去
焊锡不足	1. 焊膏不够； 2. 焊盘与元器件可焊性差； 3. 焊接时间短	1. 扩大漏板孔径； 2. 改用焊膏； 3. 加长焊接时间； 4. 改善元器件和印制板的可焊性
焊锡过多	1. 漏板孔径过大； 2. 焊膏黏度小	1. 减小漏板孔径； 2. 增加焊膏黏度
锡珠(焊料球)	1. 加热速度过快； 2. 焊膏吸收了水分、被氧化、被污染； 3. 焊盘与元器件可焊性差； 4. 焊膏过多； 5. 元器件安放压力过大	1. 调整再流焊温度曲线； 2. 降低环境温度、采用新的焊膏； 3. 减小漏板孔径； 4. 改善元器件和印制板的可焊性； 5. 减小元器件安放压力
桥接	1. 焊膏塌落太多； 2. 多次印刷焊膏； 3. 加热速度过快	1. 增加焊膏黏度； 2. 减小漏板孔径； 3. 调整再流焊温度曲线
不沾锡(缩锡或脱焊)	1. 焊盘与元器件可焊性差； 2. 加热温度不足； 3. 焊膏中焊剂活性不足	1. 改善元器件和印制板的可焊性； 2. 提高熔焊温度； 3. 增加焊剂活性

续表

缺陷	原因	处理方法
虚焊	1. 焊盘与元器件可焊性差； 2. 焊膏黏度过大； 3. 升温速度和焊接温度不当	1. 改善元器件和印制板的可焊性； 2. 减小焊膏黏度； 3. 调整再流焊温度曲线
吹孔、针孔	1. 焊膏中水分和溶剂过多； 2. 气体在焊点硬化前未及时逸出	1. 调整预热温度，赶走过多溶剂； 2. 增加焊膏黏度
焊后断开	1. 引脚共面性不好； 2. 焊盘和引脚热容量相差太多，引脚加热和蓄热能力强	1. 改善元器件引脚共面性； 2. 增加焊膏厚度，克服引脚共面性误差； 3. 调整预热，改善焊盘和引脚热容差； 4. 增加焊剂活性； 5. 减小焊盘面积

第三节　电路板的返修、清洗和组装方案

一、电路板组件的返修

在装配、调试和维修过程中，元器件常会装配不正确、焊错甚至损坏，就需将已经焊接的连线或元器件拆除或更换，然后重新进行焊接，这个过程就是拆焊。在实际操作中，拆焊比焊接难度更大，更需要用恰当的方法和必要的工具。如果使用方法不得当，就会使印制电路板受到破坏，也会使更换下来而能利用的元器件无法重新使用。在焊点进行焊接中常会出现有缺陷的焊点，需进行焊点返修以节约成本、保证产品调试合格率和可靠性。

1. 去锡和拆焊工具

返修工具除组装焊接工具外，还应配备一些去锡和拆焊工具。

(1) 热风工具和设备。如图 7.3.1 所示，有热风枪、热风工作台和热风返修工作台。要根据不同元器件配备不同的热风嘴，能够拆焊不同尺寸、不同封装方式的芯片。它使用方便，不但可以用于拆焊，还可用于焊接，但会影响相邻元器件，容易将相邻元器件拆掉。

(2) 吸锡器。普通元器件拆焊时常用来吸出焊点上的存锡。

1)球形吸锡器。工作时将橡皮囊内部空气压出，形成低压区，再通过吸锡嘴，将熔化的锡液吸入球体空腔内；当空腔内的残锡较多时，可取下吸锡管倒出存锡。

2)管形吸锡器。其吸锡原理类似医用注射器，它是利用吸气筒内压缩弹簧的张力，推动活塞向后运动，在吸口部形成负压，将熔化的锡液吸入管内。

(3) 排锡管。排锡管用来使印制电路板上元器件引线与焊盘分离。它实际上是一个空心不锈钢针管。

(4) 吸锡材料。一般是利用铜丝编织的屏蔽线电缆(简称铜编织线)或较粗的多股导线作为吸锡材料。拆焊时，将在熔化的松香中浸过的吸锡材料贴在待拆焊点上，用烙铁头加热吸锡

材料，通过吸锡材料将热传到焊点熔化焊锡，待焊点上的焊锡熔化后即可把吸锡材料提起，重复几次即可把焊锡吸完，将焊点拆开。这是一种简便易行不伤电路板的拆焊方法。

(5) 吸锡电烙铁。如图 7.3.1(e)所示，是在普通直热式烙铁上增加吸锡结构，使其具有加热、吸锡两种功能。

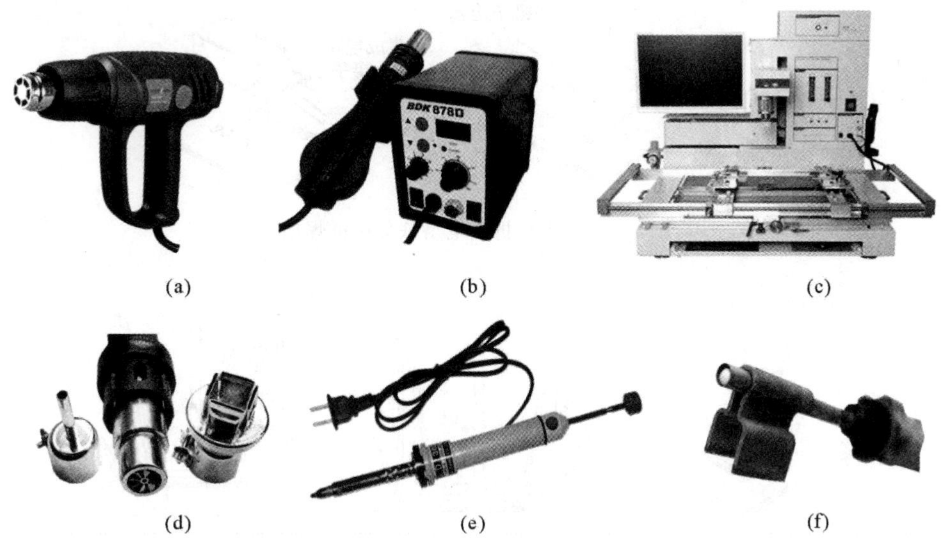

图 7.3.1 拆焊工具

(a)热风枪； (b)热风工作台； (c)热风返修工作台； (d)热风嘴； (e)吸锡电烙铁； (f)专用拆焊电烙铁

(6) 专用拆焊电烙铁。如图 7.3.1(f)所示，在大功率电烙铁的基础上加装专用拆焊头，拆焊时，一次可将所有焊点加热熔化取下元器件，不易损坏元件及电路板，可用来拆卸集成电路、中频变压器等多端子元器件。

(7) 镊子。拆焊时，可用来夹持元器件引线，挑起元器件弯脚或线头。

(8) 捅针。一般用医用空针或缝衣针改制。在拆焊后的印制电路板焊盘上，往往有焊锡将元器件引线插孔封住，为了重新插入元器件，可用电烙铁加热，并用捅针捅开。

2. 拆焊

(1)拆焊方法。

1)分点拆焊法：如图 7.3.2 所示，对于印制电路板上的电阻、电容、普通电感、连接导线等元件，端子不多，一般只有两个焊点，可用分点拆焊法。先将印制板竖起来用手固定或用工具夹住，用烙铁加热待拆元件焊点，同时将引线用镊子从电路板上抽出，拆除一端焊接点的引线，再如此方法拆除另一端焊接点的引线。

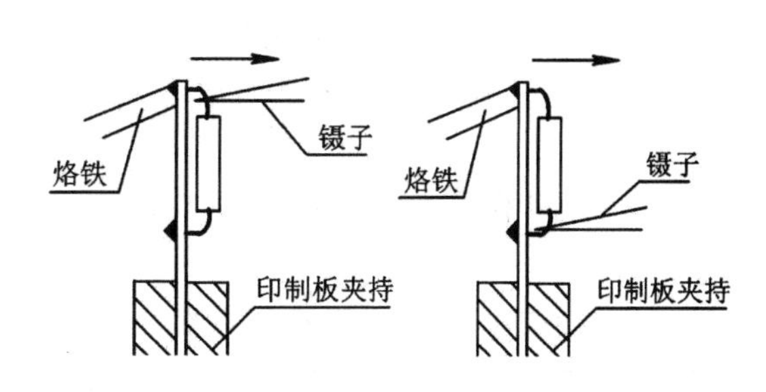

图 7.3.2 分点拆焊法

2)集中拆焊法。如图 7.3.3 和图 7.3.4 所示，对于焊点多而密的集成电路这类多引线的接插件和焊点距离很近的转换开关、立式装置等元件，可采用集中拆焊法。先用专用电烙铁或热风工作台将元器件所有引脚上的焊锡同时熔化后，再用镊子趁热取下或拔出元器件。

3)间断加热拆焊法。对于有塑料骨架且引线多而密集的元器件,由于它们的骨架不耐高温,宜采用间断加热拆焊法。先用吸锡工具,将焊接点上的焊锡逐个吸去,再用排锡管或捅针将元器件引线与印制电路板焊盘逐个分离,最后用烙铁头对引线未挑开的个别焊接点加热,待焊锡熔化时,趁热取下或拔下元器件。

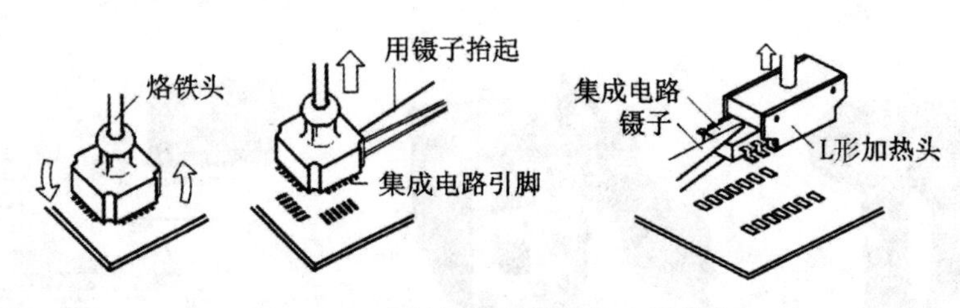

图 7.3.3　专用拆焊电烙铁集中拆焊法

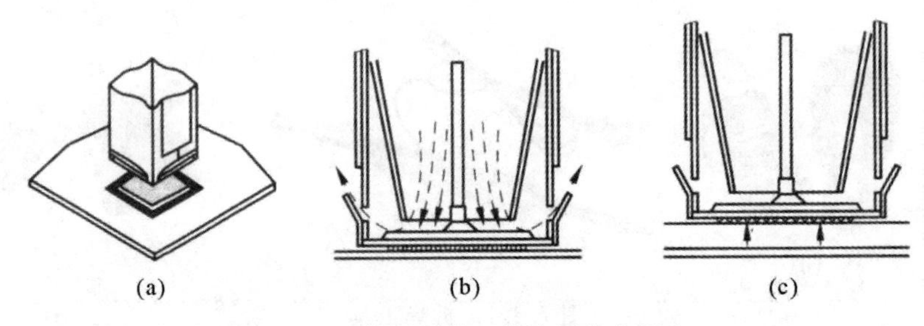

图 7.3.4　热风返修工作台拆集中焊法

4)快速循环移动加热拆焊法。对于引脚少或较集中的元器件,如陶瓷滤波器、中周和波段开关等,可在多个焊点上快速循环移动加热所有引脚,待所有引脚上的焊锡同时熔化后,再用镊子趁热取下或拔出元器件,这就是快速循环加热拆焊法。用此方法并借助于两把电烙铁可拆除 DFP 封装的两边有翼形管脚的集成电路。此方法简单易行,但技术难度高,使用不当会使焊盘脱落。

(2)拆焊要点。

1)拆焊时,元器件焊盘和印制电路板孔内焊锡没有充分熔化时,不能强行拉元器件的引线,否则很可能拉掉,扯断双面板孔的金属内壁。

2)焊锡熔化后,要立刻拔出元器件的引线,拔出方向要垂直于印制板。

3)在装新的元器件前,必须把插装元器件焊盘孔内的焊锡清除干净,贴片元器件焊盘表面锡面平整。

4) 加热时间不能过长,否则将烫坏元器件或导致印制电路板的铜箔起泡剥离。

3. 焊点返修和重焊

对于锡量不够的焊点可以补焊一次,但必须注意待本次焊锡与上次焊锡熔化并融为一体时,才能移开电烙铁。对于其他缺陷或拆掉元器件后的焊点,需要去锡后重焊。去锡可使用吸锡电烙铁、吸锡器等工具去锡,如果用电烙铁去锡,要将电路板竖起来或焊点冲下倒过来,使焊锡利用自身重力吸附在烙铁头上,以此来清除原来的焊锡。重焊应该注意的关键问题是:焊接次数不可过多,焊接时间不要过长,尽量不要使焊盘受力,以防损坏印制板上的铜箔。

二、电路板组件的清洗

电路板在焊接以后，其表面会留有各种残留污物。为防止由于腐蚀而引起的电路失效必须进行清洗，将残留污物去除。

1.残留污物的种类

(1)颗粒性残留污物。其包括有灰尘、絮状物和焊料球。灰尘、絮状物会吸附环境中的潮气和其他污物导致电路板被腐蚀。焊料球在设备震动时可能聚集在一起，造成电路短路。

(2)非极性残留污物。其包括有油脂、蜡和树脂残留物。非极性残留物的特性是绝缘的，虽然它们不会引起电路短路，但在潮湿的环境中使电路板出现粉状或泡状腐蚀。

(3)极性残留污物。其包括有卤化物、酸和盐，它们来自活化剂。极性残留污物会降低导体的绝缘电阻，并可能导致印制电路导线锈腐。

2.有机溶剂的分类

第一种：氯氟类，包括氯化氢类和氟化氢类，如二氯甲烷、三氯乙烷、HCFC、HFC、HFF。

氯氟类为非极性溶剂，可用来清除非极性残留污物，对油脂污物清洗力强，可蒸馏回收，反复使用，对臭氧层有破坏，只允许使用到2040年。

第二种：碳氢类，随碳数的增加，闪点提高，但不易干燥。碳氢类溶剂对油脂污物清洗力强，对金属不腐蚀，可蒸馏回收，毒性低，清洗与漂洗同介质，表面张力小。

第三种：醇类，如乙醇、异丙醇、甲醇等，甲醇毒性大，一般仅作添加剂。醇类溶剂为极性溶剂，可用来清除极性残留污物，清洗松香焊剂效果非常好，对油脂类溶解能力弱，干燥快。

第四种：混合溶剂，由于大多数残留污物是非极性和极性残留污物的混合物，为了提高氟类溶剂的清洗效果，在氟类溶剂其中加入碳氢类和醇类等形成混合溶剂。

溶剂的选择除应考虑与残留污物类型相匹配外，还应考虑一些其他因素，主要有安全性、去污力、与设备和元器件的兼容性、经济性和环保要求等。第一种为不可燃烧的溶剂，使用安全，第二种和第三种为可燃烧的溶剂，存在安全性问题。

3.清洗的分类

清洗按清洗方式分机械式清洗和化学式清洗，灰尘、絮状物和焊料球这些颗粒性残留污物，可以采用高压喷射或超声波等机械方式清除。非极性残留污物、极性残留污物，可以采用有机溶剂化学方式清除。

清洗按设备使用的场合不同分为在线式清洗和批量式清洗。在线式清洗用于大批量生产的场合；批量式清洗适用于小批量生产的场合，如在实验室中应用。

清洗按清洗溶剂分水基、半水基和有机溶剂清洗三类。

(1)水基清洗。水基清洗工艺流程如图7.3.5所示。以水为清洗介质，并添加少量的表面活性剂、洗涤助剂(皂化剂)、缓释剂等化学物质(一般含量在2%～10%)。表面活性剂可以使水的表面张力大大降低，渗透能力、铺展能力加强，如洗洁净、肥皂或胺等表面活性剂，从而改善清洗效果。皂化剂可与松香酸和油脂中的脂肪酸等有机酸发生皂化反应生成可溶于水的脂肪酸盐，皂化剂为氢氧化钠、氢氧化钾等强碱，显碱性的有机物，如单乙醇胺等，可能对板上铝和锌等金属产生腐蚀，特别是清洗温度比较高时容易使腐蚀加剧，所以在配方中应加缓释剂。

(2)半水基清洗。半水基清洗剂由有机溶剂、水(5%～20%)和表面活性剂组成。有机溶剂为烯类、石油类碳氢溶剂、乙二醇醚、N-甲基吡咯烷西酮等。

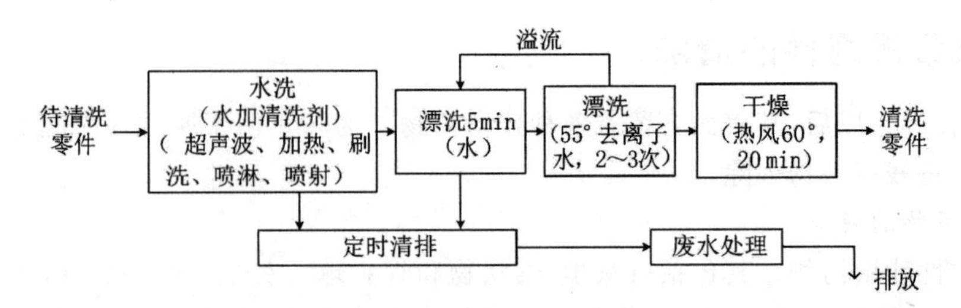

图 7.3.5　水基清洗工艺流程

半水基清洗的工艺流程如图 7.3.6 所示，半水基清洗优点为清洗能力强，能同时去除水溶性和油性污物，蒸发损失小；缺点为使用纯水漂洗干燥难，废水处理量大，占用场地和空间大，要增加对有毒溶剂的防护，防火、防爆等安全措施，而且不能像溶剂清洗那样通过蒸馏回收利用，所以成本较高。

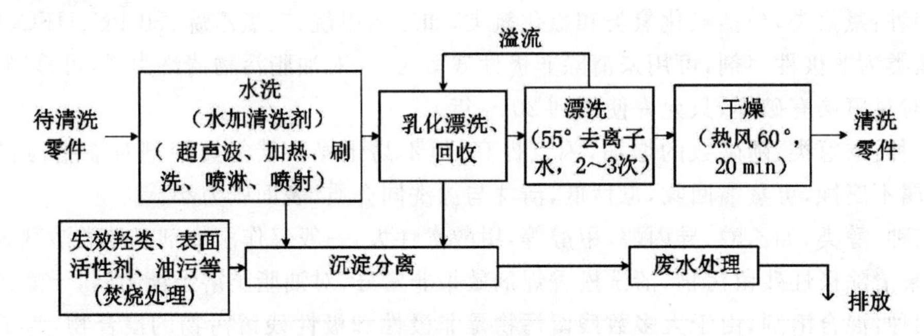

图 7.3.6　半水基清洗的工艺流程

(3)有机溶剂清洗。溶剂清洗适应于对水敏感密、封性差的元器件的印制板清洗。

溶剂清洗的四种工艺流程：

第一种：超声波加浸泡清洗→喷淋清洗→气相漂洗和干燥。

第二种：溶剂加热浸泡清洗→冷漂洗→喷淋清洗→气相漂洗和干燥。

第三种：气相清洗→超声波加浸泡清洗→冷漂洗→气相漂洗和干燥。

第四种：气相清洗→喷淋清洗→气相漂洗和干燥。

三、电路板的组装工艺方案和流程

由于电子产品的多样性和复杂性，在应用 SMT 技术的电子产品中，少部分是全部采用了 SMT 元器件，大部分是所谓的“混装工艺”，即在同一块印制电路板上，既有通孔插装的 THT 元器件，又有表面安装的 SMT 元器件，由此产生 SMT 的以下三种组装结构。他们的最基本的工艺是相同的，一类为 SMT 再流焊工艺，另一类为 SMT 和 THT 波峰焊工艺。

1. 第一种装配结构方案与 SMT 再流焊基本工艺

(1)第一种装配结构：一面或两面全部安装 SMT 元器件。

SMT 单面印制板：如图 7.3.7 所示，可直接对 A 面经过印刷焊膏、贴装元器件和再流焊，印制板清洗和检测等 SMT 再流焊工序。

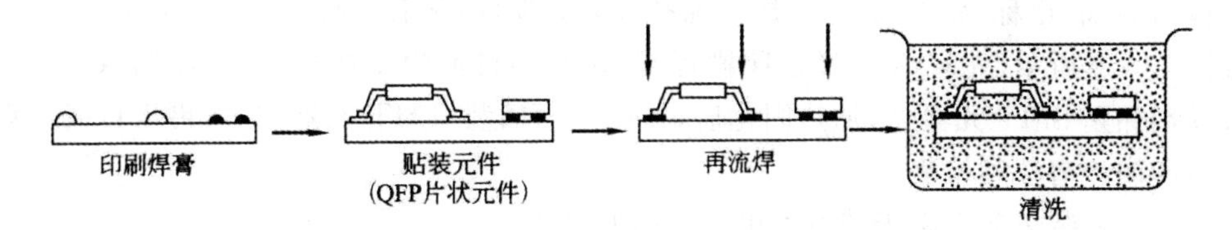

图 7.3.7　单面再流焊工艺流程

SMT 双面印制板：如图 7.3.8 所示，先对 A 面经过印刷焊膏、贴装元器件和再流焊接等 SMT 再流焊工序后，翻转印制板，再对 B 面进行印刷焊膏、贴装元器件和再流焊接，印制板清洗和检测等 SMT 再流焊工序。

(2)SMT 再流焊基本工艺流程：制作模板→漏印焊膏→贴装 SMT 元器件→再流焊接→印制板清洗、检验与测试

1)制作模板：按照 SMT 元器件在 PCB 上焊盘位置和形状，制作漏印焊膏的模板。

2)漏印焊膏：把模板覆盖在 PCB 上，漏印焊膏。

3)贴装 SMT 元器件：使元器件电极准确定位于各自的焊盘。可手工贴装，也可用不同档次的设备进行贴装。

4)再流焊接：用再流焊接设备进行贴装焊接。

5)印制板清洗、检验与测试：根据产品要求和工艺材料性质，选择清洗工艺或免清洗工艺。最后对 PCB 进行质量检查和测试。

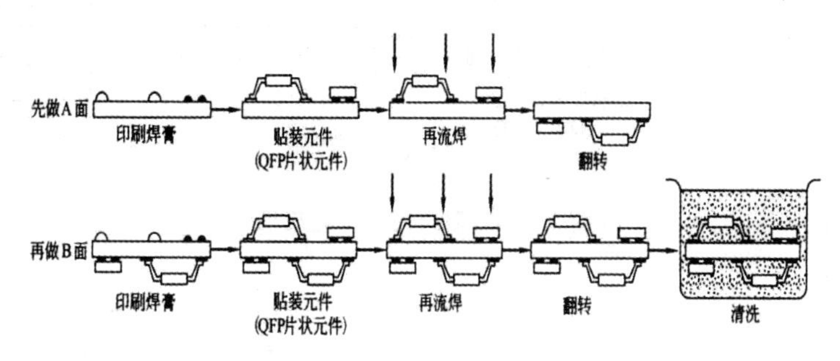

图 7.3.8　双面再流焊工艺流程

2. 第二种装配结构方案和 THT 波峰焊工艺流程

第二结构：两面分别安装 SMT 元器件和通孔插装元器件。

小型的 SMT 元器件只贴装在印制板的 A 面上，而在印制板的 B 面上只安装通孔插装元器件。

先对 A 面进行印刷焊膏、贴装元器件和再流焊接工序后，翻转印制板，再对 B 面进行波峰焊接，最后进行印制板清洗和检测。

B 面 THT 元器件波峰焊工艺流程：元器件引线成型→印制板贴阻焊胶带(视需要)→插装元器件→波峰焊接机焊接→撕掉阻焊胶→补焊→检验→清洗→检验。

3. 第三种装配结构方案及 SMT 波峰焊工艺流程

(1)第三种装配结构：双面混合安装 SMT 元器件和通孔插装元器件。

在印制板的 A 面(也称“焊接面”)上，只装配体积较小的 SMD 晶体管和 SMC 元件；在印

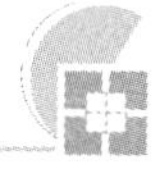

制电路板的B面(也称"元件面")上,既有通孔插装元器件,又有各种SMT元器件。

如图7.3.9所示,先对A面经过印刷焊膏、贴装和再流焊工序后,翻转印制板,然后对B面用胶黏剂黏贴SMT元器件,加热固化后,并在B面插装THT元器件后,再进行波峰焊接,最后进行印制板清洗和检测。

双面混合安装工艺多用于消费类电子产品的组装。

(2)SMT波峰焊工艺流程。SMT波峰焊工艺流程如图7.3.10所示。

1)制作胶黏剂丝网。按照SMT元器件在印制板上的位置,制作用于漏印胶黏剂的丝网。

2)丝网漏印胶黏剂。把胶黏剂丝网覆盖在印制电路板上,漏印胶黏剂。要精确保证胶黏剂印在元器件的中心,尤其要避免胶黏剂污染元器件的焊盘。如果采用点胶机或手工点涂胶黏剂,则这道工序要相应更改。

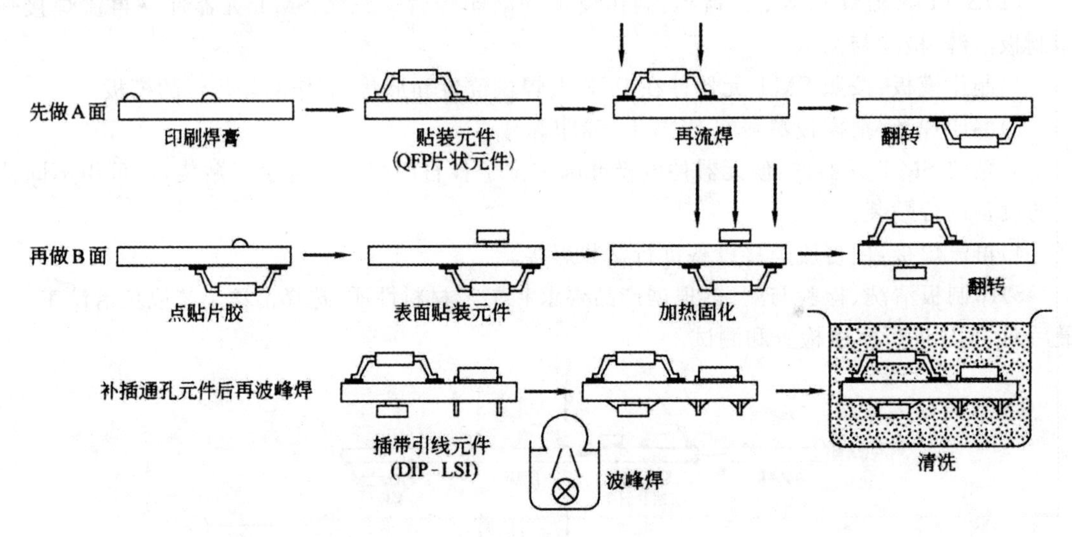

图7.3.9 混合安装工艺流程

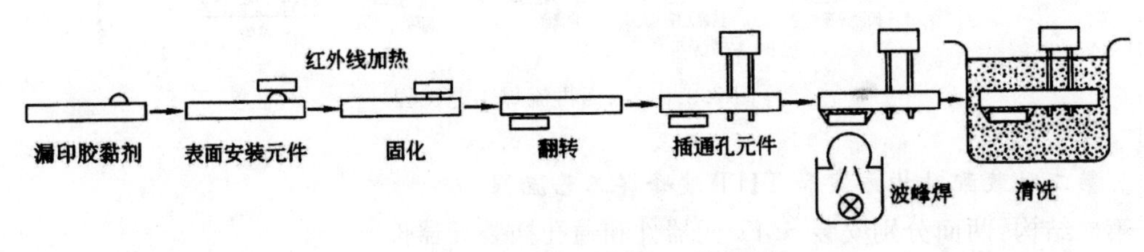

图7.3.10 SMT波峰焊工艺流程

3)贴装SMT元器件。把SMT元器件贴装到印制板上,使它们的电极准确定位于各自的焊盘。

4)固化胶黏剂。用加热或紫外线照射的方法,使胶黏剂烘干、固化,把SMT元器件比较牢固地固定在印制板上。

5)插装THT元器件。把印制电路板翻转180°,在另一面插装传统的THT引线元器件。

6)波峰焊。与普通印制板的焊接工艺相同,用波峰焊设备进行焊接。在印制板焊接过程中,SMT元器件浸没在熔融的锡液中。可见,SMT元器件应该具有良好的耐热性能。假如采用双波峰焊接设备,则焊接质量会好很多。

7)印制板清洗与检测。对经过焊接的印制板进行清洗,去除残留的助焊剂残渣(现在已经普遍采用免清洗助焊剂,除非是特殊产品,一般不必清洗)。最后进行电路板检验与测试。

第一种装配结构充分利用了空间,体现出 SMT 的技术优势,实现了安装面积最小化,降低了价格,但工艺控制复杂,要求严格。后两种混合装配的技术有很好的发展前景,因为它们不仅发挥了 SMT 贴装的优点,同时还可以解决某些元件至今不能采用表面贴装形式的问题。第二种装配结构使用了回流焊和波峰焊双重设备;第三种装配结构要使用贴片胶把 SMT 元器件黏贴在印制板上,增加了工序,但不需要添加再流焊设备。波峰焊工艺技术成熟,但会对 SMT 元器件造成更大热冲击。

思　考　题

1. 锡焊焊接技术又可分为哪几类?锡焊的原理是什么?
2. 简述手工焊接的操作步骤和要领。手工焊接的焊点缺陷有哪些?
3. 元器件手工插装方式有哪几种?
4. 双面印制板机插的工艺流程是什么?机插轴向元器件机有哪些质量问题?
5. 波峰焊机都有哪些部分组成?简述插装元器件波峰焊的工艺流程。
6. 波峰焊的焊点缺陷有哪些?
7. 点胶的方法有哪几种?
8. 如何选择、使用和保管焊膏?印刷焊膏的工艺参数有哪些?
9. 贴片机按结构分为哪几种?贴片机的结构包括哪几个部分?
10. 再流焊机整体加热的方法主要有哪几种?哪种再流焊机最常用?
11. 热风再流焊机的结构包括哪几个部分?
12. 简述再流焊机各段温度曲线的参数设置范围?再流焊的焊点缺陷有哪些?
13. 去除焊盘上锡的工具和材料有哪几种,哪种对焊盘损伤小?
14. 元器件有哪几种拆焊方法?
15. 清洗按清洗溶剂分为哪三类?主要有哪几道工序组成?
16. 最常见的组装工艺方案和流程是什么?

第八章

电子产品整机装连技术

第一节 机械装连技术

电子产品有关机械装接的技术有螺纹连接、压接、绕接、插接与黏结等，机械装接技术使电子产品达到结构稳定、连接牢固、活动灵活、电气导通、防盐雾、防潮和防腐等功能。

一、螺纹连接

螺纹连接(紧固安装与连接)就是用螺钉、螺栓和螺母等将零、部件或元器件紧固在各自的位置上，起安装和连接双重作用。用螺丝钉实现电气连接，看似简单，但要达到牢固、安全、可靠的要求，则必须对紧固件、紧固工具及操作方法等合理选择。

1. 螺钉

如图 8.1.1 所示为电子装配常用的各种螺丝钉，这些螺钉在结构上有一字槽和十字槽两种，十字槽螺钉由于对中性好，螺丝刀不容易滑出的优点，使用日益广泛。

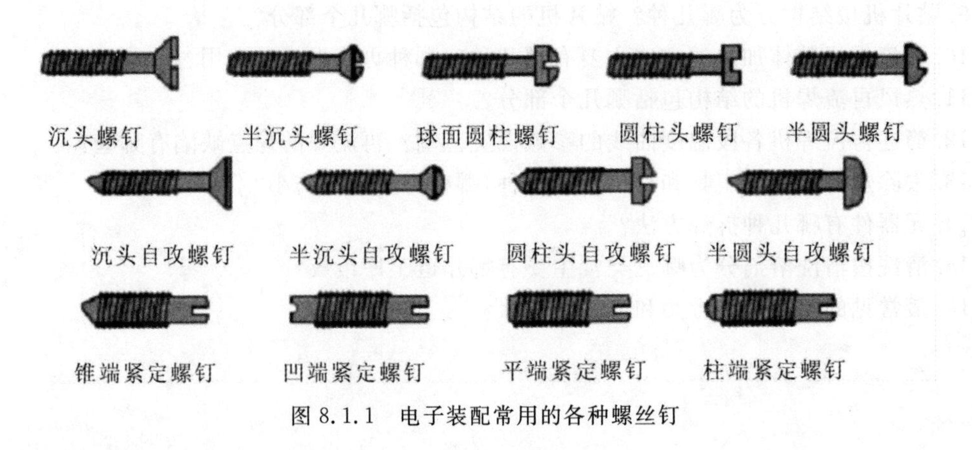

图 8.1.1 电子装配常用的各种螺丝钉

圆柱头螺钉和球面圆柱头螺钉：特别是球面圆柱头螺钉槽口较深，用力拧紧时一般不容易拧坏槽口。适用需较大紧固力的部位。

沉头螺钉：适用于需要连接面平整的场合，当沉头孔合适时可以使螺钉与平面保持同高，并可使连接件较准确定位。这种螺钉因为槽口较浅一般不能承受较大紧固力。

垫圈头螺钉：用于薄板或塑料等需要固定面积大的安装中，可以省去放垫圈的麻烦。

自攻螺钉：用于固定那些重量轻的部件且不适于经常拆卸或受较大拉力的连接，它的特点是不需要在连接件上攻螺纹。在电子产品中应用很多，一般用于薄铁板或塑料件的连接。

紧定螺钉：又叫顶丝，用于固定调整部件的位置，其使用不如上述螺钉普遍。

特殊螺钉：一部分电子产品为了防止非专业人员拆卸，使用一些特殊端头的螺钉，例如凸

面槽形、五瓣花形和内三角形等，使用一般通用螺丝刀无法拆卸，或者造成端头损坏。

导电螺钉(栓)：作为电气连接用，一般用黄铜制造，需要按表 8.1.1 考虑载流量。

表 8.1.1 导电螺钉载的流量

电流范围	<5A	5～10A	10～20A	20～50A	50～100A	10～150A	15～300A
选用螺钉	M3～M4	M4	M5	M6	M8	M10	M12

螺钉材料及表面处理：一般仪器连接螺钉都可以选用成本较低的镀锌钢制螺钉；仪器面板上为增加美观及防止生锈可以选用镀亮铬或镀镍螺钉，而紧定螺钉由于埋于元器件内，所以只需要选择防锈蚀处理过的即可；某些要求导电性能高的情况可选用黄铜螺钉和镀银螺钉。

2. 螺母

常用螺母有六角螺母、蝶形螺母、圆螺母和方螺母。六角螺母使用最普及，蝶形螺母用于经常拆开，受力不大处。

3. 螺钉防松

螺钉在振动，变载荷时容易松动。螺钉常用防松方法如下：

(1)加装垫圈。

平垫圈：可防止拧紧螺钉时螺钉与连接件的相互作用，但不能起防松作用。

弹簧垫圈：使用最普遍且防松效果好，但经多次拆卸后防松效果会变差，因此应在调整完毕的最后工序时紧固它。

波形垫圈：防松效果稍差，所需拧紧力较小且不吃进金属表面，常用于螺纹尺寸较大、连接面不希望有伤痕的部位。

齿形垫圈：是一种所需压紧力较小但其齿能咬住连接件表面，特别是漆面的防松垫，在电位器类元件中使用较多。

止动垫圈：防震作用是靠耳片固定六齿螺母，仅用于靠近连接件边缘但不需要拆卸的部位。

(2)使用双螺母。双螺母防松的关键是紧固时先紧下螺母，之后用一扳手固定下螺母，用另一只扳手紧固上螺母，使上下螺母之间形成挤压而固定。双螺母防松效果良好，但受安装位置和方式的限制。

(3)使用防紧漆或胶。螺钉紧固后加点漆(一般由硝基磁漆和清漆配成)或金属黏结胶也可以起到防松作用，一般只限于小于 M3 的螺钉。

4. 紧固工具及紧固方法

(1)紧固工具。固螺钉所用工具有普通螺丝刀(又名螺丝起子、改锥)、力矩螺丝刀、固定扳手、活动扳手、力矩扳手、套管扳手、克丝钳等。其中螺丝刀又有一字头和十字头之分。每一种紧固工具都按螺钉尺寸有若干规格。正确的紧固方法应按螺钉大小的不同而选用不同规格的工具。正规产品应使用力矩工具，以保证每个螺钉都以最佳力矩紧固。大批量生产中一般使用电动或气动紧固工具，并且都有力矩控制机构。

(2)最佳紧固力矩。紧固力矩的小，螺钉松，使用中会松动而失去紧固作用；紧固力太大，容易使螺纹滑扣，甚至造成螺钉断裂。最佳紧固力矩＝螺钉破坏力矩×(0.6～0.8)。

(3)紧固方法。使用普通螺丝刀紧固要领：先用手指尖握住螺丝刀手柄拧紧螺钉，再用手掌紧握螺丝刀拧半圈左右。紧固有弹簧垫圈的螺钉时，要使弹簧垫圈刚好压平。如图 8.1.2

所示，成组螺钉紧固采用对角或者对边轮流紧固的方法，先轮流将全部螺钉预紧(刚刚拧上劲为止)，再顺序依次紧固。

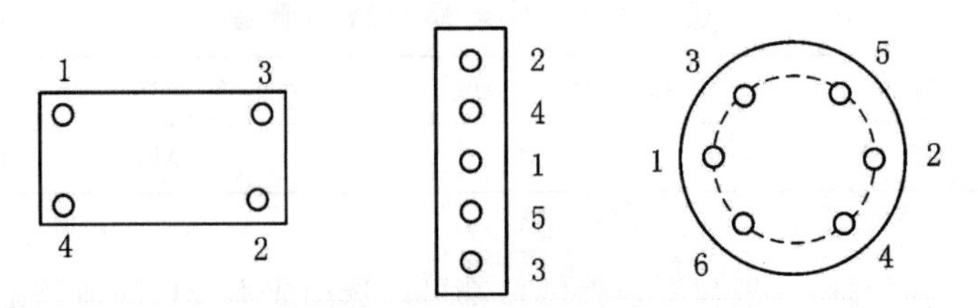

图 8.1.2　成组螺钉紧固顺序示例

5. 元器件和零件的螺纹连接注意事项

(1)瓷件、胶木件和塑料件。瓷件和胶木件安装时要在接触位置加软垫，如橡胶垫、纸垫、软铝垫，决不可使用弹簧垫圈。塑料件较软，安装时容易变形，应在螺钉上加大外径垫圈，使用自攻螺钉时螺钉旋入深度不小于螺钉直径的两倍。

(2)面板零件。面板上调节控制用的电位器、波段开关、接插件等通常都是螺纹连接结构。安装时一是要选用合适的防松垫圈；二是要注意保护面板，防止紧固螺母是划伤面板。

(3)功率器件。功率器件工作时要发热，依靠散热器将热量发出去，安装质量对传热效率关系重大。安装要求：器件和散热器接触面要清洁平整、保证接触良好；接触面上加硅酯；两个以上螺钉安装时要对角线轮流紧固，防止贴合不良。

(4)继电器的安装。带固定螺丝的继电器应固紧；应避免使衔铁运动方向与受震动方向一致，以免误动作；空中使用的产品应尽量避免选用具有运动衔铁的继电器。

二、压接、绕接和铆接

1. 压接

压接通常是指将导线压在接线端子中，靠外力使端子塑性变形挤压导线，压力去除后端子变形基本保持，导线因弹力对端子内壁产生压力而紧密接触，破坏表面氧化膜，产生一定程度的金属扩散，从而形成良好的电气连接。它具有温度适应性强，耐高温也耐低温，连接机械强度高，无腐蚀，电气接触良好的特点。压接方式迄今仍广泛使用，特别在导线连接中应用最多。

压接可使用半自动或自动压接工具进行。压接端子、压接钳、端子压接过程如图 8.1.3 至 8.1.5 所示。用压接钳压接扁铲式端子的步骤如下：

(1)剥线。将压接导线按接线端子尺寸剥去线端绝缘层，注意保证芯线伸出压线部 0.5～1mm，绝缘外皮与压按部位距离 0.5～1mm。

(2)调整工具。按导线外径和芯线截面调整手工压线钳，使之在正确压接范围内。

(3)压线。将端子及导线准确放入压线钳压模内，压下手柄。注意不要让导线脱落，也不要让外皮伸进压线部位。

图 8.1.3　压接端子

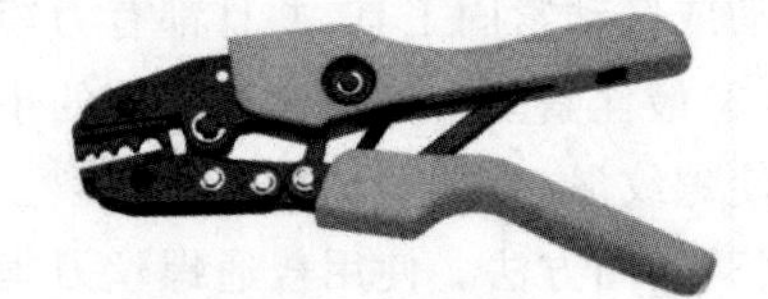

图 8.1.4　压接钳

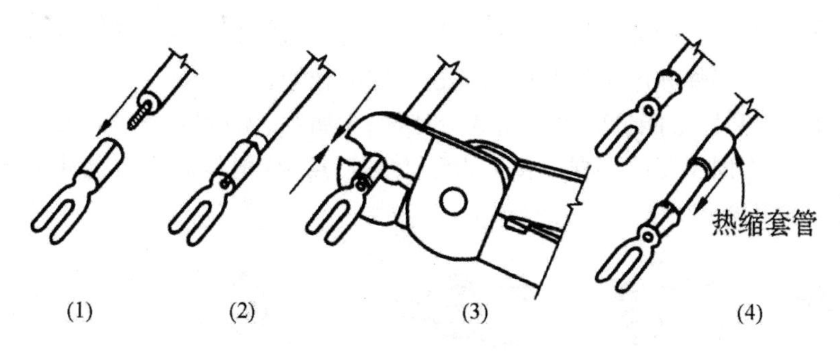

图 8.1.5　端子压接过程

如图 8.1.6 和 8.1.7 所示，带状电缆采用穿刺压接方式与专用插头连接，不需要使用压接工具。接头内有与带状电缆尺寸相对应的 U 形连接簧片，在压力作用下，簧片刺破电缆绝缘皮，将导线压入 U 形刀口并紧紧挤压导线，获得电气连接。

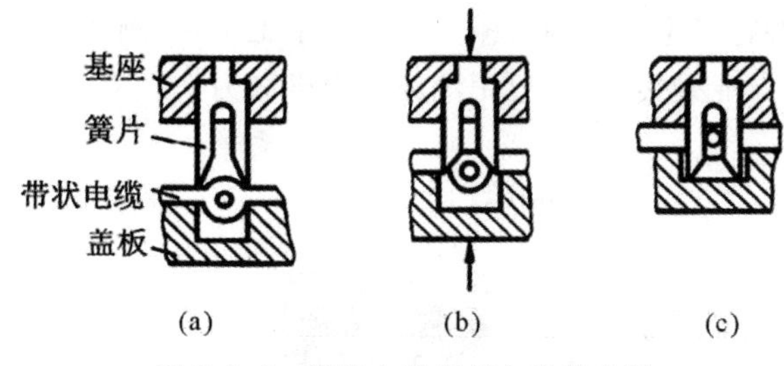

图 8.1.6　带状电缆穿刺卡接示意图

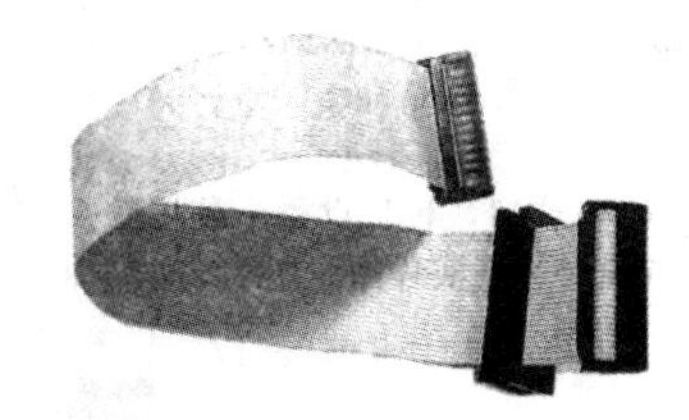

图 8.1.7　已经接好的带状电缆组件

2. 绕接

绕接的对象是接线端子和导线。接线端子（或称接线柱、绕线杆）通常由铜或铜合金制成，截面一般为正方形、矩形等带棱边的形状。导线则一般采用单股铜导线。

如图 8.1.8 所示，绕接靠专用的绕线器（绕枪）将导线按规定圈数紧密绕在接线柱上，靠导线与接线柱的棱角接触形成紧密连接的接点。由于导线以一定的压力同接线柱棱边相互挤压，形成刻痕，使表面氧化物压迫，两种金属紧密接触相互扩散，从而得到良好电气连接性能，一般绕接点接触电阻在 1mΩ 以下。

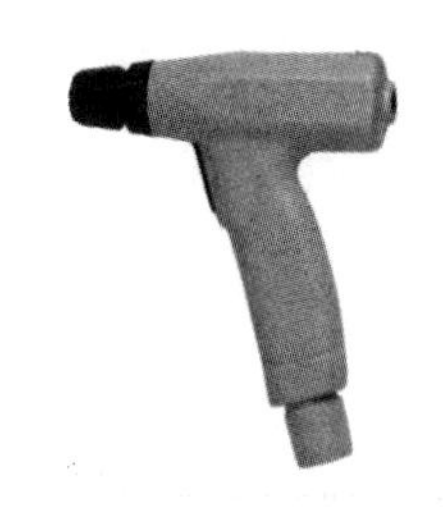

图 8.1.8　手动绕线枪

绕接具有可靠性高、工作寿命长和工艺性好的特点。但绕线连接方式存在不宜大批量生产，难以实现微小型化，对接线柱有特殊要求，且走线方式受限制，不能通过大电流等特点，使这种连接方法只适用于某些有特殊要求的连接。

如图 8.1.9 所示，绕线的操作是很简单的，选择好适当的绕头和绕套，准备好导线并剥去一定长度的绝缘皮，将导线插入导线槽，并将导线弯曲嵌在绕套缺口后，即可将绕枪对准接线柱，开动绕线驱动机构（电动或手动），绕头即旋转，将导线紧密绕在接线柱上，整个绕线过程仅需 0.1～0.2s。

3. 铆接

(1)铆接特点及应用。铆接连接是一种使用机械力通过金属铆钉实现材料连接的传统金属工艺,曾经在电子元器件和电子组装中发挥过一定的作用。

铆接具有高强度和撞击能量吸收和耐疲劳特性;无腐蚀、无污染、无须连接前后处理工序;可以实现不同材质、不同厚度的多样连接。由于上述特点,特别是极好的抗冲击性能,使其迄今仍然具有相当应用价值。

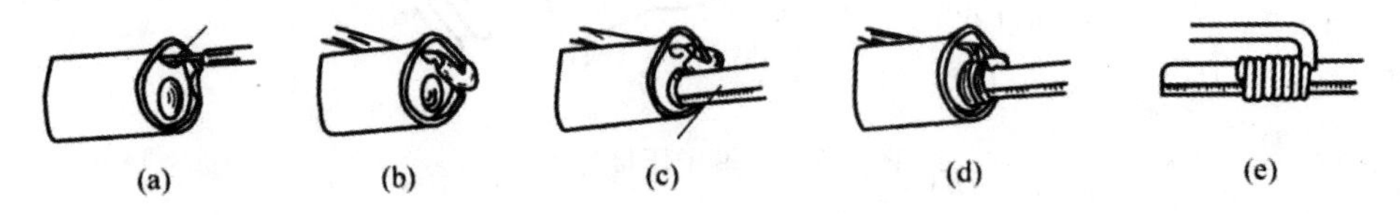

图 8.1.9　绕接过程

(2)铆钉的铆接。铆接在电子工艺中有两种基本应用:机械连接和电气连接。电子产品的机械部分连接,一般使用实心铆钉;电气部分连接一般使用空心铆钉。实心铆钉铆接和空心铆钉铆接如图 8.1.10 和图 8.1.11 所示。使铆钉产生变形的机械力可以是手工工具,例如榔头,也可以是电动和气动工具;在专业生产中有专业铆接机,一般用液压作为机械力。

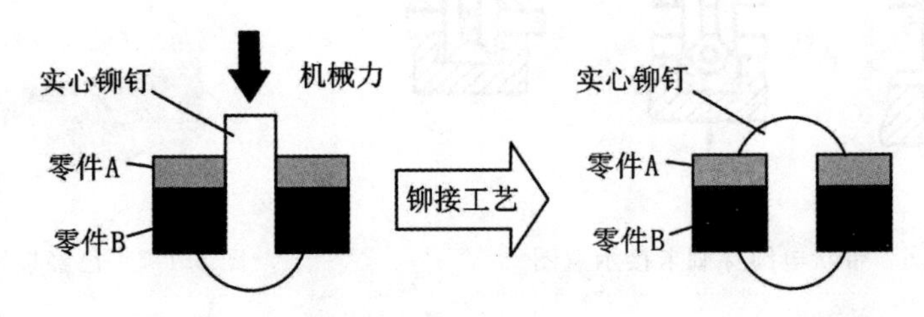

图 8.1.10　实心铆钉铆接

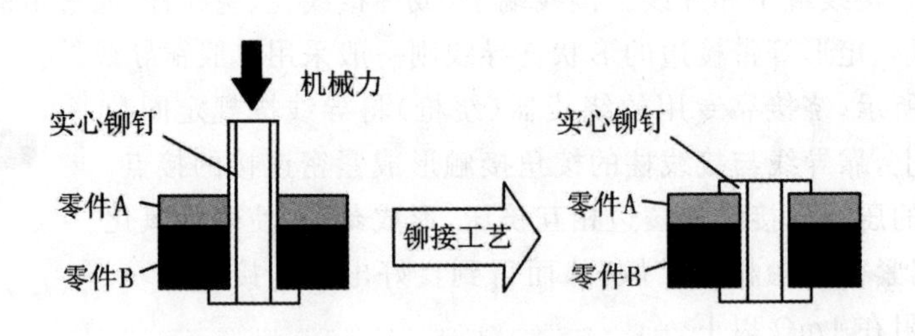

图 8.1.11　空心铆钉铆接

(3)无铆钉铆接技术。如图 8.1.12 所示,两种材料通过铆接模具冲压作用产生塑性变形,实现材料的连接。这种工艺的优点显而易见,简洁、省材料、低成本,当然适用范围也是有限的。

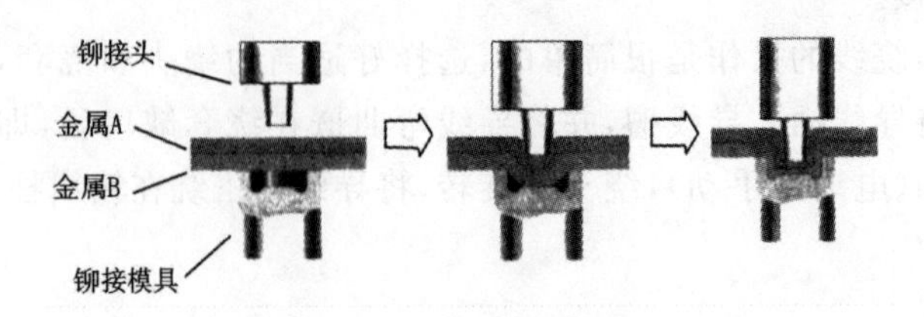

图 8.1.12　无铆钉铆接

三、插接和黏结

1. 插接

(1)无处不在的插接。插接是一种可以实现元器件与元器件、元器件与印制板、印制板与印制板、零部件之间、整机之间反复连接与断开的电气互连方法。它连接简单，应用非常广泛，但故障率较高。现在有了无线连接，似乎可以与插接一刀两断，然而又出现电磁污染的烦恼。

(2)插接技术要素。

1)接插件要有足够的接触面积。插接是依靠接插件金属互相接触而形成导电通道。金属的接触必然存在接触电阻，两个金属面接触在一起，不可能实现理想的面接触，实际上表面是凹凸不平的，只有几个点接触，因而有效接触面积比理想接触面积小很多。

2)接插件表面镀层至关重要。一般接插件采用铜作为导电体，而铜表面很容易形成氧化物薄膜，其阻值远大于铜本身，必须增加保护镀层。最好的镀层是金，其次为银，银的抗氧化性能不如金，但银氧化物也可以导电，还有其他金属及合金镀层，要根据产品环境合理选择。

3)接插件要保持一定接触压力。增加连接器两个导体之间的接触压力可使表面的凸点产生变形，从而增大接触面积，使接触电阻减少。因此所有接插件接触表面都通过各种方法保持一定接触压力。图 8.1.13 所示通过簧片配合产生的接触压力，图 8.1.14 所示通过锥度配合产生接触压力。簧片材料一般用铂青铜(弹性好、可热处理、永久疲劳变形小，但价格贵，一般用在要求较高的场合)或锡磷青铜(价格便宜、弹性差、易疲劳，一般用在普通场合)制造。接触压力也不是越大越好，一方面接触压力越大，需要的插拔力也越大；另一方面，接触压力加到一定程度后，接触电阻不再有明显减小。

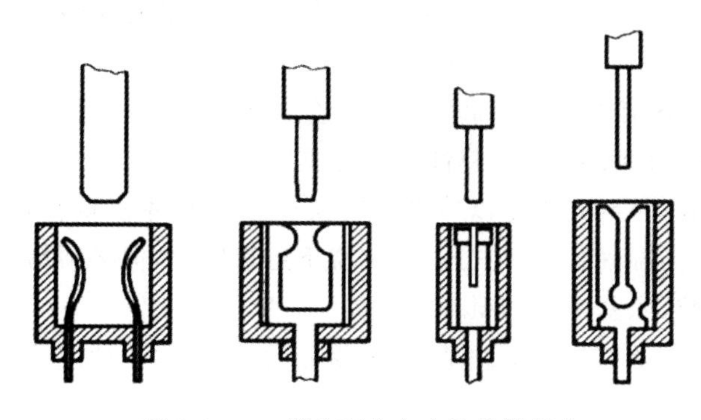

图 8.1.13 簧片配合产生的接触压力

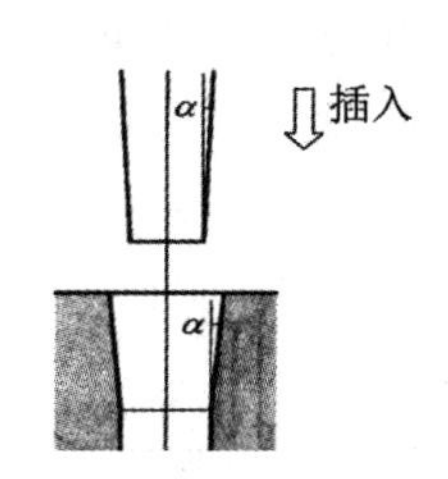

图 8.1.14 锥度配合产生接触压力

4)合适的插拔力。对于多接点连接器，尽管单个插针插拔力不是很大，但总体加起来可能就不小。当连接器的插针很多时，为了保证插拔方便，又保持一定接触压力，并防止损坏插针，可使用零插拔力插座(ZIF)，如图 8.1.15 所示，现在计算机主板上 CPU 的插接就是使用这种零插拔力插座，所以安装和拆卸很方便。

5)注意插接的方向和定位。为了保证插接正确，所有连接器都设计了机械定位机构，一般不会出现插错的问题。但也有一部分连接器由于工艺结构和尺寸等原因，只有方向定位标志，没有相应机械定位机构，需要在操作中识别标志并正确定位。大部分集成电路插接到印制电路板的插座上，都属于这种模式。

6)工艺设计细节不可忽略。必须注意与连接器有关的印制电路板和安装工艺设计细节。

例如，有一个数码音乐播放器产品，在耳机插头与外壳尺寸配合中，出了一个不应该有的问题，导致用该产品听音乐时经常会有一个声道没有声音，如图 8.1.16 所示，读者可自行分析问题所在。

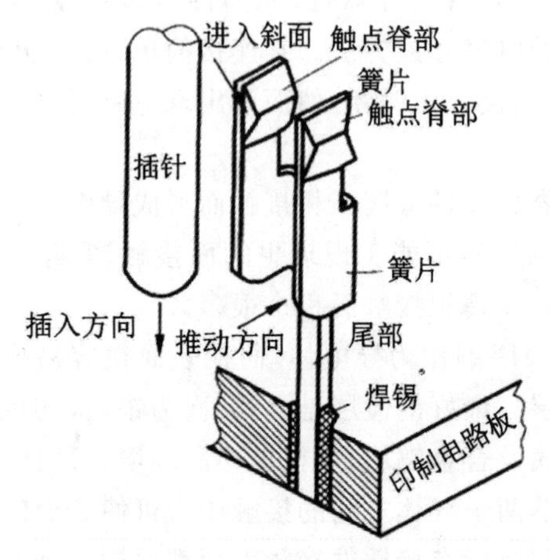

图 8.1.15　零插拔力插座结构示意

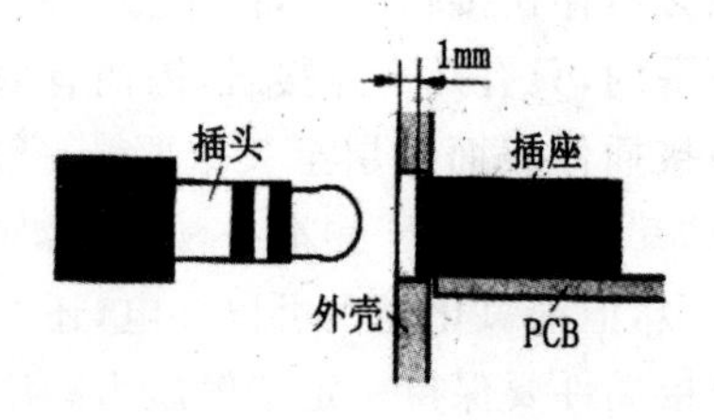

图 8.1.16　连接器安装问题

2. 黏结

黏结也叫胶结，在电子工业中有广泛用途，主要用于元件制造、元件固定、元件散热、电路板灌封和电子电路连接等方面，已成为提高产品可靠性常用的工艺措施之一。

(1)胶黏剂的类型。胶黏剂品种较多，在商品胶黏剂中往往只注明胶黏剂的可用范围。但在具体工程中，黏结部位往往有不同条件：受力情况、工作温度、工作环境，要根据这些条件选用合适的黏结剂。

1) 按材料分有机和无机。无机黏结剂有低熔点玻璃和低熔点金属等。

2) 有机黏结剂按化学性质可分为热固型、热塑型、弹性型与合成型。

热固型：由化学反应固化形成的交联聚合物，固化以后再加热也不会软化，不能重新黏结。有单组分和双组分两类。单组分胶要求高温固化；双组分能在室温下迅速固化，但必须精确混合树脂和催化剂。有环氧树脂、聚酰亚胺、氨基甲酸和氨基乙酸等。

热塑型：不会形成交联聚合物，可以重新软化重新黏结，为单组分的，随温度冷却或溶剂蒸发而硬化。有聚酰亚胺等。

弹性型：具有较大的延伸率，由合成或天然聚合物用溶剂配制而成，呈乳状。有硅树脂、天然橡胶和尿烷等。

合成型：这种胶黏剂由以上三种胶黏剂组合配制而成，利用了每种材料的优点，综合性能好。合成型胶黏剂有环氧聚硫化物和乙烯基—酚醛塑料。

3)按作用分为结构型、非结构型和密封型。

结构型的机械强度高，有较强的承载能力，固化以后有一定硬度；非结构型有一定的机械强度，可以暂时固定负荷不大的物体，固化有一定硬度；密封型用来填充、密封或封装，可以无负荷地黏结两种物体，通常是软的。

4)按固化方式分为热固型、光固型、光热双重固化型和超声波固化型。

5)按导电性能分为导电型和绝缘型，可配制成浆料或膜。

(2)电子制造常用胶黏剂。

贴片胶：分环氧树脂型和丙烯酸型两大类，用于固定片式元器件。环氧树脂型采用热固化，固化温度较低(140±20℃)，固化时间长5min，黏结强度和电气特性优良，高速点胶性能不好，低温存储，寿命六个月。丙烯酸型采用紫外线和热双重固化，固化温度较高(150±10℃)，固化时间短1～2min，黏结强度和电气特性一般，高速点胶性能优良，常温存储。

快速胶黏剂：聚丙烯酸酯胶，即常用的501、502胶，其特点是渗透性好、黏结快(几秒钟至几分钟即可固化，24h后可达到最高黏结强度)，可以黏结聚乙烯、氟塑料等除了某些合成橡胶以外的几乎所有材料；缺点是接头韧性差、不耐水、不耐碱、不耐热。

环氧类胶黏剂：又称环氧树脂，常用的有911,913,914,J-11,JW-1等。其特点是黏结范围广、耐热、耐碱、耐潮和耐冲击。大多是双组分的，要随用随配，并且要求有一定温度与时间的固化条件。

导电胶：可以作为焊料的替代物实现电气互连，应用领域广泛。

导磁胶：在胶黏剂中加入一定的磁性材料，使黏结层具有导磁作用。聚苯乙烯、酚醛树脂、环氧树脂等胶黏剂加入铁氧磁粉或羰基磁粉等。其主要用于铁氧体零件、变压器等黏结加工。

压敏胶：特点是在室温下，施加一定压力即产生黏结作用。常用于变压器和导线的捆扎。常用的绝缘胶带由基带和压敏胶层组成，基带采用棉布、合成纤维织物和塑料薄膜等。

光敏胶：一种由光照射而固化(如紫外线固化)的一种新型胶黏剂。由树脂类胶黏剂中加入光敏胶、稳定剂等配置而成，具有固化速度快、操作简单、适于流水线生产的特点。它可以用于印制电路、电子元器件的连接。光敏胶加适当焊料配制成焊膏，可用于集成电路的安装技术中。当前特别大量应用在SMT电路板采用波峰焊的工艺中。

热熔胶：它的物理特性有点类似焊锡，在室温下为固态，加热至一定温度后成为熔融液态即可以黏结工件，待冷却到室温时就将工件黏合在一起。热熔胶存放方便并可长期反复使用。由于绝缘、耐水及耐酸性能好，成本低、工艺简单、可靠性强，在电子装配中得到广泛使用。常用于接插件、引线等的固定、某些部件的灌封，防止其受振动机械力的作用而松动，接触不良，甚至短路。用热熔胶进行胶接的方法很简单：将胶棒插入胶枪尾部进料口，接通电源后连续扣动扳机，胶棒在加热腔熔化从枪口喷流到胶接部位，自然冷却后胶体固化形成胶接。

(3)黏结机理。用胶黏剂来黏结两个材料的表面时，在它们之间会产生化学和物理作用力。化学作用力来自胶黏剂和黏结面之间的分子引力。胶黏剂接触并润湿黏结面后，黏结面的表面张力减小，使两者能够更紧密地接触。这时，两者的分子要相互受到分子亲和力(范德瓦斯力)的吸引。表面张力及分子亲和力的大小与材料的性质有关，表面张力越小，两者接触越紧密，分子亲和力就越大，黏结强度就越高。物理作用力取决于胶黏剂与黏结面的接触面积。胶黏剂润湿黏结面时，胶黏剂渗入黏结面的表面微孔并取代其中的空气，使两者的接触面积扩大。渗透越多、接触面积越大，黏结强度就越高。

(4) 黏合表面的处理和黏合接头设计。一般看起来很干净的黏合面，由于各种原因，表面不可避免地存在着杂质、氧化物、水分等污染物质，黏合前黏合表面处理是获得牢固连接的关键之一。任何高性能胶黏剂，只有在合适的表面才能形成良好的黏结层。一般处理，对一般要求不高或较干净的表面，用酒精、丙酮等溶剂清洗去油污，待清洗剂挥发后即行黏结；化学处理，有些金属黏结前应进行酸洗，如铝合金须进行氧化处理，使表面形成牢固氧化层再进行黏结；机械处理，有些接头为增大接触面积需用机械方式形成粗糙表面；

虽然不少胶黏剂都可以达到或超过黏结材料本身的强度，但接头毕竟是一个薄弱点，设计接头应考虑到一定的裕度。图 8.1.17 所示是几个接头设计的例子。

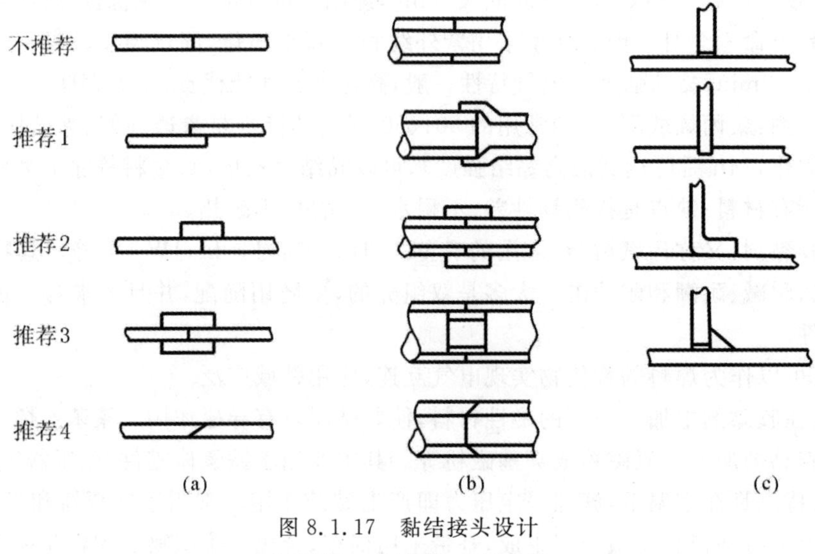

图 8.1.17　黏结接头设计

(a)对接；(b)管接；(c)角接

(5)导电胶。

1)导电胶的特点、导电机理和组成。导电胶具有不含铅或其他有毒金属，符合环保需求；导电胶固化温度低(室温～150℃)且具有柔顺性，可作为挠性、玻璃或陶瓷等不易焊接的电路板和温度敏感元件的互连材料，在焊后修补方面独具优势；导电胶线分辨率高，适用于更精细的引线间距和高密度 I/O 组装。目前导电胶电导率低，连接效果受元器件和 PCB 类型影响较大；固化时间长，生产效率问题突出；黏结强度较低，直接影响元件的抗冲击性能。

导电胶的导电机理分为接触效应和隧道效应两个方面。接触效应通过导电填料间的相互接触形成链状导电通路，从而获得导电性；隧道效应是在电场作用下，相距很近的粒子上的电子通过导体之间的电子跃迁产生传导，当导电粒子间的体积分数达到一个临界值时，引起的电荷转移会急剧增大，同时借助热振动跃过势垒形成较大的隧道电流使导电性能增强。

导电胶的组成及功能见表 8.1.2。

表 8.1.2　导电胶的组成及功能

组成	基体材料				导电填料
	预聚体	固化剂	增塑剂	稀释剂	
常用材料	环氧树脂、聚氨酯、酚醛树脂、聚酰亚胺、丙烯酸	胺类、咪唑化合物、有机酸、酸酐等	邻二甲酸酯类、磷酸三苯脂等	丙酮、乙二醇乙醚、丁醇等	Ag、Cu、Au、Al、Zn、碳粉、复合粉
基本功能	黏结强度的主要来源	和预聚体反应生成三向网状结构的不溶不熔聚合物	提高材料冲击能力	降低黏度，便于使用，提高使用寿命	提高导电性能

2)导电胶的种类。根据导电粒子种类不同分为银系、金系、铜系和碳系导等;根据固化条件不同分为热固化型、常温固化型、高温烧结型、光固化型和电子束固化型等;根据黏料分为无机和有机;根据是否添加导电粒子可分为有导电粒子胶和无导电粒子胶,其中无导电粒子胶由不含导电粒子的有机导电聚合物组成,在热和压力的作用下,接触点处产生许多小的缝隙连接,数量达到一定程度就形成回路使电流通过;根据导电机理可以将导电胶分为各向同性和各向异性两大类。各向异性导电胶 ACA (Anisotropic Conductive Adhesives),指胶体在 XY 方向是绝缘的,而在 Z 方向上是导电的;各向同性导电胶 ICA (Isotropic Conductive Adhesives)指各个方向有相同的导电性能的导电胶,又称为"高分子钎料",由高分子树脂胶和导电填充物构成。

银导电胶:银的电阻率低,氧化缓慢且其氧化物也具有导电性,所以使用最广泛,但银价格昂贵,在直流电场和湿气条件下产生银迁移现象,使其性能和使用寿命降低。

铜导电胶:铜的体积电阻率与银相近,其价格仅是银的 1/20,但铜有一个致命弱点:化学性质比银活泼得多,在空气中,会迅速形成不导电的 Cu_2O 和 CuO 的薄膜。

金导电胶:在通常环境中基本没有迁移现象,可以在苛刻的环境中工作,但价格过高、固化温度较高。其用于对可靠性要求高而芯片尺寸小的电路。

石墨导电胶:鳞片状石墨具有较好的导电性能,但其层状结构不适合单独使用,通常要与炭黑混合使用,将球状的炭黑粒子填充于层状的石墨之间,使其在压力下能够更好地接触,从而提高导电性能。它的最大优点是性能比较稳定,有一定的耐酸碱能力,价格低廉,相对密度小,分散性能好,但是电阻率较高,一般只能用于中阻值浆料。

纳米碳管导电胶:作为导电胶的导电填料,由于有着很强的力学性能,可以大大增加拉伸强度,达 1 700MPa;由于管状轴承效应和自润滑效应,有着很强的摩擦性能、耐酸碱性和耐腐蚀性,大大提高了使用寿命和抗老化性。

复合导电胶:采用多种导电材料的复合导电胶,可以发挥多种材料的综合优势,例如:银包铜粉和银包镍粉。

3)导电斑马胶条及其应用。导电胶条连接器又称导电斑马胶条,简称斑马胶条或斑马条,是由导电硅胶和绝缘硅胶交替分层叠加后硫化成型的一种条形多通道连接器。斑马胶条性能稳定可靠,生产装配简便高效,成本低,电阻率较高,只用于弱导电领域,广泛用于游戏机、电话、电子表、计算器、仪表等产品的液晶显示器与电路板的连接,可按客户的要求任意定做。

导电胶条根据产品需要可以做成各种形式,如图 8.1.18 所示。

导电胶条的性能参数:导电层电阻率:3～15Ω·cm;绝缘层电阻:≥10^{12}Ω;最大使用电流密度:2.5mA/mm^2;使用环境:温度－45～150℃;相对湿度＋25℃,85%。

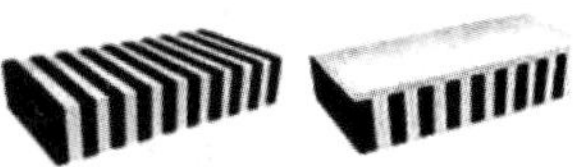

YDP 单面发泡型　YSP 双面发泡型　YS 透明夹层型　绝缘垫条　YL 四面导电型　YY 印刷型

图 8.1.18　几种导电胶条

第二节　导线连接技术

几乎所有的电子产品都离不开导线连接。早期的电子产品完全依靠导线互连，虽然印制电路技术取代了大部分导线连接，无线传输和通信也可以淘汰一部分导线连接，但是随着电子产品的复杂化，电路板、零部件和整机之间以及信号输入输出仍然离不开导线连接。近年迅速成为信息技术重要成员的网络技术，其主要连接方式也离不开被称为网线的特殊导线。现在，由于人们在生活、工作和生产场合必须布设各种线缆（电源线、通信线、网线、电视以及其他线缆），已经形成一个新的专业——综合布线。根据产品要求，正确选择、连接和布排导线是保证产品质量和性能的重要环节。导线一般和端子进行连接，连接方式有焊接、压接和绕接。

一、导线的结构、种类和预处理(剥线)

1.导线的结构和种类

导线除裸线外，主要由导体和绝缘体两部分构成。电子产品所用导线的导体基本都使用铜线。纯铜表面容易氧化，一部分导线在铜线表面电镀抗氧化金属，例如镀锌、镀锡、镀银等。

绝缘体除电绝缘功能外，还有保护导线不受外界环境腐蚀和增强机械强度的作用。绝缘材料主要有塑料类（聚氯乙烯、聚四氟乙烯等）、橡胶类、纤维（棉、化纤等）和涂料类（聚酯、聚乙烯漆等），它们可以单独使用，也可组合使用。常见导线如塑料导线、橡皮导线、纱包线、漆包线是以外皮绝缘材料区分的。

常用导线如图 8.2.1 所示，单股线为硬线，绝缘层内只有一根导线；多股线为软线，绝缘层内有多根细的芯线；同轴电缆线也称为屏蔽线，它具有四层结构，在绝缘层里面的是屏蔽层（金属线编织而成），第三层是绝缘体（由塑料等有机物做成）隔离屏蔽层，最内部的是金属导线。

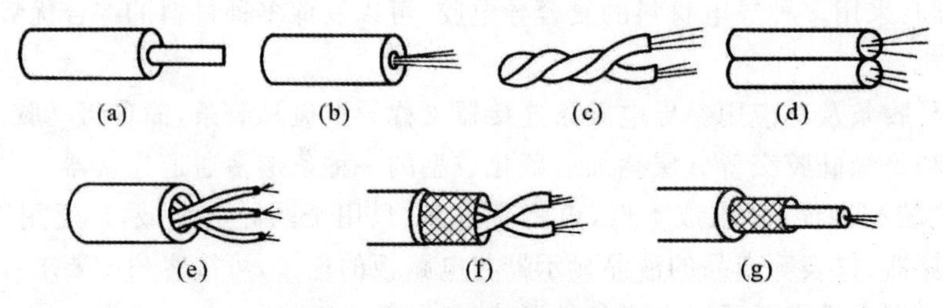

图 8.2.1　常用导线的种类

(a)单股线；(b)多股线；(c)双绞线；(d)双排线；(e)带护套多芯线；(f)带护套屏蔽层双芯线；(g)同轴电缆线

2.导线的选用

(1)电气因素。允许电流（载流量）：导线通过电流会产生温升，在一定温度限制下的电流值称为允许电流。不同绝缘材料、不同导线截面的电线允许电流不同。实际选择导线时要使导线中最大电流小于允许电流并取适当安全系数，根据产品级别和使用要求，安全系数可取 0.5～0.8（安全系数＝工作电流/允许电流）。容易为人体触及的导线，一般要求安全系数更大一些。

塑料/橡皮绝缘导线 35℃条件下安全载流量见表 8.2.1，温度修正见表 8.2.2 。

表 8.2.1 35℃条件下塑料/橡皮绝缘导线安全载流量

截面积 mm^2	明线敷设		穿管敷设						护套线			
			二根		三根		四根		二芯		三/四芯	
	铜	铝	铜	铝	铜	铝	铜	铝	铜	铝	铜	铝
0.2	3/								3/3		2/2	
0.3	5/								4.5/4		3/3	
0.4	7/								6/5.5		4/3.5	
0.5	8								7.5/7		5/4.5	
0.6	10								8.5/8		6/5.5	
0.7	12								10/9		8/7.5	
0.8	15								11.5/10.5		10/9	
1	18/17		15/14		14/13		13/12		14/12		11/10	
1.5	22/20	17/15	18/16	13/12	16/15	12/11	15/14	11/10	18/15	14/12	12/11	10/8
2	26/24	20/18	20/18	15/14	17/16	13/12	16/15	12/11	20/17	16/15	14/12	12/10
2.5	30/28	23/21	26/24	20/18	25/23	19/17	23/21	17/16	22/19	19/16	19/16	15/13
3	32/30	24/22	29/27	22/20	27/25	20/18	25/23	19/17	25/21	21/18	22/19	17/14
4	40/37	30/28	38/35	29/26	33/30	25/13	30/27	23/21	33/28	25/21	25/21	20/17
5	45/41	34/31	42/39	31/28	37/34	28/16	34/30	25/23	37/33	28/24	28/24	22/19
6	50/46	39/36	44/40	34/31	41/38	31/29	37/34	28/26	41/35	31/26	31/26	24/21
8	63/58	48/44	56/50	43/40	49/45	39/36	43/40	34/31	51/44	39/33	40/34	30/26
10	75/69	55/51	63/63	51/47	56/50	42/39	49/45	37/34	63/54	48/41	48/41	37/32
16	100/92	75/69	80/74	61/56	72/66	55/50	64/59	49/45				
20	110/100	85/78	90/83	70/65	80/74	65/60	74/68	56/52				
25	130/120	100/92	100/92	80/74	90/83	75/69	85/78	65/60				
35	160/148	125/115	125/115	96/88	110/100	84/78	105/97	75/70				
50	200/185	155/143	163/150	125/115	142/130	109/100	120/110	89/82				
70	255/230	200/105	202/186	156/144	182/168	141/130	161/149	125/115				
95	310/290	240/225	243/220	187/170	227/210	175/160	197/180	152/140				
120	355	270	260	200	220	173	210	165				
150	400	310	290	230	260	207	240	188				
185	475	370										
240	580	445										
300	670	520										
400	820	630										
500	950	740										

表 8.2.2　绝缘导线的安全载流量温度修正

周围空气温度/℃		35	40	45	50	55
校正系数	塑料绝缘线	1	0.93	0.85	0.76	0.66
	橡皮绝缘线	1	0.91	0.82	0.71	0.58

导线电压降：当导线较短时可以忽略导线电压降，但当导线较长时就必须考虑。为了减小导线上的压降，常选取较大截面积的导线。

额定电压：导线绝缘层的绝缘电阻是随电压升高而下降的，如果超过一定电压则会发生击穿放电现象，实际使用电压一般取击穿电压的 1/5～1/3，额定电压的 1/2～1/3。

频率及特性阻抗：如果通过导线的电流频率较高，则必须考虑导线的特性阻抗，以与电路阻抗特性匹配。射频同轴电缆的特性阻抗一般为 50Ω 或 75Ω。

信号线屏蔽：传输低电平信号时，为了防止外界噪声干扰，应选用屏蔽线，例如，音响电路的功率放大器之前的信号线均用屏蔽线。

(2)环境因素。

机械强度：如果产品的导线在运输、使用中可能承受机械力的作用，选择导线时就要对抗拉强度、耐磨性、柔软性有所要求，特别是高电压、大电流工作的导线。

环境温度：环境温度对导线的影响很大，会使导线变软或变硬甚至变形开裂，造成事故。

耐老化腐蚀：各种绝缘材料都会老化腐蚀，例如长期日光照射会加速橡胶绝缘老化，接触化学溶剂可能腐蚀导线绝缘外皮等，应根据产品工作环境选择相应导线。

(3)装配工艺因素。选择导线时要尽可能考虑装配工艺的优化。例如，一组导线应选择相应芯线数的电缆而避免用单根线组合，既省工又增加可靠性；再如带织物层的导线用普通剥线方法很难剥端头，如果不是强度的需要则不宜选用这种导线。

导线颜色应符合习惯、便于识别。一般 AC 线用白色、灰色；AC 电路，相线 L1 用黄色，相线 L2 用绿色，相线 L3 用红色，工作零线 N 用蓝色或黑色，保护零线 PE 用黄绿双色；DC 电路，“＋”用红色或棕色，“GND”用黑色或紫色，“－”用蓝色或白底青纹；晶体管电路，E 极用红色、棕色，B 极用黄色或橙色，C 极用青色或绿色；立体声电路，R 声道用红色、橙色，L 声道用白色或灰色；视频线用黄色。

3. 导线的预处理(剥线)

导线在连接前要进行剥线、捻线和镀锡等处理，方能进行连接。捻线是把多股导线的线头进行旋拧处理使其成为一股，以方便镀锡，捻线要求按原来捻紧的方向边拽边拧；导线搪锡方法与元器件搪锡方法类同，见本章第一节的手工烙铁焊。剥线就是去除导线连接端头的绝缘层，以便连接。剥线主要有全剥、半剥和多切口半剥，如图 8.2.2 所示；有冷剥、热剥和激光剥。

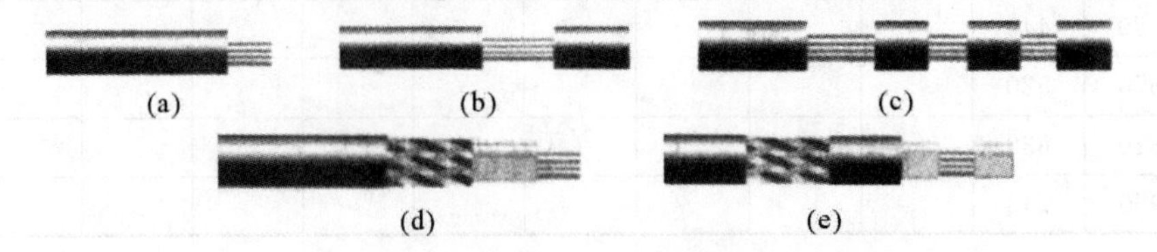

图 8.2.2　剥线类型

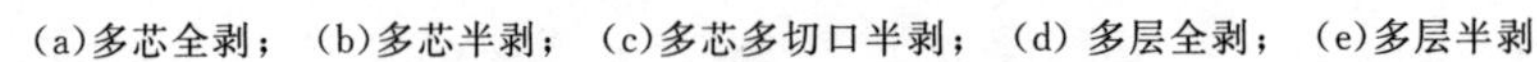
(a)多芯全剥；(b)多芯半剥；(c)多芯多切口半剥；(d)多层全剥；(e)多层半剥

(1)冷剥。如图 8.2.3 和 8.2.4 所示,可以用手工工具、半自动和全自动剥线机完成,其中手工剥线钳在研发工作和小批量加工中应用非常广泛。针对不同线缆有多种类型的剥线钳。在剥线加工中的常见缺陷有伤线和断线两种,主要是由冷剥工艺中切线刀口调整不良或刀口尺寸、形状不合理造成的,在手工剥线时还与操作技巧有关,另外也与线缆质量有关。

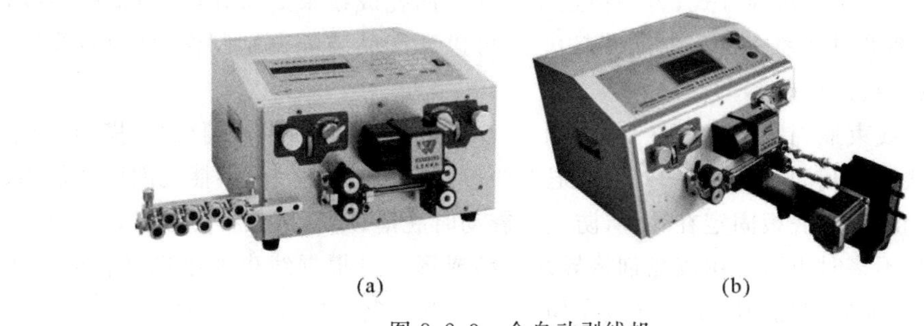

(a) (b)

图 8.2.3 全自动剥线机

(a)剥型; (b)连剥带扭型

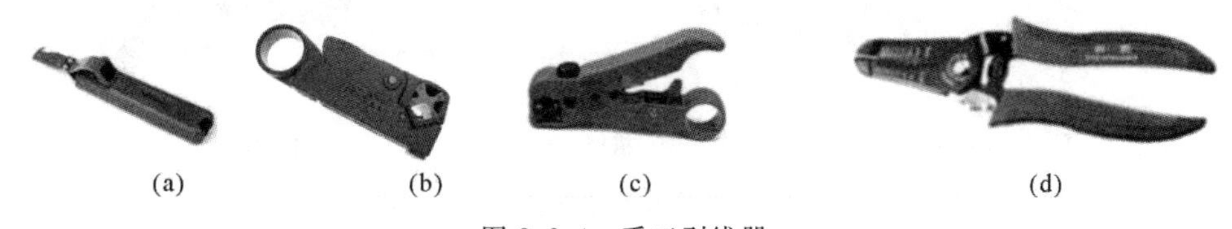

(a) (b) (c) (d)

图 8.2.4 手工剥线器

(a)同轴电缆剥线器; (b)同轴电缆剥线器; (c)多功能剥线器; (d)剥线钳

(2)热剥。热剥利用电热器加热剥线刀头,使需要剥除的线缆绝缘层局部成熔融状态,只需很小轴向力拉脱就可完成剥线工作,不烧焦,不黏连。由于热剥不是靠刀头切割绝缘层,因此不存在伤线和断线的风险,在高可靠电子应用领域,如航空、航天、军工以及汽车等领域具有重要的意义。

热剥可采用手工工具或电热剥线器进行。电热剥线器简称热剥器,如图 8.2.5 所示,由控制电源和热剥钳两部分组成。控制电源通过温度控制系统控制电源输出能量使热剥钳刀头保持调定的恒温(100～800℃);热剥钳由手柄、刀头和长度限位装置等部分组成,其中刀头是由高强度铁镍合金制成且有适应不同导线的刀口,具有耐高温、耐磨、耐氧化和不变形等特性。自制简易热剥线器用 0.5mm 左右厚度的黄铜片,挫出若干不同大小的刀口,经弯曲后固定在电烙铁上即可。

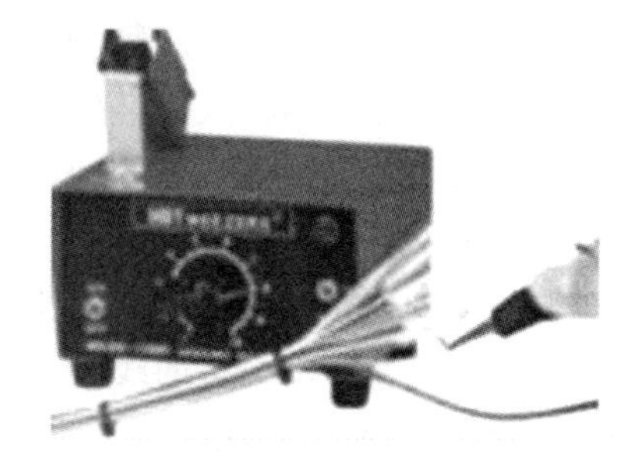

图 8.2.5 热剥器

(3)激光剥线。利用激光能量使线缆绝缘层局部汽化而达到切割的目的。由于激光能量可以精确控制,因此对于不同绝缘层厚度的线缆可以实现精确切剥而不产生任何机械挤压或机械应力,不会对导线造成损伤,切口质量好,效率比热剥器高得多。它可以剥单线、排线、多层线等各种材质的绝缘层,特别是 0.5mm 以下的细小数据线,还可以剥铝箔屏蔽层。

二、导线捆扎、标记和检测

1. 导线线束捆扎

电子产品内部布线有两种方式：一种是按电路图要用导线分别连接，称为分散布线，研制及单件生产中往往采用这种方式；另一种是先将导线捆扎成线束后布线，称为集中布线，在批量正规生产中都采用这种方式。进行线束方式，可以和产品装配分别制作，采用专业生产，保证质量、减少错误、提高效率。

(1)导线和线束捆扎和固定配件。如图 8.2.6 所示，导线和线束常用线绳、搭扣(卡子)、压片、黏结等方法捆扎和固定。线绳有棉线、尼龙线等，一般在分支处要多捆几圈以便加固；金属压片可将导线和机壳、底板固定在一起，防止在震动时脱落；塑料搭扣种类很多，主要用来捆扎线束；导线数量不多时也可采用胶黏剂将导线黏结成形。可根据线束大小选择合适搭扣捆扎成形。导线和线束的捆扎和固定使导线布局整齐、美观并起到防止干扰的作用。

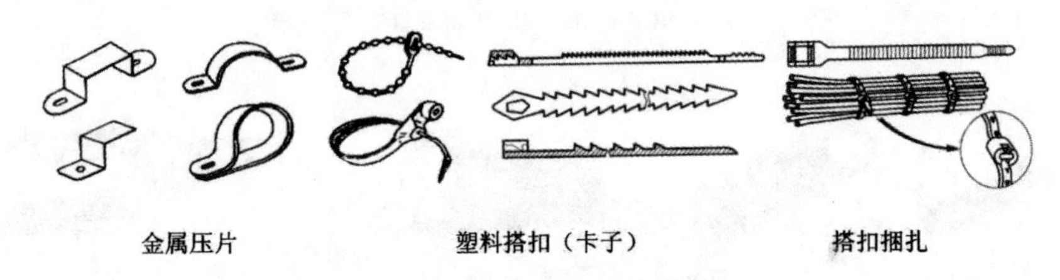

图 8.2.6　导线和线束捆扎和固定配件

(2)线束捆扎一般要求。

1)扎线前，应确认导线的根数、颜色或标记，这样能防止漏扎导线，避免连线错误，也便于维修时识别。

2)捆扎要平直，拐弯处要弯好再扎。

3)结距要均匀，一般结距为线扎直径的 2～3 倍，为了美观，打结处应放在线束下面。

4)不能把力量集中在一根线上。几根扎在一起的导线，如果用力拉其中的一根，力量就会集中在导线的细弱处，这根导线就可能被拉断。

5)捆扎松紧适当。太松会失去扎线的效果；太紧又会损伤导线的绝缘层。

6)导线要排列整齐，不得有明显的交叉和扭转。从始端一直到终端的导线要扎在上面，中间出线一般要从下面或侧面引出，走线最短的放在最下面，不许从表面引出。

7)考虑到便于维修而留得较长的导线，应进行 U 形匝绕连，然后将其扎紧。

8)对于经常移动位置的线扎，在绑扎前应将线束拧成绳状(约 15°)，并缠绕聚氯乙烯胶带或套上绝缘套管，然后扎好。

9)要使导线在连接端附近留适当的松动量，保持自由状态，避免拉得太紧而受力。

10)当导线需要穿过底座上的孔或其他金属孔时，孔内应装有绝缘护套；线扎沿着结构件的锐边转弯时，应加装保护套管或绝缘层。

11)离开发热体走线，因为导线的绝缘外皮不能耐高温。

12)不要在元器件上面走线，否则会妨碍元器件的调整和更换。

13)线束要按一定距离用压线扳或线夹固定在机架或底座上，要求在外界机械力作用下(冲击、振动)不会变形和移位。

(3)线束捆扎防干扰注意事项。线束可使导线走向固定、美观、电路工作稳定和可靠。若线束是工作在高频电路中,导线走向不固定,很容易使电路产生自激振荡,造成设备工作不稳定。

1)线束走线路径要尽量短,但是要留有充分余量,以便在组装、调试和检修时移动。

2)沿底板、框架和接地线走线,可以减小干扰,固定方便。

3)高压走线要架空,分开捆扎和固定,高频或小信号走线也应分开捆扎和固定,减小相互间的干扰。电源线和信号线不要捆扎在一起,否则交流声经导线间静电电容而进入信号电路。

4)导线束不要形成环路,环路中一有磁通通过,就会产生感应电流。

5)接地点都是同电位,应把它们集中起来,一点接机壳。

(4)软线束和硬线束的连接表示。软线束一般用于产品中功能部件之间连接,由多股导线、屏蔽线、套管及接线端子组成,一般无须捆扎,按导线功能分组。图 8.2.7 所示是某设备媒体播放机的软线束,图 8.2.8 和表 8.2.3 是它的线束图(也称线把图、线扎图)和线束接线表。这种线束一般用套管将同功能线穿在一起,当线数较多且有相同插接端子时需作标记。

硬线束多用于固定产品零部件之间的连接,特别在机柜设备中使用较多,按产品需要将多根导线捆扎成固定形状的线束。图 8.2.9 是某设备的硬线束实样图,表 8.2.4 是它的接线表。

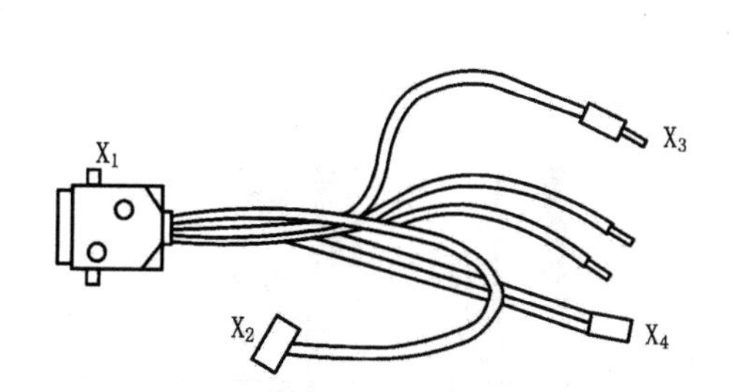

图 8.2.7　某设备媒体播放机的软线束

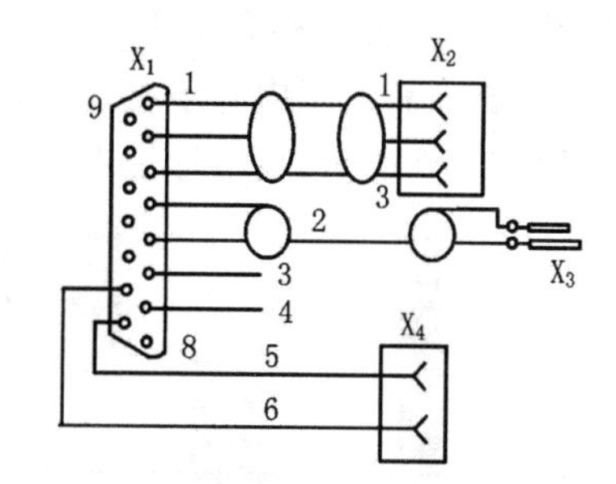

图 8.2.8　某设备媒体播放机软线束接线图

表 8.2.3　某设备媒体播放机线束接线表

编号	线材型号和规格	长度/mm	颜色	起	止	备注
1	RVVP1-7/0.12-2	75	黑	X_1-1,2,3	X_2	二芯屏蔽线
2	RVVP1-7/0.12-1	80	黑	X_1-4,5	X_3	单芯屏蔽线
3	AWM007-11/0.16	60	红	X_1		剥头镀锡
4	AWM007-11/0.16	60	黑	X_1		剥头镀锡
5	AVDR-7/0.12	70	灰	X_1	X_4	扁平电缆
6	AVDR-7/0.12	70	灰	X_1	X_4	

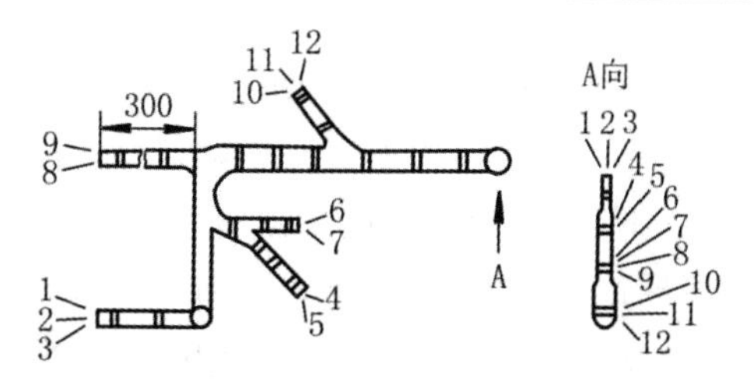

图 8.2.9　某设备的线束图

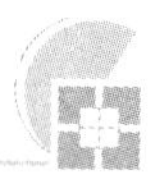

表 8.2.4　某设备的线束接线表

编号	型号与规格	颜色	长度	编号	型号与规格	颜色	长度
1	AV1×0.4	RD	710	7	AV1×0.14	GN	545
2	AV1×0.4	GN	710	8	AV1×0.14	GY	745
3	AV1×0.4	YE	710	9	AV1×0.14	GY	750
4	AVR19×1.83	WH	530	10	AV1×0.9	RD	270
5	AVR19×1.83	BK	530	11	AV1×0.9	OG	275
6	AV1×0.4	YE	545	12	AV1×0.9	GN	280

2. 线缆标记

在现代电子制造工艺中，许多功能强大、控制精确、运行可靠的电子产品或系统，均由越来越多的电子部件通过密集的线缆、线束、网络连接而成。这些线缆、线束有的长数十米甚至超过百米，不仅需要捆扎，而且通常放置在线槽、管道等走线构件中。线缆的两端如果没有明确的标记，对于正确装配和检查维护是不可想象的。线缆、网络连接的正确性和可靠性，在保障整个电子系统可靠运行中起了重要的作用。

如图 8.2.10 所示，线缆标记有直标式、标签式、套管式、扎带式。

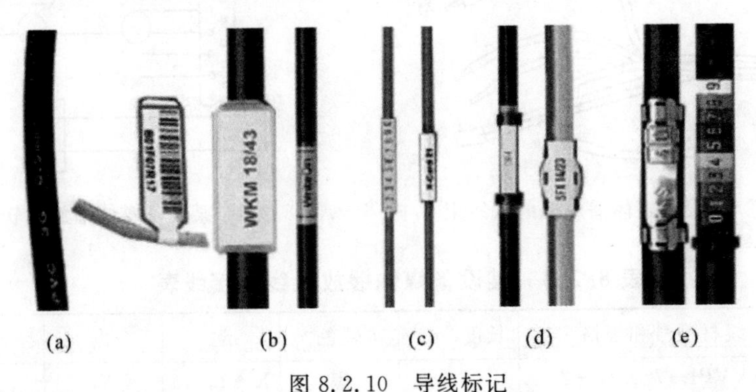

图 8.2.10　导线标记

(a)直标；(b)标签；(c)套管；(d)标签扎带；(e)拼装扎带

(1)标签式：简单灵活，可标记信息量大，既可批量预制、亦可现场打印。其缺点是持久性差，占用空间多，存在脱落和出错的风险。

(2)套管式：有成品标记套管，印有各种字符并有不同内径，外形通常为方形。使用时按要求剪断套在导线端头。它占用空间小，可批量预制、购买成品或现场打印，持久性优于标签式，缺点是可标记信息量较小，操作麻烦，并且有脱落和出错的风险。

(3)直标式：在导线端头(8～15mm 处)印上字符标记，打印方式有普通打印、手工书写、传统喷码、移印和激光刻字等。它不占用空间，没有标记脱落和出错的风险，当采用激光刻字时，可满足永久性、一致性、线缆多样性的标记要求，缺点是对小尺寸的线缆查看不够方便。

(4)扎带式：将标签纸、色环标记或组合/拼装型标记用扎带捆绑在电缆上。色环标记类似色环电阻的标记；组合/拼装标记可预先套入，也可接线后安装。

3. 线缆测试

线缆检测有人工检测和自动检测，人工又有万用表检测和通断检测试仪检测；自动检测有计算机编程检测和专用测试装置检测等。对复杂线缆、线束、网络的导通、绝缘、耐压等指标的自动检测是线缆连接过程中不可缺少的一个环节。传统的低压、低电流的手工、半自动检测已经远远不能满足现代高可靠电子设备生产的需要。人工检测需一人或两人配合逐点检测，一套电缆网检测常需数天、数周的时间，一般只检测通断，不检测导通电阻，不能查出接触不良不可靠的接点。自动测试几千点的复杂线缆能在数秒中完成通断检测，自动分组排列组合短路法可检测出所有可能存住的短路错误（即错接、多接）；程序控制自动测试过程，可随时多次检测；快速扫描检测法可随时捕捉瞬间断开；四线测试法可检测出接点电阻微小变化，查出接触不良；随意调整高压（绝缘/耐压）检测参数可满足不同线缆、不同芯线检测要求。手持式设备每秒可以测试几十个点；便携式设备每秒可以测试几百个点的；大型组合测试系统每秒可以测试几万个检测试点。几种线缆自动检测设备如图 8.2.11 所示。

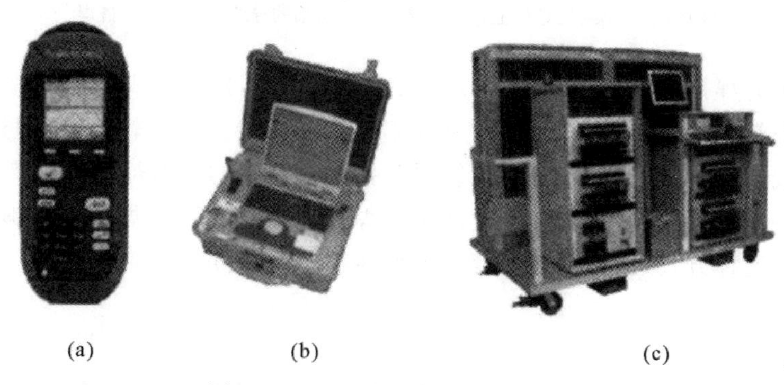

(a)　　(b)　　(c)

图 8.2.11　几种线缆自动检测设备

(a)手持式；(b)便携式；(c)大型组合式

三、导线的焊接和线缆的加工

1. 导线的焊接

导线焊接在电子产品装配中占有重要位置。出现故障的电子产品中，导线焊点的失效率高于印制电路板，因此有必要对导线的焊接工艺给予重视。

(1)导线同导线的焊接。如图 8.2.12 所示，导线之间的焊接以绕焊为主，将去掉绝缘皮并经过镀锡的两根导线先穿上合适的套管，然后把它们绞合在一起进行焊接，并趁热将套管套上，这样冷却后套管就固定在接头处了。对于粗细不等的两根导线，将较细的缠绕在粗的导线上；对于粗细差不多的两根导线，一起绞合；对于在调试或维修过程中需要临时进行连接的导线，采用搭焊的方法。

(2)导线同端子的焊接。导线接线端子是用于实现电气连接的一种配件，有片状、柱形、杯形槽形和板形等各种形状，一端可以焊接导线，另一端可以固定在插头、插座、接线板、印制板或机壳上。接线板能够固定在机箱内的任何位置，可以作为元器件或导线的中转连接点，也可以固定少量元器件，组成简单的电路，在早期的电子管设备中得到了大量应用。

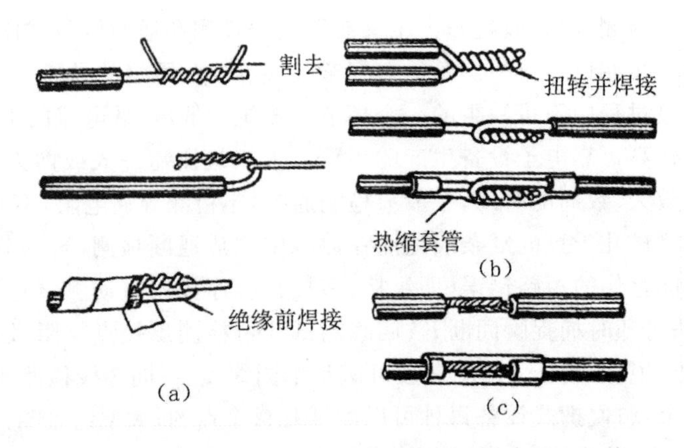

图 8.2.12　导线与导线的焊接

(a)细导线绕到粗导线上；（b)绕上同样粗细的导线；（c)导线搭焊

导线与端子的焊接有三种基本形式：绕焊、钩焊和搭焊，如图 8.2.13 所示。绕焊把经过镀锡的导线端头在端子上缠一圈，用钳子拉紧缠牢后进行焊接。绕接较复杂，但连接可靠性高。绕接时注意导线一定要紧贴端子表面，绝缘层不接触端子；钩焊将导线端头弯成钩形，钩在端子上并用钳子夹紧后进行焊接，钩焊强度低于绕焊，但操作简便；搭焊将经过镀锡的导线搭在端子上进行焊接这种方式最简便，但强度和可靠性也最差，仅用于临时连接或不便于绕焊和钩焊的地方。

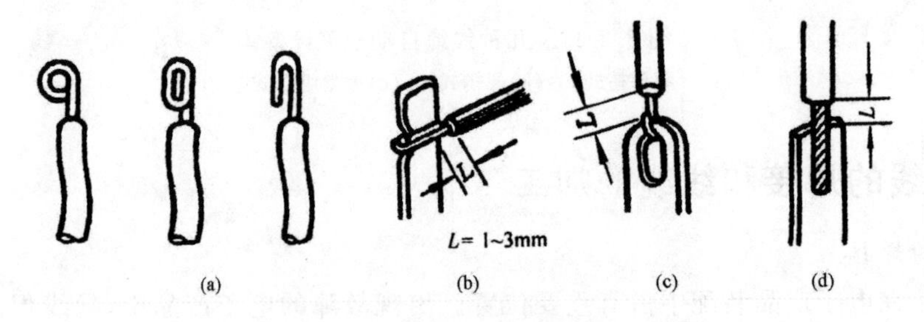

图 8.2.13　导线同接线端子的焊接

(a)导线弯曲形状；（b)绕焊；（c)钩焊；（d)搭焊

导线与端子的焊接由于导线所焊焊件为大面积金属件，散热过快，要注意端子的加热方法，如图 8.2.14 所示，上面一行为焊件的加热好的方法，下面一行所示方法则不宜采用。

导线与端子焊接标准焊点外形如图 8.2.15 所示，为以导线为中心匀称、成裙型拉开，焊料的连接面呈半弓形凹面，焊料与焊件交界处平滑，接触角尽可能小。表面光泽且光滑，无裂纹、针孔、夹渣。导线与端子焊接的常见缺陷如图 8.2.16 所示。

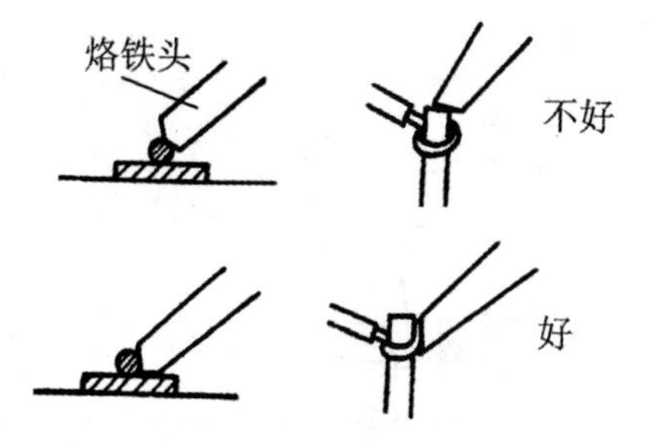

图 8.2.14 导线与柱形端子的焊接加热方法图

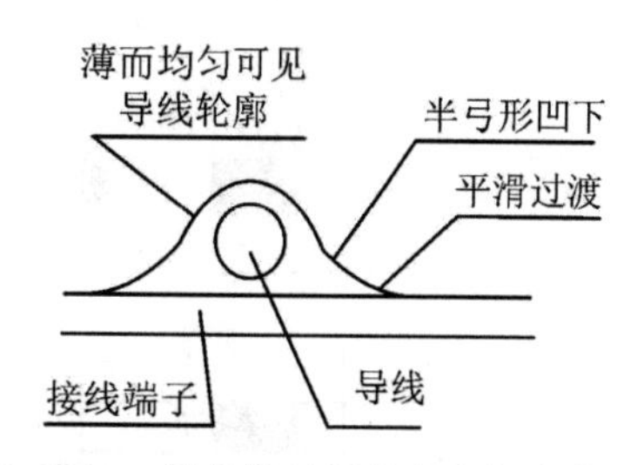

图 8.2.15 导线端子焊接合格焊点外形图

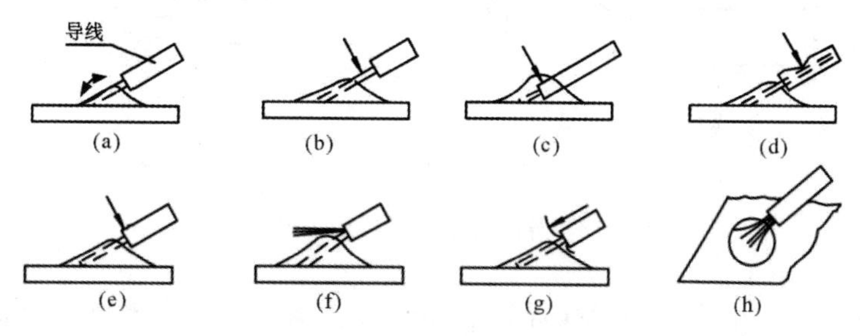

图 8.2.16 导线端子焊接缺陷示例

(a)虚焊；(b)芯线露出过长；(c)焊锡浸过外皮；(d)外皮烧焦；(e)焊锡上吸；(f)断丝；(g)甩丝；(h)芯线散开

1)导线与片形焊件(焊片)的焊接。片状焊件一般都有焊线孔,往焊片上焊接导线时要先将焊片、导线镀上锡,焊片的孔不要堵死,将导线穿过焊孔并弯曲成钩形,然后再用电烙铁焊接,不应搭焊。如果焊片上焊的是多股导线,最好用套管将焊点套上,这样既保护焊点不易其他部位短路,又能保护多股导线不容易散开。

2)导线与杯形焊件的焊接。如图 8.2.17 所示,先往杯形孔内填充少量焊剂,若孔较大,可用脱脂棉蘸焊剂在杯内均匀擦一层;再用烙铁将焊锡熔化,使其流满内孔;然后将导线垂直插入到焊件底部,移开电烙铁,保持导线不动,一直到完全凝固后立即套上套管,

3)导线在槽形、柱形和板形焊件上的焊接。如图 8.2.18 所示,这类焊件一般没有供缠线的焊孔,可采用绕、钩、搭等连接方式。每个接点一般仅接一根导线,都应套上合适尺寸的塑料套管。为了避免导线绝缘层在焊接过程中温度太高受损,可以用镊子夹住露出的导线根部帮助散热。

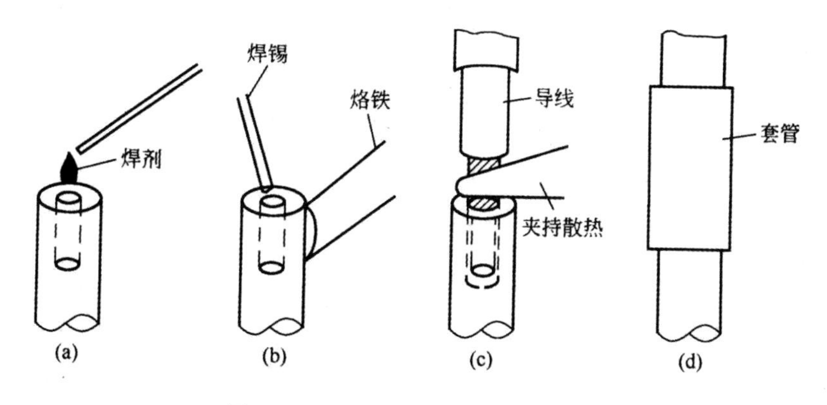

图 8.2.17 导线与杯形焊件的焊接

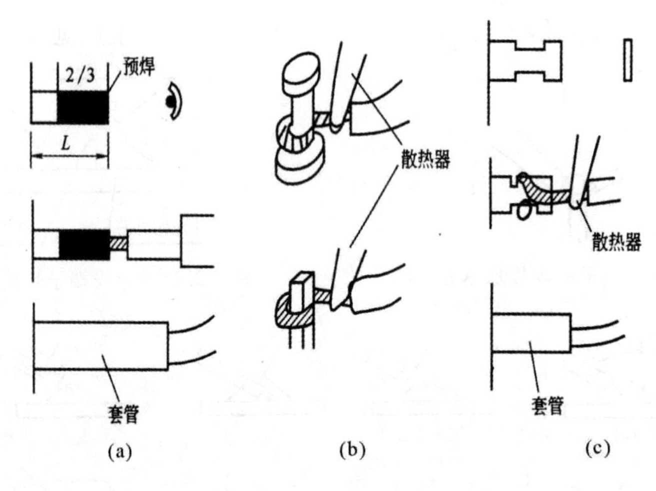

图 8.2.18　导线与槽、柱、板形焊件的焊接

(3)导线与金属板的焊接。将导线焊到金属板上,关键是往板上镀锡。一般金属板表面积大,吸热多而散热快,要用功率较大的烙铁或增加焊接预热时间。紫铜、黄铜、镀锌板等都很容易镀上锡,如果要使焊点更牢靠,可以先在焊区用力划出一些刀痕再镀锡。有些表面有镀层的铁板,不容易上锡,但这种焊件容易清洗,可使用少量焊油。

2.线缆加工实例

(1)高频电缆的加工。高频电缆如同轴电缆,相对位置要求很严格,如果芯线不在屏蔽层的中心位置,信号传输会受损。高频电缆通常要求与电缆阻抗相匹配的插头座。图 8.2.19 是常用的 Q9 型高频插头与电缆连接加工示意图。

(2)屏蔽线加工。主要是接地线的引出方法。如图 8.2.20 所示,用于工作电压较高的屏蔽线,在剪去 20～30mm 屏蔽层后,要在绕线的屏蔽层下加一黄蜡管或绕 2～3 层黄蜡绸布,再用 Φ0.5～0.6mm 的镀银线密绕数圈(宽 2～6mm),然后用锡焊将绕线与屏蔽层焊接,注意焊接时间不可过长以免烫坏绝缘层。最后趁热套上套管。

(3)低频电缆加工。低频电缆线如常用音频电缆一般都是焊接到接头座上,特别对移动式电缆如耳机、话筒电缆线,必须注意线端的固定,如图 8.2.21 所示为常见立体声耳机插头接线图。莲花插头座、条形插头座等,也都可参照此图安装。

1)剥去 8～15mm 长的外层护套。

2)拉出芯线。

3)芯线剥线,拧线并上锡,屏蔽层也剪到适当长度,端头上锡。

4)插头各接线端上锡,芯线加套管,并焊接各端头。

5)芯线上套管,将插头夹线口用钳子固定,注意一定要夹住外层护套,并将屏蔽层压入,最后装上插头外壳。

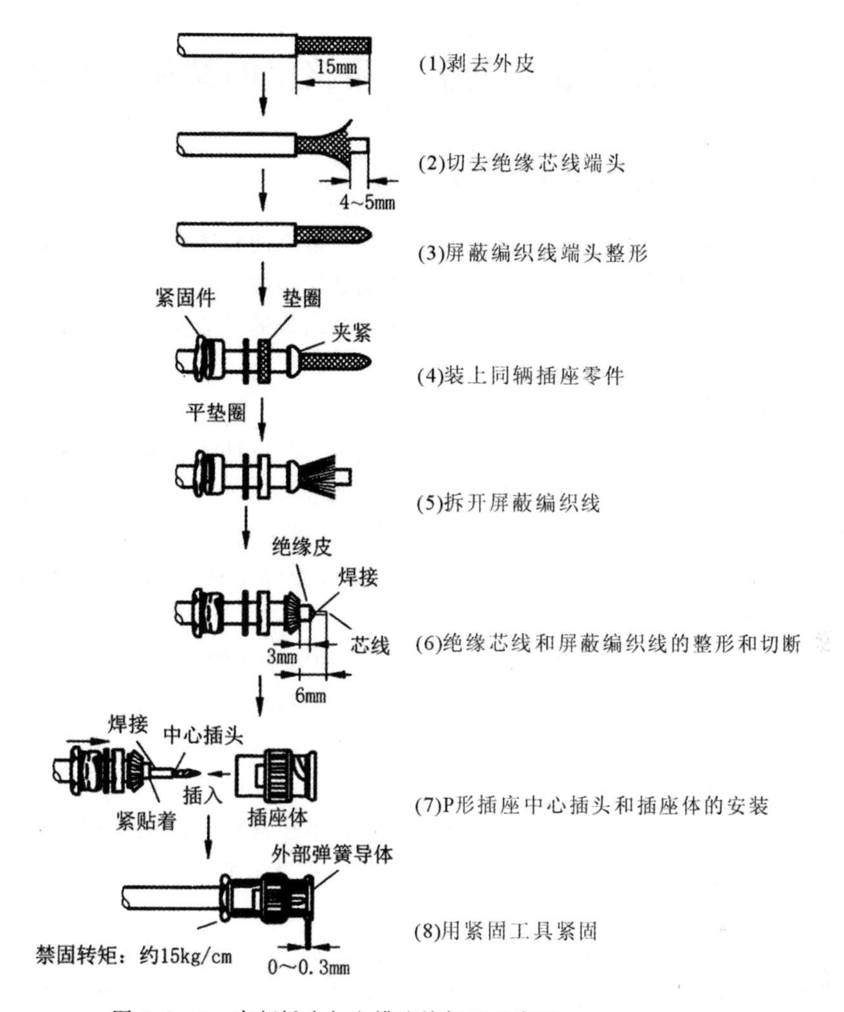

图 8.2.19　高频插头与电缆连接加工示意图

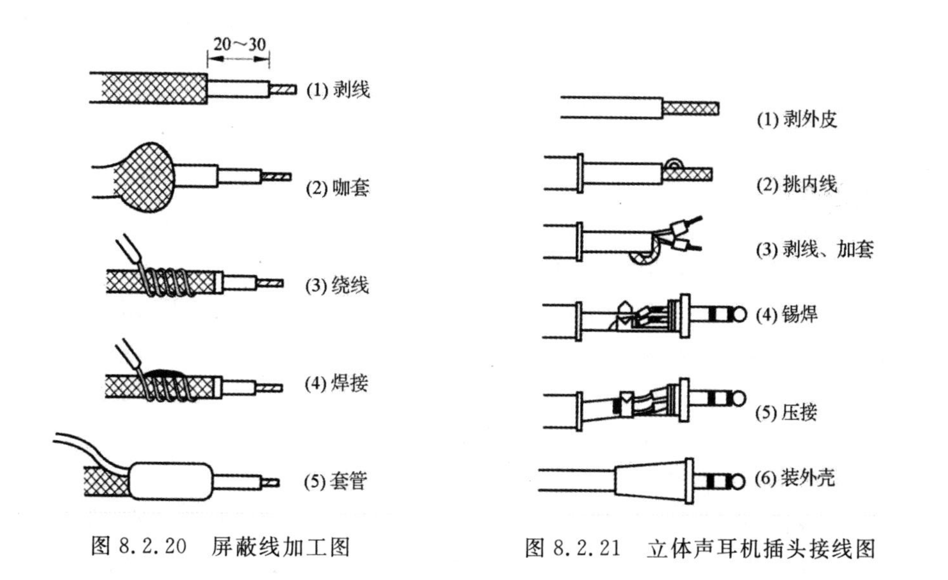

图 8.2.20　屏蔽线加工图

图 8.2.21　立体声耳机插头接线图

第三节　电子产品整机的结构和总装

一、电子产品整机的结构设计

电子产品不仅要有良好的电气性能，还要有可靠的总体结构和牢固的机箱外壳，才能经受各种环境因素的考验，长期安全地使用。特别是家用电子产品更应该具有美观大方的造型与色彩，与家庭生活气氛相适应。对电子产品整机结构的一般要求是：使用方便、操作安全、结构轻巧、外形美观、容易维修与互换。

1. 机箱外部结构

常见的机柜和机箱形式有立柜式、琴柜式、台式、壁挂式和便携式五种。

立柜式机箱：便于操作人员在走动或站立的姿势下操作。其适用于机械设备控制柜或不需要经常操作的设备。高度不超过 2m，宽度一般不超过 0.6m。

琴柜式机箱：便于操作人员坐姿操作，适于需要经常频繁操作或读取数据的大型设备，例如中心控制台、实验台等。

台式机箱：适合于放在工作台上操作，如各种电子仪器、实验设备、台式计算机等。通常是长方形或正方形六面体，前后面板比较适宜的长、宽比例为 1∶0.6～0.7。

壁挂式机箱：通常是长方形六面体，适合安装在垂直平面上。安装方式有悬挂式和支架式。壁挂式机箱不占用地面空间，特别适合安装在狭小的空间里，如室内空调等。

便携式机箱：元器件数量少或体积小巧、需要经常移动的电子产品，通常设计成便携式。便携式品种多，功能各异，特点不同，经常被人们随身携带，因此对外壳造型和结构有更高性能和美学要求，应该耐震动、耐碰撞。

机箱的材料可以是多用铝板、薄铁板、塑料制品。塑料制品常采用模具注塑而成，最常见的注塑材料是 ABS 工程塑料。对一些军品和民用高级产品，如高档照相机或笔记本电脑等可使用碳纤维材料或钛铝合金制造。

机箱尺寸、面板设计要充分考虑人体的生理特点，因为不正确的姿势会对人体造成无法恢复的永久伤害，产生不良影响的部位有腿、臀部、背部和颈部。研究人体姿势数据属于工业设计学的范围。减缓坐姿对人体的损伤的办法是设法使人坐在椅子上，让躯干交替处于前倾和后靠两种状态。

2. 面板设计与布局

几乎任何产品都需要面板，通过面板安装固定开关、控制元件、显示和指示装置，实现对整机的操作与控制，实现对整机的装饰作用。

机箱前面板上主要安装操作和指示器件，如电源开关、选择开关、调节旋钮、指示灯、电表、数码管、显示屏、输入或输出插座和接线柱等。前面板上各种开关旋转时要能经受得住反复操作的考验，可在紧固螺钉上加装弹簧垫圈或橡胶垫圈，几种面板零件的安装如图 8.3.1 所示。机箱后面板上主要安装外部连接的机件，如电源插座、输入输出插座、保险丝盒、接地端子等。后面板上还可以开有通风散热的窗孔。

人们操作面板控制部件的习惯方向：旋转开关顺时针为开、增加、正、指针向右移动，开关垂直放置，向上为开；开关水平放置，向右为开；滑动调节，向右为增加；滑动调节正负，向上为

正；按键开关，压下为通，弹起为断等。

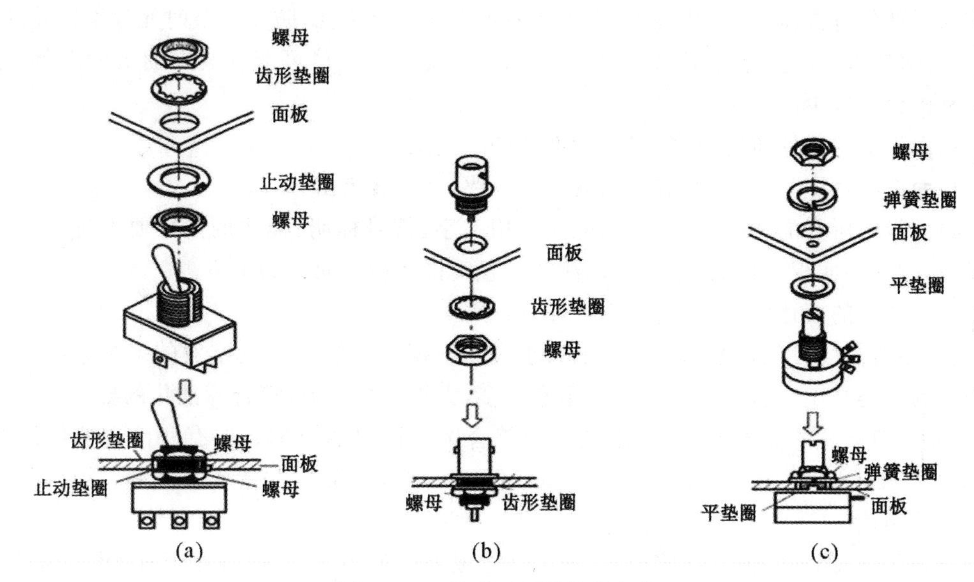

图 8.3.1　几种面板零件的安装

(a)开关安装；（b)插座安装；（c)电位器安装

在面板设计中应注意下述几点：

(1)无论是立姿还是坐姿操作，都应该使面板上的表头、显示器、刻度盘等垂直于操作者的视线，并使指示数据的位置落在操作者的水平视线区内，不要让操作者仰视或俯视采读数据，以免造成读数误差。这一点在柜式面板的设计中需要更加注意。

(2)表头、显示器的排列应该保持水平，并按照采读和操作的顺序，从左到右依次排列。

(3)不需要随时或同时采读的表头及显示器应当尽可能合并，通过开关转换实现一表多用，这不仅使面板布局宽松清晰，便于采读数据，而且能降低成本。

(4)指示和显示器件的安装位置应该和与之相关的开关、旋钮等操作元件上下对应，复杂面板上的相关内容可以通过不同颜色或用线条划分区域，便于操作，给使用者带来方便。

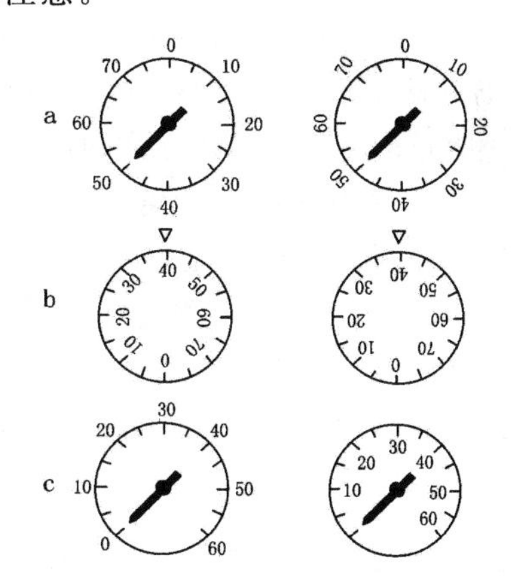

图 8.3.2　刻度盘标数的写法

(5)指示灯的选择，应当尽量选用相同型号，以便于更换，并且要降压使用，以提高寿命。红色指示灯表示电源接通、报警、危险、高压等；绿色指示灯表示工作正常、低压、适当等；黄色指示灯表示警告、注意、参数已到极限等。

(6)刻度盘标数的写法，如图 8.3.2(a)所示，当度盘随指针转动时，标数应该始终保持正的读数方向；如图 8.3.2(b)所示，若度盘指针固定在正上方，当刻度盘上的标数转动到相应的位置时，读数应该是正的方向。右边刻度盘上的标数使读数困难；如图 8.3.2(c)所示，标数应该在刻度线的外侧，以免被指针遮盖。右边的标数在刻度线的内侧，有时会出现读数困难。

(7)开关等控制元件应该安装在表头、显示器的下方，以易于操作。

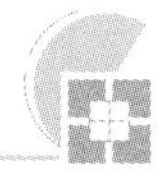

(8)不需要经常调整的电位器,轴端不应露出面板,可通过面板上的小孔进行调节;需要旋转调节的元件如电位器、波段开关等,应当在面板上加工定位孔,防止调节时元件本体转动。

(9)为适应人们的操作习惯,那些最经常调整的旋钮应该尽可能安装在面板的右侧,左侧放置调整机会比较少的旋钮。

(10)面板上的元件布置应当均匀、和谐、整齐、美观。

(11)面板颜色应与机箱颜色配合,既谐调一致,又显著突出。

(12)面板上所有的调整元件,其功能应当用文字、符号标明;标注的内容要准确、明了,字迹要清晰,颜色与面板底色的反差大;标注的位置安排在相应元件的下方。

对文字图形的表达方式,要注意以下几点:

(1)文字符号(汉字、拼音、数字等)的大小应当根据面板的大小及字数的多少来确定。同一面板上的同类文字,规格(字体、字形)不宜过多,大小应当一致,符合标准化的要求。

(2)非出口产品的面板上,文字表达应该符合国内用户的习惯。但有些已普遍使用的符号,例如,power(电源)、input(输入)、output(输出)、on(开)、off(关)等不在此列。说明文字应当尽量简单明确。

(3)控制操作部件的说明文字位置,要放在容易看到的地方。例如,在竖直工作的面板上,把某一操作按钮的名称放在按钮的下面或右面,进行操作时就很容易被遮住。

3.机箱内部结构

机箱的内部结构安排,要从散热、抗震、耐冲击、安全以及装配、调试、维修的方便性进行考虑。在安全方面要进行电气绝缘处理和防触电处理,如高电压元器件应该放置在机箱内不易触及的地方,并与金属箱保持一定距离,以免高压放电;高、低压电路之间要采取隔离措施;电源线穿过箱体时,电源线上要加护套,金属箱壁的孔内应放置绝缘胶圈。

(1)内部零部件的连接。可以根据工作原理,把比较复杂的产品划分成若干个功能电路;每个功能电路作为一个独立的单元部件,在整机装配前均能单独装配与调试。这样不仅适合于大批量的生产,维修时还可通过更换单元部件及时排除故障。

通常,在维修时总希望能同时看到印制板的元件面和焊接面,以便检查和测量。对于多块印制电路板,可以采用总线结构,通过接插件互相连接并向外引出;拔掉插头,就能使每块电路分离,将印制板拿出来测量检查,有利于维修与互换。对于大面积的单块印制电路板,最好采用铰链合页或不小于印制板 2/3 长度的抽槽导轨等固定,以便在维修时翻起或拉出印制板就能同时看到两面。印制电路板加固方法如图 8.3.3 所示。

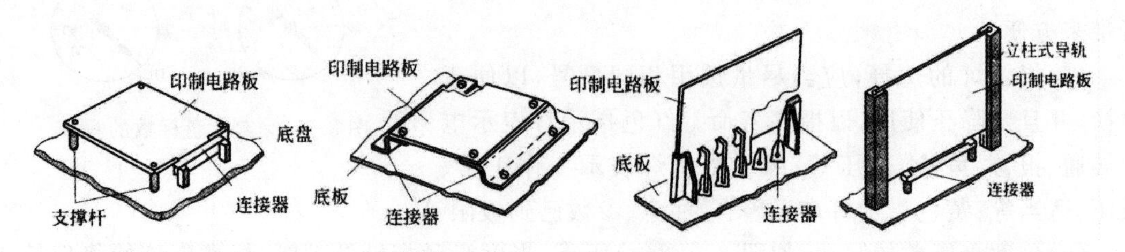

图 8.3.3　印制电路板加固方法

易损坏的零部件要安装在更换方便的位置。零部件的安装布局要保证整机的重心靠下并尽量落在底层的中心位置;彼此需要相互连接的部件应当比较靠近,避免过长和往返的连线。

(2)内部连线。大型设备整机内部的连线往往比较复杂,不仅有印制板之间的连接、印制

板与设备机箱上元件的连接，还有这些面板元件之间的连接。电路部件相互连线的常用方式有插接式、压接式及焊接式三种。

插接式：这种连接方式对于装配、维修都很方便，更换时不易接错线。它适用于小信号、引线数量多的场合。

压接式：通过接线端子实现电路部件之间的连接，接线端子这种连接方式接触好、成本低，适用于大电流连接，在柜式产品中应用比较广泛。

焊接式：把导线端头装上焊片与部件相互连接，或者把导线直接焊接到部件上。这是一种廉价可靠的连接方式，但装配维修不够方便，适合于连线少或便携式的产品中。采用这种方式时，要注意导线的固定，防止焊头折断。

4. 外观、装潢和包装

作为产品，不仅在功能上要满足使用者的要求，在外观造型上也要适应人的生理和心理特点，让使用者感到方便、舒适与时尚。

产品的外形和装潢，必须在满足技术要求的条件下尽量设计得美观与时尚。所谓美观与时尚，也是相对而言的，不同的时代、不同的应用场合，对美学的要求也不相同。事实上，产品的外观与装潢很难使所有人都满意，但成功的设计应能得到多数人的赞赏。

(1)产品的外观与装潢设计考虑因素。技术上合理，经济上合算；外形简单，表意明白，功能突出；局部设计与整体设计的风格统一；外形尺寸比例适宜，避免过分扁平、瘦长、高耸的形状；注意色彩与明暗，一般产品的面板与机身的颜色要深浅区分，使面板突出，便于操作人员集中注意力。根据人的生理特点，常把颜色分为冷色、暖色和中性色，冷色(蓝、绿)的效果是平静、凉爽、开阔、轻松；暖色(红、橙、黄)的效果是兴奋、温暖、紧张；中性色(灰)的效果是不易引起视觉疲劳。

(2)产品的包装。产品的包装质量是一个关系到市场销售、售后服务和环境保护的重大问题。

1)包装材料。除了少量大型设备使用木料制造包装箱体以外，大多数产品的包装以纸质材料为主。单件电子产品的包装一般由内、外两部分组成：内包装通常使用薄膜塑料袋；外包装通常使用瓦楞纸板，在这两者之间填充减震材料。板卡类电子产品的内包装塑料袋，应该用防静电塑料薄膜制作。

2)外包装箱。有 A,B,C,D,E 五种规格，分别表示纸板不同的厚度和瓦楞的大小。A 种纸板最厚，瓦楞也最大，常用来制作大型包装纸箱；E 种纸板最薄，瓦楞最细密，用于制作小型包装纸箱。纸箱还可以分成有钉包装箱和无钉包装箱两种。有钉包装箱是用金属钉把折叠好的纸板装订而成，制造成本低，常用于包装低档产品；技术先进的无钉包装箱，是用模具把纸板冲压成型以后拼插而成的，结构精致巧妙，制造成本较高，一般用于包装高档产品。

3)运输包装箱。为使外包装纸箱不会在运输过程中破损，有些企业还制作了运输包装纸箱，运输包装纸箱一般内装数件体积不大的单件电子整机产品。

2)外包装箱上。一般用单色或套色印刷突出产品特点的图形及文字说明。高档产品的外包装箱都经过工艺美术师的设计，瓦楞纸板表面还要黏压一层喷塑的白板纸或铜版纸，上面印刷精美的图案或产品照片、产品的品牌和企业标志，以及印上防潮、易碎、叠层限制等标志。

3)包装箱内。应该装有使用说明书、合格证及保修证。为指导用户正确操作、保证安全，说明书应该简明、准确、易懂，突出重点。为方便用户，还应该装有必要的附件、易损件和简单的专用工具等。

二、电子产品整机装连(总装)

整机装连又叫总装。总装是指在各部件、组件安装和检验合格的基础上进行整体联装。总装是对各部件和组件进行整合,其操作一般包含有导线连接和机械连接(螺纹连接、压接、绕接、插接与黏接等),它是电子产品与设备生产过程中的重要生产环节。

1.总装的安装要求

(1)不损伤产品零部件。安装时由于操作不当不仅可能损坏安装的零件,而且还会殃及相邻零部件。

(2)保证电性能。电气连接的导通与绝缘,接触电阻和绝缘电阻都和产品性能、质量紧密相关。

(3)保证机械强度和稳定度。

(4)保证传热、电磁屏蔽要求。

2.总装的基本工艺顺序

总装包括机壳装配、机壳前后面板和底板上元器件的安装固定、印制板的安装固定等。装配工艺顺序为壳内、前面板、后面板、底板。

壳内:组装机壳及壳内用于固定其他元器件和组件的支撑件,如接线端子等。

前面板:在前面板上安装指示灯、指示仪表、按钮等。

后面板:在后面板上安装电源插座、保险丝、输入输出插座等。

底板:在底板上安装印制电路板、电源变压器、继电器等固定件或插座件。

总装工艺顺序原则是先轻后重、先小后大、先铆后装、先机械后印制板、先里后外、先低后高、易碎后装,最后束线连接,上道工序不得影响下道工序的安装。

总装工艺顺序有时可以根据物流的经济性等做适当变动,但必须符合两条:一是使上下道工序装配顺序合理或更加方便;二是使总装过程中的元器件磨损应最小。特别是装配质量对整机性能影响很大,整机装配质量通常从安装质量、焊接质量、包装质量中反映出来,这三种加工质量的好坏会直接影响整机的电气、机械性能和外形美观。

思 考 题

1.机械装接的技术有哪几种?

2.简述插接的技术要素。

3.简述螺钉的紧固方法。

4.电子制造常用胶黏剂有哪些?

5.导线有哪几种?当载流量不能超过10A时,应选择多少截面积的三芯护套线?

6.线束捆扎的注意事项是什么?

7.简述立体声耳机插头接线过程。

8.导线的焊接有哪三种基本形式?

9.电子产品机箱外部结构有哪几种?

10.电子产品整机总装的基本工艺顺序是什么?

第九章

电子产品检验、检测与调试技术

第一节　电子产品检验技术

一、标准和质量控制

1. 标准的概念、分类和意义

标准是由一个公认的机构制定和批准的文件，它对活动或活动的结果规定了规划、导则或特殊值，供共同和反复使用，以实现在预定领域内最佳秩序的效果。标准按适用范围来划分，分为国际标准、区域标准、国家标准、专业标准及企业标准等，我国标准分为国家标准、行业标准、地方标准、企业标准四级。没有标准，企业就无法组织好生产，生产的产品也无法更快更好地进入市场，消费者的切身利益也就没有了保障，科技创新和产业升级也就没有了支撑。技术标准以其具有“透明度、开放性、公平性、一致性和适应性”特征成为推动产业和专利技术在全球范围内应用的重要工具，致使技术标准的竞争成为国际经济和科技竞争的焦点。

2. 质量控制

质量控制的基本原理是把实际测得的质量特性与相关标准进行比较，并对出现的差异或异常现象采取相应措施进行纠正，从而使工序处于受控状态。质量管理发展历程见表 9.1.1。

表 9.1.1　质量管理发展历程

阶　段	内　容	特　点
前质量管理阶段	分操作者控制、班组长控制	
质量检验阶段	检验员控制	事后检验
统计质量/过程控制阶段 SQC/SPC	统计分析方法：直方图法、因果图法和控制图	事后检验
全面质量管理 TQC/TQM	研制质量、维持质量和提高质量一体化	预防缺陷
全员质量管理 CWQC	专业技术，管理技术，数理统计一体化质量保证体系；网络信息环境下/先进制造系统(CIMS，VM，AM 等)；ISO 9000 国际质量标准及其他各国的体系标准等。	综合管理

统计过程控制 SQC/SPC(Statistical Quality/ Process Control，SQC/SPC)主要目的通过各种工具来区分普通原因变差和特殊原因变差，以便对特殊原因变差采取措施。主要须进行的工作：收集、整理、展示、分析、解析统计资料。直方图法也叫质量分布图、矩阵图、柱形图和频数图；因果图又叫特性要素图，因其形状像树枝或鱼骨，故又叫树枝图或鱼骨图；控制图通过图形的方法显示过程随时间产生的波动，通过分析判断波动造成的原因是偶然因素还是系统原因，从而提醒人们及时做出正确对策。

全面质量管理(Total Quality Control/Management,TQC/TQM)即全过程品质控制,是为了能够在最经济的水平上,并考虑充分满足顾客要求的条件下进行市场研究、设计、制造和售后服务,把企业内各部门的研制质量、维持质量和提高质量的活动构成为一体的一种有效体系。

全员质量管理(Company Wide Quality Control,CWQC)即全员品质管理,是指企业中所有部门、所有组织、所有人员都以产品质量为核心,把专业技术,管理技术,数理统计技术集合在一起,建立起一套科学严密高效的质量保证体系,控制生产过程中影响质量的因素,以优质的工作最经济的办法提供满足用户需要的产品的全部活动。

3.全面质量管理的内容

(1)设计过程质量管理的内容。产品设计过程的质量管理是全面质量管理的首要过程。这里所指的设计过程,包括市场调查、产品设计、工艺准备、试制和鉴定等过程(即产品正式投产前的全部技术准备的过程)。

1)通过市场调查研究,根据用户要求、科技情报与企业的经营目标,指定产品质量目标。

2)组织有销售、使用、科研、设计、工艺、制度和质管等部门参加的“三结合”审查和验证,确定适合的设计方案。

3)保证技术文件的质量。技术文件的登记、保管、复制、发放、收回、修改和注销等工作都应按规定的程序和制度办理。

4)做好标准化的审查工作,产品技术的标准化、通用化、系列化,不仅有利于减少零部件的种类,扩大生产批量,提高制造过程质量,保证产品质量,而且有利于降低设计工作量,大大简化生产技术准备工作。

5)设计试制的工作程序一般是研究、试验和设计。样品试制实验和有关工艺准备,样品鉴定和定型,小批试制和有关工艺准备,小批鉴定和定型。

(2)制造过程的质量管理的内容。

1)组织质量检验工作,促进文明生产。

2)组织质量分析,掌握质量动态。质量分析一般可以从规定的某些质量指标入手,逐步深入。这些指标有两类:一类的产品质量指标,如产品等级率,产品寿命等;另一类是工作质量指标,如废品率、不合格率等。

3)组织工序的质量控制,建立管理点。其位置:①关键工序或关键部门,即影响产品主要性能和使用安全的工序或部位;②质量不稳定的工序;③出现不合格品较多的工序;④工艺本身有特殊要求的工序;⑤对以后工序加工或装配有重大影响的工序;⑥用户普遍反映或经过试验后反馈的不良项目。

(3)辅助过程质量管理的内容:辅助过程是指为保证制造过程正常进行而提供各种物资技术条件的过程。辅助过程质量管理包括物资采购供应、动力生产、设备维修、工具制造、仓库保管、运输服务等,制造过程许多质量问题往往同这些部门的工作质量有关。

(4)使用过程质量管理的内容:开展技术服务工作,处理出厂产品质量问题;调查产品使用效果和用户要求。

4.全面质量管理的工作方法

PDCA是一种全面质量管理的工作方法。P计划:根据顾客的要求和组织方针,为提供结果建立必须的目标和过程;D实施:根据计划实施过程;C检查:根据方针、目标和产品的要求,

对过程和产品进行监视和测量并报告结果;A 处置:采取措施,以持续改进过程的业绩。电子产品的检验是对产品质量特性状况的一种确认,通过确认原材料、零部件以及产成品的质量水平,从而发现问题,触发 PDCA 管理流程,以最终提升产品的质量特性。

二、检验工作的基本知识

检验是通过观察或判断并结合测量、试验对标准所进行的符合性评价(合格和不合格)。

1. 电子产品的检验要求

(1)法律法规要求。

1)中华人民共和国的《电子信息产品污染控制管理办法》。

2)欧洲共同体的《电气、电子设备中限制使用某些有害物质指令》和《电气、电子设备中限制使用某些有害物质指令》就是我们俗称的 RoHS 指令。RoHS 指令规定:金属材质需要做重金属检测(铅、汞、镉、六价铬),塑料材质需要做规定的六项(铅、汞、镉、六价铬、多溴联苯、多溴二苯醚)检测,其他材质只需要做重金属检测。

(2)使用安全性要求。防电击、主能量危险、防着火危险、防过高温、防机械危险、防辐射和防化学危险。主能量危险指大电流源的输出端短路或大容量电容器输出端短路都会形成大电流,甚至产生打火,引起着火危险。防过高温指零部件或材料的过高温容易导致着火燃烧,也可能导致使用者烫伤,特别是导热性能良好的外露金属零部件。防辐射包括音频辐射、射频辐射、光辐射和电子辐射。

(3)产品使用功能上的要求。产品存在的价值在于其可以满足客户的使用功能上的要求,而确认产品是否满足客户使用要求必须经过相应的功能测试。功能测试又称黑盒测试、数据驱动测试或给予规范的测试。

(4)产品使用外观上要求。单纯靠设计师个人品位进行设计的方法一去不复返了,设计师必须根据自己团队和其他厂商的实际情况、国内市场和国外市场的设计现状,以及消费者的消费行为,尽可能收集有关信息,经过思考整理后,预测今后两年的设计发展方向,并融入自己的设计中去,做出消费者喜好的设计并保持其一贯风格。科学技术日新月异,市场竞争日趋激烈,产品更新异常加速,能预测今后五年甚至更多年的设计发展趋势实属大智慧。

2. 电子产品检验的主要影响因素

影响电子产品检验的条件,即六个因素,简称“5M1E”:人员(man)、机器(machine)、材料(material)、方法(method)、测试(measurement)、环境(environment)。

3. 电子产品检验的分类

(1)按检验数分为全检、抽检、免检。

全检:对在一定条件下生产出来的全部单位产品均必须进行检验。执行全验后的产品可靠性很高,但要消耗大量的人力和物力,造成产品成本的增加。全检的使用范围为批量太小时;检验工序简单时;不允许不良产品存在时,如军品;工程能力不足时;不良率超过规定,无法保证品质时;为了解该批制品实际品质状况时,如新产品。

抽检:按照一定的抽样标准及抽样方法,从检验批中抽取一定数量的单位产品进行检验。抽样检验的适用场合:属于破坏性检验;检验群体非常多;产品属于连续体的物品;希望节省检验费用。抽检的方式:一次抽样检验、二次抽样检验和多次抽样检验。需要特别指出的是,因为是抽样检验,将不合格批误判为合格批的可能性是存在的,其可能性通常用“冒险率(a)”来

表示。例如：日本家用电器的冒险率为0.1%～0.05%。

免检：对在一定条件下生产出来的全部单位产品免于检验。免检的使用范围：生产过程相对稳定，对后续生产无影响；国家批准的免检产品及产品质量认证产品；长期检验证明质量优良使用信誉高的产品。

(2)按检验人负责分为专检、自检和互检。

专检：也叫专职检验，主要在质控点上抽检或全检。

自检：生产工人对自己生产的产品的检验。它有利于防止废次品流入下道工序；提高检验工作效率，减少专检人员的工作量；及时了解自己工作的质量状况，及时改进，使工艺过程始终保持稳定状态，从而提高产品质量。

互检：生产工人之间对生产的产品或完成的工作任务进行相互的质量检验。互检方式：同一班组相同工序的工人之间的产品检验，班组质量管理员对本班组工人产品的检验，下道工序工人对上道工序产品的检验。

(3)按工序流程分为进料检验IQC、过程检验IPQC、验收检验FQC、出厂检验QA。

IPQC过程检验：物料入仓到成品入库前各阶段的检验。过程检验的方式：首件自检、互检与专检相结合；过程控制与抽检相结合；多道工序集中检验；逐道工序进行检验；产品完成后检验；抽样与全检相结合。

首件检验：是指在生产开始时及工序因素调整后(换人、换料、设备调整等)对制造的第1～5件产品进行的检验。

FQC验收检验：也称定点检验，是产品完工后的检验，以确定该批产品可否流入下道工序。

QA最终检验：也称成品检验或出厂检验，内容为装配过程检验、总装成品检验和例行试验。

(4)按检验场所分工序专检、在线检验，外发检验、库存检验和客处检验。

三、电子产品环境试验

1. 环境试验的定义和分类

环境试验是将产品暴露在自然或人工环境条件下经受其作用，以评价产品实际使用、运输和存储的环境条件下的性能，并分析研究环境因素的影响程度和作用机理。

环境试验按试验对象分为原材料试验、元器件试验、整机试验等；按试验目的分为老化试验、负载试验、装配试验、可靠性试验、寿命试验、定型试验、例行试验等；按试验条件分为机械试验、气候试验、电磁兼容试验等；按试验特点分为强度性试验、稳定性试验、综合性试验、特殊试验等。

2. 按试验目的分类的试验

(1)老化试验：产品或元器件在投入使用之前，通过试验使内部的潜在缺陷及早暴露出来，以剔除浴盆曲线中的早期失效，来保证产品性能的稳定。

(2)负载试验：确认产品的负载能力，从而形成合理的负载范围。如产品长时间过载运行时不仅会对产品造成伤害，还可能激发安全隐患，从而对操作人员的身体健康产生威胁。

(3)装配试验：确认产品的可装配性、装配工作效率、装配可靠性。

(4)可靠性试验：考核电子产品在规定的条件下、在规定的时间内完成规定的功能的能力。

它是对产品进行可靠性调查、分析和评价的一种手段。

(5)寿命试验:用来考查产品寿命的规律性,确认产品正常使用寿命。分为储存寿命试验(稳态寿命试验)和工作寿命试验、模拟寿命试验和加速寿命试验。由于储存寿命试验化的时间太长,常采用加速寿命试验。加速寿命试验是在保持失效机理不变的条件下,通过加大试验应力来缩短试验周期的一种试验方法;工作寿命试验,又叫功率老化试验和间歇寿命试验,是在给产品加上规定的工作电压条件下进行的试验;模拟寿命试验是一种模拟电路应用环境的组合试验,组合应力有机械、温度、湿度和低气压等。

(6)型式试验(定型试验、验证试验):在设计完成后,对试制出来的新产品进行的定型试验。其试验项目比例行试验项目多,而且更加严格和苛刻,用户对刚出厂的新产品也可以要求制造厂进行出厂试验时增加一些型式试验项目。

(7)例行试验:一种需要经常和反复做的试验,因为可以说是照惯例做的试验,所以就简称为例行试验。具体地说,例行试验一般是指在国家标准或行业标准的规定下,进行的例如出厂试验、现场进行的交接试验以及运行中定期进行的试验。无法进行例行试验的单位可到各省市电子产品试验的鉴定所进行。

3.按试验特点分类的试验

(1)强度性试验:表征被试产品抗御各种外界条件作用的能力,产品所处试验条件就是产品具有的强度。试验时,首先置产品于技术条件规定的条件下去经受考验,然后再恢复到正常条件下测量产品的各项基本参数是否变动,是否在允许的范围内或能否正常工作。

(2)稳定性试验:表征被试产品在各种外界条件作用下,基本参数的不变性,用基本参数的相对变化大小来表示产品的稳定性。与强度试验不同的地方是将产品处于试验条件的过程中来测量产品的参数,不是在经受试验后测量。

(3)综合性试验:表征被试产品防止多种环境条件同时作用的能力。影响电子产品的性能往往不止一种环境因素,如高空飞行物体除受到低温作用外,还受到低气压的影响,以及由低向高飞或由高向下降落时还有温度突变的问题。密封性试验是一种综合性试验,它表征产品耐潮稳定性、抗气压强度、防水强度,不渗水性、防溅性、防尘性等综合能力。

(4)特殊试验:表征被试产品防止某种特殊因素作用的能力。

4.机械试验

不同的产品,在使用和运输过程中都会受到振动,冲击和离心加速度,以及碰撞、摇摆、静力负荷、爆炸等机械力的作用,但程度不同,因而进行械试验的项目和强度也不同。

(1)振动试验:振动是指电子产品在平衡位置附近以一定时间周期作往复运动。振动试验包括振动稳定性试验和振动强度试验。振动稳定性试验主要用来检查产品结构在振动频率范围内有无共振点;振动强度试验主要用来检查产品在长时间振动条件下,抗拒振动所引起破坏性的能力。一般材料振动 10^7 次即可达到疲劳极限,要想振动 10^7 次,需将产品放到高频电磁振动台上振动 7～15h 或在低频振动台上振动 55.5～122h。经过振动试验后,产品不应该有机械损伤、元器件引线断裂、电缆损坏、元件和导线变形,接触件接触不良、紧固件松动、印制板跳出等现象,用仪器仪表测试产品的主要参数仍然要符合产品技术条件上的要求。

(2)冲击试验:产品在实际使用和运输过程中,会遇到非经常性的、非重复性的各种不同的机械冲击,例如撞车、紧急刹车和炸弹的爆炸等。车辆碰撞时,最大冲击加速度为 $50g$,炸弹或鱼雷爆炸时,最大冲击加速度为 $1\,000～5\,000g$。产品受到环境机械力的冲击后,可能引起突

然失效，机械结构可能超载，导致产品紧固件松动或散架。

(3)离心加速度试验：离心加速度是运载工具加速或变更方向时产生的。离心加速度试验主要是用来检查产品结构的完整性和可靠性。通常机载电子产品受到的离心加速度最大，但不超过 12g。离心力的方向与有触点的电器元件，如继电器开关的触电脱开方向一致且离心力大于触点的接触压力时，就会造成产品开路，导致产品失效。离心加速度的值由下式决定：

$$a=0.0011Rn^2g$$

式中，a 是离心加速度；g 是重力加速度；R 是旋转中心至设备几何中心的距离，m；n 是试验台的转速，r/min。

(4)运输试验：用来考查产品对包装、储存、运输环境条件的适应能力。目前工厂做运输试验是将已包装好电子产品的包装箱按标志“向上”的位置放到卡车的后部，卡车负荷按产品《试验大纲》规定，卡车以每小时若干公里的速度(如 20～30 km/h)在三级公路(相当于去一般城乡间的土路)上行驶若干公里(如 200 km)的行车试验。运输试验后，检查产品有无机械损伤和紧固件有无松脱现象，然后通电测试产品的主要技术指标应符合技术条件的规定。

5.气候试验

气候试验是用来检查产品在设计、工艺、结构上采取的防止或减弱恶劣环境气候条件对原材料、元器件和整机参数影响的那些措施的效果，找出疵点和原因，以便采取防护措施和工艺处理，从而达到提高无线电整机产品可靠性和耐恶劣环境条件适应性的目的。

气候试验一般包括高、低温试验、温度循环试验、潮湿试验、低气压和低温低气压试验等。这些试验不是每一种产品都要进行不可，例如，工作在高温，高湿条件下的产品就要进行湿热、低温试验；工作在海岸及船舶上的电子产品就要进行盐雾试验；工作在高空的电子产品应作低气压、低温低气压试验等。

气候试验一定要按最严格的顺序进行，假如规定气候试验的工艺流程为：高温试验→潮湿试验→低温试验，若把试验顺序变一下，改为潮湿试验→高温试验→低温试验，则被试验产品受到的环境影响就会大大减轻。因为前者是先将产品置于烘箱中加热，在高温下烘烤产品并烘干，第二道工序潮湿试验时，由于毛细管作用，会吸收大量的潮气；第三道工序是放入低温箱内，将刚才吸收的潮气冷冻，使产品体积增大，这样一来产品的某些部分就可能胀裂，很容易发生故障。

(1)高温试验：用来考核高温对产品的影响，确定在高温条件下产品参数的稳定性和储存适应性，观察产品有无各种疵点，如材料破坏、变色、漏电和软化等。它一般在烘箱中进行，大型产品可以在特别设计的高温间进行，试验方法有以下两种：

1)高温性能试验：将已通电工作的产品置入烘箱中，使温度升高到产品额定温度范围的上限值，并保持温度均匀和恒定若干小时后，在箱内测量产品的工作特性，看能否正常工作。

2)高温储存试验：产品在不通电的情况下置入高温箱内，使温度上升到产品额定使用温度范围的上限值，并保持箱内温度均匀和恒定若干小时后，取出置于室温下恢复 1h 或《试验大纲》规定的时间，然后通电测量产品的工作特性应符合技术条件要求。并检查产品有无机械损伤。微电路温度应力范围为 75～400℃，试验时间为 24h 以上。

高温对产品的不良影响：由于金属膨胀程度不同，使紧固件松动，活动部分卡住；加速高分子材料的分解、老化，使电子元器件的寿命缩短；电子元器件的参数随温度变化而变化，直接影响产品的稳定性，使产品工作的可靠性降低。

(2)低温试验：考核低温对产品的影响，检查在低温条件下产品参数的稳定性和储存适应性，考查产品受低温影响后有无机械损伤、产品能否正常起动等。它一般是在低温箱中进行，大型产品在专门设计的冷冻室里进行，通常用氨气制冷。试验方法有两种，即低温性能试验和低温储存试验。

低温对产品的不良影响：使润滑油的黏度增大，导致轴承黏滞、鼓风机停转，轻则使产品输出功率下降，重则损坏大功率的管子。温度低到一定程度后，因金属材料收缩不等，产品内部活动部分被卡住使接插件接触不良；元器件性能改变，气密性产品的泄漏率增大。

(3)温度循环试验：考核产品在较短时间内，抵抗温度剧烈变化(极端高温和极端低温)的承受能力，考核产品是否因材料的热胀冷缩引起材料开裂，接插件接触不良，参数恶化等失效现象。

温度的交替变化对产品的影响：金属材料的热膨胀不同，会引起紧固件松动；电子元器件的参数变化，导致无线电整机的技术指标变化；灌封材料碎裂，涂覆层剥落；材料的物理性能会发生变化。

温度循环试验通常在高、低温箱中进行。至于高、低温交替存放时间和转换时间的长短以及循环次数，应按产品《试验大纲》要求。微电路的转换时间要求不大于 1min，在高温或低温状态下的保持时间要求不小于 10min；低温为(－65±10)℃，高温从(85＋10)℃到(300＋10)℃不等。

(4)潮湿试验：用来考查产品长期处于潮湿环境中参数的稳定性和储存、运输的适应性，并观察产品有无各种疵点。潮湿试验分为：

1)额定使用范围潮湿试验：产品在不通电的情况下，按产品《试验大纲》规定的温度和湿度环境放置若干小时后，在潮湿试验箱内测量产品的绝缘电阻、耐压，然后接通产品的电源，检查产品的主要技术指标应符合产品技术条件的要求。测量完毕将产品取出进行外观检查，不应该有金属件锈蚀和塑料变形等现象。

2)储存、运输条件潮湿试验：这项试验与额定使用范围潮湿试验的条件完全相同，只是试验后，要经过产品规定的自然恢复时间再进行电参数测试和外观检查，产品的主要技术参数应符合要求，不应有金属件锈蚀和塑料变形等现象。

微电路交变潮热试验和恒定潮热试验，被试样品在相对湿度为 90%～100%的范围内，用一定的时间(一般为 2.5h)使温度从 25℃上升到 65℃，并保持 3h 以上；然后再在相对湿度为 80%～100%范围内，用一定的时间将温度下降到－10℃，并保持 3h 以上，再恢复到温度为 25℃，相对湿度等于或大于 80%的状态。

潮湿对产品的影响：在沿海地区和船舶上工作的无线电整机产品经常受到高温、高湿、海雾等侵蚀，引起金属腐蚀，各种零部件的抗电强度下降，绝缘电阻降低，电于元件参数变化，产品的主要技术指标变化，影响工作的稳定性和可靠性。

(5)低气压试验：高空用无线电整机产品不仅有低气压作用，还伴有低温的影响，所以低气压试验是将产品放入具有密封容器的低温、低压箱中进行，以模拟高空气候环境。用机械泵降低容器内气压到规定值，其值随产品使用高度不同而不同，然后测量产品参数应符合技术条件要求。微电路 A 档气压值是 58kPa，对应的高度是 4 572m，E 档气压值是 1.1kPa，对应的高度是 30 480m 等。

低气压对产品的影响：随着海拔高度的增加，大气压力按指数规律递减，所以在高空和高

原地区工作的无线电整机产品必须考虑低气压给产品带来的不良影响:抗电强度降低。产品内部容易产生电离击穿、飞弧和电晕等现象;散热条件变差,使元器件性能发生变化,造成产品技术指标变化;使气密性产品的密封外壳变形,焊缝开裂;造成机械接触部分的动作困难等。

(6)特殊试验。这些试验不是所有的产品都需要作的试验,应根据产品使用环境条件和用户的要求而定。

1)盐雾试验:模拟海上大气环境,考核金属镀层和化学涂敷层对盐雾的抗蚀能力,以及无线电整机产品对盐雾的适应能力。它的温度一般要求为(35±3)℃,在24h内盐沉积速率为20 000～50 000mg/m^2。试验时间一般分为24h,48h,96h和240h四挡。

盐雾对电子产品的影响:由于海风和飞溅的浪花把海水卷入大气中,与潮湿大气结合形成带盐分的雾滴即盐雾,因而在海岸边、舰船上工作的电子产品会遭到盐雾的侵蚀。盐雾锈蚀或锈断元器件的引线,造成电气功能部件失效;对金属表面有较大的侵蚀和电解腐蚀作用,使金属表面产生凹点;腐蚀绝缘材料,使之产生失光、裂纹、变色等老化现象。

2)防尘试验:用来考查砂尘侵入产品内部的可能性及其表面腐蚀和损坏情况。在干热带户外使用的电子产品必须作防尘试验。

砂尘对电子产品的影响:大气中含有灰尘、粉尘,沙漠地区除灰尘外,还有砂子。这些沙尘若沉积在电子产品的表面并吸收潮气,会降低材料的绝缘性能,如果吸潮的沙尘中含有酸、碱性腐蚀物时,还会导致金属腐蚀。假如沙尘侵入轴承、开关、电位器等可动部件的活动部分,则会引起接触不良或零件磨损,甚至损坏。

3)抗霉菌试验:考核产品抗霉菌的能力和在有利于霉菌生长的条件下(即高湿温暖的环境中和有无机盐存在的条件下),设备是否受到霉菌的有害影响。

霉菌对电子产品的影响:霉菌能在多种非金属表面生长繁殖,尤其是吸湿性较强的材料上,在湿热环境,温度为15～30℃,湿度大于70%的条件下,每15～20min霉菌会分裂繁殖一次使霉菌成倍增长。霉菌自身分泌出酶分解有机物如合成树脂为主的塑料、油漆涂料和纤维等以获取养料;霉菌在生长繁殖时分泌出二氧化碳及酸性物质,使材料腐烂脆裂,对金属具有腐蚀作用;霉菌可能使所有的有机材料和部分无机材料的机械强度下降,物理性能变坏,活动部分被阻塞。霉菌的导电性能较好,将导致绝缘材料的绝缘性能变坏等,使元件和材料表面的绝缘电阻降低,抗电强度降低等。

4)抗辐射试验:考核产品在高能粒子辐照环境下的工作能力。随着原子弹、氢弹的生产,对电子产品提出了防核辐射的要求。辐射包括核辐射、太阳辐射和宇宙射线辐射。

a.核辐射:对产品的影响和破坏最大的要算快中子和γ射线,它们的穿透能力很强,可使器件的PN结退化,造成电子产品完全失效。

b.太阳辐射:太阳光里的紫外线和红外线对电子产品的影响很大:紫外线会使有机材料老化、缩短寿命,红外线能使电子产品的温度上升,造成有机材料的老化和分解、产品过热、油漆退色、剥落、橡胶制品发硬开裂。

c.宇宙射线:通常由质子和γ射线、α射线以及电子组成,α射线如果直接辐射到电子产品上,对电于产品的危害较大。

微电路的辐射试验主要有中子辐照和γ射线辐照两大类。

6.EMC(电磁兼容)试验

电磁兼容有两个含义:一为电子设备本身抗电磁干扰,能够正常工作;二为不向其他设备

发射干扰电磁波，使其不能正常工作。常见的电磁兼容试验有静电放电抗扰度试验、射频电磁场抗扰度试验、电快速瞬变脉冲群抗扰度试验、浪涌抗扰度试验、电源电压跌落、短时中断和变化抗扰度试验、静电放电抗扰度试验等。

7. 试验设备

环境试验设备主要包括高低温试验箱、恒温恒湿箱、高低温交变箱、高低温交变湿热试验箱、高温老化箱、低温老化箱、可编程式试验箱、臭氧老化箱、盐雾腐蚀试验箱、大型步入式试验室、紫外线老化试验箱等等。

力学试验设备主要包括振动台、电磁振动台、模拟运输台、模拟运输振动台、跌落台、拉力试验机、动平衡试验机、摆锤冲击试验机和稳态加速离心试验机。其中振动台又分为水平方向的、垂直方向的、水平加垂直的，还有水平垂直左右的。习惯上把水平加垂直的叫作四度空间振动台，而水平垂直左右的叫作六度空间振动台。

四、电子产品检验实例

1. 印制电路板的检验

(1)人工检测内容：外形尺寸与厚度是否在要求的范围内，特别是与插座导轨配合的尺寸；导电图形的完整和清晰，有无短路、断路和毛刺等；表面质量，有无凹痕、划伤、针孔及表面粗糙；焊盘孔及其他孔的位置及孔径，有无漏打或打偏；镀层平整光亮、无凸起缺损；阻焊剂均匀牢固、位置准确、助焊剂均匀；板面平直无明显翘曲；字符标记清晰、干净，无渗透、划伤、断线。

(2)仪器检测内容。

1)外形尺寸检验：整板外形尺寸、板厚度(包括基板、铜箔和镀层)、焊盘尺寸、导电图形厚度、导线宽度、导线间距、孔的规格、翘曲度(平整度)、图形与导线完整性、多层板的层间对位度。

2)机械性能检测：镀层结合力、可焊性、镀层厚度、凹蚀阴影、孔壁非金属材料残留量、镀层合金组成与微结构、耐热性、剥离强度、孔壁结合力、清洁度(成品板萃取溶液电阻值)。

3)电气性能检测：连续性、绝缘性、电镀通孔破坏电流、电压负荷能力。

4)环境耐受性测试：温度耐受性(－65～＋125℃温度循环)、湿度耐受性(相对湿度为90％～98％，温度在25～65℃)。在以上试验条件下，检测电路板各种性能变化和耐受性。

(3)印制电路板测试仪器。

这些仪器包括X射线荧光测厚仪、金相微切片制作设备(如美国EXTEC、德国SCANDIA)、铜箔拉力计(如美国CECE公司TA620/30)、铜箔测厚仪、层压板凝胶温度计(如美国CECE公司TA650)、基板板厚测量计、线性微距测量计、V形槽深度计、黏度计、电弧电阻值测量计、基板耐高压测试仪、高(低)电阻测试仪、基板拉力试验机、摩擦损耗试验机、燃烧性试验机、精密硬度计、可焊性测试仪、特性阻抗测试仪、PCB离子污染度测试仪(适用于软、硬板)、X光透视仪(如日本PONY)、全自动便携式氦质谱检漏仪、微粒粒子计数仪。

2. 手机塑胶件外观检验

手机塑胶件缺陷有点(含杂质)、毛边、银丝(气体使塑胶零件表面褪色，气体大多为树脂内的湿气)、气泡、变形、顶白(成品被顶出模具所造成的泛白及变形)、缺料、断印、漏印、色差、同色点、流水纹、熔接痕、装配缝隙、细碎划伤、硬划伤、凹痕缩水、颜色分离(塑胶生产中，流动区出现的条状或点状色痕)、不可见瑕疵、碰伤、油斑、漏喷、修边不良、毛屑(分布在喷漆件表面的

线形杂质)。

3. 微电路机械试验

(1)恒定加速度试验。考核微电路承受恒定加速度的能力,可以暴露微电路结构强度低和机械缺陷引起的失效,如芯片脱落、内引线开路、管壳变形、漏气等。

(2)机械冲击试验。考核微电路承受机械冲击的能力,如跌落、碰撞时微电路会受到突发的机械应力。这些应力可能引起芯片脱落、内引线开路、管壳变形、漏气等失效。

(3)机械振动试验。它有扫频振动试验、振动疲劳试验、振动噪声试验和随机振动试验四种。目的是考核微电路在不同振动条件下的结构牢固性和电特性的稳定性。扫频振动试验是微电路进行等幅谐振动,其加速度峰值一般为196m/s(20*g*)、490m/s(50*g*)和686m/s(70*g*)三挡,振动频率20～2 000Hz范围内随时间按对数变化;振动疲劳试验也要使微电路进行等幅谐振动,但是其振动频率是固定的;随机振动的振幅具有高斯分布,加速度谱密度与频率的关系是特定的;振动噪声试验其加速度的峰值一般不小于196m/s(20*g*),振动频率20～2 000Hz范围内按对数变化。

(4)键合强度试验。其分为破坏性键合强度试验和非破坏性键合强度试验。试验要求在键合线中部对键合线施加垂直于微电路方向的力;同时施加给指向芯片反方向的力,施力要从零开始缓慢增加,避免冲击力。

(5)引线牢固性试验。有引线拉力试验、弯曲应力试验、引线疲劳试验和引线扭力试验。

(6)粒子碰撞噪声检测试验。目的是检验微电路空腔封装腔内是否存在可动多余物。

第二节　电子产品检测与测量技术

一、电子产品检测技术

检测归属于电子产品检验,将不同的检测设备配备到生产线的不同工位上进行监测,可以提高整机制造的直通率。不断增加的PCB组件的复杂度和密度推动了各种检测技术的发展。

1. 检测的分类

按检测对象分元器件检测、印制电路板检测、工艺材料检测、印制电路板组件检测、其他部件检测、整机检测。印制电路板生产后进行的检测叫裸板测试;印制电路板组装工艺完成后进行的检测,又叫加载测试,比裸板测试复杂。

根据检测方法不同分非接触式检测和接触式检测。非接触式检测包括目测法、自动光学检测AOI (Automated Optical Inspection)、自动X光检测AXI (Automated X - ray Inspection, AXI)、超声波检测等;接触式检测包括在线检测ICT(In - Circuit Test)、功能测试FCT (Functional Circuit Test)。

按检测方式分人工检测(目测法)和机器检测,机器检测又分离线检测和在线检测。离线检测,检测是一个独立工序;在线检测,检测是生产流程一部分。机器检测主要有自动光学检测(AOI)、自动X射线检测(AXI)、激光/红外线组合式检测、超声波检测等。

根据应用不同分工艺检测SPT(Structural Process Test)、电气测试EPT(Electronical Process Test)和实验分析。电气测试EPT分在线检测ICT、功能测试FCT、边界扫描、故障分析、集成系统等。

2. 工艺检测

组装工艺检测是印制电路板组件最基本的底层检测，也称为连续性检测，它只检测 PCBA 表面质量，即有没有漏装、错装、方向装反等安装问题，以及是否有桥接、立片、虚焊等各种焊接缺陷。它除人工目视检测外，主要有三种机器检测方式：激光/红外线组合式检测、自动光学检测(AOI)和自动 X 射线检测(AXI)。激光/红外线组合式检测由于其性价比不如 AOI，实际生产中应用较少。

人工目测法(Manual Visual Inspection，MVI)指直接用肉眼或借助放大镜、显微镜等工具检查组装质量的方法。该方法投入少，不须进行测试程序开发，但速度慢，主观性强，需要直观目视被检区域，对于细间距微型元器件、隐藏焊点，由于人的眼力所限，往往很难检测，甚至检测不出。自动光学检测(AOI)与自动 X 射线检测(AXI)是近年在电子组装中应用较多的两种 PCBA 组装工艺检测设备，特别是用 AOI 代替人工目视检测，对于提高生产效率、提高产品质量具有重要意义。

(1)自动光学检测 AOI(Automated Optical Inspection，AOI)。

1)原理：自动光学检测是采用一组不同波长可见光组成光源系统，通常是红、绿、蓝三种光组合成环型，它们照射到被检测物体上，例如 PCBA 上，不同材料、不同形状和表面的元器件、焊点等对不同波长光线反射不同，这些信息通过高质量、高清晰度 CCD 摄像系统采集，然后送到图像处理系统和计算机系统进行分析、比较和判断，从而检测出 PCBA 的缺陷。

2)方法：对 AOI 来说，灯光是认识影像的关键因素，但光源受环境温度、AOI 设备内部温度上升等因素的影响，不能维持不变的光源，需要通过“自动跟踪”灯光的“透过率”对灯光变化进行智能控制。图像处理部分需要很强的软件支持，各种缺陷需要不同的计算方法用计算机进行计算和判断，计算方法有黑/白、求黑占白的比例、彩色、合成、求平均、求和、求差、求平面、求边角。检测方法有彩色图像统计分析、字符识别(OCR)、IC 桥接分析、颜色分析、相似性分析、黑白比例分析、亮度分析、非线性颜色分析等，检测元器件最小可做到 1005 矩形片式元件、IC 脚间距 0.3mm。

3)发展：AOI 正在向内嵌技术(EPV)方面发展，将检验技术植入组装设备的运行程序中，使其具有视觉验证能力，能够大幅降低组装外围成本、占地面积，提高投资回报率。

目的：代替人工目视检测的组装工艺检测，主要检测元器件组装的正确性和从焊点外观判断焊接质量，监控具体生产状况，并为生产工艺的调整提供必要的依据，各种档次和复杂度的产品都适用，因此检测速度与准确性是关键。

4)AOI 技术应用：PCB 光板检测、焊膏印刷质量检测、组件检验、焊点检测等功能。PCB 光板检测、焊点检测大多采用相对独立的 AOI 检测设备；焊膏印刷质量检测、组件检验一般采用与焊膏印刷机、贴片机相配套的 AOI 系统，进行实时检测。

PCB 光板检测项目有缺口及直径减小、针孔、压线、凹陷、凸出等焊盘缺陷，搭线、断线、线宽/线距、缺口、凸出、凹陷、铜渣、针孔、尺寸或位置错误、孔堵塞等线条缺陷。

焊膏印刷质量检测检测项目有厚度、偏移、边缘塌陷、互相黏连。

贴装机后、焊接前，检验项目有元器件丢失、型号错误、极性错误、元器件贴反(如电阻翻面)、竖碑、引脚共面性和残缺、对中状况、贴片压力过大造成锡膏图形间连接等。

贴装件检测项目有错件、移位、贴反(如电阻翻面)、丢失、极性错等。

焊点检测项目有焊点润湿度、锡量多、锡量少、漏焊、虚焊、桥接、焊球、竖碑等。

5)特点:高速检测能跟上生产节拍、编程快捷、高精度、高可靠性、用显示器显示错误或用墨水标记缺陷以便维修人员修整、提供过程跟踪和控制信息,但不能检测电路错误,不能检测不可见焊点。

(2)自动X射线检测(AXI)。

1)原理:AXI采用不可见的X射线作为光源,X射线由一个微焦点X射线管产生,穿过管壳内的一个玻璃窗,并投射到被检测物体上(通常称为样品或样件)。样品对X射线的吸收率或透射率取决于样品所包含材料的成分与比例。穿过样品的X射线轰击到成像器(X射线敏感板上的磷涂层),并激发出光子,这些光子随后被CCD摄像机探测到。由于焊点中含有可以大量吸收X射线的铅,因此与玻璃纤维、铜、硅等其他材料的X射线相比,照射在焊点上的X射线被大量吸收呈黑点产生良好图像。

2)方法:2D检测法和3D检验法。

2D检测法:对于单面板上的元器件焊点可产生清晰的视像,但对于目前广泛使用的双面贴装线路板,效果就会很差,会使两面焊点的视像重叠而极难分辨。

3D检验法:采用分层技术,即将光束聚焦到任何一层,并将相应图像投射到一高速旋转层,使位于焦点处的图像非常清晰,而其他层上的图像则被消除。它对那些不可见焊点,如BGA(的焊点等,进行多层图像"切片"检测,每个"切片"测量了四个基本物理参数:

a.焊点的中心位置:表明BGA器件在PCB焊盘上的移位情况;

b.焊点的直径:表示因焊膏印刷或焊盘污染引起的开路情况和焊点的共面性情况;

c.与焊点中心轴同轴的五个圆环各自的焊料厚度:判定焊点中焊料的分布情况,对确定润湿不够和气孔缺陷更为有效;

d.焊点相对于已知圆度的形状误差:表示与标准圆相比,焊点周围焊料分布的均匀性,为判定器件移位和焊点润湿情况提供数据。

3D检验法可以测通孔焊点,检查通孔中焊料是否充实;可以检测出高度,如焊膏的厚度、元件的高度以及焊锡的高度等。

3)目的:解决人工目视无能为力的内部透视,其目的主要检测BGA、QFN等底部引线元器件及PCB内层等部位的焊接质量,从而为这些元器件组装工艺的调整提供依据,多用于中高端复杂产品,重点在于产品可靠性,因而检测的精确度和分辨率是关键。

4)应用:由于AXI成本高和安全性问题,目前AXI应用主要是中高端产品和研究开发机构。随着AXI技术需要的数字相机的成本正在迅速降低,以及处理器和存储器芯片价格的降低,BGA等底部引线元器件和多层板高密度组装产品应用越来越广泛,以及元器件嵌入PCB、逆序组装等新技术的应用,对AXI的需求会越来越多。

5)优点:对工艺缺陷的覆盖率高,可检查的缺陷包括虚焊、桥接、立碑、焊料不足、气孔、空洞等,尤其是BGA、CSP等焊点隐藏的元器件;检测范围广,能检测到其他测试手段无法可靠探测到的缺陷,如虚焊等;测试的准备时间短;对双面板和多层板只需一次检查(带分层功能);可三维显示内部焊点;AXI板面越大越复杂,AXI在经济上的回报就越大。

6)缺点:价格是其他AOI纯光学检测系统的3~4倍;X射线强大的穿透力对人类健康有危害;X射线检测对相关人员经验和技术水平要求较高,检测精确度和应用水平存在人为因素的影响;AXI的3D检验法,技术处理较难,对编程要求较高。

(3)激光/红外线组合式检测。

原理：通过激光光束对被测物进行照射，利用被测试物表面对激光光束吸收率的不同而产生温度变化，通过红外线温度检测来实现对印制电路板组件的自动检测。

应用：红外线检测系统可以同时检测焊点的表面和部分内部缺陷，与 AOI 相比有一定优势。但这种检测方式由于温度变化需要一定时间而影响检测速度，因此在生产实际中应用较少。

(4)超声波检测：也叫超声检测、超声波探伤，是一种无损检测。

原理：利用超声波束能透入金属材料的深处，由一截面进入另一截面时，在界面边缘发生反射的特点来检测焊点的缺陷，将遇到缺陷及焊点底部反射波束收集到荧光屏上形成脉冲波形，根据波形的特点来判断缺陷的位置、大小和性质。

特点：测厚度大、灵敏度高、指向性好、检测速度快、安全性、好成本低、应用广泛，但缺陷显示不直观，技术要求高，要求富有经验的检验人员才能辨别缺陷种类。

3. 电气检测

(1)在线检测 ICT(In - Circuit Test)。

1)在线检测仪简介：也称为制造缺陷分析仪(Manufacturing Defect Analyzer，MDA)，是通过对在线元器件的电性能及电气连接进行测试来检查生产制造缺陷及元器件不良的一种标准测试手段。在线检测仪内部测量仪器模块和被测试节点通过探针连接，每个测试仪内部有两组控制开关，一组连接任一测试点和测量总线；另一组连接测量总线和测量仪表模块。它主要检查在线的单个元器件以及各电路网络的开、短路情况，具有操作简单、快捷迅速、故障定位准确等特点。它分针床式和飞针式，由于飞针式检测仪具有成本和灵活性方面优势，目前应用较多。

2)ICT 的基本工作原理。

a. 开路及短路测试原理。把两测试针之间的阻抗值分为四个区间：≥5，5～25，25～55，＞55。将小于 25Ω 的点自动聚集成不同的短路群。开路测试时，在任何一短路群中任何两点的阻抗不得大于 55Ω，否则判定开路测试不良；短路测试时，若有以下其中之一的情况发生，则判定短路测试不良：一在短路群中任何一点与非短路群中任一点的阻抗小于 5Ω；二不同短路群中任意两点的阻抗小于 5Ω；三非短路群中任意两点的阻抗小于 5Ω。

b. 电路隔离测试技术。使用一只高输入电阻的集成运放(OA)在被测电路中适合的电路支点上施加等电势电压，从而去除由于电势不等造成的流过被测对象电流值变化，以实现精确测试。

电流源测试：如图 9.2.1 所示，以电流源当信号源输入时，则在相接元件 Z_1 的另一脚施加与高电位 A 等电势的电压，以防止电流流入与被测元件相接的旁路元件，确保测量的精准性。此时隔离点的选择必须以和被测元件高电位脚相接的旁路零件为选择范围。

电压源测试：如图 9.2.2 所示，以电压源当信号源输入时，则在相接元件 Z_2 的另一脚施加与低电位 B 等电势的电压，以防止与被测元件相接的元件所产生的电流流入，而增加测量的电流，影响测量的精准性。此时隔离点的选择必须以和被测元件低电位脚相接的旁路元件为选择范围。

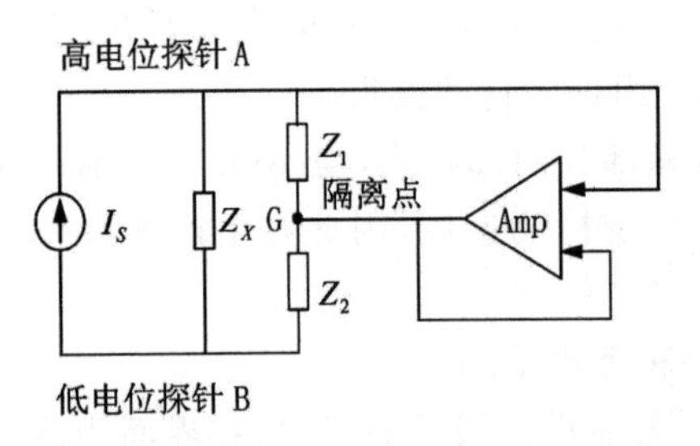

图 9.2.1 电流源测试

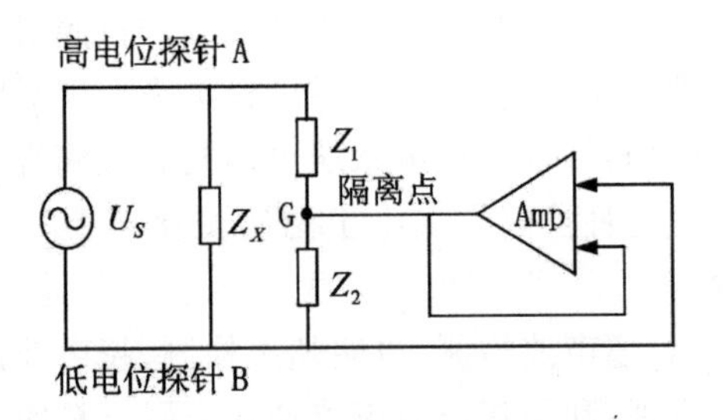

图 9.2.2 电压源测试

c. 元件测试原理。采用固定直流电流源(电流已知)、交流电压源(频率已知,电压有效值已知)及可编程控制电压源,对电子元件进行测试,大致可以分为两种情况:"送电流(已知),量电压(测量得知)"与"送电压(已知),量电流(测量得知)"。

测 R,C,L:根据欧姆定律 $Z=U/I$,系统可计算得知阻抗值 Z。电阻:$Z=R$;电容:$Z=1/(\mathrm{j}\omega C)=1/(2\pi f C)$;电感:$Z=\mathrm{j}\omega L=2\pi f L$。可计算得到 R,C,L。

测大电容的原理:以直流电流源测量电容的充电曲线斜率来得知电容值。$Q=CU$;$i=\mathrm{d}Q/t=C\mathrm{d}U/\mathrm{d}t$($\mathrm{d}U/\mathrm{d}t$ 为曲线斜率);而 $\mathrm{d}U/\mathrm{d}t=(U_2-U_1)/(T_2-T_1)$(分别在两个时间点量电压),由曲线斜率乘以修正系数可得电容值。

测二极管、晶体管:按照电流分压原理,当二极管空焊、反装或缺件时,其阻抗将变至无限大,则电流近乎没有,此时在 A,B 测量到的电压值接近电源电压;当二极管正常时,应测量到为 0.7V(硅)或 0.2V(锗)左右;当二极管短路时,测量到的电压接近 0;当二极管并联较大电容而延时不足时,测量得到的电压将小于 0.7 V。

3)在线检测技术参数:最大测试点数、可测试的元器件种类、测试速度、测试范围、测试电压、测试电流、测试频率、测试印制电路板尺寸。

4)针床式在线检测和飞针式在线检测。

a. 针床式在线检测。如图 9.2.3 所示,针床上有数百到数千弹性小针(探针),测试时随着针床所有探针同时触及测试点进行测试。分通用针床检测和专用针床检测。通用针床检测采用网格矩阵针床结构,网格节点尺寸已由 2.54mm 走向 1.27mm,0.635mm,0.50mm,甚至小到 0.30mm,但是这种尺寸故障率高,已到了极限;专用针床检测采用按 PCB 所需测试点与开关电路卡连接,但必须制作专用的测试夹具。同样地存在着高密度化带来的测试极限和损伤测试点问题。

针床式在线检测的探针具由针杆、针管、弹簧和套管组成,针杆头有多种形状和尺寸,针杆、针管采用铜材料并镀金,一端与被测电路板相连,要求针尖与板面测试点的接触压力大于 2.5kN,方能保证接触良好,另一端与开关电路卡连接。

针床式在线检测仪的优点:故障诊断能力强、速度快、测试结果一致、可靠性高、操作容易;缺点:探针会对测试点造成损伤,每种电路板都需要专用夹具,需要较多编程与调试时间,对高密度板存在精度问题,对小批量多品种生产,使用成本较高,缺乏柔性。

b. 飞针式在线检测 FPT(Flying Probe Test,FPT)。FPT 用探针来代替针床,在 $X-Y$ 运动机构上装有可分别高速移动的 4 个头共 8 根测试探针,最小测试间隙为 0.2mm。工作时根据预先编排的坐标位置程序移动测试探针到测试点处,与之接触,根据测试程序进行测试。图 9.2.4 所示为飞针式测试仪进行测试时的情况。

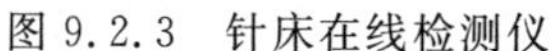

图 9.2.3　针床在线检测仪

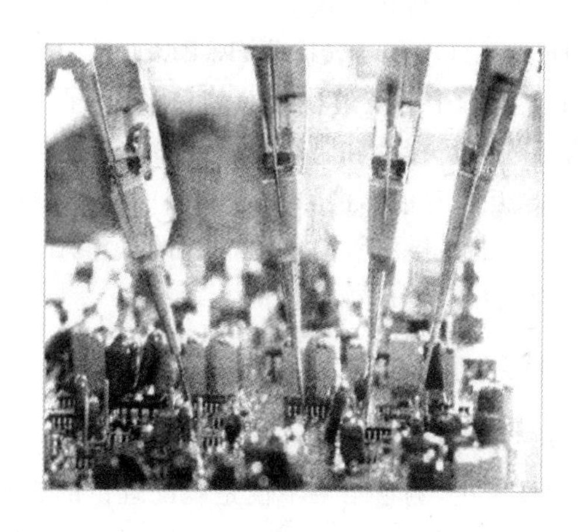

图 9.2.4　飞针式检测仪进行测试时的情况

飞针式在线检测与针床式在线检测仪相比，在测试精度、最小测试间隙等方面均有较大幅度提高，并且无须制作专门的针床夹具，测试程序可直接由线路板的 CAD 软件得到。它在线检测灵活性好，适应多品种小批量检测。其主要缺点为：测试速度低；故障覆盖面有限，也存在着碰伤测试点的问题。

c. 飞针检测和针床检测的互补。目前的针床检测仪只适用于低频频段，在射频(RF)频段探针将变成小天线，产生大量的寄生干扰，影响测试结果的可靠性。飞针在线测试仪的探针数很少，较容易采取减少 RF 干扰，实现 RF 的在线测试，但覆盖率低。考虑合并飞针和针床技术，在同一台在线检测仪内融合飞针和针床结构，使其优势互补，可以达到提高测试速度、降低编程难度、降低成本的目的。

(2)功能测试(Functional Test，FT)：对测试目标板提供模拟的运行环境(激励和负载)，使其工作于各种设计状态，从而获取到各个状态的参数来验证 PCBA 的功能好坏的测试方法。简单地说，就是对目标板加载合适的激励，测量输出端响应是否合乎要求。它按自动化程度不同，可以分为手动、半自动和全自动；按设备分为模型测试系统、测试台、专用测试设备、自动测试设备；依据控制方式分 MCU 控制、嵌入式 CPU 控制、PC 控制、PLC 控制等。

(3)边界扫描测试(BS)：是一种可测试结构技术，它采用集成电路的内部外围所谓的“电子引脚”(边界)模拟传统的在线测试的物理引脚，对器件内部进行扫描测试。它在芯片的 I/O 端上增加移位寄存器，把这些寄存器连接起来，加上时钟复位、测试方式选择以及扫描输入和输出端口，而形成边界扫描通道。它可以消除或极大地减少对印制电路板上物理测试点的需要，从而使得印制电路板布局更简单、测试夹具更廉价、电路中的测试系统耗时更少。

4. 综合检测

(1)检测技术各有优缺点。人工目测成本低廉，但可靠性低，速度慢；在线检测(ICT)能快速准确定位 PCB 和元器件的故障和，但需要事先设计测试点；功能检测(FT)对电路进行全面电气检查，但很难做出故障定位；自动光学检测(AOI)不需要针床，具有自动化、高速化和高分辨率的检测能力，但不能检测电路电气故障；X 射线检测(AXI)可以对电路板进行全面检查，尤其可以检测 BGA 封装，但是成本高昂，也不能检测到电路的电气故障。

(2)技术互补势在必行。哪一种检测技术取代其他技术都很困难，使用多种测试技术会很

快成为这一领域的首选。ICT/FT 的组合在一定条件下 ICT 和 FT 可以共用针床夹具，降低设备使用成本；AOI 和电气检测（ICT 或 FT）的组合，自动光学检测、在线测试和功能测试组成 PCB 工艺过程中的三道检测关口，它们的严格把关是 PCB 生产的最佳检测策略；AOI 与 AXI 组合可检测可视的和隐藏的缺陷；AXI 和电气检测（ICT 或 FT）组合，AXI 系统和电气检测系统可以"互相对话"，消除两者之间的重复测试部分，只需检测原来测试接点数的 30%就可以保持目前的高检测覆盖范围，从而缩短测试时间，降低电气测试夹具和编程费用，适用于高密度、双面贴装 BGA 板的检测。

二、电子测量基本常识

著名科学家门捷列夫曾说："没有测量，就没有科学。"测量是一把打开自然科学宝库的钥匙，在科学技术中，测量结果不仅是验证理论的客观标准，而且是发现新问题、提出新理论的线索和依据。在实际电子测量过程中，必须根据具体的测量对象、环境、条件和要求，选择正确的测量方法、合适的测量仪器，进行正确的测量操作，才能得到比较理想的测量结果。测量相关要素有频率、电平、时间、温度、湿度、压力和磁场等。

1. 电子测量的有关术语

电子测量：电子测量是指利用电子技术和电子设备对电量或非电量进行测量的过程。

计量：是为了保证量值的统一和准确一致而进行的一种测量，它具有统一性、准确性和法制性等特征。计量是测量工作发展到一定阶段的客观需要，没有计量，测量所得到的数据就会失去准确性、可靠性。

真值：一个量值在一定条件下所呈现的客观大小或真实数值称作真值。要想得到真值，必须利用理想的测量仪器进行无误差测量。

标称值：测量仪器上标定的数值称为标称值。由于制造和测量精度不够以及环境等因素的影响，标称值并不一定等于它的真值。

测量值（示值）：由测量仪器读数装置所显示出的被测量的量值。

测量误差：测量仪器的测量值与被测量真值之间的差异，称为测量误差。测量误差的存在具有必然性和普遍性，人们只能根据需要，将其限制在一定范围内而不可能完全加以消除。

测量准确度（正确度）：测量准确度是指测量结果与真值之间的符合程度。

测量精密度：对同一被测量进行重复测量，所得结果彼此间的一致程度。

测量精确度：测量精密度和测量准确度的综合反映。

等精度测量和非等精度测量：等精度测量是指在保持测量条件不变的情况下进行的多次测量。非等精度测量是指在测量条件不能维持不变的情况下进行的多次测量。

2. 电子测量的误差

(1)绝对误差与修正值。设测量值为 X，被测量真值为 A，则绝对误差 ΔX 可表示为：$\Delta X=X-A$。真值 A 可以是精度高一等级的标准仪器的示值或多次测量的最佳估值。

修正值通常由上一级标准检验部门或由生产厂家给出的，一般用 C 表示：$C=-\Delta X$ 。在实际测量时，对测量结果加以修正可计算被测量的实际值：$A=C+X$。

(2)相对误差。实际相对误差：用绝对误差 ΔX 与被测量真值 A 的百分比来表示的，即 $\gamma_A=(\Delta X/A)\times 100\%$。

标称相对误差：也称示值相对误差，它是用绝对误差 ΔX 与仪器的测量值 X 的百分比表

示的，即 $r=(\Delta X/X)\times100\%$。

满度相对误差：也叫引用误差，为绝对误差与测量仪器满度值(量程上限值)的百分比，即 $\gamma_m=(\Delta X/X_m)\times100\%$

(3)仪表的准确度等级。按满度相对误差的最大值进行分类，分为0.1，0.2，0.5，1.0，1.5，2.5，5.0七个等级，对应的满度相对误差分别为±0.1%，±0.2%，±0.5%，±1.0%，±1.5%，±2.5%，±5.0%。

由此可知，在使用连续正向刻度的电压表、电流表时，为了减少测量中的示值相对误差，在进行量程选择时应尽可能使示值接近满刻度值，一般示值以不小于满刻度的2/3为宜。

(4)测量误差的分类和处理。

1)系统误差。

仪器误差：测量仪器及其附件在设计、制造、装配等方面的不完善，以及使用过程中由于元器件的老化、机械部件磨损、超负荷运行等因素产生的误差。

方法误差：由于测量方法不当或测量原理不严密所引起的误差，例如，用输入阻抗较低的普通万用表测量高内阻回路的电压就会产生此种误差。

环境误差：由于各种环境因素与测量仪器所要求的测量条件不一致所造成的误差。主要的影响因素是环境温度、电源电压、预热时间、电磁干扰等。

读数误差：由于测量者的分辨能力、视觉疲劳、固有习惯等因素引起的误差称为人身误差。例如，斜视读数引起的误差等。

系统误差：简称系差，它是指在相同测量条件下，多次测量同一被测量时，测量误差的绝对值和符号都保持不变，或在测量条件改变时，按一定规律变化的误差。主要特点：方向恒定不变、确定的函数关系；重复测量也无法消除或减少；具有可控制性或修正性。产生原因：仪器未校准，刻度偏差，齿轮杠杆位移和转角不成比例等。

随机误差：又称偶然误差，它是指在相同的测量条件下，对同一被测量进行多次重复测量时，每次测量误差的绝对值和符号均以不可预知的方式无规律变化的误差。主要特点：有界性、对称性和抵偿性。产生原因：

随机误差的主要特点：测量次数一定时，误差的绝对值不会超过一定的界限，即有界性；多次测量中，绝对值相等的正、负误差出现机会相同，即对称性。等精度测量时，算术平均值的误差随着测量次数的增加而趋近于零，即正、负误差具有抵偿性。原因：温度及电源电压的波动，电磁干扰，读数分辨能力等；处理：进行多次测量，将算术平均值作为最后的测量结果。

粗大误差：指在一定的测量条件下，测量值明显偏离实际值所造成的测量误差。产生粗大误差的原因：测量方法不当或错误；测量操作疏忽或失误。粗大误差明显偏离客观事实，这种测量值称为可疑数据或坏值，处理时应予以剔除。

2.电子测量的分类

(1)按测量手段分直接测量、间接测量和组合测量。直接测量是指直接从电子仪器或仪表上读出测量结果，测量过程简单、迅速，应用广泛；间接测量是指先对几个与被测量有确定函数关系的电参数进行测量，再将测量结果通过计算求出被测量，用于不便于直接测量的情况或间接测量结果比直接测量更准确的情况中；组合测量是指当被测量与多个未知量有关，测量一次无法得出确切的结果，需改变测量条件进行多次测量，根据被测量与未知量的函数关系列出方程组并求解，从而得出未知量的测量方法。它费时、复杂、准确度高，适用于科学实验或一些特

殊场合。

(2)按被测量性质分时域测量、频域测量、调制域测量、数据域测量和随机测量。时域测量是指测量被测信号幅度与时间的函数关系;频域测量是指测量被测信号幅度与频率的函数关系;调制域测量是指测量被测信号频率随时间变化而变化的特性;数据域测量是指测量数字量或电路的逻辑状态随时间变化而变化的特性;随机测量是指对各类随机的噪声信号、干扰信号的测量。

(3)电子测量的内容分:电能量测量,如测量电流、电压、功率等;电子元器件和电路参数测量,如测量电阻值、电容值、电感值和品质因数等;电信号特征的测量,如测量信号的波形、频率、周期、相位、失真度、信噪比以及数字信号的逻辑状态等;电路性能的测量,如测量滤波器的截止频率和衰减特性,放大电路的放大倍数、灵敏度、噪声指数等。特性曲线的测量,如测量放大器幅频特性曲线、相频特性曲线,晶体管特性曲线等。

3. 电子测量仪器的发展阶段

利用电子技术对各种被测量进行测量的设备,统称为电子测量仪器。

(1)模拟化仪器阶段。代表仪器:指针式万用表。

(2)数字化仪器阶段。代表仪器:数字万用表、数字频率计。

(3)智能仪器阶段。将计算机技术应用到仪器中,利用计算机技术强大的信息处理能力,使测试具有自动化、集成化和智能化的功能。单片机(MCU)、数字信号处理器(DSP)、可编程器件以及嵌入式系统都在测试仪器中大显身手。人工智能的测量仪器具有键盘操作、数字显示、数据存储和简单运算等功能,可实现自动测量。代表仪器:无线通信综合测试仪、智能化RLC测量仪、智能化电子计数器等。

(4)虚拟仪器阶段。虚拟仪器是以计算机软件开发为平台,在计算机的屏幕上虚拟出仪器的面板和相应的功能的一种计算机系统。用户可以通过鼠标、键盘或摸屏来进行操作,就如同使用一台专用的测量仪器一样。它的功能取决于软件,硬件仅仅是为了解决信号的输入、输出和调节,使用LabVIEW图形化编程语言,可在短时间内轻松完成一个虚拟仪器前面板的设计并且可以实现仿真、数据采集、仪器控制、测量分析和数据显示等多种功能。

(5)网络化仪器阶段。随着电子工业以太网总线标准的推出,以太网作为虚拟仪器平台,其优越的性能预示着广阔的发展空间。

4. 电子测量仪器的选用和使用

(1)根据技术文件的要求,正确地选择测试仪器仪表、专用测试设备。选用测试仪器应从实际出发,力求简便有效。

(2)仪器仪表在使用前必须经计量部门计量合格,各项技术指示必须符合要求。

(3)必须保持模拟电路的实际情况(如外接负载、信号源内阻等),不能由于测量而使电路失真,或者破坏电路的正常工作状态。

(9)仪器仪表的读数盘应与水平面垂直,它的高低应与调试人员视线在同一水平面上。

(4)仪器仪表的电源应通过稳压供给,保证仪器仪表少受电源波动的影响。

(5)按照调试说明和调试工艺文件的规定,仪器仪表要选好量程,调准零点,要预热到规定的预热时间。

(6)各测试仪表与被测整机的公共参考点(零线,也称公共地线)应连在一起。

(7)电流表只能串联在电路中,电压表只能并联在电路中,否则会烧坏电流表。

(8)被测电量的数值不得超过测试仪表的量程，否则将打坏指针，甚至烧坏表头。当被测信号很大时，要加衰减器进行衰减。

(10)有 MOS 电路元件的测试仪表或被测电路，电路和机壳都必须有良好的接地，以免损坏 MOS 电路元件。

(11)高灵敏度仪表(如毫伏表、微伏表)测量不但要接地良好，还要采用屏蔽线连接。

(12)高频测量时，应使用高频探头直接和被测点接触进行测量，地线也应越短越好。

三、电子产品测量技术和仪器

1. 元器件参数的测量

用于测量电阻、电感、电容等电路参数的仪器，包括各类电桥、Q 表、RLC 测试仪、晶体管或集成电路参数测试仪、图示仪等。

电阻器可使用万用表和电桥等进行直接测量，使用伏安法进行间接测量。模拟万用表测量电阻要提前将两表笔短接调零，调整量程使表针处于中间区域，以减小误差。数字万用表不需要调零，精度高，但由于其输入电阻的影响，测量较小电阻时，相对误差仍然较大。当对电阻测量要求很高时，可使用电桥进行测量。

电感器和电容器在电路中多与电容器一起组成滤波电路和谐振电路等，可采用交流电压表、Q 表、电桥、智能化 RLC 测试仪和模拟万用表等进行测量。交流电压表通过测出电感两端电压和与电感串联的采样电阻两端电压，然后计算出电感量。Q 表就是基于谐振的原理制成的，它能在高频状态下测量电容量、电感量和品质因数等参数。交流电桥只能在低频状态下进行测量，否则误差较大。RLC 测试仪是通过电压转换，采用实部和虚部分离法便可计算出电感量。模拟万用表要借助 50Hz，10V 的交流信号进行测量，打交流 10V 挡，直接读数即可。万用电桥同时具备测量电阻、电容、电感以及线圈的 Q 值和电容损耗因数等功能。

晶体二极管、三极管、场效应管和晶闸管可采用模拟万用表、数字万用表进行粗测和判定，定量的分析和测量可采用晶体管特性图示仪。晶体管特性图示仪测量二极管、三极管、场效应管和晶闸管的特性曲线和特性参数具有显示直观、读数简便、精确等特点。它利用的是电子扫描的原理，由同步脉冲发生器、基极阶梯波信号发生器、集电极扫描电压发生器、测试转换开关、X 轴放大器、Y 轴放大器和示波管组成。

2. 电压的测量

电压的测量包括直流电压的测量和交流电压的测量，可采用模拟电压表、数字电压表和示波器等测量。模拟电压表电路简单、价格低廉，特别是在测量高频电压时，其测量准确度较高；数字电压表具有高精度、宽量程、显示位数多、分辨率高、易于实现测量自动化等优点，在电压测量中占据了越来越重要的地位。

数字电压表的核心是 A/D 转换器，按转换方式不同分为比较型和积分型。比较型有代表性的是逐次逼近比较型。积分型是对模拟电压通过积分变为时间和频率等中间量，再把中间量转化为数字量，分斜坡式、双斜坡式和复合式等。

交流电压表有均值电压表、峰值电压表和有效值电压表，峰值电压表和均值电压表均是以正弦波有效值刻度的，所以对于非正弦波，其读数没有直接意义，需通过有关换算(利用波峰因数、波形因数)才能得到被测电压的有效值。有效值电压表特别适合非正弦波，由于受环境影响大，结构复杂，价格较贵，因而实际应用使用较少。

3.测试用信号源

信号发生器:主要由振荡器、变换器、指示器、电源及输出电路等组成,主要技术指标包括频率特性、输出特性和调制特性等。

低频信号发生器:由主振荡器、放大器、输出衰减器和指示电压表组成,常用于测试低频放大器、传输网络、广播和音响等场合,如和毫伏表、示波器一起用来测量低频放大器的输入输出电压,从而算出其放大倍数。

函数信号发生器:是一种宽频带且频率可调、幅度可调的多波形信号发生器。它可以产生正弦波、方波、三角波等。函数信号发生器可用于音频放大器、滤波器及自动测试系统的测试。

高频信号发生器:也称射频信号发生器,组成主要包括振荡器、缓冲级、调制级、输出级、内调制振荡器、频率调制器、监视指示电路、电源等部分。它主要用于高频电路的测试,一般具有调幅、调频和脉冲等功能。它按主振级产生信号的方法不同,可分为调谐信号发生器和合成信号发生器。合成信号发生器采用了频率合成技术,即把一个高稳定度基准频率源经过加、减、乘除等算数运算,得到频率间隔较密的各种频率。

脉冲信号发生器:产生各种不同频率、不同宽度和幅度的脉冲信号。以矩形脉冲为主,此外还有梯形波、三角波、锯齿波和尖脉冲等,这些信号的频率、脉冲宽度、幅度和上升时间等在一定范围内可调,并且输出信号极性也可调节。

4.时间、频率和相位的测量

其用于测量信号频率、周期、相位的仪器,包括频率计、石英钟、数字相位计、波长计等。

频率的测量方法可分为谐振法、外差法、示波法和电子计数器法等,电子计数器法测量频率和时间具有测量精度高、速度快、操作简便、可直接显示数字、便于和计算机结合实现测量过程自动化等优点,是目前最好的测频方法。

电子计数式频率计由输入通道、闸门、计数与显示电路、时基电路、控制电路等组成,可用来测量频率、频率比、周期、时间间隔和累加计数等。在进行不同参数测量时,由工作方式选择开关通过改变计数脉冲和闸门时间来实现选择。它测量误差来源主要包括量化误差、触发误差和标准频率误差。为提高周期测量的精度,采用多周期测量法。为提高频率测量的精度,高频采用直接测频的方法,低频采用测量周期再换算成频率的间接测量法。

5.波形的显示与测量

其用于显示信号波形的仪器,主要指各类示波器,有模拟示波器、数字示波器、混合示波器。其中模拟示波器又有通用示波器、多束示波器、采样示波器、记忆示波器、专用示波器。

示波管是示波器的重要组成部分,它由电子枪、偏转系统和荧光屏等部分组成。电子枪发射的电子在偏转系统的作用下,在荧光屏上显示出光迹,从而显示出被测信号的波形。

通用示波器有单踪型和多踪型。多踪型采用单束示波管并带有电子开关,能同时观测几路信号的波形及其参数,也可对两个以上的信号进行比较。通用示波器的应用包括电压测量、时间测量、相位差测量、频率测量、周期测量和调幅系数的测量等,可根据被测信号的特点以及示波器的性能指标来选择合适的示波器,

多束示波器:采用多束示波管,与通用示波器的叠加或交替显示多个波形不同,其屏上显示的每个波形都由单独的电子束产生,能同时观测、比较两个以上的波形。

专用示波器:例如监测和调试电视系统的电视示波器,主要用于调试彩色电视机中有关色度信号幅度和相位的矢量示波器;专门为可控硅变流装置设计的50Hz专用示波器。

采样示波器：有实时采样和非实时采样，非实时采样根据采样原理将高频信号转变为低频信号，然后显示其波形，它解决了通用实时示波器的带宽、频率响应受限制的问题，可以测试更高频率的信号，以及更陡峭的脉冲前沿。目前已被数字存储示波器和数字采样示波器所取代。

数字存储示波器：运用了微处理器，具有存储和数据处理的功能。与模拟示波器相比，具有很多优点，例如，可长期存储波形，可进行负延时触发，具有多种显示方式，便于观察单次过程和突发事件，便于数据分析和处理，屏幕显示数据测量结果。

混合示波器：将数字存储示波器或模拟示波器和逻辑分析仪或数字万用表等两三种仪器有机组合在同一机箱中的混合型仪器，它集成了多台仪器的功能和优点，以满足用户的更多、更高的测试要求。

6. 频域测量技术

(1)测量幅频特性的仪器：频率特性测试仪简称扫频仪。

扫频仪由扫频信号发生器、频标信号发生器和示波显示器组成，屏幕的横坐标为频率轴，纵坐标为电平值，而且在显示图形上叠加有频率标志，可以定量测量电路的参数。它可以测定调谐放大器、宽频带放大器、各种滤波器、鉴频器以及其他有源或无源网络的频率特性。常用的扫频仪是 BT－3C 型扫频仪。

扫频仪按用途分为通用扫频仪、专用扫频仪、收音机统调图示仪、电视机统调仪、载波通信专用扫频仪、微波综合测试仪等。按频率划分有收音机中频图示仪、电视机视频扫频仪等。微波综合测试仪集频谱分析、合成源、功率计、频率计等多种仪器于一身，可进行多种微波参数的测量，如雷达接收机灵敏度测试。

(2)测量信号所含频率分量的仪器：谐波分析仪和频谱分析仪。

谐波分析仪：利用选频电路逐一选出信号所含的频率成分，每次只能测量一个频率分量的大小，选频电压表就属于这一类。

在实际测量中，绝对单一频率的正弦波信号是不存在的，所有的信号都可以看作是频率不同的正弦波的组合。通常将合成信号的所有正弦波的幅度按频率的高低依次排列所得到的图形称为频谱。频谱分析就是在频率域内，以频率为变量，对信号的频谱结构及特性进行描述。

频谱分析仪：主要用于分析信号中所包含的频率成分，即分析信号中的频谱分布，能同时显示出较宽范围的频谱，但只能给出振幅谱或功率谱，不能直接给出相位信息，它可测量谐波失真、调制度、频谱纯度等参数，是一种应用极广泛的仪器。

7. 数据域分析测试技术

数据域分析测试技术的对象是数字系统，即主要研究以离散时间或事件为自变量的数据流，与时域、频域测试技术相比，数据域分析测试技术有很大的不同。

简单逻辑电路的分析测试可用逻辑笔、逻辑夹等简易工具进行。逻辑笔又称逻辑探针，主要用于判断某一端点的逻辑状态。逻辑夹可以同时显示多个被测点的逻辑状态，反映出多个被测点的逻辑关系，与逻辑脉冲发生器配合使用，能够比较迅速地找出电路的逻辑故障。

对于复杂的数字系统可采用逻辑分析仪、微机及数字系统故障诊断仪、在线仿真仪、印制电路板测试系统等进行测试。逻辑分析仪所以也称逻辑示波器，是多线示波器与数字存储技术的产物。它能够以表格、波形或图形(映射图)显示具有多个变量的数字系统的状态，也能以汇编形式显示数字系统的软件，从而实现对数字系统硬件和软件的测试。

8. 阻抗测试技术

电子设备中的阻抗有绝缘阻抗、特性阻抗、短路阻抗、输入阻抗、输出阻抗、交流阻抗、直流阻抗等。

绝缘阻抗：加直流电压于电介质，经过一定时间极化后，流过电介质的泄漏电流对应的电阻。用兆欧表、摇表、梅格表和绝缘阻抗测试仪进行测量。

特性阻抗：由线路本身特性决定的阻抗，如传输线阻抗。用特性阻抗测试仪进行测量。

阻抗分析：能在阻抗范围和宽频率范围进行精确测量，用来测压电元件的谐振特性。交流阻抗测试仪：可以测电机交流阻抗和变压器短路阻抗。

9. 其他测量仪器

噪声系数测试仪：有源设备会产生噪声，输入信号与输出信号比就是设备的噪声系数。噪声系数测试仪是智能化、高精度、低噪声的高灵敏度接收机。

失真度仪：失真有谐波失真、互调失真、相位失真等，我们平常所说的为总谐波失真。一般的失真度测试仪采用的都是基波抑制的方法，调谐至读数最小，说明基波被有效地抑制了。失真度＝谐波电压/总电压；谐波电压＝总电压－基波电压。谐波失真是由放大器的非线性引起的，失真的结果是使放大器输出产生了原信号中没有的谐波分量，使声音失去了原有的音色，严重时声音会发破、刺耳。谐波失真还有奇、偶次之分，奇次谐波使人烦躁不爱听，而少量的偶次谐波则能使音色更好听。一般人耳对5%以内的失真不敏感。

第三节　电子产品调试与故障排除技术

一、电子产品的调试

调试就是调整和测试的总称，用电子仪器、仪表对各项技术指标进行测试，对可调元器件、机械调谐部分或传动部分等进行调整，以满足整机所规定的技术指标、保证产品稳定和可靠的工作。任何复杂的电子线路都是由基本单元电路组合而成的，因此掌握单元电路的调试方法是搞好电子产品调试的基础。

1. 调试的概念和方法

(1)具体产品具体对待。电子产品的种类很多，电路结构和性能要求也不尽相同，同一产品也有用途和工作波段的区别，所以调试项目、过程和方法要根据具体产品而定。

(2)分调和总调：分调为分级调试的简称，就是装好一级单元电路调试一级；总调即整机调试，也叫联调，是在分调基础上，装好整机电路后再统一调试或装好整机电路后直接调试。

(3)分板调试和整机调试：电子产品的调试属于功能性检测，以印制电路板为单元的调试为分板调试。对整机的调试，主要集中在对控制电路板的调试上。

(4)模拟调试：电路板在大批量生产时，不可能将每块电路板安装到整机上进行测试，因此在实际生产中，会设计制造一种测试工装(针床或探针)来模拟整机。工装上将电路板上的电源、地线、输入线和输出线接到针床的弹性测试针上，再用一些开关控制工装上的输入信号和电源，输出用指示灯、蜂鸣器或电动机模拟整机上的相应输出负载，从而可根据输出的信号判断电路板工作是否正常。

(5)参数调整的方法。

1)选择法:通过替换元器件来选择合适的电路参数。因为反复替换元器件很不方便,一般总是先接入可调元器件,待调整确定了合适的元器件参数值后,再换上与选定参数值相同的固定元器件。

2)调节可调元器件法:在电路中已经装有调整元器件,如电位器、微调电容或微调电感等。其优点是调节方便,并且电路工作一段时间以后如果状态发生变化,可以随时调整;但可调元器件的可靠性差一些,体积也常比固定元器件大。可调元器件的参数调整确定以后,必须用胶或漆把调整端固定住。

(6)调整中的故障排除。测试的结果是调整参数和故障查找的依据,结合电原理图进行分析,按照故障查找和排除的方法进行操作,就可排除这些故障。“测试”是发现问题的过程,“调整”和排除故障则是解决问题的过程,而调试后的再测试,又是判断和检验故障是否排除和调试是否正确的过程。

(7)调试记录和总结。调试中,对各种指标做好记录。调试结束后,对调试全过程中的经验、教训进行总结并建立“技术档案”,以利于日后对产品使用过程中故障进行查找和排除。总结内容一般有测调目的、使用仪器仪表、实测波形和数据、误差分析、故障及其排除等。

2.调试的顺序

整调和分调的步骤是一样的,一般按下列顺序进行:

(1)检查电路及电源电压。检查电路元器件是否接错,特别是晶体管管脚、二极管的方向,电解电容的极性是否接错,检查各连接线是否接错和焊牢,特别是直流电源的极性以及电源与地线是否短接,是否有漏焊、虚焊、短路等现象。

(2)调试供电电源。一般的电子设备的电源由电压变换、整流、滤波、稳压电路组成的直流稳压电源电路供电,调试前要把供电电源电路与电子设备的主电路断开,先把电源电路调试好,才能将电源电路与主电路接通。若电子设备是由电池供电的,也要按规定的电压、极性装接好,检查无误后,再接通电源开关。接通电源开关后要观察电源指示灯是否点亮,有无异样气味,是否有冒烟的现象。

(3)静态调试。一般指输入端不加输入信号使电路处于稳定状态的调试。静态调试的主要对象是有关点的直流电位和有关回路中的直流工作电流。例如测量各级晶体管的静态工作点。

(4)动态调试。在电路输入端引入适当的变化信号的情况下,进行各级电路的输出端信号的测量。动态调试常用示波器观察被测电路有关点的波形及其幅度、周期、脉宽、占空比、前后沿等参数。

(5)指标调试。电路正常工作之后,即可进行技术指标测试,根据设计要求,逐个测试指标完成情况,凡未能达到指标要求的,需分析原因,重新调整,以便达到技术指标要求。

(6)专项调试。根据实际需要有时还进行某些专项测试,以确保装置能在各种情况下稳定、可靠地工作。如电源波动情况下的电路稳定性检查,抗干扰能力测定,负荷实验等。

二、印制电路板的识图

印制电路板图与检修和生产装配密切相关,对检修来说,其重要性仅次于整机电路原理图。

1. 印制板图的功能

印制电路板图与各种电路图有着本质上的不同。印制线路图的主要功能如下：

(1)印制板图起到电路原理图和实际线路板之间的沟通作用，是不可缺少的图纸资料之一。

(2)印制板图是十分重要的修理资料，它将电路板上的情况完全反应在印制电路板图上。

(3)印制板图表示了电路原理图中各元器件在线路板上的分布状况和具体的位置，给出了各元器件引脚之间连线(铜箔线路)的走向。

(4)通过印制电路板图可以方便地在实际电路板上找到电路原理图中某个元器件的具体位置，如果没有印制电路板图，查找就非常不方便。

2. 印制电路板图的特点

(1)印制电路板图表示元器件时用电路符号，表示各元器件之间的连接关系时不用线条而用铜箔线路，有时两条铜箔线路之间必须用跨导线(短路线或飞线)连接，此时会在印制线路板图上用实线条画出连接关系，以表示这两条铜箔线路是相连的，所以印制电路板图看起来很“乱”，这些都将影响印制电路板图的识图。

(2)由于从印制电路板设计的效果出发，使得电路板上的元器件排列及分布和电路原理图有很大的不同，这给印制电路图的识图带来了诸多不便。

(3)铜箔线路排布、走向比较“乱”，而且经常遇到几条铜箔线路并行排列，给观察铜箔线路的走向造成不便。

3. 印制电路板图的识图方法和技巧

(1)尽管元器件的分布、排列和电路原理图规律不同，但同一个单元电路中的元器件相对而言是集中在一起的。

(2)根据一些元器件的外形特征可以找到这些元器件，例如集成电路、功率放大管、开关件、变压器等。根据集成电路上的型号可以找到某个具体集成电路。

(3)一些单元电路是比较有特征的，根据这些特征可以方便地找到它们。如整流电路中的二极管比较多，功率放大管上有散热片，滤波电容的容量最大、体积最大等。

(4)找某个电阻器或电容器时，不要直接去找它们，因为电路中电阻器、电容器太多，找起来很不方便。应该间接地找到它们，先在电路图上找出与它们相连的三极管或集成电路的连接关系，再在印制电路板图上根据连接关系就可以很快地找到它们，因为电路中三极管或集成电路较电阻器和电容器少得多。如图 9.3.1 所示，如果要寻找电路中的 R5，先看电路图知 R5 连接到集成电路 N1 的 3 脚，再在印制电路板图上找到集成电路 N1 的 3 脚，“3 脚”所连的电阻就是电阻 R5。

(5)找地线时，通常印制电路板上大面积的铜箔线路就是地线，一些元器件的金属外壳是接地的。在一些机器中由于电路比较复杂、安装密度比较高所以往往采用多层线路板，它们的地线是相连接的，但是当每层之间的接插件没有有接通时，各层之间的地线可能是不通的。

(6)观察单面印制电路板上元器件与铜箔线路的连接情况及铜箔线路走向时，可以用灯光照射有铜箔线路的一面，在装有元器件的一面可以清晰、方便地观察到铜箔线路与各元器件的连接情况，这样可以省去线路板的翻转，防止折断线路板上的引线。

(7) 印制电路板图与实际电路板对照时，画出与印制电路板同方向的印制电路板图，以便拿起印制电路板图就能与印制电路板方向对上，省得每次都要对照识图方向。

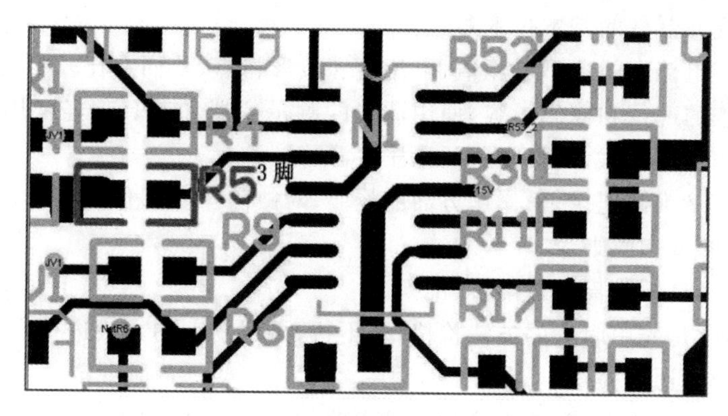

图 9.3.1　印制电路板图上的电阻查找

三、故障分析、查找和排除

电子产品在调试或者使用过程中，往往会产生一些故障，出现故障后，应详细了解故障发生时的情况、性质和现象，然后根据这些情况分析和判断，压缩出大致的故障范围和判断出故障原因，再把故障现象与具体电路联系起来，边检查边分析判断，找出有故障的元件和位置，最后再根据具体的故障采取相应的措施进行排除，所以电子产品故障排除的过程是：故障分析、故障检查和故障排除。故障排除对技术人员的要求很高，检修的同时也快速提高了人们对电路原理和电子产品结构的深层次理解，反过来促进了电路原理的优化和电子产品的工艺改革。

1. 常见故障原因

电子产品故障无非是由于元器件、印制板和装配三方面的原因引起的，由于装焊原因造成的故障称工艺性故障，有错焊、漏焊、虚焊和短路。

(1)由于元器件或导线等错焊、漏焊引起的故障。

(2)由于焊接质量引起的故障，如虚焊等造成焊接点接触不良，桥接造成的线路短路。

(3)由于接插件和开关等接触不良造成的故障，如印制电路板插座簧片弹力不足；继电器触点表面氧化发黑造成接触不良和控制失灵。

(4)电位器、半可变电阻的滑动点接触不良造成开路或噪声的增加等。

(5)元器件检查不严，某些元器件失效，如电解电容器的电解液干涸导致的失效。

(6)元器件由于排列不当或装配过高使引线相碰而引起短路；连接导线焊接时绝缘外皮剥除过多或因过热而后缩，造成容易和别的元器件或机壳相碰引起短路。

(8)在调试过程中，由于多次弯折或受振动而使接线断裂；紧固的零件松动(如面板上的电位器和波段开关)，来回摆动，使连线断裂。

(9)电路设计不当，元器件参数的变动范围过窄，以致稍有变化，机器就不能正常工作。

(10)电路板制作过程中，由于铜箔未腐蚀干净而引起的故障。

(11)空气潮湿使印制电路板、变压器等受潮、发霉或绝缘性能降低，甚至损坏。

2. 故障排除的基本要求、原则和注意事项

(1)故障排除的基本要求。

1)全面了解电子产品的组成框图、工作原理、各部分电路间的联系、各级电路的作用。

2)能根据电路原理图、印制电路板图，迅速找到各元器件的位置、接线及各测试点的位置。

3)要熟悉主要元器件的基本技术参数。

4)掌握各测试电路中的典型电压值、电流值和波形特点,从而在比较中发现问题。

5)应针对检查的部位和修理内容,使用适当的测量仪器和工具。经常用的仪器有信号发生器、示波器,频率特性测试仪(扫频仪)、稳压电源等。

6)认真填写故障维修记录,积累这方面的经验,对故障排除工作是很有益处的。

(2)故障排除的基本原则。

1)先分析后检查,不能盲目地乱拆、乱换。

2)先简后繁,就是先用简易的方法检修,若不行,再用复杂的方法进行。

3)先断电检查后通电检查。

4)先公用电路后专用电路,即先排除公共电路的故障,再解决专用电路的故障。

5)先一般后特殊,就是先检查通常的产生原因,然后再考虑其他可能的原因。

(3)故障排除注意事项。

1)焊接故障产品应断开电流。

2)不可随意用细铜线或大容量熔断丝代替小容量熔断丝,这样可防止扩大故障范围和烧坏其他元件。

3)防止触电。在进行故障处理时,要注意安全用电,防止产生事故。

4)测量集成电路各引脚的工作电压时,应防止极间短路。因为瞬间的短路可能损坏集成电路的内部电路。

5)更换晶体管、集成电路或电解电容器时,应仔细核对管脚,防止接错。

6)不要随意拨动高频部分的导线走向,一旦拨动应重新进行高频调整。

7)不可随意调整电路中的微调元件如微调电阻器和中周磁芯等。

3.故障查找的方法

(1)直观检查法:就是直接观察电子产品在静态、动态及故障状态下的具体现象,从而直接发现故障部位或原因,或进一步确定故障现象,为下一步检查提供线索。

(2)不通电检查法:在不通电的情况下,用直观检查进行初步检查和使用万用表电阻挡检查。检查有无引线脱落、元件相碰、焊点松动、短路、接触不良等;检查印制电路板锈蚀、断裂等;检查保险丝通断、变压器好坏、元器件过流变色、电解电容鼓包、放炮等。直观检查有时能够很快将故障找出来,因为许多故障是由于装焊原因造成的,盲目通电检查反而会扩大故障范围。

(3)通电捡查法:打开机壳,接通电源,用眼看是否有冒烟、烧断、烧焦、跳火、发热等现象,如果有应该立即关闭电源。除了眼看以外,有些故障还可以用耳听、鼻嗅、手摸等方法检查,如有异常声音、异味、元件烫手等。在没有发现问题的情况下,用万用表和示波器对测试点进行检查,可重复开机几次,但每次时间不要太长,以免扩大故障范围。

(4)电压检查法:利用万用表或电压表测量电源电压、电路中各级电压、晶体管发射极的电压,集电极与发射极间的电压及其相关的阻容元件上的电压等,判断电路的工作状态,查找故障部位和元件,因为许多故障都与工作电压是否正常有关。

(5)信号替代法:选择有关的信号源接入待检测电路的输入端,取代该级正常的输入信号,判断各级电路工作情况是否正常,从而迅速确定产生故障的原因和所在单元。

(6)信号寻迹法:用单一频率的信号源加在待检测电路输入单元的入口,然后用示波器、万

用表等测量仪器，从前向后逐级观察电路的输出电压波形或幅度。

（7）干扰信号注入检查法：用手拿一小螺丝刀，指头贴住小螺丝刀的金属部分，用刀口去触碰电路中除接地或旁路接地的各点，这相当于在该点注入一个干扰信号，这种方法称“干扰法”。如检修的是收音机电路，如果触碰各点均无“喀喀”声，则故障多半在末级；如果从后向前注入干扰信号，到某一级无声，故障就在此级。

（8）波形观察法：用示波器检查各级电路的输入、输出波形是否正常，是检修波形变换电路、振荡器、脉冲电路的常用方法。这种方法对于发现寄生振荡、寄生调制或外界干扰及噪声等引起的故障，具有独到之处。

（9）电容旁路法：利用适当容量的电容器，逐级跨接在电路的输入、输出端上，当电路出现寄生振荡或寄生调制的时候，观察接入电容后对故障的影响从而确定有问题的电路部位。

（10）元（部）件替代法：用好的元件或部件替代有可能产生故障的元件或部件，机器能正常工作，说明故障就在被替代的部分。这种方法简单易行。

（11）比较法：用正常的同样的整机与有故障的机器比较，比较它们的电压、阻值、波形从而发现其中的问题。这种方法使用范围宽，应在用其他方法作出判断后，对某个具体部位运用此方法。

（12）分割测试法：逐级断开各级电路的隔离元件，或逐块拔掉各印制电路，把整机分割成多个相对独立的单元电路，测试其对故障电路的影响。例如，从电源电路上切断它的负载并通电测试电源电路是否正常。

（13）测试电路元件法：把可能引起电路故障的元件卸下来，用测试仪器、仪表对其性能和参数进行测量。发现损坏的予以更换。一般情况下，首先应针对容易发生故障的元器件。

（14）调整可调元件法：在检修过程中，如果电路中有可调元件（如电位器、可调电容器及可变线圈等），适当调整它们的参数以观测对故障现象的影响。注意在决定调整这些元件之前，要对原来的位置做个记号。一旦发现故障不在此处，还要恢复到原来的位置上。

（15）功能比较检查法：利用转换整机的各种工作状态，观察实际功能效果，并对照整机的功能方框图来分析故障所在范围。如收录机中，交流供电时工作正常，直流供电时无声，则可判定故障产生原因可能是交直流转换装置的簧片开关接触不良或接线脱落等原因。

（16）试听检查法：通过试听声音的有还是没有，强还是弱，失真还是保真，噪声的有还是没有来推断故障类型、性质和部位。因为试听检查法的判断依据是所修理机器发出的声音，所以掌握故障声音的特点并认真听、仔细听是关键。

（17）逐步接近法：逐步接近法是一种综合性的检修方法，应用各种检查方法，不断缩小故障的查找范围，逐级分析，首先找到出故障的级，然后再找到出故障的元件。

（18）经验检查法：运用以往的修理经验或移植他人的修理经验对故障现象作出分析后，直接对某个部位采取措施。

（19）清洗检修理法：利用清洗液清洗零部件、元器件、电路板来消除故障的方法。主要适用开关电位器和一些机械零件，这些零部件、元器件主要毛病是接触不良、灰尘多和生锈等。

（20）熔焊修理法：通过电烙铁对一些可疑的虚焊点进行重新熔焊来排除故障。

以上这些检查方法有的能够直接将故障定位，有的只能将范围大大缩小，有的可直接排除故障。在修理中大多数情况并不是一步就找出具体的故障位置，而是通过不断缩小故障范围，根据实际状况使用和综合各种检查方法，最后才能确定具体的故障位置。故障排除的工作水

平的高低体现在能够快速、准确地判断出故障发生的部位，只有不断地总结经验并做好记录，才能提高自己的故障检查水平。

4. 电路故障的原理分析

电路故障原理分析就是分析当电路中元器件出现开路、短路、性能变劣后，对整个电路工作造成什么样的不良影响，使输出信号出现什么故障现象(如没有输出信号、输出信号小、信号失真、出现噪声等)。在搞懂电路工作原理之后，元器件的故障分析才会变得比较简单、快捷、准确。电路故障的原理分析是在电路的原理分析基础上进行的，它和电路的原理分析密切相关。单元电路故障的原理分析、整机电路、系统电路的分解与相关联单元电路的合成是进行电路故障的原理分析的基本方法。

(1)元器件的故障分析。

1)普通电阻故障。①开路故障：过流和引脚断裂引起，过流外表可能发黑，常见；②短路故障：电阻两引线相碰或两焊端焊点桥接等装配原因造成；③阻值变小故障：少见。

2)可变电阻和电位器故障。①开路故障：过流而造成电阻膜烧毁；动片与电阻膜接触不良造成；操作不当引起引脚断裂或铜箔裂纹；②断续接通故障：动片与电阻膜接触不良；电阻膜磨损；动片和定片之间出现断续接通；③接触电阻增大故障：动片与电阻膜接触不良造成；④转动噪声大故障：音量电位器会使扬声器发出喀拉声，常见。

3)电容器故障。①开路故障：只影响交流工作状态，不影响直流工作状态，滤波电容除外。负反馈电容开路，增益下降，输出信号减小；②断续接通故障：转换过程中会出现噪声大的现象；③击穿故障：电容两引脚导通；直流工作状态出现故障，从而影响交流工作状态；常见；④漏电故障：隔直性能变差，直流输出电压下降；电容容量减小；耦合电容将造成噪声大故障；滤波电容将造成滤波效果变差；主要出现在频率较高的电路中；常见；⑤软击穿故障：万用表检测不出；通电情况下，电容两端直流电压为0；⑥容量减小故障：电解电容使用时间太长；⑦爆炸故障：电解电容接反。

4)二极管故障。①开路故障：正负极断开；②击穿故障：正反向电阻一样大，有一定阻值；③正向电阻变大：造成负极输出信号电压下降；④反向电阻变小：不能正常工作，是一种软性故障；⑤性能变差故障：工作稳定性不好；输出信号电压下降。

5)普通三极管故障。①开路故障：集电极与发射极；基极与集电极开路，不多；基极与发射极开路，多；三种开路都将使直流电压大小发生变化；②击穿故障：主要是集电极与发射极间击穿；直流工作状态出现故障，从而影响交流工作状态；所在电路发生过流故障；③噪声大故障：不影响直流和交流工作状态；④性能变差故障：穿通电流增大，电流放大倍数变小等，比较难发现；⑤功率三极管易损坏；驱动电路三极管易损坏；塑封三极管管壳易开裂。

6)扬声器(喇叭)故障。①开路故障：两引脚电阻为无穷大，在电路中表现为无声故障；②纸盆破裂故障：直观可以发现，声音沙哑难听；③音质差故障：声音不悦耳；

7)动圈式话筒故障。①开路故障：断线造成，一插头处，二是话筒引线处，三是音圈处。

8)耳机故障。①开路故障：断线造成，表现为无声故障；②声音不好故障：耳机性能不好或过流等原因引起的。

(2)电路故障原理分析实例。以图9.3.2所示的共发射极放大电路为例，电路故障原理分析如下：

1)R_1故障分析。当R_1开路时，没有直流电流加到VT_1管基极，VT_1管处于截止状态，放大

器电路无信号输出；当 R_1 短路时，基极电流更大而使 VT_1，管处于饱和状态，此时放大器电路也没有信号输出；当 R_1 阻值变大时，VT_1 管基极电流减小，有可能使 VT_1 管进入截止状态，一旦 VT_1 管截止，轻则造成输出信号负半周削顶失真，严重时放大器无输出信号；当 R_1 阻值变小时，VT_1 管向饱和区方向变化，输出信号的正半周有可能出现削顶失真，严重时放大器无输出信号。

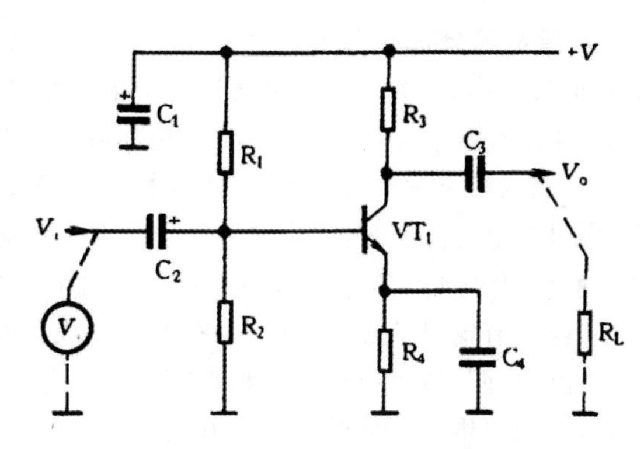

图 9.3.2　共发射极放大电路

2）R_2 故障分析。当 R_2 开路时，流过 R_1 的直流电流全部流入 VT_1 管基极，使 VT_1 管进入饱和状态，放大器无输出信号；当 R_2 短路时，使 VT_1 管的基极直流电压为 0V，VT_1 管进入截止状态，放大器无输出信号；当 R_2 阻值变小时，使 VT_1 管基极直流偏置电压减小，基极静态电流减小，VT_1 管向截止方向变化，有可能使信号的负半周产生削顶，严重时放大器无输出信号；当 R_2 阻值变大时，基极直流电压增大，基极静态电流增大，VT_1 管向饱和区方向变化，有可能使信号的正半周削顶，严重时放大器无输出信号。

3）R_3 故障分析。当 R_3 开路时，没有直流电压加到 VT_1 管的集电极，VT_1 管不能工作在放大状态，放大器无输出信号；当 R_3 短路时，集电极电流的变化不能转换成集电极电压的变化，所以放大器也没有信号输出；当 R_3 阻值增大时，可以使放大器的输出信号增大，但 R_3 太大时，因直流电路不能正常工作而出现无输出信号的故障；当 R_3 阻值减小时，放大器的输出信号有所减小。

4）R_4 故障分析。当 R_4 开路时，VT_1 管发射极直流电流不成回路，VT_1 管不能工作在放大状态，放大器无输出信号；当 R_4 短路时，使 VT_1 管发射极直流电压为 0V，三极管静态电流有所增大，放大器的输出信号增大。

5）C_1 故障分析。当 C_1 开路时，对放大器电路的工作基本无影响，只是当直流电源＋V 的内阻比较大时，本级放大器电路可能会与其他放大器电路之间出现有害的交流，放大器会输出低频叫声；当 C_1 漏电时，会使直流电压＋V 下降，使放大器电路的直流工作电流减小，输出信号小，严重时出现无信号输出的故障；当 C_1 击穿时，放大器电路没有直流工作电压，放大器不能正常工作，无信号输出。

6）C_2 故障分析。当 C_2 开路时，没有信号加到 VT_1 管基极，放大器无输出信号，但 VT_1 管基极直流电压大小不变；当 C_2 漏电或击穿时，VT_1 管基极直流电压不正常（可能是降低，也可能是升高，这要视输入信号源电路而定），此时可能出现放大器输出信号小，或输出信号失真，或噪声大（电容漏电流产生的噪声），严重时放大器无输出信号。

7）C_3 故障分析。当 C_3 开路时，放大器无输出信号；当 C_3 漏电或击穿时，VT_1 管集电极直流电压大小改变，影响本级和下一级放大器电路的正常工作，可能出现输出信号小、输出信号失真或无输出信号、噪声大等故障。

8）C_4 故障分析。当 C_4 开路时，对 VT_1 管发射极直流电压没有影响，此时 R_4 对交流信号也存在负反馈作用，使放大器输出信号减小；当 C_4 漏电或击穿时，VT_1 管发射极的直流电压发生改变，将影响 VT_1 管的正常放大。

9）VT_1管故障分析。当VT_1管的某个电极出现开路，或电极之间出现短路故障时，VT_1管均不能正常工作，放大器无输出信号。当集电结开路时，集电极上（即R_3下端）的直流电压等于+V（因为无集电极电流，在R_3上无电压降了）；当发射结开路时，发射极上（即R_4上端）的电压为0V（因为没有发射极电流流过R_4了）。当VT_1管的噪声大时，放大器出现噪声大故障；当VT_1管的热稳定性能变劣时，输出信号的大小将随温度变化而变化。

10）直流工作电压+V。当没有直流电压时，放大器无信号输出；当+V偏低时，放大器输出信号小，或没有输出信号；当+V中存在交流成分时，放大器输出信号中有交流声。

（3）电路原理与故障原理分析和理解方法。电路原理与故障原理分析灵活，有些问题理解较为困难，下面提供一些分析和理解方法。

1）容抗和感抗可以用电阻来等效，二极管和三极管也可等效为特殊的电阻，如三极管可以等效为受基极电流控制的可变电阻。

2）信号有大小之分，直流与交流之分，高、中、低频之分，频段内与频段外之分，相位相同与相反之分，相位超前、滞后与正交之分等。

3）抓住主要矛盾，如串联电路注意阻抗大的元件；并联电路注意阻抗小的元件。

4）将整机或系统电路进行分解即化整为零，将各级电路联合起来分析即集零为整，如分析负反馈、自动控制电路时要集零为整。

5）高频时，大电容由于感抗大相当于开路，因此一大一小电容常出现在电源滤波电路中。

6）三极管具有三个工作状态：截止、放大和饱和状态，注意相对电位的变化。

7）分析放大器直流电路，将电容视为开路，电感视为短路；分析交流电路，将电容视为短路，电感视为开路。直流电路工作状态不正常，交流工作状态也会不正常。

8）共射极放大电路，基极静态电流的大小设置与信号幅度大小有关，大信号易饱和失真，小信号易截止失真。

9）多级放大器的级间耦合电容使相邻电路直流电路故障隔离，但如果击穿，直交流工作状态都会不正常。

10）退耦电容、退耦电阻等具有电路相互隔离的防止互相干扰的作用。

11）放大器的频带特性，中频段幅频特性好，不存在移相，负反馈大；低、高频段幅频特性不好，存在附加移相，负反馈小。

12）放大器的负反馈分电压负反馈、电流负反馈；串联负反馈、并联负反馈；直流负反馈、交流负反馈；高频负反馈、低频负反馈、某一频率负反馈。

13）放大器的电压负反馈，与输出端串联，稳定电压，使输出电阻增大；电流负反馈，与输出端并联，稳定电流，使输出电阻减小；串联负反馈，与输入端串联，稳定电压增益，使输入电阻增大；并联负反馈，与输入端并联，稳定电流增益，使输入电阻减小。

14）负反馈改善了放大器的许多性能：非线性失真减小、频率得到扩展、噪声得到降低、工作点得到稳定等。

15）瞬时极性分析法是判断正反馈还是负反馈的好方法。

16）成对出现的电路：如差分电路，一个正向工作（电流大、截止），另一个反向工作（电流小、饱和）；一个正向故障，另一个反向故障；不对称产生零点漂移，地线开路无输出。

17）谐振电路只放大频段内的信号，不放大频段外的信号。

18）谐振电路中，谐振电容最小，耦合电容其次，旁路电容最大。

19)谐振电路中,正反馈量小不能振荡,量大稳定性差。

20)功放电路,OTL 电路输出端的直流电压等于集成电路直流工作电压的一半;OCL 电路输出端的直流电压等于 0V;BTL 电路两个输出端的直流电压是相等的,单电源供电时等于直流工作电压的一半,双电源供电时等于 0V。

21)功放电路,交流信号对三极管正、反向偏置起了决定性作用。

22)集成电路引脚直流电压规律对电路故障原理分析是十分有用的。当集成电路电源引脚电压低或为零时,集成电路不工作;当集成电路两个引脚之间接有电阻时,该电阻将影响这两个引脚上的直流电压;当两个引脚之间接有线圈时,这两个引脚的直流电压是相等的,不相等时必是线圈开路了;当两个引脚之间接有电容或接 RC 串联电路时,这两个引脚的直流电压肯定不相等,若相等说明该电容已经击穿。通过查阅或测试建立集成电路各引脚对地的电阻、电压的参考值,可以使用比较法判断故障出在内部电路还是外部电路。

23)电路结构按信号的传输路径分串联结构和并联结构,串联结构电路只要其中一个环节有问题,最后输出肯定有问题,并联结构电路其中一条支路有问题,另一条支路一般没问题。

思　考　题

1.什么是标准?我国标准分为哪四级?

2.质量控制的发展历程是什么?

3.检验按检验人负责分为哪三种?

4.环境试验按试验目的分为哪几种?

5.电子产品的机器检测主要有哪几种?

6.什么是在线检测有哪几种?

7.电子测量的内容有哪几种?信号发生器有哪几种?

8.电路的幅频特性用什么设备来测量?

9.什么是静态测试和动态测试?应先进行哪种测试?

10.调试中参数调整的方法有哪几种?

11.印制板图的识图方法和技巧有哪些?

12.故障排除的基本原则是什么?有哪些故障查找和排除的方法?

13.电阻、电容和三极管在电路中可能产生什么故障?

14.如何根据电路结构进行电路故障分析?

第十章

电子产品安全和防护技术

第一节　电子产品的安全技术

一、电子产品安全的认识

1. 安全的方面

产品的安全性就是指产品在制造、安装、使用和维修过程中没有危险，不会引起人员伤亡和财产损坏事故。电子产品的安全主要体现在电子产品本身的安全和电子产品生产的安全两个方面。

(1)电子产品本身的安全。电子产品本身存在着安全问题，所生产的电子产品应该在保证使用性能的同时保证其不造成人身、场所和设备等损害。要保证电子产品本身的安全，设计是第一道也是最关键的关口，安全设计的依据是有关电子电气产品安全标准；安全性能的实现则是依靠产品原材料的质量和制造工艺；安全性能的保证完全取决于有关安全可靠性的检测和认证。

(2)电子产品生产的安全。电子产品的生产中，就安全、质量和速度三者的关系来看，要坚持一安全、二质量、三速度的原则。

2. 安全的保护对象

安全的保护对象是人、场所、设备和产品。人身安全是最为重要的，在保证人身安全的同时，应保证场所、设备和产品的安全。

3. 安全的三个层面

(1)基本安全。其包括人身安全、设备安全和电气火灾。它涉及每个人和每项事务，主要通过常抓不懈的用电安全教育、不断完善的用电安全技术措施和严格遵守的安全制度来保证。将安全用电的观念贯穿在工作的全过程是安全的根本保证。任何制度、任何措施，都是由人来贯彻执行的，忽视安全是最危险的隐患。用电安全格言：只要用电就存在危险；侥幸心理是事故的催化剂；投向安全的每一分精力和物质永远保值。

(2)隐性安全。其包括电磁干扰和电磁污染。电磁干扰是指电磁辐射干扰其他电子产品工作而引发的安全事故；电磁污染是指电磁辐射对人类健康损害及对生态环境的影响。隐性用电安全有隐蔽性特点，涉及人类自身健康，主要通过政府有关政策和法令防患于未然，同时通过普及有关知识、提高人们安全理念来加强自我保护。

(3)深层次安全。其包括环境、资源和能源。环境指电子产品废弃物对环境的危害；资源是指大量过度生产造成资源浪费；能源是指电子产品全生命周期耗能造成能源危机和温室效应。

作为硅片时代社会经济主体的电子制造，无论在国家经济与国防实力方面都具有支柱作

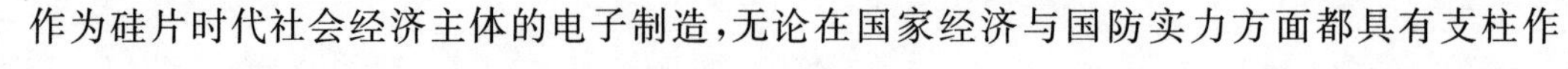

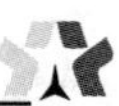

用。随着工业化大规模的制造技术的发展，极大丰富了人们的物质生活，让更多的人享受到了现代科技的成果。但这种无限制追求高利润和过度物质消费水平的发展模式，对自然资源和能源的掠夺式开发，不顾及地球的承载能力，造成了环境的污染、能源危机和资源浪费。

以环境友好、资源和能源节约为目标的现代电气电子技术和生态制造、绿色制造以及生态产品、绿色产品等科学发展观和可持续发展战略日益深入人心，成为新时代电子制造技术领域无可置疑的基本原则，是解决深层次用电安全问题的唯一出路，也是人类未来在地球生存和发展的唯一选择。

二、电子产品的安全标准和认证

1. 电子产品安全标准的内容

电子产品安全标准的内容涉及所有与产品用电和使用相关的状况和细节。在用电方面主要的安全项目有："对触及带电部件的保护""泄漏电流和电气强度""瞬态过电压""相关电路的过载保护""耐久性""非正常工作等"。电子产品作为商品的一般性要求有："标志和说明""输入功率和电流"等。用电引起的意外情况要求有："发热""耐潮湿""耐热与耐燃""电器间隙""爬电距离"等。家用电器的结构设计要求有"结构""稳定性和机械危险""电源连接和外部布线""内部布线""接地措施"等，甚至连很意外、很细节的地方都作了规定，如"螺钉和连接""防锈""辐射""毒性"等类似危险。

2. 电子产品的安全认证

(1)认证、认证机构与认证标志。现代认证方式是由不受供需双方经济利益所支配的独立第三方，用公正、科学的方法对市场上流通的商品(特别是涉及人身安全与健康的商品)进行评价，出具有公信力和权威性的证明。这种对商品进行评价并出具证明的活动称为产品认证。

产品认证是通过认证机构来操作的，目前有两种认证机构：民间机构和官方机构。民间机构由民间热心人士集资组建的自发机构，在认证活动发展中具有非常重要的作用；官方机构由政府出面组建的认证机构，一般通过政府立法进行规范的权威机构。

安全认证标志：CCC(China Compulsory Certification)中国强制认证、UL(Underwriter Laboratories Inc.)美国保险商试验所、CE(Communate Europpene)欧洲共同市场安全标志、FCC(Federal Communications Commission)美国联邦通信委员会。

(2)认证试验。电子产品认证主要分为产品安全认证和质量体系认证。对于产品安全认证，主要是针对产品的安全性能、技术参数的一类认证。认证的依据是相应的标准，认证过程需要对产品进行抽样，根据标准对样品按试验程序进行安全认证试验检查。

1)正常工作条件试验。所谓正常就是说这组条件中的任一个条件均是产品技术指标中所规定的，或者是设计与结构所允许的。所谓最不利的组合条件就是模拟正常使用、对产品所规定的各种极限工作条件进行组合而得到的最苛刻的试验条件。

2)故障工作条件试验。故障工作条件试验是指产品在容易产生故障的条件下进行的试验工作。这些故障工作条件的获得有如下三种途径：对受试产品进行设计上的分析研究，加上逻辑推理而得；由产品的设计师提供故障点；按我国安全标准规定，对受试设备进行逐项对照检查，凡不符合安全标准要求者，即可设置相应故障。例如，机器内相邻两元器件电位不同，相隔距离小于规定的安全值，则可将此两元器件短路，作为故障条件加于受试设备，并在此条件下测试其安全指标。

3)模拟“外行”操作者使用的试验。对于电子产品和设备,并非所有人都精通使用,都懂操作规程。故根据这种情况,规定了许多模拟“外行”使用产品的安全试验检查,以保证这些“外行”操作者的使用安全。

(2) 认证试验规定。为了模拟实际工作条件,保证各项试验间的正确关系,安全标准规定:受试设备安全试验检查应基本按有关国家标准条文次序进行,而且所有试验检查项目应在同一台设备上进行。不遵守这两条规定,则整个试验无效。例如“绝缘要求”的试验检查,按国家标准规定由电涌试验、潮热试验和抗电强度试验三个主要试验组成,此三个试验模拟了实际中可能发生的互相关联的内在情况,并以最不利的方式组合成一个完整试验,若次序颠倒,或不在同一台设备上试验,就不能模拟实际中最不利的情况,因为电涌试验可能使材料产生微小针孔,经潮热试验后“自愈”能力差的材料,绝缘强度会进一步下降。

3. 自愿性认证与强制性认证

产品认证分为强制性认证(或称法规性认证)和自愿性认证(非法规性认证)两大部分。一般对于产品安全性采用强制性认证;对产品质量及性能合格,根据不同领域/不同产品既可以采用强制性认证也可以采用自愿性认证。强制性认证需要通过立法手段执行,而自愿性认证则不需要立法而由企业自愿选择。

强制性产品认证制度,是各国政府为保护广大消费者人身和动植物生命安全,保护环境,保护国家安全,依照法律法规实施的一种产品合格评定制度,它要求产品必须符合国家标准和技术法规。强制性产品认证,是通过制定强制性产品认证的产品目录和实施强制性产品认证程序,对列入目录中的产品实施强制性的检查和审核。

强制性产品认证制度在保护消费者权益、建设以人为本的和谐社会、推动国家各种技术法规和标准的贯彻、规范市场经济秩序、打击假冒伪劣行为、促进产品的质量管理水平等方面,具有不可替代的重要作用。认证制度由于其科学性和公正性,已被世界大多数国家广泛采用。实行市场经济制度的国家,政府利用强制性产品认证制度作为产品市场准入的手段,已经成为国际通行的做法。

4. 国际互认

在 20 世纪五六十年代,所有发达国家基本普及了产品认证制度,七八十年代又扩展到发展中国家。虽然各国对各类产品都开展了认证,但具体做法却相差很远,给国与国之间的相互承认,以及建立以国际标准为依据的国际认证制度带来不便。因此国际标准化组织(ISO)和国际电工委员会(IEC)向各国正式提出建议,以国际公认的认证形式为基础,建立各国的国家认证制度。从此,产品认证在经历了民间自发、国家认证的发展阶段后,终于迈向了寻求国际互认的新阶段。同时也为在此基础上发展起来的质量体系认证、实验室认证、认证人员注册等认证活动及其国际互认的深入发展做出了积极、有益的铺垫。实行国际互认以后,获得认证的产品一般可以享受一定的优惠待遇,这对于消除贸易壁垒,促进国际贸易十分有利。

三、电子产品生产安全

1. 工作场所的基本安全措施

(1)使用面积与安全通道。确定其使用面积与安全通道,并符合国家相关规定。

(2)采光。应按照 GB/T50033 的有关规定。

(3)照明。要求符合 GB50034 的有关规定。

(4)通风。应符合 GBJ16 的有关要求,有条件应配置抽风装置或烟雾过滤器。

(5)电源。电气安装应符合 GB16895 的有关规定,配置标准漏电保护器。

(6)消防。应符合 GBJ16 的有关规定,配备足够电气灭火器材。

(7)安全标志。应符合 GB2893 和 GB2894 的有关要求。

(8)安全与卫生。应符合 GBZ188 的要求;各种仪器设备的安装使用应符合国家或行业标准。

(9)室内应有安全规程公示板并置于醒目位置。

(10)配备必要的安全防护用品,小药箱(包括外伤和烫伤药品等)。

(11)工作台上有便于操作的电源开关,必要时应设置隔离变压器。

(12)使用符合安全要求的低压电器(包括电线、电源插座、开关、电动工具、仪器仪表等)。

2. 电器设备的安全

(1)电器设备的环境。一般可分为正常工作环境(温度 40℃以下,湿度 50%以下)、狭窄导电工作环境(配电室)、潮湿环境(浴室、卫生间、厨房)、高温环境(温度 35℃以上)、多粉尘环境、化学腐蚀环境、高海拔环境(海拔大于 2 000m)。

(2)电器设备的防护等级。

1)基本安全防护等级。所有使用交流电源的电器设备(包括家用电器、工业电气设备、仪器仪表等)均存在绝缘损坏而漏电的问题,各类电器设备分类及基本安全防护见表 10.1.1。

表 10.1.1　电器设备分类及基本安全防护

类　型	主要特性	基本安全防护	使用范围及说明
0　型	一层绝缘,二线插头,金属外壳,且没有接地(零)线	用电环境为电气绝缘(绝缘电阻>50kΩ)或采用隔离变压器	淘汰电器类型,但一部分旧电器仍在使用
Ⅰ　型	金属外壳接出一根线,采用三线插头	接零(地)保护三孔插座,保护零线可靠连接	较大型电器设备多为此类
Ⅱ　型	绝缘外壳形成双重绝缘,采用二线插头	防止电线破损	小型电器设备
Ⅲ　型	采用 48V/36V,24V/12V 低压电源的电器	使用符合电气绝缘要求的变压器	在恶劣环境中使用的电器及某些工具

2)电气外壳的防护等级。其分防固体异物进入和防止液体进入。防固体异物进入分无防护(0 级)、防大于 50mm 的固体(1 级)、防大于 12mm 的固体(2 级)、防大于 2.5mm 的固体(3 级)、防大于 1mm 的固体(4 级)、防尘(5 级)、尘密(6 级)。

(3)电器设备的使用寿命和安全。超过使用寿命的电子产品不仅故障率升高,使用性能不能保证,而且由于材料老化、零部件老化疲劳以及环境腐蚀等因素,存在安全隐患,应及时报废。一般电器设备的寿命是由其核心部件决定的,例如电冰箱是依据其关键部件压缩机的寿命决定的,液晶电视是由显示面板的寿命决定的。家庭常用电子产品的使用寿命见表10.1.2。

表 10.1.2 家庭常用电子产品的使用寿命

产品名称	使用寿命/年	产品名称	使用寿命/年	产品名称	使用寿命/年
电风扇	16	电热毯	8	个人电脑	6
洗衣机	12	收音机	6	电烤箱	5
电热水器	12	电冰箱	13～15	电水壶	5
电熨斗	9	电视机	8～10	电饭煲	6

(4)电器设备的购买注意事项。要注意该产品是否有安全认证标志;电源线和插头是否规范完好;到正规电器公司和商场购买;索要产品合格证和销售凭据;使用前仔细阅读说明书。

(5)正确选择产品及其保护装置。

1)阻隔热源。对正常运行条件下可能产生电热效应的设备采用隔热、散热、强迫冷却等结构,并注重耐热、防火材料的使用。

2)技术保护。按规定要求设置包括短路、过载、漏电保护装置自动断电保护,对电气设备和线路正确设置接地、接零保护,为防雷电安装避雷器及接地装置。

3)选择产品。根据使用环境和条件正确选择档次和品种,恶劣自然环境和有导电尘埃的地方应选择有抗绝缘老化功能的产品或增加相应的措施;对易燃易爆场所须使用防爆产品。

(6)正确安装电气设备。

1)安装位置。对于爆炸危险场所,应该考虑把电气设备安装在爆炸危险场所以外或爆炸危险性较小的部位;开关、插座、熔断器、电热器具和电动机等,应根据需要尽量避开易燃物或易燃建筑构件;露天变压配电装置不应设置在易于沉积可燃性粉尘或纤维的地方等。

2)隔离距离。对于在正常工作时能够产生电弧或电火花的电气设备,应使用灭弧材料将其全部隔围起来;发热电器与易燃物料必须保持足够的距离,以防引燃;电气设备周围的防护屏障材料,必须采用不可燃、阻燃材料或在材料表面喷涂防火涂料。

(7)正确使用电气设备。

1)严格执行操作规程,按设备使用说明书的规定操作电气设备。

2)保持电气设备的电压、电流、温升等不超过允许值,保持各导电部分连接可靠。

3)各种运行的电气设备、测量仪表、调压器等金属外壳必须采取保护接地,

4)保持电气设备的绝缘良好,保持电气设备的清洁,良好通风。

5)任何新的或搬运过的自己不了解的用电设备,不要冒失拿起插头就往电源上插,要记住“四查而后插”。四查为:一查设备所需电压值是否与供电电压相符;二查电源线有无破损;三查插头有无外露金属或内部松动;四查电源线插头两极有无短路,和金属外壳有无短路。

6)电气设备和测量仪表应有专人管理,定期检查和维修,发现问题及时解决。

(8)设备的异常处理。设备使用中几种异常情况:设备外壳或手持部位有麻电感觉;开机或使用中熔断丝烧断;出现异常声音,如噪声加大、有内部放电声、电机转动声音异常等;异味,最常见为塑料味,绝缘漆挥发的气味,甚至烧焦的气味;机内打火,出现烟雾;仪表指示超范围,有些指示仪表数值突变,超出正常范围。

对异常情况的处理办法:凡遇上述异常情况之一应尽快断开电源,拔下电源插头,对设备进行检修;对烧断熔断器的情况,合理选择熔丝,决不允许换上大容量熔断器,更不能以铜导线

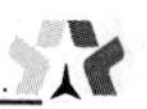

代替。及时记录异常现象及部位，避免检修时再通电；对有麻电感觉但未造成触电的现象不可忽视，这种情况往往是绝缘受损但未完全损坏，但随着时间推移，绝缘逐渐完全破坏，电阻急剧减小，危险增大，因此必须及时检修。

(9)电气火灾分析及预防。电气火灾分析及预防见表10.1.3，部分可燃物的自然点见表10.1.4。据统计，目前电气火灾发生原因集中在电气线路和电器设备两个方面。

电气线路火灾：建筑电气线路容量不足经过长时间使用，电线绝缘层部分可能已老化破损，引起漏电、短路、超负荷引起火灾。电线连接不规范敷设线路时电线接头技术处理不符合技术要求，由于电线表面氧化、松动、接触不良引起局部过热，引燃周围可燃物。乱接临时线和使用劣质插座板导致电气短路或异常高温进而产生火灾。

电器设备火灾：电热器使用后未断电，接触或附近有易燃物引发火灾。电器受潮，产生漏电打火，从而引起火灾。电器质量低劣、发热过高且绝缘隔热、散热效果差而引起火灾。

(10)电气火灾的扑救。发现电气设备或电缆等冒烟起火，要尽快切断电源(拉开总开关或失火电路开关)。在扑救尚未确定断电的电气火灾时，应该使用砂土、二氧化碳、干粉或四氯化碳等不导电灭火介质，忌用泡沫或水进行灭火。使用二氧化碳、四氯化碳等灭火器并要注意防止中毒和缺氧窒息。灭火时不可将身体或灭火工具触及导线和电气设备。

表10.1.3 电气火灾分析及预防

现 象	原因分析	预 防
电器自燃	设计、制造不良的电器，由于散热不好、机内材料阻燃性能不良等引起	选择经过权威机构安全认证的产品；使用电器注意通风；远离易燃物
线路过载	过载引起电线、配电器与连接器等温度升高，引燃其接触或附近可燃物	使输电线路容量与负载相适应；不准超标更换熔断器；配置线器路装过载自动保护装置
线路或电器火花、电弧	电线断裂或绝缘损坏导致短路引起打火或电弧，引燃自身材料及附近易燃物	按标准接线；及时检修电路；加装自动保护
电热器具	电热器具使用不当，引燃附近可燃材料	按说明书正确使用；使用中有人巡视，人走断电
电器老化	电器超期服役，因绝缘材料老化、散热装置老化引起温度升高，引燃可燃物	定期检查电器；停止使用超过安全期的产品
静电	在易燃易爆场所，静电火花引起火灾	严格遵守易燃易爆场所安全制度

表10.1.4 部分可燃物的自然点

名 称	自然温度/℃	名 称	自然温度/℃	名 称	自然温度/℃
纸 张	130	木材	250	丙 酮	540
棉 花	150	煤	350	乙 醇	425
布 料	200	煤 油	220	乙 醚	170
松 香	240	汽 油	260	苯甲醛	190

3.组装过程中的安全

(1)防止机械损伤。电子组装中机械损伤比在机械加工中的多但危险程度一般较低,但是如果放松警惕、违反安全规程仍然存在一定危险。例如:使用螺丝刀紧固螺钉可能打滑伤及自己的手;剪断印制电路板上元件引线时,一线段飞射打伤眼睛等事故都曾发生过。

(2)防止烫伤。烫伤在电子组装中频繁发生,一般不会造成严重后果,但也会给操作者造成伤害。造成烫伤原因及防止措施如下:

1)电烙铁和电热风枪。通常烙铁头表面温度可达400～500℃,而人体所能耐受的温度一般不超过50℃,直接触及电烙铁头肯定会造成烫伤。工作中烙铁应放置在烙铁架并置于工作台右前方。观测电烙铁温度应用烙铁头熔化松香,不要直接用手触摸烙铁头。

2)发热电子元器件。变压器、功率器件、电阻、散热片等发热器件,特别是电路发生故障时可达几百摄氏度高温,如果在通电状态下触及,不仅可能造成烫伤,还可能有触电危险。

3)过热液体烫伤。如熔化状态的焊锡。

4.调试操作的安全

1)一般情况下,禁止调试人员带电操作。如必须与带电部分接触时,应使用带有绝缘保护的工具。在进行高压测试调整前,特别应做好绝缘安全准备,如穿戴好绝缘工作鞋、绝缘工作手套等,并避免自己处于危险的位置上,因为万一由于触电而使肌肉产生痉挛时,往往摔伤比触电本身更严重。

2)在产品接线之前,应先切断电源,切断电源仅仅关掉设备的电源开关是不够的,只有将设备的电源插头从电源上拔掉才是可靠的。待连线及其他准备工作完毕后再接通电源进行测试与调整。

3)测试、装接电力线路不要用出汗潮湿的手操作;尽可能用单手操作,另一只手放到背后或衣袋中;触及电路的任何金属部分之前都应进行安全测试。

4)在更换元器件或改变连接线之前,应关掉电源。

5)电容器测试前要先放电。电容器是存储元件,所储电能与容量有关,并具有同充电电源相同的电压,尤其是高电压大容量的电容器,可以造成严重的、甚至是致命的电击。

调试较大功率电子装置时工作人员不少于两人,以防不测。其他无关人员不得进入工作场所,任何人不得随意拨动电源总开关、仪器设备的电源开关及各种旋钮,以免造成事故。

6)使用和调试MOS电路时必须佩戴防静电腕套,仪器更要接地良好。

7)调试结束或离开工作场所时,应关掉仪器设备等电器的电源,并拉开总的电源开关。

第二节　电子产品的基本安全与防护

一、用电安全

电具有两重性,当我们掌握了它的特性,按科学规律使用时,它会驯良地为人类服务;当人们没有掌握它的特性,不按科学规律使用时,电就会变成电老虎,给人们造成危害。生活在电世界的现代人,了解并熟悉安全用电常识并掌握其基本技能,应该是一种基本素质要求。

1.触电的危害

触电对人体的危害有电伤和电击两种。

(1)电伤:电伤是由于发生触电而导致的人体外表创伤,通常有以下三种。

1)灼伤:由于电的热效应而灼伤人体皮肤、皮下组织、肌肉,甚至神经。灼伤引起皮肤发红、起泡、烧焦、坏死。

2)电烙伤:是由电流的机械和化学效应造成的,通常是皮肤表面的肿块。

3)皮肤金属化:是由于带电体金属通过触电点蒸发进入人体造成的,局部皮肤呈现相应金属的特殊颜色。

(2)电击:触电对人体造成的电伤一般是非致命的,真正危害人体生命的是电击。电击时,电流通过人体,严重干扰人体正常生物电流,造成肌肉痉挛(抽筋)、神经紊乱,导致呼吸停止、心脏室性纤颤,严重危害生命。

2. 触电对人体的的作用和伤害程度

(1)电流大小对人体的作用。小于0.7mA,无感觉;1 mA,有轻微感觉;1～3mA,有刺激感,一般电疗仪器取此电流;3～10mA,感到痛苦便可自行摆脱;10～30mA,引起肌肉痉挛,短时间无危险,长时间有危险;30～50mA,强烈痉挛,时间超过60s,即有生命危险;50～250mA,产生心脏性纤颤,丧失知觉,严重危害生命;＞250mA,短时间造成心脏骤停,体内造成电灼伤。

(2)不同种类电流对人体伤害。40～300Hz的交流电,对人体的危险要比高频电流、直流电及静电大。这是因为高频电流的集肤效应,使得体内电流相对减弱,因而对人伤害较小。40～100 Hz的交流电对人体最危险,不幸的是人们日常使用的工频市电(50Hz)正是在这个危险频段。当电流频率达到20kHz时,对人体的危害很小,理疗仪器就是采用这个频段。

(3)电击强度。通过人体的电流I,与通电时间t的乘积叫电击强度。因为每个人的生理条件及承受能力不同,根据大量研究统计,人体承受到30mA·s以上的电击强度时,就会产生永久性的伤害。电击强度小于30mA·s是触电保护器的一个主要指标。

(4)电流作用的时间点。人体的心脏每收缩、扩张一次,中间约有0.1s的间歇,这段时间心脏对电流最为敏感。在这一瞬时,即使是很小的电流(几十毫安)通过心脏也会引起心室颤动。如果电流不在这一瞬间通过心脏,危险性可能小些。

(5)人体电阻和安全电压。人体电阻包括皮肤电阻和体内电阻,体内电阻基本不受外界条件影响,其阻值约为500Ω。皮肤电阻随外界条件不同有较大范围,一般干燥的皮肤电阻在约有100kΩ以上,但随着皮肤的潮湿度加大,电阻逐渐减小,可小到1kΩ以下。如表10.2.1所示,人体还是一个非线性电阻,随着电压的升高,电阻值减小。我国规定的安全电压有36V,24V,12V等。在干燥条件下的安全电压为36V,在潮湿条件下的安全电压应为24V,12V,所以倘若用湿手接触36V的安全电压,同样会受到电击。

表10.2.1　人体电阻值随电压的变化

电压/V	1.5	12	31	62	125	220	380	1 000
电阻/kΩ	＞100	16.5	11	6.24	3.5	2.2	1.47	0.64
电流/mA	忽略	0.8	2.8	10	35	100	268	1 560

(6)电流的途径。电流不经人体的脑、心、肺等重要部位,一般不会危及生命,否则就会造成严重后果。例如,电流从一只手流到另一只手,或由手流到脚就是这种情况。

3.触电的原因

人体触电的主要原因有直接接触触电、间接触电和跨步电压触电。

(1)直接接触触电:人体直接接触带电设备或线路的带电导体而发生的触电现象称为直接接触触电,可分为单相触电和两相触电。人体直接接触带电设备或线路的一相导体,电流流过人体而发生的触电现象称为单相触电;人体同时接触带电设备或线路的两相导体,电流流过人体而发生的触电现象称为两相触电。

(2)接触电压触电:由于接触电压造成的触电称为接触电压触电。人体的两个部分同时接触漏电设备的外壳和地面时,人体的两个部分就处于不同电位,其电位差称为接触电压。由于接触电压造成的触电叫接触电压触电,人体距离接地极越远,受到的接触电压越高。

(3)跨步电压触电:当电气设备发生碰壳事故、导线断裂落地或线路绝缘击穿而导致单相接地故障时,电流便经接地体或导线落地点呈半球形向地中流散,致使在流入地点周围的土壤中和地表面各点具有不同的电位分布,流入地点处电位最高。在流入接地点周围电位分布区(以电流入地点为圆心,半径20m的范围)行走的人,其两脚处于不同的电位,两脚之间(一般人跨步约为0.8m)的电位差称为跨步电压。由于跨步电压造成的触电就叫跨步电压触电。它与接地电流大小、土壤电阻率、设备接地电阻和人体位置等有关。

4.触电的防护

(1)绝缘防护:使用绝缘材料将带电导体封护或隔离起来,使电气设备及线路能正常工作,防止人身触电,这就是绝缘防护。它是最基本的安全保护措施。

(2)保护接地:为防止人身因电气设备绝缘损坏而遭受触电,将电气设备的金属外壳与接地体连接起来称为保护接地。采用保护接地后,可使人体触及漏电设备的接触电压明显降低,但要使加于人体的电压降至安全电压36V以下,必须要将接地电阻大大降低。

(3)保护接零:将电气设备平时不带电的外露可导电部分与电源中性线N连接起来称为保护接零。保护接零后,可使人体触及漏电设备的接触电压明显降低,但这个电压值对人体仍是危险的,保护接零的有效性在于线路的短路保护装置能否在"碰壳"短路故障发生后灵敏地动作,迅速切断电源。

(4)漏电保护:漏电保护的作用,一是电气设备发生漏电或接地事故时,能在人尚未触及之前就把电源切断,二是当人体接触带电体时,能在0.1s内切断电源,从而减轻电流对人体的伤害程度,防止漏电引起的火灾事故。漏电保护装置远比保护接地和保护接零优越并且效果显著,已被广泛地用在低压(250V以下)配电系统中,有电压型和电流型两种。

电压型漏电保护装置:利用串联于中性点与接地体之间的继电器,以接地故障电流在电压继电器上产生的电压降作为动作信号,切断与配电变压器的低压电源。优点是:结构简单、灵敏度高;缺点是:电源中性点不能直接接地,对线路和设备的绝缘性要求高,保护范围广泛,动作无选择性。

电流型漏电保护装置:利用接地故障电流在零序电流互感器的二次绕组中感应出的电流作为电流继电器的动作信号,切断与配电变压器的低压电源。三相四线制中,电流在任何时间内相量之和都等于零,将四根(三相四线制)或两根(单相)电源线全部穿入一个铁芯呈闭合磁路的电流互感器(零序电流互感器)中。优点是:可不改变原有三相四线制中性点直接接地的接线方式,并可分路装设,动作有选择性;缺点是:结构较复杂、灵敏度稍低。

5. 触电的急救

脱离电源最有效的措施是拉掉电源闸刀或拔出电源插头。在一时找不到或来不及找电源闸刀的情况下，可用绝缘物（如带绝缘柄的工具、术棒、塑料管等）移开或切断电源线。关键是一要快，二要不使自己触电，一两秒的迟缓都可能造成无可挽救的后果。脱离电源后，如果病人呼吸、心跳尚存，应尽快送医院抢救；若心跳停止，应用人工心脏按压法维持血液循环；若呼吸停止，应即刻施行口对口人工呼吸；若心跳、呼吸全停，则应同时采用上述二法，并向医院告急求救。触电后 1min 开始救治者，90%有良好效果；触电失去知觉后进行抢救，一般需要很长时间，必须耐心持续地进行，不轻言放弃。

二、散热器和散热防护

现代电子产品正日益小型化，为了缩小体积、减轻重量，高密度组装、微组装所形成的高度集成系统应用越来越广，由此引起的电子产品热流密度日益提高；电子元器件的寿命、工作状态和性能与其工作温度有着密切关系，温度超出一定范围，还将造成元器件损坏，使整机出现故障；电子元器件和 PCB 因热循环和温度梯度产生热应力可能导致电子系统疲劳失效等，所有这些将使设计人员在产品结构设计阶段必将面临热控制带来的严峻挑战。

1. 热量传递的方式与热阻

热量传递有传导、辐射和对流三种方式。热阻是指在热能传输过程中所遇到的阻力。热阻越小，导热效率越高。实际中可通减小热阻来加强传热，或通过增大热阻来抑制热量传递。

热传导：物体内部的温度差或两个不同物体直接接触，不产生相对运动，仅靠物体内部微粒的热运动传递了热量。对于热流经过的截面积不变的平板，导热热阻为 $L/(KA)$。其中，L 为平板的厚度；A 为平板垂直于热流方向的截面积；K 为平板材料的导热系数。传导散热需要有较高导热系数的材料，常用铝合金或铜作为散热器材料，对于大功率器件可以外加材料厚度较厚的散热片。

辐射（热辐射）：热源以电磁波形式向外辐射能量，并以电磁波形式传播，其波长在0.4～1 000μm范围，且大部分在红外线范围（0.72～10μm）。当两个物体为黑体且忽略之间气体对热量的吸收，则辐射热阻为 $1/(A_1 H_{1-2})$ 或 $1/(A_2 H_{2-1})$，其中 A_1，A_2 为两个物体各自辐射的表面积，H_{1-2}，H_{2-1} 为辐射角系数。实际辐射的热量传递的速率与热阻、距离成反比，与温差成正比。

对流：流体（气体、液体或某些固体如粉末）中温度不同的各部分之间发生相对位移时所引起的热量传递的过程。对流热阻是在对流换热过程中，固体表面与流体之间的热阻，其值为 $1/(hA)$，其中，h 为对流换热系数；A 为换热面积。实际对流的热量传递的速率与热阻、距离成反比，与温差成正比，还与固体的形状、物理特性以及流体特性如种类、黏性、流速、对流方式（强制对流和自热对流）有很大关系。

接触热阻是当热量在两个相接触的固体的交界面传导时，界面本身对热流呈现出的阻力。直接接触的实际面积只是交界面的一部分，减小接触热阻的措施是：一是增加两物体接触面的压力，二是在两物体交界面处涂上有较高导热能力的胶状物体如导热硅脂。

2. 温度对元器件和电子产品的影响

一般而言，温度升高会使电阻阻值降低，使电容的使用寿命降低，使变压器、扼流圈的绝缘材料的性能降低，会使晶体管的电流放大倍数迅速增加，最终导致元器件失效。温度对电子设

备的影响高达60%,45%的电子产品损坏是由于温度过高引起的。

印制板在加工、焊接和试验的过程中,要经受多次的高温、高湿或低温等恶劣的环境条件。引起印制板温升的直接是由于电路功耗元器件的存在。温升表现为:局部温升、大面积温升、短时间温升、长时间温升。印制板热设计不周全会造成金属化孔失效,焊点机械强度降低、变脆、开裂、脱落,元器件失效,基板变形等问题。PCB的散热性能分析要从电气功能、PCB的结构、PCB的安装方式、热传递方式等来分析。

3. 散热防护设计的措施

(1)PCB的基材。采用多层板结构有利于热设计。选择阻燃或耐热型、温度系数小的基材,尽量减小元器件与印制电路板基材之间的CTE(温度系数)相对差。

(2)热源的放置。设计印制电路板,必须考虑发热元器件、怕热元器件及热敏感元器件的分板、板上位置及布线问题。常用元器件中,电源变压器、功率元器件等都是发热元器件(热源),电解电容和几乎所有半导体器件都有不同程度的温度敏感性,是怕热元器件。热设计的基本原则是有利于散热,远离热源。

1)热源外置。将发热元器件移到机壳之外,可以把大功率器件直接安装在金属机箱的侧板或后面板上,让金属箱板起到散热器的作用。

2)热源单置。将发热元件单独设计为一个功能单元,置于机内靠近边缘容易散热的位置,必要时强制通风。例如,台式计算机的电源一般单独封闭在一个金属壳内,固定在机箱的后上方。这样不仅有利于散热,还有利于屏蔽电源产生的电磁干扰。

3)热源上置。必须将发热元器件和其他电路设计在一块板上时,尽量使热源设置在印制电路板的上部,有利于散热且不易影响怕热元器件。

4)热源高置。发热元器件不宜贴板安装,可留一定距离散热并避免印制电路板受热过度。

(3) 散热通道和方向。

1)通风孔的形状和位置。在机箱的底板、背板、侧板上开凿通风孔,使机箱内的空气形成对流,各种通风孔如图10.2.1所示。为了提高对流换热作用,应当使进风孔尽量低,出风孔尽量高,孔形要美观灵活。在批量生产中,机箱上的通风孔均采用模具冲制加工。

在通风孔的位置选择上还必须考虑安全问题,即应该考虑外部坠物如水珠、金属物件等可能从通风孔落入机箱内,造成电路的短路。为避免此种情况的发生,一般采取如下措施:一将通风孔开在机箱的垂直面上或把条状通风孔上方冲成遮阳伞状。二通风孔的开设位置,尽量避开机箱内电路板的上方。

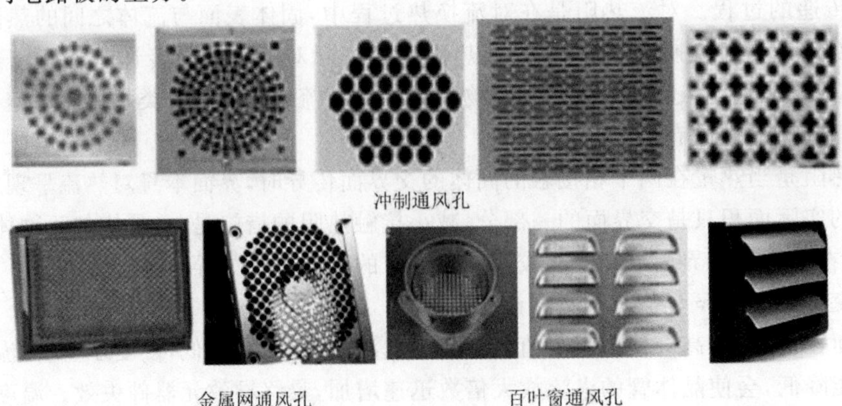

图10.2.1 各种通风孔

2)元器件的放置方向和位置。由于空气流动时总是趋向阻力小的地方流动,因而在印制板上布置元器件时,要避免某个区域留有较大的空域。采用自然空气对流冷却时,将元器件按长度方向纵向排列;采用强制风冷时,将元器件按长度方向横向排列。发热大的元器件设置在气流前端,对热敏感或发热少的元器件设置在气流末端(如出风口处)。

3)强迫通风与自然通风的方向。强制风冷的功率应进过流体热力学计算来确定,一般选用直径 2～6in 的直流风扇,并使强迫通风与自然通风方向一致,使附加子板、元器件散热风道与通风方向一致,且尽可能使进气与排气有足够的距离。

4)使热量均匀。不要把大功耗元器件集中布放,如果无法避免,则要把矮的元器件放在气流上游,并保证足够的冷却风流经耗热集中区。

(4)利用散热片散热。

1)主动式散热和被动式散热。主动式散热是指直接通过散热片将热量自然散发到空气中,散热效果与散热片大小成正比。被动式散热就通过风扇等散热设备强迫地将散热片发出的热量带走。主动式散热结构简单、成本低,但效率低,应用于对空间没有要求的设备中或发热量不大的部件;被动式散热效率高,但结构复杂,采用风冷有噪声。

目前主流的是金属散热片上加上风扇,既采用了主动式散热方式和又采用了被动式散热方式,如台式计算机主板上的系统芯片、笔记本电脑的 CPU 和显示卡。台式计算机内的散热片和散热风扇如图 10.2.2 所示。

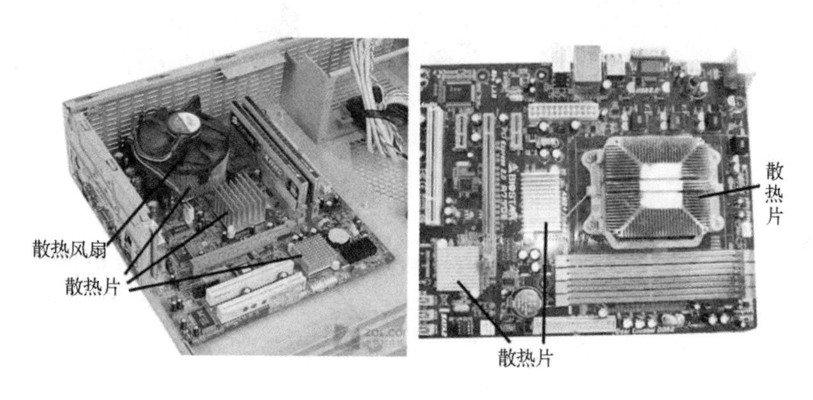

图 10.2.2　计算机主板上的散热片和散热风扇

2)散热片:用散热器可以加大散热面积并减小热阻,常用的散热片有型材散热片和叉指形散热片两种,如图 10.2.3 和 10.2.4 所示。型材散热片的散热面积较大而且比较灵活,有多种截面形状和尺寸系列,并可根据要求截取不同长度,以适应不同散热功率的要求;叉指形散热片一般根据功率加工成一定形状并有相应安装孔,组装时不需要再加工,因而应用比较方便。一般需要散热的分立半导体器件和一部分封装集成电路都有相应的标准件。

3)散热片的选用和使用。实际中往往采用多种组合方式或将散热器与产品外壳一体化。散热器的表面处理有电泳涂漆或黑色氧化处理(发黑处理),其目的是提高散热效率及绝缘性能。选用散热片时应当根据器件的功耗、封装形式确定。需要特别注意的是,为器件加装散热片时,一定要在器件与散热片之间涂抹足够的导热硅脂以降低热阻。

(5)其他散热方法。为散热添加某些与电路原理无关的零部件进行散热叫引导散热。在高档电子产品中,可以采用半导体制冷器件、热管和液体冷却等有源制冷的方法降低热源的

温度。

图 10.2.3 型材散热片

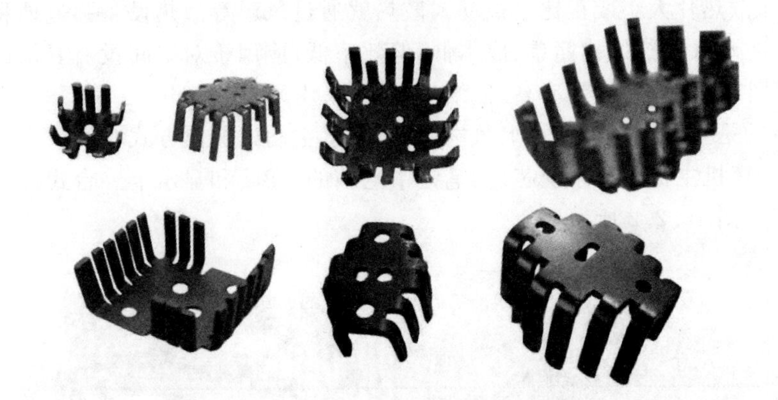

图 10.2.4 叉指形散热片

1)半导体制冷器件散热。半导体制冷器件也叫作冷源器件。它可以把材料一端的热量传送到另一端。安装在设备内的制冷端使机内的温度降低,另一端安装在金属机箱上,通过机箱把热量排放出去。这种器件的成本较高,目前还未得到广泛使用。

2)热管散热。热管也是一种新型高效的传热元件,它是一个抽成真空的密闭容器,容器内壁设有散热毛细管芯,管芯中充满工质液(水、丙酮或氨等某种液体)。工质液受热后开始蒸发,蒸汽带着潜热被输送到管的另一端冷凝,释放出热量,然后依靠毛细泵力的作用将冷凝液送到热端(器件的固定端),完成一个循环。利用这种方法,把热能从一端送到另一端,实现对器件的冷却作用。这种散热方式的效率高、重量轻、体积小,但成本较高,在一般产品中应用较少,在某些高档的笔记本电脑中可以见到。

3)液冷散热。利用泵使散热管中的冷却液循环进行散热。由循环液、泵、管道和换热器等组成。它费用较高,维修复杂,可用于 CPU 和显卡的散热。

三、防潮、防腐和防振

1.防潮和防腐

在潮湿环境中工作的电子产品,必须进行防潮、防腐设计。特别是在海洋船舶上使用的电子设备,由于海上湿度大、海水的腐蚀性很强,连空气中都有浓度很高的盐雾成分,如果没有很

好的防潮、防腐措施，电子设备很难连续正常工作一个月以上。

(1)防潮措施。湿度对绝缘和介电参数的影响较大。可以对电路板采用浸渍、灌封防潮涂料，对金属零件涂覆防锈涂料，对机箱进行密封等措施，使机箱内的零部件与潮湿环境隔离，起到防潮效果。在机箱内部可以放入硅胶吸潮剂，使电路板和元器件保持干燥。在运输、仓储过程中的整机产品必须用防水塑料袋包装。

(2)防腐措施。整机的防腐措施，主要是指针对包括金属箱体本身的全部金属部件(如机壳、底板、面板和机内其他金属零件)采取的防止锈蚀的方法。

1)发黑:不需要导电的钢制零件(如螺钉等)可以进行发黑处理，以便在金属表面生成一层黑色氧化膜。为提高抗蚀能力，常在发黑处理以后再涂一层防锈油。钢制品表面的防腐处理，除了发黑以外，还有发蓝(又称烧蓝)及磷化处理。

2)铝氧化:铝虽然能在空气中自然氧化，氧化膜也能对其内部组织起到保护作用，但由于膜层薄、孔隙大，因此不能起到有效的防腐效果。利用阳极氧化法，可以使铝的表面生成一层几十到几百微米的氧化膜。采用含有不同金属离子的氧化材料，能使氧化表面带有各种颜色，不仅抗蚀，还能起到装饰作用。

3)镀锌或镀铬:对铁制底板、铁框架或其他金属零件，还可以进行电镀处理，一般金属部件采用镀锌工艺，高档电子产品机壳外面的金属零件可以镀铬。电镀虽比发黑处理的成本高，但镀层牢固，抗蚀性和导电性能都较好。

4)喷漆和喷塑:大面积防腐可对金属机柜、机箱表面喷漆。油漆的种类很多，涂覆工艺也有很多种。除喷漆外，在金属板上喷涂塑料是近年来普遍采用的一种工艺，它具有表面美观、装饰性强和抗蚀能力强的特点。

2. 防振

机械振动与冲击对产品的危害是很严重的，然而振动与冲击又是不可避免的。一台设计精良的产品必须具备一定的抗振能力，才能保证开箱后的完好与运行中的长期稳定。

(1)振动对整机造成的危害。接插件的插头插座分离或接触不良，印制板从插座中脱落；较大型元件(电解电容器或大功率电阻等)的焊点脱落或引线折断；机内零部件松动或脱落；紧固螺钉松动或脱落；面板上的各种开关、电位器等旋转控制的元件松动，转动旋钮后将接线扭断；指示仪表损坏或失灵；运输后开箱验机不正常，或指标下降，或完全不能运行。

(2)通常采用的防振措施。

1)机柜、机箱结构合理、坚固，具有足够的机械强度；在结构设计中要尽量避免采用悬臂式、抽屉式的结构。如果必须采用这些结构，则应该拆成部件运输或在运输中采用固定装置。

2)任何接插件都要采取紧固措施，插入后锁紧；印制板插座应增加固定、锁紧装置。

3)体积大或超过一定重量的元器件(一般定为10g)不宜只靠焊接固定在印制电路板上，应该把它们直接装配在箱体上或另加紧固装置，如压板、卡箍、卡环等；也可以使用胶黏剂将电容器等大型元件黏固在印制板上再进行焊接。

4)合理选用螺钉、螺母等紧固件，正确进行装配连接。

5)机内零部件合理布局，尽量降低整机的重心。

6)整机机箱应安装橡皮垫脚；大型机箱要安装供搬运时使用的把手；机内易碎、易损件要加装减振垫，避免刚性连接。

7)靠螺纹紧固的元件，如电位器、波段开关等，为了防止振动脱落，螺丝钉在固定时要加弹

簧垫圈或齿形垫圈(有时也使用橡胶垫圈)并拧紧。

8)灵敏度高的指针式仪表,如微安表,应该在装箱运输前将表头的两个输入端短接,这样在振动中对表针可以起到阻尼作用。

9)产品的出厂包装必须采用足够的减振材料,不准使产品外壳与包装箱硬性接触。对产品包装的结构应该通过试验进行验证。

第三节　电子产品的隐性安全与防护

要使产品可靠地运行,必须适应或克服周围环境对它的影响。为达到这个目的,应该进行环境防护设计。环境防护设计的内容,不但包括防热、防潮和防腐,而且包括看不见的防护——对电磁场干扰的抑制和静电防护。

一、电磁污染和电磁兼容

1.电磁污染和电磁兼容等定义

(1)电磁辐射:是指能量以电磁波形式由源发射到空间的现象。产生电磁辐射的辐射源有两大类:自然界电磁辐射源和人工型电磁辐射源。

自然界电磁辐射源:来自某些自然现象,如雷电、台风、火山喷发、地震和太阳黑子活动引起的磁暴与黑体放射等。

人工型电磁辐射源:来自人工制造的各种电子电气系统、装置与设备,其中一类就是以电磁辐射现象作为工作原理的,例如,各种无线通信和控制系统和X光机等;另一类则是工作时由于放电和电磁交变感应而产生电磁辐射,例如,各种工业电动机器以及空调、计算、电视、电冰箱、日光灯、节能灯、光盘播放器、电热毯、微波炉等家用电器,另外,变压器、高压电线在正常工作时也会产生的各种不同波长和频率的电磁波。

(2)电磁干扰(Electro Magnetic Interference,EMI):一般是指电磁辐射对正常工作的电子电气设备产生干扰,引起这些设备发生错误或性能下降的现象。例如手机通信引起飞机电子装置故障、医疗设备故障,电动机运转引起广播收听噪声和电视机画面扭曲等。

(3)电磁污染:指过量的电磁辐射对环境造成的危害。广义上既包括通常所说的电磁干扰,也包括电磁辐射对人体以及其他动植物的危害,不过习惯上指的是后者。

(4)电磁兼容:指电子设备和电源在一定的电磁干扰环境下正常可靠工作的能力,同时也是限制自身产生电磁干扰和避免干扰周围其他电子设备的能力。

2.电磁辐射危害人体

(1)危害机制。

1)热效应,又称微波炉效应。微波炉工作原理是利用炉内磁控管发出频率为2 450MHz的电磁波(微波),穿透食物内部,与食物中水分子发生共振,由于水分子相互碰撞摩擦而产生升温,使食物加热。不幸的是人体65%以上是水,水分子受到电磁波辐射后也会相互摩擦引起升温,从而影响到体内器官的正常工作。

2)电磁干扰。人体的器官和组织都存在微弱的电磁场和电流作用,是任何机器人所无法比拟的精妙复杂的电磁兼容系统、自适应系统和高度复杂的信息网络。一旦受到外界过强电磁场的作用,会使处于平衡状态的微弱电磁场遭到破坏,对人体会产生负面影响。

3)细胞损伤变异。当人体细胞受到一定辐射强度电磁波长期作用时,DNA就会断裂变异,这种DNA损害的结果可能会导致人体正常细胞的癌变。

4)积累效应。热效应、电磁干扰和细胞损伤变异并非偶然或短时间就会影响人体健康,因为人体本身对外界攻击和伤害有抵抗能力和自我修复能力,即免疫力。在电磁辐射长期作用下,人体抵抗能力会弱化并且来不及自我修复,伤害程度就会发生积累效应,便会引发疾病。

(2)危害问题严重,不能掉以轻心。电磁波充斥空间,无色、无味和无形,可以穿透包括人体在内的任何物质,在没有造成直接危害时容易被人们忽略;各种产生电磁辐射的电子电气设备在迅速增加,地球正在变成一个“巨大的微波炉”;由于电磁辐射对人体危害的机制及人体耐受度等基础科学理论不确定,试验难度加大;电气电子行业对社会经济发展的巨大作用和人类生活方式的改变与电磁辐射防护措施的冲突,加大了电磁辐射防护复杂性和严重性;极低频电磁场对人体的影响可能超过所有其他频率电磁波,却不受到重视。

国际癌症研究机构(IARC)及世界卫生组织(WHO)专题工作组经评估认为极低频(0～100kHz)磁场与儿童白血病及脑癌有关;动物试验也证明它会对小鼠生殖产生不良影响;还有调查统计资料指出,高压线附近生活人群中,睡眠障碍、焦虑症、忧郁症、老年性痴呆等多种疾病发病率高于其他人群。

3. 电磁辐射安全标准

国家标准电磁辐射防护规定适用频率范围为100kHz～300GHz。容许辐射强度共分为一级、二级两个标准级。其中,一级为安全区,一般国家或相关部门把居民居住的环境按一级安全区处理,其标准限制为:在长、中、短波段,电场强度应小于10V/m;在超短波段,电场强度应小于5V/m;在微波波段,其辐射功率密度应小于$10\mu W/cm^2$。

4. 电磁兼容

(1)电磁干扰的三要素:干扰源、传播干扰的途径和易受干扰的敏感设备。

干扰源也就是产生有害电磁场的装置或设备;传播干扰的途径有传导、串音和辐射。如果一个高幅度的瞬变电流或快速上升的电压出现在靠近载有信号的导体附近,电磁干扰的问题主要是串音;如果干扰源和敏感器件之间有完整的电路连接,则是传导干扰(CE);在两根传输高频信号的平行导线之间则会产生辐射干扰(RE)。

(2)电磁兼容性问题的解决。解决电磁兼容性(Electro Magnetic Compatibility,EMC)问题应针对电磁干扰的三要素逐一进行解决:减小干扰发生元件的干扰强度;切断干扰的传播途径;降低系统对干扰的敏感程度。电磁兼容性设计包括工艺和部件的选择、电路布局及导线的布设等。多层布线可以减小线路板的电磁辐射并提高线路板的抗干扰能力。

(3)抑制电磁干扰的基本方法:接地、屏蔽和滤波。

1)电屏蔽:由于两个系统之间存在分布电容,通过耦合就会产生电场干扰。用良好接地的金属外壳或金属板将两个系统隔离,是抑制电场干扰的有效方法。屏蔽材料以导电性良好的铜、铝为宜。

2)磁屏蔽:采用屏蔽罩,可以对低频交变磁场及恒定磁场产生的干扰起到抑制作用。屏蔽罩把磁力线限制在屏蔽体内,防止磁力线扩散到外部空间。屏蔽罩应当选用磁导率较高的金属材料,如钢、铁、镍合金等。铜、铝材料的磁屏蔽效果极差。

3)电磁屏蔽:采用完全封闭的金属壳,可以对高频磁场(即辐射磁场)产生抑制作用,起到良好的电磁屏蔽效果。但封闭的金属壳不利于散热,外壳上有通风孔使电磁屏蔽的效果变差。

为解决这一矛盾,可以在通风孔处另加金属网。

对用塑料注塑成型的机箱采用真空镀膜技术,在内壁上蒸发沉积一层金属膜,可以使塑料机箱的电磁屏蔽效果得到明显的改善。

4)使用屏蔽线屏蔽:机箱内外的微弱信号或高频信号在传输过程中也需要进行屏蔽,可以使用屏蔽线。使用屏蔽线时,必须将屏蔽层良好接地。假如屏蔽层未接地或者接地不良,就可能产生寄生耦合作用,对导线引入比不用屏蔽线还要严重的干扰。

二、静电放电及其危害

静电防护工作涉及敏感电子产品的制造、装配、处理、检查、维修、试验、包装、运输、储存、使用等各个环节,而且是一种串联模式,符合链条效应原则,即任一环节上的失误,都将导致整个防护工作的失败;它同时又与敏感产品所处的环境(接触的物品、空气气氛、湿度、地面、工作台、椅、加工设备、工具等)和操作人员着装(包括穿戴的服装、帽子、鞋袜、手套、腕带等)有直接关系,任一方面的疏漏或失误,都将导致静电防护工作的失败。因此静电防护工作应该采用系统工程方法,从静电防护的系统要求着眼,全面地考虑设计和制造各个环节及其协调工作,才能将静电对电子系统的不利影响控制在可以接受的范围内。

1. 静电

物质都由原子构成,原子中有电子和质子。当物质获得或失去电子时,它将失去电平衡而变成带负电或正电,正电荷或负电荷在材料表面上积累就会使物体带上静电。

静电具有高电位低电量、小电流、高频成分丰富和作用时间短(按指数规律衰减)的特点。静电现象已在静电喷涂、静电纺织、静电分选、静电成像等领域得到广泛的有效应用。在一般工作场所到处都有静电源,这些静电源可归为材料、人员及环境三大类,如表 10.3.1 所示。

(1)静电产生的方式:摩擦生电、电场感应、电荷转移。

(2)静电带电的现象:摩擦带电、剥离带电、流动带电、搅拌带电、感应带电。

(3)静电量的大小:与材料分离速度和温度有关,一般而言,分离速度越快,静电量越大;温度越高,静电量越低。

表 10.3.1 典型的静电电源和静电产生的原因

典型的静电电源	静电产生的原因
工作台面	打蜡、粉刷或清漆表面、未处理的聚乙烯和塑料玻璃
地　板	灌封混凝土,打蜡成品木材、地瓷砖和地毯
服装和人员	非 ESD 防护服、非 ESD 防护鞋、合成材料、头发
座　椅	成品木材、聚乙烯类、玻璃纤维、绝缘车轮
包装和操作材料	塑料袋、包、封套;聚苯乙烯泡沫塑料;非 ESD 防护料盒、托盘、容器
组装工具和材料	高压射流、压缩空气、合成毛刷、热风机、吹风机

2. 静电放电 ESD(Electro Static Discharge)

静电放电就是电荷的快速中和。静电电荷不断积累,当两个静电电位不同的导电体之间接触时,或因静电场的感应,累积的静电电荷从一个高静电荷集中区流向另一个反向或低电荷

集中区，从而破坏了原有平衡状态，导致物体间电荷的移动，产生静电放电。静电放电最高电压可达几千乃至几万伏，可以在无声、无影、无知觉中对电子产品和元器件能及有关参数造成破坏，严重的可致伤人体引起火灾。

3.静电放电的形式

(1)电晕放电：是发生在带电体尖端或曲率半径很小处附近的局部放电。电晕放电可能伴有轻微的嘶嘶声和微弱的淡紫色光，一般没有引燃危险。

(2)刷形放电：发生在绝缘体表面的有声光的多分支放电。多次刷形放电有一定的引燃危险，传播型刷形放电的引燃危险性更大。

(3)火花放电：带电体之间发生的通道单一的放电。火花放电有明亮的闪光和有短促的爆裂声，其引燃危险性很大。

(4)雷型放电：悬浮在空间的大范围、高密度带电粒子形成的闪电状放电，其引燃危险性很大。

4.静电放电对元器件的影响

(1)静电吸附灰尘，降低元件绝缘电阻。在半导体元器件的生产制造过程中，使用了石英及高分子物质，其绝缘度很高，一些不可避免的摩擦可造成其表面电荷不断积聚，且电位愈来愈高。由于静电力学效应，很容易使工作场所的浮游尘埃吸附于芯片表面，影响半导体器件的性能，因此在半导体制造中把控制浮游尘埃作为厂房洁净的重要指标。

(2)介质击穿。其分硬击穿和软击穿两种。硬击穿直接表现为器件失效，一般在装配完成后的检测中可以发现；软击穿是器件局部结构损伤和性能降低，往往不表现为器件失效，而表现为实际应用中性能降低或逐渐失效。由于软击穿在产品检测时容易漏网，在产品使用中出现问题时又容易归结为其他原因，因而软击穿是对元器件使用寿命的一种潜在威胁，容易被忽略，造成的危害比硬击穿更大。

(3)静电放电产生的电磁干扰。频率达1GHz，幅度达几百伏/米，造成元件损坏。

5.对静电敏感的元器件(Static Sensitive Device，SSD)

对静电放电敏感的元器件有微波器件(肖特基二极管、检波二极管)、场效应晶体管、集成电路、薄膜电阻器、光电器件等。由表10.3.2和表10.3.3可以看出，元器件静电敏感度的范围尽管较大，但其下限一般都只有数十伏至数百伏，低于电子制作或工业生产中操作者、工作台面、工具所带的静电压，因而发生静电损害的可能性很大。另外装有静电敏感器件的单板也易受静电损伤，电路设计、布板、加工、测试与维修中都存在风险。

表10.3.2 部分元器件的静电敏感电压

电子器件	静电电压/V	电子器件	静电电压/V
VMOS	30～1 800	CMOS	250～3 000
MOSFET	100～200	肖特基二极管	300～2 500
砷化镓 FET	lOO～300	SMC 薄膜电阻器	300～3 000
EPROM	100 以上	双极型晶体管	380～7 800
JFET	140～7 000	射极耦合逻辑电路	500～1 500
SAW(声表面波滤波器)	150～500	可控硅	680～1 000
OPAMP(运算放大器)	190～2 500	肖特基 TTI	100～2 500

表 10.3.3 人体活动的产生静电电压

人体活动	产生静电电压/V	
	湿度 10%～20%	湿度 65%～90%
在地毯上走动时	35 000	1 500
在乙烯树脂地板上走动时	12 000	250
手拿乙烯塑料袋装入器件时	7 000	600
接触聚酯塑料袋时	20 000	1 200
在操作工位与聚胺酯类接触时	18 000	1 500

三、静电防护

1. 生产线的 ESD 静电防护

(1)防静电用具。

1)人员用具：如图 10.3.1 所示，防静衣帽、防静电脚腕带(脚筋带)、防静电手指套、防静电手套、防静电手环等。

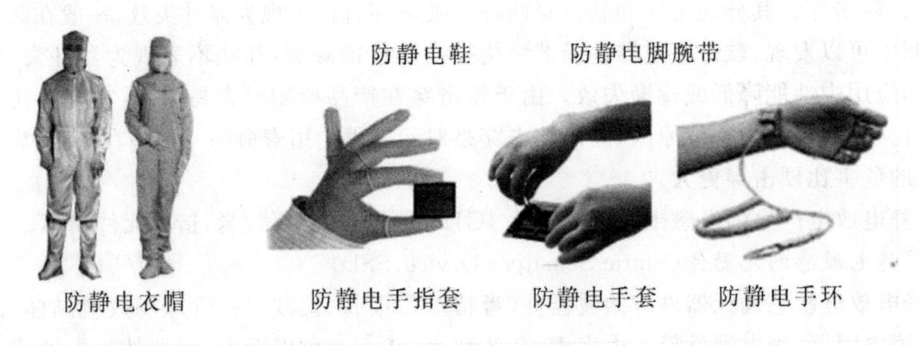

图 10.3.1 人员防静电用具

2)环境用具：防静电工作台、防静电桌垫、防静电地板、防静电椅或导电椅、防静电手推车、离子风机等。防静电桌垫是在橡胶材料中添加适量的炭黑、金属粉或导电纤维，使其产生由炭黑粒子等形成的导电网络而制成，其目的都是让静电荷能迅速被中和或泄漏。

3) 防静电材料：防静电袋、防静电盒、静电消散材料、三防胶。

防静电袋：又叫防静电屏蔽袋，一种为在塑料等绝缘材料中填入炭黑，使聚合物中的炭黑离子形成聚集体，一种由多层材料经复合涂布而成，内层是防静电塑料薄膜，而外层是极薄的金属膜。其具有屏蔽、防静电、防射频、防水蒸气渗透、防盐雾等诸多功能，适用于 PCB、IC 等静电敏感类产品的包装与运输。

电路板三防胶：在 PCB 上固化后形成一层透明保护膜，具有优越的绝缘、防潮、防漏电、防震、防尘、防腐蚀、防老化、耐电晕等性能。

4)防静电工具：防静电镊子、防静电烙铁、防静电吸锡器等。

5)静电测量仪器：静电场测试仪、腕带测试仪、人体静电测试仪、兆欧表。

静电场测试仪用于测量台面、地面等表面电阻值；腕带测试仪测量防静电腕带是否有效；人体静电测试仪用于测量人体携带的静电量、人体双脚之间的阻抗、人体之间的静电差，测量腕带、接地插头、工作服等是否有效，还可以作为入门放电，把人体静电隔在车间之外。兆欧表用于测量所有导电型、抗静电型及静电泄放型表面的阻抗或电阻。

(2)静电防护的方法和措施。

1) 工艺控制法。通过对工艺流程中材料的选择、装备安装和操作管理等过程应采取预防措施，控制静电的产生和电荷的聚集，抑制静电电位和放电能量，使物体表面绝缘可以防止静电放电的发生。

2) 泄漏法。泄漏法主要采用静电接地使电荷向大地泄漏以及利用增大物体导电的方法使静电泄漏。应注意：接地体总体布置方式分垂直、水平及二者混合，应根据具体条件进行选择设计；防静电地线不得与电源零线相接，不得与防雷地线共用，使用三相五线制供电时，其地线可以作防静电地线；地电阻小于 4Ω，接地棒因自然腐蚀或电腐蚀容易失去效用；工作台面、地垫、座椅等静电保护设施均应通过限流电阻接入地线，腕带等应通过工作台顶面接地点与地线连接，工作台不可相互串联接地，限流电阻值应保证泄漏电流不超过 5mA。

3) 静电屏蔽法。静电屏蔽法采用接地的屏蔽罩防止静电，具体有内场屏蔽和外场屏蔽两种方式。内场屏蔽屏蔽带电体，使带电体的电场不影响周围其他物体；外场屏蔽屏蔽被隔离物体，使其免受外界电场的影响。

4) 复合中和法。利用静电消除器(例如离子风枪，离子风机，离子风棒，离子风嘴，离子风鼓)所产生的正负离子来中和带电体的电荷，防止静电累积，减少静电危害。

(3)防静电区的防静电措施。

1)根据防静电要求设置防静电区域，并有明显的防静电警示标志。

2)在静电安全区，所有工具、设备必须接地良好，生产场所的地面、工作台面垫、座椅等均应符合防静电要求。应配备防静电料盒、周转箱、PCB 架、物流小车，防静电包装袋、防静电腕带、防静电烙铁及工具等设施。

3)静电安全区的室温为 23±3℃，相对湿度为 45～70%RH。

4)定期检查和维护防静电设施的有效性。静电鞋、腕带每周(或天)检查一次；防静电桌垫、地垫、静电消除器、元器件架、印制板架、周转箱、运输车每月检查一次。

5)静电安全区(点)的工作台上禁止放置非生产物品，如茶具、提包、毛织物、报纸等。

6)工作人员进入防静电区域需放电，必须穿防静电工作服和防静电鞋、袜。每次上岗操作前必须作静电防护安全性检查，合格后才能生产。

7)操作时要戴防静电腕带。

8)发放 SSD 器件时应用目测的方法，在 SSD 器件的原防静电包装内清点数量。

9)手拿 PCB 或 SSD 器件时，尽量持边缘，避免接触其引线和导电图形；

10)测试 SSD 器件时，应从防静电盒、管、盘中取一块，测一块，放一块，不要堆在桌子上。

11)须遵循加电顺序：低电压→高电压→信号电压的顺序进行，去电顺序与此相反。

12)检测合格的印制板在封装前应用离子喷枪喷射一次，以消除可能积聚的静电荷。

(4)防静电技术指标要求。防静电地极接地电阻小于 4Ω；地面或地垫表面、工作台面或桌垫表面、工作椅面对脚轮、物流车台面对车轮、物流传递器具(料盒、周转箱、PCB 架等)表面电阻值分别为 $10^5\sim10^{10}\,\Omega$，$10^6\sim10^9\,\Omega$，$10^6\sim10^9\,\Omega$，$10^3\sim10^8\,\Omega$；腕带、脚跟带连接电缆电阻分别

为 $10^6\Omega$，$0.5\times10^5\sim10^8\Omega$；人体综合电阻 $10^6\sim10^8\Omega$。工作服、帽、手套摩擦电压小于 300V；地面、台面、传递器具摩擦电压小于 100V。

2. 电子电路常见的 ESD 问题

(1)静电放电电流直接流进电路。静电放电电流通过机壳地与信号地的连接线进入电路；共模滤波电容可以抑制辐射干扰，但会造成 ESD 问题。

(2)静电放电电流通过杂散电容耦合进电路。当机壳上有缝隙或较大的孔洞时，静电放电电流的实际路径是很难预测的。

(3)静电放电电流产生的电磁辐射干扰。当机箱完整时，电流主要在机箱的外表面流动。

(4)静电放电电流产生的共模电压干扰。当静电放电电流流过机箱两部分之间的搭接点时，会产生电压降，这个电压降以共模电压的方式耦合进电路。

(5)静电放电电流产生的二次放电干扰。由于机箱接地线的射频阻抗较大，机箱上的电位会瞬时升高，如果电路板的一端通过其他途径接地，则会在电路板和机箱之间产生一个高达数千伏的电压，从而导致二次放电。二次放电瞬时电流更大，造成的危害也更大。

(6)静电放电电流在互连设备之间产生的干扰。线路板与机箱连接在一起，当静电放电时，线路板的电位升为机箱的电位，这个电压就以共模电压的形式传给了电缆的另一端的设备，导致另一端的设备出现故障。如果电缆另一端的设备上出现了静电放电，也会产生同样的干扰。

3. 电子电路 ESD 防护

在元器件或电路设计中把静电防护考虑进去的方式，属于主动防护，对提高电子产品可靠性和降低静电危害具有重要意义。电子电路的静电防护分器件级静电防护和电路级静电防护。

(1)器件级静电防护措施。在器件的设计中，在器件内部设计静电防护元件。尽量使用对静电不敏感的器件以及对所使用的静电放电敏感器件提供适当的输入保护，使其更合理地避免静电的伤害，如在 MOS 器件的输入级中设置了电阻-二极管防护网络，串联电阻能够限制尖峰电流，二极管则能限制瞬间的尖峰电压。

(2)电路级静电防护措施。

1)选择高抗静电能力的元器件。一般规定静电损伤电压超过 16kV 的静电为不敏感器件，低于 16kV 为静电敏感元件，静电敏感度分为三级：一级静电放电电压≤2kV，二级静电放电电压为 2～4kV，三级静电放电电压为 4～16kV。

2)在电子电路的设计中，在电路信号输入端设计静电防护元件，TVS(瞬态电压抑制器)二极管是近几年发展起来的一种静电防护元件，为瞬态电流提供通路，使内部电路免遭超额电压的击穿或超额电流而过热烧毁。

4. 整机的 ESD 防护

屏蔽机箱；使机箱表面绝缘，没有可以触及的金属部件，很难做到；内部增加屏蔽挡板或者屏蔽层；当机箱上的缝隙或孔洞不可避免时，可以在电路(包括线路板和电缆)与缝隙/孔洞之间加一道屏蔽板，将屏蔽板与机箱连接起来；信号地与机箱单点连接；防止静电放电电流通过共模滤波电容进入电路；在电缆入口处安装共模抑制器件，如采用电缆旁路滤波器；设备之间的互连电缆使用屏蔽电缆连接；在互连电缆上安装共模扼流圈。

5. PCB的ESD防护设计

(1)电源平面、接地平面和信号线的布局。尽可能减小PCB上所有的回路面积，不仅包含电源与地之间的回路，也包括信号与地之间的回路；设置大面积的接地平面、电源平面，使信号线紧靠它们；在PCB内设置的电源平面、地平面的“孤岛”可能会带来ESD问题；模拟接地面、数字接地面、功率接地面、继电器接地面、低电平电路接地面等接地面要多点相连。

(2)隔离、保护和屏蔽。对于PCB上的器件、走线，应在容易发生静电放电的边缘设置一个8～10mm的隔离区；在PCB周围设计接地防护环；对抗静电能力差的元器件采取保护措施；在PCB的I/O口连接ESD保护电路；采用光耦合器、隔离变压器、光纤、无线和红外线等隔离方式；对干扰源、高频电路和静电敏感电路，局部屏蔽或单板整体屏蔽或者采用护沟和隔离区隔离；时钟线和敏感信号线(复位线、无线接收信号)用电源平面、接地平面进行屏蔽。

PCB有很多接口，如电源(一次和二次)接口、信号接口、射频接口等，可以根据设计要求采用光耦合器、隔离变压器、光纤、无线和红外线等隔离方式。

(3)接地。将散热器接至地平面；在对地绝缘的键盘与主机之间，以及数字电路I/O连接器端口放置一个金属的火花放电间隙防护器，并将其直接接机架地

(4)滤波和去耦。对电源进线和信号进线用滤波器滤波；对射频组件的向外引线用穿心电容器滤波或带滤波器的接插件进行滤波；在IC的电源和地之间应加去耦电容且紧靠被保护IC的芯片安装，如果是大规模集成电路，可设多个去耦电容且容量应该较大；在信号线上可有选择的加一些容值适合的电容或者串联阻值合适的电阻，但应注意，阻容器件会引起信号失真，并且影响到信号线的传输质量和特性阻抗。

思　考　题

1. 安全的三个层面是什么？
2. 电子产品的安全认证标志有哪些？家庭常用电子产品的使用寿命是多少？
3. 调试过程中，操作人员的安全措施有哪些？
4. 人体触电的主要原因是什么？触电对人体的危害有哪些？
5. 温度对元器件和电子产品的有哪些影响？散热设计有哪几种措施？
6. 电子产品的防腐措施有哪些？
7. 什么叫电磁污染和电磁兼容？电磁辐射危害人体的机制是什么？
8. 简述抑制电磁干扰的基本方法。
9. 静电有哪些特点？静电放电对电子组件有哪些影响？
10. 静电防护有哪些环节？
11. PCB的ESD防护设计措施有哪些？

第十一章

计算机辅助电子产品设计和制造

第一节 概 述

一、电子设计自动化 EDA 及其软件

电子设计自动化(Electronic Design Automation,EDA)是以计算机为平台,融合了应用电子技术、计算机技术、智能化技术最新成果而研制的电子 CAD 通用软件包,主要辅助进行三方面的工作:IC 设计、电子线路设计以及 PCB 设计。EDA 设计可分为系统级、电路级和物理实现级。

EDA 技术的出现,极大地提高了电路设计的效率和可操作性,减轻了设计者的劳动强度,从而电子产品从电路设计、性能分析、到 PCB 板图的整个设计过程在计算机上都可以自动处理完成。由于电子电路制作的起点高,EDA 大多已 CAM 化,如插装、贴装、专用集成电路(ASIC)、混合集成电路(HIC)。目前 EDA 技术已在各大公司、企事业单位和科研教学部门得到了广泛使用。

EDA 软件按主要功能或主要应用场合,分为电路设计与仿真工具、PCB 设计软件、IC 设计软件、PLD 设计工具等,下面进行简单介绍。

1. 电子电路设计与仿真工具

电子电路设计与仿真工具包括 SPICE/PSPICE;Multisim 7;Matlab;SystemView;MMI-CAD LiveWire、Edison、Tina Pro Bright Spark 等。下面简单介绍前三个软件。

(1)SPICE(Simulation Program with Integrated Circuit Emphasis):美国加州大学伯克莱分校于 1972 年研制,1984 年 Microsim 公司推出了基于 SPICE 的微机版本 PSpice(Personal-SPICE),1998 年 MicroSim 公司被 ORCAD 公司并购从此 PSpice 软件包并入 ORCAD 软件包,最新推出了 PSPICE9.1 版本。它可以对模拟电路、数字电路、数/模混合电路等进行仿真、激励建立、电路分析、模拟控制、波形输出、数据输出并在同一窗口内同时显示模拟与数字的仿真结果。电路分析不仅可以直流、交流、瞬态等基本电路特性的分析,而且可以进行温度与噪声分析、蒙托卡诺(Monte Carlo)统计分析,最坏情况(Worst Case)分析、优化设计等复杂的电路特性分析。无论对哪种器件哪些电路进行仿真,都可以得到精确的仿真结果,并可以自行建立元器件及元器件库。

(2)Multisim(EWB 的最新版本)软件:是 Interactive Image Technologies Ltd 在 20 世纪末推出的电路仿真软件。其最新版本为 Multisim10,相对于其他 EDA 软件,它具有更加形象直观的人机交互界面,特别是其仪器仪表库中的各仪器仪表与操作真实实验中的实际仪器仪表完全没有两样。它支持自制元器件,可以对模拟电路、数字电路、数/模混合电路等进行仿真,同时它还能进行 VHDL 仿真和 Verilog HDL 仿真。Multisim 易学易用,便于电子信息、

通信工程、自动化、电气控制类专业学生自学、便于开展综合性的设计和实验。

(3)Matlab 软件：是美国 MathWorks 公司出品的商业数学软件，主要包括 Matlab 和 Simulink 两大部分。它将数值分析、矩阵计算、科学数据可视化以及非线性动态系统的建模和仿真等诸多强大功能集成在一个易于使用的视窗环境中，具有数值分析、数值和符号计算工程与科学绘图、控制系统的设计与仿真、数字图像处理、数字信号处理、通信系统设计与仿真、财务与金融工程等功能，主要应用于工程计算、控制设计、信号处理与通信、图像处理、信号检测、金融建模设计与分析等领域。

2. PCB 设计软件

PCB(Printed - Circuit Board)设计软件种类很多，如 Protel，Altium Designer，OrCAD，Viewlogic，PowerPCB，Cadence PCB，MentorGraphices 的 Expedition PCB，Zuken CadStart，Winboard/Windraft/Ivex - SPICE，PCB Studio，TANGO，PCBWizard(与 LiveWire 配套的 PCB 制作软件包)、ultiBOARD7(与 Multisim 2001 配套的 PCB 制作软件包)等等。目前在我国用得最多当属 Protel，下面仅对此软件作一介绍。

Protel 是 PROTEL(现为 Altium)公司在 20 世纪 80 年代末推出的 CAD 工具，是 PCB 设计者的首选软件。它较早在国内使用，普及率最高，在很多的大、中专院校的电路专业还专门开设 Protel 课程，几乎所在的电路公司都要用到它。

Protel 最新版本为 Altium Designer 10，现在普遍使用的是 Protel 99 SE，它是个完整的全方位电路设计系统，包含了电原理图绘制、模拟电路与数字电路混合信号仿真、多层印刷电路板设计，可编程逻辑器件设计、电路表格生成、支持宏操作等功能，并具有 Client/Server(客户/服务体系结构)，同时还兼容一些其他设计软件的文件格式，如 ORCAD、PSPICE、EXCEL 等。使用多层印制线路板的自动布线，可实现高密度 PCB 的 100%布通率。Protel 软件功能强大(同时具有电路仿真功能和 PLD 开发功能)、界面友好、使用方便，但它最具代表性的是电路设计和 PCB 设计。

3. IC 设计软件

IC 设计工具很多，其中按市场所占份额排行为 Cadence，Mentor Graphics 和 Synopsys。这三家都是 ASIC 设计领域相当有名的软件供应商。近来出名的 Avanti 公司，是原来在 Cadence 的几个华人工程师创立的，他们的设计工具可以全面和 Cadence 公司的工具相抗衡。

(1)设计输入工具。像 Cadence 的 composer，viewlogic 的 viewdraw，硬件描述语言 VHDL、Verilog HDL 是主要设计语言，许多设计输入工具都支持 HDL(比如说 Multisim 等)。另外 Active - HDL 和其他的设计输入方法，包括原理和状态机输入方法，FPGA/CPLD 工具大都可作为 IC 设计的输入手段，如 Xilinx，Altera 等公司提供的开发工具 Modelsim FPGA 等。

(2)设计仿真工具。Verilog - XL，NC - verilog 用于 Verilog HDL 仿真，Leapfrog 用于 VHDL 仿真，Analog Artist 用于模拟电路仿真。Viewlogic 的仿真器有：viewsim 门级电路仿真器，speedwaveVHDL 仿真器，VCS - verilog 仿真器。Mentor Graphics 有其子公司 Model Tech 出品的 VHDL 和 Verilog 双仿真器：Model Sim。Cadence，Synopsys 用的是 VSS(VHDL 仿真器)。现在的趋势是各大 EDA 公司都逐渐用 HDL 仿真器作为电路验证的工具。

(3)综合工具。可以把 HDL 变成门级网表。Synopsys 工具占有较大的优势，Behavior Compiler 可以提供更高级的综合，Ambit 可以综合 50 万门的电路，速度更快，被 Cadence 公

司收购。用于 FPGA 设计的综合软件,比较有名的有 Synopsys 的 FPGA Express, Cadence 的 Synplity, Mentor 的 Leonardo。

(4)布局和布线。最有名的是 Cadence spectra,它原来是用于 PCB 布线的,后来 Cadence 把它用来作 IC 的布线。其主要工具有:Cell3,Silicon Ensemble -标准单元布线器;Gate Ensemble -门阵列布线器;Design Planner 布局工具。其他各 EDA 软件开发公司也提供各自的布局布线工具。

(5)物理验证工具。其包括版图设计工具、版图验证工具、版图提取工具等等。这方面 Cadence 很强的,其 Dracula,Virtuso,Vampire 等物理工具有很多的使用者。

(6)模拟电路仿真器。普遍使用 SPICE,只不过是选择不同公司的 SPICE,像 MiceoSim 的 PSPICE、Meta Soft 的 HSPICE 等等,HSPICE 现在被 Avanti 公司收购了,HSPICE 作为 IC 设计,其模型多,仿真的精度也高。

4. PLD 设计工具

可编程逻辑器件 PLD(Programmable Logic Device)是一种由用户根据需要而自行构造逻辑功能的数字集成电路。目前主要有两大类型:CPLD(Complex PLD)和 FPGA(Field Programmable Gate Array)。它们的基本设计方法是借助于 EDA 软件,用原理图、状态机、布尔表达式、硬件描述语言等方法,生成相应的目标文件,最后用编程器或下载电缆,由目标器件实现。生产 PLD 的厂家很多,但最有代表性的 PLD 厂家为 Altera,Xilinx 和 Lattice 公司,Altera 和 Xilinx 占市场 60%以上。通常来说,在欧洲用 Xilinx 的人多,在日本和亚太地区用 ALTERA 的人多,在美国则是平分秋色。

(1)Altera:20 世纪 90 年代以后发展很快。主要产品有 MAX3000/7000,FELX6K/10K, APEX20K,ACEX1K,Stratix 等。其开发工具- MAX+PLUS II 是较成功的 PLD 开发平台,最新又推出了 Quartus II 开发软件。Altera 公司提供较多形式的设计输入手段,绑定第三方 VHDL 综合工具,如综合软件 FPGA Express,Leonard Spectrum,仿真软件 ModelSim。

(2)Xilinx:FPGA 的发明者,产品种类较全,主要有 XC9500/4000,Coolrunner(XPLA3), Spartan,Vertex 等系列,其最大的 Vertex - II Pro 器件已达到 800 万门。开发软件为 Foundation 和 ISE。

(3)Lattice - Vantis:Lattice 是 ISP(In - System Programmability)技术的发明者,但其开发工具比 Altera 和 Xilinx 略逊一筹,中小规模 PLD 比较有特色,大规模 PLD 的竞争力还不够强。1999 年收购 Vantis 公司,2001 年 12 月收购 Agere 公司。主要产品有 ispLSI2000/5000/8000,MACH4/5。

(4)Altium:提供 Actel,Altera,Lattice 和 Xilinx 四家 PLD/FPGA 器件的通用跨厂商开发平台,最新推出了 Altium Designer 10 软件中集成了 Aldec HDL 仿真功能。

顺便提一下:PLD(可编程逻辑器件)是一种可以完全替代 74 系列及 GAL,PLA 的新型电路,只要有数字电路基础,会使用计算机,就可以进行 PLD 的开发。PLD 的在线编程能力和强大的开发软件,使工程师可以几天甚至几分钟内就可完成以往几周才能完成的工作,并可将数百万门的复杂设计集成在一颗芯片内。PLD 技术在发达国家已成为电子工程师必备的技术。

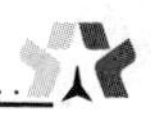

二、计算机辅助电子制造 CAM 及软件

计算机辅助制造 CAM(Computer Aided Made)在机械制造业中是指利用计算机通过各种数控机床和设备，自动完成离散产品的加工、装配、检测和包装等制造过程的技术。计算机辅助制造 CAM 在电子产品生产中的印制板激光光绘制版、数控钻孔以及一些自动化装配、检测等领域已有所发展。电子制造中的板级电路不是一次完成的，其包括印制电路板(PCB)制造和印制电路板组件制造(板级电路组装)两个阶段，PCB 制造大多在专业厂完成，板级电路组装大多在整机厂完成。

1. 印制电路板制造 CAM

印制电路板制造 CAM 这个阶段的主要任务是：版图母板的制作，金属化孔母孔的钻削，导电图形面积的计算，导电图形光学测试程序及电测程序的生成。它们均由 CAD 提供数据，由专用的软件转化而来。由 CAD 数据转成的数据有：

(1)电路层版图。其是由 CAD 数据转成 Gerber 格式的数据、元器件的装焊位置及其间的互连线路图形。

(2)丝网印刷字符层版图。其是符号、文字，供装配元器件参考。

(3)阻焊层版图。其是焊点、导线的反图形，以防止焊接时桥连的掩模版图。

(4)钻孔定位版图。数据有 CAD 转化出的 CNC 格式文件表达。

(5)电路图形光学自动检测。可由 CAD 数据转化而来；可单独用于 AOI 检测焊点、导线的尺寸、形态(光滑、均匀等)、短路、断路等；可由 Gerber 文件转化而来；也可由光学扫描仪直接设置程序驱动检测。检测主要是通断检测，检测点、故障信息的设定，均由 CAD 并行完成。

2. 印制电路板组件制造 CAM

板级电路组装的任务，主要是元器件的插、贴、焊。其中的贴装所用的焊膏漏印模板的化学腐蚀掩膜图形生成或激光漏刻的 CNC 程序编制的数据，与母板 PCB 的来源相同，由 Gerber 格式文件提供。

(1)SMT 制造设备软件类型。SMT 制造设备 CAM 软件类型如表 11.1.1 所示。

表 11.1.1　SMT 制造设备 CAM 软件类型

类　型	功　能
丝网印刷软件	控制印刷机各种运动和视觉处理
贴插装软件	可控制的关键机器参数有 XYZ 方向运动、吸嘴与旋转速度、送料器优化控制、视觉处理、印制电路板运动、生产线平衡
焊接软件	主要作用是控制再流焊炉内的温度曲线
检测软件	主要实施图像处理，分析出元器件遗失、焊点等各种缺陷
其他软件	包括 SMT 生产线上的低端软件，如返修设备所用的软件

(2)通用 CAM 软件。FABMaster 或 CIMBridge 软件，两者均可上接几乎所有的 PCB CAD 软件，下连几乎所有的 CNC 插、贴片机。前者是法国的 FABMarster 公司推出的，后者由美国 Mitron 公司推出，两者功能基本相同，只是后者自己的软硬件平台范围较宽，可以是工作站或计算机，操作系统可以是 Windows NT 或 UNIX。

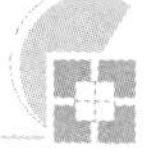

CIMBridge 软件支持 Cadence,Mentor,Visula,Pads,P - CAD,ORCAD,Protel 等 EDA 软件,其中与 Mentor 关系最为密切,支持富士、松下、环球、飞利浦、西门子等公司的贴装设备及 Genrad,Marconi,HP 等测试设备。组成它的软件如下:设计刷写接口工具、组装设备的程序生成工具、自动板级测试和应用集成环境。现在的贴片机制造厂商都将引用这类软件,把有关的功能固化在设备里了,使买来的单机有了不同程度自适应 CAM 方式的功能。

第二节　Protel 99 原理图和电路板图的设计

一、电路原理图的绘制

电路原理图的设计主要是利用 Protel 99 SE 的原理图设计系统(Advanced Schematic)来绘制一张电路原理图,它是整个电路设计的基础。在这一过程中,要充分利用 Protel 99 SE 所提供的各种绘图工具及各种编辑功能。下面对电路原理图的设计的操作流程进行简单介绍。

1. 启动 Protel 99 SE 电路原理图编辑器

点击 Windows 任务栏上的开始菜单上的 Protel 99 SE 图标,进入设计管理器。

2. 新建设计数据库文件

选择 File 菜单中 New 功能,弹出如图 11.2.1 所示的新建设计数据库对话框。新建设计数据库文件,有两种保存方式:一种为"MS Access Database"方式,全部文件存储在单一的数据库中。另一种为"Windows File System" 方式,全部文件被直接保存在对话框底部指定的磁盘驱动器中的文件夹中,在资源管理器中可以直接看到所建立的原理图或 PCB 文件。

在 Browse 选项中选取需要存储的文件名如 ly. ddb 和文件夹 D:\cj\protel,选择数据库文件保存方式,然后点击 OK 即可建立自己的设计数据库。

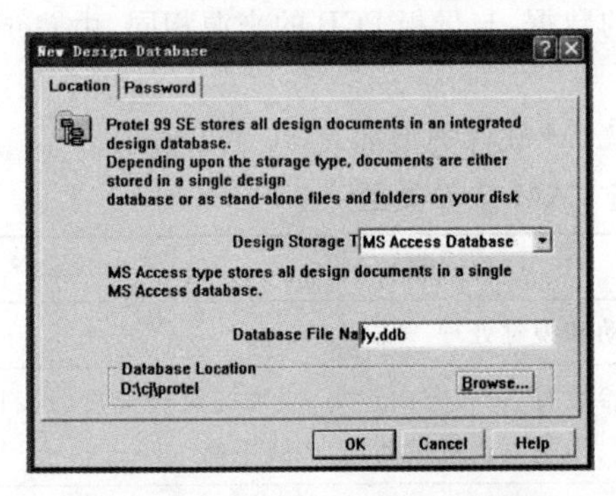

图 11.2.1　新建设计数据库对话框

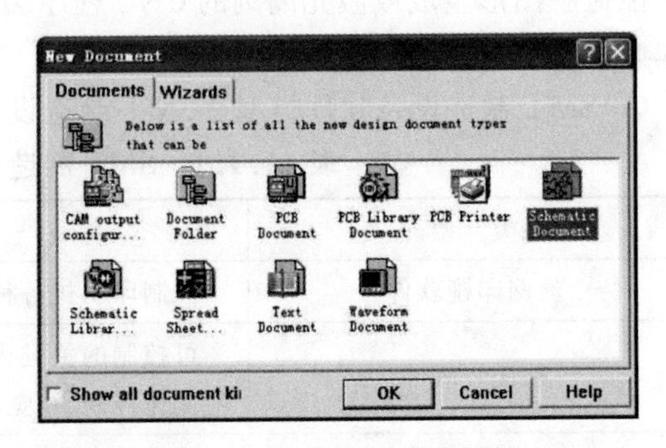

图 11.2.2　新建文档对话框

3. 新建原理图文件

选择 File 菜单中 New 功能,出现新建文档对话框,如图 11. 1. 2 所示。双击"Schematic Domcumen"或选取图标"Schematic Document",然后单击 OK。出现系统默认文件名为 Sheet1. Sch 的原理图文件,用户可以更改其文件名,如改为 xl. Sch,最后双击 xl. Sch 即进入原理图编辑器,如图 11.2.3 所示。

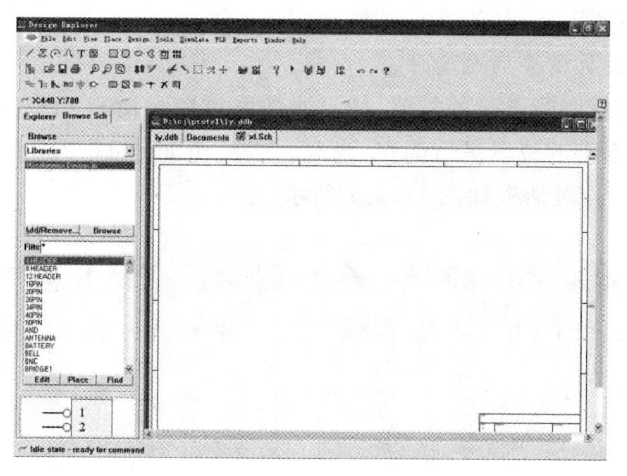

图 11.2.3　原理图编辑器

4.设置电路图纸尺寸以及版面

用户可以设置图纸的尺寸、方向、网格大小以及标题栏等。

(1)打开图纸属性对话框。选择菜单命令 Design 中的"Options"功能,出现图纸属性对话框,如图 11.2.4 所示。

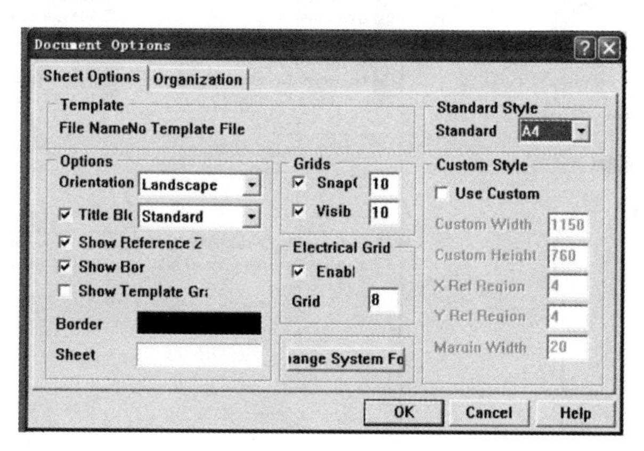

图 11.2.4　图纸属性对话框

(2)在图纸属性对话框中,设置图纸的各种属性。图纸属性对话框一般属性设置说明如下:

1)"Standard Style"区"Standard" 设置标准图纸幅面大小,用鼠标左键单击"Standard"下拉列表框,选择需要的标准图纸幅面大小,常用 A4,A3,B5 等标准图纸,如选 A4。

2)"Options"区"Orientation"设置图纸方向;"Show Reference Zone"设置显示参考边框;"Show Bar"设置显示图纸边框;"Show Template Grid"设置显示图纸模板图形;"Border"设置边框颜色;"Sheet"设置图纸底色颜色。

3)"Grids"区。"Snap"锁定栅格;"Visib"显示栅格。"Snap"锁定栅格将影响光标的位移,对于放置、排列或对齐元器件的位置以及连接电路带来方便。

4)"Elelectrical Grid"区。"Enabl"自动寻找电器节点;"Grid"以光标为中心,向四周寻找电器节点的半径。

5)“Custom Style”区。自定义图纸幅面。

5. 在图纸上放置设计需要的元器件

这个阶段，用户根据实际电路的需要，从元器件库里取出所需元器件放置到工作平面上。并对元器件在工作平面上的位置进行调整、修改。工具箱如图 11.2.5 所示，零件管理器如图 11.2.6 所示，改变库文件对话框如图 11.2.7 所示。

图 11.2.5　工具箱

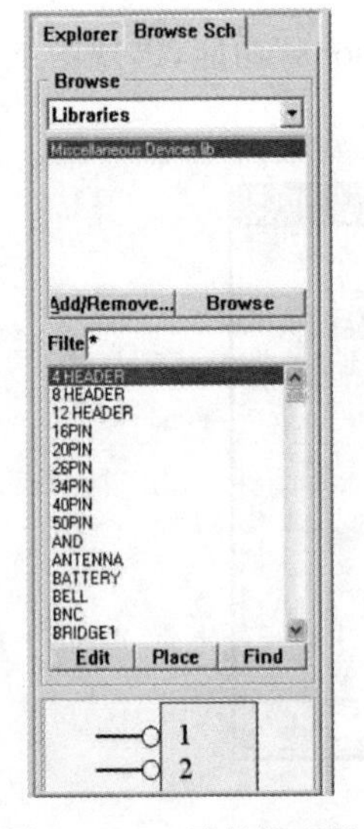

图 11.2.6　零件管理器

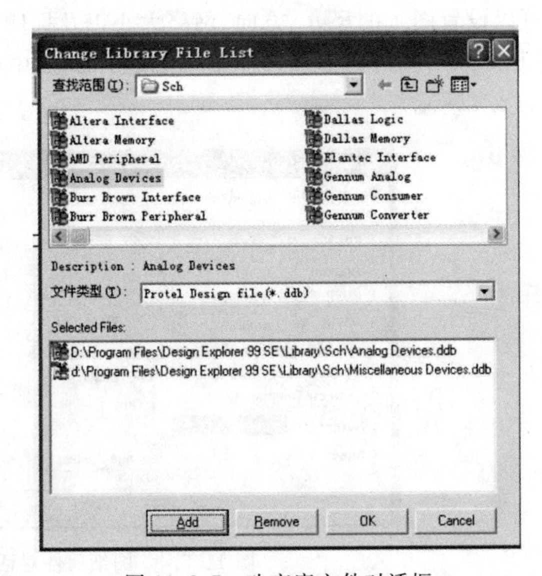

图 11.2.7　改变库文件对话框

(1)添加组件库。用鼠标左键单击零件管理器上的添加/删除“Add/Remove”按钮，在改变库文件对话框中进行选择，就可以修改原理图编辑器所使用的库。

(2)选取元器件。选取元器件以下有两种方式：

1)在库里元器件列表中选择所需元器件。找到所需的库后，在零件管理器中，拖动上面的库文件列表滚动条，选择所需库文件，再拖动下面的元器件列表滚动条，选择所需元器件。然后点 Place 即可放置元器件。

2)输入元器件编号来选取所需元器件。通过菜单 Place/Part 或直接单击绘图工具栏放置元器件。“Place Part”按钮，打开如图 11.2.8 所示“Place Part”对话框，在其中输入元器件的库标识，即可选取所需元器件。也可通过点击“Browse ...”进行元器件选择，然后点“OK”，即可放置元器件。

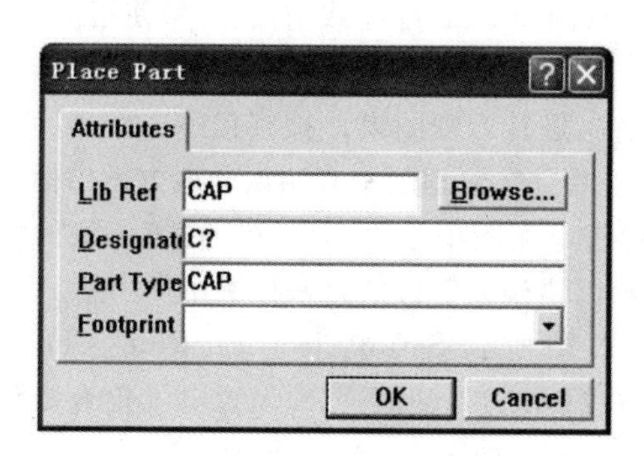

图 11.2.8　Place Part 对话框

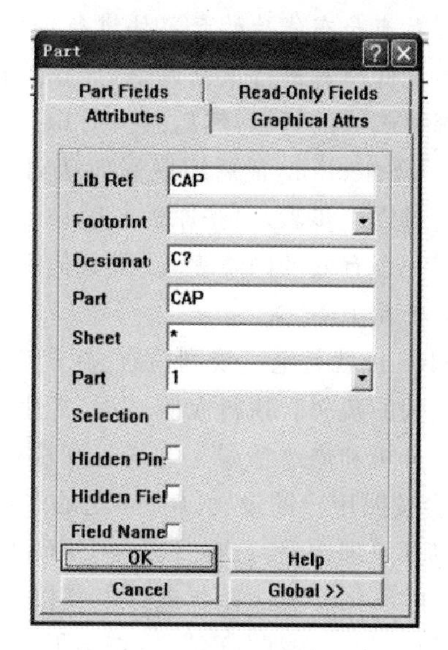

图 11.2.9　组件属性对话框

(3)放置元器件。把元器件放在图纸上时，元器件符号可随鼠标而移动。单击鼠标左键即可停在所需位置，可重复操作，单击鼠标右键退出重复操作状态。

(4)元器件属性编辑。在元器件上双击鼠标左键，弹出属性对话框来进行属性的设置。元器件属性对话框如图 11.2.9 所示。

“Attributes”属性页含义：“Lif Ref”为元器件在库中的标识；“Footprint” 为元器件封装形式；“Designator” 为元器件描述；“Part” 为元器件类别或标称值；“Selection” 为元器件选择状态；“Hidden Pins” 为隐藏管脚显示状态；“Hidden Field” 为隐藏说明显示状态。

“Graphical Attr”属性页含义：“Orientation” 为元器件旋转角度；Mode 为元器件在原理图上的表示标准；“X - Location” 为元器件左上角水平位置；“Y - Location”元器件左上角垂直位置；“Fill color” 为元器件填充颜色；“Pin color” 为元器件管脚颜色。

6. 对所放置的元器件进行布局

(1)移动元器件。移动单个元器件时，用鼠标对准要选中的对象，按住鼠标左键拖动到所需位置；移动多个元器件时，可采用鼠标框选所需元器件，当元器件变为黄色时表明被选中，选择 Edit/Move/Selection，然后按住鼠标左键拖动到所需位置。

(2)元器件的旋转。Space 键可将元器件旋转 90°，用以选择合适的方向；X 键可将元器件左右对调，以十字光标为竖轴翻转；Y 键可将元器件上下对调，以十字光标为横轴翻转。

(3)元器件的对齐。元器件与其他元器件之间有一定对齐要求，以符合原理图的设计要求。选择预对齐的组件，通过菜单命令组 Edit/Align…进行。

7. 将工作平面上的器件用有电气意义的导线和符号连接起来

(1)放置电源与接地组件。通过 Place/Power Port 菜单命令或电路图工具栏上的放置电源按钮“Place Power Port”调用。按双击可进行属性编辑。

(2)连接线路和放置接点。通过 Place/Wire 菜单命令或电路图工具栏上的放置折线按钮“Place Line”画连接导线；通过电路图工具栏上的放置接点按钮“Place Junction”放置电路接点。

8.对布局布线后的元器件进行调整，以保证原理图的美观和正确

对元件位置进行重新调整，导线位置进行删除、移动，更改属性及排列等。删除操作用鼠标框择要删除的目标，然后点击 Edit/Clear；移动操作用鼠标框择要移动的目标，然后点击 Edit/Move Selection，最后用鼠标拖动到指定位置。

经过以上步骤，一张原理图就设计好了。绘制原理图的主要的目的就是为了将设计电路转换成一个有效的网络表，以供其他后续处理程序（例如 PCB 程序或仿真程序）使用。

9.产生 ERC 表

ERC 也就是电气规则检查，在产生网络表之前，进行原理图设计检查程序工作，以便能够找出人为的疏忽。执行完测试后，能生成错误报告并且在原理图中有错误的地方做出标记，以便用户分析和修改错误。电气规则检查还可以检查电路图中是否有电气特性不一致的情况，ERC 会按照用户的设置以及问题的严重性分别给以错误或警告信息来提醒用户注意。

打开原理图后，选择 Tools/ERC，出现图 11.2.10 所示"Setup Electrical Rlues Check" 对话框，在"Setup"页选择要进行电气检查的项目，在"Rule Matrix" 页中设置电气检查矩阵，一般选默认，然后选择"OK"，检查结果将被显示到界面上，如图 11.2.11 所示。

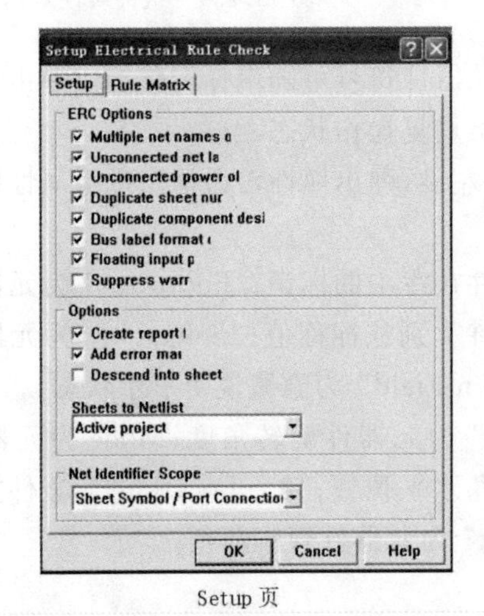

Setup 页

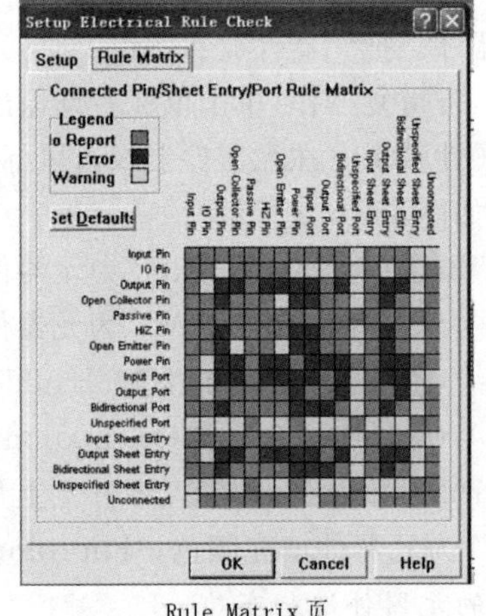

Rule Matrix 页

图 11.2.10　Setup Electrical Rlues Check 对话框

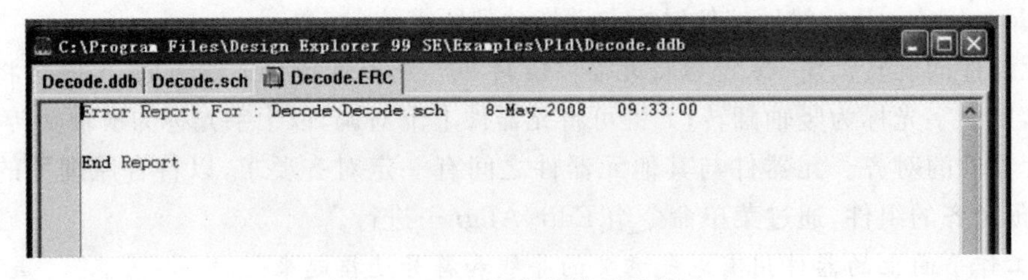

图 11.2.11　检查结果显示界面

10.建立材料清单

打开原理图后，选择"Reports" 中的"Bill Of Material"菜单，按照导向器所给选项选择，完成选择，一个"Excel"风格的如图 11.2.12 所示的材料清单就被制成。

11. 保存文档并打印输出

二、电路板图的绘制

网络表是电原理图设计(Sch)与印制电路板设计(PCB)之间的一座桥梁。网络表可以从电原理图中获得,也可以从印制电路板中提取。

电路板设计实现的是具体的印刷电路板,牵涉工艺多,组件的封装形式也特别多。电路板的设计牵涉到一个重要的概念——“层”,拿简单的双层板来说,就至少含有铜箔导电图案层(Copper Trace Layer)部分的顶层(Top Layer)和底层(Bottom Layer);丝网印刷标记符号层(Silkscreen Overlay)部分的顶层(Top Overlay)和底层(Bottom Overlay);特殊属性层(Special)部分的保留层(KeeDOut)、多层(Multi Layer)、指引飞线层(Ratsnest)。

C:\Program Files\Design Explorer 99 SE\Example
Decode.ddb | Decode.sch | Decode.ERC | Decode.XLS
A1 Part Type

	A	B	C	D	E
1	Part Type	Designator	Footprint		
2	AND2	U16			
3	AND2B1	U9			
4	AND2B1	U13			
5	AND2B1	U12			
6	FD8	U3			
7	FD8	U4			
8	FD	U7			
9	FD	U6			
10	IBUF8	U2			
11	IBUF	U10			
12	INV	U8			
13	IPAD8	U1			
14	IPAD	U5	CAN-8		
15	OBUF16	U14			
16	OPAD16	U15			
17	OR2	U11			
18					
19					

图 11.2.12　材料清单

1. 创建网络表

当我们绘制好电路原理图,在进行了 ERC 电气规则检查正确无误后,就要生成网络表。在“Design” 下选取“Create Netlist” 对话框,如图 11.2.13 所示。设置网络表的输出格式,点击 OK,就可生成图 11.2.14 所示的网络表。

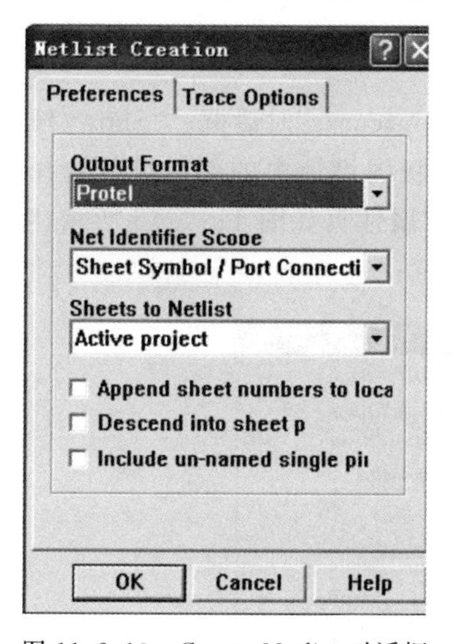

图 11.2.13　Create Netlist 对话框

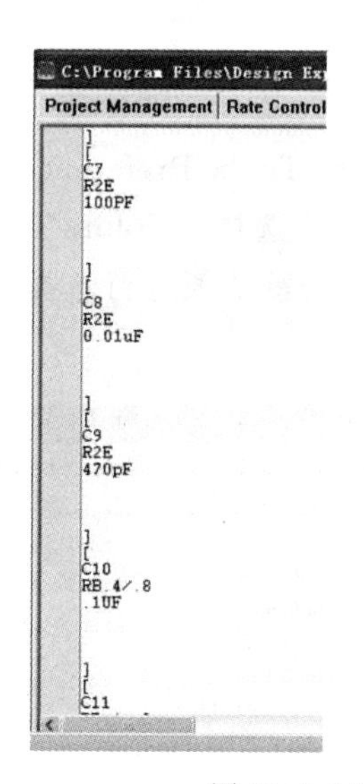

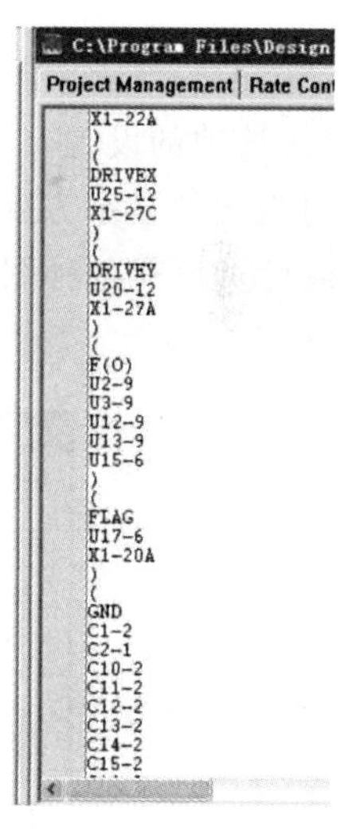

图 11.2.14　网络表

网络表包含元器件声明和网络连接定义。元器件声明格式:[元器件序号、元器件封装形式、元器件注释文字];网络连接定义格式:(网络名称、第一点、第二点……)

由于网络表是纯文本文件,因而用户可以直接修改或利用一般的文本编辑程序自行建立或是修改已存在的网络表。网络表的修改是一项复杂工作,特别应该注意的是在电路原理图设计的时候,一般不会涉组件封装的问题,要求一定要增加上去。网表生成后,就可以进行 PCB 设计了。

2. 新建印制电路板图文件

新建印制电路板图文件方法与新建原理图文件相同，在新建文档对话框中双击“PCB Document”或选取图标“PCB Document”，然后单击 OK，就可进入印制电路板图编辑器。

3. 设置系统工作环境参数

(1)图层和栅格的设置。选择菜单命令 Design 中的 Options 功能，出现如图 11. 2. 15 所示 Options 对话框，选择“layers”属性页，可进行图层与显示网格的选择。选择“Options”属性页，属性页中的标识含义与原理图设计相同。

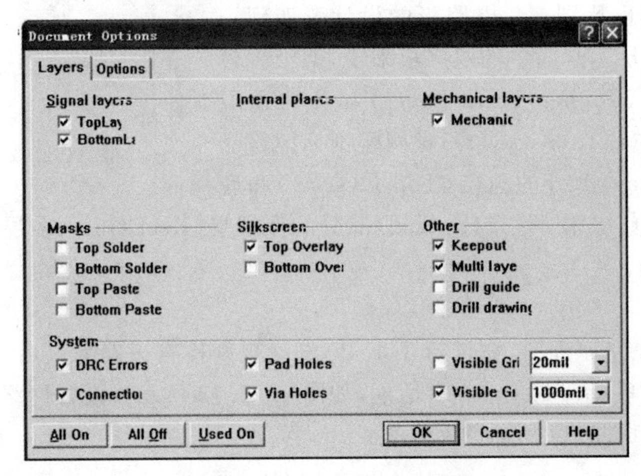

图 11. 2. 15　Options 对话框

(2)优选项的设置。选择 Tools/Preferences，弹出“Preferences”对话框。“Show/Hide”属性页可对板图的显示方式进行选择；“Colors”属性页可对板图设计中的颜色进行选择；“Defaults”属性页可对各种图素的默认值进行选择；“Options”属性页如图 11. 2. 16 所示，各选项的意义如下：

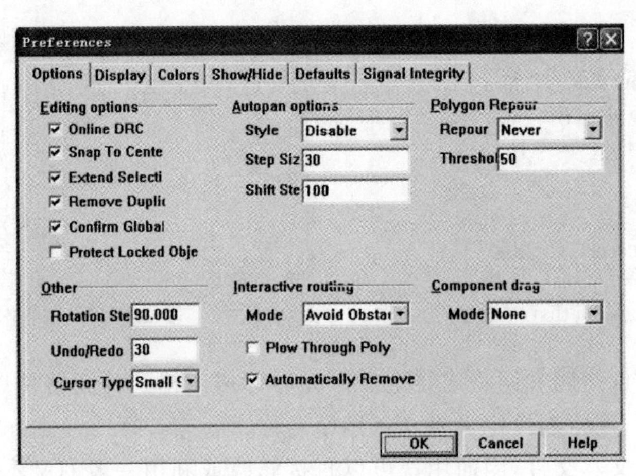

图 11. 2. 16　Preferences 对话框

设计规则检查(Online DRC)：该复选框被选中时，系统动态提示在当前设计的印刷电路板图中是否存在违反设计规则的地方。

跳转到中心(Snap to Center),该复选框被选中时,在执行选样和移动的操作时,光标、将跳转到焊盘、孔等图素的中心位置或参考点。

选样扩展(Extend Selection),该复选框被选中时,在执行选择操作时,原来被选择过的图素对象的选中状态仍然有效。

删除重复图素(Remove Duplicate),该复选框被选中时,自动删除重复的图素。

确认全局编辑(Confirm Global Edit),该复选框被选中时,在执行全局编辑时,系统弹出对话框要求确认操作。

在自动滚屏设置"Autopan"中,"Style"下拉框选择当工作光标接触到视窗的边缘时,系统切换工作区域的形式;步长(Step Size)选择工作光标每接触到视窗的边缘次工作区域移动的尺寸;Shift 步长(Shift Step Size) 选择工作光标每接触到视窗的边缘一次,工作区域移动的尺寸。

旋转角度(Rotation Step):设置在移动组件时每按一次空格键时组件所旋转的角度,缺省设置为 90°。

光标形状(Cursor Type):设置工作时的光标形状,包括 Small 90(短"+"字形状光标)、Small 45(短"×"字形状光标)和 Large 90(长"+"字光标)。

元件拖动(Component Drag):设置移动元件时走线被拖动的情形,包括"None"(元件移动时,走线不随着被拖动)和"Connected Tracks"(元件移动时,与该元件相连的走线会随之而被拖动)。

4. 网络表的引入

选择设计(Design)菜单中"引入网络表(Netlist…)"选项,弹出连接网络表调入对话框如图 11.2.17 所示。选择所需 Rate Controller. NET 文件,单击"Execute"按钮,可以看到连接网络表的管脚与焊盘的对应关系就会以飞线形式自动布置在规定的禁止布线区域,网络表所含元器件管脚封装形式也载入到当前印制板图中,但所有元器件都重叠在一起。如图 11.2.18 所示。

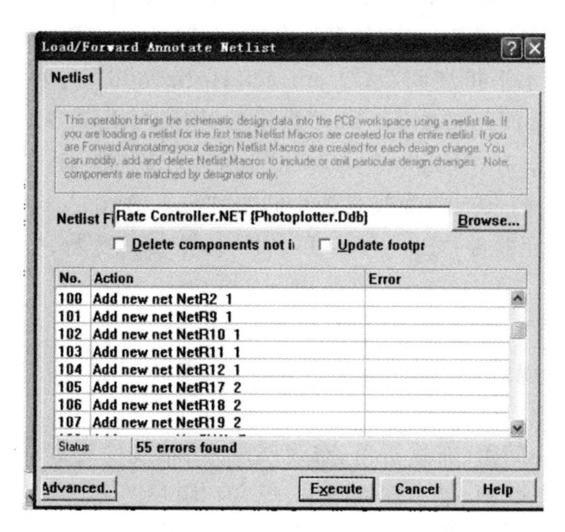

图 11.2.17　连接网络表调入对话框

5. 元器件自动布局

选择菜单“工具(Tools)”下的“自动布局(Auto Place…)”功能，首先用鼠标左键单击位于设计窗口下方的板层标签栏中的“keep out layer”标签，绘制一个一定大小的印制电路板的边界，然后在“Auto place”对话框里，设置一些自动布局的参数，一般使用默认就可以了。用鼠标左键点击“OK”键关闭对话框，再关闭自动布局界面，系统会提示是否将自动布局的结果存盘并使用，单击是，自动布局完成。布局后元器件位置极不整齐，这是因为简单的自动布局仅仅对布电的路径寻找最短长度，而对元器件的整齐度不予理睬。

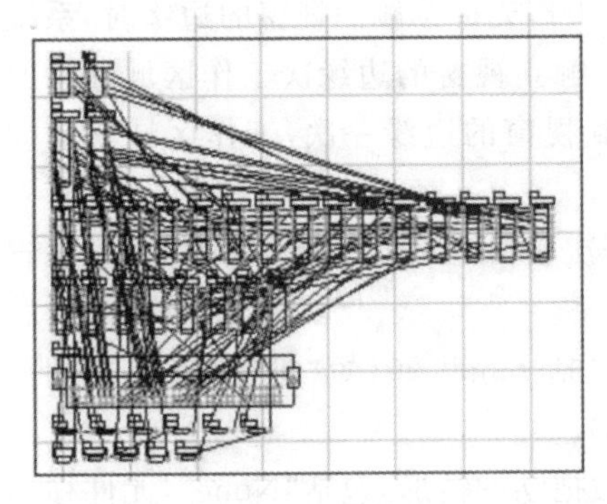

图 11.2.18　所有元器件都重叠在一起

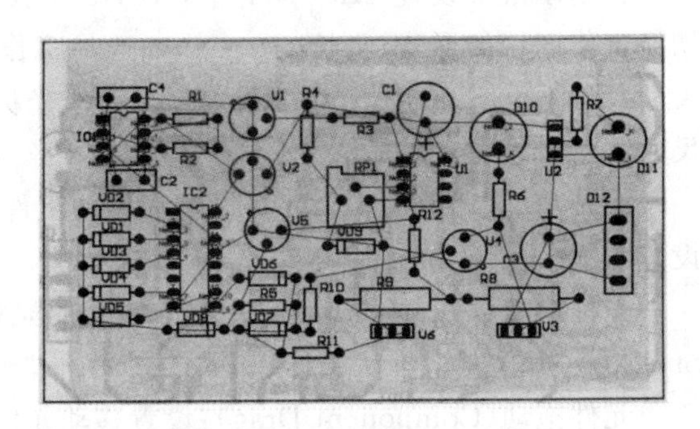

图 11.2.19　手动布局结果

6. 元器件手工布局

Protel 99 SE 系统的自动布局功能布通率，但布置结果并不令人满意，所以需要进行手工调整各零件封装的位置，布局结果如图 11.2.19 所示。

(1)移动、旋转和翻转元器件。选择 Edit/Move/Component，用鼠标左键点击元器件可使元器件随光标而移动，元器件旋转、翻转操作同原理图设计。

(2)对齐操作。选择菜单命令 Edit/Select/Inside Area，然后用鼠标框选选择预对齐的组件，通过菜单命令组 Edit/Align Components 进行。其子菜单功能含义如下：

“Align Left”为左对齐；“Align Right” 为右对齐；“Center Horizontal” 为水平中心对齐；“Expand Horizontal” 为水平扩展间距；“Contract Horizontal” 为水平收缩间距；“Distribute Horizontally” 为水平最小间距；“Align Top”为顶端对齐；“Align Bottom” 为底端对齐；“Center Vertical 为竖直中心对齐；“Expand Vertical” 为竖直扩展间距；“Contract Vertical” 为竖直收缩间距；“Distribute Vertical” 为竖直最小间距；“Sort And Arrange Components”为元器件排序；“Shove” 为推挤元器件；“Set shove Depth” 为推挤的次数；“Move To Grid” 为移动到指定网格点。

7. 自动布线

(1)使用电路板设计规则。选择菜单选项 Design/Rules，系统弹出设计规则对话框，如图 11.2.20 所示。

设计规则包含了最小间距、布线折角、布线层限定、布线优先级、连接拓扑结构、布线过孔设定、布线宽度设定、加工规则、最小环宽限定、焊膏和阻焊图案层扩展、多边形铜箔连接、平行导线限定、短路限定等二十几条设计规则。

(2)对整个板进行自动布线。选择菜单 Auto Rounting/All，自动布线结果如图 11.2.21 所示。

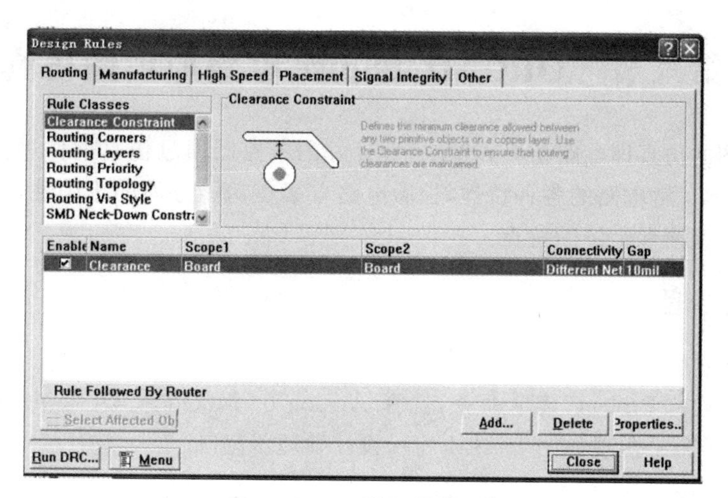

图 11.2.20　设计规则对话框

8. 手工布线

(1)选择元器件和图素。按下 S 键,弹出选择快捷菜单。选择快捷菜单的含义如下:

“Inside Area”选择指定区域的所有图素;“Outside Area”选择指定区域外的所有图素;“All”选择所有图素;“Net”选择指定的电气网络;“Connection”选择电气连接的铜膜;“Physical”选择焊盘间的连电;“All on Layer”选择当前工作板上所有图素;“Free Objects”选择元器件所有独立的图素;“All Locked”选择被锁住的图素;“Off Grid Pads”选择不在网络点上的焊点;“Hole Size”选择指定孔径范围的通孔或焊点;“Toggle Selection”切换图素的选择状态。

(2)移动元器件和图素。按下 M 键,弹出移动快捷菜单。移动快捷菜单的含义如下:

“Move”移动一个单独的图素或元件;“Drag”拖拉图素或元件;“Component”移动指定的组件;“Re - route”重新布线;“Break Track” 拖拉导线中间任意点;“Drag Drack End”拖拉端点;“Move Selection”移动选中的图素或元件;“Rotate Selection”旋转选中的图素或元件;“Flip Selection”左右翻转选中的图素或元件;“Polygon Vertices” 移动指定的多边形铜箔;“Split Plane Vertices”移动指定的电源层或地线层。

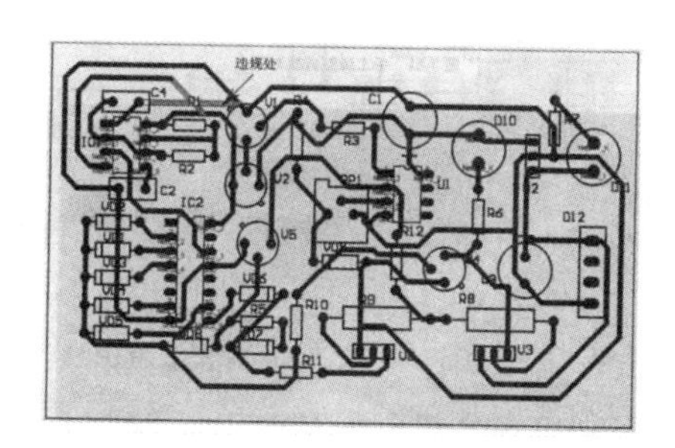

图 11.2.21　自动布线结果

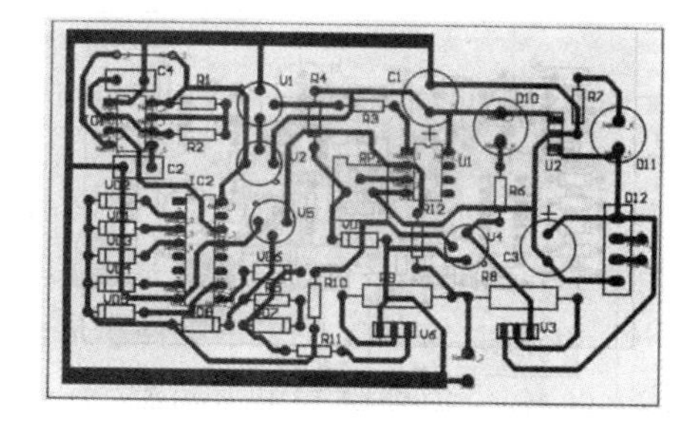

图 11.2.22　手工调整走线后的 PCB

9. 调整布线

(1)拆除布线连接。选择菜单 Tools/Un - Route 。

(2)手工调整走线。删除有关导线,选择 Place/Track 菜单进行导线的重新放置和连接。最终结果如图 11.2.22 所示。

第三节　ORCAD/PSpice电路原理图仿真

电路原理图的仿真即电路仿真，就是将设计好的电路图通过仿真软件进行实际功能的模拟和分析，全面地了解电路的各种特性，检验电路方案在功能方面的正确性，实现电路的优化设计，具有方便、快捷和经济的特点。

一、模拟准备

1. 新建设计项目

执行"File/New/Project"菜单命令，选择 Analog or Mixed A/D(PSpice)，选择 Create a blank project。屏幕上出现如图 11.3.1 所示设计管理器窗口。

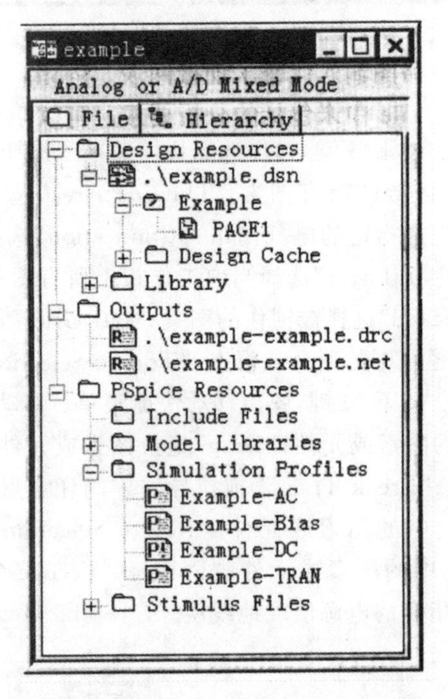

图 11.3.1　设计项目管理器

Design Resources：电路图文件扩展名是 DSN；Design Cache 为电路图使用过的元件符号库；Library 为当前图形符号库，扩展名为 OBL。点击 PAGE1，可以显示电路图的具体结构。

Output：违反常规连接关系文件扩展名为 drc；电路连接网表文件文件扩展名为 net。

PSpice Resources：Simulation Profiles 为分析类型；Include Files 为未包括分析要求文件，扩展名为 INC；Model Libraries 为特性库文件；Stimulus Files 为激励信号波形文件，扩展名为 STL。

2. 电路原理图设计(软件 Capture CIS)

可生成各类模拟电路、数字电路和数/模混合电路的电路原理图，并配备有元器件信息系统(Component Information System，CIS)。具体的操作可以采用菜单命令或图 11.3.3 放置

工具栏按钮操作。

(1)制作元器件:包括创建单个元器件、创建复合封装元器件、大元件的分割等。

执行 File/New/Library 命令来创建新的元器件库,Design/New Part…来新建元器件,新建元器件后弹出如图 11.3.2 所示 New Part Properties 对话框,主要包括元件的名称 Name,元件字母 Part Reference Prefix(如电阻用 R、电容用 C 等),元件封装名 PCB footprint 等;创建复合封装元件 Mutiple - Part Package 中,Package Type 用来选择一个封装中几个元件符号是否相同,完全相同选 Homogeneous,不完全相同选 Heterogeneous;Part Numbering 用来区分同一个封装中不同元件,以字母区分用 Alphabetic,以数字区分用 Numeric。创建完元件后就可用 Place 菜单下的 IEEE, symbol, line, rectangle, text 等命令或相应的工具按钮绘制 IEEE 符号、引脚、外形和文本了。另外还可用 Tools/Split Part 对大元件进行分割,用 View/Package 可以看到整个封装中的元件。

(2)放置元器件:执行 Place/Part 命令,出现其对话框,在 Libraries 列表中选择元件库,单击"打开"按钮,在 Part 列表中选择元器件,对话框右下角会显示与元器件对应的图形符号。

(3)编辑元器件:选中元器件,单击鼠标右键,弹出左右翻转、上下翻转、编辑元器件属性、编辑元器件引脚等基本操作菜单。如双击元件值或单击鼠标右键选择 Edit Properties,打开属性参数编辑器 Properties Editor,修改参数值 Value、编号 Reference 等。

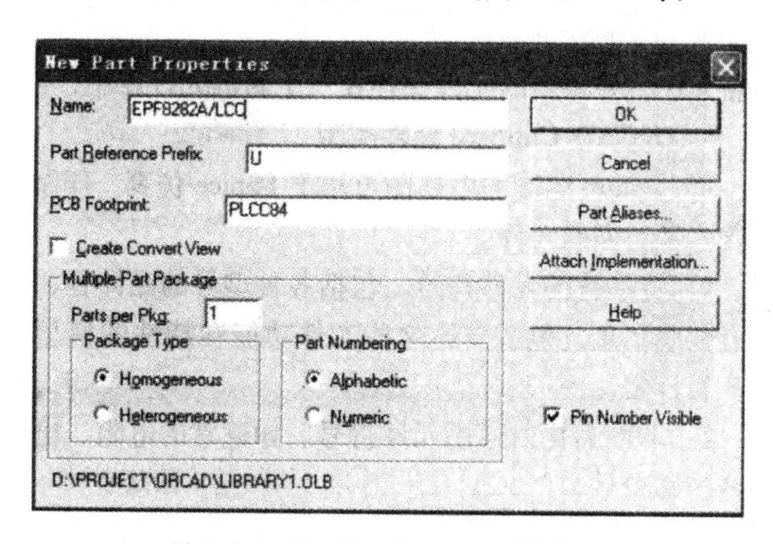

图 11.3.2　New Part Properties 对话框

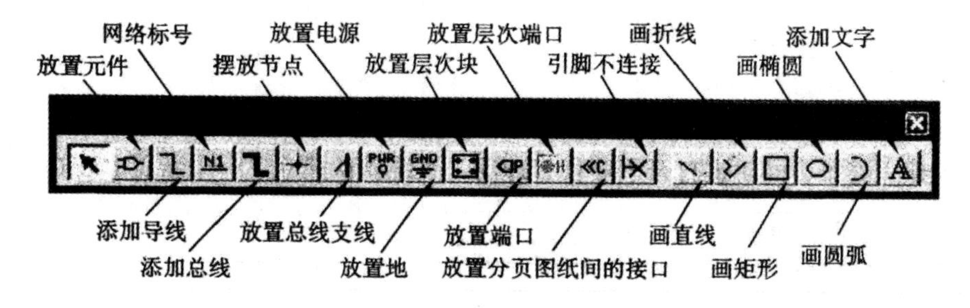

图 11.3.3　放置工具栏

表 11.3.1　部分激励信号源参数及波形

激励源	参数	参数设置含义	波形
指数源 EXP	V1	初始电压 Initial value	V1=1v,V2=5v,td1=0.1,tc1=0.2,td2=2,tc2=0.5
	V2	峰值电压 Peak value	
	TRD	上升延迟时间 Rise delay time	
	TRC	上升时间常数 Rise time constant	
	TFD	下降延迟时间 Fall delay time	
	TFC	下降时间常数 Fall time constant	
脉冲源 PULSE	V1	初始电压 Initial value	V1=1v,V2=5v,td1=0.1,tc1=0.2,td2=2,tc2=0.5
	V2	脉冲电压 Pulse value	
	TD	延迟时间 Delay	
	TR	上升时间 Rise time	
	TF	下降时间 Fall time	
	PW	脉冲宽度 Pulse width	
	PER	脉冲周期 Period	
分段线性源 PWL	T1	时间点	VPWL: (0, 0) (1, 0) (1.2, 5) (1.4, 2) (2,4) (3,1)
	V1	该点电压	
	T2	时间点	
	V2	该点电压	
	Ti	时间点	
	Vi	该点电压	
单频调频源 SEFM	V0	偏置电压 Offset value	VSFFM: Voff=2v, Vampl=1v, fc=8Hz, fm=1Hz, mod=4
	VA	电压振幅 Amplitude	
	FC	载波频率 Carrier frequency	
	MOD	调制系数 Modulation index	
	FS	信号频率 Modulation frequency	
调幅正弦源 SIN	V0	偏置电压 Offset	Voff=2v, Vampl=2v, freq=5Hz, phase=30, df=1, td=1s
	VA	峰值电压 Amplitude	
	FREQ	频率 Frequency	
	TD	延迟时间 Time delay	
	ALPHA	阻尼因子 Damping factor	
	THETA	相位延迟 Phase angle	

（4）创建分级模块：电路图设计结构有单页式、平坦式和层次式。单页式只包括一页电路

图;平坦式只包括一个层次的电路图,可以包含多页电路图;层次式通常在设计比较复杂的电路和系统时采用一种自上而下的电路设计方法,即首先在一章图纸上设计电路的总体框图,然后在另外层次图纸上设计每个框图代表的子电路图,下一层次还可包括框图,按层次关系将子电路图逐级细分,直到最低层上为具体电路图,不再包括子电路框图。

创建层次图:执行 Place/Hierarchical Block 命令,弹出 Place Hierarchical B lock 对话框,在 Reference 栏输入电路图名,Implementation Type 栏选择 Schematic View,Implementation name 栏输入电路图所连接的内层电路图名。画一个矩形框,添加层次图的上层电路。执行 Place/Hierarchical Pin 命令,添加层次端口。选中电路图名,单击鼠标右键,选择菜单 Descend Hierarchy,系统自动创建下层电路图页,自动生成与层次图对应的端口连接器。摆放元件于下层电路,调整各端口位置以便连线。

创建平坦式电路图:对于同一目录下需要连接的页必分别执行 Place/Off - Page Connector 命令,添加分页端口连接器,使端口连接器名称相同。Place/Port,添加电路图 I/O 端口。

(5)连接线路:有总线连接和导线连接。对于总线连接,单击或按 B,画直总线;单击,按住 Shift 可画斜总线。对于导线连接,单击添加导线按钮或按下 W,光标变成十字状,在需要连接或拐弯的地方单击鼠标左键。

3. 激励信号源设置与编辑(软件 StmEd)

(1)激励信号源类型:有直流信号源 VDC、交流信号源 VAC、指数源 EXPPOLY、脉冲源 PULSE、分段线性源 PWL、单频调频源 SEFM、正弦源 SIN,部分激励信号源参数及波形见表 11.3.1。直流源只能进行 DC 分析;交流源可进行 DC 和 AC 分析;瞬态分析信号源有脉冲、分段线性、调幅正弦、调频和指数;逻辑分析信号源有时钟信号、各种形状的脉冲信号、总线信号。

(2)激励源有三种符号:有激励电压源 Vstim、激励电流源 Istim 和激励数字源 Digstim,其中 Vstim 和 Istim 为模拟信号激励源。信号源的符号均存在 SOURCSTM 符号库中。

(3)激励信号源的编辑模块 StmEd:鼠标左键单击选定激励源,执行 Edit/PSpice Stimulus,出现激励信号源的编辑模块 StmEd 的窗口,该窗口用于显示和生成激励信号波形。StmEd 的命令包括 Edit,Stimulus,Tools 三条主命令,其中 Edit 包括 Delete 删除选中信号、Attributes 修改信号属性、Activate PWL 交互式编辑、Add 增加转折点;Stimulus 包括 New,Copy,Rename,Remove,Chang Type;Tools 包括 Label 字符或标示符号、用表达式进行参数设置 Parameters、运行选项参数 Options。

(4)激励信号源的参数设置:执行 Stimulus/New,在 Name 文本框中输入新增激励信号的名称,在 Analog 栏中输入激励信号类型,单击 OK,出现激励源属性对话框图 11.3.4~图 11.3.7任一个,设置激励源属性对话框。

(5)激励信号源的编辑:在波形显示窗口中连击某以信号或选中一个信号后执行 Edit/Attributes,出现激励源属性对话框。分段线性源 PWL 可以以交互方式直接修改波形,用 Del 删除转折点,选中使转折点的小方框为红色,用鼠标拖动至合适位置。PLOT/Axis Settings 可设置坐标轴。

PULSE Attributes
Name: Vpulse
Initial value 1
Pulse value 5V
Delay (sec) 1s
Rise time (sec) 0.1s
Fall time (sec) 0.4s
Pulse width (sec) 0.5s
Period (sec) 2s
OK
Cancel
Apply

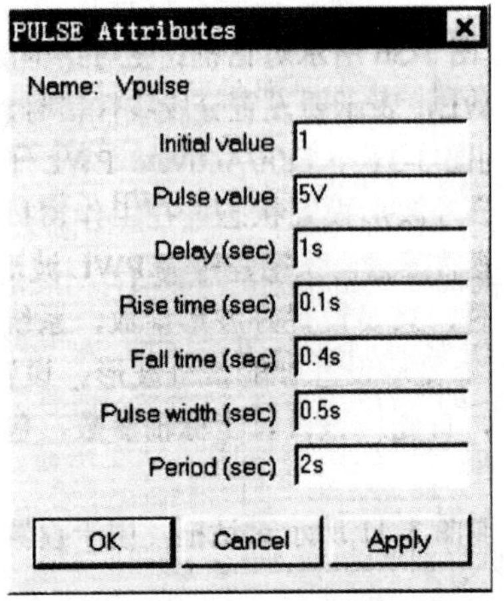

图 11.3.4　脉冲源信号 PULSE 信号波形参数设置

EXP Attributes
Name: Vexp
Initial value 1V
Peak value 5V
Rise (fall) delay (sec) 0.1s
Rise (fall) time constant (sec) 0.2s
Fall (rise) delay (sec) 2
Fall (rise) time constant (sec) 0.5
OK
Cancel
Apply

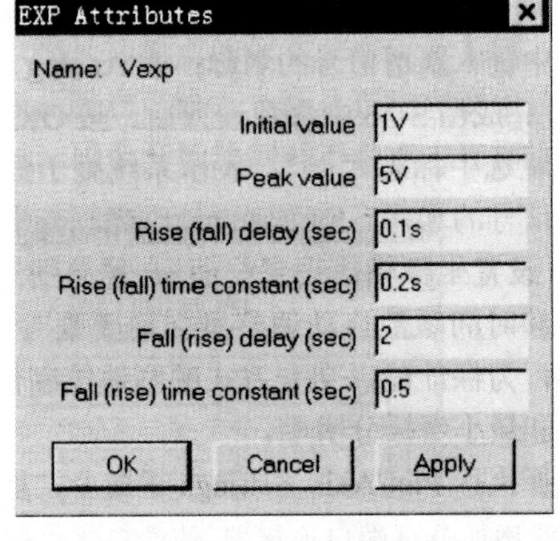

图 11.3.5　指数源 EXP 信号波形参数设置

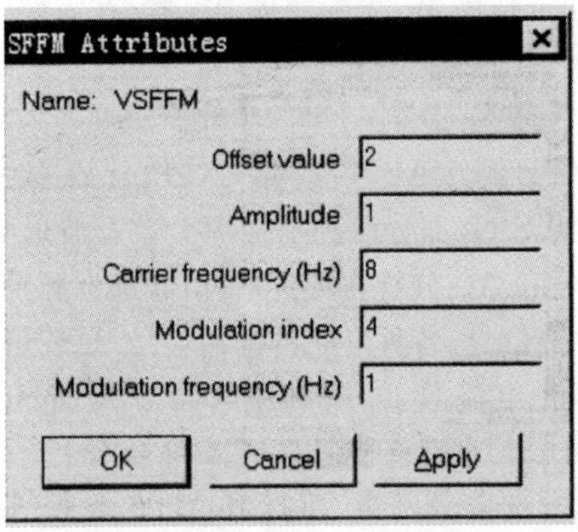

SFFM Attributes
Name: VSFFM
Offset value 2
Amplitude 1
Carrier frequency (Hz) 8
Modulation index 4
Modulation frequency (Hz) 1
OK
Cancel
Apply

图 11.3.6　单频调频源 SEFM 信号波形参数设置

SIN Attributes
Name: VSIN
Offset value 2
Amplitude 2
Frequency (Hz) 5
Time delay (sec) 1
Damping factor (1/sec) 1
Phase angle (degrees) 30
OK
Cancel
Apply

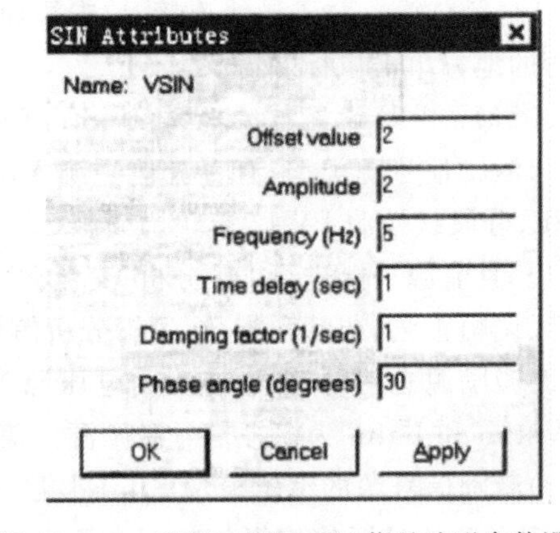

图 11.3.7　调幅正弦源 SIN 信号波形参数设置

4. Model Editor 模型参数提取(软件 Model Editor)

模型参数库中包括了一万多种元器件和单元集成电路的模型参数。当用户采用未包括在模型参数库中元器件且仅有一两个参数变化时,可以用该软件提取的参数,用户只需给出元器件手册中的元器件特性数据。

选中元件,执行 Edit/Pspice Model,进入 Pspice 模型编辑器,在参数列表中对参数进行修改。执行 File/ New 创建新库文件,执行 Model/New 创建新模型,修改模型编辑窗口中的参数标签。Tools/Extract 选择提取模型参数。

二、模拟和分析

1. 确定电路分析的类型与参数

执行 PSpice/New Simulation Profile,新建仿真,设置仿真名称,单击 Creat 出现 Simulation Settings 对话框,选定 Analysis 标签,根据电路设计任务确定要分析类型。

(1)基本电路分析和参数设置。

1)直流工作点分析(BIAS POINT DETAIL):在分析过程中,将电路电容开路,电感短路,

对各个信号源取直流电平值，然后用迭代的方法计算电路的直流偏置状态。如图 11.3.8 所示 Option 选 General Settings。

2）直流灵敏度分析（DC SENSITIVITY）：定量分析、比较电路特性对每个电路元器件参数的敏感程度。在图 11.3.8 设置直流工作点分析参数中，选中 Perform Sensitivity analysis 并在其下方的 Output 栏键入 V(OUT)。

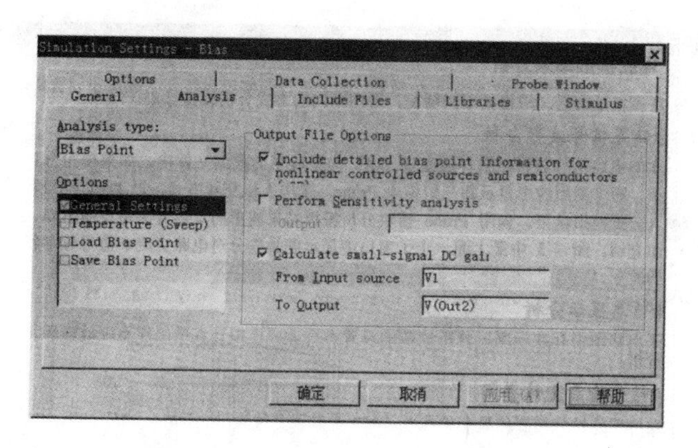

图 11.3.8　设置直流工作点分析参数

3）直流传输特性分析（TRANSFER FUNCTION）：首先计算电路直流工作点并在工作点处对电路元器件进行线性化处理，然后计算出线性化电路的小信号增益、输入电阻和输出电阻并将结果自动存入 OUT 文件中。参数设置如图 11.3.8 所示，选中 Calculate small - signal DC gain 并在 From Input Source 栏添入信号源名，在 To Output 栏添入输出变量名。

4）直流特性扫描分析（DC SWEEP）：当电路中某一参数（称为自变量）在一定范围内变化时，对自变量的每一个取值，计算电路的直流偏置特性（称为输出变量）。在分析过程中，将电路电容开路，电感短路，对各个信号源取直流电平值；若电路中包括有逻辑单元，则将每个逻辑器的延时取为 0，逻辑信号激励源取 $t=0$ 的值。参数设置如图 11.3.9 所示。

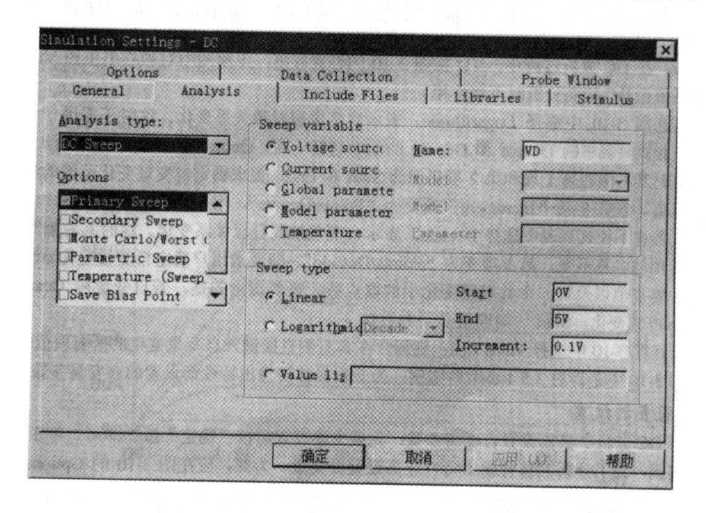

图 11.3.9　设置直流特性扫描分析参数

5)交流小信号频率特性分析(AC SWEEP):计算电路的交流小信号频率响应特性。分析时首先计算电路的直流工作点,并在工作点处对电路中各个非线性元件作线性化处理得到线性化的交流小信号等效电路。然后使电路中交流信号源的频率在一定范围内变化并用交流小信号等效电路计算电路输出交流信号的变化。参数设置如图 11.3.10 所示,不选标题为Nosie Analysis 的参数。

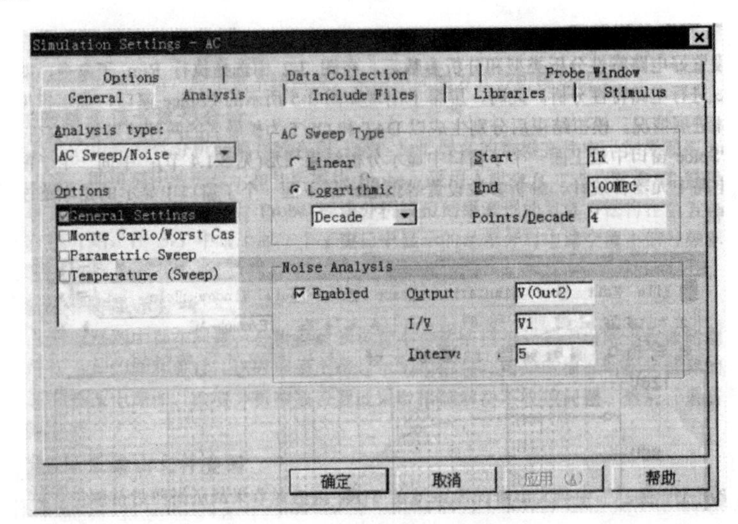

图 11.3.10 设置噪声分析参数

6)噪声分析(NOISE ANALYSIS):为了表征电路中的噪声大小,采用了等效计算方法,具体计算步骤如下:①选定一个节点作为输出节点,将每个电阻和半导体器件噪声源在节点处产生的噪声电压均方根值叠加;②选定一个独立电压源或独立电流源,计算电路中从该独立电压源(电流源)到上述输出节点处的增益,再将第一步计算得到的输出节点处总噪声除以该增益就得到在该独立电压源(电流源)处的等效噪声。由此可见,等效噪声相当于是将电路中所有的噪声源都集中到选定的独立电压源(或电流源)处。如图 11.3.10 所示,Output,I/V,Interval 分别为输出节点、等效输入噪声源,输出结果间隔的设置。

7)瞬态特性分析(TRANSIENT ANALYSIS):在给定输入激励信号作用下,计算电路输出端的瞬态响应。进行瞬态特性分析时,首先计算 $t=0$ 时的电路初始状态,然后从 $t=0$ 到某一给定的时间范围内选取一定的时间步长,计算输出端在不同时刻的输出电平。瞬态特性分析结果自动存入 DAT 文件中。如图 11.3.11 所示,设置瞬态特性分析参数。

8)傅里叶分析(FOURIER ANALYSIS)。傅里叶分析的作用是在瞬态分析完成后,通过傅里叶积分,计算瞬态分析输出结果波形的直流、基波和各次谐波分量。在图 11.3.11 设置瞬态特性分析参数中点击按钮 Transient Output File Options,出现图 11.3.12 设置框,Center 为基波频率,Number of 为谐波次数,Output 为输出变量。

(2)参数扫描和统计分析类型和参数的设置。参数扫描分析即分析计算电路中元器件参数值变化时对电路特性的影响。

1)温度分析(TEMPERATURE ANALYSIS):由于电路中的电阻、晶体管等元器件都与环境温度有关,因此,当温度发生变化时,元器件的参数值也发生变化,从而导致电路特性的变化。Pspice 的默认温度为 27℃,如果要分析其他温度下的电路特性变化,可以采用温度分析。

首先要选择基本分析类型，如瞬态特性分析，进行基本分析类型参数的设置，然后选择温度分析，参数的设置如图 11.3.13 所示。

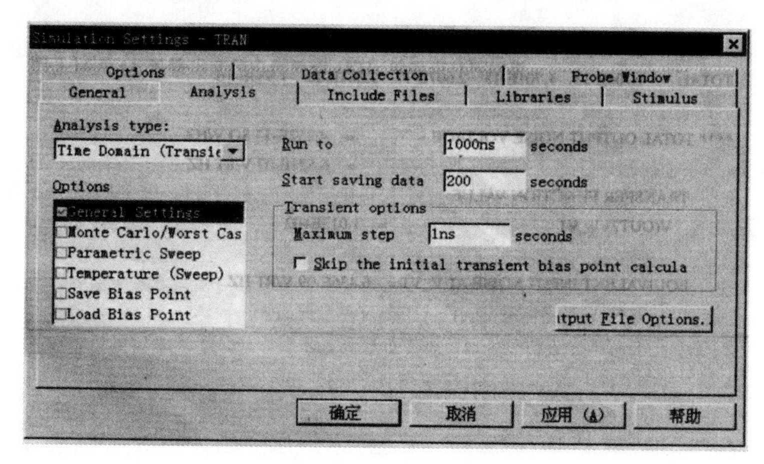

图 11.3.11　设置瞬态特性分析参数

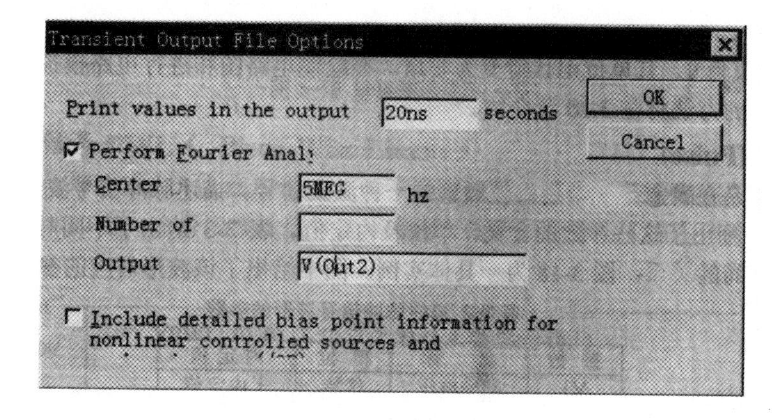

图 11.3.12　OUT 输出文件的设置

2)蒙托卡诺分析(MONTE CARLO)：模拟实际生产中因元器件值的分散性所引起的电路特性分散性。分析时，首先根据实际情况确定元器件值分布规律，然后多次重复进行指定的电路特性分析，每次分析时采用的元器件值都从元器件值分布中随机抽样，这些元器件值不会完全相同，从而较好地代表了实际变化情况。完成了多次电路特性分析后，对各次分析结果进行综合统计分析，就可得到电路特性的分散变化规律。参数设置如图 11.3.14 所示，参数变化规律的设置在 Use distribution 栏的下拉列表中选 Uniform 或 Gauss。

3)最坏情况分析(WORST CASE ANALYSIS)：按引起电路特性向同一方向变化的要求，确定每个元器件的(增、减)变化方向，同时使这些元器件在相应方向按其可能的最大范围变化。对电路特性来说，这是一种最坏情况，所以叫最坏情况分析。如果最坏情况的分析结果都能满足规范要求或与规范要求相差不大，那么将这种电路设计用于生产中时，成品率一定很高。在设置蒙托卡诺分析参数图 11.3.14 中选择 Worst case/Sensitivity。

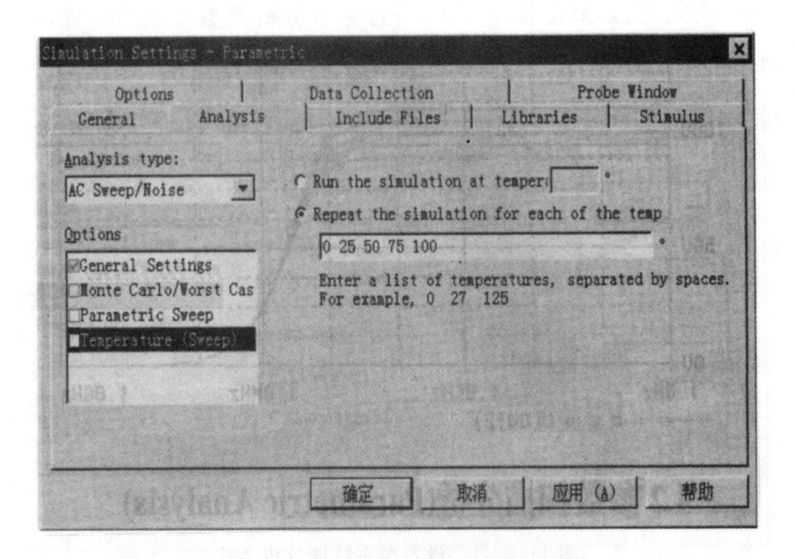

图 11.3.13　设置温度分析参数

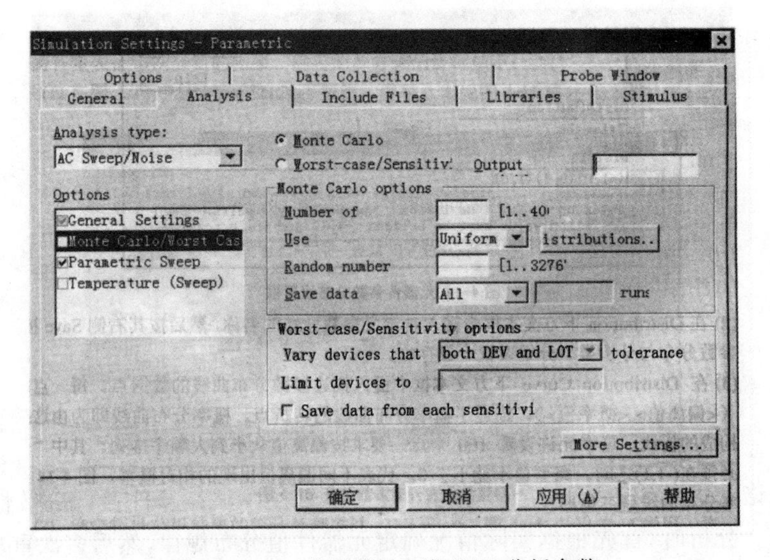

图 11.3.14　设置蒙托卡诺(MC)分析参数

(3)逻辑模拟(DIGITAL SIMULATION)参数的设置:逻辑模拟功能包括:模拟分析输入输出的逻辑关系,模拟分析数字电路的延迟特性,最坏情况逻辑模拟,检查数字电路中是否存在时序异常和冒险竞争现象。选择 Pspice/Edit Simulation Settings,在 Simulation Settings 对话框,选择标签 Options,出现图 11.3.15 所示参数设置框,在 Gategory 下方列表区选择 Gate - Level Simulation,Timing Mode 设置逻辑器件延迟时间特性;Initialize all 设置电路中触发器和锁存器的初始状态(0,1,X);Default I/O lever for A/D 用于在数/模混合电路中,在接口型节点处自动插入接口转换子电路,有 1,2,3,4 四种类型。

(4)数/模混合模拟(MIXED A/D SIMULATION)参数的设置:数/模混合模拟与逻辑模拟基本相似,通过系统自动插入数/模或模/数转化接口子电路 AtoA 或 AtoD 实现连接,采用

瞬态分析，数字和模拟信号分窗口显示。

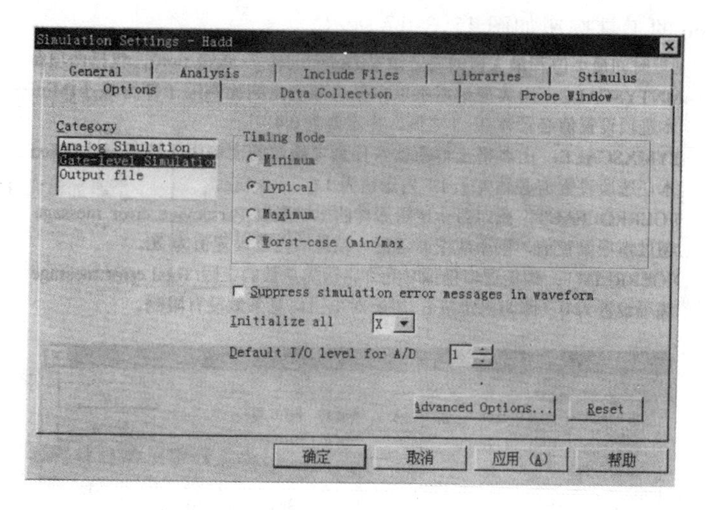

图 11.3.15　逻辑模拟任选项参数设置框

3. 模拟结果显示和分析(PSpice/Probe)

(1)PSpice/Probe 功能：模拟分析后，按照电路特性分析的类型分别将计算结果存入扩展名为 OUT 的 ASCII 码输出文件以及扩展名为 DAT 的二进制文件中。信号波形显示和分析软件可进行多个图形、多窗口和多电路的模拟显示，可在显示波形窗口中修改参数设置，显示结点电压和支路波形曲线；可进行信号波形包括傅里叶在内的多种运算处理；可进行电路性能分析，如运放的带宽和增益；可通过蒙托卡诺分析，再用直方图的形式显示电路特性参数的具体分布。

(2)Probe 的调用设置：如图 11.3.16 所示，调用方式设置包括启动模拟分析同时还是完成模拟分析后调用；下边为显示状态设置包括显示 Marker 符号确定的波形和显示上一次运行的波形。

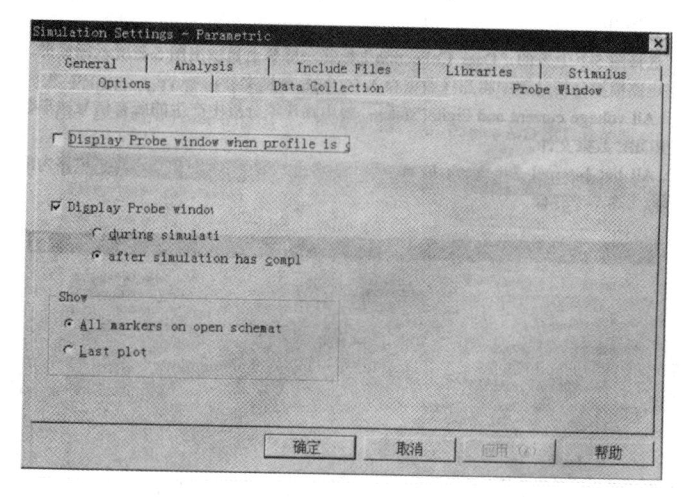

图 11.3.16　Probe 调用模式的设置

(3)Probe 的调用：在 Capture 下，执行 PSpice/View Simulation Results；在 Pspice A/D

下执行 File/Open，打开 DAT 文件或执行 View/Simulation Results。Probe 的命令系统如表 11.3.2 所示，Probe 的工具按钮如图 11.3.17 所示。

表 11.3.2　Probe 的命令系统

File 命令	Edit 命令	View 命令	Trace 命令
New Open… Append Waveform… 附加另一个 Probe 文件 Close Open Simulation… Close Simulation… Save Save As Page Setup… Printer Setup… Printer Preview Print… Log Commands… 存入记录文件.CMD Run Commands… Recent Simulations Recent File Exit…	Undo Redo Cut Copy Paste Delete Select All Find… Find Next Replace… Goto Line… Insert File… Toggle Bookmark 添加书签 Next Bookmark Previous Bookmark Clear Bookmark Modify Object… 修改显示波形	Zoom 波形的缩放 模拟输出文件： Circuit File Output File Simulation Results Simulation Messages Simulation Queue 模拟队列 Ouput Window Simulation Status Window 显示工具按钮和状态栏： Toolbar… Status Bar Workbook Mode	Add Trace… 增加波形曲线 Delete All Traces Undelete Traces Fourier Performance Analysis… 设计性能分析 Cursor 标尺的启用和控制 Macros…宏操作 Goal Functions… 特征函数一系列操作（新建、复制、删除、计算等） Eval Goal Function 特征函数计算分析
Tools 命令	**Simulation 命令**	**Window 命令**	**Plot 命令**
Customize… Options…	Run Pause Stop Edit Profile… **Help 命令** Help Topics Web Resources About PSpice	New Window Close Close All 关闭所有窗口 Cascade 层叠窗口 Title Horizontally Title Vertically Title… Display Control… 显示波形操作（存储、调入、删除、恢复显示） Copy to Clipboard…	Axis Settings 坐标轴的设置 Add Y Axis 增加 Y 轴 Add Plot to Window 增加波形显示区 Delete Plot Y Axis Unsynchronized X Axis 使用单独的 X 轴刻度 Digital Size Label 添加标注字符或符号 AC 显示 AC 分析波形 DC Transient

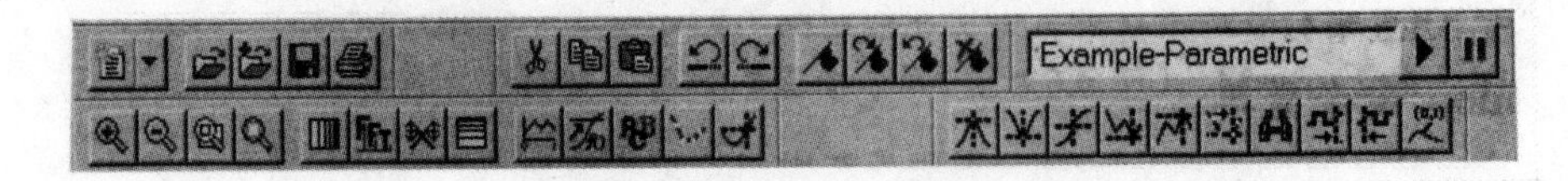

图 11.3.17　Probe 的工具按钮

(4)信号波形的分析、处理、编辑和显示。

1)Probe Options 设置：执行 Tools/Options…，出现如图 11.3.18 Probe Options 所示设

置框，其中选择型任选项包括：显示波形符号、波形彩色模式、显示滚动条模式、显示波形更新频次；选中型任选项包括：显示实际数据点、显示特征函数波形、显示直方图统计分析结果、显示错误状态；赋值型任选项包括：直方图 x 坐标轴区间数、标尺坐标值的有效数位数。

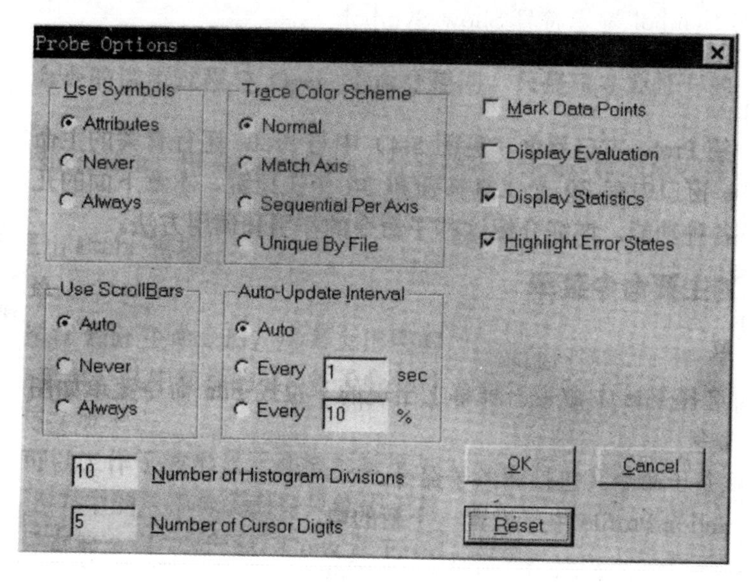

图 11.3.18　Probe 运行过程任选项的设置

2)输出变量的设置：执行 Trace/Add Traces…，出现如图 11.3.19 所示对话框，在左侧列表中选择输出变量，并在 Simulation Output Variables 文本框中，键入适配符“ * ”和“?”进一步限定变量名，如 I(R *)代表流过所有电阻的电流信号。右边 Function or Macros 子框内列出了可供选择的运算符、函数或宏，依次选择即可对信号波形进行运算处理并将结果波形显示出来。选择完成后按 OK 按钮，屏幕上显示所选变量名对应的信号波形。执行 Trace/Macros 可进行宏操作，将这些运算符和函数组合在一起构成新的关系式，添加到 Function or Macros 下列表中供选用。

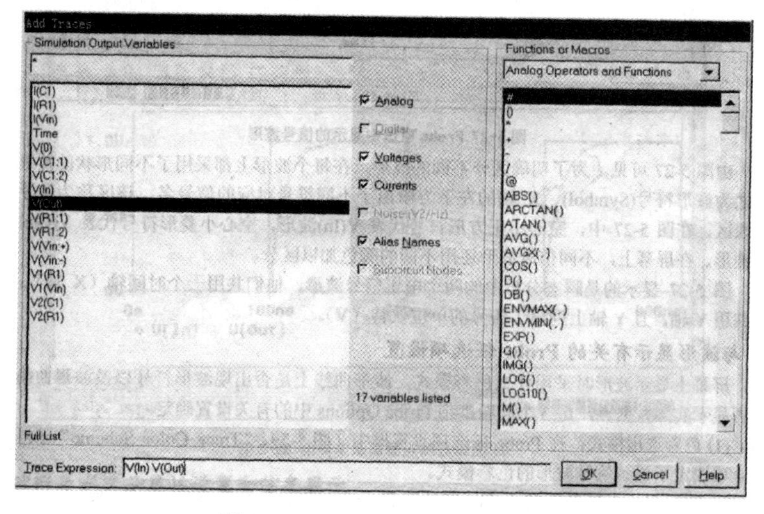

图 11.3.19　Add Traces 对话框

3)输出波形的设置。

波形显示信息和属性设置:用光标指向某一条波形、坐标轴等后点击鼠标右键,屏幕上弹出包含 Information 和 Properties 两条命令,其中 Properties 可设置颜色 Color、线型 Pattern、线宽 Width、符号 Symbol、显示符号 Show Symbol。

Plot/Labe 子命令有添加直线 Line、折线 Poly - Line、箭头 Arrow、矩形框 Box、圆 Circle、椭圆 Ellipse 标注符。

执行 Plot/Add Y Axis 增加标号为 2 的第二根 Y 轴坐标,选中 Y 轴坐标执行 Plot/ Delete Y Axis 可删除 Y 轴坐标和此 Y 轴显示的信号波形。

Axis Settings 坐标轴的设置:X Axis 标签的情况如图 11.3.20 所示,Data Rang 用来设置 X 轴刻度范围;Scale 用于设置 X 轴刻度方式;Linear 为均匀刻度和 Log 为对数刻度;Use Data 用来设置显示波形的 X 轴取值范围,当大于 X 轴刻度范围时,X 轴下方出现水平滚动条;Processing Options 下选项用于进行 Fourie 傅里叶分析和电路性能分析 Performance Analys;Axis Variable 使 X 轴变量类型由 Probe 根据信号的类型自动确定。Y Axis 标签的情况如图 11.3.21 所示,左侧与 X Axis 坐标轴的设置完全相同,右侧为 Y 轴标号 Y Axis 和该标号 Y 轴的名称 Axis Title。

标尺:执行 Trace/Cursor 启用和控制标尺,Trace/Cursor 的子命令有 Display,Freeze,Peak,Trough,Slope,Min,Max,Point,Search Commands…, Next Transition 和 Previous Transition,其中 Peak,Trough,Slope,Min,Max,Point 可进行波形特征值的提取;Search Commands…可按 Probe 规行格式自行编制搜索命令。

多窗口显示:Plot/Add Plot to Window 增加波形显示区,执行 Trace/Add Traces…增加波形,Plot/ Delete Plot 即可同时删除波形显示区和其中的波形。执行 Window 的子命令 Cascade,Title Horizontally,Title Vertically 可排列窗口,单击窗口内的任一位置,就可使该窗口成为活动窗口。

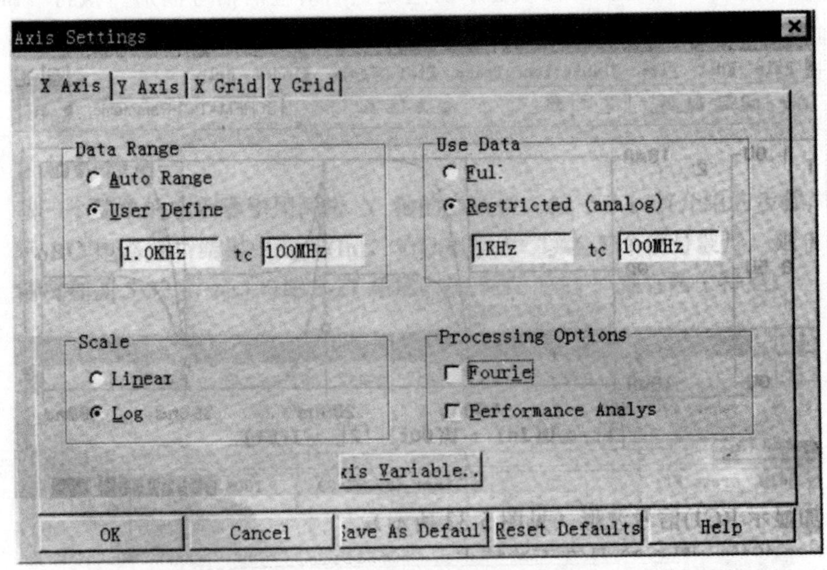

图 11.3.20　Axis Settings 坐标轴的设置对话框 X Axis 标签

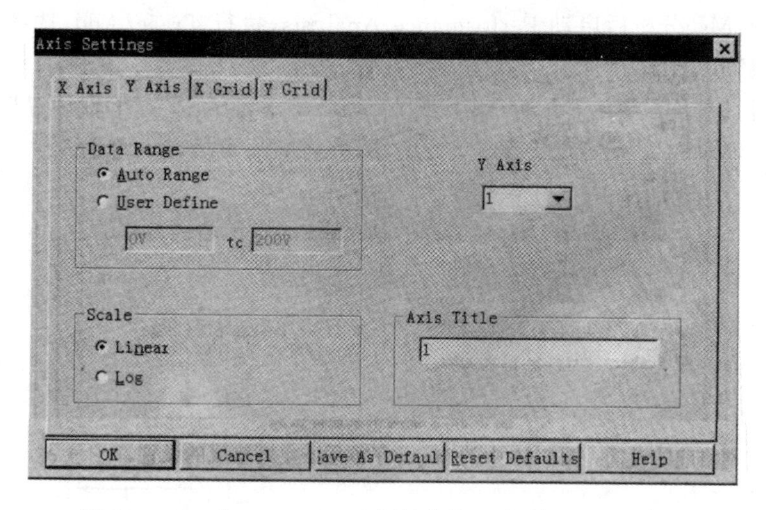

图 11.3.21　Axis Settings 坐标轴的设置对话框 Y Axis 标签

X Grid 和 Y Grid 标签用于网格设置，X Grid 主网格线选择型任选项有主网格线距离、是否直线、交叉方式(点、叉、无)，选中型任选项有短竖线位置、坐标值位置。

(5)电路性能分析和绘制直方图。电路性能分析 Performance Analysis 是指定量分析电路特性随元器件参数变化的关系，它对电路的优化设计将起到极大的作用。电路性能分析分三步进行。

1)确定电路分析类型和元器件变化范围、变化方式和步长，对每个变化值进行一次电路性能模拟分析；

2)对每一次模拟分析结果，调用一个或多个特征值函数提取特征值；

特征值函数的作用是对给定的波形执行一系列搜索命令，然后用特征数据点运算式对搜寻的一系列特征点坐标进行运算，得到一个具体的数值，称之为特征值。

特征值函数的格式为：函数名(波形名 1，…，波形名 n)＝特征值数据点运算式

{1|搜索命令！;2|搜索命令！;…n|搜索命令！}

其中，1，…，n 为特征值数据点的编号。

搜索命令有 8 种，Peak 搜寻极大值；TRough 搜寻极小值；MIn XValue(X) 搜寻横坐标满足括号内的要求且距起点最近的点；Level(Y 坐标，[斜率正负]) 搜寻纵坐标满足括号内的要求且该点的斜率满足斜率正负的规定；Slope[(斜率正负)] 搜寻满足斜率正负的规定且斜率为最大的位置；POint 搜寻执行上一次的搜寻命令，搜寻下一个数据点。例如，执行 Trace/Goal Functions…命令，出现如图 11.3.22 所示对话框，可对特征函数进行新建、复制、显示、编辑、删除、计算等一系列操作。

执行 Trace/ Evaluate Goal Function(s)…命令，出现如图 11.3.23 所示特征值函数计算设置框，选择替换变量名和特征值函数名，按 OK，计算出特征值函数。

3)将每次分析结果的特征值连在一起，得出电路特性随元器件的变化关系，即电路性能分析结果。

启动电路性能分析：执行 Trace/ Performance Analysis…或执行 Plot/Axis Settings，在 X 轴设置框内的 Processing Options 子框内，选中 Performance Analysis。

绘制直方图：MC 分析后启动 Performance Analysis，执行 Trace/Add，选择特征值函数，如 Bandwidth，Centerfreg。

傅里叶分析：执行 Trace/ Fourier 或执行 Plot/Axis Settings，在 X 轴设置框内选中 Fourier，可对屏幕上显示的信号波形进行傅里叶变换，并将结果显示在屏幕上。

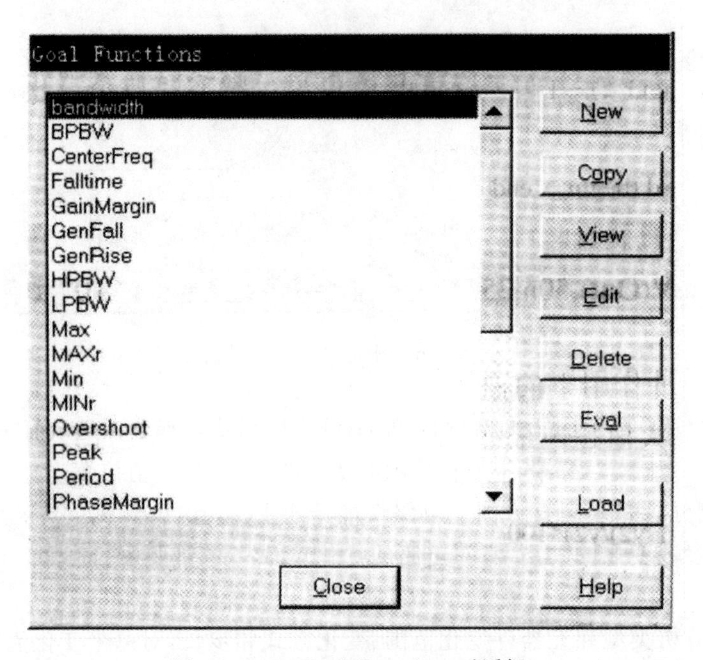

图 11. 3. 22　Goal Functions 对话框

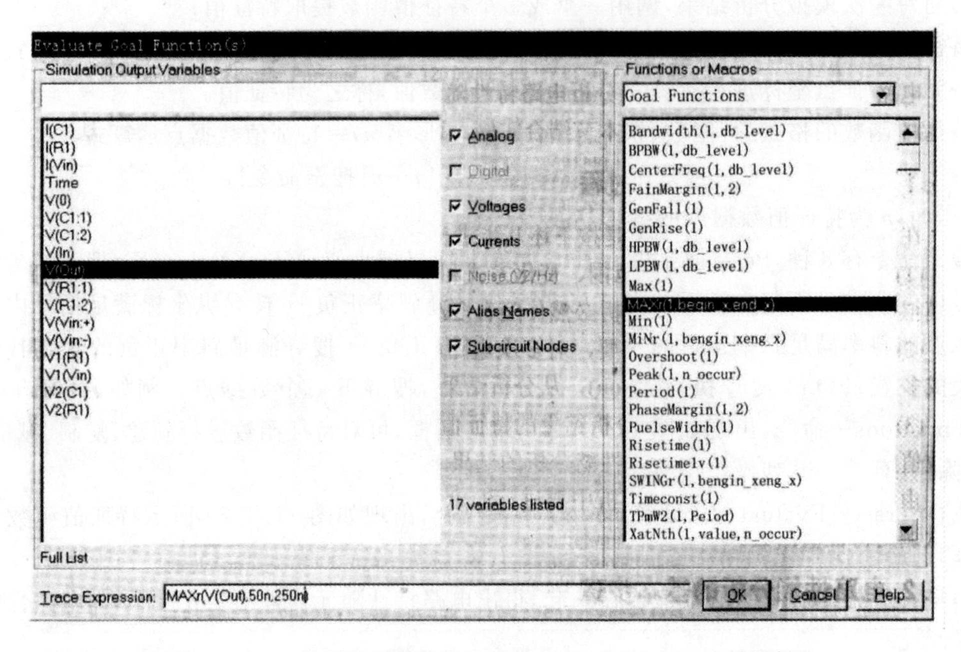

图 11. 3. 23　特征值函数计算(Evaluate Goal Functions)设置框

三、电路优化

电路模拟对给定的电路只能起到设计验证的作用，即只能证明该电路是否满足设计要求。如果在电路模拟后使用优化模块 PSpice Optimizer，就可根据用户规定的电路特性约束条件，通过自动调整元器件参数设计值来优化电路，实现电路的最佳设计，达到提高设计质量的目的。

PSpice Optimizer 主要命令如表 11.3.3 所示，电路优化的步骤为：

(1) 在 Capture 下执行 PSpice/Place Optimizer Parameters，在电路图中放置符号 OPTRARAM；

(2)在 Capture 下执行 PSpice/Run 进行电路模拟分析，确保电路满足功能和特性要求；

(3)在 Capture 下执行 PSpice/Run Optimizer 调用 Optimizer，屏幕上出现如图 11.3.24 Optimizer 窗口，设置调整元器件的参数、优化目标、约束条件等参数；

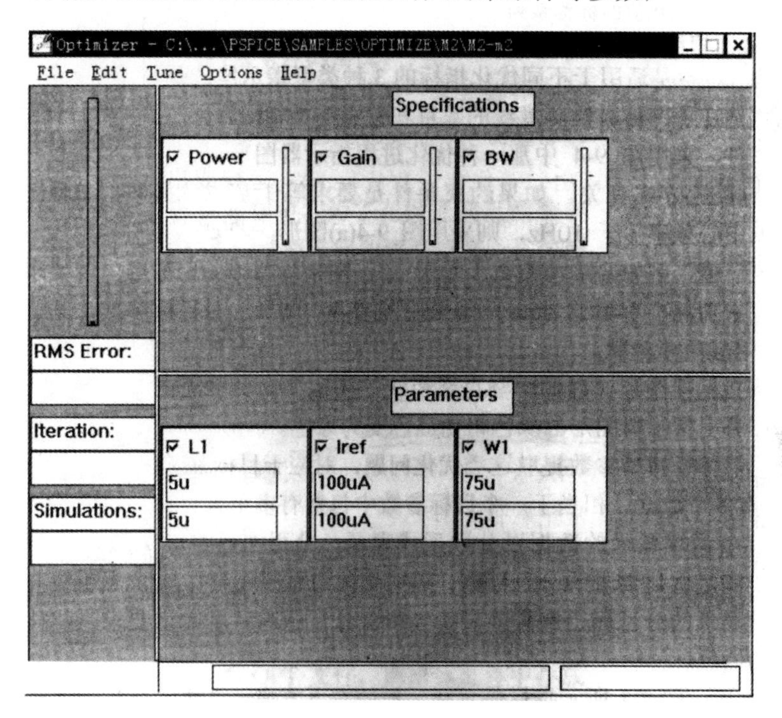

图 11.3.24　Optimizer 窗口结构

优化指标显示区有指标名称和选中状态、当前值、初值、优化进程指标（当优化满足要求时，指示器图形的颜色将由红色变为绿色）。显示区框右下方那一小块区域称为热点区，用鼠标左键连击可对参数进行修改。元器件参数显示区最多可包括 8 个信息显示框，有指标名称和选中状态、当前值、初值。优化显示区有目标参数误差指示器、RMS 优化结果均方根误差、迭代次数统计（每调整一次元器件参数值为一次迭代）和模拟次数统计。

(4)启动优化迭代过程，输出优化结果。执行 Tune/Auto/Start 命令，开始优化过程，优化结束后，优化窗口中给出了最终优化结果，元器件和优化指标当前值，迭代次数和模拟次数等。

优化结束后，系统自动生成以 OLG 为扩展名的优化过程中间结果文件。执行 File/Re-

port 命令，生成一个以 OOT 为扩展名的优化结果报告文件。

表 11.3.3　PSpice Optimizer 主要命令

File	Edit	Tune	Options
New Open… Save Save As… Report Exit	Parameters 元器件参数编辑 Specifications 约束条件和目标参数编辑 Store Values 保存优化中间结果 Reset Values 恢复优化前值 Round Nearest 取最近优化值的标称系列 Update Schematic 用优化值更新元器件值	Update Performance 调用 PSpice 程序模拟 Derivatives 优化指标对元件求导数 Show Derivatives 显示导数 Auto 开始优化过程	Defaults 任选项优化参数设置 Recalculate 检查分析优化参数

(5)设计修正及设计结果输出。若优化过程不能正常运行或出现运行结果不收敛和运行结果不满足设计要求的情况。应分析问题所在，确定修改电路设计还是要纠正电路图生成中的错误或重新设置分析参数，然后从步骤(2)开始重新开始新一轮的设计模拟过程。

思　考　题

1. 什么是 EDA？ EDA 工具软件有哪些？
2. 印制电路板制造中，由 CAD 数据转化成 CAM 数据有哪些？
3. 印制电路板计算机设计常用软件是什么？
4. 在电路原理图计算机设计中，如何对所放置的元器件进行布局？
5. 计算机设计印制电路板的步骤是什么？
6. 在印制电路板计算机设计中，元件自动布局、元器件手工布局、自动布线和手工布线是如何操作的？
7. 进行电路仿真有什么作用？
8. OrCAD 软件电路级仿真操作的过程是什么？
9. 基本电路分析有哪几种？
10. 参数扫描和统计分析有哪几种？ 什么是蒙托卡诺分析？
11. 电路性能分析分哪三个步骤？

参考文献

[1] 王天曦，王豫明.现代电子工艺.北京:清华大学出版社,2009.
[2] 龙绪明.先进电子制造技术.北京:机械工业出版社,2010.
[3] 田民波.集成电路(IC)制成简论.北京:清华大学出版社，2009.
[4] 王卫平.电子产品制造技术.北京:清华大学出版社,2005.
[5] 金鸿,陈森.印制电路技术.北京:化学工业出版社,2003.
[6] 王俊峰.电子产品开发设计与制作.北京:人民邮电出版社,2005.
[7] 黄智伟.印制电路板(PCB)设计技术与实践.北京:电子工业出版社,2009.
[8] 藏雪岩.电子测量实用技术.北京:中国人民大学出版社,2010.
[9] 陈颖.电子材料与元器件.北京:电子工业出版社,2003.
[10] 杨清学.电子装配工艺.北京:电子工业出版社,2003.
[11] 故斌.无线电识图与电路故障分析.北京:人民邮电出版社,2005.
[12] 故斌.无线电元器件检测与维修技术.北京:人民邮电出版社,2005.
[13] 丁向荣，刘政.电子产品检验技术.北京:化学工业出版社,2010.
[14] 贾新章,等.OrCAD/PSpice 9 实用教程.西安:西安电子科技大学出版社,1999.
[15] 夏敏静.电气安全知识.北京:中国电力出版社,2009.
[16] 库振勋,刘伟,王建.电子产品维修工.北京:机械工业出版社,2009.
[17] 付家才.电子工程实践技术.北京:化学工业出版社,2003.
[18] 王港元,等.电子技能基础.成都:四川大学出版社,2001.
[19] David Comer，Donald Comer.电子电路设计.北京:电子工业出版社,2004.
[20] 黄继昌,张海贵,郭继忠,等.实用单元电路及其应用.北京:人民邮电出版社,2000.
[21] 程凡，阎华文,等.Protel 98 for Windows 电路设计应用指南.北京:人民邮电出版社,2000.
[22] 周润景，张丽娜,王志军. PSpice 电子电路设计与分析.北京:机械工业出版社,2010.
[23] 朱桂兵.电子产品制造设备原理与维护.北京:国防工业出版社,2011.
[24] 樊融融.现代电子装联工艺可靠性.北京:电子工业出版社,2014.
[25] 郭勇,董志刚.Protel 99 SE 印制电路板设计教程.北京:机械工业出版社,2004.
[26] 胡永正,杨邦朝.3-DMCM 的种类[J].电子元件与材料,2002,21(4):24-27.